AF232178

COURS DE SCIENCES

Publiés sous la direction de B. NIEWENGLOWSKI

Docteur ès Sciences

Inspecteur de l'Académie de Paris

LEÇONS DE PHYSIQUE

À L'USAGE

des Élèves de la classe de Mathématiques Spéciales,
des Candidats aux Écoles Polytechnique et Normale, à la licence
et à l'agrégation des Sciences Physiques, etc.

PAR

G. FOUSSEREAU

ANCIEN ÉLÈVE DE L'ÉCOLE NORMALE SUPÉRIEURE

DOCTEUR ÈS-SCIENCES

ANCIEN PROFESSEUR AGRÉGÉ DE PHYSIQUE AU LYCÉE LOUIS-LE-GRAND

ANCIEN MAÎTRE DE CONFÉRENCES À LA FACULTÉ DES SCIENCES DE PARIS

SECRÉTAIRE DE LA FACULTÉ DES SCIENCES DE PARIS

OPTIQUE

PARIS

SOCIÉTÉ D'ÉDITIONS SCIENTIFIQUES

PLACE DE L'ÉCOLE-DE-MÉDECINE

4, RUE ANTOINE-DUBOIS, 4

LEÇONS

DE

PHYSIQUE

COURS DE SCIENCES

Publiés sous la direction de **B. NIEWENGLOWSKI**

Docteur ès Sciences

Inspecteur de l'Académie de Paris

LEÇONS

DE

PHYSIQUE

A L'USAGE

des élèves de la classe de Mathématiques Spéciales,
des Candidats aux Écoles Polytechnique et Normale, à la licence
et à l'agrégation des Sciences Physiques, etc.

PAR

G. FOUSSEREAU

ANCIEN ÉLÈVE DE L'ÉCOLE NORMALE SUPÉRIEURE

DOCTEUR ÈS-SCIENCES

ANCIEN PROFESSEUR AGRÉGÉ DE PHYSIQUE AU LYCÉE LOUIS-LE-GRAND

ANCIEN MAITRE DE CONFÉRENCES A LA FACULTÉ DES SCIENCES DE PARIS

SECRÉTAIRE DE LA FACULTÉ DES SCIENCES DE PARIS

OPTIQUE

PARIS

SOCIÉTÉ D'ÉDITIONS SCIENTIFIQUES

PLACE DE L'ÉCOLE-DE-MÉDECINE

4, RUE ANTOINE-DUBOIS, 4

PRÉFACE

Toutes les questions d'Optique faisant partie du programme d'admission à l'Ecole polytechnique sont traitées dans ces Leçons. J'ai donné à chacune d'elles tous les développements compatibles avec l'instruction mathématique des élèves de mathématiques spéciales. Ces développements dépassent en divers points les connaissances exigées matériellement pour l'examen de l'Ecole polytechnique. Leur lecture est cependant avantageuse pour les élèves, soit qu'ils se proposent de poursuivre plus tard l'étude de la physique, soit qu'ils veuillent simplement, en précisant leurs idées, éviter, le jour de l'examen, les graves erreurs où l'on tombe si facilement, quand on ne possède sur une science que des notions élémentaires.

Pour aider le lecteur à déterminer l'ordre d'importance des matières traitées, on a eu soin d'imprimer le texte en deux sortes de caractères, les plus petits étant employés pour les questions ou parties de questions dont la connaissance n'est pas indispensable pour les examens de l'Ecole polytechnique.

J'ai donné une certaine importance à l'étude des surfaces caustiques et des lignes focales, qui est particulièrement délicate et a fourni, à plusieurs reprises, des sujets de composition pour l'Ecole normale supérieure et pour le Concours général des lycées. Dans chacune des circonstances où se produisent les phénomènes d'aberration (miroirs, surfaces réfringentes, prismes), je me suis efforcé d'abord d'en bien faire ressortir la nature physique. J'en ai donné ensuite une théorie générale, dans laquelle j'ai fait appel aux propriétés mathématiques les plus simples d'une droite mobile, pour établir avec rigueur les théorèmes généraux.

L'étude de la vision, fondamentale en Optique, a été traitée avec soin. J'ai cherché à caractériser par une expression numérique distincte chacun des défauts dont l'œil peut être atteint, pour permettre de déterminer nettement la part qui revient à chacun d'eux, quand plusieurs imperfections de l'œil sont simultanées. Une figure nouvelle aidera le lecteur à comprendre le rôle de la vision binoculaire dans la perception du relief des objets.

Les notions de grossissement, de champ et de clarté, dans les instruments d'Optique, ont été généralisées, de manière à faire dériver d'une définition commune la diversité si grande que présente leur application aux divers instruments.

Enfin un chapitre spécial a été consacré à la vitesse de la lumière, dont l'étude, d'une importance capitale, tend à pénétrer de plus en plus dans l'enseignement des lycées.

Des figures dont le nombre atteint près de trois cent cinquante, pour l'Optique seule, facilitent l'intelligence du texte dans ses différentes parties.

Je suis heureux, en terminant, d'adresser tous mes remerciements à MM. Lemoine, professeur au lycée Saint-Louis, Dongier et G.-H. Niewenglowski, préparateurs à la Faculté des Sciences, qui m'ont prêté leur dévoué concours dans la revision du texte et la préparation des figures, à M. le capitaine Mauries qui en a exécuté une grande partie, à la Société d'Éditions scientifiques, dont le directeur, M. le Dr Labonne, a apporté tous ses soins à l'exécution de l'ouvrage.

1er février 1896.

G. FOUSSEREAU.

OPTIQUE

CHAPITRE Ier

PROPAGATION DE LA LUMIÈRE

§ 1er. — Ombre et pénombre. — Chambre obscure.

1. Sources lumineuses. — Certains corps, comme le soleil, les corps incandescents, les corps phosphorescents, émettent de la lumière par eux-mêmes : on les appelle corps lumineux. D'autres corps ne font que diffuser une partie de la lumière qui rencontre leur surface : telles sont la lune et les planètes. Ces corps sont dits éclairés. Les corps lumineux et les corps éclairés peuvent être regardés comme des sources de lumière.

On appelle corps opaques les corps que la lumière ne peut traverser, corps transparents ceux qui la laissent passer et permettent de reconnaitre la forme des objets émettant cette lumière, corps translucides ceux qui laissent passer de la lumière, sans permettre l'observation de la forme des objets. Tels sont le papier, le verre dépoli.

2. Nature de la lumière. — Deux hypothèses principales ont été proposées pour expliquer la nature de la lumière. La plus ancienne est l'hypothèse de *l'émission* développée principalement par Newton. Elle consiste à admettre que la chaleur et la lumière sont constituées par des particules extrêmement ténues d'une matière spéciale appelée calorique, qui jouirait de la propriété de se déplacer en ligne droite à travers le vide et à travers certains milieux pondérables, et de produire dans nos organes les sensations de lumière et de chaleur.

La seconde hypothèse, généralement admise aujourd'hui, est la théorie *des ondulations*, qui tire son origine des travaux d'Huyghens et d'Young, et dont le développement est surtout dû à Fresnel. D'après cette théorie, les sensations de lumière et de chaleur seraient causées par des vibrations très rapides des dernières particules des corps. Ces vibrations se propageraient de proche en proche à travers un milieu élastique appelé éther lumineux, qui remplirait le vide et l'intérieur des milieux pondérables. L'hypothèse de l'émission a été abandonnée, parce qu'elle se trouve en contradiction avec divers faits connus, fournis par l'étude de la lumière et de la chaleur. L'hypothèse des ondulations explique au contraire tous les faits connus et conduit à en prévoir de nouveaux, dont l'expérience a confirmé l'existence.

La partie de l'optique que nous avons à étudier permet de faire abstraction de toute théorie sur la nature de la lumière.

3. Propagation rectiligne. — *Dans un milieu homogène, la lumière se propage exclusivement en ligne droite.* — On obtient une vérification grossière de ce principe en disposant dans un tube noirci intérieurement une

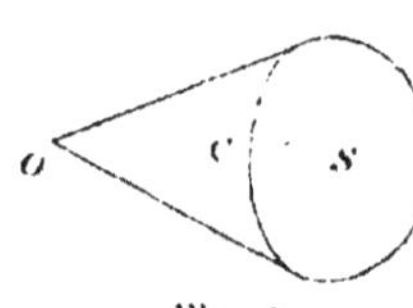
Fig. 1.

série d'écrans percés de trous. Si ces trous sont alignés suivant une ligne droite, l'œil d'un observateur placé derrière le dernier peut apercevoir une source lumineuse placée devant le premier. Si cette condition n'est pas remplie, la source lumineuse n'est pas visible. Il résulte de là que toute direction partant d'un point de la source lumineuse peut être regardée, tant qu'elle demeure dans le même milieu, comme une direction suivant laquelle la lumière se propage. On appelle une pareille direction *un rayon de lumière*.

Soit S (fig. 1) une portion de surface limitée par une ligne C, et recevant la lumière qui vient d'un corps. On appelle *faisceau lumineux* l'espace occupé par les rayons lumineux que reçoit la surface S.

Les rayons venant directement d'un même point O, à travers un milieu homogène, forment un faisceau limité par un cône ayant pour sommet le point lumineux O et pour directrice la ligne C (1).

La vitesse de propagation de la lumière dans le vide a été déterminée

(1) Le principe de la propagation rectiligne de la lumière n'est pas d'une rigueur absolue. On a établi par des expériences délicates que la lumière peut, dans certaines conditions, contourner des obstacles tels que des écrans opaques très étroits, et se propager derrière ces obstacles. Ces faits, connus sous le nom de phénomènes de diffraction, sont au nombre de ceux que la théorie de l'émission est impuissante à expliquer d'une manière satisfaisante. Leur influence ne devient appréciable que dans des circonstances spéciales étrangères à l'objet de ces leçons. Nous pouvons donc en faire abstraction et considérer la loi de la propagation rectiligne comme pratiquement exacte.

par des méthodes astronomiques et par des méthodes physiques que nous étudierons plus loin.

L'ensemble de ces expériences a conduit à adopter pour cette vitesse la valeur de 300.000 kilomètres par seconde.

4. Ombre et pénombre. — Nous appellerons *point lumineux* une source lumineuse assez petite pour qu'on puisse en négliger les dimensions par rapport aux autres longueurs considérées dans le même phénomène (1).

Posons devant un point lumineux

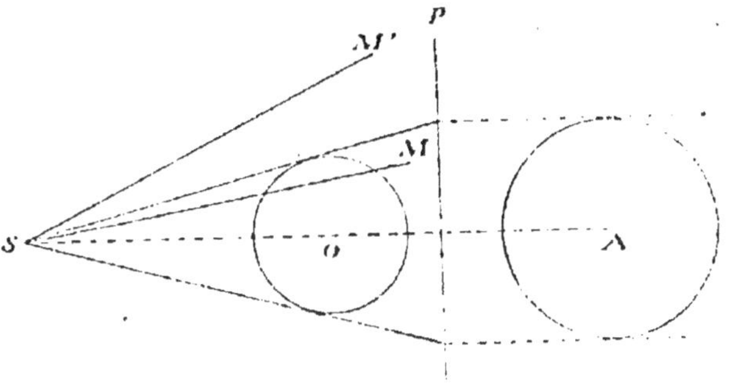

Fig. 2.

S (fig. 2) un corps opaque O. Quand un point M est placé derrière le corps opaque, de telle sorte que la droite SM joignant la source lumineuse à ce point rencontre le corps, ce point ne peut recevoir de lumière de la source S. On dit qu'il est dans l'ombre du corps O.

Construisons un cône ayant pour sommet le point S et enveloppant le corps opaque. La partie de la surface de ce cône située derrière le corps O et s'étendant indéfiniment au-delà de ce corps limite la région de l'ombre.

Supposons en particulier que le corps opaque présente la forme sphérique. Le cône d'ombre est de révolution. Disposons perpendiculairement à l'axe SO du cône un écran plan P.

L'intersection du cône détermine sur cet écran un cercle rabattu en A sur un plan parallèle à celui de la figure. Ce cercle représente l'ombre portée par la sphère O sur l'écran. Sa circonférence sépare les points de l'écran éclairés par la source de ceux qui ne le sont pas. La forme de l'ombre portée varie en général avec la forme du corps opaque et avec l'orientation de l'écran.

5. Considérons maintenant une source lumineuse S d'une étendue appréciable placée devant un corps opaque O (fig. 3). Par un point quelconque M comme sommet, faisons passer un cône enveloppant le corps opaque. Il peut se présenter trois cas :

____

(1) Les dimensions du point lumineux n'étant pas nulles en valeur absolue, la surface éclairante peut avoir une forme quelconque.

1° Le corps lumineux S se trouve entièrement compris dans la partie de la nappe du cône située au-delà du corps opaque. Un point M_1 satisfaisant à cette condition ne reçoit de lumière d'aucune partie du corps S. Il est dans *l'ombre*.

2° Aucun point du corps lumineux ne se trouve dans la situation énoncée ci-dessus. Le sommet M_2 du cône reçoit de la lumière de toutes les parties de la source S. Il est en *pleine lumière*.

3° Une partie seulement de la surface du corps lumineux se trouve dans

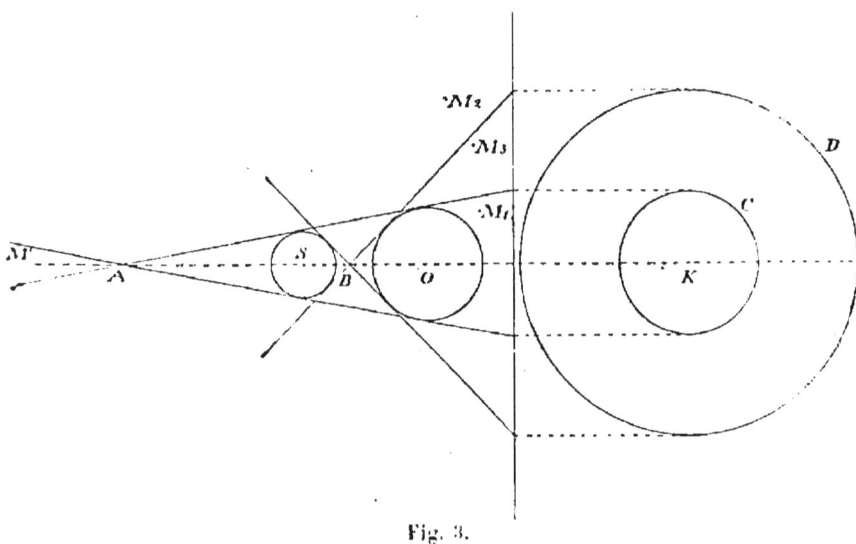

Fig. 3.

cette situation. Le sommet M_3 du cône ne reçoit de lumière que de la partie de la source non masquée par le corps opaque. Il est d'autant plus éclairé que cette partie non masquée est plus étendue. Le point M_3 est dans la *pénombre*.

Si la source S et le corps opaque présentent l'un et l'autre la forme sphérique, la région de l'ombre s'étend derrière la sphère opaque et est limitée par la surface d'un cône A tangent commun extérieurement aux deux sphères.

La pénombre est limitée par la surface d'un cône B tangent commun intérieurement aux deux sphères. Le cône de pénombre s'étend indéfiniment derrière la sphère opaque. Il en est de même du cône d'ombre, si la sphère lumineuse est plus petite que la sphère opaque, comme nous l'avons supposé dans la figure. Si au contraire on supposait la sphère O lumineuse et la sphère

S'opaque, cette dernière étant la plus petite, le sommet A du cône d'ombre se trouverait placé derrière elle et l'ombre ne s'étendrait pas au delà de ce point. Les points tels que M' situés dans la seconde nappe du même cône jouiraient alors de la propriété de recevoir de la lumière de la partie périphérique du corps lumineux dont la partie centrale serait masquée par le corps opaque (1).

Reprenons la première hypothèse et plaçons un écran derrière la sphère O perpendiculairement à l'axe commun des deux cônes. Le cône d'ombre détermine une intersection circulaire rabattue en C sur un plan parallèle à celui de la figure. C'est l'ombre portée. Le cône de pénombre détermine une intersection circulaire D concentrique à la précédente.

Dans la région comprise entre ces deux cercles, l'éclairement va en croissant de la limite intérieure à la limite extérieure, en dehors de laquelle la surface de l'écran est en pleine lumière.

6. Images produites par les petites ouvertures. — Pratiquons dans le volet PQ d'une chambre obscure une petite ouverture MN (fig. 4), et plaçons devant cette ouverture un point lumineux A. Ce point envoie par MN un faisceau lumineux conique, qui vient éclairer sur un écran CD parallèle à PQ une région A'A" de même forme que l'ouverture, mais plus grande qu'elle. Si l'ouverture est assez petite pour qu'on puisse la regarder pratique-

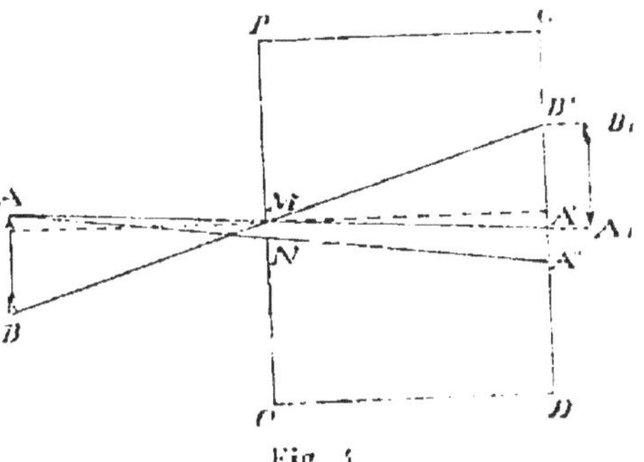

Fig. 4.

(1) On explique aisément au moyen de ces considérations les diverses particularités que peuvent présenter les éclipses de soleil et de lune. La terre, plus petite que le soleil, projette derrière elle un cône d'ombre limité, mais assez grand pour que la lune puisse s'y plonger entièrement. Les éclipses de lune peuvent donc être totales ou partielles suivant la position de cet astre. Dans le cas de l'éclipse partielle, l'éclairement des parties visibles est affaibli, parce qu'elles se trouvent dans la pénombre.

La lune projette aussi un cône d'ombre limité. Comme les distances respectives des trois astres sont variables, ce cône d'ombre peut être assez grand pour atteindre parfois la surface de la terre, quand elle se trouve derrière la lune. Le cône d'ombre en se déplaçant balaye alors la surface de la terre le long d'une bande étroite. Il y a éclipse totale de soleil pour les points de la surface terrestre situés dans ce cône, éclipse partielle pour les points situés dans le cône de pénombre. Quand le cône d'ombre est trop court pour atteindre la surface de la terre, certains points de cette surface peuvent se trouver dans la seconde nappe de ce cône; il y a pour ces points éclipse annulaire de soleil.

ment comme réduite à un de ses points M, la région éclairée se réduit à un point A'.

Supposons enfin que le point A fasse partie d'un objet lumineux, et soit AB une dimension de cet objet parallèle au plan CD. Chaque point de cet objet éclaire un point de l'écran, et le lieu géométrique des points ainsi éclairés est une figure géométriquement semblable à cet objet, une image de l'objet A'B', rabattue en A_1B_1. La construction montre que cette image est renversée par rapport à l'objet. Désignons par I et O les grandeurs des dimensions homologues de l'image et de l'objet, par p' et p leurs distances au plan de l'ouverture.

Les triangles semblables MAB, MA'B', fournissent la relation

$$\frac{I}{O} = \frac{p'}{p},$$

qui détermine la grandeur de l'image obtenue. Cette image est d'autant plus grande pour un objet donné que l'objet est plus voisin de l'ouverture et que l'écran en est plus éloigné.

Si l'écran n'est pas parallèle à l'objet, la figure obtenue représente une section quelconque du cône des rayons partis de l'objet et ayant pour sommet l'ouverture.

Supposons maintenant que l'ouverture MN n'ait pas une étendue négligeable. Chaque point de l'objet éclaire sur l'écran une surface A'A" semblable à l'ouverture. Les surfaces éclairées par les divers points de l'objet empiètent les unes sur les autres.

Pour que l'ensemble présente encore la forme de l'objet, il faut que les dimensions de la surface éclairée par un point de l'objet soient très petites par rapport aux dimensions correspondantes de l'image de l'objet que fournit un point déterminé M de l'ouverture. On a, en désignant par a le diamètre de l'ouverture dans le plan de la figure :

$$A'A'' = a\,\frac{p+p'}{p} \qquad A'B' : O\,\frac{p'}{p}$$

$$\frac{A'A''}{A'B'} = \frac{a\,(p+p')}{O \times p'} = \frac{\dfrac{a}{p'}}{\dfrac{O}{p+p'}}$$

Pour des rayons dont les directions sont voisines de celle de la normale aux plans AB et MN, si l'on suppose les longueurs a et O petites par rapport aux distances p' et $p+p'$, les deux termes de ce rapport représentent les angles sous lesquels un œil placé en un point A' de l'écran verrait les longueurs a et O. Ces angles s'appellent les diamètres apparents des longueurs a et O.

Il faut donc qu'en tous les sens, pour un observateur dont l'œil est placé en un point A' de l'écran, le diamètre apparent de l'ouverture soit très petit par rapport à celui de l'objet. Cette condition est d'autant mieux remplie que l'ouverture est plus petite ; mais on ne peut la diminuer qu'en diminuant dans la même proportion l'éclairement de l'image. On ne peut donc réaliser l'expérience dans des conditions parfaites. Quand on éloigne l'écran de l'ouverture, le rapport $\dfrac{p + p'}{p'}$ diminue ; l'image devient donc plus nette, mais, comme elle grandit, son éclairement va en diminuant. On est ainsi conduit, pour concilier les conditions de netteté et d'éclairement, à ramener les rayons à la convergence en plaçant dans l'ouverture une lentille convergente, ce qui change la nature du phénomène. C'est ce qu'on fait dans les chambres noires employées en photographie.

Si le diamètre apparent de l'objet est au contraire petit par rapport à celui de l'ouverture, l'apparence obtenue est celle d'une image grossière de l'ouverture. C'est ce qu'on observe quand les rayons solaires pénètrent dans une salle par une fenêtre et éclairent la muraille opposée.

Le phénomène que nous venons d'étudier se produit à l'ombre du feuillage d'un arbre éclairé par le soleil. Les rayons lumineux qui passent par les petits intervalles des feuilles déterminent sur le sol des images circulaires ou elliptiques du soleil, suivant que la surface du sol coupe le faisceau lumineux conique perpendiculairement ou obliquement à son axe. Pendant les éclipses partielles, la surface éclairée présente une échancrure correspondante à la partie masquée du disque solaire.

§ 2. — Photométrie.

7. Quantités de lumière. Leur mesure. — Quand deux surfaces planes blanches identiques reçoivent de la lumière de même couleur, et produisent sur l'œil du même observateur des impressions d'éclat identiques dans les mêmes conditions, on dit que ces surfaces reçoivent *des quantités égales de lumière*.

Considérons plusieurs sources lumineuses pouvant différer de forme et de constitution, mais assez petites par rapport à leurs distances aux surfaces éclairées, pour qu'on puisse les regarder comme des points lumineux.

Supposons-les capables d'envoyer séparément des quantités égales de lumière à une même surface plane ou à des surfaces identiques placées de même et très petites aussi par rapport à leurs distances aux points lumineux. Imaginons qu'on forme deux groupes S et S' d'un même nombre n de ces sources, et qu'on les place de même par rapport à deux surfaces identiques AB, A'B', les diverses sources étant assez voisines pour qu'on puisse regarder chaque groupe comme réduit à un point, sans qu'aucune de ces sources soit masquée par les autres. L'expérience établit que les deux surfaces AB, A'B' produisent sur l'œil des impressions lumineuses identiques entre elles et que la grandeur de ces impressions croît avec le nombre n. On dira que la quantité de lumière reçue par chacune des surfaces AB, A'B', dans cette expérience est n fois plus grande que celle qu'elle recevrait d'un seul de ces points lumineux placé de la même manière.

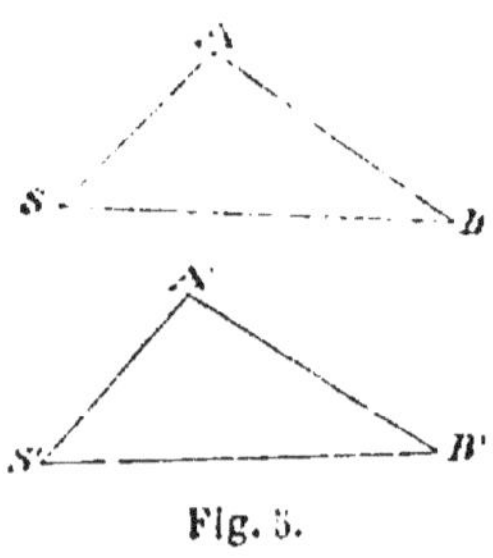

Fig. 5.

Quel que soit le mode d'émission de la lumière, on peut toujours considérer la lumière envoyée par une source lumineuse comme émanant des points qu'elle traverse sur la portion de sa surface tournée vers l'élément éclairé.

Si l'on suppose que la surface d'une source lumineuse donnée soit divisée en un nombre déterminé n de portions envoyant à une même surface AB des quantités de lumière égales, il résulte du principe précédent que la quantité de lumière totale envoyée à la surface AB par la source S peut toujours être regardée comme la somme des quantités de lumière envoyées par les différentes parties de sa surface.

La quantité de lumière reçue par une surface éclairée S d'étendue et de forme quelconques est par définition la somme des quantités de lumière reçues par ses différentes parties.

8. Eclairement. — On appelle *éclairement* d'une surface quelconque, en un point M, la limite vers laquelle tend le rapport $\frac{q}{s}$ de la quantité q de lumière reçue par une portion de cette surface comprenant le point M, à l'étendue s de cette portion de surface, quand on fait tendre vers zéro cette étendue, en sorte qu'elle se réduise finalement au point M. Cette limite a pour valeur la dérivée $\frac{dq}{ds} = \mathrm{K}$ de la quantité de lumière par rapport à l'étendue de la surface éclairée. La quantité de lumière reçue par une surface infiniment petite ds est donc $dq = \mathrm{K}ds$.

Quand la lumière est uniformément répartie, l'éclairement est numériquement égal à la quantité de lumière reçue par chaque unité de surface.

9. Loi des inclinaisons. — La quantité de lumière envoyée par un point S à une surface AB peut être considérée comme transmise par le faisceau conique SAB. Soit (fig. 6) un élément de surface éclairée MN, très petit par rapport à sa distance à la source S. Le faisceau SMN qui éclaire cet élément peut être regardé comme cylindrique dans son voisinage.

On reconnaît par l'expérience que l'éclairement K de la surface MN est proportionnel au cosinus de l'angle α que fait la normale à cet élément avec direction des rayons lumineux, de sorte que K est déterminé par la relation

$$(1) \qquad K = K_0 \cos \alpha$$

La constante K_0 représente l'éclairement qui serait communiqué par le même faisceau à un élément de surface MP mené par un point quelconque M de MN normalement à la direction des rayons. Désignons par s et s_0 la surface de l'élément donné MN et celle de la section droite MP. Il existe entre ces surfaces la relation :

$$s \cos \alpha = s_0$$

L'équation (1) peut donc s'écrire

$$Ks = K_0 s_0$$

Elle exprime sous cette forme que les surfaces MN et MP sont traversées par des quantités égales de lumière.

La quantité de lumière dont nous avons défini la mesure est donc une constante qui caractérise une région donnée du faisceau lumineux et demeure indépendante de l'orientation de la surface traversée.

10. Loi des distances. — Soient AB et A'B' (fig. 6) deux surfaces planes et parallèles rencontrées par un même faisceau conique venant du point lumineux S. Désignons par s et s' leurs étendues, K et K' leurs éclairements, δ et δ' les distances de deux points homologues A et A' de ces deux surfaces à la source S. L'expérience établit que si la lumière se propage dans le vide, les éclairements observés sont inversement proportionnels aux carrés des distances.

$$\frac{K}{K'} = \frac{\delta'^2}{\delta^2}$$

On peut le vérifier en constatant qu'une bougie communique à une première surface un éclairement égal à celui que reçoit une seconde surface éclairée par quatre bougies identiques à la première et placées à une distance double.

Comme les surfaces homologues sont entre elles comme les carrés des distances

$$\frac{s'}{s} = \frac{\delta'^2}{\delta^2}$$

on peut mettre la relation précédente sous la forme

$$Ks = K's'$$

Elle exprime ainsi que le faisceau lumineux SAB contient la même quantité de lumière à toute distance de la source. Cette loi, énoncée par Képler, se vérifie rigoureusement dans le vide, et d'une façon approchée dans divers milieux. Tout milieu pour lequel elle se vérifie est dit parfaitement transparent. Dans tout milieu où elle ne se vérifie pas, la quantité de lumière contenue dans un faisceau diminue à mesure qu'on fait croître la distance à la source. On dit que de pareils milieux absorbent la lumière. Ainsi dans un gaz coloré, comme le chlore, le peroxyde d'azote, l'absorption de la lumière est notable et la loi des distances ne se vérifie pas.

11. Intensité d'une source. Eclat intrinsèque. — On appelle *intensité d'une source lumineuse* suivant une direction donnée l'éclairement qu'elle fournit à un élément de surface orienté normalement aux rayons qu'elle émet suivant cette direction et placé à une distance de la source égale à l'unité de longueur.

On appelle *éclat intrinsèque d'une source lumineuse* suivant une direction donnée, en un point P de la surface, la limite E vers laquelle tend le rapport $\frac{dI}{d\sigma}$ de l'intensité fournie suivant cette direction par un élément ds_1 de la surface lumineuse circonscrit autour du point P, à l'étendue $d\sigma$ de la projection de cet élément sur un plan normal à la direction des rayons lumineux, quand on fait tendre vers zéro l'étendue ds_1 considérée, en sorte qu'elle se réduise finalement au point P (fig. 7). On peut écrire d'après cette définition

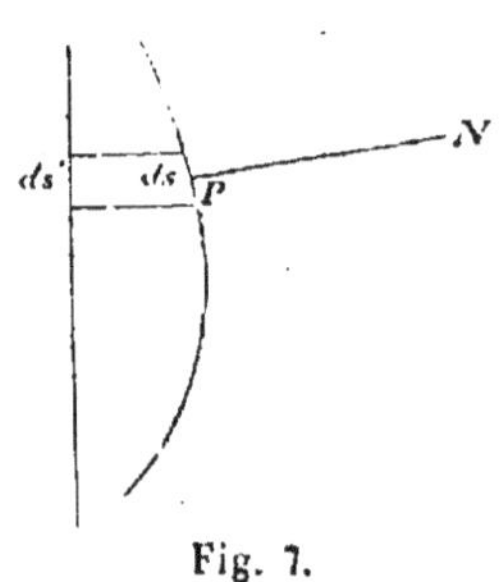

Fig. 7.

$$dI = Ed\sigma = Eds_1 \cos\beta,$$

β étant l'angle que fait la normale à la surface avec la direction des rayons lumineux.

Quand on observe une source lumineuse opaque formée d'un corps solide incandescent, dont toutes les parties possèdent la même constitution et la même température, on reconnaît que toutes les parties de sa surface possèdent le même éclat intrinsèque, c'est-à-dire que des portions de cette surface dont les projections sur un plan normal aux rayons sont égales fournissent des intensités égales.

L'éclat intrinsèque E étant dans ce cas une constante indépendante de l'orientation de la surface, on peut formuler la loi suivante :

L'intensité d'un élément de surface lumineuse est proportionnelle au cosinus de l'angle que fait la normale à cet élément avec la direction des rayons lumineux.

L'intensité totale de la source est alors

$$I = E\Sigma,$$

Σ étant la surface de la projection de la source entière sur un plan normal aux rayons. Tout se passe donc comme si la lumière était émise par cette projection. L'éclat intrinsèque est dans ce cas numériquement égal à l'intensité correspondante à l'unité de surface de la projection normale aux rayons (1).

Soit ds l'étendue d'un élément de surface éclairée dont la normale fait un angle α avec la direction des rayons qu'il reçoit. L'élément éclairé ds reçoit de l'élément lumineux ds_1 (fig. 8) placé à la distance δ la quantité de lumière

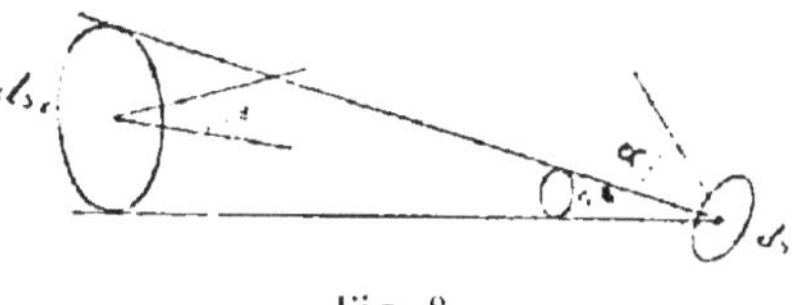

Fig. 8.

$$dq = I\frac{ds\cos\alpha}{\delta^2} = Eds_1\cos\beta \times \frac{ds\cos\alpha}{\delta^2} = \frac{Eds\,ds_1\cos\alpha\cos\beta}{\delta^2}$$

---

(1) Ces conditions ne sont plus remplies : 1° si la source lumineuse est formée d'un corps renvoyant la lumière qu'il reçoit d'une autre source. L'éclat dépend alors de l'angle que fait la direction des rayons reçus avec celle des rayons émis. Toutefois si le corps employé comme source lumineuse présente une surface mate (feuille de papier blanc, verre dépoli) et reçoit la lumière dans une direction voisine de la normale, son éclat varie peu avec la direction d'émission et peut être regardé comme constant, si la direction d'émission est elle-même peu écartée de la normale ;

2° L'éclat d'un solide incandescent varie rapidement avec l'inclinaison, si l'incandescence ne s'étend qu'à une partie de la masse (lumière de l'arc voltaïque) ;

3° Enfin l'éclat varie avec l'épaisseur de la source et avec sa forme quand le corps qui la constitue n'est pas opaque (bec de gaz, flammes gazeuses en général).

L'éclat de la flamme d'un lampe à pétrole à mèche plate vue de tranche est plus de dix fois celui du milieu de la même flamme vue de face (Cornu).

Dans tous ces cas, il faut regarder E comme une fonction de β et de la position de l'élément lumineux.

et son éclairement est :

$$e = \frac{dq}{ds} = \frac{E\, ds_1 \cos \alpha \cos \beta}{\delta^2}$$

Ces relations ont été établies par Bouguer (1).

12. Comparaison des intensités lumineuses. — Soient deux sources lumineuses d'intensités I et I', placées à des distances δ et δ' de deux surfaces éclairées identiques, dont les normales font avec la direction des rayons des angles égaux α.

Laissant fixe la distance δ, faisons varier δ' jusqu'à ce que les éclats des deux surfaces paraissent égaux, quand on les regarde suivant des directions placées de même par rapport aux surfaces et aux rayons incidents. Cette égalité entraîne par définition celle des éclairements et s'exprime par l'équation

$$\frac{I \cos \alpha}{\delta^2} = \frac{I' \cos \alpha}{\delta'^2} \quad \text{ou} \quad \frac{I}{I'} = \frac{\delta^2}{\delta'^2}$$

Le rapport des intensités est donc fourni par le rapport direct des carrés des distances auxquelles il a fallu placer les deux surfaces pour obtenir l'égalité de leurs éclats. Si s et s' sont les surfaces des contours apparents des deux sources comparées pour un œil placé sur l'écran, les éclats intrinsèques sont

$$E = \frac{I}{s}, \quad E' = \frac{I'}{s'},$$

en supposant ces éclats homogènes. Le rapport des éclats est donc donné par

$$\frac{E}{E'} = \frac{I}{I'} \frac{s'}{s} = \frac{\delta^2}{\delta'^2} \frac{s'}{s} \quad (2).$$

---

(1) $\dfrac{ds_1 \cos \beta}{\delta^2} = \omega^2$ représente l'angle solide sous lequel un œil placé sur la surface éclairée verrait l'élément ds_1 de la surface lumineuse.

On peut donc écrire :

$$e = E\, \omega^2 \cos \alpha$$

L'éclairement d'une surface normale aux rayons par un élément de surface lumineuse est donc le produit de l'éclat de cet élément, suivant la direction des rayons, par l'angle solide sous lequel on le voit d'un point de la surface éclairée.

L'éclat d'une source remplissant les conditions d'uniformité est égal à l'éclairement normal que produit à une distance quelconque une portion de la surface de cette source vue sous un angle solide égal à l'unité.

(2) Si les éclats ne sont pas uniformes, le rapport $\dfrac{E}{E'}$ ainsi déterminé est celui des éclats moyens.

Ce principe a été appliqué dans divers photomètres.

13. Photomètre de Foucault. — Soit MN (fig. 9) un écran vertical translucide que l'on obtient en laissant séjourner une
lame de verre au fond d'un vase contenant de
l'amidon dilué dans l'eau. Les grains d'amidon
se précipitent peu à peu sur la lame de verre et
y forment une couche homogène. Cette lame
est disposée au fond d'une boîte DMNE traversée en son milieu par une cloison verticale
noircie et opaque AB. On peut changer la dis-

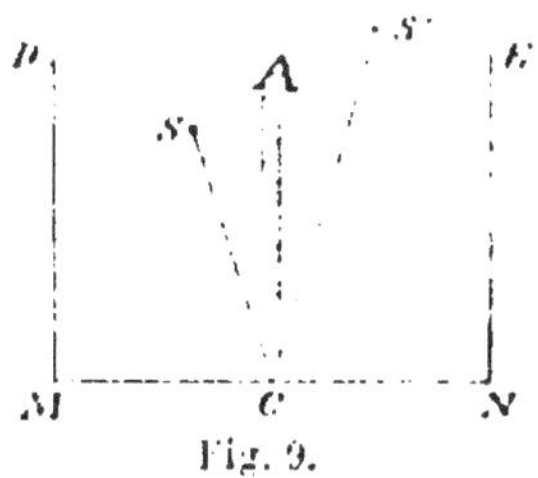

Fig. 9.

tance de l'extrémité B de cette cloison à l'écran MN, en la faisant glisser
dans une rainure. Les sources lumineuses à comparer, S et S', sont placées de part et d'autre de la cloison. Chacune d'elles éclaire sur l'écran une
région limitée par l'ombre de la cloison AB.

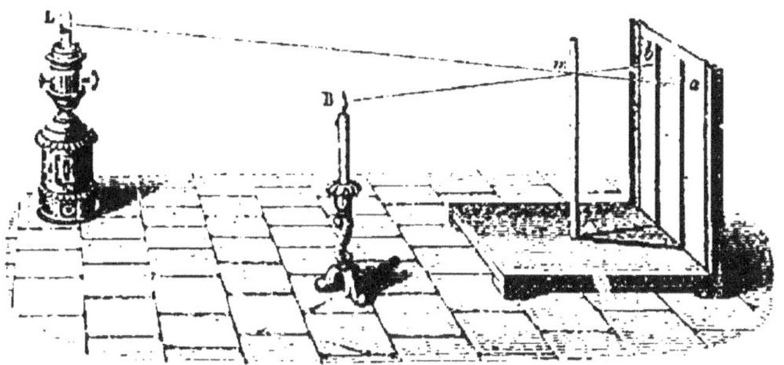

Fig. 10. — Photomètre Rumford.

On place cette dernière de façon que ces deux régions CM et CN soient
contiguës, sans interposition d'une bande plus obscure ou plus lumineuse,
et on les amène à être également éclairées
dans le voisinage de leur séparation C.

La normale à l'écran en C doit être dirigée
suivant la bissectrice de l'angle SCS', pour
que les angles d'inclinaison aient une même
valeur α.

Ce photomètre est une modification d'un
instrument plus ancien dû à Bouguer.

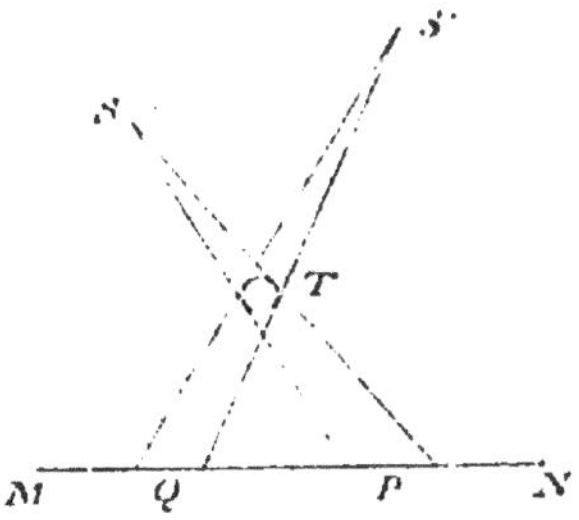

14. Photomètre de Rumford. — On dis-
pose devant un écran blanc vertical et translucide MN (fig. 10 et 11) une tige
T verticale et opaque. Les deux sources lumineuses S et S' déterminent sur
cet écran deux ombres P et Q de la tige T, dont chacune est éclairée par

Fig. 11.

une seule des deux sources. On fait en sorte que ces ombres soient contiguës et éclairées également sous des angles égaux.

15. Photomètre de Bunsen. — On fait avec de la stéarine, matière grasse incolore, une tache A sur une feuille de papier blanc qu'on dispose verticalement (fig. 12).

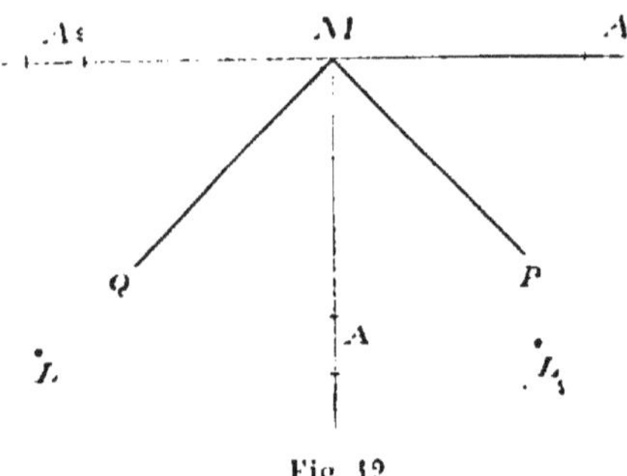

Fig. 12.

Les deux sources L et L₁ sont placées de part et d'autre du papier, de façon à éclairer la région occupée par la tache suivant des directions presque normales. On regarde une des faces de la tache en plaçant l'œil dans une direction déterminée et l'on fait varier la position de l'une des sources jusqu'à ce que la tache ne se distingue plus du reste du papier.

Soient P et Q les fractions de la lumière incidente totale diffusées par la tache dans la direction donnée par réflexion et par transmission, p et q les mêmes coefficients pour le reste de l'écran, I et δ l'intensité et la distance pour la source placée du côté de l'observateur, I' et δ' les mêmes données pour l'autre source. Nous aurons, en exprimant l'égalité d'éclat pour les deux régions :

$$P\,\frac{I}{\delta^2} + Q\,\frac{I'}{\delta'^2} = p\,\frac{I}{\delta^2} + q\,\frac{I'}{\delta'^2}$$

ou :

$$\frac{I}{I'} = \frac{\delta^2}{\delta'^2} \times \frac{Q-q}{p-P}$$

Répétons l'expérience en plaçant l'œil dans la position symétrique, vers l'autre face. Soit δ'_1 la distance nouvelle de la seconde source. On a :

$$\frac{I}{I'} = \frac{\delta^2}{\delta'^2_1} \times \frac{p-P}{Q-q}$$

d'où, en multipliant membre à membre

$$\frac{I}{I'} = \frac{\delta^2}{\delta_1\,\delta'_1}.$$

On trouve souvent $\delta_1 = \delta'_1$, ce qui conduit à la condition

$$p + q = P + Q,$$

qui serait réalisée en particulier si le papier n'absorbait aucune lumière.

Pour rendre les comparaisons plus faciles, on dispose deux miroirs plans MQ et MP inclinés à 45° qui substituent à la tache A les images de ses deux faces A_1 et A_2 placées dans le même plan. On peut ainsi les observer simultanément.

Quand on veut comparer une série de sources, il est plus commode de ne pas renverser l'expérience et de comparer successivement toutes ces sources placées du même côté à une même source étalon placée du côté opposé. On mesure, en laissant fixe la source étalon, les distances comparatives δ, δ'', pour les sources essayées. On voit aisément que l'on a

$$\frac{I}{\delta^2} = \frac{I''}{\delta''^2}$$

Cette méthode est analogue à celle de la double pesée dans l'usage de la balance.

16. Vérification des lois. — Ces divers photomètres permettent de vérifier la loi des distances, en comparant les effets produits à différentes distances par des nombres convenablement choisis de sources identiques telles que des flammes de bougies de même dimension.

On peut aussi vérifier la loi des inclinaisons en changeant la direction suivant laquelle on amène la lumière de l'un des groupes de bougies.

17. Evaluation de la sensibilité de l'œil. — Plaçons devant la tige du photomètre Rumford deux bougies identiques à des distances très inégales δ et δ'. L'ombre portée par la bougie la plus éloignée ne reçoit de lumière que de la bougie la plus voisine. Son éclairement est $\frac{I}{\delta'^2}$, en supposant les rayons normaux à l'écran. L'éclairement des régions voisines est

$$\frac{I}{\delta^2} + \frac{I}{\delta'^2}$$

L'excès de cet éclairement sur le premier est $\frac{I}{\delta'^2}$ qui représente la fraction

$$\frac{\dfrac{I}{\delta'^2}}{\dfrac{I}{\delta^2} + \dfrac{I}{\delta'^2}} = \frac{\delta}{\delta^2 + \delta'^2}$$

de l'éclairement le plus fort.

Ecartons de l'écran la bougie la plus éloignée, jusqu'à ce que l'ombre portée devienne insensible. La valeur limite du rapport $\dfrac{\delta^2}{\delta^2 + \delta'^2}$ représentera la plus petite fraction de l'éclairement le plus fort qui soit capable d'impressionner l'œil.

Tout ce raisonnement suppose que l'œil occupe une position fixe et symétrique par rapport aux deux surfaces comparées, afin que les intensités lumineuses produites sur lui par ces surfaces soient proportionnelles à leurs éclairements.

L'inverse de ce rapport :

$$\frac{\delta^1 + \delta'^2}{\delta^2}$$

c'est-à dire *le rapport de l'intensité la plus forte à la plus petite différence d'intensité perceptible, mesure la sensibilité de l'œil dans les conditions de l'expérience.*

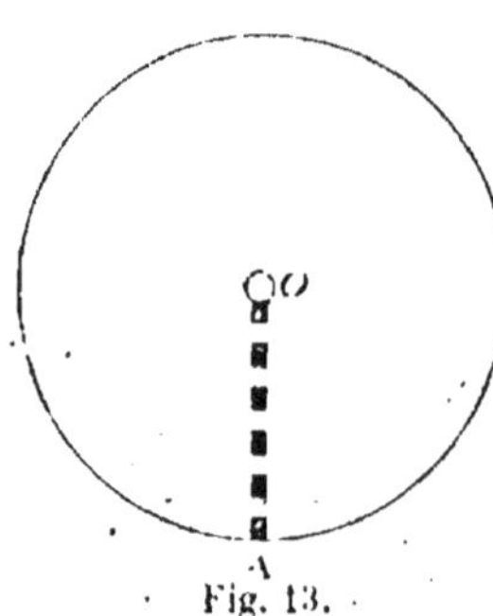

Fig. 13.

Bouguer et, plus tard, Masson avaient annoncé à la suite d'expériences sommaires que la sensibilité d'un œil donné est constante et indépendante de l'intensité totale de la lumière reçue. Des expériences plus étendues de M. Broca ont montré récemment qu'il n'en est pas ainsi.

M. Broca a opéré avec le disque rotatif de Masson. Ce disque est blanc et uniformément éclairé. Il porte suivant un de ses rayons un trait interrompu OA (fig. 13) tracé à l'encre de Chine et d'épaisseur constante *d*. Quand on fait tourner le disque rapidement, chacun des éléments du trait engendre une couronne mince sombre, en vertu de la persistance des impressions lumineuses sur la rétine. Si I est l'intensité émise par le fond blanc du disque, l'intensité émise par une couronne de rayon moyen *r* est

$$I\left(1 - \frac{d}{2\pi r}\right) = I',$$

quand on suppose le trait absolument noir. Si cette couronne est la dernière que puisse distinguer un œil, la sensibilité de cet œil a pour valeur :

$$\frac{I}{I - I'} = \frac{2\pi r}{d}$$

Elle est donc proportionnelle au rayon *r* de cette couronne. Dans les limites de ses expériences, M. Broca a trouvé des sensibilités variant de

44 pour une intensité de $\frac{1}{25}$ à 173 pour une intensité de 1.

L'unité d'intensité est l'intensité produite par un bec Carcel éclairant le disque à une distance de 1 mètre.

Quand l'intensité croît à partir de zéro, la sensibilité est d'abord nulle, car

on ne voit rien au-dessous d'un certain minimum d'intensité ; elle croît ensuite jusqu'à un maximum et décroît pour les grandes intensités.

M. Broca a comparé les résultats obtenus quand un même observateur emploie successivement l'œil droit, l'œil gauche et les deux yeux à la fois. On
obtient ainsi trois valeurs limites inégales de r, que nous désignerons par
r_1, r_2 et R. On reconnaît que les deux yeux d'un même observateur ont généralement des sensibilités très inégales, et que la sensibilité des deux yeux
agissant ensemble est la somme de leurs sensibilités particulières, c'est-à-dire
que l'on a :

$$r_1 + r_2 = R.$$

**18. Méthodes photométriques basées sur l'emploi des lentilles
diaphragmées.** — On peut comparer directement les éclats intrinsèques
des sources lumineuses en appliquant la propriété suivante des lentilles
découverte par Bouguer. Produisons à l'aide d'une lentille convergente une
image réelle d'une source lumineuse. Chaque point de cette image reçoit
de la lumière de la surface entière de la lentille. Masquons par un écran

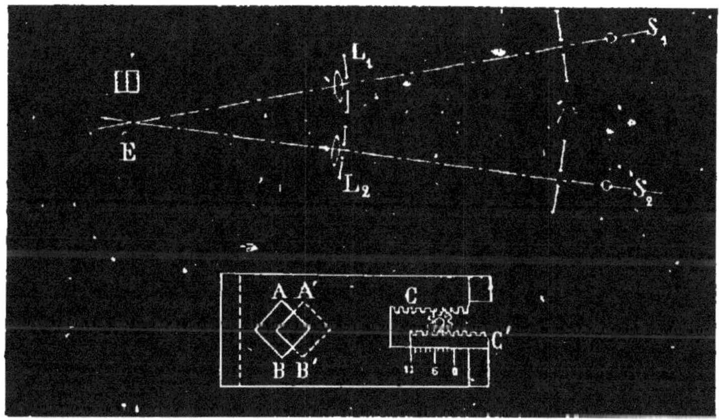

Fig. 11 (1).

une fraction déterminée de cette surface. L'image restera entière, mais l'é-
clat de chacune de ses parties sera réduit dans la même proportion. En
limitant convenablement la partie découverte de la lentille, on pourra donc
amener cette image à égaler en éclat l'image d'une autre source auxiliaire
fournie par une autre lentille sans diaphragme. On comparera successivement diverses sources à cette source auxiliaire.

Si E_1 et E_2 sont les éclats des deux sources comparées et s_1 et s_2 les sur-

(1) Nous devons à l'obligeance de M. Pellin, constructeur, cette figure et celle de
l'héliostat de Silbermann, ainsi que plusieurs autres.

2

faces découvertes sur la lentille dans chaque expérience, on aura la relation

$$\frac{E_1}{E_2} = \frac{s_2}{s_1}$$

L'ouverture graduée s'obtient en superposant deux écrans à ouvertures carrées égales. L'une des diagonales de chacune de ces deux ouvertures (fig. 11) est placée suivant la même direction, et les deux écrans peuvent être déplacés en sens contraires dans cette direction par un mouvement micrométrique. La partie commune utile se réduit ainsi à un carré de plus en plus petit dont il est facile de calculer la surface pour chaque position de la vis, cette surface étant proportionnelle au carré de la diagonale.

M. Cornu a employé une disposition photométrique basée sur cette méthode (1).

---

(1) Deux objectifs L_1 et L_2 (fig. 11) munis d'écrans diaphragmés reçoivent respectivement la lumière des deux sources S_1 et S_2 à comparer placées à peu près au double de la distance focale. Devant ces deux sources et le plus près possible de chacune d'elles, on interpose deux petits diaphragmes rectangulaires fixes d'égale étendue inférieure à celles des sources lumineuses. Les objectifs projettent respectivement les images de ces deux ouvertures sur un même écran E. Ces images sont contiguës suivant un de leurs côtés et leur ensemble forme un carré éclairé. Pour obtenir ce résultat, on incline légèrement d'angles egaux les axes principaux des deux lentilles sur la normale à l'écran.

Amenons les parties des deux sources sur lesquelles doit porter la comparaison à éclairer les régions voisines du côté commun des deux images. Par le déplacement de l'écran mobile du côté de la source de plus grand éclat, on réalise l'égalité d'éclat des deux images le long du bord commun, de sorte que la ligne de séparation disparaît.

Dans cette expérience, c'est le diaphragme fixe D qu'on prend pour objet, au lieu de la source lumineuse placée derrière lui. Chaque point M du plan de ce diaphragme reçoit utilement de la lumière de la portion σ de la source S comprise dans un angle solide constant ω^2 limité par le diaphragme mobile. Si E est l'éclat supposé uniforme de la petite surface σ, l'éclairement utile de D au voisinage du point M est $E \omega^2$ (11 note 1); l'éclat de l'image de D au voisinage de M', foyer conjugué du point M, est donc $KE \omega^2$, K étant un coefficient constant qui dépend des propriétés de la lentille et de l'écran et qui est le même pour les deux sources. Quand les éclats sont égaux pour les deux images comparées, on a donc :

$$E_1 \, \omega_1^2 = E_2 \, \omega_2^2$$

ou $\qquad\qquad E_1 s_1 = E_2 s_2,$

s_1 et s_2 étant les surfaces utilisées des diaphragmes mobiles.

Cette méthode a permis de vérifier toutes les lois fondamentales de la photométrie.

On peut remplacer la projection des images sur un écran par l'observation directe des images aériennes. En observant les images à travers un même microscope composé, on peut les agrandir assez pour rendre possible la comparaison des

19. Comparaison des sources colorées. — Quand deux sources lumineuses présentent des colorations différentes, il n'existe aucun moyen de constater ni même de définir leur égalité d'intensité, car elles ne peuvent en aucun cas produire sur l'œil des impressions identiques (1). Mais on sait que la lumière émise par un corps lumineux est en général complexe et décomposable par le prisme en une infinité de nuances simples. La seule comparaison bien précise qu'on puisse faire dans ce cas est donc celle des intensités pour les mêmes couleurs simples dans chacune des sources ob-

sources lumineuses de très faible dimension. L'appareil prend dans ce cas le nom de *microphotomètre*. Il faut alors ramener à être parallèles les axes des deux faisceaux lumineux venant des deux sources. M. Cornu dispose à angle droit les axes des deux lentilles L_1 et L_2 (fig. 15). Les images des diaphragmes fixes D_1 et D_2 se forment respectivement en A_1B_1 et en $B'_1 B_2$ et se coupent en O sur l'arête perpendiculaire à leur plan d'une glace noire OO'. Les rayons appartenant à la moitié OB_2 de l'image de D_2 entrent dans le microscope. Les rayons appartenant à la moitié OB_1 de l'image de D_1 se réfléchissent sur la glace en donnant l'image OB'_1 et entrent aussi dans le microscope. Un diaphragme $F_1 F_2$ placé dans le plan focal de l'objectif du microscope restreint à deux demi-cercles contigus les portions visibles de ces images. On rend leurs éclats égaux à l'aide du diaphragme mobile. La source s_1 sert de terme de comparaison constant. On substitue en s_2 les diverses sources qu'on veut comparer entre elles.

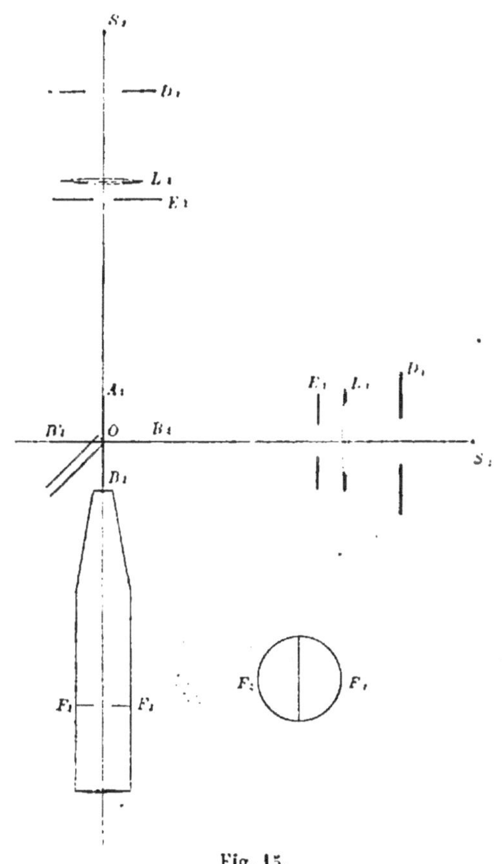

Fig. 15.

(1) La sensibilité de l'œil mesurée comme nous l'avons indiqué plus haut a des valeurs très variables avec la couleur des sources lumineuses mises en expérience. Elle décroît rapidement quand la couleur se rapproche de l'extrémité violette du spectre.

servées. La lumière blanche elle-même, étant composée d'une infinité de couleurs simples diversement colorées, ne peut être rigoureusement définie, car la même nuance peut être obtenue avec diverses combinaisons de couleurs élémentaires. On ne peut donc acquérir une connaissance exacte des sources lumineuses qu'en étudiant séparément les éléments simples qui constituent leur lumière.

Cette étude se fait au moyen d'appareils appelés spectro-photomètres. M. Govi, en 1860, a construit le premier un de ces instruments. L'organe essentiel est un spectroscope formé d'un ou plusieurs prismes qui donnent à la fois les spectres des deux sources comparées. Ces spectres sont superposés par leurs couleurs correspondantes.

On peut donc comparer directement les éclats des spectres dans chacune des couleurs, soit en les observant directement, soit en les regardant à travers une lunette munie d'un diaphragme à ouverture assez petite pour ne laisser passer que la couleur observée dans les deux spectres.

On fait varier la distance de l'une des deux sources à la fente du spectroscope de façon à réaliser l'égalité d'éclat, et l'on répète cette comparaison pour toutes les couleurs du spectre.

On peut aussi projeter sur les deux moitiés de la fente les images des deux sources, à l'aide de lentilles diaphragmées, comme l'a fait M. Cornu.

20. Unités des grandeurs lumineuses. — *Etalon de lumière.* Il importe de prendre comme terme de comparaison dans l'étude des grandeurs lumineuses l'intensité d'une source qui reste toujours identique à elle-même. Dumas et Regnault avaient proposé en 1861 d'adopter comme unité l'intensité d'une lampe Carcel brûlant par heure 42 grammes d'huile de colza. Cette unité n'est pas définie d'une manière assez précise, et il en est de même des unités pratiques adoptées dans les autres pays.

En 1881, le Congrès international des électriciens réunis à Paris a adopté, sur la proposition de M. Violle, une unité absolue d'intensité lumineuse parfaitement invariable.

Cette unité est, pour chaque radiation simple du spectre, l'intensité lumineuse fournie, suivant la direction normale, par une étendue d'un centimètre carré prise sur la surface libre d'un bain de platine fondu, à son point de fusion, quand on suppose éteintes toutes les autres radiations. L'unité pratique d'intensité pour la lumière blanche, qui ne peut être rigoureusement définie, comme nous venons de le voir, est l'intensité lumineuse totale fournie par la même source.

M. Violle a comparé par des expériences photométriques variées l'intensité

de l'étalon de lumière ainsi défini avec l'intensité du carcel normal, tant pour
contrôler le degré de précision fourni par cette dernière source que pour per-

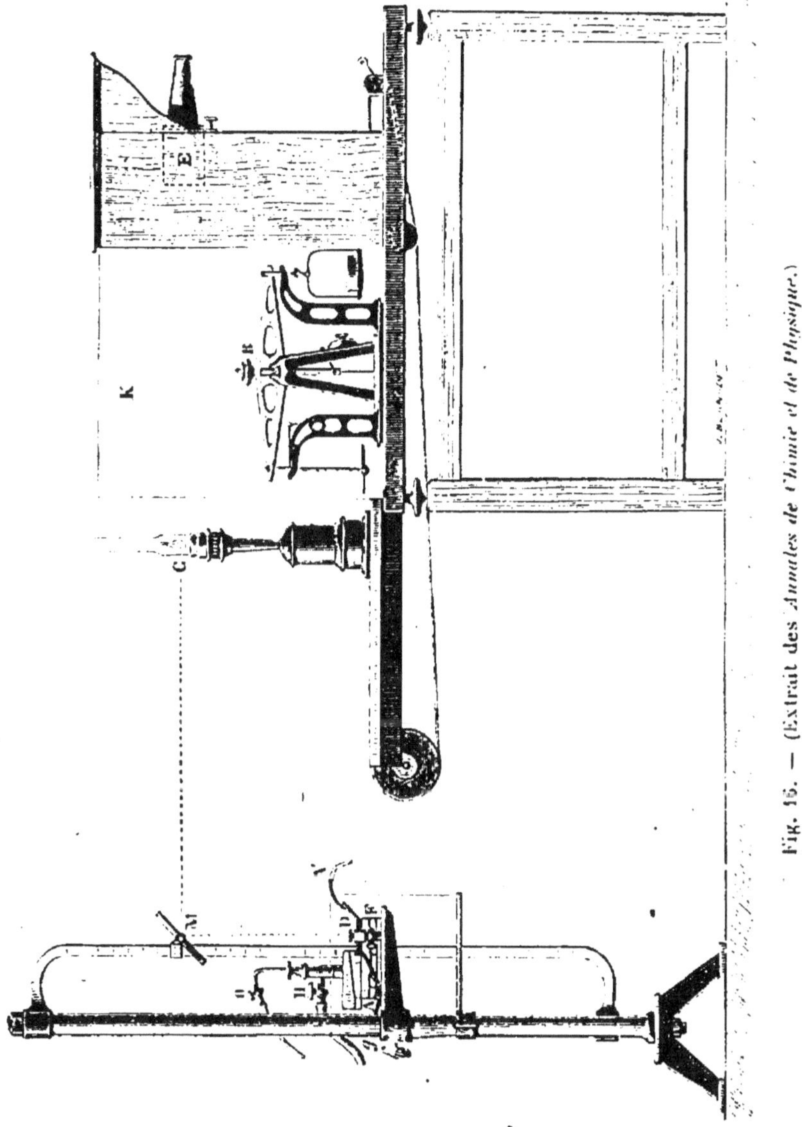

Fig. 16. — (Extrait des *Annales de Chimie et de Physique.*)

mettre de l'utiliser dans les mesures usuelles comme étalon intermédiaire.
Dans ces expériences le platine est fondu dans un creuset de chaux vive (1)

(1) *Journal de Physique*, 2ᵉ série, t. III, p. 246.

au moyen du chalumeau oxhydrique (fig. 16). On surmonte à faible distance la
surface éclairante d'un diaphragme formé d'une boîte plate en platine, à l'intérieur de laquelle passe un rapide courant d'eau froide. Ce diaphragme est percé
d'une ouverture rectangulaire dont la surface est 1 cent. carré, ou un multiple
connu de cette étendue. Il est noirci sur ses deux faces, de manière à éviter
toute réflexion de lumière vers le platine ou vers les surfaces éclairées. Dans
une des séries d'expériences, la lumière venant du platine était réfléchie horizontalement par un miroir incliné à 45°, dont le pouvoir réflecteur avait été
mesuré avec soin. On la comparait avec celle du carcel au moyen d'un photomètre de Foucault construit par M. Deleuil pour la vérification du pouvoir éclairant du gaz à Paris. D'autres expériences ont été faites avec un photomètre de
Rumford construit par MM. Sautter et Lemonnier pour le service des phares. On
a aussi observé avec ce dernier appareil la lumière émise directement par le
platine sous un angle de 45° et reçue sous ce même angle. Enfin M. Violle a
encore comparé l'étalon absolu avec des lampes électriques à incandescence
alimentées par un courant déterminé. Ces lampes ont été ensuite comparées au
carcel normal dont la dépense en huile était exactement mesurée par des pesées.

La mesure photométrique devant être prise au point de fusion, l'opération se
fait comme il suit. On supprime les gaz et on laisse le métal liquide se refroidir.
L'intensité lumineuse diminue d'abord rapidement, puis présente en général
une légère recrudescence au moment où la solidification commence sur les
bords, parce que le métal se trouve en surfusion et remonte à ce moment
au point de fusion. L'intensité est ensuite stationnaire : c'est la période pendant laquelle on doit faire les mesures. Puis la solidification gagne la partie
utile de la surface et amène une augmentation momentanée d'intensité, parce
que le pouvoir émissif du platine solide est plus grand que celui du platine
liquide. Enfin l'intensité diminue de nouveau rapidement.

Toutes les expériences ont fourni des résultats d'une concordance remarquable. Les comparaisons directes ont donné en moyenne pour l'intensité du
carcel normal $\dfrac{1}{2,08}$. Les comparaisons par les lampes électriques ont donné
$\dfrac{1}{2,069}$. La surface de la flamme du carcel étant évaluée à $5^{cc}25$, l'éclat intrinsèque de cette flamme est $\dfrac{1}{2,08 \times 5,25} = \dfrac{1}{11}$ environ (1).

---

(1) M. Violle a récemment proposé d'employer comme étalon pratique secondaire
de lumière la flamme d'un bec alimenté par de l'acétylène. Cette flamme est parfaitement blanche, tandis que la flamme du carcel et celles des autres étalons pratiques
anciennement employés présentent une coloration jaunâtre. De plus, ce nouvel étalon
est caractérisé par une fixité remarquable et un éclat peu inférieur à celui du platine
fondu. L'acétylène est préparé par l'action de l'eau distillée sur le carbure de calcium
obtenu lui-même dans le four électrique par la réaction du charbon sur la chaux vive.

CHAPITRE II

RÉFLEXION DE LA LUMIÈRE

§ 1ᵉʳ. — Lois de la réflexion.

21. Réflexion. — Quand un rayon lumineux rencontre une surface polie séparant le milieu qu'il vient de traverser d'un autre milieu de nature différente, il donne naissance à un rayon réfléchi qui se propage de nouveau dans le premier milieu suivant des lois déterminées.

22. Lois de la réflexion. — On appelle plan d'incidence le plan SIN (fig. 17) déterminé par la direction du rayon incident SI et par la normale IN à la surface réfléchissante au point d'incidence. On appelle angle d'incidence et angle de réflexion les angles SIN, RIN, respectivement compris entre la normale et les rayons incident et réfléchi.

La réflexion obéit aux deux lois suivantes :

I. — *Le rayon réfléchi est contenu dans le plan d'incidence.*

II. — *Le rayon incident et le rayon réfléchi sont situés de part et d'autre de la normale, et l'angle d'incidence est égal à l'angle de réflexion* (1).

La vérification de ces lois repose principalement sur la constatation expérimentale des nombreuses conséquences qu'elles entraînent. Mais on peut les vérifier directement par les procédés suivants :

Fig. 17.

____

(1) Il résulte immédiatement de ces deux lois que si l'on donne un premier rayon incident SI, se réfléchissant suivant IR, et qu'un second rayon incident RI se propage suivant la direction du premier rayon réfléchi et en sens contraire, il donnera naissance à un second rayon réfléchi IS se propageant suivant la direction du premier rayon incident et en sens contraire.

23. Appareil dit de Silbermann. — Cet appareil se compose d'un miroir plan horizontal MM' (fig. 18), disposé au centre d'un cercle gradué vertical VV'. Deux alidades AA' et BC peuvent parcourir la graduation de ce cercle.

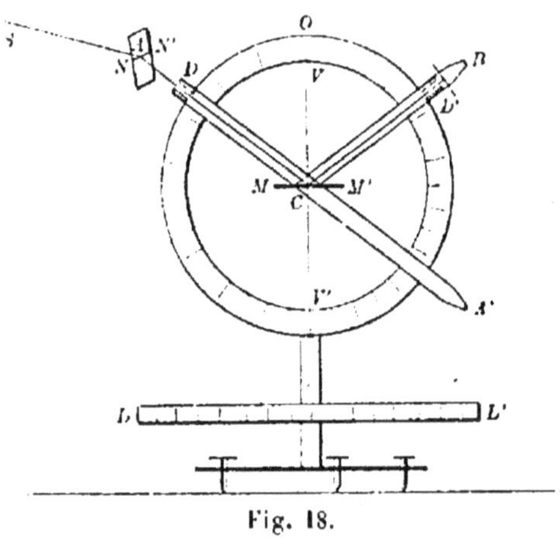

Fig. 18.

La première porte à son extrémité A un miroir plan auxiliaire qui peut tourner à volonté autour d'un axe NN' situé dans son plan, et autour d'un second axe parallèle à la longueur de l'alidade.

Le miroir peut ainsi prendre toutes les orientations possibles. On dispose ce miroir de façon qu'il réfléchisse suivant la direction de l'alidade AA' un faisceau lumineux venant du soleil ou d'une source lumineuse artificielle.

L'épaisseur de ce faisceau est limitée par un diaphragme D placé sur son trajet. La lumière vient se réfléchir sur la région centrale C du miroir MM'. L'expérience consiste à placer la seconde alidade CB suivant la direction du faisceau réfléchi, en sorte que ce faisceau vienne passer par l'ouverture du diaphragme D', et soit reçu sur un plan de verre dépoli qui termine l'alidade. Quelle que soit la direction donnée au faisceau incident AC, on peut toujours amener l'alidade CB à prendre la direction du faisceau réfléchi. Ces deux directions et celle de la normale CV sont parallèles au plan du limbe : la première loi est donc vérifiée.

Pour vérifier la seconde, on constate au moyen de la graduation du limbe l'égalité des angles d'incidence et de réflexion.

24. Emploi du bain de mercure et du théodolite. — Le théodolite est constitué essentiellement par un cercle vertical gradué O (fig. 19), sur lequel peut tourner autour d'un axe horizontal une lunette astronomique LL', dont les mouvements sur le cercle sont appréciés à l'aide d'un vernier qu'elle entraine avec elle. Ce cercle peut lui-même tourner autour de l'axe vertical de son support, et ses déplacements angulaires sont mesurés par une seconde alidade AB, munie de vernier, se déplaçant sur un cercle gradué horizontal fixe. Un niveau à bulle d'air permet d'amener l'axe de rotation du limbe O à être parfaitement vertical.

On vise une certaine étoile S, c'est-à-dire qu'on oriente vers elle l'axe optique LO de la lunette. On fait ensuite tourner de 180° le plan du limbe vertical, ce qui a pour effet d'amener l'axe de la lunette à la direction OL_1 symétrique de OL par rapport à la verticale OV. On ramène la lunette à sa première direction, en visant une seconde fois l'étoile. La course de la lunette fait connaître le double $2z$ de la distance zénithale de l'étoile, et la bissectrice de l'angle décrit donne le diamètre vertical OV du cercle.

L'axe de la lunette étant replacé dans la direction OL, on l'amène à la di-

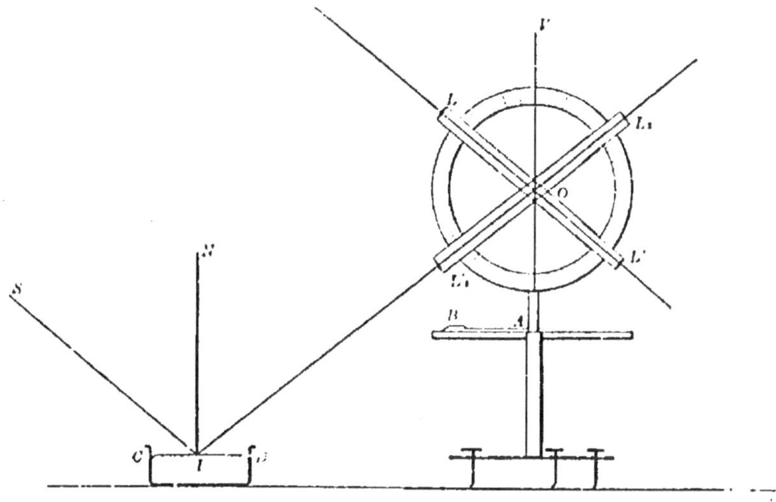

Fig. 19.

rection OL'_1 qu'il faut lui donner pour viser l'image de la même étoile par réflexion dans la surface CD d'un bain de mercure placé dans le voisinage de l'appareil, et l'on constate que l'angle de rotation de la lunette dans cette seconde expérience est le supplément $\pi - 2z$ de l'angle décrit dans la première.

L'axe de la lunette a donc pris la direction OL'_1 du prolongement de LO_1. Le rayon incident SI doit être considéré comme parallèle à SO ; sa direction, celle du rayon réfléchi IL'_1 O, et celle de la normale IN sont donc parallèles au plan du limbe vertical, et par conséquent contenues dans un même plan. Les angles d'incidence SIN, et de réflexion NIO sont respectivement égaux à LOV et VOL_1, comme ayant leurs côtés parallèles et de mêmes sens. Ces derniers angles étant égaux, la deuxième loi se trouve établie.

L'expérience comporte une cause d'erreur due à ce que, par suite du mouvement diurne, la valeur de la distance zénithale z change pendant l'intervalle des observations. On écarte à peu près complètement cette cause d'erreur en prenant pour repère l'étoile polaire, dont la position dans le ciel peut être considérée comme fixe pendant la faible durée nécessaire à une expérience (1).

25. Pouvoir réflecteur. — On appelle *pouvoir réflecteur* d'une surface réfléchissante le rapport qui existe entre les quantités de lumière propagées dans le faisceau réfléchi et dans le faisceau incident.

Bouguer a imaginé la méthode suivante pour mesurer le pouvoir réflecteur d'une surface plane. Soient ABDC et A'B'FE (fig. 20) deux petits écrans blancs tels que l'image A'B'D'C' du premier par rapport au miroir rectangulaire MNPQ qui leur est parallèle se place sur le prolongement du second. Disposons le miroir de sorte que le plan AB A'B' perpendiculaire au miroir passe par l'arête MN et plaçons l'œil en O dans ce plan. Les deux surfaces étant éclairées par une source lumineuse très petite L placée sur la droite AA', déplaçons cette source jusqu'à ce que les surfaces A'B'FE et A'B'D'C' ainsi vues sous le même angle paraissent également éclairées dans leurs parties voisines. Soient d et d' les dis-

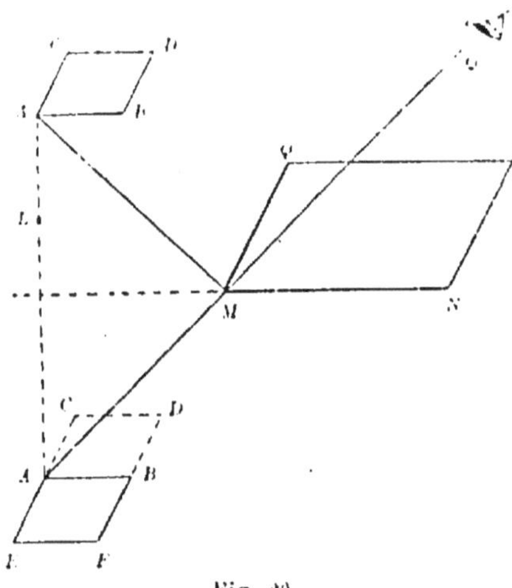

Fig. 20.

sent également éclairées dans leurs parties voisines. Soient d et d' les dis-

(1) Cette série d'opérations fournit deux méthodes différentes pour la mesure de la distance zénithale d'une étoile : 1° la méthode directe qui comporte le retournement du cercle gradué ; 2° la méthode basée sur les lois de la réflexion et sur l'emploi du bain de mercure, qui n'exige pas ce retournement. C'est à cette seconde méthode qu'on a recours dans les observatoires pour faire cette mesure avec les cercles muraux qu'on ne peut retourner. Le bain de mercure maintenu dans une boîte fermée à l'abri de la poussière, en est chassé par une ouverture latérale, grâce à une masse pesante qu'on y fait descendre progressivement. Le mercure vient s'étaler dans une large boîte plate découverte où sa surface peut être visée.

Les trépidations du sol dans les villes nuisent à la perfection de ce miroir. L'Observatoire de Paris a adopté depuis quelques années un artifice consistant à faire rentrer avec précaution la plus grande partie du mercure dans le réservoir, de façon à ne

lances de la source aux deux surfaces, I l'intensité de cette source, K le pouvoir réflecteur du miroir. Nous aurons, en exprimant que les éclairements sont égaux :

$$K \frac{I}{d^2} = \frac{I}{d'^2}$$

$$K = \frac{d^2}{d'^2}$$

Cette mesure fournit les résultats suivants :

1° Le pouvoir réflecteur des substances transparentes va en croissant à mesure qu'on fait croître l'angle d'incidence. Il atteint un maximum égal à l'unité quand les rayons rasent la surface réfléchissante. Le pouvoir réflecteur du verre sous l'incidence normale ne dépasse pas $\frac{1}{25}$. Celui de l'eau est environ $\frac{1}{50}$ dans les mêmes conditions. C'est grâce à la variation du pouvoir réflecteur avec l'incidence que l'image du ciel dans une flaque d'eau éloignée présente un grand éclat qui diminue ensuite à mesure qu'on s'approche.

2° Les métaux polis présentent déjà sous l'incidence normale un grand pouvoir réflecteur. Celui de l'acier atteint 0,6. La loi suivant laquelle le pouvoir réflecteur varie avec l'incidence est plus compliquée que dans le cas des corps transparents. Le pouvoir réflecteur tend encore vers l'unité quand le rayon s'approche de l'incidence rasante.

26. Diffusion de la lumière. — Les surfaces mates, comme celle d'une feuille de papier ou d'un mur blanchi à la chaux, ne réfléchissent pas la lumière à la façon des miroirs. Elles renvoient dans toutes les directions de l'espace la lumière qu'elles reçoivent.

Ce phénomène constitue la *diffusion de la lumière*. Tandis que les surfaces polies réfléchissent les rayons lumineux suivant des directions déterminées, de sorte qu'ils semblent émaner de régions déterminées de l'espace, les surfaces mates paraissent elles-mêmes lumineuses en tous leurs points, pour toutes les positions que l'œil peut occuper en avant de ces surfaces. C'est

---

laisser à découvert qu'une mince pellicule de mercure. Les propriétés capillaires de cette pellicule permettent de l'assimiler à une membrane tendue à peu près insensible aux petits mouvements accidentels du support. Les observations ont pu ainsi atteindre une perfection beaucoup plus grande.

grâce à ce phénomène que nous pouvons voir les objets qui ne sont pas lumineux par eux-mêmes (1).

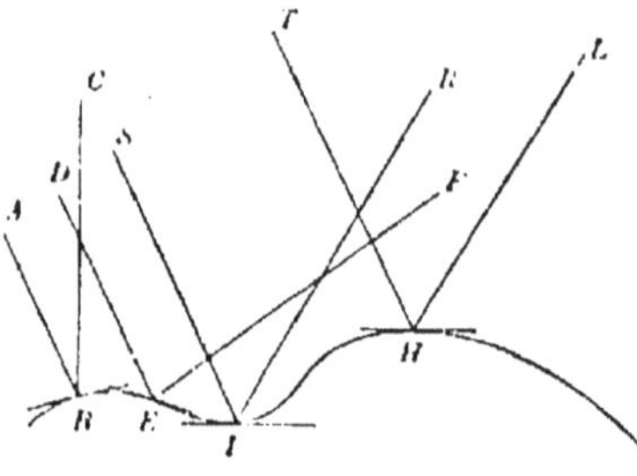
Fig. 21.

Le phénomène de la diffusion s'explique par la présence des aspérités qui recouvrent les surfaces non polies. Les rayons incidents tels que SI, TH (fig. 21), qui rencontrent la surface en des points où le plan tangent possède la direction générale de cette surface sont réfléchis suivant IR, HL, comme si la surface était polie. Les rayons AB, DE qui rencontrent les autres points sont renvoyés suivant des directions différentes, bien qu'ils obéissent aux lois ordinaires de la réflexion.

La distribution de la lumière diffusée n'a pas été étudiée avec précision.

§ 2. — Miroirs plans.

27. Image d'un point lumineux. — On donne le nom de miroir à toute surface polie capable de réfléchir régulièrement une notable portion de la lumière incidente (2).

1° *Point lumineux réel.* — Soit S (fig. 22) un point lumineux placé devant un miroir plan MM' ; un rayon incident quelconque SI émis par ce point donne naissance à un rayon réfléchi IR. Abaissons du point S sur le plan MM' la perpendiculaire SP.

Cette droite rencontre en un point S' le prolongement du rayon réfléchi puisque ces deux directions ne sont pas parallèles et sont contenues dans le plan d'incidence.

---

(1) Il n'existe pas de surface assez parfaitement polie pour ne diffuser aucune lumière, car, s'il en était ainsi, une pareille surface, recevant dans une salle fermée la lumière d'une seule source lumineuse étroite, devrait être invisible, quand l'œil de l'observateur est placé sur une direction autre que celle des rayons réfléchis spéculairement. L'expérience montre qu'il n'en est jamais ainsi ; le miroir diffuse toujours un peu de lumière. Si une partie seulement du miroir est éclairée par le faisceau lumineux, cette partie éclairée se distingue nettement du reste.

(2) Les miroirs sont ordinairement constitués par des surfaces métalliques polies. Dans les miroirs usuels, on dépose sur la face postérieure d'une lame de verre un amalgame d'étain ou une couche d'argent.

Les miroirs employés dans les instruments d'optique ne présentent qu'une seule surface métallique polie. On écarte ainsi l'inconvénient des réflexions multiples.

Les angles SIP, S'IP sont égaux comme respectivement complémentaires des angles d'incidence et de réflexion. Les deux triangles rectangles SIP, S'IP, sont donc égaux et les longueurs PS, PS' sont égales. Le point S' est donc le symétrique du point S par rapport au plan MM'. Cette propriété étant indépendante de la direction du rayon SI, les directions de tous les rayons réfléchis passent par le point S'.

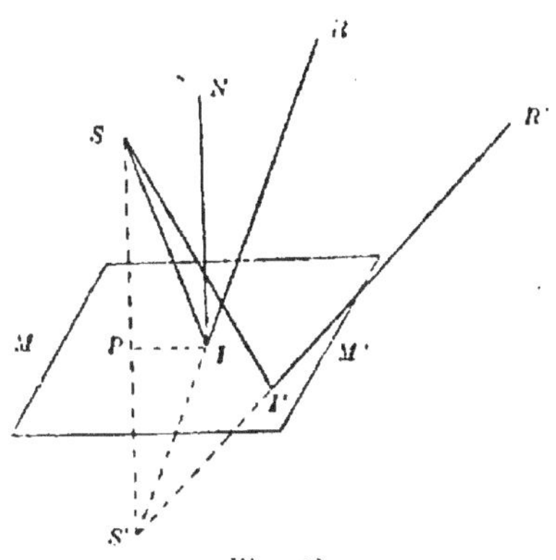

Pour un observateur qui reçoit dans son œil un faisceau de rayons réfléchis tels que IR, I'R', tout se passe comme si la lumière venait du point S', car on rapporte toujours l'origine de la lumière au point de concours des rayons reçus par l'œil. Bien qu'il n'y ait en S' aucune lumière, on verra en ce point une apparence identique au point lumineux S. Un écran placé en S' demeurerait obscur, puisqu'il se trouverait derrière le miroir. On exprime ces faits en disant qu'il s'est formé en S' une image virtuelle du point lumineux S.

Fig. 22.

2° *Point lumineux virtuel.* — Considérons maintenant un faisceau de rayons incidents RI, R'I', dirigés en sens contraire des précédents et convergeant vers un point S' commun à leurs directions et situé derrière le miroir. Ce point de concours S' considéré par rapport au miroir MM' s'appelle par analogie *point lumineux virtuel.* De pareils faisceaux convergents ne se rencontrent pas d'ordinaire dans la nature ; mais ils peuvent être produits par divers systèmes de surfaces réfléchissantes ou réfringentes employés en optique.

Les rayons convergents RI, R'I', prennent après leur réflexion les directions IS, I'S, qui convergent en S. Il y a donc en ce point une concentration de la lumière réfléchie que l'on peut rendre sensible en plaçant en S un écran capable de diffuser la lumière. Le point S constitue une image réelle du point lumineux virtuel S'.

Ces deux points S et S', possédant ainsi des propriétés réciproques, sont appelés *foyers conjugués* par rapport à la surface réfléchissante MM'.

28. Image d'un objet lumineux. — Les divers points d'un objet lumineux SA (fig. 23), de dimensions quelconques, placé devant un miroir plan MM', donnent respectivement pour images les points symétriques par rapport au plan du miroir. Le lieu géométrique de ces images est une figure

S′A′ symétrique de l'objet, que l'on appelle *image* de l'objet SA par rapport au miroir MM′.

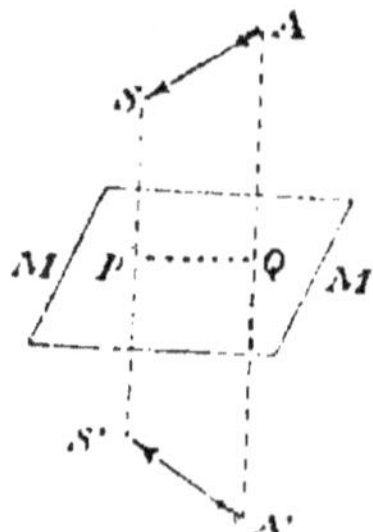

Fig. 23.

Cette image n'est pas en général superposable à l'objet, à moins que celui-ci ne présente un plan de symétrie. Ainsi l'image de la main droite présente la forme de la main gauche. D'après les théorèmes précédents, l'image ainsi obtenue est virtuelle quand l'objet est réel, réelle quand l'objet est virtuel.

29. Faisceau efficace. — Soient P l'ouverture de la pupille, S un point lumineux. Proposons-nous de déterminer les limites du faisceau lumineux grâce auquel l'œil voit l'image S′ du point S (fig. 24). Le cône S′AP de rayons réfléchis parvenant à l'œil a pour sommet S′ et pour directrice le bord AP de la pupille. Ce cône coupe le miroir suivant une courbe II′ directrice du cône SII′ des rayons incidents. Ce dernier cône prolongé irait passer par l'image du bord de la pupille AP par rapport au miroir.

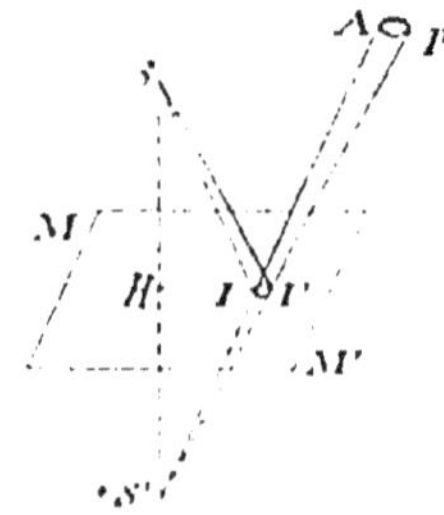

Fig. 24.

30. Champ d'un miroir plan. — On appelle *champ d'un miroir* pour un point donné A la portion de l'espace où doit se trouver un point lumineux S, pour que le miroir fournisse un rayon réfléchi passant en A (fig. 25).

La direction du rayon incident SL correspondant à ce rayon réfléchi doit passer au point A′ symétrique de A et rencontrer la surface du miroir. On obtient donc le champ en construisant un cône ayant pour sommet le point A′ et pour directrice le bord du miroir. La partie de la nappe de ce cône située en avant du miroir limite le champ.

Fig. 25.

31. Miroirs parallèles. — Soient xx′, yy′ (fig. 26) deux miroirs plans parallèles, dont les surfaces réfléchissantes sont tournées l'une vers l'autre, S un point lumineux placé entre ces miroirs, SI un rayon quelconque parti de ce point et rencontrant la surface du miroir xx′. Prenons pour plan de la figure le plan d'incidence mené par SI perpendiculairement aux plans des deux miroirs.

Les rayons tels que SI se réfléchissent en donnant naissance à une première image S′ symétrique du point S par rapport à xx′. Les rayons tels que

IK appartenant au faisceau réfléchi, et dont les angles avec la perpendiculaire ASB aux plans des miroirs sont assez petits, rencontrent la surface du miroir zz' où ils se réfléchissent de nouveau. Il se produit ainsi une seconde image S″ symétrique de S′ par rapport à zz', puis de même une troisième S‴ symétrique de S″ par rapport à xx', et ainsi de suite indéfiniment.

Ces images successives étant formées par des quantités de lumière

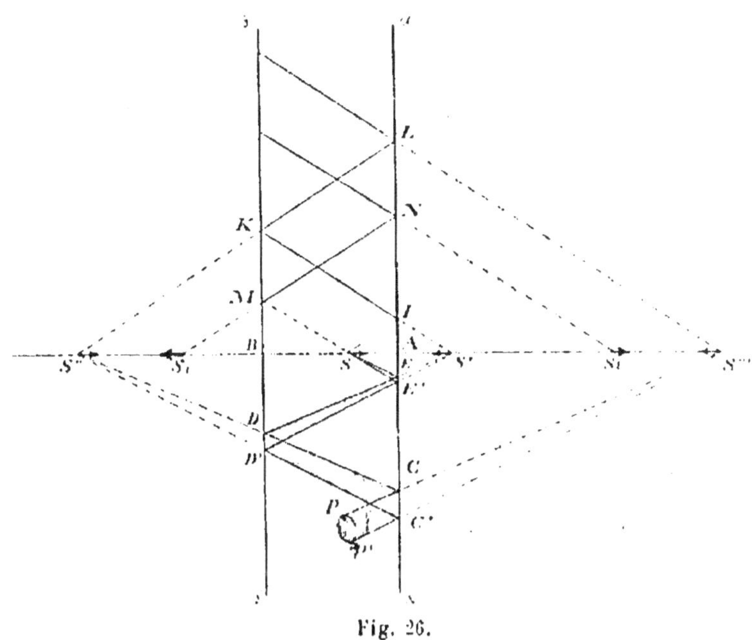

Fig. 26.

décroissantes vont en s'affaiblissant, en même temps qu'elles s'éloignent de plus en plus du point S. Si le point S fait partie d'un objet lumineux, les images d'ordre impair formées derrière xx' présentent des figures symétriques de celle de l'objet par rapport à un plan, et non superposables à l'objet. Les images d'ordre pair formées derrière zz' sont symétriques du symétrique de l'objet, et par conséquent superposables à l'objet lui-même. En outre, si l'objet est opaque, toutes ces images représentent la partie de sa surface tournée vers le miroir zz'.

Calculons les distances des images de cette première série au miroir qui en est le plus éloigné. Désignons par d la distance AB des deux miroirs, par a et b les distances SA et SB du point S à chacun d'eux. δ_n étant la distance cherchée de la n^e image au miroir qui en est le plus éloigné, et la $n + 1^e$ réflexion ayant lieu sur ce miroir, sa distance à la $n + 1^o$ image est aussi δ_n. La distance de cette dernière au second miroir est donc :

$$\delta_{n+1} = \delta^? + d$$

On obtient donc en général la distance qui caractérise une image quelconque en ajoutant d à celle qui correspond à l'image précédente. Or pour la première image S′, la distance cherchée est $\delta_1 = a + d$. Donc pour la n^e image elle est

$$\delta_n = a + nd$$

En considérant des rayons lumineux partis de S et rencontrant d'abord le miroir $\beta\beta'$, on voit de même qu'il se forme une seconde série indéfinie d'images S_1, S_2....., représentant la partie de la surface de l'objet tournée vers $\beta\beta'$. Leurs distances au miroir le plus éloigné sont données par la formule générale :

$$\gamma_n = b + nd$$

32. La position de la pupille PP′ étant donnée, déterminons la marche du faisceau efficace fournissant à l'œil la sensation d'une image quelconque S‴. Construisons un cône ayant pour sommet l'image donnée S‴ et pour directrice le bord de la pupille. Ce cône rencontre le miroir $\alpha\alpha'$, sur lequel a lieu la dernière réflexion, suivant une courbe CC′. La partie CC′ PP′ du cône située en avant du miroir représente le faisceau lumineux réfléchi qui pénètre dans l'œil.

Avant la dernière réflexion, les directions des rayons passaient par l'image précédente S″. On construit donc un second cône ayant pour sommet L″ et pour directrice la courbe CC′. Ce faisceau coupe le second miroir suivant une courbe DD′, et la partie DD′ CC′ du cône est une portion réelle du faisceau lumineux. En continuant de proche en proche cette construction, l'on obtient dans toute son étendue le faisceau efficace SEE′ DD′ CC′ PP′.

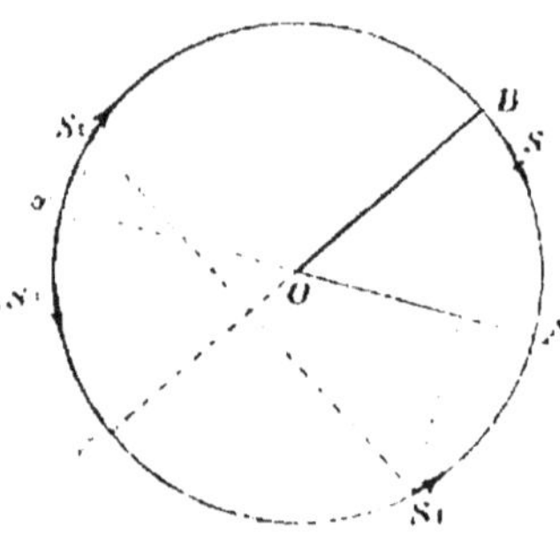

Fig. 27.

33. Miroirs inclinés. — Considérons un point S d'un objet lumineux placé entre deux miroirs OA et OB qui font entre eux un angle d. (fig. 27). Toutes les images du point S s'obtiennent en déterminant le symétrique de ce point ou de l'une de ses précédentes images par rapport au plan de l'un des miroirs. Elles sont donc dans un même plan mené par S perpendiculairement à l'intersection O des deux miroirs, et distribuées sur une circonférence de cercle ayant son centre sur l'intersection O. Désignons par a et b les angles SOA, SOB. Une série de réflexions, dont la première s'accomplit sur le miroir OA, donne naissance à une série d'images S_1, S_2...., S_n, placées alternativement derrière chacun des miroirs. Nous obtiendrons leurs distances angulaires successives au miroir le plus éloigné, en raisonnant comme dans le cas des miroirs parallèles. Cette distance est, pour la n^e image :

$$\delta = a + nd$$

A mesure que n croît, δ_n va en augmentant. Tant qu'on aura $\delta_n < \pi$, l'image considérée se trouvera en dehors de l'angle $\alpha\, 0\, \beta$ opposé par le sommet à celui des miroirs et une nouvelle réflexion sera possible sur le miroir le plus éloigné. A la plus petite valeur de n donnant $\delta_n > \pi$ correspond une image située dans l'angle $\alpha\, 0\, \beta$, qui est la dernière de la série, cette image se trouvant à la fois en arrière des deux miroirs. Les rayons réfléchis sur un des miroirs et concourant en cette image ne peuvent plus rencontrer l'autre miroir. Le nombre des images de cette série est donc déterminé par la plus petite valeur entière de n satisfaisant à la condition

$$a + nd > \pi,$$

ou
$$n > \frac{\pi}{d} - \frac{a}{d} \quad (1)$$

De même, des réflexions successives commençant par le miroir OB donnent naissance à une seconde série d'images S'_1, S'_2..., S'_n..., dont les distances angulaires au miroir le plus éloigné ont pour expression

$$\gamma_n' = b + n'd$$

et le nombre de ces images est la plus petite valeur entière de n' satisfaisant à la condition :

$$n' > \frac{\pi}{d} - \frac{b}{d}$$

34. Faisons varier a de 0 à d, ce qui revient à prendre pour objet lumineux l'arc AB. La distance δ_n correspondant à la n^e image de la première série varie entre nd et $(n + 1)\, d$.

Portons sur la circonférence, à partir de chacun des deux miroirs, une série d'arcs AB_1, B_1A_2, etc., égaux à AB (fig. 28). Les images symétriques d'ordre impair de l'arc AB dans la première série seront les arcs AB_1, A_2B_3, etc., d'ordre impair à partir de OA. Les images superposables d'ordre pair de cette même série seront les arcs A_1B_2, A_3B_4, etc., d'ordre pair à partir de OB. Les

---

(1) Les images d'ordre impair sont symétriques de l'objet par rapport à un plan et placées derrière le miroir qui a fourni la première réflexion ; les images d'ordre pair sont superposables à l'objet et placées derrière le miroir opposé à celui qui a fourni la première réflexion.

images de la seconde série s'intercaleront entre les précédentes, et deux images contiguës seront séparées par l'image commune de l'un des miroirs.

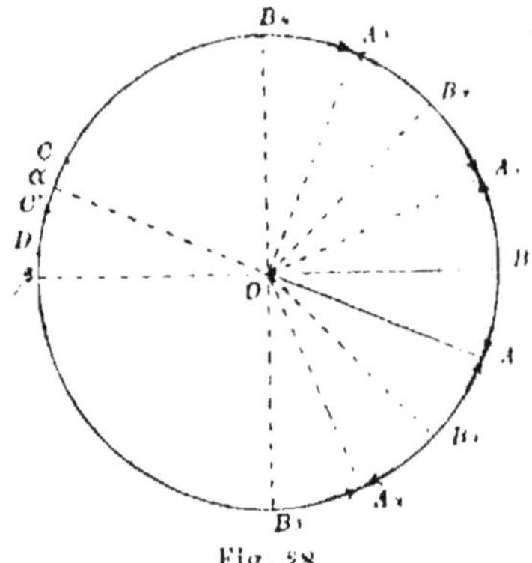

Fig. 28.

Des superpositions d'images différentes pourront avoir lieu seulement dans la région $\alpha O \beta$ opposée à l'intervalle des deux miroirs, une dernière réflexion sur chacun d'eux pouvant donner à la fois des images ou des portions d'images dans cette région.

1° *Superposition d'images de la même série.* — Quand une image CD d'une certaine série, produite par exemple par réflexion sur OB, franchit les limites de cette région, la portion C α de cette image située en deçà de O α donne naissance par réflexion sur OA à une portion d'image α C' qui termine la série et est en partie superposée à l'image précédente. Ces deux images sont symétriques l'une de l'autre et il n'y a coïncidence entre les images d'un même point qu'au seul point α.

Pour que cette circonstance ne se produise pas, il faut et il suffit qu'un des arcs images se termine en α, c'est-à-dire que la demi-circonférence AB α contienne un nombre entier d'arcs égaux à AB, ce qui exige que l'angle des miroirs soit contenu un nombre pair de fois dans quatre angles droits.

2° *Superposition d'images de même ordre K appartenant aux deux séries.* — Ces images étant produites par un même nombre de réflexions, cherchons la condition pour qu'elles coïncident pour un même point de l'objet. Les distances angulaires γ et δ étant comptées à partir de miroirs différents, la coïncidence exige que leur somme diminuée de l'angle d soit égale à quatre droits,

$$\delta + \gamma - d = 2\pi,$$

ou en remplaçant γ et δ pour leurs valeurs et en remarquant que

$$n = n' = K$$
$$2Kd = 2\pi$$

Il faut et il suffit que l'angle des miroirs soit contenu un nombre entier et pair de fois 2K dans quatre angles droits, et quand cette condition est remplie, la coïncidence a lieu quels que soient a et b, c'est-à-dire à la fois pour tous les points de l'objet AB. Cette dernière image commune occupe exactement l'intervalle $\alpha\beta$.

35. Discussion. — Discutons maintenant la valeur du nombre des images d'un même point pour les diverses valeurs de d. Nous supposerons que les notations ont été choisies de façon à satisfaire les inégalités

$$a \geq \frac{d}{2} \geq b$$

1er *Cas.* — L'angle *d* des miroirs est compris un nombre entier et pair 2K de fois dans quatre angles droits. On a alors :

$$K d = \pi$$

$$n > K - \frac{a}{d} \qquad n' > K - \frac{b}{d}$$

Les quantités $\frac{a}{d}$ et $\frac{b}{d}$ étant inférieures à l'unité, les plus petites valeurs de *n* et de *n'* qui satisfassent aux deux inégalités ont l'une et l'autre pour valeur K. Chaque série compte donc K images.

Mais nous avons démontré que dans ce cas les images extrêmes des deux séries sont confondues dans l'angle x O3. Suivant que le faisceau réfléchi reçu de cette dernière image par la pupille rencontre la surface de l'un ou de l'autre des miroirs, le phénomène observé correspond à l'une ou à l'autre des deux séries. Si ce faisceau est partagé entre les deux miroirs, les deux images superposées concourent à produire le phénomène.

En résumé l'objet est vu en tout 2K fois par lui-même ou par ses images distinctes.

2e *Cas.* — L'angle des miroirs est contenu un nombre entier et impair de fois 2K + 1 dans quatre angles droits. On a :

$$(2K + 1) d = 2 \pi$$

$$\frac{\pi}{d} = K + \frac{1}{2}$$

Les nombres d'images sont déterminés par les conditions :

$$n > K + \frac{1}{2} - \frac{a}{d}, \qquad n' > K + \frac{1}{2} - \frac{b}{d}$$

On a, d'après les hypothèses faites sur les valeurs de *a* et de *b*,

$$\frac{1}{2} - \frac{a}{d} \leqq 0, \qquad \frac{1}{2} - \frac{b}{d} \geqq 0$$

Les nombres d'images sont donc :

$$n = K, \qquad n' = K + 1,$$

en tout 2K + 1, sans compter l'objet.

3e *Cas.* — L'angle des miroirs est contenu dans quatre droits un nombre pair de fois plus une fraction.

$$2 K d + 2 c = 2 \pi$$

ou

$$\frac{\pi}{d} = K + \frac{c}{d},$$

en supposant $c < \frac{d}{2}$

Le nombre des images de deux séries est déterminé par

$$n > K + \frac{c-a}{d}, \qquad n' > K + \frac{c-b}{d}$$

On a toujours $c - a < 0$. La première série fournit K images.

Suivant que l'on a $c > b$, ou $c < b$, c'est-à-dire suivant que la distance du point lumineux au miroir le plus rapproché est inférieure ou supérieure à c, la seconde série fournit $K + 1$ ou K images ; il y en a donc en tout $2K + 1$ ou $2K$, sans compter l'objet.

4° *Cas*. — L'angle des miroirs est contenu dans quatre droits un nombre pair de fois moins une fraction

$$2Kd - 2c = 2\pi$$

ou

$$\frac{\pi}{d} = K - \frac{c}{d},$$

en supposant $c < \dfrac{d}{2}$

On obtient dans chaque série

$$n > K - \frac{a+c}{d}, \qquad n' > K - \frac{b+c}{d}$$

Il résulte des hypothèses faites qu'on a toujours $\dfrac{b+c}{d} < 1$. La seconde série donne donc K images.

Suivant que l'on a :

$$\frac{a+c}{d} > 1, \text{ ce qui revient à } c > b$$

ou

$$\frac{a+c}{d} < 1 \qquad\qquad c < b$$

le nombre des images de la première série est $K - 1$ ou K. Il y a donc en tout $2K - 1$ ou $2K$ images suivant que la distance du point lumineux au miroir le plus rapproché est inférieure ou supérieure à c.

Il résulte de l'ensemble de cette discussion que le nombre des images d'un même point est toujours égal à la partie entière du quotient de 2π par l'angle des miroirs, ce quotient étant pris par excès ou par défaut, suivant la position du point lumineux.

36. Kaléidoscope.

— Le kaléidoscope, petit appareil imaginé par Brewster, est une application de cette théorie. Il se compose de deux glaces planes allongées dans le sens de l'intersection de leurs faces et faisant entre elles un angle tel que 60°, 45°, etc., contenu un nombre pair de fois dans quatre droits. Les faces antérieures réfléchissent seules une quantité notable de lumière, les faces postérieures étant couvertes d'un vernis mat. Ces glaces sont disposées dans un tube dont une extrémité, qu'on tourne vers le jour, est munie d'un verre dépoli. Entre ce verre et une seconde lame de verre transparente, on dispose de petits objets tels que des morceaux de verre colorés. On regarde par une petite ouverture pratiquée dans un écran opaque à l'autre extrémité du tube. Les rayons lumineux allant des petits objets à l'œil rencontrent un certain nombre de fois les surfaces des deux glaces sous des angles d'incidence très grands, correspondant à un pouvoir réflecteur notable. Les objets et leurs images successives sont distribués en rosace autour de l'intersection des miroirs et donnent lieu à divers effets quand on agite l'appareil.

§ 3. — Applications diverses de la théorie des miroirs plans.

37. Déplacement d'un miroir plan parallèlement à son plan. — Soit un point lumineux S placé devant un miroir plan MN, à une distance SI $= d$ de ce miroir (fig. 29). La distance de ce point à son image S′ est SS′ $= 2d$. Si le miroir se déplace parallèlement à son plan et prend la position $M_1 N_1$ située à une distance a de la première, la distance du point S au miroir devient $SI_1 = d + a$. L'image prend une position S'_1 telle que $SS'_1 = 2(d + a)$.

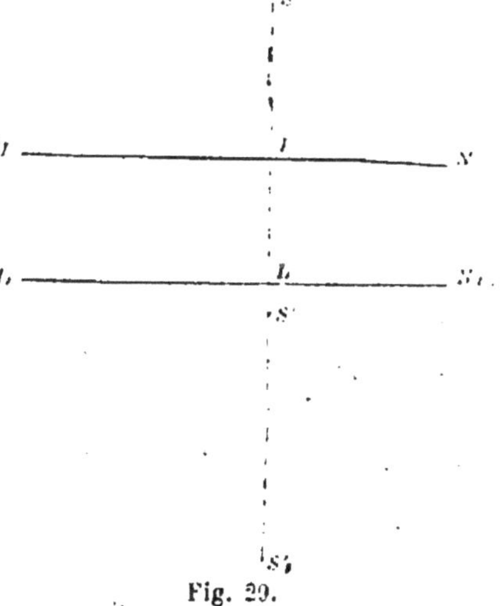

Fig. 29.

On a donc pour le déplacement de l'image

$$S'S'_1 = 2(d + a) - 2d = 2a$$

Ce déplacement est double de celui du miroir.

38. Rotation d'un miroir autour d'un axe situé dans son plan. — Supposons qu'un miroir plan MN tourne d'un angle α autour d'un axe I situé dans son plan et vienne occuper la position $M_1 N_1$ (fig. 30).

Prenons pour plan de la figure un plan perpendiculaire à l'axe I, et considérons un rayon lumineux incident SI contenu dans ce plan et rencontrant l'axe I.

Soient IV et IV_1 les normales menées par le point d'incidence aux deux positions du miroir, IR et IR_1 les directions successives du rayon réfléchi. Avant la rotation, le rayon SI fait avec IV un angle d'incidence i, et l'on a :

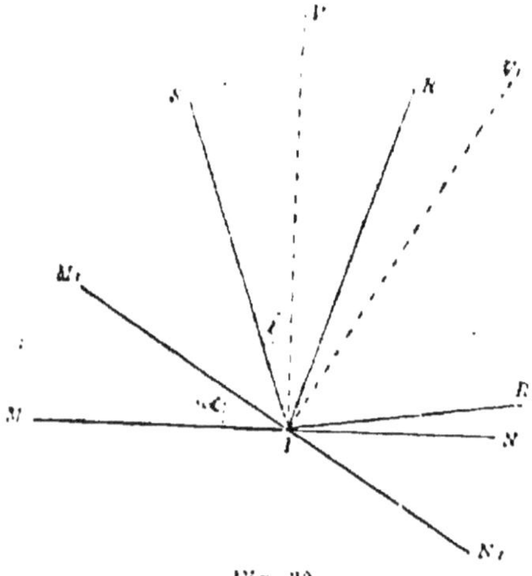

$$SIR = 2i$$

Après la rotation, l'angle d'incidence est devenu $i + \alpha$, et l'on a :

$$SIR_1 = 2 (i + \alpha)$$

On en déduit :

$$RIR_1 = 2\alpha$$

La rotation du rayon réfléchi est donc double de celle du miroir.

Tout autre rayon incident parallèle à SI et rencontrant un point quelconque du miroir donnera naissance avant et après la rotation à des rayons réfléchis parallèles à IR et IR$_1$. Il en sera encore de même si l'axe de rotation, tout en demeurant perpendiculaire au plan d'incidence, se trouve en dehors du plan du miroir. La propriété est donc générale.

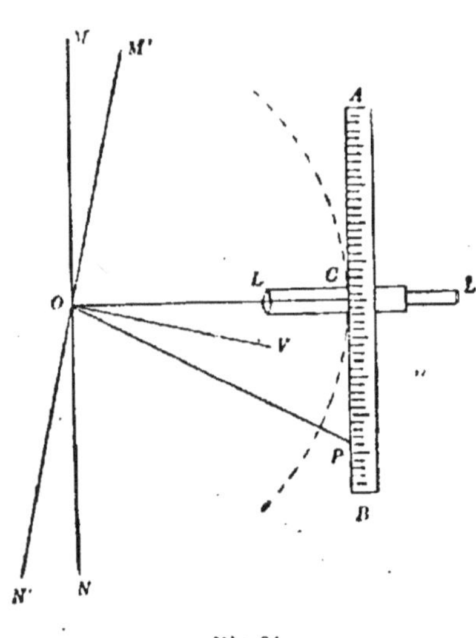

Fig. 30.

De même si un rayon réfléchi est assujetti à prendre une direction fixe IS, le rayon incident qui lui correspond devra prendre successivement des directions RI et R$_1$ I qui font encore entre elles l'angle 2α.

39. Mesure des angles de déviation. — Sur ces considérations repose la méthode imaginée par Poggendorff pour la mesure des petits angles de déviation (galvanomètres, électromètres, etc.). L'axe de rotation O de l'appareil porte un miroir plan MN dont le plan est dirigé suivant cet axe (fig. 31). Supposons qu'une lunette LL' placée à deux ou trois mètres de l'appareil soit dirigée de manière à viser suivant la direction CO perpendiculaire au plan du miroir dans sa position de repos.

Fig. 31.

Au-dessus de cette lunette et perpendiculairement à CO est disposée une règle graduée horizontale. Inclinons légèrement la lunette dans le sens perpendiculaire au plan de la figure.

L'image du point C de la règle placé dans le plan vertical de l'axe optique de la lunette se formera sur la croisée des fils du réticule, au centre du champ de la lunette, pourvu que celle-ci soit convenablement mise au point.

Si le miroir tourne d'un angle α et prend la direction MN', le rayon réfléchi reçu suivant l'axe de la lunette correspondra à un rayon incident PO, et le point P de la graduation sera vu dans la lunette au centre du champ. Comme l'angle POC est égal à 2α, on aura dans le triangle POC

$$tg\ 2\alpha = \frac{PC}{OC}$$

La distance PC est donnée par l'expérience. La distance fixe OC est mesurée à l'avance. On obtient donc ainsi une mesure de l'angle α.

Nous avons supposé dans ce raisonnement que le rayon incident et le rayon réfléchi sont contenus dans le plan de la figure, ce qui n'est pas tout à fait exact, à cause de l'inclinaison de la lunette (fig. 32). Mais la normale OC à la dernière position du miroir est dans ce plan. Les projections des angles d'incidence

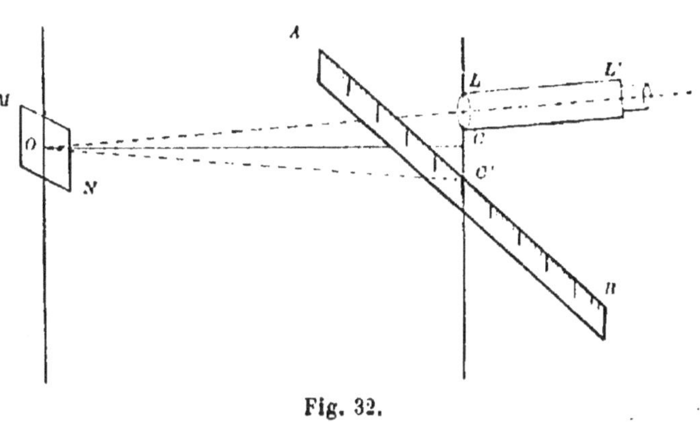

Fig. 32.

et de réflexion sur ce plan qui passe par le côté commun sont donc encore égales entre elles et à la déviation α.

Si l'angle de déviation est très petit, on pourra considérer $tg\ 2\alpha$ comme égal à 2α.

Si cet angle est notable, la mise au point de la lunette, exacte pour le point C, sera imparfaite pour le point P. Il est préférable dans ce cas de donner à la règle la forme d'un arc de cercle de rayon OC (fig. 31). On lit sur cet arc la division Q et l'on a exactement

$$2\alpha = \frac{CQ}{OC}$$

39 bis. Etudions l'influence de la distance d de la règle au miroir sur la sensibilité de la mesure. Désignons par β le plus petit angle d'écart que puissent présenter deux points lumineux visés par la lunette, sans que les images de ces deux points cessent d'être vues distinctement. L'inverse de cet angle mesure le pouvoir sé-

narateur de la lunette ; il ne dépend que de ses propriétés, quand on considère des points lumineux d'éclat déterminé. Si nous négligeons les dimensions
de la lunette, la règle visée par réflexion sera vue à une distance $2d$. La plus
petite longueur distinguée sur cette règle sera donc :

$$t = 2d\beta$$

Pour que la rotation α du miroir soit sensible, il faut que le rayon incident
parcoure sur la règle une longueur au moins égale à t, c'est-à-dire que l'on ait :

$$2\alpha \geq \frac{t}{d}$$

ou

$$\alpha \geq \beta$$

Le plus petit angle de déviation qu'on puisse observer est donc l'angle β, et
ce résultat est indépendant de la distance de la règle au miroir (1).

On rend l'application de la méthode beaucoup plus rapide pour les expériences courantes, en intervertissant les rôles du faisceau incident et du faisceau réfléchi.

Pour cela on substitue à la lunette une large ouverture éclairée par derrière
et portant un fil vertical tendu.

On remplace le miroir plan par un miroir sphérique concave d'un rayon de
courbure égal à la distance d.

L'image réelle de la fente et du fil se projette sur la règle en vraie grandeur.
Il faut, pour la voir distinctement, opérer dans une salle obscure. La lumière de
l'image projetée sur la règle permet la lecture de la division qui correspond à
l'image du fil.

40. Porte-lumière. — Le porte-lumière est un appareil destiné à faire pénétrer dans une salle obscure, par une ouverture verticale pratiquée dans le volet, un faisceau de lumière solaire, en l'amenant, à l'aide d'une réflexion sur un miroir plan, à prendre une direction perpendiculaire au plan de l'ouverture. La plaque AA′ (fig. 33) portant l'instrument est fixée au volet par quatre vis. Sur cette plaque est

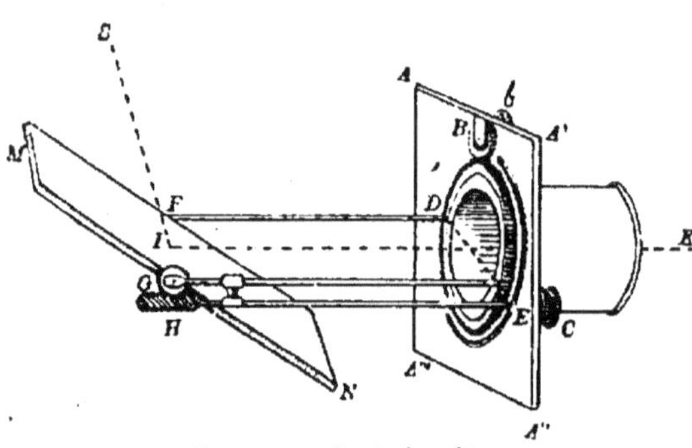

Fig. 33. — Porte-lumière.

<hr>

(1) Le maximum de sensibilité de l'appareil n'est toutefois atteint que si le faisceau lumineux envoyé par un point de la règle et réfléchi par le miroir peut couvrir
toute la surface de l'objectif de la lunette. En substituant au point lumineux son
image par rapport au miroir plan, on reconnaît aisément que cette condition est
remplie si le diamètre du miroir est au moins égal à la moitié de celui de l'objectif.

appliqué un anneau DE denté sur son contour extérieur et engrenant avec un pignon B qu'on peut faire tourner de l'intérieur de la salle au moyen d'un bouton *b*. Ce premier mouvement permet d'amener le plan d'incidence des rayons solaires à passer par l'axe de l'ouverture. Le miroir est en outre mobile autour d'un axe FG situé dans son plan, à l'aide du bouton C, de la vis sans fin H et du pignon G. Ce dernier mouvement sert à amener le faisceau réfléchi à prendre la direction cherchée.

Quand l'expérience se prolonge, le mouvement diurne ne tarde pas à modifier sensiblement la direction du faisceau incident. Il est donc nécessaire de rectifier de temps à autre le réglage du miroir.

41. Héliostats. — Les héliostats sont des porte-lumière munis d'un mouvement d'horlogerie qui fait tourner le miroir de façon à compenser l'effet du mouvement diurne et à maintenir constamment le faisceau réfléchi dans la direction de l'axe de l'ouverture. Les héliostats ont été inventés par Fahrenheit. On en a construit différents types. Nous décrirons comme exemple celui de Silbermann.

Le miroir MN (fig. 34) est fixé à une tige à glissière PF, qui lui est perpendiculaire. Le long de cette tige se déplace le sommet F d'un losange PAFC, articulé à ses quatre sommets. Le côté PC est fixe et est amené une fois pour toutes dans le prolongement de la direction que doit

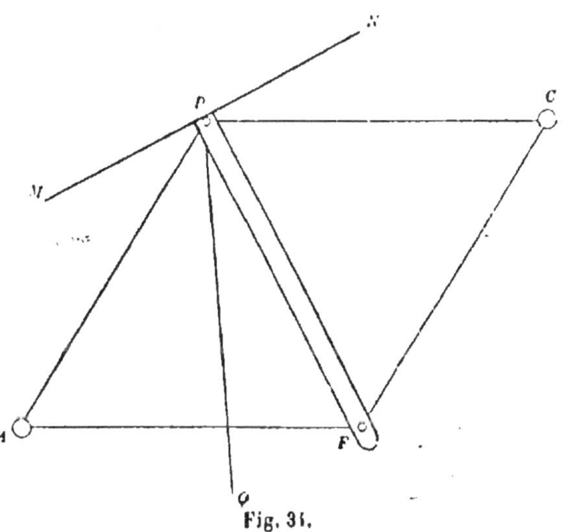

Fig. 34.

prendre le faisceau réfléchi. La tige normale PF étant toujours dirigée suivant la bissectrice de l'angle APC, la direction PA doit donc se mouvoir de manière à prolonger constamment la direction du faisceau incident. L'axe PQ d'un mouvement d'horlogerie est fixé parallèlement à l'axe du monde. La direction PA étant amenée au début de l'expérience à être dirigée suivant le prolongement des rayons solaires fera avec PQ un angle APQ égal au complément de la déclinaison du centre du soleil (1). Le mouvement d'horlogerie fait

____

(1) On sait qu'on appelle déclinaison d'un point du ciel la distance angulaire de ce point à l'équateur céleste comptée sur le cercle horaire correspondant.

tourner la tige PA autour de la direction PQ d'un mouvement uniforme en 24 heures. Le losange PAFC obéit à ce mouvement en se déformant grâce aux articulations de ses sommets. Dans ces conditions la direction de PA pro-

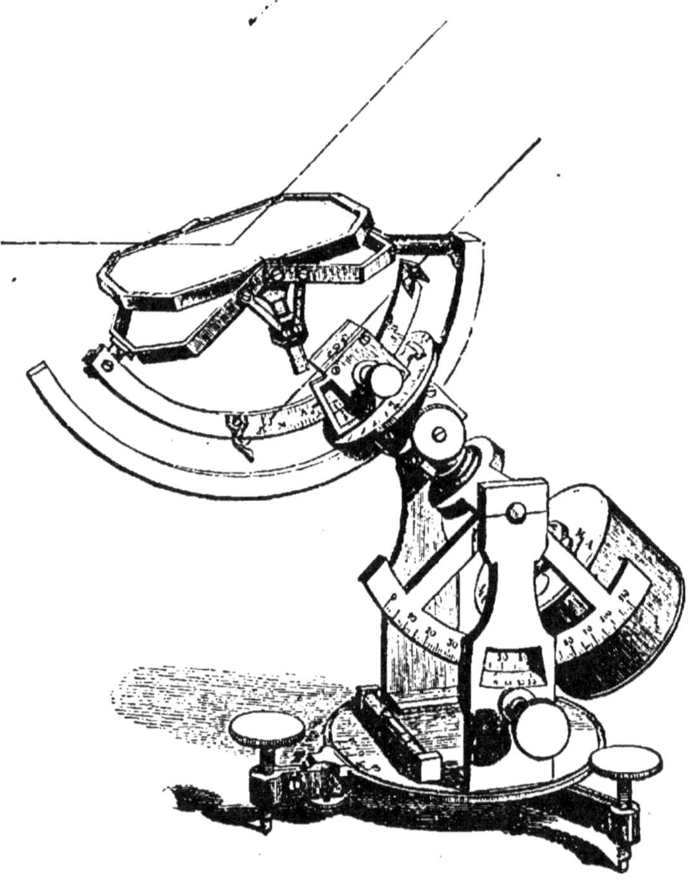

Fig. 35. — Héliostat de Silbermann.

longée ira à chaque instant passer par le centre du soleil et le problème se trouvera résolu.

La figure (35) représente l'appareil. Une plaque horizontale supportant l'héliostat peut tourner à volonté autour d'un axe vertical réglé par un niveau. L'horloge peut en outre tourner autour d'un axe horizontal en entraînant un quart de cercle gradué qui se déplace devant un vernier fixe. On amène au zéro du vernier la division de cet axe qui correspond à la latitude du lieu. L'axe de l'horloge est ainsi incliné sur l'horizon du même angle que

l'axe du monde. Nous pourrons faire coïncider plus tard ces deux directions
par une rotation de l'héliostat autour de son axe vertical.

L'extrémité A du côté PA (fig. 34) du losange articulé porte un quart de cercle gradué qui glisse dans une boîte où l'on peut le fixer par une vis de pression. Cette boîte participe à la rotation de l'horloge et communique ainsi au
côté PA le mouvement voulu, quand ce côté fait avec l'axe de l'horloge l'angle
complémentaire de la déclinaison. Une aiguille portée par la boîte parcourt un
cadran qui porte l'indication des heures et sert à amener au début le côté PA
à l'azimut convenable. On effectue ces deux réglages et l'on immobilise les
pièces correspondantes par des vis de pression.

Le quart de cercle fixé à PA porte une pinnule et un petit écran tels
que la droite qui les joint soit parallèle à la direction PA. Si l'instrument est
bien réglé, le petit faisceau de lumière qui traverse l'ouverture de la pinnule
doit passer au centre de l'écran. On fait tourner l'héliostat autour de son axe
vertical jusqu'à ce que cette condition soit remplie, ce qui achève le réglage de
l'axe de l'horloge.

Enfin le côté PC qui marque la direction des rayons réfléchis et doit rester
fixe pendant l'expérience peut être orienté dans une direction arbitrairement
choisie, au moyen d'un second arc et d'une boîte qui ne partage pas le mouvement de l'horloge, mais est solidaire d'un tube creux pouvant tourner à volonté
autour de l'axe de cette dernière.

42. Sextant. — Le sextant a été imaginé par Newton en 1700, pour mesurer
la distance angulaire de deux étoiles. Il se compose d'un secteur gradué OMN

(fig. 36) portant perpendiculairement à
son plan un miroir fixe CD et un miroir
AB passant par le centre et fixé à une
alidade OK munie d'un vernier qui s'a-
dapte à la graduation de l'arc. Le miroir CD est étamé dans sa moitié inférieure, au-dessous du plan de la figure,
et ne l'est pas dans sa moitié supérieure.
Quand l'alidade est au zéro, les deux
miroirs sont parallèles et l'on place l'instrument de façon à recevoir dans une lunette L les rayons venant de la première
étoile S à travers la glace sans tain. L'axe
de cette lunette est dirigé vers le centre I

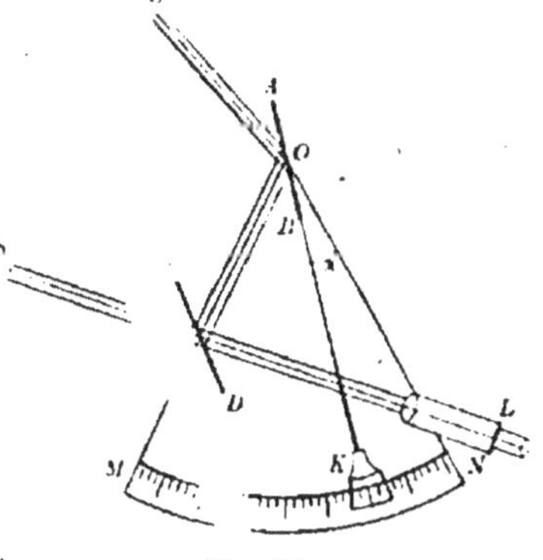

Fig. 36.

de la glace CD, et fait avec son plan le même angle que la droite OI joignant
les centres des deux miroirs. La lunette reçoit donc en même temps un second faisceau venant de la même étoile et réfléchi par les glaces AB et CD.
Quand on fait tourner l'alidade d'un angle α, le faisceau OI réfléchi par le mi-

roir AB doit conserver la même direction pour arriver à la lunette. Le faisceau incident qui lui correspond doit donc tourner de l'angle 2*x* (38), et peut être amené à passer par la seconde étoile S', si le plan de l'instrument contient les directions des deux étoiles. Il faut donc réaliser la coïncidence des images des deux astres. Le déplacement de l'alidade mesure la moitié de leur distance angulaire.

CHAPITRE III

MIROIRS SPHÉRIQUES

§ 1ᵉʳ. — Théorie élémentaire des rayons centraux.

43. Définitions. — On appelle *miroir sphérique* une surface réfléchissante affectant la forme d'une portion de surface sphérique, en général d'une calotte sphérique. Le miroir est dit *concave* ou *convexe*, suivant que la face réfléchissante est tournée vers le centre de la sphère ou du côté opposé.

L'*axe principal* du miroir est la droite menée par le centre perpendiculairement au plan des bords du miroir. Toute autre droite passant par le centre s'appelle *axe secondaire*. Le *sommet* est le point où l'axe principal rencontre la surface du miroir. Une *section principale* est une section faite dans le miroir par un plan contenant l'axe principal. On appelle *ouverture du miroir* l'angle compris entre les directions joignant le centre aux deux extrémités d'une même section principale.

Nous étudierons d'abord le cas des miroirs de faible ouverture.

44. Foyer conjugué d'un point lumineux situé sur l'axe principal. — Soit P (fig. 37) un point lumineux situé sur l'axe principal et PI un rayon de lumière émané de ce point et rencontrant la surface du mi-

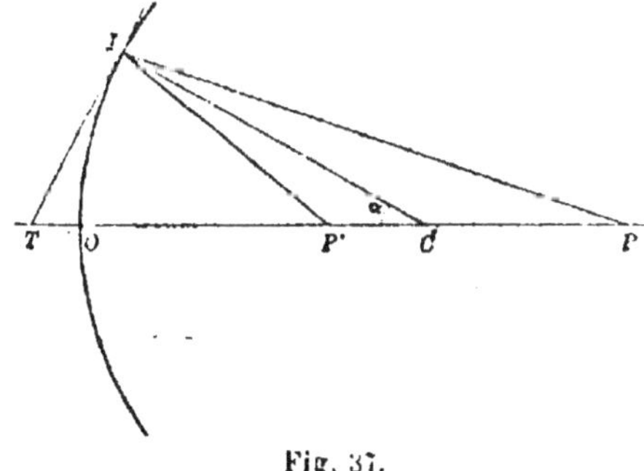

Fig. 37.

roir. Prenons pour plan de la figure celui de la section principale menée par ce rayon. La normale au point I à la surface réfléchissante est représentée par le rayon IC de la sphère faisant l'angle α avec l'axe principal. Le rayon réfléchi IP' est contenu dans le plan CIP et rencontre en général l'axe principal en un point P'.

L'angle PIP' a pour bissectrice intérieure la normale IC et pour bissectrice extérieure la tangente IT à la section principale. Ces droites déterminent donc sur la sécante PP' des segments formant une division harmonique.

Convenons de compter positivement les segments portés à partir de leur origine dans le sens des rayons réfléchis, négativement les segments portés en sens contraire (1). Les quatre points P, P', C, T, formant toujours une division harmonique, quelles que soient leurs positions respectives, cette relation est vraie dans tous les cas, en grandeur et en signe. On a donc :

$$(1) \qquad -\frac{CP'}{CP} = \frac{TP'}{TP} = \frac{TC + CP'}{TC + CP}$$

Désignons par α l'angle ICO et posons :

$$CP = m \qquad CP' = m' \qquad OC = R$$

Le triangle rectangle ITC fournit la relation

$$TC = \frac{R}{\cos \alpha}$$

La relation précédente peut donc se mettre sous la forme

$$-\frac{m'}{m} = \frac{\dfrac{R}{\cos \alpha} + m'}{\dfrac{R}{\cos \alpha} + m}$$

d'où l'on tire :

$$(2) \qquad m' = \frac{-R\,m}{R + 2\,m\,\cos \alpha}$$

---

(1) Quand on considère le signe d'un segment de droite comme déterminé par le sens dans lequel on le porte, on a toujours identiquement pour trois points M, N, P, d'une même droite (fig. 38)

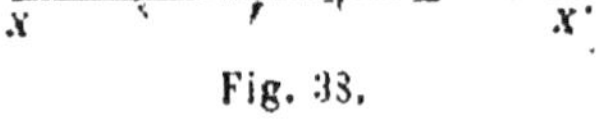

$$MN = MP + PN,$$

quelles que soient les positions de ces points. En général un segment MN est toujours égal à la somme algébrique

$$MP + PN + NQ + QN$$

d'une série de segments consécutifs portés suivant la droite XX' et partant de l'origine M pour aboutir à l'extrémité N du segment donné.

Fig. 33.

La valeur de m' correspondant à un point lumineux donné dépend de l'angle α. Le point P' n'est donc pas déterminé ; il n'existe pas en général de foyer conjugué du point P.

45. Etudions le cas particulier où le carré de la demi-ouverture est assez petit pour qu'on puisse le négliger par rapport à l'unité. Il en est de même de α^2 qui lui est au plus égal. Si l'on considère le développement de $\cos \alpha$:

$$\cos \alpha = 1 - \frac{\alpha^2}{1.2} + \frac{\alpha^4}{1.2.3.4} - \ldots,$$

on voit qu'on devra confondre avec l'unité la valeur de $\cos \alpha$ (1). Cette approximation revient à confondre la distance TC avec la longueur du rayon OC.

L'expression de m' prend alors la forme :

$$(3) \qquad m' = \frac{-R\,m}{R + 2\,m}$$

ou :

$$(3\ bis) \qquad \frac{1}{m'} + \frac{1}{m} = -\frac{2}{R}$$

Elle est déterminée et indépendante de la direction du rayon incident. Tous les rayons réfléchis viennent donc passer par un même point P' qu'on appelle *foyer conjugué* du point P. Il jouit en effet de la propriété réciproque. Les rayons incidents dont les directions passent par le point P' donnent naissance, en vertu des lois de la réflexion, à des rayons réfléchis qui suivent la route inverse de celle des rayons considérés plus haut et vont passer au point P.

46. On peut ramener l'équation des foyers conjugués à une forme plus usuelle, en rapportant les positions des foyers conjugués P et P' au sommet O du miroir, au lieu de les rapporter à son centre C.

La relation (1) peut s'écrire, en négligeant la longueur OT par rapport au rayon :

$$-\frac{CP'}{CP} = \frac{OP'}{OP}$$

Posons :

$$OP = p, \qquad OP' = p', \qquad OC = R = 2f, \qquad (2).$$

---

(1) $\cos \alpha$ diffère de l'unité de $\frac{1}{1000}$ de sa valeur pour $\alpha = 2^{\circ}\,31'$ et de $\frac{1}{100}$ pour $\alpha = 8^{\circ}7'$.

(2) Le rayon se trouve ainsi compté positivement pour les miroirs concaves, négativement pour les miroirs convexes.

L'é ... tion prend la forme :

$$\frac{R - p'}{p - R} = \frac{p'}{p},$$

ou :

$$(4) \qquad \frac{1}{p'} + \frac{1}{p} = \frac{2}{R} = \frac{1}{f}$$

On reconnaîtra aisément que cette équation se vérifie pour les miroirs concaves et convexes, quels que soient les signes des quantités p, p' et f.

47. Foyer conjugué d'un point situé hors de l'axe principal. — Quand un axe secondaire fait avec l'axe principal un petit angle, il possède les mêmes propriétés que cet axe, puisqu'il fait comme lui de petits angles avec toutes les directions joignant le centre de courbure à un point quelconque de la surface du miroir (1). Un point lumineux placé sur un pareil axe secondaire a donc sur ce même axe un foyer conjugué déterminé par les mêmes relations que dans le cas précédent.

Considérons un objet lumineux formé par une demi-calotte sphérique BP (fig. 39) ayant pour centre C, et dont tous les points sont voisins de l'axe principal. Chacun de ces points forme son foyer conjugué sur l'axe secondaire correspondant, à une même distance du centre C. Le lieu géométrique de ces foyers conjugués, constituant l'image de l'objet AP, est donc une demi-calotte sphérique ayant pour centre C et contenue dans le cône de sommet C qui limite l'objet BP. Les portions de sphère BP et B'P', de faible amplitude par hypothèse, peuvent être remplacées, au degré d'approximation déjà admis, par leurs plans tangents aux points P et P' où elles rencontrent l'axe principal.

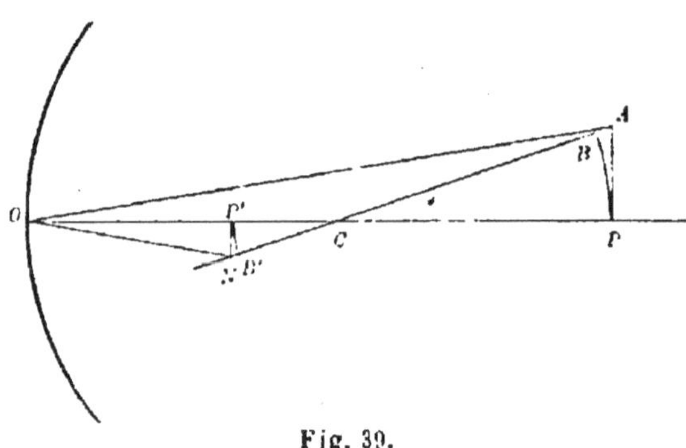

Fig. 39.

---

(1) Si l'axe secondaire fait un angle ω avec l'axe principal, le plus grand angle que fasse sa direction avec les rayons de la sphère aboutissant aux divers points du miroir est $\omega + A$, A étant la demi-amplitude. C'est le carré de cet angle qu'il faut supposer négligeable par rapport à l'unité.

Les deux plans PA et P'A' perpendiculaires à l'axe principal sont dits *plans
conjugués* (1).

---

(1) *Cas des points lumineux voisins du centre de courbure.* — La démonstration précédente ne s'applique pas aux points voisins de l'axe principal, mais assez rapprochés du centre pour que leur axe fasse un angle notable ω avec l'axe principal.

Soit A un de ces points (fig. 10). Considérons le rayon lumineux AO qui rencontre
le miroir à son sommet. Le rayon réfléchi OA' rencontre la direction AC en un point A'.

La propriété de la bissectrice
OC du triangle AOA' conduit à la
relation :

$$- \frac{CA'}{CA} = \frac{OA'}{OA}$$

Abaissons des points A et A'
sur l'axe principal les perpendiculaires AP et A'P'. D'après la
similitude des triangles CAP,
CA'P', et OAP, OA'P', on peut
remplacer la relation précédente
par

$$(5) \qquad - \frac{CP'}{CP} = \frac{OP'}{OP}$$

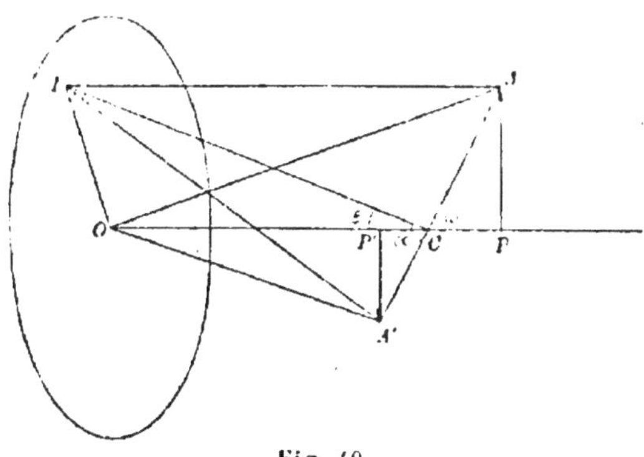

Fig. 10.

qui exprime que les points P et P' de l'axe principal sont conjugués.

Donc si le point lumineux A se déplace dans un plan perpendiculaire à l'axe principal, le point de rencontre A' se déplace dans un plan perpendiculaire à l'axe conjugué du premier. Cette propriété est vraie, quelle que soit la distance CA.

Il reste à démontrer que si CA et par suite CA' sont petits, tous les rayons réflé-
chis passent en A' qui est ainsi le foyer conjugué de A. Pour cela joignons les points
A et A' à un point I quelconque du miroir qui n'est pas en général dans le plan
AOA'. Posons :

$$ICA' = \alpha, \qquad ICO = \varepsilon$$

Les triangles AOC et AIC donnent les relations :

$$\overline{OA}^2 = R^2 + \overline{CA}^2 + 2R \times CA \cos \omega$$

$$\overline{IA}^2 = R^2 + \overline{CA}^2 + 2R \times CA \cos \alpha$$

$$\overline{IA}^2 - \overline{OA}^2 = 2R \times CA (\cos \alpha - \cos \omega) = 4R \times CA \sin \frac{\alpha - \omega}{2} \sin \frac{\alpha + \omega}{2}.$$

ω, α et ε forment les faces d'un angle trièdre dont chaque face est en valeur absolue
au moins égale à la différence des deux autres. On a donc :

$$\varepsilon \geq |\alpha - \omega|$$

ε au plus égal à la demi-amplitude est par hypothèse une quantité petite du premier

ordre. Il en est de même de $\sin \frac{\alpha - \omega}{2}$. CA est aussi par hypothèse une quantité

petite du même ordre. Donc la différence $\overline{IA}^2 - \overline{OA}^2$ est du second ordre et négligeable comme ε^2.

Nous pouvons donc écrire au degré d'approximation déjà adopté :

48. Image d'un objet lumineux. — Si l'on prend comme objet une figure plane quelconque placée dans le plan AP perpendiculaire à l'axe principal, les axes secondaires des points de cette figure décrivent dans le plan parallèle A'P' une seconde figure semblable à la première.

L'image d'une figure plane perpendiculaire à l'axe principal d'un miroir sphérique est donc une seconde figure plane perpendiculaire à l'axe principal. Ces deux figures sont semblables et homothétiques par rapport au centre de courbure.

Soient PA $=$ O et P'A' $=$ I (fig. 39) les distances de l'axe principal à un point quelconque de l'objet et au point homologue de l'image comptées positivement dans le sens PA. Ces deux longueurs représentent des dimensions homologues de l'objet et de l'image.

L'homothétie par rapport au centre C fournit la relation

$$\frac{P'A'}{PA} = \frac{CP'}{CP} = -\frac{OP'}{OP}$$

ou   (7)
$$\frac{I}{O} = -\frac{p'}{p}$$

Cette relation détermine le rapport de similitude de l'image et de l'objet.

Le rapport $\frac{I}{O}$ équivaut numériquement à la grandeur d'une dimension de l'image qui correspondrait à l'unité de longueur prise sur l'objet. Ce rapport s'appelle *grandissement* du miroir pour l'objet PA.

49. L'équation (7) peut se mettre sous la forme :

(7 *bis*)
$$-\frac{I}{p'} = \frac{O}{p}$$

Les deux membres de cette égalité représentent respectivement les tangentes des angles P'OA', POA, sous lesquels un observateur dont l'œil est placé au sommet O voit les longueurs P'A' et PA, ces angles étant pris positivement à partir de la direction positive de l'axe principal, dans le sens de l'objet PA. Ces angles, qu'on appelle *diamètres apparents* des longueurs

---

$$IA = OA, \text{ et de même : } IA' = OA'$$

Il en résulte :

(6)
$$-\frac{CA'}{CA} = \frac{IA'}{IA}$$

IC est la bissectrice de l'angle AIA'. Donc un rayon lumineux dirigé suivant AI se réfléchit suivant IA' et A' est le foyer conjugué de A.

PA et P'A' sont donc toujours égaux en valeur absolue. On pourrait l'établir directement, car les deux angles considérés sont les angles d'incidence et de réflexion pour le rayon AO réfléchi suivant OA'.

On verrait de même que pour un œil placé au centre C, les diamètres apparents de l'image et de l'objet sont égaux et de même signe.

50. Détermination des images. — La discussion des formules (4) et (7) permet de déterminer la position des foyers conjugués, la nature, la grandeur et le sens de l'image pour les différentes positions que l'on peut attribuer à l'objet.

Les valeurs positives de p correspondent aux cas où l'objet est réel, puisque les rayons incidents passent alors par les points de l'objet donné. Pour les valeurs négatives de p, l'objet est placé derrière le miroir. Ses points sont sur les prolongements de faisceaux lumineux incidents convergeant vers le miroir, en avant de sa surface réfléchissante. L'objet est donc virtuel.

Pour les valeurs positives de p', les rayons réfléchis convergent effectivement vers les points de l'image ; celle-ci est réelle. Pour les valeurs négatives de p', les rayons réfléchis divergent à partir de la surface du miroir, leurs prolongements géométriques passent par les points de l'image qui est virtuelle.

L'image est droite ou renversée par rapport à l'objet suivant que les valeurs de $\dfrac{I}{O}$ sont positives ou négatives. Elle est plus grande ou plus petite que l'objet suivant que la valeur absolue de $\dfrac{I}{O}$ est supérieure ou inférieure à l'unité, croissante ou décroissante suivant que cette valeur absolue croît ou décroît.

51. Discussion. — De la formule (4) on peut tirer en la résolvant par rapport à p' :

$$(8) \qquad p' = \frac{pf}{p - f}$$

ou :

$$(8 \, bis) \qquad p' = \frac{f}{1 - \dfrac{f}{p}}$$

En tenant compte de cette relation, la formule (7) peut se mettre sous la forme :

$$(9) \qquad \frac{I}{O} = \frac{f}{f - p}$$

1° MIROIRS CONCAVES : $f > o$.

52. Pour considérer toutes les positions possibles de l'objet, faisons décroître p de $+\infty$ à $-\infty$. p décroissant, p' croît d'une manière continue, sauf pour la valeur $p = f$ qui annule le dénominateur. Donc le déplacement continu de l'objet dans le sens négatif entraîne le déplacement continu de l'image dans le sens positif. Il y a discontinuité pour la valeur $p = f$.

Le rapport $\dfrac{I}{O}$ décroît d'une manière continue. Il y a discontinuité pour la valeur $p = f$. L'image est donc décroissante en grandeur absolue, quand elle est droite par rapport à l'objet, croissante quand elle est renversée.

Nous considérerons en particulier :

1° la valeur $p = f$ qui annule le dénominateur des deux expressions,

2° la valeur $p = 2f$ qui correspond à un plan-objet passant par le centre de courbure,

3° la valeur $p = o$, pour laquelle le plan-objet est confondu avec la surface du miroir.

Les positions que peut occuper l'objet lumineux se trouvent ainsi réparties en quatre régions caractérisées par des propriétés différentes de l'image.

53. 1ᵉʳ Cas limite. $p = \infty$ (fig. 41). — L'objet lumineux est rejeté à l'infini.

Quand un point lumineux P s'éloigne indéfiniment du miroir, l'angle au sommet du faisceau conique de rayons envoyé par ce point au miroir décroît en tendant vers zéro.

L'hypothèse $p = \infty$ revient donc à considérer comme parallèles entre eux les rayons incidents qui viennent d'un même point de l'objet. Leur direction est parallèle à celle de l'axe principal ou secondaire qui passe par le point lumineux considéré. On peut regarder cette circonstance comme réalisée toutes les fois que le rayon $2f$ du miroir est négligeable par rapport à la distance p du

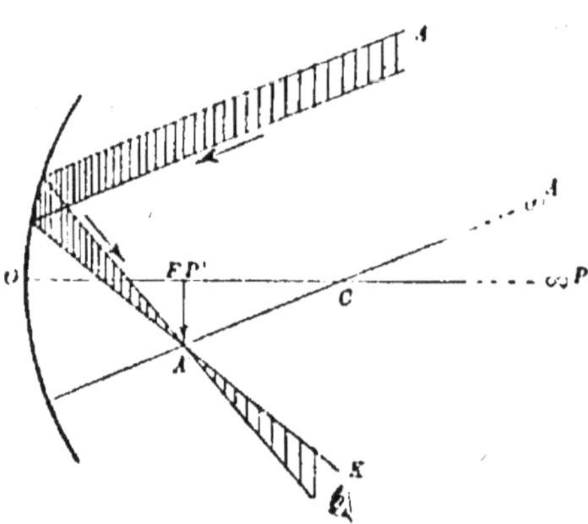

Fig. 41. — Image d'un objet placé à l'infini.

miroir à l'objet. Aux divers points de l'objet correspondent des faisceaux incidents parallèles de directions différentes.

Les équations (8) et (9) donnent alors :

$$p' = f, \qquad \frac{1}{0} = 0$$

Le foyer conjugué du point P situé sur l'axe principal se forme donc en F sur cet axe, à une distance du sommet égale à la moitié du rayon. On appelle ce point *foyer principal* du miroir. Sa distance OF au sommet du miroir s'appelle *distance focale principale.*

Le plan mené par ce point perpendiculairement à l'axe principal s'appelle *plan focal principal.* C'est le plan conjugué d'un plan perpendiculaire à l'axe placé à l'infini. L'intersection A′ de ce plan avec l'axe secondaire AC d'un autre point A de l'objet est l'image du point A.

54. La droite A′F représente l'image de l'objet linéaire AP perpendiculaire à l'axe principal et infiniment éloigné. Cette image est réelle, renversée et infiniment petite par rapport à l'objet.

Si le diamètre apparent ACP de l'objet est sensible, la grandeur A′F de l'image est finie. Elle est déterminée par son diamètre apparent égal à celui de l'objet, pour un observateur dont l'œil est au centre de courbure.

Le grandissement $\frac{1}{0}$ est nul, parce que la longueur O de l'objet doit être considérée comme infiniment grande, en même temps que sa distance.

Ainsi si l'on observe l'image d'un astre fournie par un miroir sphérique concave dont le rayon de courbure est 2 mètres et la distance focale 1 mètre, on peut considérer l'image comme se formant dans le plan focal principal, la distance de l'astre à la terre étant très grande par rapport au rayon de courbure. Les diamètres apparents du soleil et de la lune ont une grandeur variable avec l'époque de l'observation, mais s'écartent peu de 1/2 degré. Leurs images sont donc des cercles dont le diamètre est compris entre les côtés d'un angle d'un demi-degré ayant son sommet au centre du miroir. En raison de la petitesse de cet angle, on peut prendre pour mesure du diamètre de l'image le produit de l'angle, dont la valeur trigonométrique est 0,0087, par la distance focale 1 mètre. La longueur du diamètre de l'image est $8^{mm}7$.

Les figures qui suivent indiquent pour chacun des cas de la discussion la marche du faisceau incident et du faisceau réfléchi pénétrant dans l'ouverture de la pupille, pour une position déterminée K de l'œil.

55. Cas général 1. *p décroît de* $+\infty$ *à* 2 *f* (fig. 42).

L'objet se rapproche du miroir depuis une distance infinie jusqu'au centre de courbure C.

La valeur de p' croît de f à $2f$.

Celle de $\dfrac{1}{0}$ décroît de 0 à -1.

L'image A'P' s'éloigne donc du miroir depuis le foyer principal jusqu'au centre de courbure. Elle est réelle, renversée, plus petite que l'objet, et sa grandeur absolue va en croissant.

On peut construire géométriquement cette image en construisant le foyer conjugué A' d'un point A de l'objet, et en menant par ce point A' une perpendiculaire A'P' à l'axe

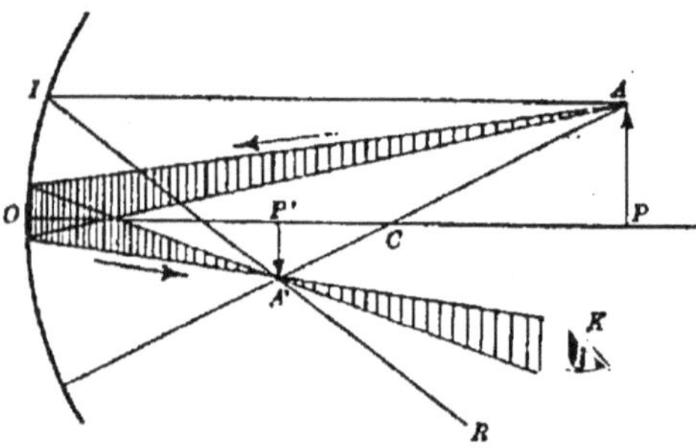

Fig. 42. — Image d'un objet placé au-delà du centre de courbure.

principal limitée aux mêmes axes que l'objet lui-même.

Pour obtenir le point A' il faut construire les directions de deux rayons réfléchis. On satisfait à cette condition le plus simplement possible en menant : 1° l'axe secondaire AC du point A ; 2° un rayon incident parallèle à l'axe principal passant par le point A. Ce rayon se réfléchit suivant IF, en passant par le foyer principal F.

Cette construction s'applique aux différents cas qui nous restent à examiner.

56. 2ᵉ Cas limite. $p = 2f$

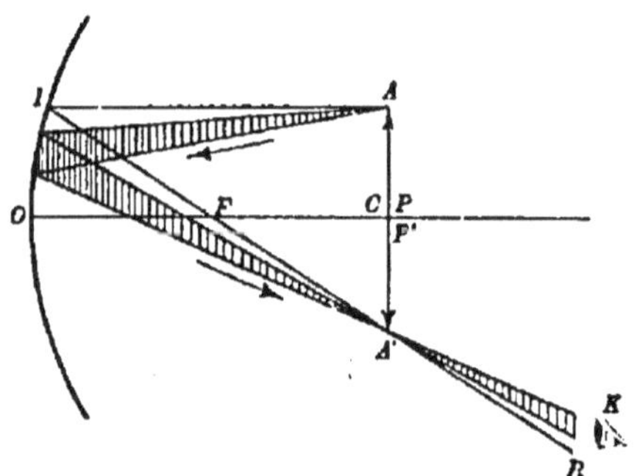

Fig. 43. — Image d'un objet placé au centre de courbure.

(fig. 43). — Le plan-objet passe par le centre de courbure.

Résultats :

$$p' = 2f, \qquad \frac{1}{0} = -1.$$

Le plan image passe par le centre de courbure et se confond avec le plan-objet. Image réelle, renversée, égale à l'objet.

La mesure des petits angles par la méthode de Poggendorff (39 *bis*) nous a déjà offert une application de cette théorie.

57. Cas général II. *p décroît de 2f à f* (fig. 44). — Objet réel se
rapprochant du centre au foyer principal.

La valeur de *p'* croît de 2/ à $+ \infty$.

La valeur de $\dfrac{I}{O}$ décroît de $- 1$ à $- \infty$.

Image réelle, renversée, plus grande que l'objet, de grandeur

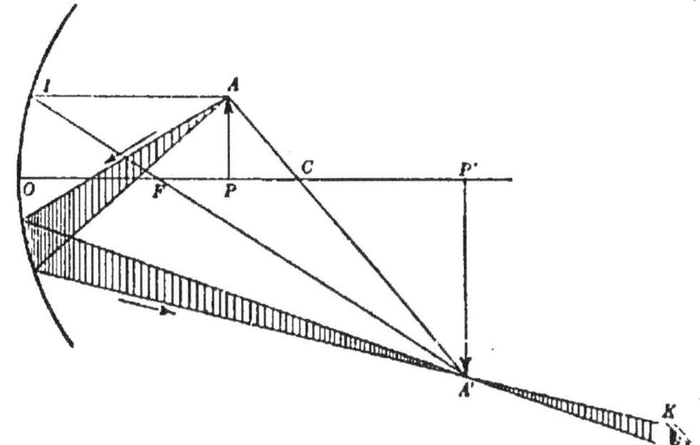

Fig. 44. — Image d'un objet placé entre le centre de courbure
et le foyer principal.

croissante, s'éloignant depuis le centre de courbure jusqu'à l'infini.

58. 3ᵉ Cas limite. $p = f$ (fig. 45). Le plan-objet passe par le foyer principal,

p' passe brusquement de la valeur $+ \infty$ à la valeur $- \infty$.

$\dfrac{I}{O}$ passe brusquement de la valeur $- \infty$ à la valeur $+ \infty$.

L'image est infiniment grande et infiniment éloignée (1).

59. Cas général III. *p décroît de f à 0*
(fig. 45). — L'objet est réel et s'avance du foyer au sommet du miroir.

p' est négatif et croît de $- \infty$ à 0.

$\dfrac{I}{O}$ est positif et décroît de $+ \infty$ à 1.

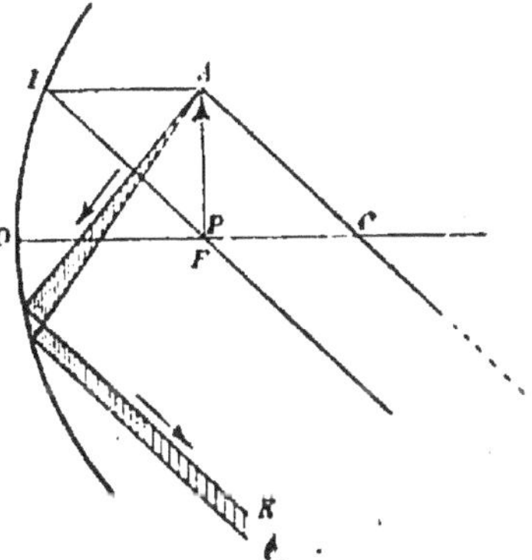

Fig. 45. — Image d'un objet placé
dans le plan focal.

(1) Si le point P de l'objet, situé sur l'axe principal, se confond avec le foyer principal F, il donne naissance par réflexion à un faisceau de rayons parallèles à l'axe principal. Cette seconde propriété du foyer principal est une conséquence de la première en vertu des lois de la réflexion. Les rayons réfléchis peuvent être considérés indifféremment comme concourant au point P' situé sur l'axe principal à l'infini positif, ou au point P'' situé à l'infini négatif.

De même les rayons incidents issus du point A du plan focal principal se réflé-

Image virtuelle, droite, agrandie, paraissant placée derrière le miroir.

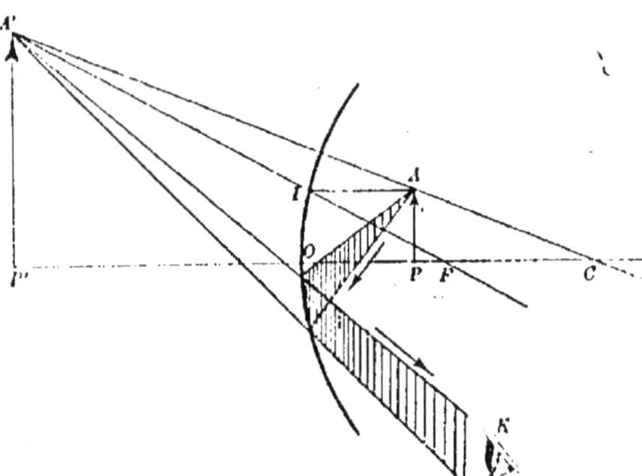

Fig. 46. — Image d'un objet placé entre le foyer et le sommet du miroir.

— ∞ (fig. 48). — Objet virtuel.

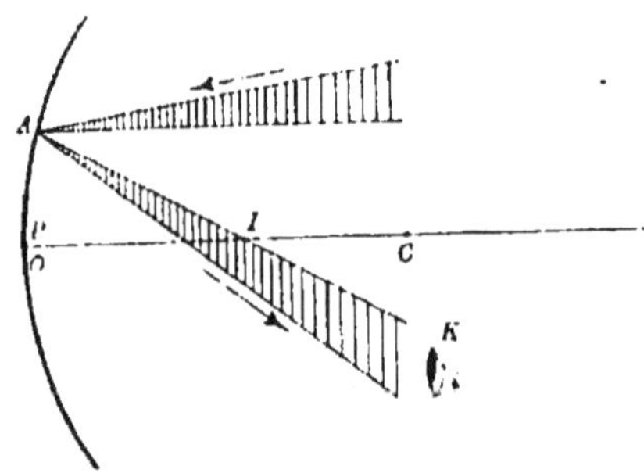

Fig. 47. — Image d'un objet placé au sommet.

Cette image va en diminuant et en se rapprochant du miroir.

60. 4° Cas limite. $p = 0$ (fig. 47). — Le plan-objet coïncide avec le miroir.

$$p' = 0, \qquad \frac{1}{0} = 1.$$

Image droite égale à l'objet et confondue avec lui.

61. Cas général IV. p *décroît de 0 à*

p' croit de 0 à f.

$\dfrac{1}{0}$ décroit de 1 à 0.

L'image est réelle, droite et plus petite que l'objet. Elle s'avance du sommet du miroir au foyer principal, en décroissant.

La figure montre comment un faisceau lumineux dirigé vers le point A parvient au point A' après

chissent parallèlement à l'axe secondaire AC de ce point. Le faisceau peut être considéré indifféremment comme concourant à l'infini vers A' ou vers A". La première interprétation fournit une image réelle renversée A' P', la seconde une image droite virtuelle A" P", toutes deux infiniment grandes et infiniment éloignées. La première interprétation correspond à ce fait que si l'objet AP est très voisin de F, situé au delà de ce point, et s'en rapproche indéfiniment, l'image réelle et renversée qu'il fournit s'éloigne indéfiniment. La seconde correspond cet autre fait que si l'objet AP est en deçà de F et se rapproche indéfiniment de ce point, l'image virtuelle et droite qu'il fournit s'éloigne indéfiniment dans le sens négatif. L'apparence perçue par un œil recevant un faisceau de rayons réfléchis est du reste celle d'une image virtuelle droite très éloignée, comme l'image A" P", parce que l'observateur doit regarder vers le miroir. Comme la nature ne nous offre que des objets réels, nous avons pris l'habitude de rapporter instinctivement nos sensations visuelles à des objets placés en avant de notre œil.

réflexion, puis arrive à l'œil en K.

62. 5ᵉ Cas limite. $p = -\infty$

$$p' = f, \qquad \frac{I}{O} = 0.$$

Ce cas est celui d'un objet virtuel infiniment éloigné en arrière du miroir. Il correspond aux mêmes faisceaux incidents que le cas initial de $p = +\infty$ et conduit par conséquent aux mêmes solutions.

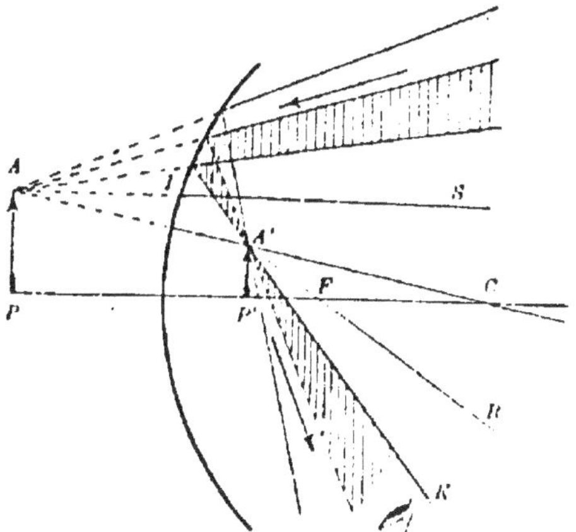

Fig. 19. — Image d'un objet virtuel.

63. Tableau résumé de la discussion.

Objet.	Réel	Réel	Réel	Virtuel
p	$+\infty$	$2f$	f	0	$-\infty$
p'	f	$2f$	$+\infty \mid -\infty$	0	f
$\dfrac{I}{O}$	0	-1	$-\infty \mid +\infty$	1	0
Image.	Réelle Renversée Inf.ᵗ petite. Diminuée Croissante.	Égale	Réelle Renversée Agrandie Croissante	Inf.ᵗ grande	Virtuelle Droite Agrandie Décroissante	Égale	Réelle Droite Diminuée Décroissante Inf.ᵗ petite.

64.   MIROIRS CONVEXES $f < 0$.

Posons

$$f = -\varphi,$$

φ désignant la valeur absolue de la distance focale principale.

L'équation (4) prend la forme :

$$\frac{1}{p'} + \frac{1}{p} = -\frac{1}{\varphi}$$

ou :

$$(10) \qquad p' = \frac{-\varphi}{1 + \dfrac{\varphi}{p}}.$$

et l'équation (7) peut s'écrire :

$$(11) \qquad \frac{I}{O} = \frac{\varphi}{\varphi + p}.$$

p décroissant, p' croît d'une manière continue, sauf pour la valeur $p = -\varphi$.

Le déplacement continu de l'objet dans le sens négatif entraîne donc encore le déplacement continu de l'image dans le sens positif, excepté pour cette valeur particulière de p.

Le rapport $\dfrac{I}{O}$ croit d'une manière continue, sauf pour cette même valeur $p = -\varphi$. L'image est donc croissante en valeur absolue quand elle est droite, décroissante quand elle est renversée.

Les positions occupées par l'objet lumineux peuvent encore être réparties en quatre régions séparées par les valeurs suivantes de p :

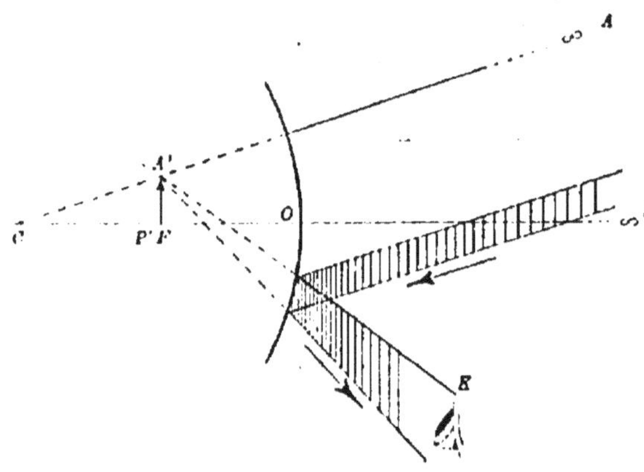

Fig. 49. — Image d'un objet placé à l'infini.

$p = 0$. Objet au sommet du miroir.

$p = -\varphi$, valeur de p qui annule les dénominateurs.

$p = -2\varphi$. Objet au centre de courbure.

65. **1er Cas limite.** $p = \infty$ (fig. 49). — Objet infiniment éloigné. Les rayons incidents forment des faisceaux parallèles aux axes correspondant aux divers points de l'objet.

$$p' = -\varphi, \qquad \frac{I}{O} = 0.$$

Image virtuelle, droite, infiniment petite par rapport à l'objet et de même diamètre apparent que lui. Le point

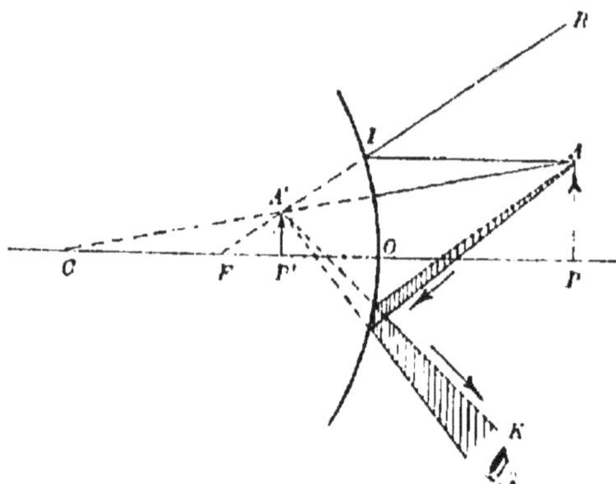

Fig. 50. — Image d'un objet placé au-delà du sommet.

P', foyer conjugué du point P situé à l'infini sur l'axe principal, est virtuel et situé en F, à égale distance du centre et du sommet. Ce point est le foyer principal. Il est le point de concours des prolongements des rayons réfléchis correspondant à des rayons incidents parallèles à l'axe principal. Le point de rencontre A′ du plan focal principal FA′ avec l'axe secondaire CA est le point de concours des prolongements des rayons réfléchis pour des rayons incidents parallèles à AC.

66. Cas général I. *p décroît de* $+ \infty$ *à* 0 (fig. 50). — Objet réel placé en avant du miroir.

p' croît de $- \varphi$ à 0.

$\dfrac{1}{O}$ croît de 0 à 1.

Image virtuelle, droite, diminuée et croissante, se déplaçant du foyer principal au sommet.

67. 2ᵉ Cas limite. $p = 0$ (fig. 51). — Objet sur le miroir.

$$p' = 0, \quad \dfrac{I}{O} = 1.$$

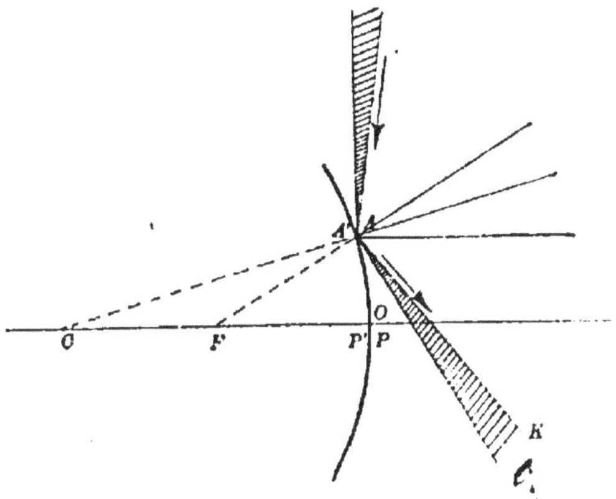

Fig. 51. — Image d'un objet placé au sommet.

Image droite égale à l'objet et confondue avec lui.

68. Cas général II. *p décroît de* 0 *à* $- \varphi$ (fig. 52). — Objet virtuel s'avançant du sommet au foyer principal.

p' croît de 0 à $+ \infty$.

$\dfrac{I}{O}$ croît de 1 à $+ \infty$.

Image réelle, droite, agrandie, croissante, s'éloignant indéfiniment du sommet en avant du miroir.

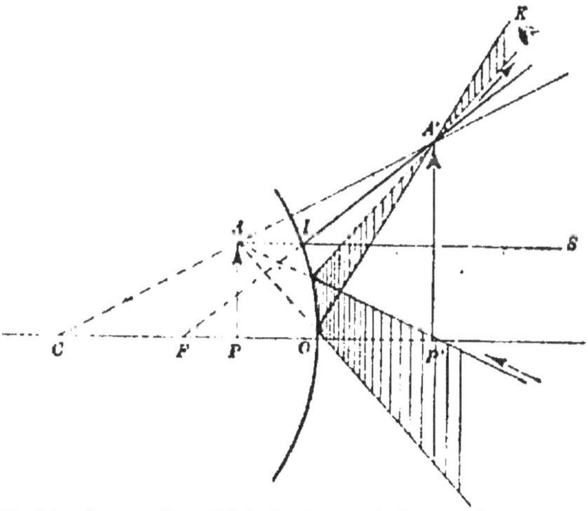

69. 3ᵉ Cas limite. $p = - \varphi$ (fig. 53). — Objet virtuel dans le plan focal principal.

Fig. 52. — Image d'un objet placé entre le foyer et le sommet.

p' passe brusquement de $+ \infty$ à $- \infty$.

$\dfrac{I}{O}$ passe de $+ \infty$ à $- \infty$.

Image infiniment grande et infiniment éloignée.

Les rayons réfléchis forment des faisceaux parallèles aux axes secondaires (1).

70. Cas général III. *p décroît de* — φ *à* — 2φ (fig. 54). — Objet virtuel se déplaçant du foyer principal au centre de courbure.

p′ croît de — ∞ à — 2φ.

$\dfrac{I}{O}$ croît de — ∞ à — 1.

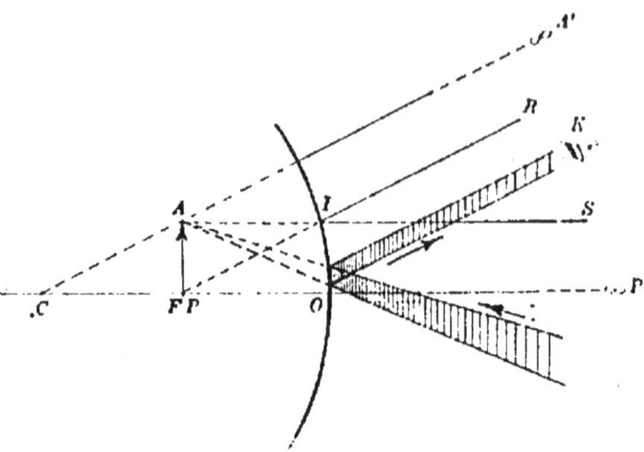

Fig. 53. — Image d'un objet placé dans le plan focal.

Image virtuelle, renversée, agrandie, décroissante, s'avançant en arrière du miroir de l'infini au centre de courbure.

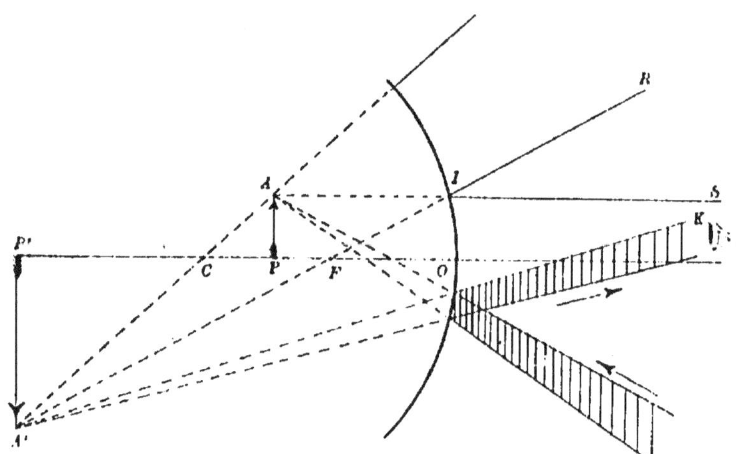

Fig. 54. — Image d'un objet placé entre le foyer et le centre de courbure.

71. 4ᵉ Cas limite. *p* = — 2φ (fig. 55). — Objet virtuel au centre de courbure.

<hr>

(1) On peut les regarder soit comme limites de faisceaux convergents dont les points de concours s'éloignent indéfiniment en avant du miroir, en donnant lieu à des images droites réelles, soit comme limites de faisceaux divergents dont les points de concours s'éloignent indéfiniment en arrière du miroir, en donnant lieu à des images renversées virtuelles.

$$p' = - 2\gamma \quad \frac{1}{0} = - 1.$$

Image virtuelle, renversée, égale à l'objet, et dont le plan passe par le centre de courbure.

72. Cas général IV. p décroît de $- 2\gamma$ à $- \infty$ (fig. 56). — Objet virtuel s'éloignant indéfiniment en arrière du miroir, à partir du centre de courbure.

p' croît de $- 2\gamma$ à $- \gamma$.

$\frac{1}{0}$ croît de $- 1$ à 0.

Image virtuelle, renversée, diminuée, décroissante, se déplaçant du centre de courbure au foyer principal.

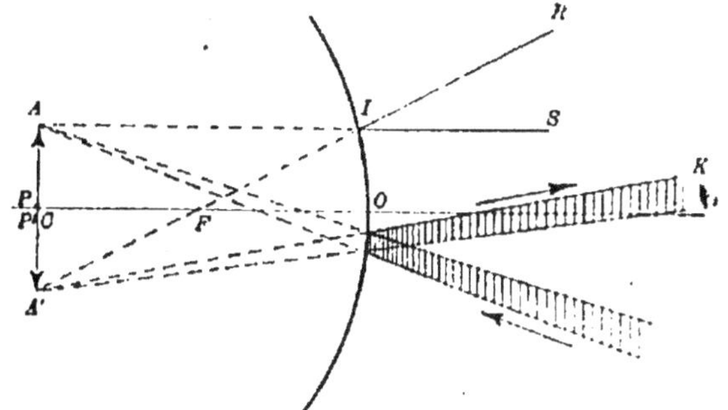

Fig. 55. — Image d'un objet placé au centre de courbure.

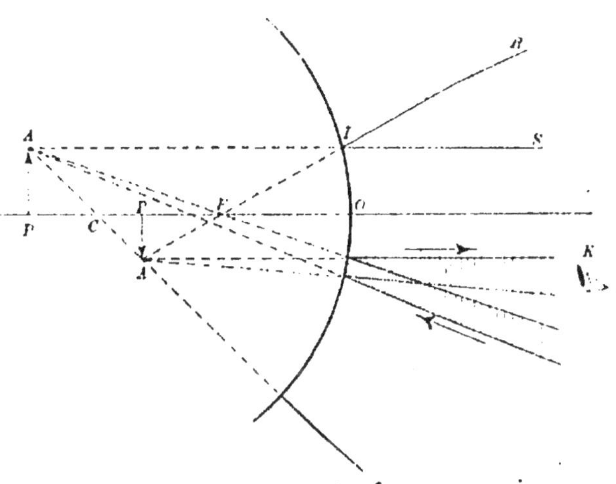

Fig. 56. — Image d'un objet placé au-delà du centre de courbure.

73. 5ᵉ Cas limite. $p = - \infty$. — Objet virtuel infiniment éloigné.

$$p' = - \gamma \quad \frac{1}{0} = 0.$$

Image virtuelle dans le plan focal. Ce cas se confond avec le cas initial $p = \infty$ (1).

---

(1) *Discussion géométrique.* La construction géométrique de l'image que nous avons indiquée permet de retrouver rapidement sans calcul tous les résultats des discussions précédentes relativement à la nature, à la position et à la grandeur de l'image, pour chaque position donnée de l'objet. On y arrive en comparant les côtés des triangles semblables CPA, CP'A' d'une part et FOI, FP'A' d'autre part (fig. 57), l'arc

74. Tableau résumé de la discussion.

Objet	Réel		Virtuel		Virtuel		Virtuel
p	$+\infty$	0	$-\varphi$		-2φ		$-\infty$
p'	$-\varphi$	0	$+\infty\mid-\infty$		-2φ		$-\varphi$
$\dfrac{1}{O}$	0	1	$+\infty\mid-\infty$		-1		0
Image.	Virtuelle Droite Inf^t petite.	Diminuée Croissante	Égale	Réelle Droite Agrandie Croissante	Inf^t grande	Virtuelle Renversée Agrandie Décroissante	Égale	Virtuelle Renversée Diminuée Décroissante	Inf^t petite.

75. Formules de Newton.

75. Formules de Newton. — Convenons de rapporter les positions des foyers conjugués au foyer principal F, en posant :

$$FP = \pi, \qquad FP' = \pi'. \qquad OF = f.$$

Nous avons identiquement : $OP = OF + FP.$

$$p = \pi + f, \qquad p' = \pi' + f,$$

et en substituant à p et p' ces valeurs dans les équations fondamentales (8) et (9) :

$$(12) \qquad \pi\pi' = f^2$$

$$(13) \qquad \frac{1}{O} = -\frac{f}{\pi} = -\frac{\pi'}{f}$$

La discussion de ces formules permet de retrouver très simplement tous les résultats déjà obtenus. On voit notamment par l'équation (12) :

1° *Que deux foyers conjugués sur l'axe principal sont toujours situés du même côté par rapport au foyer principal,* car π et π' sont toujours de même signe ;

2° *Que les foyers conjugués sont de part et d'autre du centre ou de part et*

OI devant, au degré d'approximation admis, être regardé comme une droite perpendiculaire à l'axe principal et égale à PA.

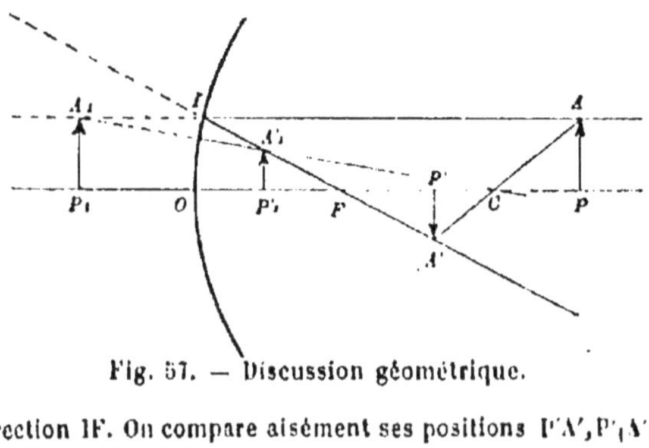

Si l'on suppose qu'un objet de grandeur constante se déplace de l'infini positif à l'infini négatif, le rayon incident parallèle à l'axe principal reste dirigé suivant la droite AI. L'image demeure donc comprise entre l'axe principal et la direction IF. On compare aisément ses positions P'A', P'₁A'₁, pour différentes positions de l'objet PA, P₁A₁, etc.

Fig. 57. — Discussion géométrique.

d'autre du sommet et se confondent avec ces points dans deux cas particuliers.

L'étude des formules (13) permet de déterminer aussi simplement le sens et la grandeur de l'image.

76. Vérifications expérimentales. — Les figures qui accompagnent la discussion montrent comment on peut apercevoir directement les images réelles ou virtuelles, à la condition de placer l'œil à l'intérieur du faisceau lumineux réfléchi par le miroir, pour chacun des points de l'image. L'œil peut être, dans cette observation, aidé d'un oculaire (loupe ou microscope composé).

On peut encore observer indirectement les images réelles, en disposant un écran mat dans le plan où ces images se forment. L'écran se trouve éclairé aux différents points de l'image, et comme il diffuse la lumière dans toutes les directions, les images deviennent visibles pour tout observateur regardant sa face éclairée. En employant un écran translucide, on rend les images visibles des deux côtés de cet écran.

Cette méthode n'est pas applicable aux images virtuelles.

Pour étudier les cas qui se rapportent aux objets virtuels, il faut faire usage d'un système optique auxiliaire D (miroir concave ou lentille convergente), capable de donner une image réelle AP d'un objet réel A_0P_0 (fig. 58). On dispose le miroir concave ou convexe O, sur lequel on

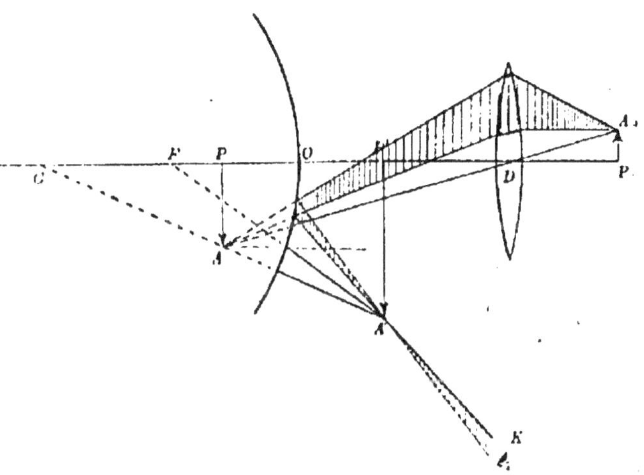

Fig. 58. — Observation de l'image d'un objet virtuel. — Mesure du rayon d'un miroir convexe.

se propose d'expérimenter, sur le trajet des faisceaux lumineux dirigés vers les points de l'image AP. La formation de cette image est ainsi empêchée par l'interposition du miroir O. Mais elle joue par rapport à ce miroir le rôle d'objet virtuel, et suivant la position qu'elle occupe, on obtient des faisceaux réfléchis convergents ou divergents qui donnent lieu à une image réelle ou virtuelle A'P', conformément à la théori

77. Champ du miroir pour un point K. — Tout rayon réfléchi par
miroir et passant au point K (fig. 59) est fourni par un rayon incident passa

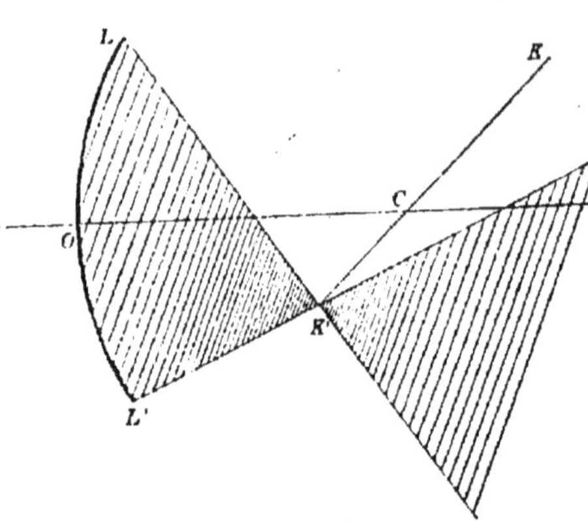

Fig. 59. — Champ d'un miroir sphérique.

par le foyer conjugué K' d
point K. On obtiendra donc
champ du miroir pour
point K en contruisant le cô
qui a pour sommet K' et po
directrice le cercle de bord d
miroir.

**78. Détermination du r
yon de coubure d'un miro
sphérique.** — Cette déterm
nation peut être faite méca
quement à l'aide d'un sphér
mètre, mais comme le rayc

des miroirs employés en optique est généralement grand et atteint pl
sieurs mètres dans les miroirs de télescope, la mesure serait peu précis
il est préférable d'employer une méthode optique.

79. Cas des miroirs concaves. — On détermine la distance foca
principale à l'aide de la formule

$$\frac{1}{p'} + \frac{1}{p} = \frac{1}{f}, \text{ ou } f = \frac{pp'}{p + p'},$$

en mesurant par l'expérience les distances p et p'. On peut donner à p d
verses valeurs.

80. 1° $p > f$ et quelconque. On prend comme objet une petite ouvertu
pratiquée dans une plaque métallique et traversée par un fil fin suivant u
de ses diamètres. On vise l'image du fil avec un oculaire (loupe ou micre
scope), devant lequel on dispose ensuite une division micrométrique tra
cée sur une lame de verre. La position d'un objet vu nettement à trave
un microscope est déterminée avec une approximation de quelques cer
tièmes de millimètre. La division aura donc pris exactement la place d
l'image.

81. $p = 2f$. — On peut aussi prendre comme objet éclairé une divisio
micrométrique dont on règle la position de manière à obtenir une imag
égale à l'objet, et dont les traits soient dans le prolongement de ceux d
l'objet. La distance de l'objet au sommet du miroir mesure directement l
rayon de coubure.

On profite ainsi de ce fait que l'aberration de sphéricité est insensible au voisinage du centre de courbure. L'égal écartement des traits de l'image et de l'objet sert à contrôler l'exactitude de l'expérience.

82. $p = \infty$. — Un autre procédé consiste à prendre un objet très éloigné, comme le soleil ou une étoile, et à déterminer la position de l'image. On obtient ainsi le plan focal principal. La mise au point de l'image solaire n'est caractérisée que par le minimum du diamètre du faisceau réfléchi et manque de précision. L'observation de l'image d'une étoile avec un oculaire comporterait plus d'exactitude, si cette image était nette. Mais, en raison de la faiblesse de l'éclat, l'aberration de sphéricité du miroir rend l'image confuse.

Cette méthode convient plutôt aux miroirs de télescopes qui présentent, comme nous le verrons plus loin, une section méridienne de forme parabolique.

83. $p = f$. — Enfin, si l'on emploie comme objet lumineux une très petite ouverture éclairée, on peut chercher à placer cet objet au foyer principal du miroir. Les rayons réfléchis étant alors parallèles à l'axe principal, on obtient une image nette du point lumineux en recevant ces rayons dans une lunette astronomique réglée pour viser à l'infini. Ce réglage préalable s'obtient par l'observation d'une étoile.

84. 2° Cas des miroirs convexes. — Les objets réels ne donnant naissance qu'à des images virtuelles, la méthode précédente n'est applicable dans aucune de ses modifications.

Une mesure rapide mais grossière est fournie par la méthode suivante.

En avant du miroir, on dispose perpendiculairement à son axe principal un écran opaque percé de deux petites ouvertures A et A′

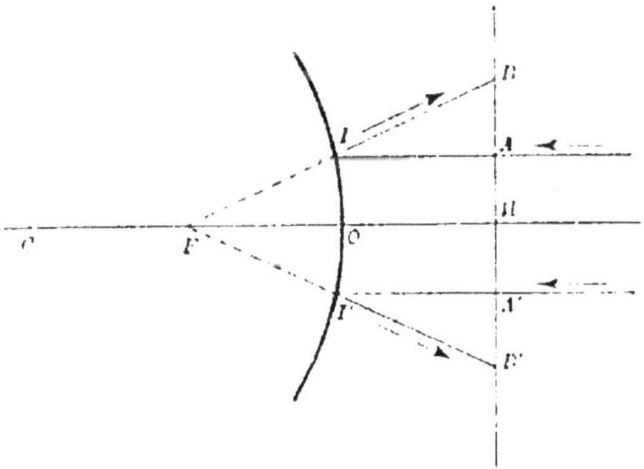

Fig. 60.—Mesure du rayon de courbure d'un miroir convexe.

(fig. 60). L'axe principal étant dirigé vers le centre du disque solaire, ce point envoie par les ouvertures deux faisceaux parallèles très étroits, dont les axes sont AI et A′I′. Les faisceaux réfléchis correspondants, dont les axes sont IB et I′B′, déterminent sur l'écran deux petites surfaces éclairées autour des points B et B'. On règle par tâtonnement la distance OH de l'écran au sommet du miroir, de telle sorte que l'on ait

$$BB' = 2AA' = 2II'$$

La courbure du miroir étant négligeable, on en déduit :

$$FH = 2FO$$

ou

$$OH = FO$$

On mesure la distance OH qui est égale à la distance focale principale (1).

85. Une méthode plus précise consiste à observer l'image réelle correspondant à un objet virtuel placé entre le foyer principal et le sommet du miroir. Il faut pour cela faire usage d'un système optique auxiliaire, tel qu'un miroir sphérique concave ou une lentille convergente (fig. 58). On détermine d'abord la position de l'image réelle AP, jouant le rôle d'objet virtuel, puis on interpose le miroir O à une distance OP inférieure à la distance focale principale. Il se forme une image réelle A'P', dont on mesure la distance OP' au miroir O. On calcule φ par l'application de la formule des foyers conjugués qui donne, en tenant compte des signes :

$$\frac{1}{OP'} - \frac{1}{PO} = -\frac{1}{\varphi}$$

Pour que l'expérience soit possible, il faut et il suffit que l'image A'P' se forme entre O et D. Or si l'on suppose que le sommet du miroir O, d'abord placé en P, s'avance progressivement de gauche à droite, l'image A'P', d'abord confondue avec AP, s'avancera vers la droite d'une manière continue, et s'éloignera indéfiniment quand OP deviendra égal à OF. Pour une certaine position O_1 du sommet O, facile à calculer par la formule des foyers conjugués, l'image passera par le point D. L'expérience est donc possible pour toutes les positions de O comprises entre P et O_1.

§ 2. — Aberration de sphéricité des miroirs. Caustiques. Aplanétisme.

86. Aberration de sphéricité. — Dans la théorie qui précède, nous avons supposé très petite l'amplitude des miroirs.

---

(1) On néglige dans ce raisonnement le diamètre apparent du soleil, puisqu'on l'assimile à un point lumineux. Les faisceaux lumineux issus des divers points de cet astre prennent en réalité une divergence sensible enlevant toute précision à l'expérience.

La nécessité d'obtenir des images suffisamment éclairées oblige à employer des miroirs d'amplitude assez grande pour que le concours en un même point des rayons issus d'un même point ne puisse être regardé comme parfait. Ce défaut de convergence constitue l'*aberration de sphéricité*.

Un rayon incident PI (fig. 61) émis par un point lumineux P situé sur l'axe principal ou sur un axe secondaire voisin donne naissance à un rayon réfléchi IQ rencontrant l'axe en un point Q, dont la distance CQ au centre de courbure est déterminée par l'équation (2)

$$m' = \frac{-\,R\,m}{R + 2m\cos\alpha},$$

α étant l'angle du rayon de courbure IC avec l'axe OC.

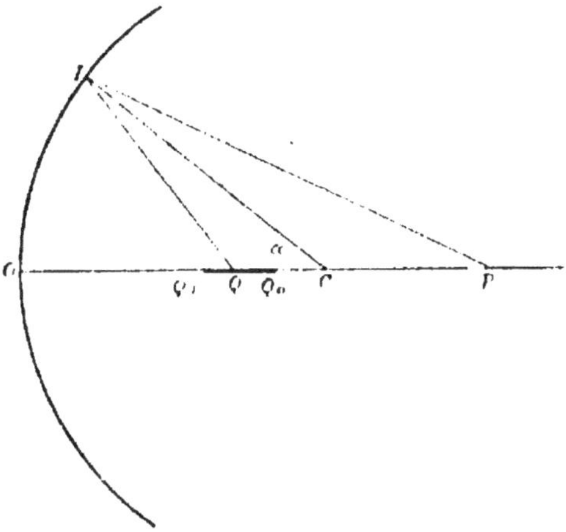

Le point Q est commun aux droites des rayons réfléchis correspondant à une même

Fig. 61. — Aberration longitudinale de sphéricité.

valeur de α. Ces rayons sont distribués sur un même cône d'axe OC.

Pour l'ensemble des rayons partis de P, α varie depuis la valeur 0, qui correspond aux rayons voisins de l'axe (*rayons centraux*), jusqu'à la valeur A, qui correspond aux rayons rencontrant le bord du miroir (*rayons marginaux*).

Les droites des rayons centraux réfléchis concourent donc en un point Q_0 déterminé par l'équation

$$m'_0 = \frac{-\,R\,m}{R + 2m}.$$

C'est le foyer conjugué donné par la théorie exposée plus haut.

Les droites des rayons marginaux concourent en un point Q_1 déterminé par

$$m'_1 = \frac{-\,R\,m}{R + 2m\cos A}.$$

Ce point est en général écarté de Q_0 dans le sens négatif.

On appelle aberration longitudinale de sphéricité pour un point lumineux donné P, la distance $\lambda = Q_0 Q_1 = Q_0 C + C Q_1$ *du foyer des rayons centraux au foyer des rayons marginaux.*

Elle a pour valeur :

$$\lambda = m'_1 - m'_0 = - Rm \left(\frac{1}{R + 2m \cos A} - \frac{1}{R + 2m} \right)$$

ou :   (14) $$\lambda = \frac{- 2Rm^2 (1 - \cos A)}{(R + 2m)(R + 2m \cos A)}$$

87. Faisons décroître m de $- \infty$ à $+ \infty$. Le numérateur demeure constamment négatif, et s'annule pour $m = o$.

Le dénominateur s'annule et la valeur de λ devient discontinue pour les valeurs

$$m = - \frac{R}{2}, \quad m = - \frac{R}{2 \cos A}$$

Le tableau suivant représente donc la variation de A dans le cas des miroirs concaves.

m	$+ \infty$		0			$- \dfrac{R}{2}$
λ	$- R \dfrac{(1 - \cos A)}{2 \cos A}$	négatif	0	négatif	$- \infty$	$+ \infty$ positif

m	$- \dfrac{R}{2 \cos A}$			$- R$		$- \infty$
λ	$+ \infty$	$- \infty$	négatif	$- 2R \dfrac{1 - \cos A}{2 \cos A - 1}$	négatif	$- R \dfrac{1 - \cos A}{2 \cos A}$

La valeur λ_∞ de λ correspondant à $m = \pm \infty$ s'obtient en divisant par m^2 les deux termes de l'expression de λ et en faisant ensuite $m = \infty$, λ_∞ s'appelle l'*aberration longitudinale principale*. Elle correspond à un faisceau de rayons incidents parallèles à l'axe.

L'aberration est toujours négative et le point de concours des rayons marginaux est à gauche de celui des rayons centraux, excepté quand m est compris entre les valeurs $- \dfrac{R}{2}$ et $- \dfrac{R}{2 \cos A}$.

La valeur $m = - \dfrac{R}{2}$ correspond à un point lumineux placé au foyer principal F. Les rayons centraux se réfléchissent parallèlement à l'axe et Q_0 est rejeté à l'infini. Les rayons marginaux convergent encore à une distance finie. Q_1 est donc en avant du miroir. L'aberration est infinie.

La valeur $m = - \dfrac{R}{2 \cos A}$ correspond à un point lumineux F_1 placé entre F et O, et tel que les rayons réfléchis marginaux soient parallèles à l'axe, tandis que les rayons centraux réfléchis sont divergents. Q_0 se trouve en arrière du miroir à une distance finie. L'aberration est encore infinie.

Pour une position du point lumineux comprise entre F et F_1, les rayons centraux donnent un foyer conjugué virtuel, les rayons marginaux un foyer conjugué réel. Il existe alors une valeur de z comprise entre O et A, pour laquelle les rayons réfléchis sont parallèles à l'axe.

Pour la valeur $m = -$ R, le point lumineux est au sommet du miroir.

Pour la valeur $m = 0$, il est au centre de courbure et l'aberration est nulle.

R étant négatif dans les miroirs convexes, ou retrouve les principaux points de la discussion précédente, avec cette différence que l'aberration est généralement positive.

88. Aberration transversale.

— Supposons qu'on dispose un écran perpendiculaire à l'axe, passant par le foyer des rayons centraux. Les rayons marginaux JQ_1 (fig. 62), convergeant en un point Q_1 situé en deçà de l'écran,

forment un cône coupé par l'écran suivant un cercle de rayon $Q_0 B = \mu$, à l'intérieur duquel est distribuée toute la lumière du faisceau réfléchi.

Quelle que soit la position donnée à l'écran, on obtient toujours comme image du point P un cercle éclairé ; mais comme le point Q_0 est le plus éclairé

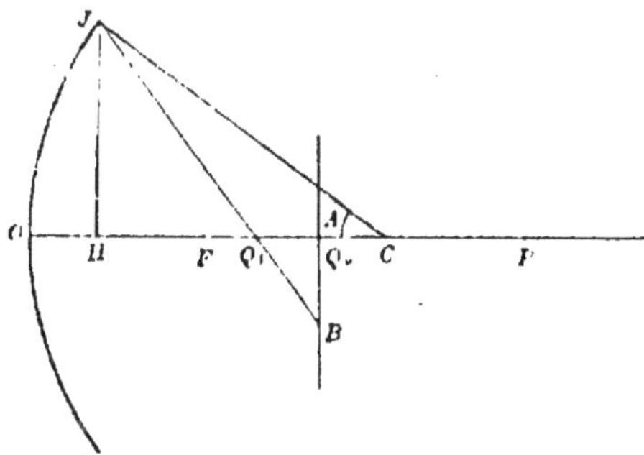

Fig. 62. — Aberration transversale.

des points de l'espace occupés par le faisceau réfléchi, c'est toujours ce point qu'on observe sur l'écran de projection ou qu'on vise avec l'oculaire servant à l'observation directe.

On appelle aberration transversale la longueur $Q_0B = \mu$ *du rayon du cercle d'aberration.* La connaissance de cette longueur a plus d'importance pratique que celle de l'aberration longitudinale.

Pour la déterminer, abaissons du point J la perpendiculaire JH sur l'axe du miroir, et comparons les triangles semblables BQ_0Q_1, JHQ_1. On a, en remarquant que μ a toujours le signe de λ :

$$\mu = \lambda \, \frac{HJ}{HQ_1}$$

Remplaçons HJ et HQ_1 par leurs valeurs

$$HJ = R \sin A$$

$$HQ_1 = HC + CQ_1 = R \cos A - \frac{Rm}{R + 2m \cos A}$$

Donc :

$$(15) \quad \mu = \lambda \frac{\sin A}{\cos A - \dfrac{m}{R + 2m \cos A}} = \lambda \frac{R \sin A + m \sin 2A}{R \cos A + m \cos 2A}$$

L'aberration transversale principale, correspondant à $m = \infty$, a pour valeur :

$$\mu_\infty = \lambda \, \text{tg} \, 2A,$$

comme on peut l'établir directement, l'angle BQ_1Q_0 étant alors égal à $2A$.

89. Valeurs approchées des aberrations. — Il est avantageux d'exprimer la valeur des aberrations principales en fonction du rayon de courbure R et du rayon ρ du bord du miroir.

Nous supposerons dans ce calcul le rapport $\dfrac{\rho}{R}$ assez petit pour que son carré puisse être négligé par rapport à l'unité.

Le triangle JHC donne :

$$\sin A = \frac{\rho}{R}$$

Donc :

$$\cos A = \left(1 - \frac{\rho^2}{R^2} \right)^{\frac{1}{2}}$$

$$\lambda_\infty = - \frac{R}{2} \frac{1 - \cos A}{\cos A} = - \frac{R}{2} \left[1 - \left(1 - \frac{\rho^2}{R^2} \right)^{\frac{1}{2}} \right] \left(1 - \frac{\rho^2}{R^2} \right)^{-\frac{1}{2}}$$

En développant les fonctions entre parenthèses et tenant compte de l'approximation admise :

$$\lambda_\infty = - \frac{R}{2} \times \frac{\rho^2}{2R^2} \times 1 = - \frac{\rho^2}{4R}$$

$$\mu_\infty = \lambda_\infty \times \frac{2 \sin A \cos A}{2 \cos^2 A - 1} = 2\lambda_\infty \times \frac{\rho}{R} \left(1 - \frac{\rho^2}{R^2} \right)^{\frac{1}{2}} \left(1 - \frac{2\rho^2}{R^2} \right)^{-1}$$

$$\mu_\infty = 2\lambda_\infty \times \frac{\rho}{R} \times 1 \times 1 = - \frac{\rho^3}{2R^2}$$

Ainsi l'aberration transversale décroît comme le cube de ρ, quand on prend des miroirs d'ouverture décroissante. L'aberration longitudinale décroît seulement comme le carré de ρ.

90. Dans le cas particulier d'un miroir de 2 mètres de rayon de courbure et de 10 centimètres de rayon de bord, les aberrations ont pour valeurs en centimètres :

$$\lambda_\infty = -\frac{10^2}{4 \times 200} = -\frac{1}{8} \text{ de centimètre}$$

$$\mu_\infty = -\frac{10^3}{2 \times 200^2} = -\frac{1}{80} \text{ de centimètre}$$

L'image d'un point lumineux très éloigné, au lieu d'être un point, est donc un petit cercle éclairé, d'un rayon de $\frac{1}{8}$ de millimètre.

Si l'on emploie dans un télescope un pareil miroir, le disque éclairé fourni par une étoile sera vu agrandi à travers l'oculaire. Pour qu'une seconde étoile voisine paraisse complètement distincte de la première, il faut que leurs cercles d'aberration n'empiètent pas l'un sur l'autre, c'est-à-dire que leur distance angulaire soit au moins égale au diamètre apparent sous lequel un observateur ayant son œil au centre de courbure verrait le diamètre du cercle d'aberration (1). En réalité l'on distingue encore nettement des étoiles dont la distance angulaire est notablement inférieure à cette limite, parce que la lumière est très inégalement répartie sur le cercle d'aberration, l'éclairement décroissant rapidement du centre à la circonférence (2).

---

(1) Dans l'hypothèse actuelle, cet angle aurait pour valeur trigonométrique :

$$\frac{1}{40} : 100 = \frac{1}{4000}$$

et en secondes :

$$\frac{1}{4000} \times \frac{360 \times 60^2}{2\pi} = 51''6,$$

soit près d'une minute.

(2) Pour déterminer la répartition de la lumière dans le cercle d'aberration, considérons un faisceau de rayons incidents
parallèles compris entre deux cylindres
infiniment voisins, de rayons y et $y + dy$
et ayant pour axe commun OC. Les
rayons réfléchis éclairent une couronne
circulaire BB' comprise entre les cercles
de rayons x et $x + dx$.

En désignant par e l'éclairement par
unité de surface normale dû aux rayons
incidents, et en supposant le pouvoir réflecteur du miroir égal à l'unité, on a
pour la quantité totale de lumière contenue dans le faisceau :

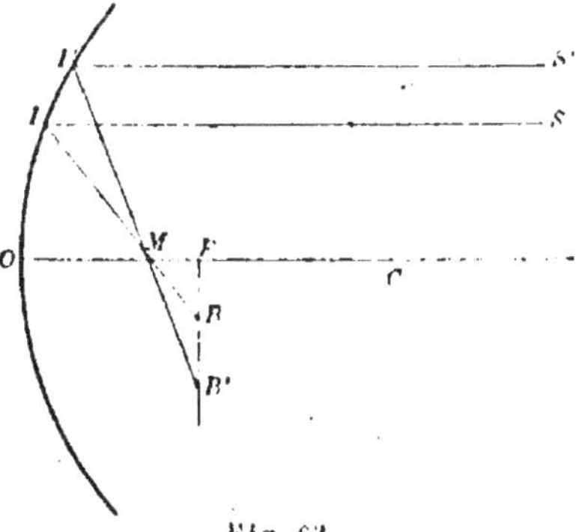

Fig. 63.

$$q = 2\pi\, y\, dy \times e$$

en négligeant les infiniment petits d'ordre supérieur au premier.

L'éclairement K sur la couronne BB' est donc :

91. Caustiques par réflexion. — Les rayons lumineux passent par un même point réel ou virtuel et, rencontrant un miroir d'amplitude notable, ne concourent pas en un même point après réflexion. Mais les points de rencontre des rayons infiniment rapprochés déterminent une surface enveloppe appelée *surface caustique*, sur laquelle existe une concentration de lumière plus grande qu'aux points voisins.

Les droites des rayons réfléchis sont toutes contenues dans des plans passant par l'axe correspondant au point lumineux. Il peut donc exister entre elles des rencontres de deux espèces.

1° Les rayons qui n'appartiennent pas au même plan d'incidence ne peuvent se rencontrer que sur l'axe du point lumineux. Pour tous les rayons réfléchis qui font un même angle avec l'axe, cette rencontre a lieu en un point de cet axe toujours compris entre les foyers extrêmes Q_0 et Q_1 (fig. 61). La portion $Q_0 Q_1$ de l'axe constitue donc une première nappe de la surface caustique.

2° Les rayons contenus dans le même plan d'incidence se rencontrent tous deux à deux.

$$K = \frac{2\pi\, y\, dy}{2\pi\, x\, dx} \times e = \frac{y\, dy}{x\, dx} \times e$$

Nous avons d'autre part, d'après la théorie de l'aberration transversale :

$$x = \frac{y^3}{2R^2} = \frac{y^3}{8f^2} \qquad \frac{dx}{dy} = \frac{3y^2}{8f^2}$$

Donc en fonction de y :

$$K = \frac{64}{3}\,\frac{f^4}{y^4}\,e,$$

et en fonction de x, comme

$$y = 2\,(f^2 x)^{\frac{1}{3}}$$

$$K = \frac{4}{3}\left(\frac{f}{x}\right)^{\frac{4}{3}} e.$$

K varie donc en raison inverse de $x^{\frac{4}{3}}$. Sa décroissance est rapide.

Pour le centre $x = o$, la formule donnerait la valeur illusoire $K = \infty$. Ce résultat est dû à ce qu'on néglige dans l'expression de x les termes d'ordres supérieurs qui empêchent la fonction K de devenir infinie.

L'éclairement moyen K_m du cercle de rayon x s'obtient en divisant la quantité de lumière qu'il reçoit :

$$\pi\, y^2\, e$$

par la surface éclairée $\pi\, x^2$. On a donc :

$$K_m = \frac{y^2}{x^2}\, e = 4\left(\frac{f}{x}\right)^{\frac{4}{3}} e = 3K$$

L'éclairement moyen du cercle est trois fois plus grand que l'éclairement réel de son bord.

Soit L le point de rencontre de deux rayons réfléchis IQ, IQ', provenant des rayons incidents PI, PI' (fig. 64). Si le rayon PI' se rapproche indéfiniment de PI jusqu'à se confondre avec lui, le point L tend vers une certaine position limite M. Le lieu géométrique de ces points M dessine une courbe $Q_0 M$ passant par le foyer Q_0 des rayons centraux qui représente le point M pour un rayon dirigé suivant l'axe : c'est la courbe enveloppe des rayons réfléchis contenus dans le plan de la figure. D'après une propriété connue des courbes envelop-

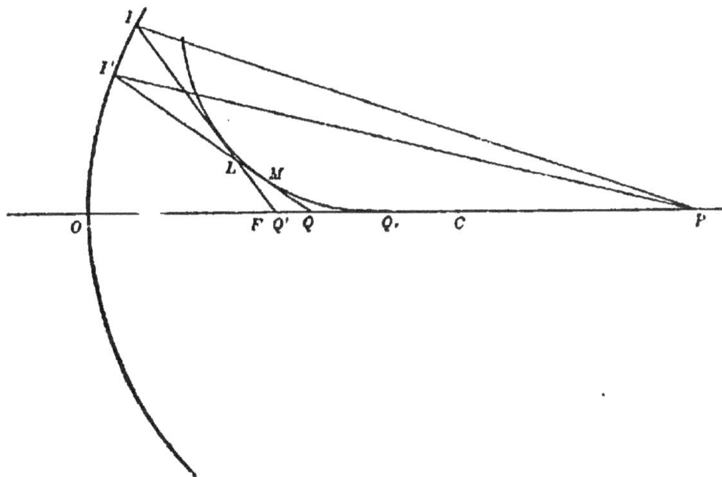

Fig. 64. — Caustique par réflexion.

pes, tous les rayons réfléchis lui sont tangents et se confondent sensiblement avec cette courbe au voisinage du point de contact.

Le phénomène restant le même dans tous les plans d'incidence, si nous faisons tourner la figure autour de la direction OC de l'axe, la courbe engendre une surface de révolution qui est la seconde nappe de la surface caustique et qui jouit des propriétés suivantes.

La lumière réfléchie est accumulée sur cette surface plus que dans les régions voisines de l'espace.

Les rayons se propagent tous du côté de la convexité des courbes méridiennes; il n'y a aucune lumière du côté de la concavité. Le contraste de cette région obscure contribue à faire ressortir l'éclat de la surface caustique.

92. Construction de la méridienne. — Proposons-nous de construire par points la courbe méridienne de cette surface, d'après une méthode imaginée par Petit.

Soient P le point lumineux (fig. 65), PA et PA_1 deux rayons incidents infiniment voisins contenus dans le plan d'incidence pris pour plan de la figure, AE, A_1E_1 les rayons réfléchis, PO l'axe du point P.

Les arcs infiniment petits AA_1, BB_1, pouvant être confondus avec leurs cordes, les triangles semblables PAA_1, PB_1B, fournissent la relation :

$$\frac{BB_1}{AA_1} = \frac{BP}{A_1P},$$

ou, en posant :

$$AP = p, \quad AP' = p', \quad AB = AE = 4a$$

et en remarquant que PA_1 ne diffère de PA que d'une longueur infiniment petite négligeable par rapport à cette grandeur finie :

$$\frac{BB_1}{AA_1} = \frac{p - 4a}{p}$$

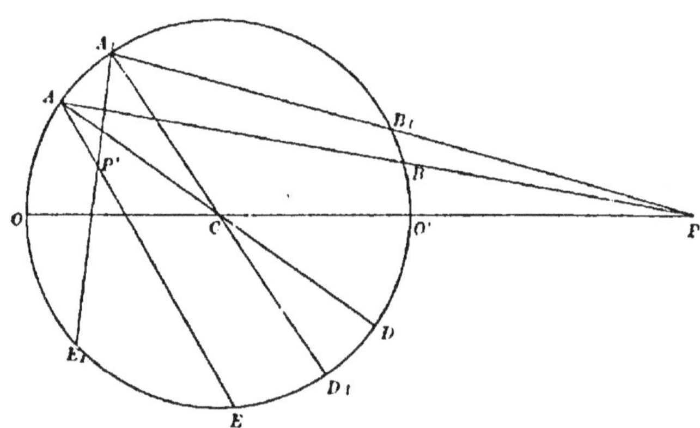

Fig. 65. — Construction de la méridienne de la surface caustique.

Les triangles $P'AA_1$, $P'E_1E$, fournissent de même :

$$\frac{EE_1}{AA_1} = \frac{4a - p'}{p'}$$

On a donc, en retranchant membre à membre la première égalité de la seconde :

$$(16) \qquad \frac{4a - p}{p} + \frac{4a - p'}{p'} = \frac{EE_1 - BB_1}{AA_1}$$

On a encore, d'après les lois de la réflexion :

$$E_1D_1 = D_1B_1$$
$$ED = DB$$

d'où, en retranchant et en tenant compte des parties communes

$$E_1E - D_1D = D_1D + BB_1$$

ou comme

$$D_1D = AA_1$$
$$EE_1 - BB_1 = 2AA_1$$

La relation (16) devient donc, en divisant par $4a$ les deux membres

$$(17) \qquad \frac{1}{p} + \frac{1}{p'} = \frac{1}{a}$$

formule identique à celle des foyers conjugués des rayons centraux.

On peut construire un point quelconque P′ de la caustique en construisant le rayon réfléchi et portant sur sa direction la longueur p' donnée par cette formule.

93. Discussion. Cas d'un point lumineux. — Pour $p = \infty$, l'équation devient :

$$p' = a$$

Le point P′ de la caustique est donc au quart de la longueur de la corde, à partir du point d'incidence A. Cherchons à déterminer la forme de la courbe.

Du centre C du miroir (fig. 66), avec un rayon égal à $\dfrac{R}{2}$, décrivons une circonférence. La droite CA joignant le centre au point d'incidence A du rayon SA rencontre en D cette circonférence. Sur AD comme diamètre, construisons une circonférence dont le rayon est ainsi $\dfrac{R}{4}$. Le rayon réfléchi AK rencontre en M cette circonférence. Menons en A la tangente AT commune aux circonférences AD et AC. L'angle TAK déterminé par une tangente et une corde intercepte sur ces deux circonférences les arcs semblables AM et AK. La longueur de l'arc AM est donc le quart de

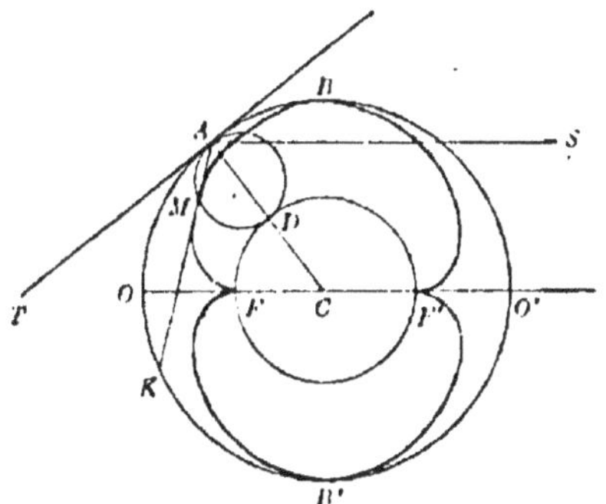

Fig. 66. — Forme de la caustique. $p = \infty$.

celle de l'arc AK, puisqu'il appartient à une circonférence quatre fois plus petite. La corde AM est aussi égale au quart de la corde AK, et le point M appartient à la caustique.

D'autre part les angles MAC, ACO sont égaux entre eux comme égaux à l'angle d'incidence SAC $= i$. Le premier étant inscrit dans la circonférence AD, l'arc MD a pour longueur $2i \times \dfrac{R}{4}$. Le second ayant son sommet au centre C de la circonférence CD, l'arc FD a pour longueur $i \times \dfrac{R}{2}$. Les arcs MD et FD sont donc d'égale longueur. Si l'on fait rouler sans glissement la circonférence AD sur la circonférence CD, le point M viendra en F quand le diamètre AD de la circonférence mobile se confondra avec OF. Le lieu du point M, c'est-à-dire la méridienne de la surface caustique, est donc l'épicycloïde décrite par le point de la circonférence mobile qui coïncide avec le foyer F, quand son diamètre coïncide avec OF.

La courbe ainsi définie présente un rebroussement au foyer principal F, où ses deux branches sont tangentes à l'axe CO, par rapport auquel elles sont symétriques. Elle est tangente à la section méridienne aux deux extrémités du diamètre BB′ perpendiculaire à CO. Enfin elle présente deux autres branches

BF', F'B', symétriques des premières par rapport à BB', et un second rebroussement en F' sur l'axe CO. Les branches de gauche et de droite représentent respectivement la section méridienne de la surface caustique réelle ou virtuelle pour les miroirs qui ont leur sommet en O ou en O'.

Ces miroirs peuvent être indifféremment considérés comme concaves ou convexes, suivant qu'on suppose leur face réfléchissante tournée vers l'intérieur ou vers l'extérieur de la sphère (1).

---

(1) Quand on suppose le point lumineux placé à distance finie, la caustique prend diverses formes dépendant de la position de ce point.

a. — Tant qu'il est en dehors de la sphère à laquelle appartient le miroir, la forme de la courbe méridienne (fig. 67) rappelle celle qui correspond à $p = \infty$, avec cette différence qu'elle n'est plus symétrique par rapport au diamètre perpendiculaire à l'axe du point P.

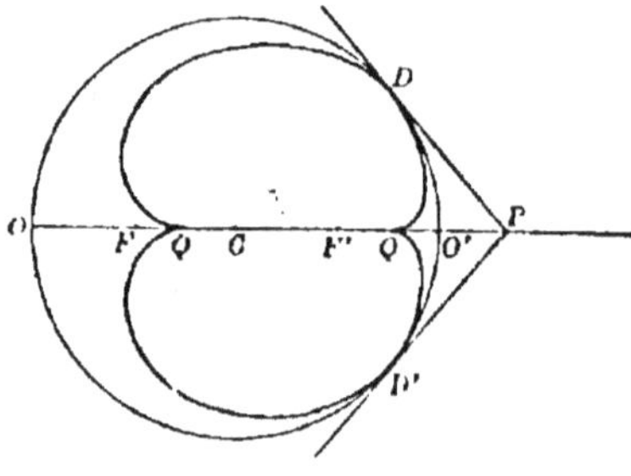

Les deux points de rebroussement sont les images fournies par les rayons centraux dans le miroir concave O. et dans le miroir convexe O'. Les points de contact D et D' avec le cercle méridien du miroir sont les points de contact avec les tangentes menées du point P à ce cercle méridien, car on a pour ces directions $a = o$ et par suite $p' = o$.

Fig. 67. — Caustique *a*.

b. — Quand le point P est en O' (fig. 68), les points D, D' se confondent en O' avec Q' et le rebroussement correspondant à ce dernier point disparaît.

c. — Quand le point P se trouve à l'intérieur de la sphère, entre O' et F' (fig. 69), on peut mener par le point P deux cordes DE, D'E', symétriques par rapport à OO' et telles que P soit au quart de la longueur de ces cordes. Pour les rayons PD et PD', on a $p = a$ et $p' = \infty$. Les rayons réfléchis correspondants sont dirigés suivant des asymptotes le long desquelles la courbe présente quatre branches infinies. Outre les points de rebroussement Q et Q', la courbe en présente deux autres K et K', aux points correspondants à des rayons incidents PI, PI', perpendiculaires à l'axe OO', pour lesquels on a, $p = 2a$ $p' = 2a$ (1). Les points K et K' étant au milieu des cordes correspondantes, les directions CK, CK', sont normales à la courbe. On reconnaît aisément, à l'aide de la formule, que les points M et M' où la courbe coupe le cercle correspondent à

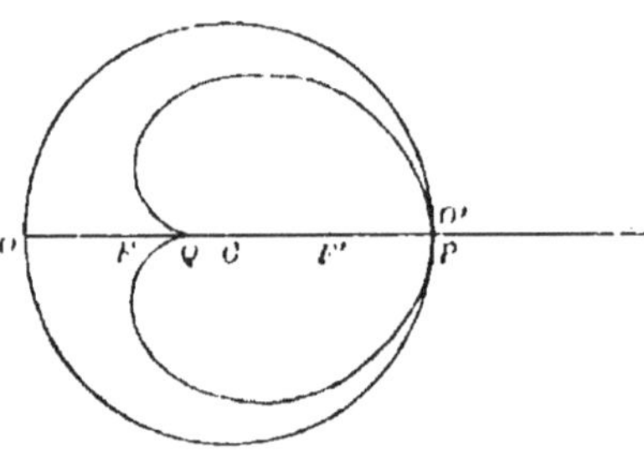

Fig. 68. — Caustique *b*.

---

(1) On démontre ce résultat en prenant les différentielles des droites *p* et *p'*, comme nous l'exposons plus loin (Théorie générale des caustiques), et en appliquant la formule (17).

94. Conditions de la vision des images fournies par un miroir sphérique.

1° *Vision unioculaire.* — Supposons l'ouverture de la pupille $M_1 N_1 M_2 N_2$ (fig. 73)

$p = \dfrac{4a}{3}$ $p' = 4a$. Le point P est alors au tiers de la corde formée par le rayon incident.

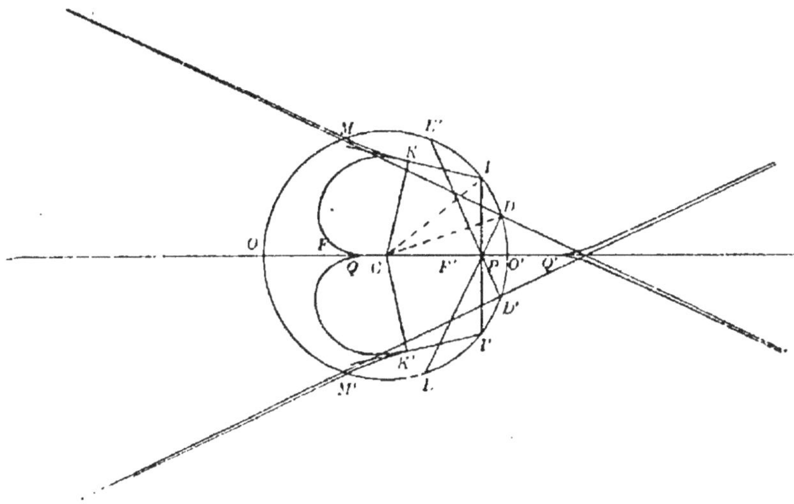

Fig. 69. — Caustique *c*.

d. — Quand P est en F' (fig. 70), les deux asymptotes se réduisent à une seule dirigée suivant OO' et les branches de droite disparaissent à l'infini. Les points F', K, K', sont aux milieux des côtés d'un triangle équilatéral inscrit dans la circonférence méridienne.

e. — Quand P est entre F' et C, il n'y a plus de branches infinies. La courbe prend alors la forme indiquée par la fig. 71.

f. — Enfin quand le point P se confond avec le centre de courbure, toute la caustique se réduit au point C.

On retrouverait les mêmes particularités dans l'ordre inverse, en attribuant au point P des positions situées à gauche de C.

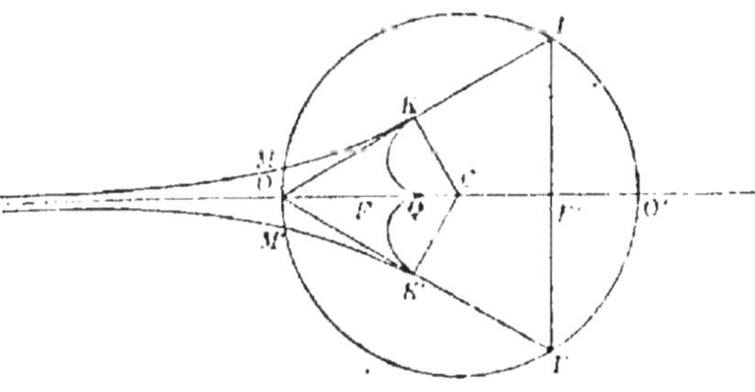

Fig. 70. — Caustique *d*.

Les diverses courbes que nous venons de figurer peuvent être considérées comme les formes de la développée d'une courbe à laquelle sont normaux tous les rayons réfléchis contenus dans une même section principale. On démontre aisément qu'il existe une pareille courbe et qu'elle est un limaçon de Pascal.

Abaissons du point lumineux P (fig. 72) la perpendiculaire PQ sur la tangente IQ au

normale à la direction moyenne des rayons réfléchis. Soit KIS le rayon réfléchi qui pénètre par le centre S de cette ouverture. Il est tangent en K à la surface caustique suivant la courbe méridienne FKL et rencontre en I l'axe OC du point lumineux.

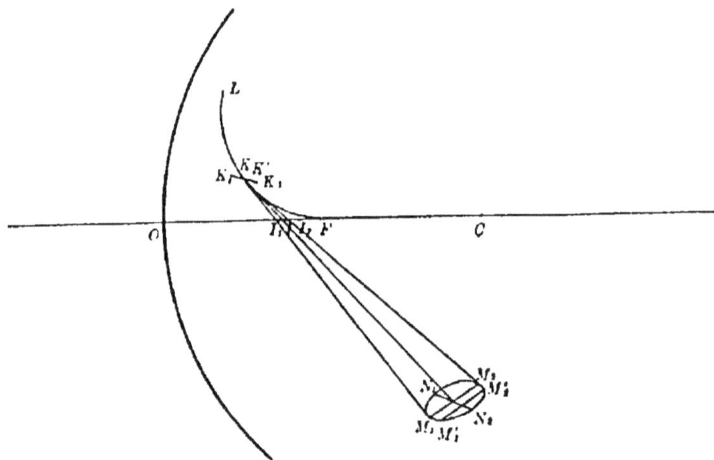

Fig. 73. — Droites focales.

La section méridienne FKL coupe l'ouverture de la pupille suivant un de ses diamètres $M_1 M_2$. En raison des faibles dimensions de cette ouverture, les rayons réfléchis qui pénètrent dans l'œil aux divers points de ce diamètre sont tangents à la courbe FKL, en des points très voisins de K, que l'on peut regarder comme confondus avec ce point, surtout si l'on considère que la courbe ayant la direction même des rayons, tous ces points sont confondus en perspective. L'œil perçoit en ce point une accumulation de lumière.

point d'incidence I et prolongeons cette droite jusqu'à sa rencontre en M avec le rayon réfléchi. Les angles IPM, IMP, étant égaux aux angles d'incidence et de réflexion, on a QM = PQ. Or le lieu du pied Q de la perpendiculaire à la tangente est, comme on sait, un limaçon de Pascal.

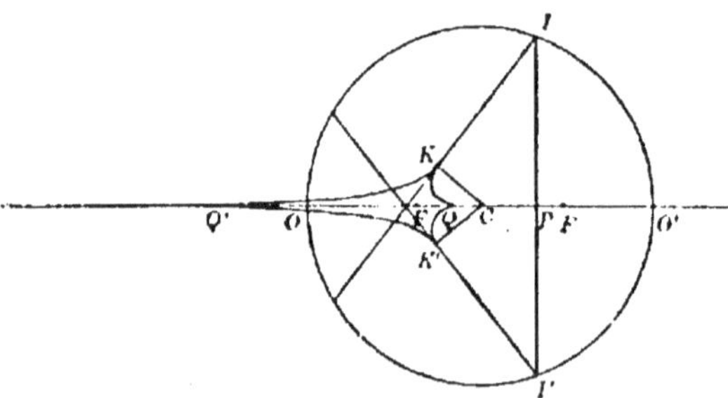

Fig. 71. — Caustique e.

Le lieu du point M est homothétique de celui du point Q par rapport à P.

C'est donc aussi un limaçon qui serait la polaire d'un cercle de rayon double de CI et homothétique du premier par rapport à P.

On sait que la normale au limaçon lieu des points Q s'obtient en joignant ce point

Imaginons qu'on fasse tourner d'un petit angle la section méridienne autour de l'axe OC. La nouvelle section méridienne coupe la pupille suivant $M'_1 M'_2$ sensiblement parallèle à $M_1 M_2$. Le point K décrit un petit arc de cercle formant une portion d'un parallèle de la surface caustique et vient en K', au-dessus du plan de la figure. Tous les rayons entrant dans la pupille aux points de $M'_1 M'_2$ concourent en K', où il y a aussi accumulation de lumière. Ce raisonnement est applicable à toutes les positions de la section méridienne rencontrant la pupille. L'œil a donc la sensation d'un petit arc lumineux $K_1 K_2$,

au point K, milieu de la droite PI. Cette normale QK étant parallèle à la droite MR du rayon réfléchi, cette dernière représente la normale au limaçon lieu du point M.

Si l'on fait tourner la figure autour de la droite PC, le limaçon M engendre une surface de révolution à laquelle sont normaux tous les rayons réfléchis. On l'appelle *surface anticaustique*.

Les formes connues que prend le limaçon pour les différentes positions du point P permettent de retrouver toutes les particularités de la caustique.

Les points où le rayon de courbure du limaçon passe par un maximum ou un minimum correspondent aux points de rebroussement de sa développée. On reconnaît aisément qu'il existe en général deux points de ce genre sur l'axe.

En outre, quand le point P est à l'intérieur du cercle CI, la courbe présente en dehors de l'axe deux autres points de courbure minima, donnant lieu aux points de rebroussement K et K' de la développée.

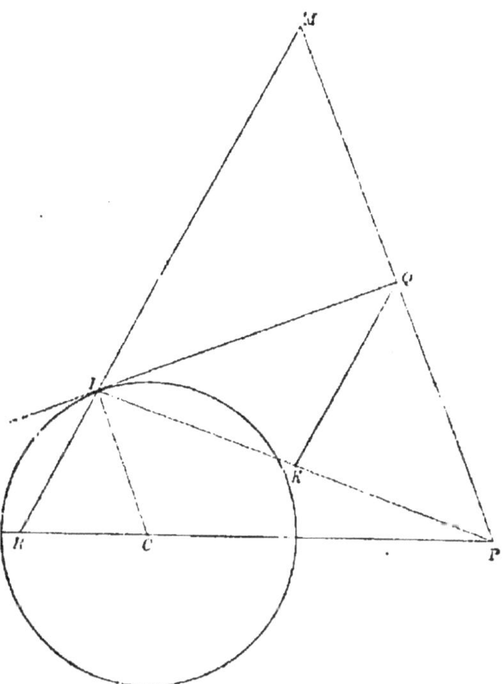

Fig. 72. — Surface anticaustique.

Enfin quand le point P est entre O' et F' (fig. 69), le limaçon présente deux points d'inflexion où le rayon de courbure est infini. Les droites normales en ces points sont les asymptotes de la développée. Quand P se confond avec F', les points de rayon infini se confondent sur l'axe qui devient une asymptote unique de la développée.

Pour des positions de P plus rapprochées du centre, le limaçon ne présente plus de points de courbure infinie.

comprenant les points K qui lui envoient de la lumière. Cet arc de cercle étant très court se confond pratiquement avec une petite droite perpendiculaire au plan de la courbe FKL et s'étendant de part et d'autre de ce plan.

On peut former d'une seconde manière des groupes de rayons concourant en un même point. Faisons tourner le rayon KIS autour de l'axe OC. Ce rayon engendre la surface d'un cône coupant le plan de la pupille suivant une courbe $N_1 N_2$ sensiblement confondue avec une droite perpendiculaire à $M_1 M_2$ et parallèle à $K_1 K_2$. Tous les rayons pénétrant dans l'œil, aux divers points du diamètre $N_1 N_2$, sont distribués sur le cône considéré et rencontrent l'axe au même point I, sommet du cône. Il y a donc accumulation de lumière en ce point.

On peut de même considérer tous les points de l'axe compris entre les points I_1 et I_2, où les rayons KM_1 et KM_2 rencontrent cet axe, comme les sommets de cônes de rayons réfléchis reçus par l'œil. Ainsi, suivant la distance pour laquelle il accommode son œil, l'observateur voit une petite droite lumineuse $I_1 I_2$ dirigée suivant l'axe ou la droite $K_1 K_2$ qui lui est perpendiculaire et se trouve à une distance différente de l'œil. Ces deux droites lumineuses perpendiculaires portent le nom de *lignes focales*.

Dans le cas où le centre de l'œil est sur la direction OC, les deux lignes focales se réduisent au foyer unique F.

On appelle *astigmatisme* la distance des deux droites focales correspondant à un même pinceau lumineux. Cette distance est d'autant plus grande que le pinceau est plus incliné sur l'axe du point lumineux. Par suite de la grandeur finie des éléments nerveux qui reçoivent l'impression lumineuse dans l'œil, les points lumineux écartés d'un angle inférieur à une minute paraissent confondus. L'accommodation de l'œil présente d'autre part une certaine tolérance. Si les droites focales sont peu écartées, elles sont en même temps très courtes et produisent encore la sensation d'un point unique. Si elles sont notablement écartées, on vise instinctivement la plus courte qui paraît la plus brillante (1).

95. Vision binoculaire. — L'image d'un point paraît dans certains cas plus nette quand on fait intervenir la vision binoculaire. Soit $M_1 L_1 A_1$ (fig. 74) le rayon réfléchi qui passe par le centre A_1 de la pupille droite.

Supposons d'abord que le centre A_2 de la pupille gauche soit dans la même section méridienne $A_1 OC$, et soit $M_1 L_2 A_2$ le rayon réfléchi correspondant.

Le point d'intersection M_1 de ces deux rayons est sensiblement placé sur une courbe méridienne de la surface caustique. La première focale ayant son mi-

---

(1) Si le point lumineux considéré fait partie d'un objet brillant rectiligne placé suivant l'axe du miroir, toutes les focales dirigées suivant cet axe sont superposées et leur ensemble forme seul une image presque nette de l'objet. Si au contraire l'objet est dirigé perpendiculairement au plan mené par l'œil et par l'axe du miroir, c'est l'ensemble des focales perpendiculaires à l'axe qui forme une image brillante. Dans les autres cas la vision est confuse.

lieu en M_1 est donc commune aux deux yeux et vue avec la netteté que comporte la vision binoculaire. Par contre, la seconde focale consiste pour les deux
yeux respectivement en deux petites droites dirigées suivant l'axe et ayant leurs
milieux en L_1 et en L_2. Grâce à l'écartement des deux yeux, ces deux droites

n'ont aucun
point com-
mun. Cette se-
conde focale
paraît donc
terne, et c'est
la première qui
détermine
seule l'accom-
modation des
yeux.

Décrivons le
cône engendré
par la rotation
de $M_1 A_1$ autour
de OC. Le point

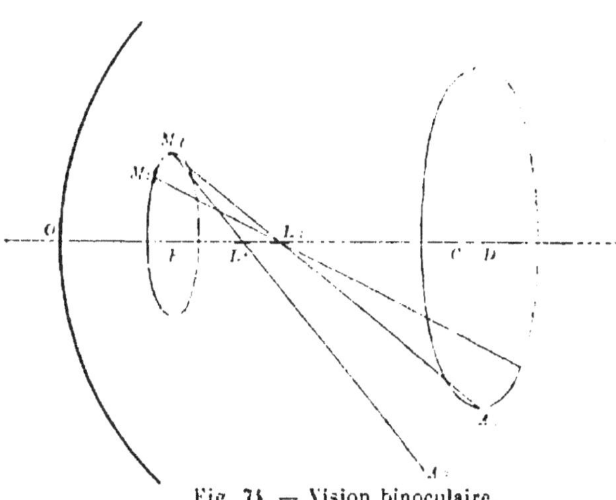

Fig. 74. — Vision binoculaire.

A_1 engendre une circonférence de centre D. Soient A_1 et A'_2 les centres des deux
pupilles placés sur ce cône. Les rayons correspondants $M_1 A_1$, $M_2 A'_2$, se rencontrent
en L_1. La seconde focale de milieu L_1 est commune aux deux yeux et vue avec
netteté.

Le milieu de la première focale est en M_1, pour l'œil A_1, et pour l'œil A'_2 en
M_2, sur une seconde méridienne de la surface caustique. La lumière paraît donc
venir seulement de la première focale. Le siège apparent du phénomène observé
varie de l'une à l'autre de ces dispositions respectives des deux yeux. Pour
toute disposition intermédiaire, les deux focales sont différentes pour chaque
œil et le phénomène est plus confus.

On peut observer successivement par projection sur un écran les deux focales perpendiculaires fournies par un étroit faisceau lumineux que l'on se pro-
cure en limitant par un diaphragme la lumière incidente venant d'une très
petite source lumineuse.

96. En répétant pour un miroir cylindrique circulaire les raisonnements que
nous avons faits pour un miroir sphérique, on trouve que les surfaces caustiques présentent la forme de cylindres, dont les sections droites sont identiques aux méridiennes des caustiques des miroirs sphériques de même
rayon.

En disposant un miroir cylindrique concave sur une feuille de papier blanc
perpendiculaire à son axe et en faisant arriver sur ce miroir la lumière venant

d'un point lumineux éloigné, on voit se dessiner sur le papier la section droite
de la caustique.

97. Déformation des images par l'obliquité des rayons. — Quand on observe
à l'œil nu l'image d'un objet lumineux plan perpendiculaire à l'axe principal
d'un miroir sphérique, cette image ne présente pas la forme plane, comme
nous l'avons supposé dans une première approximation. A chaque point de
l'objet correspondent deux petites droites focales placées sur les deux nappes
de la surface caustique de ce point. Les positions de ces deux droites focales
par rapport au sommet de la caustique varient d'un point à l'autre de l'objet
avec la position de l'axe secondaire de ce point par rapport à l'œil. Le lieu
géométrique des milieux de chacune de ces deux droites focales pour tous les
points du plan-objet constitue deux images déformées et imparfaites de l'objet.
Ces images se modifient quand on déplace l'œil. Elles ne donnent pas lieu à
deux sensations distinctes, parce que leurs points homologues sont vus sur la
même direction qui est celle du pinceau réfléchi correspondant. Mais quand
on fait intervenir les deux yeux, suivant leur position respective, l'une ou
l'autre de ces images peut prendre une netteté prépondérante et déterminer
le jugement que nous portons sur la forme et la distance du phénomène lumineux perçu.

98. Quand on veut observer l'image par projection, chaque point **P** de l'objet
donne lieu à une portion
de caustique d'autant plus
étendue que le miroir a
une amplitude plus gran-
de. Le maximum d'éclat
se manifeste au point de
rebroussement de la caus-
tique qui se trouve sur
l'axe secondaire et est le
foyer **P′** des rayons réflé-

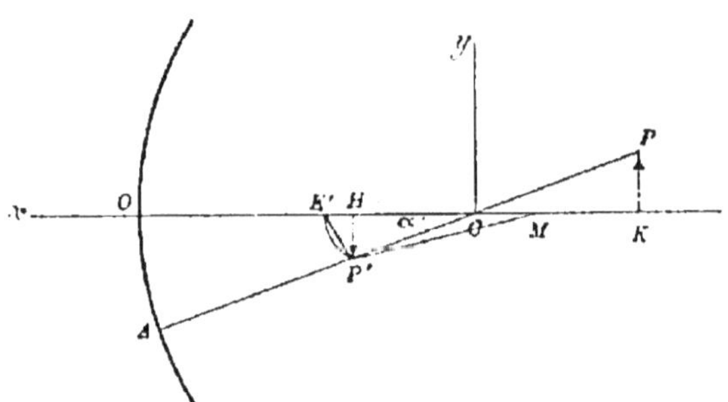

Fig. 75. — Image d'un objet plan.

chis voisins de cet axe. C'est le lieu de ce point qui constitue l'image du plan
pour un miroir d'amplitude notable.

Posons (fig. 75) :
$$CP = m, \quad CP' = m', \quad CA = R = 2f,$$
et prenons pour direction positive la direction CA.

On a :

(18)
$$\frac{1}{m} + \frac{1}{m'} = \frac{1}{f}$$

Supposons que le point P se déplace dans un plan KP perpendiculaire à l'axe
principal. En posant
$$CK = k, \quad ACO = \alpha,$$

on obtient pour tous les points du plan

$$m = \frac{k}{\cos \alpha}$$

Cette équation représente en coordonnées polaires le plan KP, si l'on prend C pour origine et CO pour axe.

L'équation (18) prend la forme :

$$(19) \qquad \frac{1}{m'} = \frac{1}{f} - \frac{\cos \alpha}{k}$$

C'est le lieu du point P' en coordonnées polaires. Passons aux coordonnées rectilignes en prenant pour axes la direction CO et une direction perpendiculaire dans le plan de la figure. En posant

$$m' \cos \alpha = x,$$
$$m' \sin \alpha = y,$$

on a l'équation :

$$\frac{1}{x} + \frac{1}{k} = \frac{\sqrt{x^2 + y^2}}{fx}$$

qui peut se mettre sous la forme :

$$(20) \qquad (k^2 - f^2)\, x^2 + k^2\, y^2 - 2kf^2\, x - k^2 f^2 = 0$$

Cette équation représente une conique, ellipse, hyperbole ou parabole, suivant la position du point P et la nature du miroir. C'est la courbe méridienne d'une surface de révolution qui est le lieu des points P'. Elle rencontre l'axe principal aux points

$$x = \frac{kf}{k-f} = k', \qquad x = \frac{-kf}{k+f} = k''$$

qui sont les foyers conjugués de K par rapport au miroir O et au miroir O' formé par la portion opposée de la sphère. La partie voisine du premier de ces points donne seule lieu au phénomène physique.

99. Pour trouver le rayon de courbure au sommet K', considérons un point P' infiniment voisin de K'. Abaissons sur l'axe principal la perpendiculaire P'H, et soit M le centre du cercle osculateur. P'K' se confond à la limite avec une corde de ce cercle. On a donc, en désignant par MK' $= r$ son rayon, par x et y les coordonnées du point P' :

$$r = \frac{\overline{K'P'^2}}{2\overline{HK'}} = \frac{y^2 + (x - k')^2}{2\,(x - k')}$$

L'équation (20) peut être mise sous la forme :

$$(21) \qquad k^2\, y^2 + (k^2 - f^2)\,(x - k')\,(x - k'') = 0$$

En remplaçant y^2 par sa valeur tirée de cette équation et en faisant à la limite $x = k'$, on obtient aisément :

$$r = f$$

Le rayon de courbure a donc toujours une valeur égale à la distance focale et la courbure est dans le sens de celle du miroir, quelle que soit la position du plan-objet.

100. Remarquons toutefois que le point de rebroussement de la caustique ne se forme effectivement que si l'axe secondaire correspondant rencontre le miroir. L'image brillante ainsi définie est donc de dimensions restreintes et se réduit à un point, quand le plan-objet passe par le centre de courbure C.

Si le miroir a une très faible ouverture, les faisceaux venant des points notablement écartés de l'axe principal ne rencontrent plus les caustiques correspondantes qu'en deux régions étroites se réduisant à la limite à deux droites focales dirigées l'une suivant l'axe secondaire, l'autre perpendiculairement à cette direction. Les milieux de ces deux droites sont sur la droite moyenne du faisceau réfléchi qui passe par le sommet O du miroir. Les lieux géométriques de ces milieux forment alors deux surfaces qui sont les seules représentations observables du plan-objet.

Les points de la première droite focale dirigée suivant l'axe secondaire sont déterminés par l'intersection de cet axe avec les droites des rayons réfléchis. Nous avons vu (48, note) que si l'on considère les rayons rencontrant le miroir dans le voisinage de son sommet, le lieu de ses intersections pour les divers points du plan-objet est un plan perpendiculaire à l'axe principal. Le lieu du milieu de la seconde droite focale s'obtient en groupant les rayons dans des plans parallèles à la section principale menée par le point P. On trouve, par des considérations analogues à celles que nous venons d'exposer, que ce lieu est une surface de révolution dont la courbe méridienne est encore une conique. Elle est courbée en sens contraire du miroir et présente à son sommet le rayon de courbure constant $\dfrac{f}{2}$.

101. Surfaces aplanétiques par réflexion. — Une surface réfléchissante est dite aplanétique par réflexion pour deux points donnés P et P', quand tous les rayons incidents dont les droites passent par P donnent naissance, par réflexion sur cette surface, à des rayons réfléchis dont les droites passent par P'. La propriété réciproque existe, en vertu des lois de la réflexion, pour les rayons incidents passant par P'. Les deux points donnés sont donc des foyers conjugués parfaits par rapport à la surface aplanétique.

Proposons-nous de construire toutes les surfaces répondant à cette définition et passant par un point donné M (fig. 76). PM et P'M représentent respectivement les droites d'un rayon incident et du rayon réfléchi correspondant. La normale en M à la surface cherchée est donc la bissectrice intérieure MN ou la bissectrice extérieure MT de l'angle PMP'. Si la normale est MN, le plan tangent à la surface en M est un plan VMT perpendiculaire au plan PMP' et dont la trace sur ce plan est MT. Coupons la surface par un plan VMH perpendiculaire à PP'.

Ce plan coupe le plan tangent suivant une perpendiculaire MV au plan PMP',
qui est tangente en M à la section déter-
minée dans la surface. MH est donc la
normale en M à cette section, et comme
le raisonnement est applicable à tous
les points de la courbe, elle jouit de
la propriété d'être normale en tous ses
points aux droites qui passent par le
point fixe H contenu dans son plan. Cette
section est donc circulaire. Il en est de
même de toutes les sections perpendiculaires à PP'. Donc la surface cherchée est
une surface de révolution autour de l'axe
PP'. Le même raisonnement s'applique au
cas où l'on considérerait la normale à la
surface en M comme dirigée suivant MT.

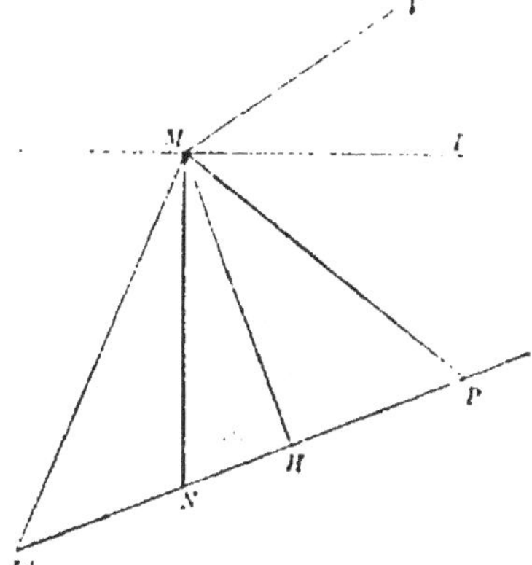

Fig. 76. — La surface aplanétique est
une surface de révolution.

102. Cherchons la courbe méridienne de la surface. On peut faire différentes hypothèses sur la nature des foyers conjugués P et P'.

I. — P et P' sont des foyers conjugués réels. — La normale à la surface et à sa
courbe méri-
dienne est la
bissectrice in-
térieure MN de
l'angle PMP'
(fig. 77). La sec-
tion est une el-
lipse ayant
pour foyers les
points donnés
P et P' et la
surface apla-
nétique est un
ellipsoïde de
révolution. Toutes les parties de la surface de cet ellipsoïde, supposée polie
intérieurement, répondent exclusivement à la question (1).

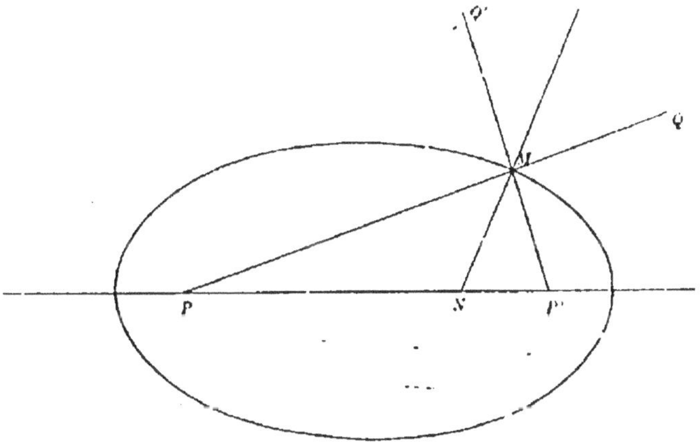

Fig. 77. — Foyers tous deux réels ou tous deux virtuels.

---

(1) On peut remarquer que le chemin PMP' suivi par un rayon lumineux pour aller
d'un point donné P à un autre point donné P', en se réfléchissant en M sur un miroir quelconque, est un minimum, si l'ellipsoïde aplanétique tangent en M à la surface du miroir donné est tout entier en dedans de cette surface au voisinage du point
de contact. La somme des rayons vecteurs présente en effet une valeur constante en
tous les points de l'ellipsoïde et une valeur plus grande aux points de la surface

103. II. — P et P' sont des foyers conjugués virtuels. — Le rayon incident et le rayon réfléchi passant en M sont alors dirigés suivant les prolongements MQ et MQ' des droites MP et MP'. La normale est encore la bissectrice intérieure MN et la solution est fournie exclusivement par le même ellipsoïde, dont la surface réfléchissante est tournée vers l'extérieur.

104. 1er Cas particulier. — Les deux foyers P et P' sont confondus. L'ellipsoïde devient une sphère ayant pour centre P. Nous retrouvons cette propriété qu'un miroir sphérique est aplanétique pour son centre.

Le miroir est concave ou convexe, suivant que les foyers sont réels ou virtuels.

105. III. — P est réel, P' est virtuel. — Le rayon incident en M est PM, le

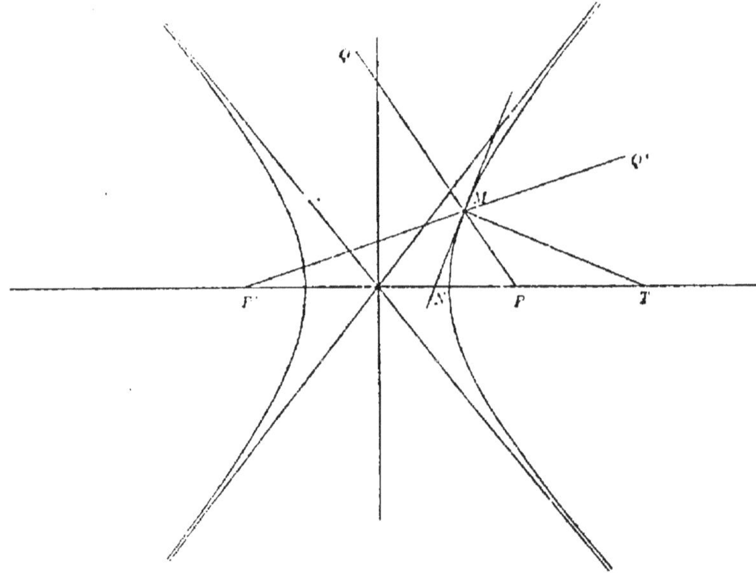

Fig. 78. — Un foyer réel et un foyer virtuel.

rayon réfléchi MQ' (fig. 78). La normale est donc la bissectrice extérieure MT de l'angle PMP'. La méridienne est une hyperbole ayant pour foyers P et P' ; la surface est un hyperboloïde de révolution à deux nappes. La surface polie est tournée vers P. La nappe de droite fournit un miroir concave et la nappe de gauche un miroir convexe répondant l'un et l'autre à la question.

106. IV. — P est virtuel, P' est réel. — Le rayon incident en M est QM, le rayon réfléchi est MP'. La normale est encore MT. Le même hyperboloïde fournit la solution. Il suffit de supposer polies les faces tournées vers P'.

---

donnée autres que le point M. Ce chemin est un maximum, si l'ellipsoïde est extérieur à la surface. Il n'est ni l'un ni l'autre, si la surface donnée présente autour de M des régions intérieures et des régions extérieures à l'ellipsoïde.

107. 2e Cas particulier. — Le point M donné de la surface est également distant de P et de P'. L'hyperbole méridienne se réduit à une droite perpendiculaire au milieu de PP'. La surface est réduite à un plan. Cette solution particulière jouit de la propriété exceptionnelle de fournir une surface aplanétique
à la fois pour tous les points de l'espace pris deux à deux.

108. 3e Cas particulier. — Les deux foyers P et P' sont confondus. L'hyperboloïde se réduit à un cône droit à base circulaire, de sommet P et d'axe indéterminé. Ce cas n'offre aucun intérêt pratique.

109. 4e Cas particulier. — L'un des points P est rejeté à l'infini sur une di-

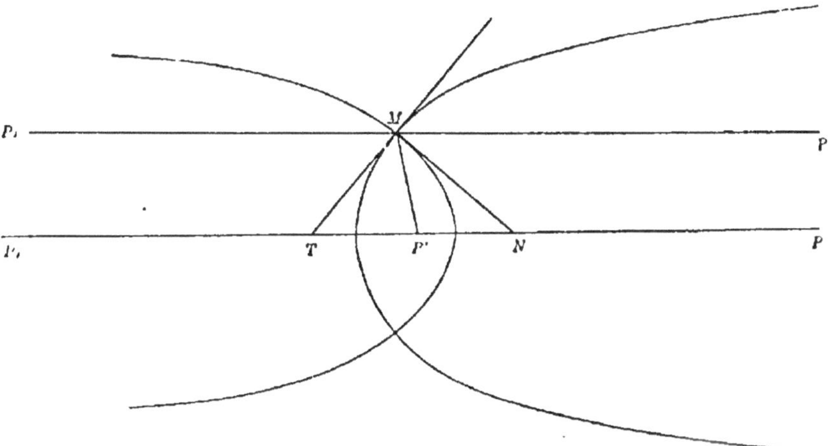

Fig. 79. — Un des foyers à l'infini.

rection donnée PN, c'est-à-dire que les rayons incidents sont assujettis à être
parallèles à cette direction (fig. 79).

1° *P est réel.* — a) La lumière incidente se propage de droite à gauche. La normale est la bissectrice MN de l'angle PMP'. La courbe méridienne est une parabole d'axe P'P et de foyer P'. La surface est un paraboloïde de révolution
poli intérieurement.

Nous verrons plus loin comment cette solution a été appliquée par Foucault
aux miroirs de télescope.

b) La lumière incidente se propage de gauche à droite parallèlement à P_1M.
La surface est encore un paraboloïde poli intérieurement, mais tourné en
sens inverse du premier.

2° *P' est virtuel.* — On retrouve les mêmes solutions à la condition de supposer polies les surfaces extérieures des deux paraboloïdes qui forment ainsi
des miroirs convexes.

110. On voit que si l'on excepte le cas du miroir plan également distant des
foyers conjugués, la section méridienne de la surface aplanétique est toujours

une conique ayant ses foyers géométriques aux points donnés. Chacun de ces miroirs, le plan seul excepté, n'est donc aplanétique que pour deux points conjugués. Il présente pour les autres points les phénomènes de l'aberration de sphéricité. Mais comme ces surfaces sont des surfaces de révolution autour d'une de leurs normales, chacune d'elles à chacun de ses sommets est osculatrice à la sphère que l'on obtient en faisant tourner autour de l'axe de révolution le cercle osculateur à la section méridienne. Elle se confond sensiblement avec la surface de cette sphère dans la région voisine du sommet.

On peut donc, en ne considérant que les rayons centraux, appliquer toujours à cette région les formules de la théorie élémentaire des miroirs sphériques, au même degré d'approximation qu'à ces miroirs eux-mêmes. Le foyer principal du miroir ainsi constitué est situé à une distance du sommet égale à $\frac{R}{2}$, R étant le rayon de la sphère osculatrice. Dans le cas du paraboloïde seulement, ce foyer principal se confond avec le foyer géométrique de la courbe méridienne.

CHAPITRE IV

RÉFRACTION DE LA LUMIÈRE

§ 1er. — Lois de la réfraction.

111. Réfraction. — Quand un rayon lumineux SI rencontre la surface de séparation MM' de deux milieux, il peut se produire :

1° un rayon réfléchi IL qui se propage dans le premier milieu conformément aux lois exposées plus haut;

2° un ou deux rayons réfractés qui se propagent dans le second milieu.

La quantité de lumière contenue dans le faisceau incident se partage suivant des lois déterminées, entre les faisceaux réfléchis et réfractés. Dans le cas des milieux isotropes, c'est-à-dire dont les propriétés sont les mêmes en toute direction à partir d'un point donné, il n'existe qu'un seul rayon réfracté IR qui n'est pas en général dirigé suivant le prolongement du rayon incident, d'où son nom (*refringere*, briser). Nous considérerons seulement ce dernier cas (1).

112. Lois de la réfraction. — Les lois de la réfraction ont été établies par Descartes.

On définit le plan d'incidence comme dans le cas de la réflexion. On appelle respectivement *angle d'incidence* et *angle de réfraction* les angles aigus SIN, RIN' (fig. 80), formés par la direction de la normale et celles des rayons incident et réfracté.

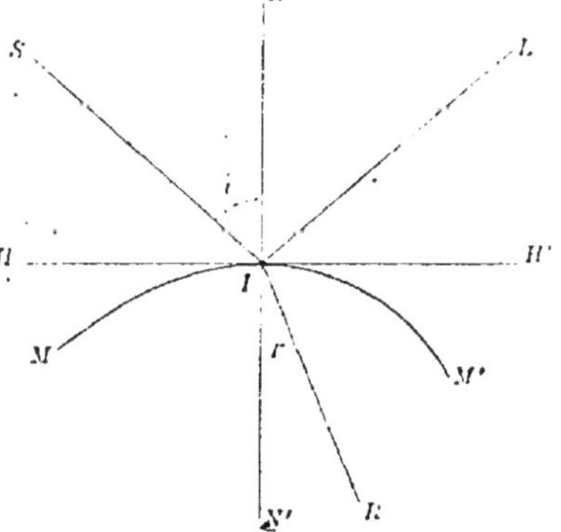

Fig. 80. — Réfraction d'un rayon lumineux.

---

(1) Quand le second milieu est cristallisé dans le système cubique, il n'existe aussi qu'un rayon réfracté. Il y en a en général deux dans les autres cas.

1re Loi. — *Le rayon réfracté est contenu dans le plan d'incidence.*

2° Loi. — *Le rayon incident et le rayon réfracté sont placés de part et d'autre de la normale. Pour une lumière déterminée et des milieux déterminés, il existe un rapport constant entre le sinus de l'angle d'incidence et le sinus de l'angle de réfraction, quel que soit l'angle d'incidence.*

Ce rapport constant s'appelle *indice de réfraction* du second milieu par rapport au premier. Ainsi, si le rayon SIR passe de l'air dans l'eau, le rapport

$$(1) \qquad n = \frac{\sin i}{\sin r}$$

est l'indice de réfraction de *l'eau par rapport à l'air*, i et r désignant les angles d'incidence et de réfraction (1).

Cas particulier. — *Un rayon incident normal à la surface n'est pas dévié par la réfraction.*

3° Loi. — *Loi de réciprocité.* — *L'indice de réfraction n' d'un milieu A par rapport à un autre milieu B est égal à l'inverse de l'indice n du milieu B par rapport au milieu A.*

113. Cette loi entraîne immédiatement la conséquence suivante. Un premier rayon lumineux passant du milieu A au milieu B suivant le chemin SIR satisfait à la relation

$$n = \frac{\sin i}{\sin r}$$

Un second rayon se propageant dans le milieu B suivant RI, en sens contraire du premier, pénètre dans le milieu A suivant une direction IS_1 faisant un angle de réfraction x déterminé par la relation

$$n' = \frac{1}{n} = \frac{\sin r}{\sin x}$$

Les angles considérés étant compris entre 0° et 90°, on tire de ces deux formules la condition

$$x = i$$

Donc la direction IS_1 du second rayon réfracté se confond avec IS.

Étant donnés un premier rayon incident et le rayon réfracté correspon-

---

(1) L'indice varie, comme nous le verrons plus loin, avec la nature de la lumière réfractée. L'indice moyen de l'eau par rapport à l'air est environ $\frac{4}{3}$. Celui du verre ordinaire (*crown-glass*) par rapport à l'air est voisin de $\frac{3}{2}$.

dant, un second rayon incident qui se propage dans le second milieu suivant la direction du premier rayon réfracté et en sens contraire pénètre dans le premier milieu suivant la direction du premier rayon incident et en sens contraire (1).

Nous avons constaté une propriété analogue dans la réflexion, comme conséquence des deux lois de ce phénomène.

On peut donc énoncer la loi de réciprocité sous la forme générale suivante :

Quand deux rayons lumineux se propageant en sens opposés et traversant une série de milieux transparents coïncident en une portion de leurs trajectoires, ces deux rayons coïncident dans toute leur étendue et subissent aux mêmes points les mêmes réflexions et les mêmes réfractions.

114. Définition. — On dit qu'un milieu B est plus réfringent qu'un autre milieu A, quand son indice par rapport à cet autre est supérieur à l'unité, c'est-à-dire quand, pour un rayon passant de A en B, l'angle d'incidence est plus grand que l'angle de réfraction.

Ainsi l'indice moyen de l'eau par rapport à l'air est égal à $\frac{4}{3}$. Un rayon passant de l'air dans l'eau se rapproche donc de la normale : l'eau est dite plus réfringente que l'air.

115. Vérification des lois de la réfraction. — *Appareil de Silbermann.* — Les lois de la réfraction entraînent diverses conséquences susceptibles de vérifications précises, qui seront abordées plus loin. L'appareil de Silbermann peut nous fournir dès maintenant une vérification générale, mais grossière.

Pour cela, dans cet appareil tel qu'il a été décrit plus haut à propos des lois de la réflexion, on remplace le miroir central MM' par une cuve demi-cylindrique CFED, à axe horizontal C perpendiculaire au plan de la graduation (fig. 81).

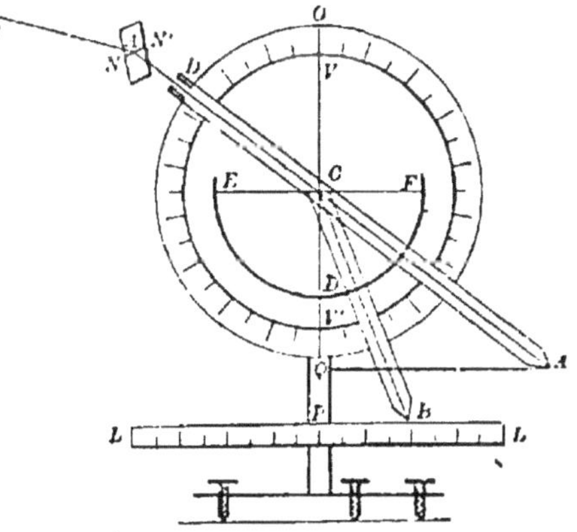

Fig. 81. — Appareil de Silbermann. (Réfraction.)

Cette cuve contient un liquide réfringent, de l'eau par exemple, dont la

---

(1) Ce second énoncé de la loi de réciprocité lui a fait donner le nom de principe du *retour inverse des rayons.*

surface libre passe par l'axe C. On fait arriver dans l'air, sur la région centrale de cette surface, un faisceau lumineux incident suivant la direction AC de la première alidade. Ce faisceau pénètre dans le liquide en se réfractant, puis repasse dans l'air en traversant normalement en D les parois de la cuve. Cette nouvelle réfraction ne modifie pas la direction du faisceau, car à une valeur nulle de l'angle d'incidence correspond un angle de réfraction nul, d'après la relation (1).

On cherche à donner à la seconde alidade CB une direction telle qu'elle reçoive le faisceau émergent sur le plan de verre dépoli qui la termine. Le succès de cette expérience constitue la vérification de la première loi (1).

Une règle graduée horizontale LL' est disposée sur le support vertical de l'appareil le long duquel elle peut se mouvoir. Le zéro de sa graduation se trouve en P, sur la verticale du centre C. On amène successivement la graduation de cette règle à passer par des repères A' et B qui terminent les deux alidades et l'on mesure leurs distances BP et A'Q à la verticale du centre.

Les triangles CQA', CPB donnent les relations

$$A'Q = CA' \sin i$$
$$BP = CB \sin r$$

et comme

$$CA' = CB$$
$$\frac{A'Q}{BP} \cdot \frac{\sin i}{\sin r} = n$$

On répète plusieurs fois cette expérience, en donnant au faisceau incident AC des directions diversement écartées de la normale C/, et l'on constate que la valeur de n ainsi mesurée demeure la même, conformément à la deuxième loi. Cette valeur de n fournit une mesure de l'indice de réfraction.

Pour vérifier la troisième loi, on fait arriver le faisceau incident suivant la direction BC suivie en sens contraire par le faisceau réfracté dans l'une des expériences précédentes, et l'on constate que le faisceau réfracté prend la direction CA, inverse de celle du faisceau incident dans la première expérience.

116. Appareil de Boscowitch. — Une disposition imaginée par Boscowitch permet de faire les mêmes vérifications sur les corps solides.

Au centre du cercle gradué est fixé un demi-cylindre FF'K formé de la

<hr>

(1) On pourrait objecter qu'on ne sait pas *a priori* si la seconde réfraction à la sortie de la cuve modifie la direction du faisceau. Mais en plaçant le plan de verre dépoli très près de la cuve, en rendra insensible l'influence de ce dérangement hypothétique.

substance à expérimenter (fig 82). Sa surface supérieure FF' est plane et horizontale. La seconde alidade CB est fixée à un bloc GG'HH' de la même substance, ayant la forme d'un parallélipipède rectangle, dans lequel est pratiquée une cavité demi-cylindrique, où s'emboîte exactement le demi-cylindre. Ce bloc tourne avec l'alidade CB, dont la ligne médiane est perpendiculaire à sa face HH'. La lumière incidente se propageant suivant EC, se réfracte en C et pénètre dans le demi-cylindre, puis dans le parallélipipède. On tourne CB jusqu'à ce que la lumière arrive à l'extrémité de cette alidade. Le faisceau sort alors du bloc en D, normalement à la face HH' et sans réfraction. Les mesures se font comme dans l'appareil précédent.

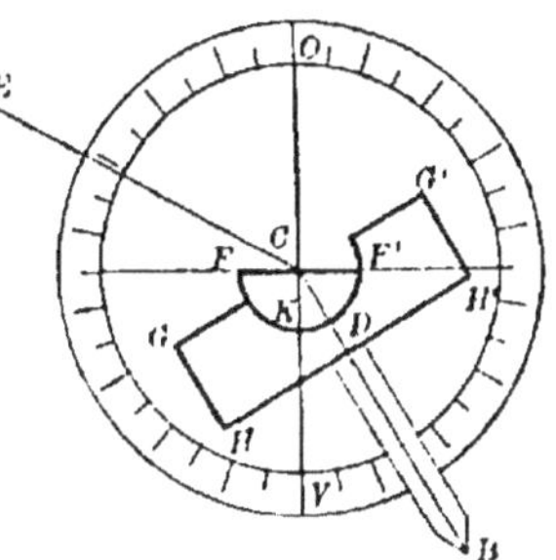

Fig. 82. — Appareil de Boscowitch.

117.Discussion de la formule de la réfraction. — Quand on fait varier d'une manière continue, de 0° à 90°, l'angle d'incidence i correspondant à un rayon lumineux qui rencontre en un point donné I la surface de séparation SS' de deux milieux isotropes, l'angle de réfraction r prend des valeurs déterminées par la relation (1). Les valeurs de r ne dépendant que de celles de i, il suffit de considérer ce qui se passe quand le rayon incident demeure contenu dans un plan NIT normal à la surface réfringente et dans l'angle droit NIT, dont les côtés sont la normale et la tangente à la section SS' de la surface (fig. 83).

1° $n > 1$. Le second milieu est plus réfringent que le premier.

La formule (1) résolue par rapport à r devient :

$$\sin r = \frac{\sin i}{n}$$

i croissant, r croît, car les angles étant compris entre o et $\frac{\pi}{2}$ varient dans le même sens que leurs sinus.

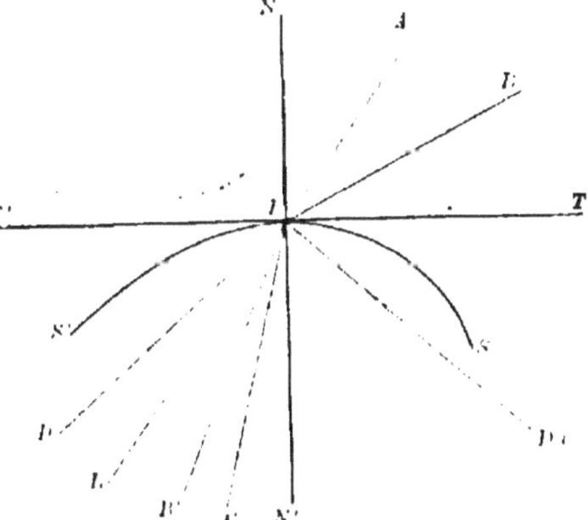

Fig. 83. — Variation de n avec i.

Pour $i = o$, $r = o$. Quand le rayon incident se propage suivant la normale NI, le rayon réfracté se propage suivant son prolongement IN', sans réfraction.

A des rayons incidents A I, B I, de plus en plus écartés de la normale, correspondent des rayons réfractés I A′, I B′, de plus en plus écartés de la normale.

Pour $i = \dfrac{\pi}{2}$, le rayon incident est dirigé suivant TI. L'angle de réfraction prend la valeur l déterminée par la condition :

$$\sin l = \frac{1}{n}$$

$\dfrac{1}{n}$ étant plus petit que l'unité, cette équation est satisfaite pour une valeur de l comprise entre 0 et 90 degrés. Cet angle l appelé *angle limite* est le plus grand de tous les angles de réfraction. La direction correspondante IL du rayon réfracté est la direction limite (1).

Cette discussion est résumée dans le tableau suivant

i	0	croît	$\dfrac{\pi}{2}$
r	0	croît	l

L'angle limite moyen pour un rayon passant de l'air dans l'eau a pour valeur 48° 35′, pour l'air et le verre environ 42°.

Remarque. — Tant que l'angle i conserve une valeur faible, il en est de même de l'angle r. Le rapport de ces deux angles est donc très voisin du rapport de leurs sinus, et l'on peut écrire avec une erreur d'autant plus faible que i est plus petit :

$$\frac{i}{r} = n$$

Cette relation approchée avait été indiquée par Kepler, avant la découverte de la loi exacte par Descartes. Elle est fréquemment employée dans le cas des petits angles.

118. 2° $n < 1$. Le second milieu est moins réfringent que le premier.

Pour éviter de recommencer la discussion, il suffit de supposer que la lumière arrive par le milieu inférieur et d'appliquer le principe de réciprocité.

Un rayon normal N I se propagera dans le milieu supérieur suivant IN, (fig. 83 sans réfraction.

---

(1) La formule montre qu'on ne pourrait attribuer à sin r des valeurs supérieures à $\dfrac{1}{n}$ qu'à la condition de faire sin $i > 1$. Il ne peut donc exister d'angle i correspondant à ces valeurs de r.

Des rayons A'I, B'I, dont l'incidence va en croissant, se réfracteront suivant les directions IA, IB, correspondantes à des angles de réfraction croissants.

Un rayon LI faisant avec la normale l'angle limite l se réfractera suivant la direction IT de la tangente à la section SS'.

119. Réflexion totale. — Il reste à considérer le cas d'un rayon incident DI qui fait avec IN' un angle supérieur à l'angle limite l. Un pareil rayon ne peut donner naissance à aucun rayon réfracté, car s'il en existait un, un rayon se propageant en sens inverse suivant sa direction, dans le milieu supérieur, pénétrerait dans le milieu inférieur suivant ID, ce qui ne peut avoir lieu.

Dans le cas de la réfraction, la quantité de lumière contenue dans le faisceau incident se partage d'après certaines lois entre le faisceau réfléchi et le faisceau réfracté. Quand le rayon incident se propageant dans le milieu le plus réfringent s'approche de la direction limite, la quantité de lumière réfractée qui reste notable, jusqu'au voisinage de l'angle limite, tend très brusquement vers zéro et la lumière réfléchie devient et demeure égale à la lumière incidente à partir de la direction limite.

On exprime ce fait en disant qu'il y a, pour une direction telle que DI, *réflexion totale* suivant une direction ID_1, déterminée par les lois de la réflexion.

120. Déviation. — La déviation du rayon lumineux dans la réfraction est mesurée par l'angle

$$\delta = i - r$$

que fait la direction du rayon réfracté avec celle du rayon incident prolongée. Elle est nulle pour l'incidence normale. On peut, pour les autres valeurs de i, la déterminer par son sinus, en fonction de $\sin i$. On a en effet :

$$\sin \delta = \sin (i - r) = \sin i \cos r - \sin r \cos i$$

En remplaçant $\sin r$ et $\cos r$ par leurs valeurs déduites de l'équation (1), l'on obtient :

$$(2) \qquad \sin \delta = \frac{\sin i}{n} \left(\sqrt{n^2 - \sin^2 i} - \sqrt{1 - \sin^2 i} \right)$$

Pour $i = \frac{\pi}{2}$, cette expression devient :

$$\sin \delta_1 = \sqrt{1 - \frac{1}{n^2}}$$

121. Pour déterminer le sens de la variation de δ, multiplions et divisons le second membre de l'équation (2) par l'expression

$$\sqrt{n^2 - \sin^2 i} + \sqrt{1 - \sin^2 i}$$

Il vient

$$\sin \delta = \frac{\sin i}{n} \times \frac{n^2 - 1}{\sqrt{n^2 - \sin^2 i} + \sqrt{1 - \sin^2 i}}$$

Il est évident que les deux facteurs du second membre croissent avec i : $\sin \delta$ et par suite δ sont donc constamment croissants en même temps que i.

122. Construction géométrique du rayon réfracté. — Huyghens a fait connaître une méthode générale permettant de construire géométriquement la direction du rayon réfracté, quand on donne la direction du rayon incident et l'indice n du second milieu par rapport au premier.

Soient AI le rayon incident (fig. 84), IN la normale à la surface réfringente, SS′ la trace de cette surface sur le plan d'incidence, LL′ la trace du plan tangent mené par I à la surface. Supposons

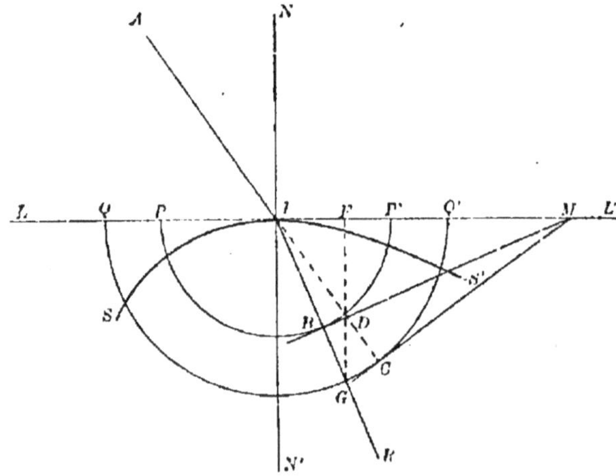

Fig. 84. — Construction du rayon réfracté.

$n > 1$ et décrivons de I comme centre, avec des rayons égaux respectivement à l'unité et à n, les circonférences PP′, QQ′.

Prolongeons la direction du rayon incident jusqu'à sa rencontre en C avec la circonférence QQ′. Menons par le point C la tangente CM à cette circonférence, jusqu'à sa rencontre en M avec LL′. Enfin, par le point M, menons la tangente MB à la circonférence PP′ de rayon 1.

Les triangles rectangles ICM, IBM, fournissent les relations :

$$IM = \frac{IC}{\sin IMC} = \frac{n}{\sin i}$$

$$IM = \frac{IB}{\sin IMB} = \frac{1}{\sin BIN'}$$

car les angles IMC et AIN d'une part, IMB et BIN′ d'autre part, sont égaux comme ayant leurs côtés perpendiculaires.

Il résulte de ces relations :

$$BIN' = r;$$

IB représente donc la direction du rayon réfracté.

Dans le cas actuel, la construction fournit toujours une solution, le point M, extérieur au cercle QQ', étant *a fortiori* extérieur à PP'.

Pour un rayon incident tangent à la surface réfringente, le point de contact M se trouve en Q'. On en tire aisément la relation

$$\sin r = \frac{1}{n}$$

conformément à la théorie déjà exposée.

Pour $n < 1$, la circonférence QQ' de rayon n est plus petite que la circonférence PP' de rayon 1.

La tangente à la première peut donc rencontrer LL' en un point situé en dehors ou en dedans de PP'. Dans le premier cas, on peut mener par ce point une tangente à PP', et le problème comporte une solution. Dans le second cas, cette solution disparaît : c'est le cas de la réflexion totale. Les propriétés de la figure permettront de retrouver aisément les résultats déjà obtenus.

123. On peut encore employer une construction plus simple, mais qui n'a pas, comme celle d'Huyghens, l'avantage de s'appliquer à des milieux non isotropes.

Par le point D (*fig.* 84), où le rayon incident rencontre la circonférence de rayon 1, abaissons sur LL' la perpendiculaire DF. Soit G le point où cette droite rencontre la circonférence QQ' de rayon n. La direction IG est celle du rayon réfracté, car on a dans les triangles rectangles IDF, IGF :

$$IF = ID \sin i = IG \sin IGF$$

ou
$$\sin i = n \sin IGF$$

$$IGF = r$$

La discussion de cette construction conduit aux mêmes conclusions que celle de la précédente.

124. Vérifications expérimentales du fait de la réflexion totale. — 1°. *Par l'appareil de Silbermann.* On amène le faisceau incident de bas en haut, par l'intérieur de la cuve. Si l'on écarte progressivement de la verticale la direction d'incidence, on constate qu'à partir d'une certaine direction, le faisceau réfracté disparaît, tandis que le faisceau réfléchi prend un éclat maximum.

125 2°. Soient XY X'Y' (fig. 85), une surface plane indéfinie qui limite la masse d'un liquide transparent, O un point d'un objet lumineux placé dans ce liquide, OI la perpendiculaire à XX' menée par O. Un rayon lumineux

OL parti de O et faisant avec OI un angle égal à l'angle limite l se réfracte suivant une droite qui rase la surface du liquide. Faisons tourner OL autour de OI. Cette droite engendre un cône qui coupe la surface suivant

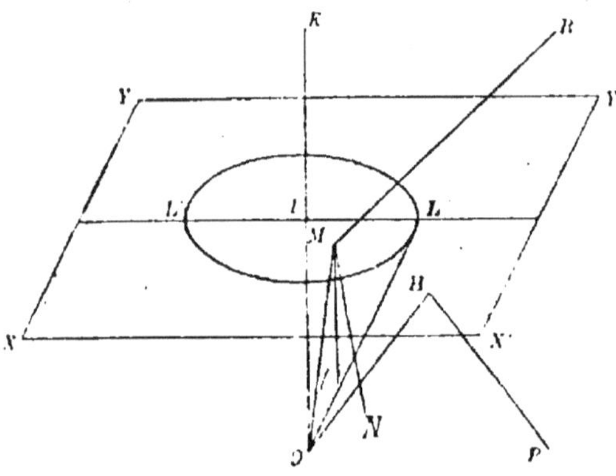

la circonférence LL'. Tout rayon lumineux OM parti de O et contenu dans l'intérieur de ce cône fait avec OI un angle inférieur à l. Il donne dans l'air un rayon réfracté MR, et en même temps dans le liquide un rayon réfléchi MN. La lumière primitive se partage entre ces deux rayons.

Fig. 85. — Réflexion totale.

Les rayons incidents situés sur la nappe même du cône se réfractent en rasant la surface liquide. Les rayons tels que OH extérieurs au cône font avec OI des angles supérieurs à l'angle limite. Ils subissent donc la réflexion totale vers l'intérieur du liquide, suivant des droites telles que HP.

Si l'on arrête tous les rayons intérieurs au cône OLL', à l'aide d'un écran circulaire recouvrant exactement le cercle LL', aucun rayon venant de O ne pourra traverser la surface liquide et se propager ensuite dans l'air. Le point O sera donc invisible pour tout observateur ayant son œil dans l'air au-dessus de la surface XYX'Y'.

On réalise habituellement cette expérience en faisant flotter sur une

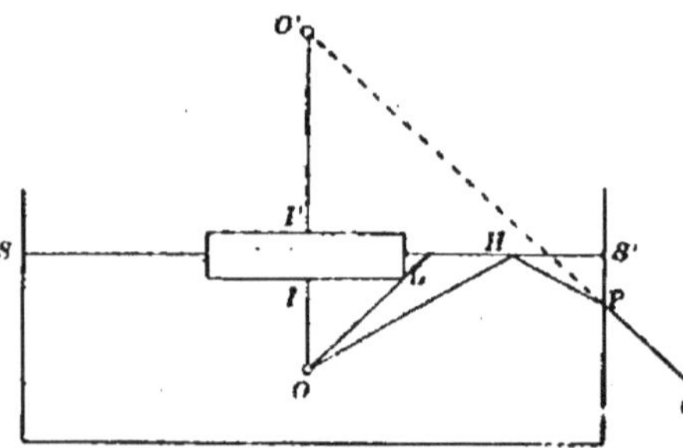

masse d'eau contenue dans une cuve de verre rectangulaire une plaque de liège circulaire, sur la face inférieure de laquelle on a fixé, en son centre, une épingle perpendiculaire à cette face. La tête de l'épingle est invisible pour un œil placé au-dessus de la surface SS' (fig. 86), si l'angle IOL est

Fig. 86. — Expérience de l'épingle.

au moins égal à 48°. Un œil placé en Q au delà de la face latérale de la cuve reçoit un rayon OHP'Q réfléchi totalement en H, puis réfracté en P' avec une perte faible de lumière.

L'image de l'épingle est vue en O'I', allongée par la réfraction en P'.

L'éclat de cette image est un peu moindre que celui de l'objet.

126. 3° Arago a vérifié par une expérience directe que la lumière est totalement réfléchie pour les incidences plus grandes que l'angle limite. Un prisme de verre ABC (fig. 87) a pour section droite un triangle rectangle isocèle. Perpendiculairement à l'hypoténuse BC de cette section droite est disposée une feuille de papier blanc XX' uniformément éclairée. Un rayon SI parti du point S et dirigé parallèlement à BC, pénètre en I dans le prisme en se réfractant, subit en K la réflexion totale sur la face BC, puis sort en L et parvient en M à l'œil d'un observateur, suivant une droite parallèle à SI, les rayons IK et KL faisant des angles respectivement égaux avec les normales aux faces AB et AC. L'œil M voit ainsi par réflexion la région du papier voisine du point S.

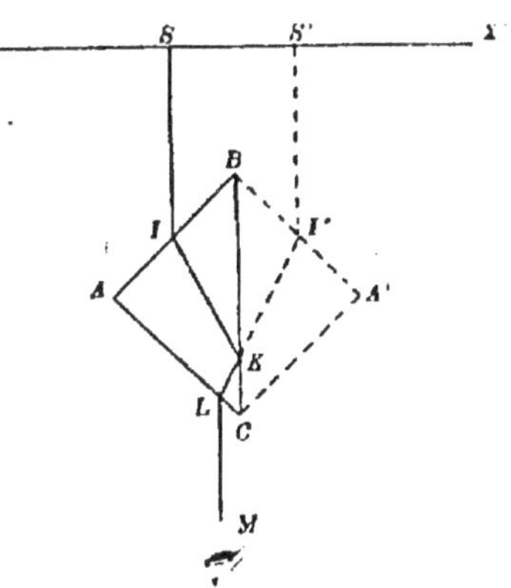

Fig. 87. — Éclat du faisceau réfléchi totalement.

Remplaçons le prisme ABC par un parallélipipède ABA'C, de section double, représenté en traits ponctués. Un rayon S'I' parallèle à SI, venant d'un point S' symétrique de S par rapport au plan BC, se réfractera en I' suivant I'KL., puis sortira suivant LM. La région voisine de S' sera donc vue par deux réfractions en I' et en L identiques à celles du premier faisceau en I et en L.; mais le second faisceau lumineux n'aura pas subi la réflexion totale. Si cette réflexion n'affaiblit pas la lumière, l'éclat de la région S' paraîtra le même que celui de la région S.

On peut juxtaposer les deux phénomènes en donnant perpendiculairement au plan de la figure une hauteur plus grande au prisme ABC qu'au prisme complémentaire A'BC. On reconnaît que l'éclat des deux régions ne présente aucune différence.

§ 2. — Réfraction par les surfaces planes.

127. Cas d'une surface plane unique. — Soit P (fig. 88) un point lumineux que nous supposerons placé dans un milieu séparé d'un autre milieu moins réfringent par une surface plane XX'. Un rayon PI parti de P, faisant avec la perpendiculaire PH à la surface un angle inférieur à l'angle limite, se réfracte suivant IR, dont le prolongement rencontre en un point Q la droite PH. Désignons par r l'angle d'incidence, par i l'angle de réfraction et par n l'indice du premier milieu par rapport au second. Il existe entre ces quantités la relation :

(1) $$\sin i = n \sin r.$$

Les triangles rectangles P'HI, QHI fournissent en outre les relations :

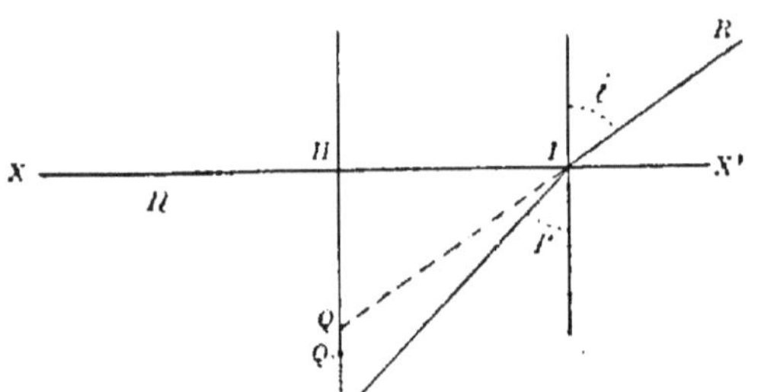

$HI = p \, \mathrm{tg}\, r = q \, \mathrm{tg}\, i$, en posant :

$$PH = p, \qquad QH = q.$$

Tirons de ces équations la valeur de q :

(3) $$q = p \, \frac{\mathrm{tg}\, r}{\mathrm{tg}\, i} = \frac{p}{n} \, \frac{\cos i}{\cos r}.$$

Fig. 88. — Réfraction par une surface plane.

128. Rayons centraux. — Considérons un faisceau de rayons incidents assez peu écartés de PH pour qu'on puisse négliger $\cos i$ et $\cos r$ par rapport à l'unité. Ces rayons sont appelés rayons centraux.

q prend la valeur particulière

$$q_0 = \frac{p}{n}$$

Donc les droites des rayons réfractés correspondant aux rayons centraux incidents concourent en un même point Q_0 qui, dans le cas considéré, est placé entre le point lumineux et la surface réfringente. Ce point est l'image du point P. Il est virtuel ou réel, suivant que le point P est réel ou virtuel.

Si le premier milieu est supposé le moins réfringent, on aura $n < 1$, et l'image Q_0 sera située au-delà de P sur la droite HP'.

129. Rayons quelconques. — Si les droites des rayons réfractés issus de P concouraient en un même point, quel que soit r, cette rencontre ne pourrait avoir lieu, pour raison de symétrie, que sur la perpendiculaire PH. Or nous voyons qu'il n'en est pas ainsi, puisque la valeur de q contient le rapport variable $\dfrac{\cos i}{\cos r}$. Il n'y a donc pas d'image parfaite du point P.

Deux rayons réfractés se rencontrent s'ils sont placés dans l'une des deux conditions suivantes :

1° S'ils correspondent à des rayons incidents faisant des angles égaux avec la perpendiculaire PH. La valeur de r étant la même pour les deux rayons, il en est de même de la valeur de i et par suite de celle de q. Les droites des rayons réfractés passent donc par un même point Q de PH. Ainsi tous les rayons incidents distribués sur la surface d'un cône de révolution d'axe PH et d'angle générateur r, donnent naissance à des rayons réfractés distribués sur un second cône de même axe et d'angle générateur i,

dont le sommet est en Q. Le point Q est donc le siège d'une accumulation
de lumière. Sa distance au point H est déterminée par l'équation (3).

Quand on fait varier r de o à l, i varie de o à $\frac{\pi}{2}$ et q de $\frac{p}{n}$ à o. Le lieu des
points Q est donc la portion Q_0 H de l'axe compris entre le foyer des rayons
centraux et la surface de séparation des milieux. Cette droite constitue une
première nappe de la surface caustique.

Désignons par ρ et λ les distances PI et QI des points P et Q au point
d'incidence I, on aura pour les triangles HPI, HQI :

$$\rho \sin r = \lambda \sin i$$

(4) $$\lambda = \frac{\rho}{n}$$

130. 2° Si les rayons incidents sont contenus dans le même plan d'incidence. Ce plan comprend l'axe PH parallèle à la normale (fig. 89). Comme
dans la réflexion par
les miroirs sphéri-
ques, il y a accumu-
lation de lumière aux
points M où se ren-
contrent deux rayons
réfractés infiniment
voisins, IR, I'R'.

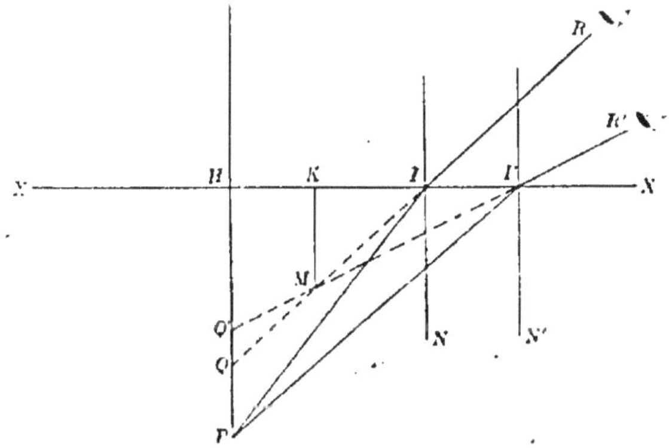

Désignons par r et
$r + dr$ les angles d'in-
cidence NIP, N'I'P',
pour deux rayons in-
finiment voisins, par

Fig. 89. — Rayons contenus dans le même plan d'incidence.

i et $i + di$ les angles de réfraction NIM, N'I'M, par m la distance MK du
point M à la surface XX' et par μ sa distance MI au point d'incidence I.

Les angles IPI', IMI', étant respectivement égaux à dr et à di, on a, dans
les triangles IPI', IMI' :

$$\frac{\rho}{\cos (r + dr)} = \frac{\text{II}'}{\sin dr}$$

$$\frac{\mu}{\cos (i + di)} = \frac{\text{II}'}{\sin di}$$

Égalons les valeurs de II' tirées de ces relations, en ne conservant que
les infiniment petits du premier ordre :

$$\frac{\rho\, dr}{\cos r} = \frac{\mu\, di}{\cos i}$$

On a d'autre part, en différenciant l'équation (1) :

$$n \cos r\, dr = \cos i\, di$$

En divisant membre à membre ces deux relations, on obtient :

$$\frac{\rho}{n \cos^2 r} = \frac{\mu}{\cos^2 i}$$

La distance μ du point M au point d'incidence est donc :

$$(5) \qquad \mu = \frac{\rho}{n}\frac{\cos^2 i}{\cos^2 r}$$

Le point M est situé entre I et Q.

Pour $r = l$, on a $i = \dfrac{\pi}{2}$ et $\mu = o$. Le point M se confond alors avec le point d'incidence.

Les triangles PHI, MKI, donnent encore

$$p = \rho \cos r$$
$$m = \mu \cos i$$

et en substituant à μ sa valeur et divisant membre à membre :

$$(6) \qquad m = \frac{p}{n}\frac{\cos^3 i}{\cos^3 r}$$

131. Surface caustique. — Proposons-nous de déterminer le lieu des points de rencontre M des rayons infiniment voisins, pour tous les rayons contenus dans le plan de la figure. Nous aurons ainsi une courbe qui, en tournant autour de PH, engendrera une surface formant la seconde nappe de la surface caustique.

Par le point d'incidence I (fig. 90), le point lumineux P et son symétrique P' par rapport à la surface XX', faisons passer une circonférence de cercle. Le prolongement du rayon réfracté IR rencontre cette circonférence en un second point B. Joignons BP et BP'. Les angles IBP, IBP', sont inscrits dans la circonférence et interceptent des arcs égaux PI et P'I. Ils sont donc égaux entre eux et égaux à l'angle r qui a la même mesure. L'angle BQP est égal à i. On a donc, en considérant les triangles BQP, BQP' :

$$n = \frac{\sin i}{\sin r} = \frac{BP}{PQ} = \frac{BP'}{P'Q} = \frac{BP + BP'}{PP'}$$

La somme BP + BP' est donc égale au produit $n \times PP'$ indépendant de la direction du rayon PI. Donc le lieu du point B pour les rayons réfractés contenus dans le plan de la figure est une ellipse de grand axe $n \times PP'$ ayant pour foyers les points P et P', et la droite IR, faisant des angles égaux avec les rayons vecteurs BP et BP', est une normale à cette ellipse. La courbe cherchée est donc la courbe enveloppe des normales à cette ellipse, c'est-à-dire la développée de l'ellipse.

Cette courbe est formée de quatre branches deux à deux symétriques par rapport aux axes de l'ellipse. Elle présente deux points de rebroussement, au foyer Q_0 des rayons centraux et à son symétrique par rapport à la surface, et deux autres points de rebroussement aux points d'incidence L et L' des rayons limites situés dans le plan de la section. Les branches inférieures de la courbe se rapportent seules à la question de physique traitée. Leur rotation autour de PP' engendre la surface caustique.

Cette démonstration est due à M. Moutier.

132. Vision d'un point lumineux à travers une surface plane réfringente. —

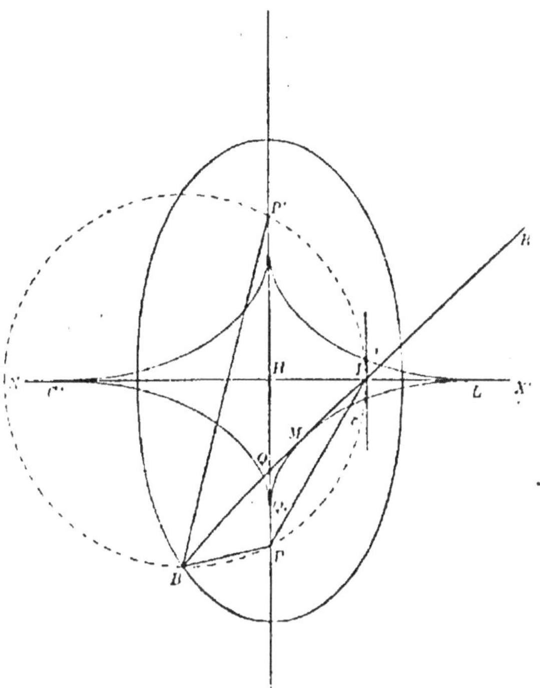

Fig. 90. — Caustique par réfraction à travers une surface plane.

En répétant la discussion que nous avons exposée à propos de la réflexion par les miroirs sphériques, on arrive aisément aux conclusions suivantes :

1°. Dans la vision unioculaire, l'apparence correspondant à un point lumineux est constituée par la plus brillante de deux petites droites focales lumineuses perpendiculaires l'une à l'autre et dirigées, l'une suivant la perpendiculaire PH à la surface réfringente, l'autre suivant la perpendiculaire au plan d'incidence menée par le point M de la surface caustique qui correspond au rayon pénétrant dans le centre de la pupille (fig. 89). Ces deux lignes focales se réunissent au foyer Q_0 des rayons centraux, quand l'œil est placé dans le voisinage de la perpendiculaire PH à la surface réfringente.

2°. Dans la vision binoculaire, si l'une de ces deux focales est commune aux deux yeux, elle paraît être l'origine de la lumière. Cette origine est en M, sur la surface caustique, quand les rayons passant aux centres des deux pupilles

sont sensiblement placés dans un même plan passant par PP', par exemple dans le plan de la figure (fig. 89).

L'origine apparente est en Q sur la droite PH, quand les rayons reçus par les centres des pupilles font des angles égaux avec cette droite, ces rayons se trouvant placés. sur un même cône de sommet Q et d'axe QH (fig. 91).

Dans les autres cas le phénomène est moins net. Mais l'objet lumineux paraît toujours relevé vers la surface réfringente (1).

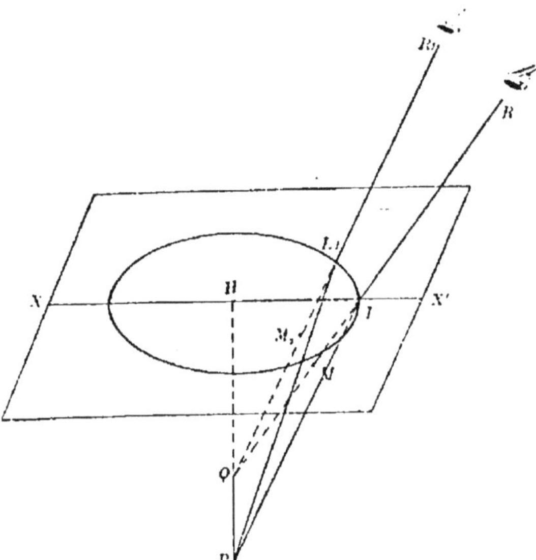

Fig. 91. — Vision à travers une surface plane. Rayons situés sur un même cône.

133. Cas où le point lumineux est placé dans le milieu le moins réfringent. — On déterminera aisément ce qui se passe dans ce second cas, en supposant dans les formules (3), (4), (5) et (6) :

---

(1) L'expérience suivante permet de constater le déplacement apparent des objets immergés dans un liquide. On place au fond d'un vase un objet brillant, par exemple une pièce de monnaie. On place l'œil en C (fig. 92), de manière à voir le centre O de cet objet dans l'alignement d'un point A du bord du vase. Si l'on verse de l'eau dans le récipient, l'objet paraît

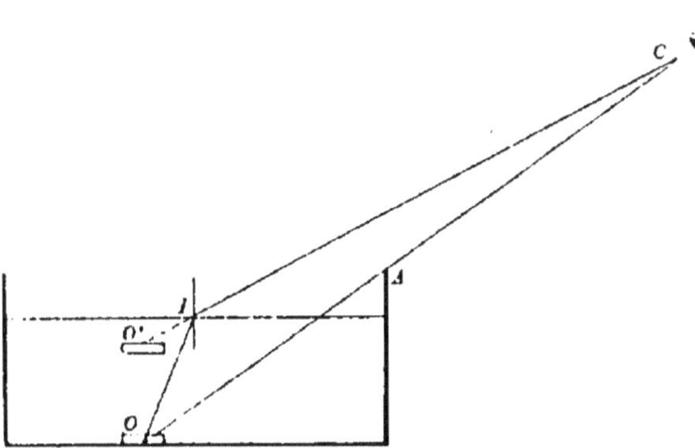

Fig. 92. — Expérience de la pièce de monnaie.

s'élever sensiblement à mesure que la surface de l'eau s'élève. L'image imparfaite de O est vue en O' sur le prolongement du faisceau réfracté reçu par l'œil.

$$n < 1, \qquad i < r, \qquad \cos i > \cos r,$$

et en conservant aux notations employées la même signification.

On obtient les résultats suivants :

1° Le foyer Q_0 des rayons centraux est au-delà du point P, sur la droite PH (fig. 93).

2° La caustique axiale s'étend indéfiniment au-delà de Q_0 sur le prolongement de cette droite.

3° Le point M de la surface caustique situé sur la droite d'un rayon réfracté IR est plus éloigné du point d'incidence que le point de rencontre Q avec l'axe.

4° La méridienne de la surface caustique est la développée d'une hyperbole d'axe transverse $n \times$ PP', ayant ses foyers aux points P et P', son centre en H et ses asymptotes perpendiculaires aux directions des rayons réfractés limites qui seraient fournis par des rayons incidents dirigés parallèlement à XX'.

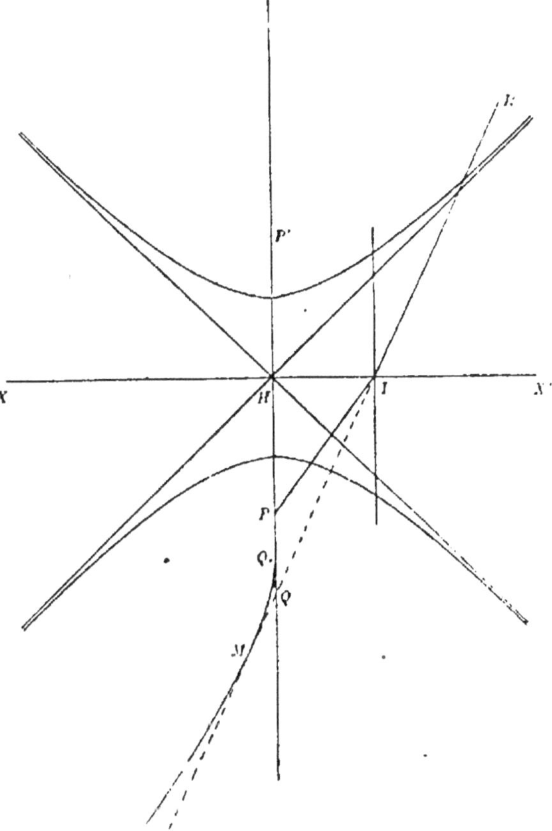

Fig. 93. — Cas où le point lumineux est dans le milieu le moins réfringent.

134. Images des objets vus à travers une surface plane réfringente. — Supposons qu'on observe une droite lumineuse BA très petite (fig. 94), parallèle à la surface réfringente, en plaçant l'œil en C sur la normale à cette surface menée par un point B de la droite.

On peut regarder comme des rayons centraux tous les rayons venant des différents points de la droite BA. Chaque point forme son image au foyer correspondant, à des distances égales $\dfrac{p}{n}$ de la surface. On voit donc une image A'B' virtuelle, droite, égale et parallèle à l'objet et plus rapprochée que lui de la surface s'il est placé dans le milieu le plus réfringent, plus éloignée dans le cas contraire.

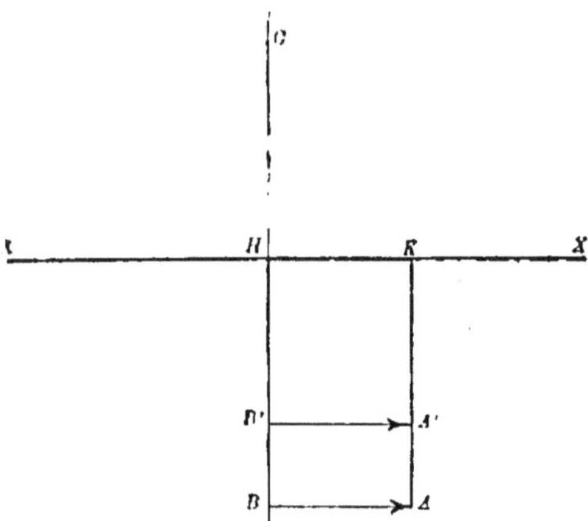

Fig. 94. — Objet rectiligne parallèle à la surface.

Si l'on attribue à l'œil une position quelconque, les points de l'image A'B' sont déplacés et perdent de la netteté, chacun d'eux étant remplacé par deux droites focales. La distance à laquelle on voit cette image imparfaite varie avec la position respective des deux yeux.

Si l'objet AB présente une longueur notable par rapport à sa distance à l'œil, les déplacements subis par les divers points de l'image sont inégaux : l'image est déformée.

135. Un objet rectiligne BP (fig. 95) incliné sur la surface donne, dans le cas des rayons centraux, une image rectiligne BP', chaque point P' de l'image déterminant sur la perpendiculaire à la surface menée par le point P correspondant de l'objet, un segment $\frac{p}{n}$ proportionnel à la distance p de ce point.

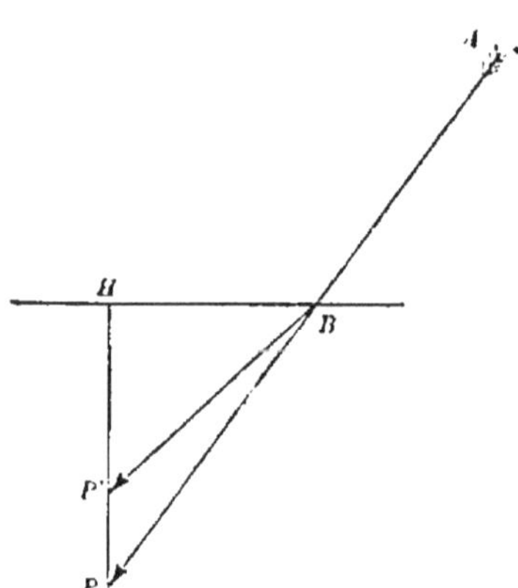

Fig. 95. — Objet rectiligne incliné.

Si l'objet rectiligne PB se prolonge dans le second milieu suivant BA, la partie BA vue dans sa position réelle paraît faire un angle avec la partie BP vue suivant BP'.

136. II. Cas de plusieurs surfaces planes parallèles. Lames à faces parallèles. — Un rayon lumineux SI (fig. 96) rencontrant une lame réfringente à faces parallèles, dont les deux faces sont en contact avec le même milieu, donne naissance, si la réfraction est possible, à un rayon réfracté IK, puis à un rayon émergent KR parallèle au rayon incident SI.

Cette propriété est une conséquence du principe de réciprocité.

En effet, désignons par i et r les angles d'incidence et de réfraction pour la première réfraction en I, et par n l'indice du milieu intérieur de la lame par rapport au milieu extérieur. L'angle d'incidence LKI correspondant à la deuxième réfraction est égal à r (alternes-internes). Désignons par x l'angle de réfraction L'KR. Nous aurons :

$$\sin i = n \sin r$$

$$\sin r = \frac{1}{n} \sin x,$$

et en multipliant membre à membre :

$$\sin i = \sin x \qquad x = i.$$

Les normales KL' et IN étant parallèles, les rayons SI et KR sont aussi parallèles.

137. Abaissons de I sur la droite du rayon émergent la perpendiculaire IH. La longueur δ de cette

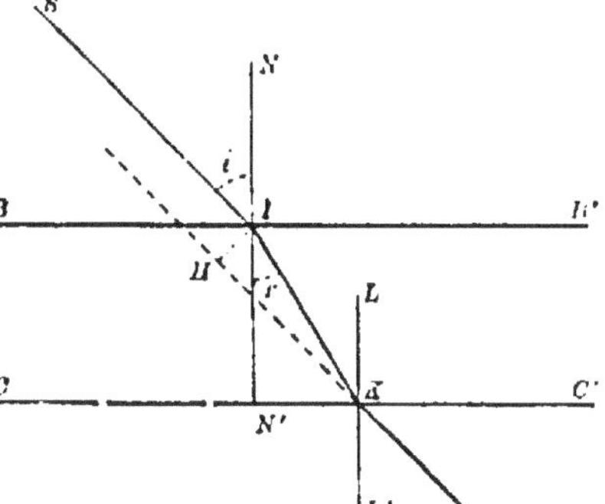

Fig. 96. — Lame réfringente à faces parallèles.

droite représente la distance du rayon émergent au rayon incident. Désignons par e l'épaisseur IN' de la lame. Nous avons dans le triangle INK :

$$IK = \frac{e}{\cos r}$$

et dans le triangle IKH :

$$\delta = IK \sin (i - r) = \frac{e}{\cos r} (\sin i \cos r - \sin r \cos i)$$

$$(7) \qquad \delta = e \sin i \left(1 - \sqrt{\frac{1 - \sin^2 i}{n^2 - \sin^2 i}} \right)$$

Le facteur $e \sin i$ croît avec i.

Il en est de même du facteur compris entre parenthèses, et par suite de δ. En effet, la fraction inscrite sous le radical s'obtient en retranchant la quantité croissante $\sin^2 i$ des deux termes de la fraction $\frac{1}{n^2}$. Quand on retranche des quantités égales des deux termes d'une fraction inférieure à l'unité, on diminue cette fraction. La valeur du radical est donc décroissante et l'excès de l'unité sur lui est croissant. De là le tableau de variation suivant :

i	o	croît	$\frac{\pi}{2}$
δ	o	croît	e

138. La vérification du parallélisme du rayon incident et du rayon émergent constitue une vérification du principe de réciprocité comportant une grande précision. Visons avec une lunette astronomique L (fig. 97) un point lumineux très éloigné, par exemple une étoile S, dont la distance peut être regardée comme infinie par rapport aux dimensions de l'appareil. La lunette reçoit un faisceau de rayons parallèles S_1RS_1R' venant de l'étoile, et l'image de l'étoile se forme dans le champ de la lunette, en une position déterminée par l'intersection de deux fils fins croisés.

Interposons devant l'objectif de la lunette une lame à faces parallèles placée obliquement à la direction des rayons. Le faisceau S_1RS_1R' se trouve déplacé et ne parvient plus à la lunette. Mais il est remplacé par un autre faisceau SISI' venant de l'étoile parallèlement au premier et subissant deux réfractions suivant IHR, l'H'R'. Ce nouveau faisceau ayant

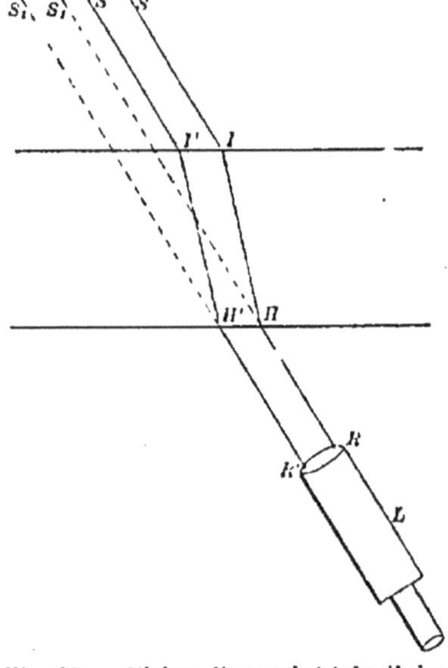

Fig. 97. — Vision d'un point très éloigné à travers une lame à faces parallèles.

même direction que le premier devra donner naissance à la même image. Tout changement de direction entraînerait un déplacement de l'image (1).

_____

(1) Cette vérification suppose toutefois que l'on s'est assuré du parallélisme des faces de la lame. Pour reconnaître si une lame a ses faces parallèles, on pose la face inférieure de cette lame sur un plan MN (fig. 98) qui peut être simplement déterminé par trois pointes servant de support. La face supérieure PQ de la lame forme un miroir plan dans lequel on vise par réflexion, à l'aide d'une lunette, l'image d'une étoile S. Faisons tourner la lame sur son support. Le plan de la face inférieure MN demeurant fixe, il en sera de même du plan PQ s'il lui est parallèle et l'image ne sera pas déplacée. Mais si le plan PQ fait un angle a avec MN, la normale à PQ décrira autour

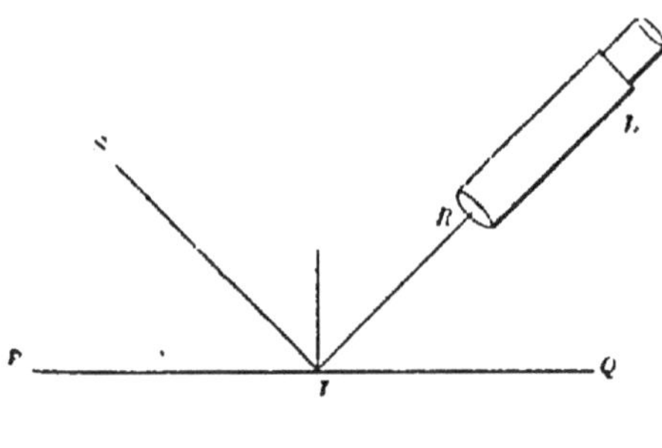

Fig. 98. — Vérification du parallélisme des faces d'une lame.

de la normale à MN un cône d'angle générateur a. Le faisceau réfléchi venant de l'é-

139. Vision d'un point lumineux placé à une distance finie. — Les faisceaux qui viennent de ce point n'étant plus formés, comme dans le cas précédent, de rayons parallèles entre eux, l'image est déplacée par l'interposition de la lame.

1° *Cas des rayons centraux.* — Désignons par n l'indice du milieu constituant la lame par rapport au milieu extérieur que nous supposerons le moins réfringent et par $p = $ HP (fig. 99) la distance du point lumineux à la face d'entrée de la lame. Après une première réfraction sur la face BB', les rayons sont dirigés comme s'ils venaient du point P', foyer conjugué de P pour les rayons centraux, placé sur le prolongement de la perpendiculaire PH aux faces de lame, à une distance de la face d'entrée HP' $= np$.

La distance de cette image P' à la face de sortie est :

$$\text{KP}' = np + e.$$

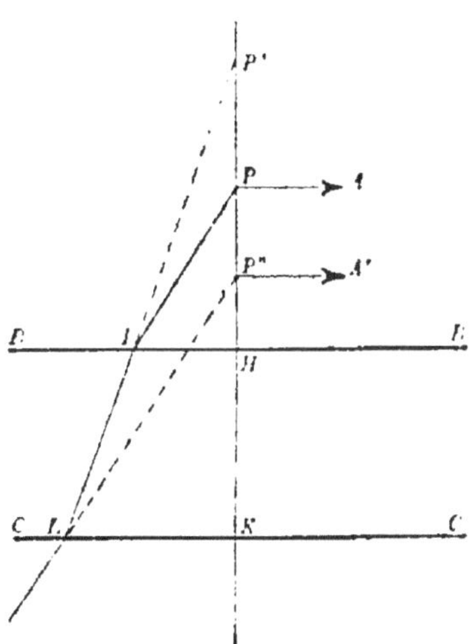

Fig. 99. — Vision d'un objet lumineux à travers une lame à faces parallèles.

Les droites des rayons émergents concourent donc en un point P″ dont la distance à la face CC' est :

$$K P'' = q = \frac{np + e}{n} = p + \frac{e}{n}.$$

On a d'autre part :

$$KP = p + e.$$

L'effet de l'interposition de la lame a donc été de substituer au point P une image plus rapprochée de l'observateur de la longueur $e \left(1 - \frac{1}{n}\right)$.

Un objet lumineux plan AP, parallèle aux faces réfringentes, assez petit pour n'envoyer à l'œil que des rayons centraux, donne une image virtuelle droite A″P″ égale à l'objet et de forme identique à la sienne, puisque tous les points de l'objet sont simplement rapprochés perpendiculairement aux faces de la lame de la longueur $e \left(1 - \frac{1}{n}\right)$ qui est indépendante de la position de ces points.

---

toile S prendra donc une direction variable. Cette expérience est applicable même à une lame opaque dont la face supérieure est polie.

140. 2° Rayons quelconques. — On a alors, au lieu d'une véritable image, deux surfaces caustiques, dont l'une est confondue avec la perpendiculaire aux

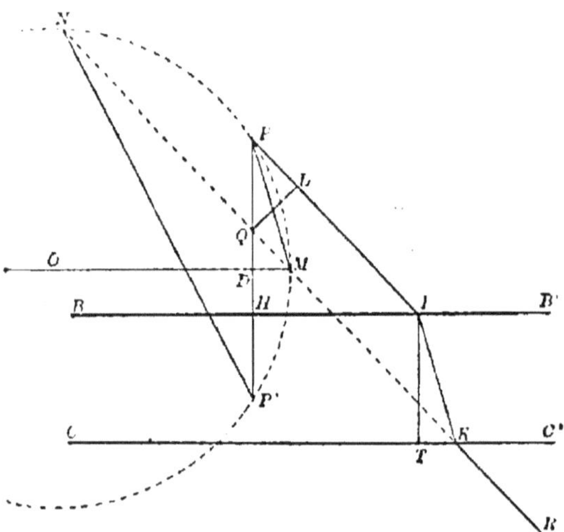

Fig. 100. — Lame à faces parallèles. Surface caustique.

faces de la lame menée par le point lumineux, et l'autre est une surface de révolution autour de cette droite.

Les droites de tous les rayons émergents KR (fig. 100) correspondant à une même incidence i se rencontrent en un même point Q sur PH. Pour déterminer la position de ce point, abaissons du point Q sur la droite du rayon incident la perpendiculaire QL.

Nous connaissons déjà sa longueur qui est la distance du rayon émergent au rayon incident (137) :

$$QL = e \sin i \left[1 - \sqrt{\frac{1 - \sin^2 i}{n^2 - \sin^2 i}} \right].$$

Nous en déduisons, en considérant le triangle rectangle PQL :

$$(8) \qquad d = QP = \frac{QL}{\sin i} = e \left[1 - \sqrt{\frac{1 - \sin^2 i}{n^2 - \sin^2 i}} \right] = e \left(1 - \frac{\cos i}{n \cos r} \right).$$

Cette distance croît avec i conformément au tableau suivant :

i	0	croît	$\dfrac{\pi}{2}$
d	$e\left(1 - \dfrac{1}{n}\right)$	croît	e

141. Les rayons contenus dans une même section normale aux faces déterminent par leur intersection la méridienne de la seconde nappe de la caustique. Soit M le point de rencontre du rayon émergent avec la parallèle PM menée par le point P au rayon intérieur IK. La figure IKMP étant un parallélogramme, on a PM = IK. La parallèle menée par M aux traces des faces de la lame coupe la perpendiculaire PH en un point D, et l'on a :

$$DP = TI = e.$$

Par les points M, P et P', symétrique de P par rapport à MD, menons une circonférence que le rayon émergent rencontre en un second point N. Joignons NP et NP'.

On établira, comme dans la démonstration donnée plus haut pour le cas d'une seule surface réfringente (131), que les angles PNM, P'NM sont égaux l'un et l'autre à l'angle r et que l'on a :

$$NP + NP' = n \times PP' = 2ne.$$

Le lieu du point N est donc une ellipse ayant pour foyers les points P et P' et pour longueur du grand axe $2ne$. Les rayons émergents sont normaux à cette ellipse et la méridienne de la caustique en est la développée.

On peut donc reproduire sur ce nouveau problème toutes les considérations que nous avons déjà exposées.

Si la lame est de faible épaisseur, les caustiques sont d'étendue très réduite et le phénomène se ramène sensiblement à un foyer unique.

142. Réflexions multiples. — Une partie de la lumière rencontrant les faces de la lame s'y réfléchit. L'œil d'un observateur placé au-delà de la lame par rapport au point lumineux peut donc recevoir des rayons émergents tels que NR, N'R', N''R'', qui ont subi à l'intérieur de la lame 0, 2, 4..., 2K réflexions (fig. 101).

En se bornant au cas des rayons centraux, on voit que l'on observera des images Q, Q', Q'', de plus en plus pâles et de plus en plus éloignées de l'observateur. Cher

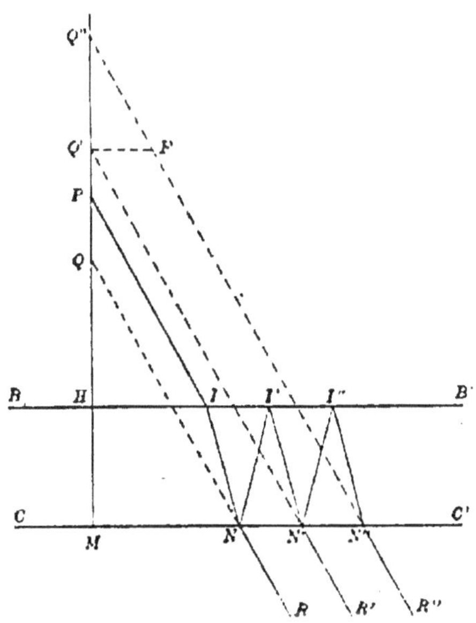

Fig. 101. — Images multiples produites par une lame à faces parallèles. L'œil et l'objet sont de part et d'autre de la lame.

chons la distance de deux images consécutives quelconques. Menons par Q' une parallèle Q'F aux faces de la lame, jusqu'à sa rencontre en F avec N'Q'. On a :

$$Q'F = NN' = 2e \, \mathrm{tg}\, r,$$

$$Q'Q = \frac{Q'F}{\mathrm{tg}\, i} = 2e \, \frac{\mathrm{tg}\, r}{\mathrm{tg}\, i} = 2e \sqrt{\frac{1 - \sin^2 i}{n^2 - \sin^2 i}}.$$

Dans le cas des rayons centraux :

$$Q'Q = \frac{2e}{n}.$$

La distance de la première à la $(K + 1)^e$ image est donc, en prenant pour direction positive celle qui s'éloigne de l'œil :

$$QQ_{k+1} = \frac{2Ke}{n}.$$

Nous avons déjà :

$$QP = e \left(1 - \frac{1}{n}\right).$$

Donc :

$$(9) \qquad PQ_{k+1} = \left[\frac{2K+1}{n} - 1\right] e,$$

$$(10) \qquad MQ_{k+1} = \frac{2K+1}{n} e + p.$$

On aperçoit aisément à travers une lame de verre épaisse de nombreuses images partiellement superposées de la flamme d'une bougie, à la condition de regarder suivant une direction très inclinée sur la normale aux faces de la lame.

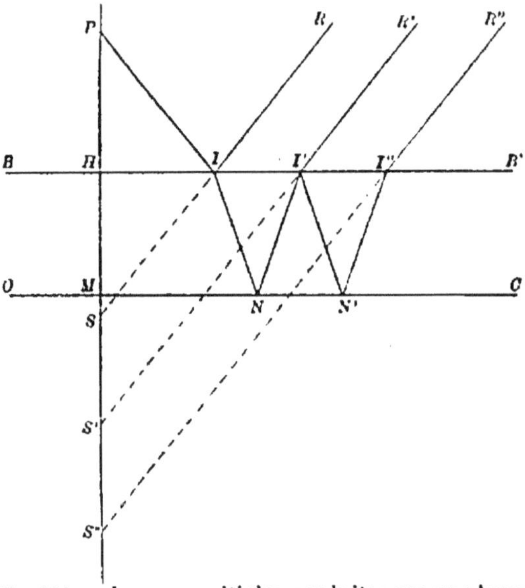

143. Quand l'œil de l'observateur est placé du même côté que l'objet P (fig. 102), il aperçoit les images S, S′, S″, formées par un nombre impair de réflexions intérieures. La distance de deux images consécutives est encore :

$$S'S' = \frac{2e}{n}.$$

On a donc pour la (K + 1ème) image :

$$SS_{k+1} = \frac{2Ke}{n},$$

Fig. 102. — Images multiples produites par une lame à faces parallèles. L'œil et l'objet sont du même côté de la lame.

et comme S est donnée par une seule réflexion sur la face BB′ :

$$(11) \qquad PS = 2p, \qquad PS_{k+1} = 2p + \frac{2K e}{n},$$

$$(12) \qquad HS_{k+1} = \frac{2K e}{n} + p,$$

à partir de la face le plus rapprochée de l'œil.

On peut voir ces images par le même procédé que dans le cas précédent, en se servant d'une glace étamée. Elles sont encore de plus en plus pâles, à mesure que leur ordre est plus élevé.

L'existence de ces images multiples fait rejeter l'emploi des miroirs étamés dans les instruments d'optique. La surface réfléchissante doit être unique.

144. Deux lames superposées à faces parallèles. — Nous supposerons encore que les milieux extrêmes sont identiques.

Une expérience analogue à celle que nous avons décrite pour le cas d'une seule lame établit, par l'observation d'un point lumineux très éloigné, que le rayon lumineux émergent est toujours parallèle au rayon incident qui lui a donné naissance.

Désignons par 1, 2 et 3, le milieu extérieur et ceux de la première et de la seconde lame, par n_2 et n_3 les indices des substances formant la première et la seconde lame par rapport au milieu extérieur, par n l'indice de la matière de la seconde lame par rapport à celle de la première. Le rayon incident et le rayon émergent font avec les normales aux faces des angles égaux i_1 (fig. 103).

Soient i_2 et i_3 les angles que font avec ces normales les rayons qui se propagent à l'intérieur de la première et de la seconde lame.

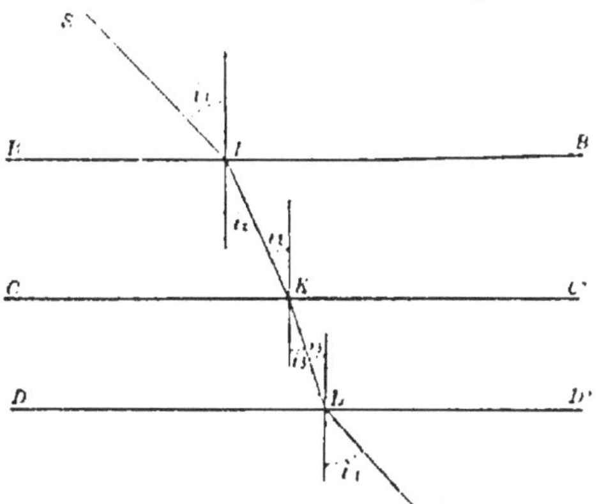

Fig. 103. — Système de deux lames parallèles superposées.

Les trois réfractions donnent les relations :

$$\sin i_1 = n_2 \sin i_2,$$
$$\sin i_2 = n \sin i_3$$
$$\sin i_3 = \frac{1}{n_3} \sin i_1$$

Multiplions membre à membre ces trois égalités.

Il vient, après simplification :

$$1 = \frac{n n_2}{n_3}$$

ou :

$$(13) \qquad n = \frac{n_3}{n_2}$$

L'indice de réfraction d'une première substance par rapport à une seconde est égal au rapport des indices du premier et du second milieu par rapport à un même troisième milieu. — On peut considérer ce principe comme une quatrième loi expérimentale de la réfraction (1).

____

(1) Remarquons encore que si l'on suppose la lame 3 supprimée, le rayon émergent

145. Indice absolu. — On appelle *indice absolu* d'un milieu son indice par rapport au vide. L'indice relatif d'un milieu par rapport à un autre est donc égal au rapport de leurs indices absolus.

La détermination directe de l'indice absolu d'un corps quelconque présente de grandes difficultés expérimentales.

On a déterminé par des expériences délicates l'indice absolu de l'air dans les conditions normales de température et de pression, 0° et 76^{cm} de mercure à 0°. M. Benoit a trouvé pour cet indice la valeur

$$1,0002923$$

On déterminera l'indice du milieu proposé par rapport à l'air, et en multipliant le résultat par ce nombre, on aura l'indice absolu de ce milieu.

1.Il conservera la même direction parallèle à SI. Donc, quand un rayon lumineux passe d'un milieu 2 dans un milieu 1, en traversant une lame à faces parallèles formée d'un troisième milieu 3, il prend la même direction que s'il passait directement du milieu 2 au milieu 1.

Il peut arriver toutefois qu'un rayon lumineux dirigé de manière à pouvoir passer directement du milieu 2 dans le milieu 1, ne puisse traverser la lame 3, parce qu'il subit la réflexion totale à l'entrée de cette lame.

Supposons le milieu 2 plus réfringent que 1 ou $n_2 > 1$. Pour qu'un rayon puisse passer de 2 en 1, il faut et il suffit que l'angle d'incidence i_2 satisfasse à la condition :

$$(14) \qquad \sin i_2 \leqq \frac{1}{n_2}$$

Quand on interpose le milieu 3, l'entrée du même rayon dans ce milieu exige la condition

$$(15) \qquad \sin i_2 \leqq n = \frac{n_3}{n_2}$$

Cette condition est comprise dans la précédente, si l'on a :

$$n_3 \geqq 1.$$

Donc si le milieu intermédiaire est plus réfringent que le moins réfringent des milieux extrêmes, sa présence n'empêche pas la transmission de la lumière.

Mais si le milieu intermédiaire est moins réfringent que les deux autres ($n_3 < 1$), il empêche le passage des rayons qui satisfont à la condition (14), sans remplir la condition (15). Ces rayons subissent la réflexion totale à l'entrée de la lame 3.

L'angle d'émergence i_1 se trouve en conséquence assujetti à la condition restrictive correspondante

$$(16) \qquad \sin i_1 = n_2 \sin i_2 \leqq n_3$$

De même si l'on considère des rayons qui passent en sens inverse, de 1 à 2 à travers la lame 3, les rayons incidents satisfaisant à la condition (16) pourront seuls passer sans subir la réflexion totale à l'entrée de la lame 3, tandis que la totalité des rayons incidents aurait pu passer directement de 1 à 2.

L'indice absolu est toujours plus grand que l'unité ; son excès $(n-1)$ sur l'unité s'appelle *réfraction* du milieu considéré.

En désignant par n_1 et n_2 les indices absolus des deux substances séparées par une surface, on peut mettre la formule générale de la réfraction sous la forme

$$(17) \qquad\qquad n_1 \sin i = n_2 \sin r$$

146. Un nombre quelconque de lames à faces parallèles. — Désignons par $n_1, n_2, \ldots, n_k$, les indices absolus des milieux successivement traversés, et par $x_1, x_2, \ldots, x_k$, les angles des rayons successifs avec les normales aux surfaces réfringentes. Les équations des réfractions successives prennent la forme :

$$(18) \qquad n_1 \sin x_1 = n_2 \sin x_2 = \ldots = n_k \sin x_k$$

Donc :

1° Le rayon pénètre dans le dernier milieu suivant la même direction que s'il était passé directement du premier dans le dernier ;

2° Si l'on suppose en particulier

$$n_k = n_1,$$

c'est-à-dire l'identité des milieux extrêmes, on en tire immédiatement :

$$x_1 = x_k$$

Le rayon émergent est parallèle au rayon incident.

Ce fait expérimental ne fournit pas de loi nouvelle ; il est la conséquence des lois précédentes.

§ 3. — Cas de deux surfaces planes de directions différentes. Prisme.

147. Définitions. — On donne en Optique le nom de *prisme* à un milieu réfringent limité par deux surfaces planes qui se coupent.

On appelle *faces du prisme* les deux plans AA' B'B, AA' C'C, qui limitent le milieu (fig. 104), *arête du prisme*, leur intersection AA' ; *base du prisme*, la région indéterminée BB'C'C qui est opposée à l'arête, et qui généralement dans la pratique est occupée par une troisième face ; *angle réfringent du prisme*, l'angle dièdre compris entre les deux faces. *Une section principale* est une section BAC faite dans le prisme par un plan perpendiculaire à son arête.

Nous supposerons :

1° Que les deux faces du prisme sont baignées extérieurement par un même milieu transparent ;

2° Que la substance formant le prisme est plus réfringente que le milieu extérieur.

Un rayon lumineux SI, qui rencontre en I une des faces AA′B′B du prisme, donne toujours naissance à un rayon réfracté II′ se propageant à l'intérieur du prisme et rencontrant en un point I′ la seconde face AA′C′C du prisme.

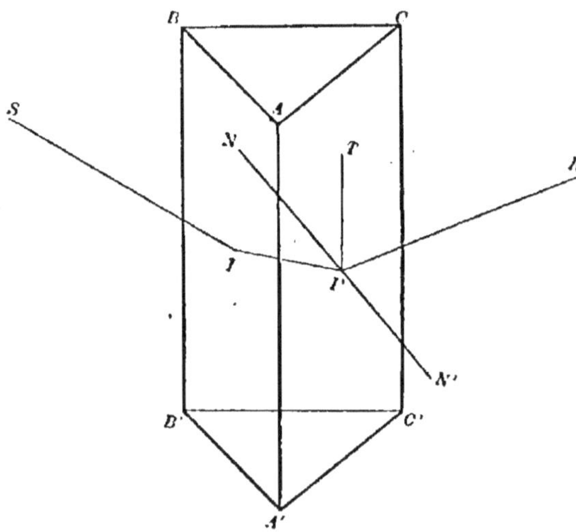

Fig. 104. — Passage d'un rayon lumineux à travers un prisme.

Il peut se présenter deux cas :

1° Le rayon intérieur II′ fait avec la normale NI′N′ à la seconde face un angle supérieur à l'angle limite l. Ce rayon est alors réfléchi totalement suivant I′T vers la base du prisme.

2° Le rayon II′ fait avec la normale NI′N un angle au plus égal à l'angle limite. Il donne alors naissance au-delà de la face AA′C′C à un rayon réfracté émergent I′R, et la réflexion suivant I′T n'est plus que partielle.

148. Condition d'émergence. — Les rayons incidents de directions quelconques, rencontrant la face d'entrée du prisme en un même point I (fig. 105), font avec la normale NN′ à la face AB, des angles compris entre 0 et $\frac{\pi}{2}$. Ils donnent donc naissance à des rayons réfractés qui font avec IN′ des angles compris entre 0 et l'angle limite l.

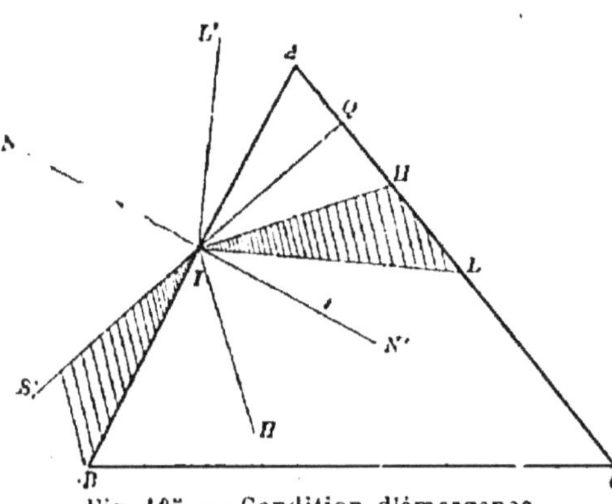

Fig. 105. — Condition d'émergence.

Ces rayons intérieurs sont donc compris dans un cône de révolution ayant pour sommet le point I, pour axe la normale NN′ et pour angle générateur l'angle l. IH et IH' représentent les traces de la surface de ce cône sur le plan de la figure.

Abaissons du point I la perpendiculaire IQ sur le plan de la face de sortie AC. Pour que l'émergence d'un rayon intérieur passant par I soit possible, il faut et il suffit qu'il fasse avec cette direction un angle ne dépassant pas l'angle l, c'est-à-dire que ce rayon soit compris dans un cône de révolution ayant pour sommet le point I, pour axe IQ et pour angle générateur l'angle l. Les traces de ce second cône sur le plan de la figure sont IL et IL'.

En combinant cette seconde condition avec la première, on voit que les seuls rayons intérieurs effectifs dont l'émergence soit possible sont ceux qui sont compris dans l'espace commun à ces deux cônes, quand ils se coupent. Les traces de cet espace commun sont les droites IH' et IL, dont l'intervalle est couvert de hachures.

En comptant positivement les angles décrits autour du point I vers le sommet par l'intérieur du prisme et vers la base par l'extérieur, et négativement ceux qui sont décrits en sens opposé, on a identiquement, en partant de la direction IL pour arriver à IH' :

$$\text{LIH}' = \text{LIQ} + \text{QIN}' + \text{N'IH}'$$

D'autre part :

$$\text{LIQ} = \text{N'IH}' = l$$

et
$$\text{QIN}' = - \text{A},$$

car cet angle a ses côtés respectivement perpendiculaires à ceux de l'angle A.

Donc on obtient, en désignant par x l'angle des traces :

$$x = 2l - \text{A}$$

Le problème ne présente donc de solution que si le prisme satisfait à la condition

$$2l - \text{A} \geqq 0$$

149. Cette condition étant supposée remplie, le rayon IH' qui forme la trace supérieure de l'espace commun aux deux cônes est fourni par un rayon incident qui se propage suivant BI, en rasant la face d'entrée de la base au sommet.

Le rayon IL qui forme la trace inférieure fait avec IN' un angle N'IL.

$$\text{N'IL} = \text{N'IQ} - \text{LIQ} = \text{A} - l$$

Le rayon incident SI qui lui correspond fait donc avec la normale IN l'angle NIS tel que

$$\sin \text{NIS} = n \sin (\text{A} - l)$$

Parmi les rayons incidents contenus dans la section principale, les seuls capables d'émerger par la face AC sont ceux dont les directions sont comprises dans l'angle SIB = α, complément de l'angle NIS.

Cet angle, compris entre 0 et π, est déterminé par l'équation

(19) $\cos \alpha = n \sin (A - l)$

150. Faisons varier l'angle réfringent A de 0 à π, en considérant des prismes d'indice déterminé. L'angle α demeurant toujours compris entre 0 et π, ses variations sont toujours de sens contraire à celles de son cosinus.

Pour A = 0, le prisme se réduit à une lame à faces parallèles ; l'équation devient :

$$\cos \alpha = n \sin (- l) = - n \sin l = - 1$$
$$\alpha = \pi$$

La direction SI se confond avec AI. Tous les rayons incidents sortent par la seconde face.

A croissant, $\cos \alpha$ décroît en valeur absolue ; α prend des valeurs décroissantes comprises entre π et $\dfrac{\pi}{2}$.

Pour A = l, $\cos \alpha = 0$, $\alpha = \dfrac{\pi}{2}$. La direction limite SI est la normale NI et l'angle comprenant les rayons capables d'émerger est NIB.

A continuant à croître, $\cos \alpha$ prend des valeurs positives croissantes, α décroît de $\dfrac{\pi}{2}$ à 0.

Pour A = $2l$, $\cos \alpha = n \sin l = 1$, $\alpha = o$. La droite IL se confond avec IH' et les deux cônes sont tangents le long de cette droite qui est une génératrice commune. Le rayon BI peut seul sortir à travers la face AC, en rasant cette face vers la base.

Enfin, pour A > $2l$, les deux cônes sont extérieurs l'un à l'autre ; l'émergence est impossible à travers la face AC, quelle que soit la direction des rayons incidents.

Dans le cas du crown-glass ordinaire, la valeur de A au-delà de laquelle l'émergence est impossible est A = $42° \times 2 = 84°$.

Les résultats de cette discussion sont résumés dans le tableau suivant :

A	0	croit	l	croit	$2l$	croit
α	π	décroît	$\dfrac{\pi}{2}$	décroît	0	(pas de solution) (1).

---

(1) L'angle α dans lequel sont compris les rayons incidents capables d'émerger

151. Application. Prisme à réflexion totale. — Soit DBC (fig. 106) la section

principale d'une pris-
me isocèle de verre,
dont les angles égaux
B et C dépassent no-
tablement l'angle li-
mite l. Plaçons devant
la face BD de ce pris-
me un objet recti-
ligne AP parallèle à
cette face et assez
éloigné pour qu'on
n'ait à considérer que
les rayons centraux
venant des points de
cet objet.

Un rayon PI émis
par le point P, nor-
malement à la face
BD, traverse cette face
sans déviation, ren-
contre la normale KN
à la face BC sous un
angle IKN égal à B, se
réfléchit totalement,
en prenant la direc-
tion KL qui fait l'an-
gle 2B avec la direc-

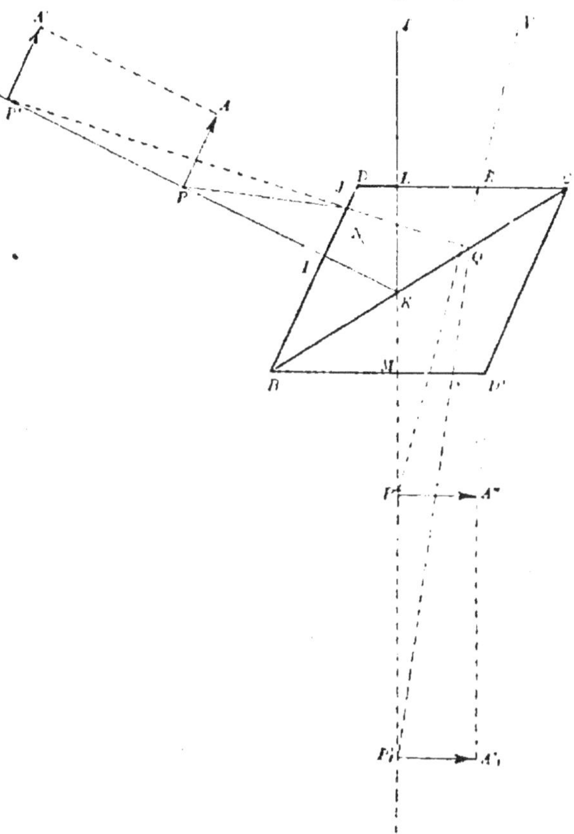

Fig. 106. — Prisme à réflexion totale.

tion primitive, enfin traverse normalement en L la face DC, puisque l'angle de
réflexion NKL est égal à B, et par suite à C.

---

peut être exprimé en fonction de l'angle réfringent A et de l'indice n. En tenan
compte de la relation :

$$\sin l = \frac{1}{n},$$

l'équation (19) devient :

$$\cos \alpha = n \sin A \cos l - n \cos A \sin l,$$

ou :

$$\cos \alpha = \sin A \sqrt{n^2 - 1} - \cos A$$

Il en résulte que pour une valeur donnée de l'angle réfringent, l'angle α décroît
quand on fait croître l'indice n.

Si la lumière qui traverse le prisme est formée, comme la lumière blanche, de plu

Un rayon PJ voisin de PI suit un trajet peu différent, subissant deux réfractions en J et R, et la réflexion totale en Q, et parvenant à l'œil suivant RV.

Désignons par p la distance HP de l'objet à la face d'entrée BD, et par n l'indice de la matière du prisme, par rapport à l'air. Après la première réfraction sur la face BD, les rayons centraux sont dirigés comme s'ils venaient d'un objet A'P' égal et parallèle à AP, mais reporté à la distance np de la face BD.

Ces rayons en se réfléchissant totalement sur la face BC, donnent donc naissance à une image $A'_1P'_1$ symétrique de A'P' par rapport à cette face.

Menons le plan BD' parallèle à DC et symétrique de BD par rapport à BC et désignons par e la distance LM des plans DC et BD'. Nous aurons :

$$MP'_1 = HP' = np$$

$$LP'_1 = np + e$$

La réfraction sur la face DC, en passant du milieu le plus réfringent au moins réfringent, a pour effet de substituer à l'image $A'_1P'_1$ qui joue le rôle d'objet, l'image définitive A''P' située à partir de la face réfringente CD, à la distance :

$$\frac{np + e}{n} = p + \frac{e}{n}$$

Si la lumière venant de AP s'était réfléchie directement sur un miroir placé en BC, on aurait obtenu une image située à la distance p de BD' et à la distance $p + e$ de DC.

L'image A''P' est plus rapprochée de l'observateur de la longueur $e\left(1 - \frac{1}{n}\right)$.

Donc le phénomène produit est le même que si la lumière s'était réfléchie sur un miroir plan occupant la position BC, et avait ensuite traversé une lame de verre à faces parallèles d'épaisseur e égale à celle du parallélipipède que l'on obtient par la réunion de deux prismes égaux au prisme donné. Si cette épaisseur est faible, on peut négliger ce dernier effet. Le résultat est alors indépendant de la valeur de l'indice. Il est le même pour toutes les couleurs d'indices différents qui constituent la lumière blanche. L'image obtenue n'est donc pas colorée.

Ainsi les prismes isocèles à réflexion totale remplissent l'office de miroirs plans et ils sont employés à cet usage dans les instruments d'optique.

Comme l'affaiblissement de l'éclat dû aux deux réfractions sous des incidences voisines de la normale est très petit, le prisme remplit l'office d'un miroir dont le pouvoir réflecteur serait voisin de l'unité.

L'angle limite pour le crown étant voisin de 42°, il est commode de prendre

---

sieurs couleurs inégalement réfrangibles, et qu'on diminue progressivement l'incidence à partir de $i = \frac{\pi}{2}$, les lumières colorées disparaissent successivement du faisceau émergent, par réflexion totale, à partir de la plus réfrangible.

$$A = B = 45°,$$

et par suite
$$D = 90°$$

Le prisme est alors rectangle et l'image se trouve placée dans une direction perpendiculaire à celle de l'objet, à partir du prisme.

151. Déviation de la lumière par le prisme. — Considérons main-

tenant un rayon lumineux qui rencontre la seconde face AC d'un prisme, en faisant avec la normale un angle inférieur à l'angle limite ; il donne naissance à un rayon émergent I'R dont la direction diffère de celle du rayon incident SI (fig. 107 et 108). On appelle *angle de déviation* l'angle TDR = D formé par le rayon émergent et le prolongement du rayon incident.

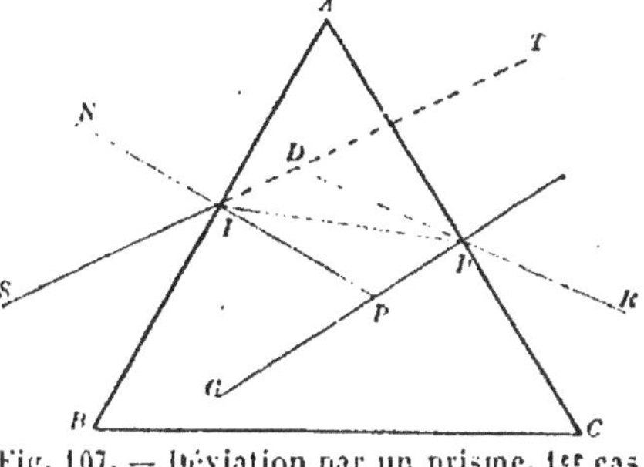

Fig. 107. — Déviation par un prisme. 1er cas.

Nous examinerons seulement le cas d'un rayon incident contenu dans le plan d'une section principale. En vertu des lois de la réfraction, ce rayon reste dans ce plan après la première et la seconde réfraction.

Désignons par i et r d'une part, par r' et i' d'autre part, les angles d'incidence et de réfraction pour la première et pour la seconde réfraction, en comptant ces angles positivement à partir de la normale vers l'arête du prisme pour

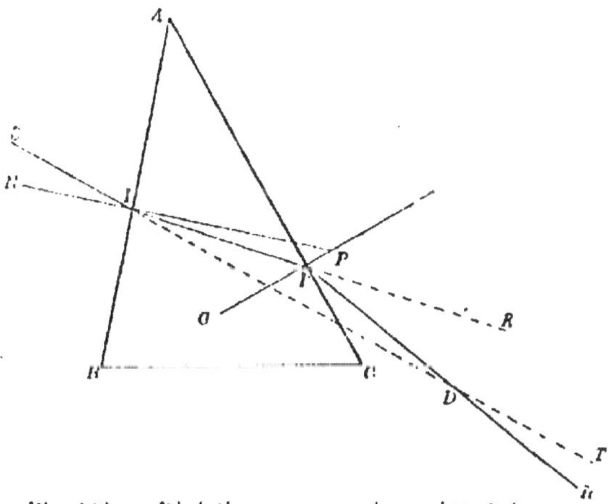

Fig. 108. — Déviation par un prisme. 1er et 2e cas.

les angles intérieurs au prisme, et vers la base pour les angles extérieurs.

Les angles qui se rapportent à la même réfraction auront toujours les mêmes signes, puisqu'ils sont placés de part et d'autre des normales correspondantes. Les différences $i - r$ et $i' - r'$ seront aussi de mêmes signes que les angles i et i'.

Étant donné un prisme d'indice connu n par rapport au milieu extérieur, pour la lumière considérée, et d'angle réfringent connu A, on fait arriver sur la face **AB** de ce prisme un rayon lumineux incident SI contenu dans le plan d'une section principale sous un angle d'incidence i connu. Proposons-nous de déterminer la grandeur de la déviation D subie par ce rayon, cette déviation étant comptée positivement vers la base du prisme, à partir de la direction du rayon incident.

La première et la seconde réfraction fournissent toujours en grandeur et et en signe les relations :

$$(20) \qquad \sin i = n \sin r,$$

$$(21) \qquad \sin i' = n \sin r',$$

153. Relation entre les angles r, r' et A.

1er Cas. — Les angles r et r' sont tous deux positifs. L'angle GPI (fig. 107) formé par les normales aux deux faces est égal à l'angle A, comme ayant ses côtés perpendiculaires à ceux de cet angle et de même sens qu'eux.

Cet angle étant extérieur au triangle IPI', dont les angles à la base sont r et r', on a :

$$(22) \qquad r + r' = A$$

2° Cas. — L'angle r est négatif.

Le rayon intérieur II' (fig. 108) est alors au-dessous de la normale IP, et l'on a dans le triangle PII' :

$$I'PI = GI'I - PII'$$

ou :

$$A = r' - (- r) = r + r'$$

3° Cas. — L'angle r' est négatif. On peut alors appliquer le principe de réciprocité et considérer un rayon qui se propage en sens inverse du rayon donné. On retombe dans le cas précédent, à la condition de permuter r et r', ce qui ne change pas la formule (22).

Cette formule est donc générale.

154. Relation entre les angles D, i, i', A.

1er Cas. $r > o$, $r' > o$, (fig. 107). L'angle D est extérieur au triangle DII', dans lequel les angles à la base ont pour valeurs :

$$I'ID = PID - PII' = i - r$$

$$II'D = PI'D - PI'I = i' - r'$$

Donc :

$$D = i + i' - r - r',$$

et en tenant compte de la relation (22) :

$$(23) \qquad D = i + i' - A.$$

La déviation se produit vers la base du prisme.

2ᵉ Cas. $r < o$, $r' > o$ (fig. 108).

Prolongeons la direction II' suivant I'K.

On a, entre les valeurs absolues des angles, les relations :

$$I'IT = PIT - PII' = -(i - r)$$
$$KI'R = PI'R - PI'K = i' - r'$$

En vertu de l'équation (22), la somme $r + r'$ est positive. Donc l'angle positif r' est plus grand que la valeur absolue de l'angle négatif r.

$$r' > |r|$$

Il en résulte, d'après une propriété déjà établie :

$$i' - r' > |i - r|$$

Donc :

$$KI'R > I'IT$$

Les droites IT et I'R se rencontrent donc vers le bas de la figure en un point D. L'angle TDR mesure la déviation, et l'on a, d'après les propriétés du triangle DII' :

$$D = KI'R - I'IT = i' - r' + (i - r)$$

(23) $$D = i + i' - A$$

3ᵉ Cas. $r > o$, $r' < o$. Ce cas se ramène au précédent par l'application du principe de réciprocité, en permutant i, et i', r et r', ce qui n'altère pas la formule (23). Cette formule est donc générale, et la déviation se produit toujours vers la base du prisme.

Nous avons supposé le milieu intérieur plus réfringent que le milieu extérieur. Si l'on fait l'hypothèse contraire, on retrouve dans chaque cas les mêmes relations, avec cette seule différence que les déviations partielles $i - r$ et $i' - r'$ sont respectivement de signes contraires à ceux des angles d'incidence et de réfraction correspondants. La déviation totale D qui est leur somme algébrique est donc négative.

La déviation se produit vers l'arête du prisme.

155. Cas des petits angles. — Il est intéressant, au point de vue des applications, d'examiner ce qui se passe quand on suppose l'angle réfringent A très petit et le rayon incident peu écarté de la normale à la face d'entrée. Les angles i, r, r', i', peuvent être alors supposés assez petits pour qu'on les confonde avec leurs sinus. Les formules (20) et (21) deviennent :

$$i = nr$$
$$i' = nr',$$

et en ajoutant membre à membre :

$$i + i' = n(r + r'),$$

ou, en tenant compte des formules (22) et (23) :

$$D + A = n A$$
$$(24) \qquad D = (n - 1) A$$

Dans les limites où cette approximation est acceptable, on voit que la déviation conserve la même valeur, quel que soit l'angle d'incidence.

Cette relation approchée est d'un fréquent usage.

156. Relation générale. — Pour établir la relation cherchée entre la valeur de l'angle D et les données, A, n, i, il faut éliminer les inconnues auxiliaires r, r', i', entre les équations trouvées.

$$(F) \begin{cases} (20)\ \sin i = n \sin r \\ (21)\ \sin i' = n \sin r' \\ (22)\ A = r + r' \\ (23)\ D = i + i' - A \end{cases}$$

On tire de l'équation (23) :

$$i' = D + A - i$$

En portant cette valeur dans l'équation (21) et en tenant compte des deux autres :

$$\sin (D + A - i) = n \sin r' = n \sin(A - r) = n \sin A \cos r - n \cos A \sin r$$

$$(25) \qquad \sin (D + A - i) = \sin A \sqrt{n^2 - \sin^2 i} - \cos A \sin i$$

Cette équation ne contenant que l'inconnue D et les données A, n, i, permet de calculer l'angle $D + A - i$, et par suite l'angle D (1).

Elle peut servir aussi à la détermination de l'indice de réfraction n d'une substance.

L'expérience devra fournir dans ce cas l'angle réfringent A, l'angle d'incidence i d'un rayon de lumière simple amené sur le prisme et la déviation D. Pour en déduire n, on met l'équation (25) sous la forme :

$$\sqrt{n^2 - \sin^2 i} = \frac{\sin (D + A - i) + \cos A \sin i}{\sin A}$$

En élevant au carré et faisant les réductions :

$$(26) \qquad n^2 = \frac{\sin^2 i + \sin^2 (D + A - i) + 2 \sin i \sin (D + A - i) \cos A}{\sin^2 A}$$

En faisant varier pour une même substance les quantités mesurées A, i, D, on pourra vérifier que n conserve la même valeur pour une même radiation simple. On aura ainsi établi l'exactitude des lois de la réfraction.

157. Variation de la déviation avec les données de l'expérience. —

---

(1) Le radical $\sqrt{n^2 - \sin^2 i}$ doit être pris dans cette formule avec sa valeur positive, puisqu'il représente $\cos r$ qui est toujours positif.

1° *Avec l'angle réfringent* A. — Les données n et i restant invariables, supposons qu'on fasse croître A de 0 à π. La constance des données i et n entraîne celle de l'angle r et de la déviation partielle $i - r$. Donc, d'après l'équation (22), r' croît en même temps que A. Il en est de même de $i' - r'$ qui varie dans le même sens que r'. Donc D qui est la somme des deux déviations partielles croît avec A, jusqu'à la valeur de A pour laquelle la réflexion totale commence à se produire à la face de sortie.

158. On vérifie ces résultats au moyen du prisme à angle variable. Cet appareil se compose d'une cuve limitée en avant et en arrière par deux parois fixes de laiton verticales et parallèles. Les deux autres parois sont constituées par deux glaces à faces parallèles disposées dans des châssis métalliques qui peuvent tourner à volonté entre les deux parois fixes, autour de charnières horizontales B et C formant les côtés in-

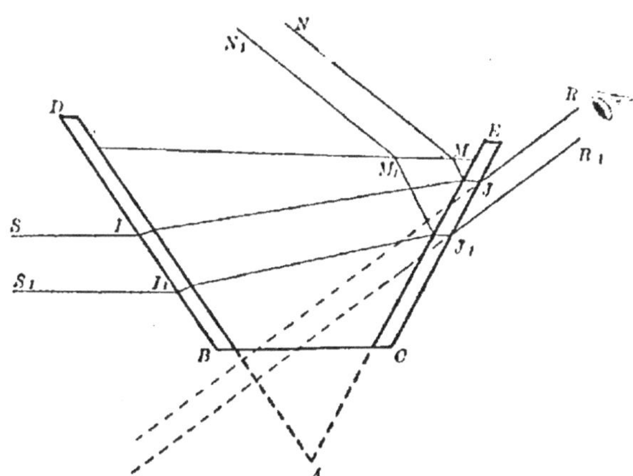

Fig. 109. — Prisme à angle variable.

férieurs de ces cadres (fig. 109). Cette cuve est remplie d'un liquide transparent, tel que de l'eau. La masse liquide constitue un prisme dont la base est tournée vers le haut de l'appareil, et dont l'arête A est l'intersection des faces DB et EC prolongées.

On fait arriver sur la face BD un faisceau de lumière simple parallèle SIS_1I_1, venant d'un point très éloigné ou d'une fente éloignée parallèle à l'arête du prisme. Le faisceau lumineux traverse la cuve et sort suivant JRJ_1R_1. Comme nous l'avons vu plus haut (144, note), la direction du faisceau émergent est la même que si les glaces BD et CE étaient réduites à une de leurs faces à la condition que les deux faces soient exactement parallèles.

Un observateur dont l'œil est en RR_1, sur le trajet de faisceau émergent, voit la source lumineuse dans la direction $RJ R_1J_1$ qui fait un angle de déviation déterminé avec le faisceau incident.

Quand on fait tourner la face de sortie CE, en laissant fixe la face d'entrée BD, on fait passer l'angle réfringent par toutes les valeurs possibles, sans changer n et i. On reconnaît que pour A croissant, la déviation croît, jusqu'à ce que la réflexion totale se produise et renvoie toute la lumière vers la surface du liquide, qu'elle traverse en prenant une direction telle que MNM_1N_1.

On peut répéter l'expérience pour différentes valeurs de i, en changeant la direction de la face d'entrée BD.

Le phénomène peut être aussi observé par projection, si l'on dispose sur le faisceau émergent JRJ_1R_1 une lentille convergente.

Si l'on emploie dans cette expérience la lumière du soleil qui n'est pas simple, les faisceaux diversement colorés qui constituent la lumière blanche ont des indices de réfraction différents, de sorte que les couleurs composantes disparaissent successivement dans le faisceau réfracté, à partir des plus réfrangibles, par la production de la réflexion totale.

159. 2° *Avec l'indice* n. — Les angles i et A restant constants, il résulte de l'équation (23) que le sens de la variation de D est celui de la variation de i'. Or n croissant, r décroît ; donc r' croît ; sin r' et n sont donc croissants l'un et l'autre ; il en est de même de i', et par suite de D. La déviation augmente depuis la valeur zéro qui correspond à $n = 1$, jusqu'à une valeur limite, au-delà de laquelle la réflexion totale se produit.

160. On vérifie ces résultats à l'aide du polyprisme (fig. 110), appareil formé de plusieurs prismes de

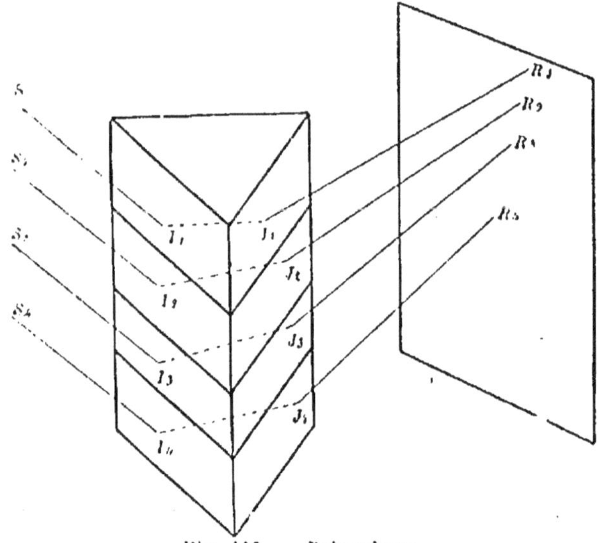

Fig. 110. — Polyprisme.

substances différentes, dont les arêtes sont dans le prolongement les unes des autres et dont les faces occupent les mêmes plans.

On reçoit sur l'une des faces de cet appareil un faisceau de lumière parallèle venant d'une fente éloignée parallèle à l'arête. Ce faisceau doit être assez large pour couvrir toute la face d'entrée du polyprisme. Des rayons incidents parallèles $S_1 I_1$, $S_2 I_2$, etc., qui traversent les divers prismes, sont inégalement déviés et prennent des directions différentes $J_1 R_1$, $J_2 R_2$, etc., rencontrant un même plan parallèle à l'arête du prisme, en des points tels que R_1, R_2, R_3, R_4. Un œil recevant ces rayons voit autant d'images inégalement écartées de la source lumineuse qu'il y a de prismes superposés. On peut encore projeter le phénomène.

161. 3° *Avec l'incidence i.* — La simple application du principe de réciprocité montre *a priori* que si l'on fait croître i depuis la valeur I qui correspond à la limite de la réflexion totale sur la face de sortie, jusqu'à la valeur $\frac{\pi}{2}$, en faisant ainsi parcourir au rayon incident l'angle z, la déviation reprend deux fois les mêmes valeurs. Elle passe donc par un maximum ou par un minimum.

Représentons la marche du phénomène par une courbe dont les abcisses sont les valeurs de i et les ordonnées les valeurs correspondantes de D (fig. 111).

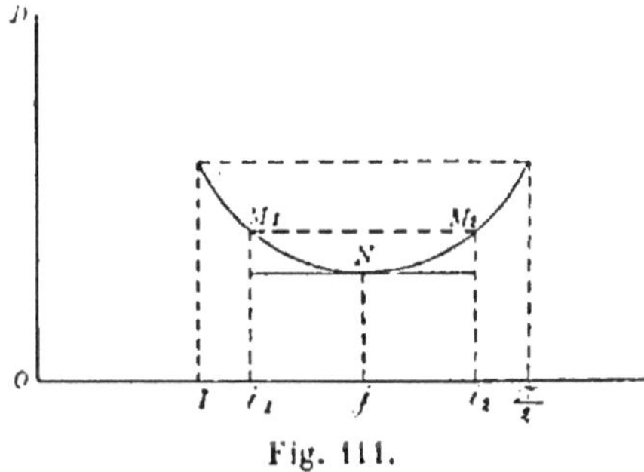

Fig. 111.

L'angle i croît de I à $\frac{\pi}{2}$. L'angle d'émergence i' décroît en même temps, de $\frac{\pi}{2}$ à I, d'une manière continue. Il existe donc une seule valeur j de l'angle i, pour laquelle l'angle i' lui soit égal.

Considérons une valeur i_1 de l'incidence, inférieure à j. L'angle d'émergence correspondant i_2 est supérieur à j. Soit D_1 la déviation correspondante.

Un rayon se propageant en sens inverse du premier entrera sous l'incidence i_2, et comme il suivra la même marche, il prendra la même déviation D_1. Donc aux deux abcisses i_1 et i_2 correspond la même ordonnée D_1, fournissant deux points M_1 et M_2 de la courbe représentative placés sur une même parallèle à Oi. La même propriété existe tant que i_1 est différent de i_2. La courbe est donc formée d'une branche ascendante et d'une branche descendante, et le point d'ordonnée maxima ou minima d a pour abcisse j. Pour cette valeur de l'incidence, on a :

$$i = i'$$

et par suite :

$$r = r'$$

Le rayon qui subit la déviation maxima ou minima est donc celui qui se propage à l'intérieur du prisme en faisant des angles égaux avec les normales aux deux faces et, par conséquent, en déterminant un triangle isocèle avec les traces des deux faces sur le plan de la section principale.

162. Pour achever de déterminer le sens des variations de l'angle D, ajoutons membre à membre les équations (20) et (21). Nous aurons, en divisant par 2 les deux membres :

$$\sin \frac{i+i'}{2} \cos \frac{i-i'}{2} = n \sin \frac{r+r'}{2} \cos \frac{r-r'}{2},$$

ou, en tenant compte des relations (22) et (23) :

$$\sin \frac{A+D}{2} = n \sin \frac{A}{2} \frac{\cos \dfrac{r-r'}{2}}{\cos \dfrac{i-i'}{2}},$$

i et i' étant l'un et l'autre compris entre $-\dfrac{\pi}{2}$ et $+\dfrac{\pi}{2}$, leur demi-somme $\dfrac{A+D}{2}$ est comprise entre les mêmes limites. Le sens de la variation de $\dfrac{A+D}{2}$, et par suite de D, est donc constamment le même que celui de $\sin \dfrac{A+D}{2}$. Le minimum de D correspond à celui de cette dernière quantité, et par suite à celui du rapport variable

$$\frac{\cos \dfrac{r-r'}{2}}{\cos \dfrac{i-i'}{2}}$$

Pour $i > i'$, on a : $r > r'$, $i-r > i'-r'$, ou : $i-i' > r-r'$.

Les moitiés de ces derniers arcs étant ainsi comprises entre 0 et $\dfrac{\pi}{2}$, on a :

$$\cos \frac{r-r'}{2} > \cos \frac{i-i'}{2}$$

Le rapport est donc supérieur à l'unité.

Pour $i < i'$, on peut écrire le rapport :

$$\frac{\cos \dfrac{r'-r}{2}}{\cos \dfrac{i'-i}{2}},$$

en changeant les signes des arcs. ce qui ne change pas ceux des cosinus.

Le même raisonnement conduit à la même conclusion.

Pour $i = i'$, on a : $r = r'$; les deux arcs deviennent nuls, et le rapport des cosinus prend la valeur 1 qui est sa valeur minima. Donc la déviation prend alors sa valeur minima d.

163. On vérifie ces résultats en observant une fente lumineuse éloignée, à travers un prisme que l'on peut faire tourner autour d'un axe parallèle à son arête.

Quand on fait ainsi croître l'incidence depuis la valeur $\frac{\pi}{2} - \alpha$ corres-

pondante à la réflexion totale, jusqu'à la valeur $\frac{\pi}{2}$, on voit que la direction de

l'image virtuelle de la fente se rapproche de celle de l'objet, jusqu'à ce que la condition $i = i'$ soit satisfaite, et qu'elle s'en écarte ensuite.

164. Quand on suppose $n < 1$, il est facile de voir que le rapport des cosinus est constamment plus petit que 1. La valeur 1 qui correspond à $i = i'$ est donc un maximum et correspond à un maximum de D. Mais nous avons vu que la valeur de D est alors négative, la déviation se produisant vers le sommet. Ce maximum algébrique de D correspond donc encore à un minimum de sa valeur absolue.

165. Dans le cas du minimum de déviation d, les formules F se réduisent aux trois suivantes :

$$(f) \begin{cases} (27) & \sin i = n \sin r \\ (28) & A = 2r \\ (29) & d = 2i - A \end{cases}$$

En éliminant i et r, tirés des deux dernières équations, on obtient :

$$\sin \frac{A + d}{2} = n \sin \frac{A}{2}$$

Cette relation détermine la déviation minima en fonction de l'indice et de l'angle réfringent. On peut aussi en tirer l'expression très simple de l'indice n en fonction de A et d. L'application de cette relation fournit une méthode simple pour mesurer l'indice de réfraction des différents corps par rapport à l'air.

166. **Vision des objets à travers un prisme.** — Soient ABCA'B'C' (fig. 112) un prisme, P un point lumineux situé dans le plan de la section principale ABC de ce prisme et PIJR un rayon lumineux parti de P, se propageant dans ce même plan, et pénétrant dans le prisme en un point I voisin de l'arête AA'.

167. 1°. Première focale. — Faisons passer par PI la surface d'un cône de révolution d sommet P et d'axe PH perpendiculaire à la face ABA'B'. Soit PI' un rayon incident dirigé suivant une seconde génératrice de ce cône infiniment voisine de la première. Ce rayon suit le chemin PI'J'R'.

D'après la théorie de la réfraction à travers une surface plane, les rayons intérieurs IJ, I'J', sont dirigés suivant les génératrices d'un second cône ayant son sommet en Q, sur le prolongement de PH, et son axe en coïncidence avec cette droite.

n étant l'indice de la substance du prisme par rapport au milieu extérieur, on a, en posant :

$$PI = \rho, \quad QI = \lambda,$$
$$\lambda = \rho\, n \quad (129).$$

Supposons que la direction PI' se rapproche indéfiniment de PI. Le plan QII' est à la limite le plan tangent au cône QIII', suivant la génératrice QI. Ce plan est perpendiculaire au plan ABC. Il coupe les plans ABA'B' et ACA'C', suivant des droites II et JJ' parallèles à l'arête AA'.

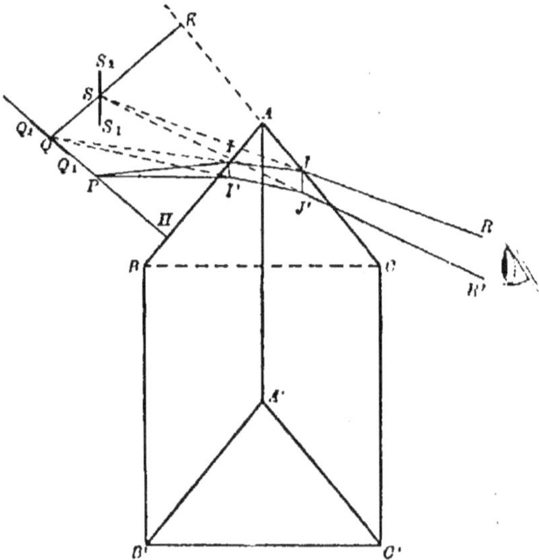

Fig. 112. — Droite focale perpendiculaire à l'arête.

Abaissons du point Q sur le plan de la face de sortie ACC'A' la perpendiculaire QK, et considérons un cône de révolution ayant pour sommet Q, pour axe QK et pour génératrice QIJ.

Ce cône est tangent au cône QIII', suivant la génératrice QI. Les deux cônes ont un plan tangent commun suivant cette génératrice. La droite QI'J' contenue à la limite dans ce plan tangent commun peut être considérée comme appartenant aussi à la surface du cône tangent QKI. Les rayons intérieurs IJ, I'J', donnent donc naissance, en se réfractant, à deux rayons émergents JR J'R', placés sur un même cône, dont l'axe est encore dirigé suivant la perpendiculaire QK à la surface réfringente, et dont le sommet S est sur cette direction.

Supposons les points d'incidence I et I' assez rapprochés de l'arête AA' pour que les longueurs IJ, I'J', des rayons intérieurs soient négligeables par rapport à QI. Nous aurons :

$$QJ = QI = \lambda.$$

Posons :

$$SJ = \sigma$$

D'après la théorie de la réfraction par une surface plane (129), il viendra :

(30)
$$\sigma = \frac{\lambda}{n} = \rho,$$

ou :
$$SJ = PI.$$

Il y a donc au point S accumulation apparente de lumière, puisqu'en ce point concourent les prolongements de deux rayons émergents infiniment voisins. Le point S appartient à la surface caustique déterminée par les deux réfractions. Il est situé sur la droite du rayon émergent, à la même distance du prisme que le point lumineux sur la droite du rayon incident.

Si l'œil d'un observateur reçoit un étroit faisceau de rayons émergents, on peut grouper les rayons incidents correspondants sur une série de cônes très voisins, de sommet commun P et d'axe commun PH. Les droites des rayons intérieurs concourent en des points de l'axe PH compris entre deux limites très voisines Q_1 et Q_2.

A chaque point de cette portion de droite correspond un cône de rayons émergents dont le sommet est situé sur la perpendiculaire à CA menée par ce point. Le lieu de ces sommets est une certaine courbe contenue dans le plan ABC, et dont la portion utile $S_1 S_2$, étant très courte, se confond pratiquement avec sa tangente. Le phénomène observé consiste donc en une droite focale lumineuse $S_1 S_2$ perpendiculaire à l'arête AA′.

168. 2°. Deuxième focale. — Considérons avec le rayon PIJR (fig. 113), un rayon $PI_1 J_1 R_1$ infiniment voisin du premier et contenu comme lui dans le plan de la section principale ABC.

Les droites des rayons intérieurs IJ, I_1J_1, concourent en un même point M. Désignons par μ les distances MI et MJ supposées confondues. On doit, en tenant compte du sens des notations, remplacer dans la formule (5) n par $\frac{1}{n}$, r par i, i par r. On obtient (130) :

$$\mu = \rho n \frac{\cos^2 r}{\cos^2 i}$$

Les droites des rayons émergents JR, J_1R_1, concourent encore en un même point T, et l'on a, en désignant par τ la distance TJ :

$$\tau = \frac{\mu}{n} \frac{\cos^2 i}{\cos^2 r}$$

(31)
$$\tau = \rho \frac{\cos^2 r \cos^4 i}{\cos^2 i \cos^2 r}$$

Le point T ainsi défini est le siège d'une accumulation apparente de lumière. Il appartient à une seconde nappe de la surface caustique.

Nous avons vu plus haut que les rayons incidents voisins de la section principale contenus dans un même plan quelconque PI perpendiculaire à cette section donnent des rayons émergents tous contenus dans un même plan SJ perpendiculaire à cette section, et passant par un même point S de la première focale. Ils rencontrent donc tous une droite TX menée perpendiculairement à la section principale par le point T qui appartient à l'un d'eux. Mais le point T reste le même, quand le plan PI considéré subit un déplacement infiniment petit, puisque ce point est commun à tous les rayons émergents infi-

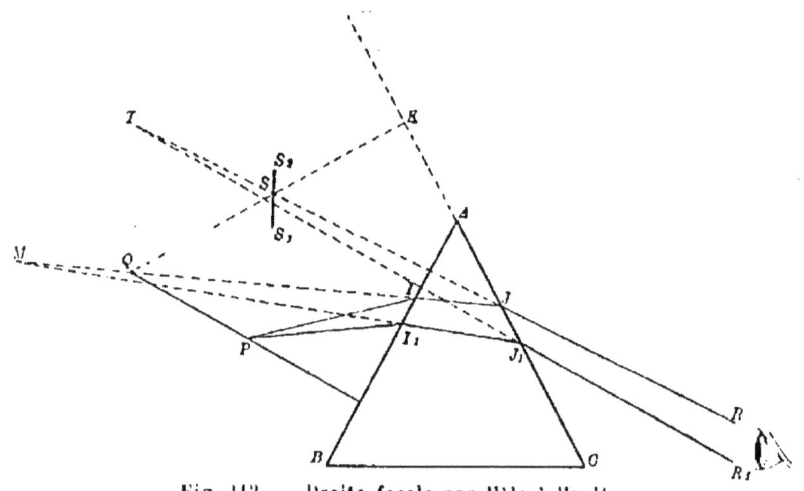

Fig. 113. — Droite focale parallèle à l'arête.

niment voisins contenus dans la section principale, et que le rayon incident correspondant à l'un de ces rayons émergents est situé dans le plan PI pour chacune de ses positions. Tous les rayons du pinceau lumineux rencontrent donc la droite TX qui constitue une seconde focale parallèle à l'arête du prisme.

169. Résultats. — Les rayons émergents s'appuient sur deux droites focales, l'une en S perpendiculaire à l'arête du prisme, l'autre en T parallèle à cette arête. En général ces deux focales ne sont pas à la même distance de l'œil. Si l'on observe avec les deux yeux, on obtiendra les divers effets déjà indiqués plus haut (95). Si les centres des deux pupilles sont sur une même parallèle à l'arête, l'origine de la lumière semblera être en S ; elle paraîtra en T, si les centres des deux pupilles sont dans la même section principale.

170. Les deux focales se réduisent à un même point et la vision devient nette dans deux conditions particulières :

1°. *Dans le cas de la déviation minima.*

On a alors :

$$i = i', \quad r = r',$$
$$\tau = \rho = \sigma.$$

Les droites des rayons émergents infiniment voisins contenus dans le plan de la section principale concourent alors à une distance du prisme égale à celle du point lumineux. Il en est encore de même si l'on associe un quelconque de ces rayons avec un autre rayon placé dans un même plan perpendiculaire à la section principale. Par conséquent les droites de tous les rayons émergents appartenant à un faisceau voisin de celui qui fournit la déviation minima concourent en ce point qui constitue un foyer conjugué parfait du point lumineux.

2°. *Quand le point lumineux est infiniment éloigné*, c'est-à-dire quand les rayons incidents sont parallèles, quel que soit i.

On a alors :

$$\rho = r = \infty$$

Le foyer conjugué est lui-même rejeté à l'infini. Les rayons émergents sont en effet tous parallèles entre eux.

§ 4. — Applications météorologiques de la théorie de la réfraction.

171. Réfractions atmosphériques. — L'indice absolu de l'air décroissant avec sa densité, on peut regarder l'atmosphère comme formée de couches sphériques concentriques d'indices décroissants à mesure qu'on s'éloigne du sol. Un observateur placé en M (fig. 114) sur la surface du globe verrait l'étoile S dans la direction MS, s'il n'y avait pas d'atmosphère.

Le rayon SABCM qui parvient à l'œil de l'observateur est d'abord parallèle à SM, puis se réfracte en A, B, C..., sur les

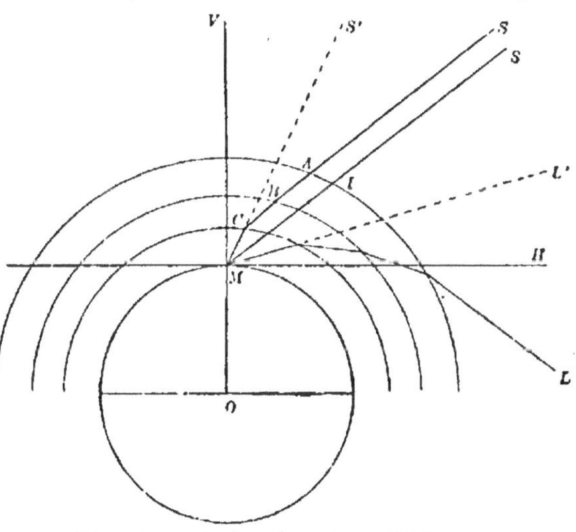

Fig. 114. — Réfraction atmosphérique.

surfaces de séparation des couches sphériques. Il se rapproche des normales à ces surfaces qui sont dirigées suivant les rayons de courbure. Le rayon lumineux arrive ainsi à l'observateur suivant une droite CM plus rapprochée de la verticale que SM. L'étoile est vue en S', sur le prolongement de cette droite.

La variation de l'indice avec l'altitude se produit d'une manière continue, comme celle de la densité de l'air. Les couches concentriques successives doivent être considérées comme infiniment minces, et la trajectoire ABCM du rayon dans l'atmosphère, au lieu d'être une ligne brisée, est une ligne courbe. L'étoile est vue sur le prolongement de la tangente à l'extrémité M de cette courbe.

Ce phénomène augmente la durée de visibilité des astres, en permettant d'apercevoir avant son lever ou après son coucher géométrique un astre L placé au-dessous du plan MH de l'horizon, à une faible distance angulaire de ce plan, comme s'il était en L' au-dessus de l'horizon.

Il est nécessaire de corriger les résultats des observations astronomiques pour attribuer aux astres leur véritable position. Ces corrections se font au moyen de Tables, dont les constantes ont été déterminées à l'aide d'un grand nombre d'observations. La correction ne s'applique avec précision qu'aux hauteurs au-dessus de l'horizon supérieures à 10°. Pour les hauteurs plus faibles, la longueur traversée par la lumière dans l'atmosphère devient très grande, et les perturbations accidentelles prennent une importance qui ne permet plus qu'une détermination grossière de l'erreur.

172. Mirage. — Le mirage est un phénomène qui consiste en une vision simultanée des objets éloignés et de leurs images renversées produites en apparence par la réflexion de la lumière sur un miroir. Ce phénomène se produit constamment dans certaines plaines de sable fortement échauffées par le soleil, comme celles de l'Egypte. L'image des objets, visible au-dessous du sol, donne à l'observateur l'illusion d'une nappe d'eau éloignée reculant à mesure qu'il s'avance.

Monge a proposé pour ce phénomène une explication élémentaire qui rend compte des principales circonstances.

Le contact du sable échauffé dilate assez les couches d'air voisines pour les rendre moins denses et moins réfringentes que les couches supérieures. Celles-ci descendent par leur poids, mais s'échauffent et se dilatent à leur tour. Il en résulte un état permanent de renouvellement, dans lequel l'indice croît depuis la surface du sol jusqu'à une certaine hauteur.

L'atmosphère peut ainsi être représentée par une série de couches horizontales infiniment minces dont les surfaces de séparation réfractent la lumière. Un point lumineux A (fig. 115) envoie d'abord à l'œil placé en OO', dans la même couche ou dans une couche voisine, un faisceau de rayons AOO' à peu près rectilignes, permettant de voir l'objet dans une position peu différente de sa position réelle.

Un rayon AMO dirigé obliquement de haut en bas peut encore parvenir à l'œil en décrivant une trajectoire courbe. Il descend d'abord en s'écartant de la normale dirigée verticalement, à mesure qu'il passe dans des couches moins réfringentes.

Désignons par n_0 l'indice de la couche initiale, par i_0 l'incidence initiale, par n et i les données correspondantes pour une quelconque des couches traversées. La relation :

$$n \sin i = n_0 \sin i_0$$

est constamment vérifiée (146). Le rayon prend une direction horizontale en I, dans une couche d'indice n_1 déterminé par :

$$n_1 = n_0 \sin i_0$$

A partir de ce point il remonte suivant la même loi, décrivant un arc d

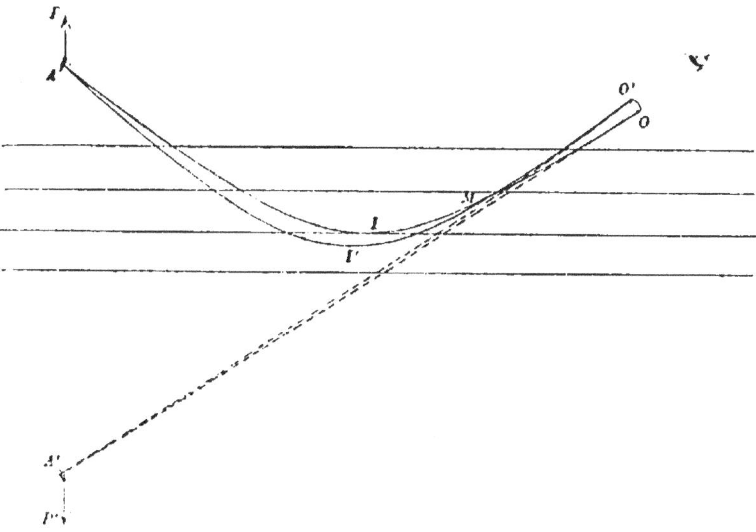

Fig. 115. — Mirage.

courbe symétrique du premier par rapport à la verticale du point I, et il parvient à l'œil en O (1).

Un second rayon voisin du premier décrit le chemin AI'MO' et parvient à l'œil en O'. L'œil voit la lumière sur le prolongement des tangentes aux trajectoires en O et O'. Ces tangentes concourent en A' et donnant en ce point une image plus ou moins nette du point A.

Un objet AP donne une image renversée A'P' qui est le lieu des images de ses points. Cet objet paraît donc réfléchi par un miroir voisin de la surface du sol.

On observe aussi dans diverses circonstances des phénomènes de mirage

____

(1) Il reste à expliquer pourquoi le rayon AI, parvenu en I, remonte vers les couches supérieures, au lieu de suivre la direction horizontale IH.

Les surfaces d'égal indice ne peuvent être considérées comme des plans géométriques. L'état d'agitation des couches constamment renouvelées leur donne une forme ondulée. Alors même que cette cause de déformation serait évitée, l'écart accidentel le plus léger en dehors de la forme plane, le plus petit défaut de continuité dans la consti

vers le ciel et des mirages latéraux dus à l'existence de conditions comparables à celles que nous venons de rapporter.

tution du milieu suffirait pour faire remonter le rayon vers les couches supérieures. Supposons en effet que le rayon SI devenu horizontal aborde une région où les couches d'égale indice (fig. 116) forment saillie vers le haut. Le rayon traversera deux fois, en I et en I', la surface d'égal indice ; il se trouvera dans les mêmes conditions que s'il traversait un prisme formé par les plans tangents en I et en I' à cette surface et constitué par un milieu in-

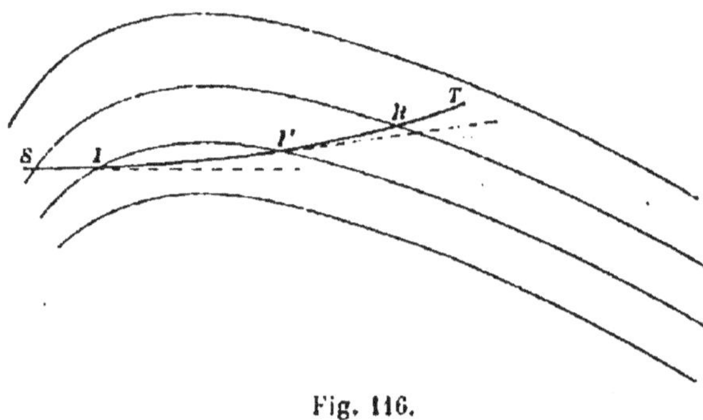

Fig. 116.

térieur moins réfringent que le milieu extérieur. Il sera donc dévié vers le sommet du prisme et ramené vers les couches supérieures.

Si au contraire le rayon SI aborde une région où les couches d'égal indice présentent une saillie vers le bas (fig. 117), on voit aisément qu'il se comportera

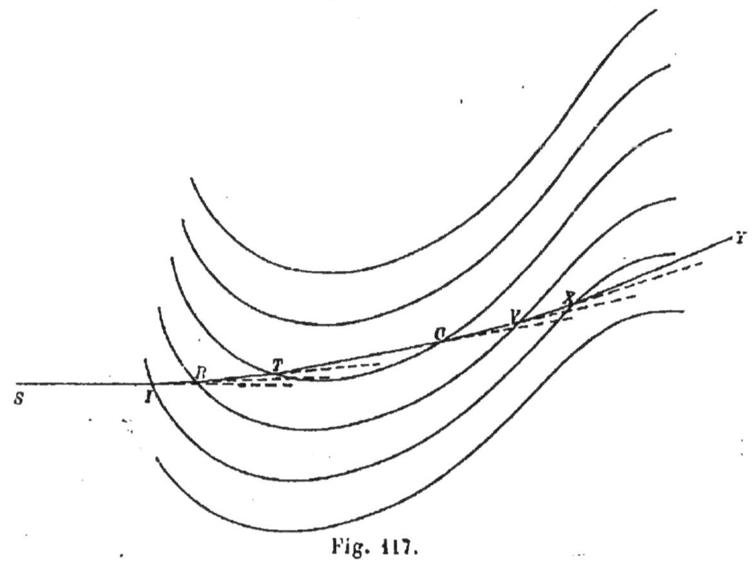

Fig. 117.

comme s'il traversait un prisme d'indice plus grand que celui du milieu extérieur. Il sera dévié vers la base du prisme, c'est-à-dire encore vers le haut.

On peut donc dire que la trajectoire horizontale III constitue un chemin instable dont le rayon lumineux sera forcément écarté par la constitution du milieu.

L'agitation perpétuelle des couches rend les images mouvantes, comme si elles étaient produites par une surface liquide agitée.

CHAPITRE V

LENTILLES INFINIMENT MINCES

§ 1ᵉʳ. — Réfraction par une surface sphérique.

173. Foyers conjugués par rapport à une surface sphérique réfringente. — Considérons une surface limitée à une calotte sphérique et séparant deux milieux réfringents d'indices absolus différents n_1 et n_2.

Supposons que la lumière se propage de gauche à droite. Convenons :

1° de compter positivement tout segment de droite parallèle à cette direction ou faisant un petit angle avec elle, quand il est porté en sens contraire de la propagation de la lumière, négativement quand il est dans le sens de cette propagation ;

2° de compter positivement tout angle porté à partir de son côté initial (énoncé le premier), dans le sens du mouvement des aiguilles d'une montre, négativement dans le cas contraire.

Soient C le centre de courbure de la surface et P_1 un point lumineux réel ou virtuel, appartenant au premier milieu d'indice n_1 (fig. 118). Un rayon incident quelconque AI, dont la droite passe en P_1, suit à partir de I, en pénétrant dans le second milieu, la droite IR qui rencontre en P_2 l'axe P_1C du point P_1.

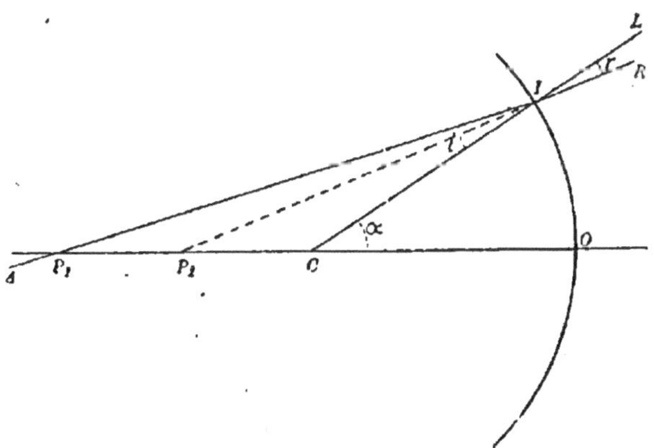

Fig. 118. — Surface sphérique réfringente. Foyers conjugués.

Posons :

$$CIA = i, \quad LIR = r, \quad ICO = \varkappa.$$

On a entre les éléments des triangles P_1IC, P_2IC, les relations :

$$(1) \qquad CP_1 = \frac{\sin i}{\sin \varkappa} IP_1, \quad CP_2 = \frac{\sin r}{\sin \varkappa} IP_2.$$

Les grandeurs qui entrent dans ces relations sont toutes positives dans le cas de la figure. Mais les formules sont générales en grandeur et en signe, quelles que soient les positions respectives des points I, C, P_1 et P_2, car, si l'on passe d'une forme à une autre de la figure par une déformation progressive, on reconnaît aisément que deux des quatre quantités entrant dans chacune de ces formules changent toujours de signe simultanément. L'égalité, vraie en valeur absolue, demeure donc vraie en signe.

Divisons membre à membre les équations (1), en tenant compte de la relation :

$$\frac{\sin i}{\sin r} = \frac{n_2}{n_1}.$$

Il vient :

$$(2) \qquad \frac{CP_1}{CP_2} = \frac{n_2}{n_1} \frac{IP_1}{IP_2}.$$

Posons :

$$OP_1 = p_1, \quad OP_2 = p_2, \quad OC = R.$$

Dans le triangle P_1IC, la relation :

$$\overline{IP_1}^2 = \overline{CP_1}^2 + \overline{IC}^2 + 2CP_1 \times IC \cos \varkappa$$

se réduit à :

$$\overline{IP_1}^2 = (CP_1 + IC)^2 = \overline{OP_1}^2,$$

ou :

$$IP_1 = p_1,$$

si l'on remplace cos $\varkappa$ par 1, ce qui revient à considérer le carré de la demi-amplitude comme négligeable par rapport à l'unité, en supposant que l'axe P_1C se confonde avec l'axe principal de la surface ou s'en écarte peu (47, note 2).

On a de même :

$$IP_2 = OP_2 = p_2,$$

et l'équation (2) peut s'écrire :

$$(2') \qquad \frac{p_1 - R}{p_2 - R} = \frac{n_2}{n_1} \frac{p_1}{p_2}$$

ou, en multipliant les deux membres par

$$\frac{n_1 (p_2 - R)}{R p_1}$$

(3)
$$\frac{n_2}{p_2} - \frac{n_1}{p_1} = \frac{n_2 - n_1}{R}$$

relation générale, quels que soient les signes des segments p_1, p_2, R.

174. En désignant l'indice relatif du second milieu par rapport au premier par $n = \dfrac{n_2}{n_1}$, on peut encore mettre cette équation sous la forme :

(4)
$$\frac{n}{p_2} - \frac{1}{p_1} = \frac{n-1}{R}$$

Pour une valeur donnée de p_1, la valeur de p_2 est déterminée. Le point P_1 a donc un foyer conjugué P_2 situé sur son axe secondaire, où viennent concourir les droites de tous les rayons réfractés.

Ce concours en un même point n'a plus lieu quand l'angle α prend des valeurs notables.

Le second membre de l'équation (3) devant conserver une valeur constante, quel que soit p_1, on voit que les quantités p_1 et p_2 varient algébriquement dans le même sens. Donc si l'on déplace le point lumineux dans le sens positif, son foyer conjugué se déplace aussi dans le sens positif (1).

175. On peut considérer la réflexion de la lumière sur un miroir sphérique, comme un cas particulier de l'étude géométrique que nous faisons de la réfraction par une surface sphérique. La direction du rayon réfléchi est en effet toujours déterminée, d'après nos conventions de signes, par $r = -i$, ce qui conduit à

$$n = \frac{n_2}{n_1} = -1$$

Les équations (3) et (4) prenant alors la forme :

$$\frac{1}{p_2} + \frac{1}{p_1} = \frac{2}{R}$$

identique à la formule que nous avons trouvée directement pour les foyers conjugués des miroirs sphériques.

---

(1) Pour que le rapport $\dfrac{p_1}{p_2}$ soit positif, il faut et il suffit que les deux foyers conjugués soient d'un même côté par rapport à la surface réfringente. Pour que $\dfrac{p_1 - R}{p_2 - R}$ soit positif, il faut et il suffit que les foyers conjugués soient d'un même côté par rapport au centre de courbure. Ces deux circonstances ont toujours lieu en même temps, d'après l'équation (2'), puisque $\dfrac{n_2}{n_1}$ est positif. Donc les foyers conjugués sont tous deux entre le centre et la surface réfringente ou tous deux en dehors de cet intervalle.

176. Plans conjugués. — Image d'un objet plan. — On établit par des raisonnements tout à fait identiques à ceux que nous avons faits (47), dans l'étude de la réflexion sur un miroir sphérique, que le lieu géométrique des foyers conjugués des points d'un plan A_1P_1 perpendiculaire à l'axe principal, est un second plan A_2P_2 perpendiculaire à ce même axe,

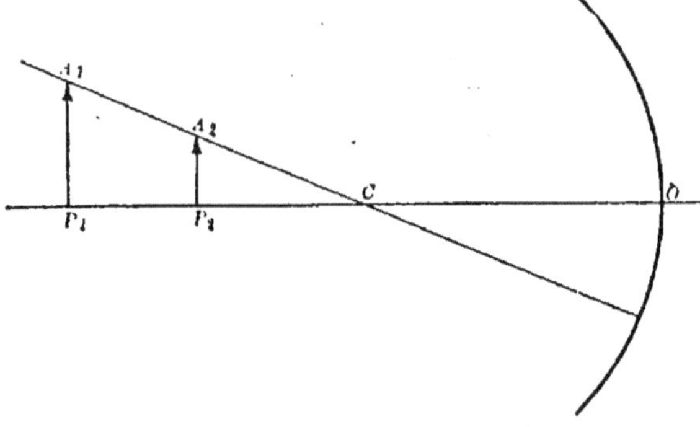

pourvu que l'on considère des points peu écartés de cet axe (fig. 119).

Ces deux plans sont dits *conjugués* par rapport à la surface réfringente. Ils possèdent la propriété d'être réciproques, car, en vertu de la loi de réciprocité,

Fig. 119. — Image d'un objet plan.

un faisceau de rayons incidents concourant en un point de A_2P_2 et se propageant dans le second milieu donne naissance dans le premier milieu à des rayons réfractés qui concourent au point de A_1P_1 conjugué du premier.

Si l'on prend pour objet lumineux une figure quelconque tracée dans le plan A_1P_1, l'image de cet objet sera une figure semblable à la première, homothétique par rapport au centre C et placée dans le plan A_2P_2. Ses points seront déterminés par l'intersection de ce plan avec les directions joignant le centre C aux points de l'objet (1).

177. Grandeur de l'image. — Désignons par O la grandeur d'une dimension de l'objet, et par I la grandeur de la dimension homologue de l'image, comptée positivement dans le sens de l'objet. On a par les triangles semblables A_1P_1C, A_2P_2C :

$$\frac{I}{O} = \frac{p_2 - R}{p_1 - R},$$

relation qui se vérifie en grandeur et en signe, quelle que soit la situation de l'image. En tenant compte de la relation (2'), on obtient :

---

(1) Le cas des points lumineux situés dans le voisinage du centre de courbure, en dehors de l'axe principal, donne lieu aux mêmes difficultés que dans l'étude des miroirs sphériques. Des raisonnements analogues à ceux du n° 17, note 2, permettent d'écarter cette difficulté.

(5)
$$\frac{1}{O} = \frac{n_1}{n_2}\frac{p_2}{p_1}.$$

Dans le cas des miroirs sphériques, l'équation (5) se réduit à la formule déjà trouvée :

$$\frac{1}{O} = -\frac{p_2}{p_1}.$$

178. Foyers principaux. — Supposons le point objet P_1 placé à l'infini sur l'axe principal et envoyant par conséquent des rayons parallèles à cet axe.

Le point de concours P_2 des rayons réfractés prend une position F_2 (fig. 120) qu'on appelle *deuxième foyer principal* de la surface O. La valeur correspondante f_2 de p_2 est la deuxième distance focale principale.

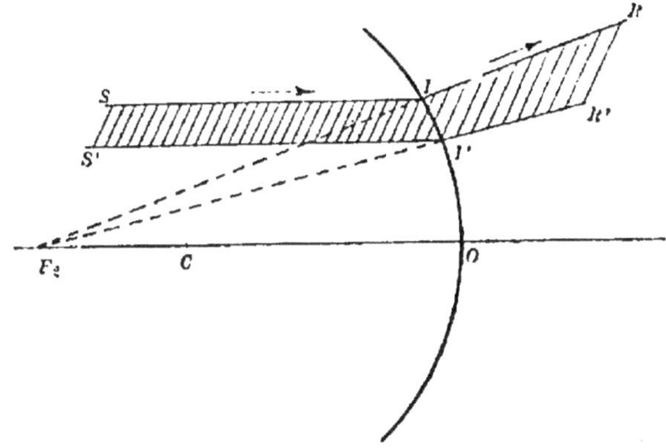

Fig. 120. — Deuxième foyer principal.

Elle s'obtient en faisant $p_1 = \infty$ dans l'équation (3) :

$$f_2 = \frac{n_2\,R}{n_2 - n_1}.$$

Réciproquement, des rayons incidents concourant en F_2 et se propageant dans le second milieu deviennent parallèles à l'axe principal en pénétrant dans le premier.

De même quand le faisceau émergent dans le milieu 2 est parallèle à l'axe, on a $p_2 = \infty$. Le point de concours P_1 des rayons incidents prend une position F_1 (fig. 121) qu'on appelle *premier foyer principal*. La distance focale correspondante f_1 a pour valeur :

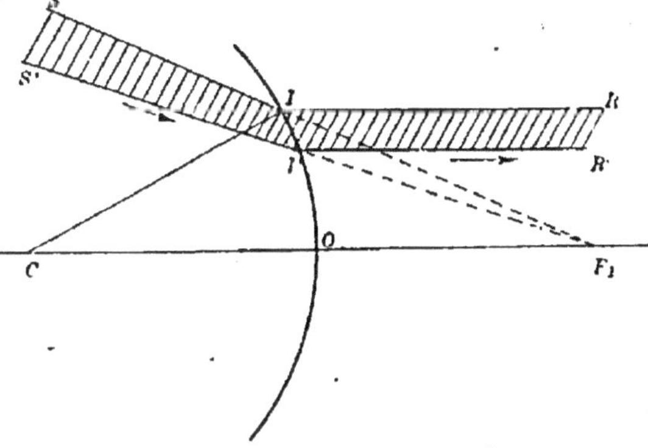

Fig. 121. — Premier foyer principal.

$$f_1 = \frac{-n_1 R}{n_2 - n_1}.$$

Il existe entre les deux distances focales principales la relation simple :

$$(6) \qquad \frac{f_2}{f_1} = -\frac{n_2}{n_1}.$$

Ces deux distances sont donc de signes contraires, et les foyers principaux sont toujours situés de part et d'autre de la surface réfringente. Ils sont réels ou virtuels tous les deux à la fois suivant que f_1 est positif ou négatif (1).

Les valeurs absolues des distances focales principales sont entre elles comme les indices absolus des milieux correspondants.

Les figures représentent le cas des foyers virtuels.

L'équation (5) qui détermine la grandeur des images peut en conséquence s'écrire :

$$(5') \qquad \frac{I}{O} = -\frac{f_1 p_2}{f_2 p_1}$$

Menons un plan $M_1 F_1$ perpendiculaire à l'axe principal par un des foyers principaux (fig. 122). Ce plan a pour conjugué dans l'autre milieu un plan rejeté à l'infini. On l'appelle *plan focal principal*. Le foyer conjugué M_2 d'un point M_1 de ce plan est à l'infini sur l'axe secondaire $M_1 C$. Les rayons incidents SI, S'I', dont les droites concourent en M_1, donnent naissance à des rayons réfractés IR, I'R', parallèles à cet axe secondaire.

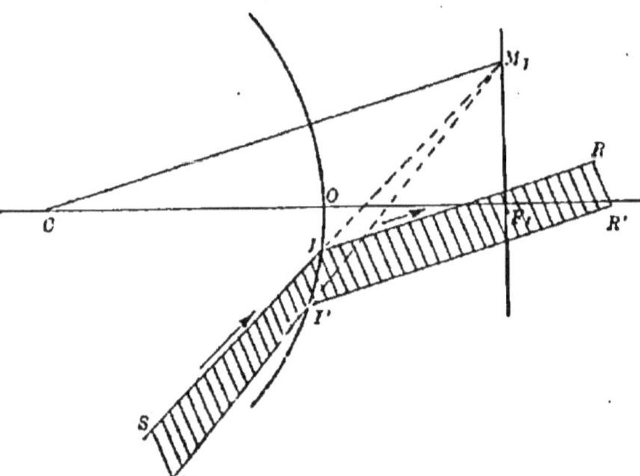

Fig. 122. — Plans focaux principaux.

---

(1) La condition nécessaire et suffisante pour que les foyers principaux soient réels est donc que R et $n_2 - n_1$ soient de signes contraires, c'est-à-dire que le centre de courbure soit placé du côté du milieu le plus réfringent. La surface est alors dite *convergente*. Elle est *divergente* dans le cas contraire.

En multipliant les deux membres de l'équation (3) par $\dfrac{R}{n_2 - n_1}$, on peut la mettre sous la forme :

$$\frac{\dfrac{n_2\,R}{n_2 - n_1}}{p_2} - \frac{\dfrac{n_1\,R}{n_2 - n_1}}{p_1} = 1$$

ou, en introduisant les distances focales principales f_1 et f_2 :

$$(7) \qquad \frac{f_2}{p_2} + \frac{f_1}{p_1} = 1.$$

En discutant les formules (5') et (7), on peut trouver toutes les particularités relatives aux images.

179. Equation de Newton. — Désignons respectivement par
$$\pi_1 = F_1 P_1 = F_1 O + O P_1 = p_1 - f_1 \text{ et } \pi_2 = F_2 P_2 = F_2 O + O P_2 = p_2 - f_2$$
les distances de chaque foyer conjugué au foyer principal correspondant. En introduisant ces notations dans les formules (5') et (7), on peut obtenir des équations analogues à celles de Newton pour les miroirs.

L'équation (7) devient :

$$\frac{f_2}{\pi_2 + f_2} = 1 - \frac{f_1}{\pi_1 + f_1} = \frac{\pi_1}{\pi_1 + f_1},$$

ou en renversant les deux rapports et retranchant l'unité aux deux membres :

$$\frac{\pi_2}{f_2} = \frac{f_1}{\pi_1}$$

ou :

$$(8) \qquad \pi_1 \pi_2 = f_1 f_2.$$

Ainsi le produit des distances focales conjuguées comptées à partir des foyers principaux est égal à celui des distances focales principales.

L'équation (5') peut s'écrire :

$$\frac{I}{O} = - \frac{f_1\,p_2}{f_2\,p_1} = - \frac{f_1\,(\pi_2 + f_2)}{f_2\,(\pi_1 + f_1)}$$

ou, en remplaçant au numérateur $f_1 f_2$ par $\pi_1 \pi_2$:

$$\frac{I}{O} = - \frac{\pi_2\,(f_1 + \pi_1)}{f_2\,(\pi_1 + f_1)}$$

$$(9) \qquad \frac{I}{O} = - \frac{\pi_2}{f_2} \quad (1).$$

____

(1) Les relations que nous venons d'établir pour la détermination des foyers con-

ou encore, d'après (8)

$$9^{\circ} \qquad \frac{I}{O} \dots = \frac{f_1}{\pi_1}$$

180. Construction géométrique des foyers conjugués et des images. — La connaissance des distances focales principales conduit à une méthode simple pour construire le foyer conjugué d'un point quelconque.

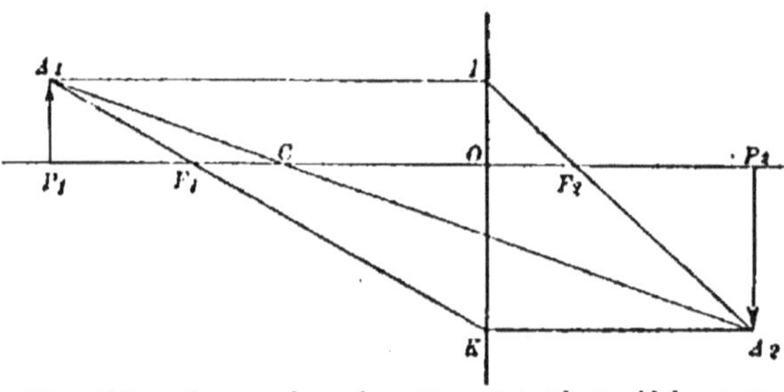

Fig. 123. — Image donnée par une surface réfringente convergente.

La courbure de la surface réfringente étant considérée comme négligeable, d'après les approximations faites, nous représenterons cette surface par le plan tangent IK à son sommet.

Soient A_1 le point lumineux donné, F_1 et F_2 le premier et le deuxième foyer principal. Le rayon incident dirigé suivant $A_1 F_1$ se réfracte parallèlement à l'axe principal, suivant la droite KA_2. Le rayon incident A_1I parallèle à l'axe principal se réfracte suivant la droite IF_2 qui passe par le deuxième foyer principal. La rencontre des rayons réfractés ainsi tracés détermine le foyer conjugué cherché A_2. Ce point se trouve en outre sur l'axe secondaire A_1C du point A_1. Deux de ces trois directions suffisent pour déterminer A_2. Les figures (123) et (124) représentent cette construction dans un cas où les foyers principaux sont réels et dans un cas où ils sont virtuels.

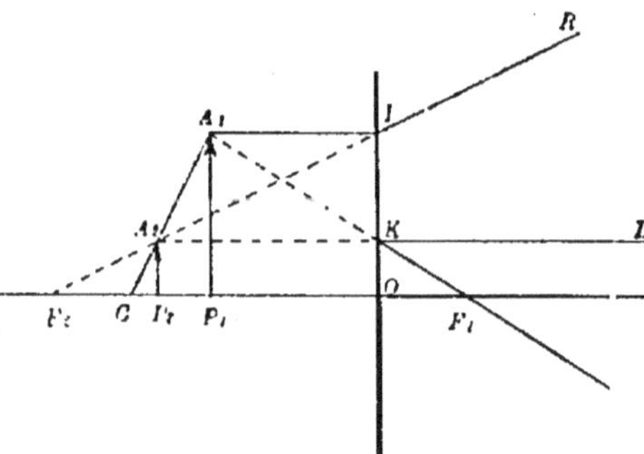

Fig. 124. — Image donnée par une surface réfringente divergente.

juguées et des grandeurs des images correspondant à une surface réfringente sont toutes homogènes par rapport aux longueurs comptées suivant la direction de l'axe principal. Il en résulte que toutes ces relations sont conservées sans altération, si l'on change le sens dans lequel ces longueurs sont comptées positivement. Cette observation s'applique aux formules établies précédemment pour les miroirs sphériques et à celles que nous établirons plus loin pour les lentilles et pour les systèmes dioptriques centrés.

Si l'on prend comme objet lumineux la perpendiculaire $A_1 P_1$ menée par A_1 à l'axe principal, on obtiendra l'image en construisant le foyer conjugué A_2 de A_1 et menant par ce point la perpendiculaire $A_2 P_2$ à l'axe principal.

Quand on fait varier la distance de l'objet $A_1 P_1$ à la surface réfringente, le point A_1 se déplace sur la parallèle $A_1 I$ à l'axe principal; le point A_2 se dé·place sur la direction $I F_2$. Cette construction permet donc de suivre aisément les variations de grandeur, de position et de nature de l'image.

A l'aide des propriétés géométriques de ces figures, on peut retrouver les relations (5) (7) (8) (9) (9'), comme nous le verrons en étudiant les systèmes dioptriques centrés.

§ 2. — Lentilles sphériques.

181. Définitions. — On appelle *lentille sphérique* un milieu transparent limité par deux surfaces sphériques ou par une surface sphérique et une surface plane.

L'*axe principal* XX'de la lentille (fig. 125) est la droite indéfinie qui joint les centres de courbure des deux faces, si elles sont sphériques; si l'une des faces est plane, c'est la perpendiculaire abaissée du centre de la face sphérique sur la face plane. La face plane peut alors être considérée comme

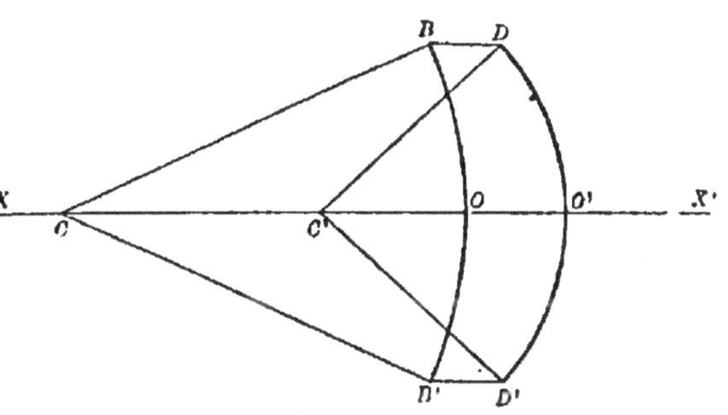

Fig. 125.

une face sphérique dont le centre serait rejeté à l'infini sur la direction de l'axe principal.

Les points où l'axe principal rencontre les deux faces sont les *sommets* de la lentille. Les sections passant par l'axe principal sont dites *sections principales*.

Nous supposerons en général que les faces de la lentille sont limitées à des calottes sphériques dont les sommets O et O' sont les pôles. On appelle *ouverture* d'une face l'angle BCB' ou DC'D' formé par les droites qui joignent le centre de cette face aux deux extrémités de sa section principale.

Nous considérerons particulièrement le cas des rayons centraux, c'est-à-dire celui où les ouvertures des régions éclairées sur chacune des deux faces sont assez faibles pour que le carré de la demi-ouverture puisse être négligé par rapport à l'unité, au degré de précision des expériences.

Enfin nous admettrons que les deux faces opposées de la lentille sont baignées par un même milieu extérieur moins réfringent que le milieu intérieur de la lentille.

L'étude du cas où les milieux extrêmes sont différents se trouvera comprise dans l'étude générale des systèmes dioptriques.

On dit qu'une face sphérique est *convexe* ou *concave*, suivant que la convexité ou la concavité de cette face est tournée vers l'extérieur.

182. Classification des lentilles. — Les lentilles se classent, d'après leur forme, en *lentilles à bords minces*, dont l'épaisseur est moindre sur les

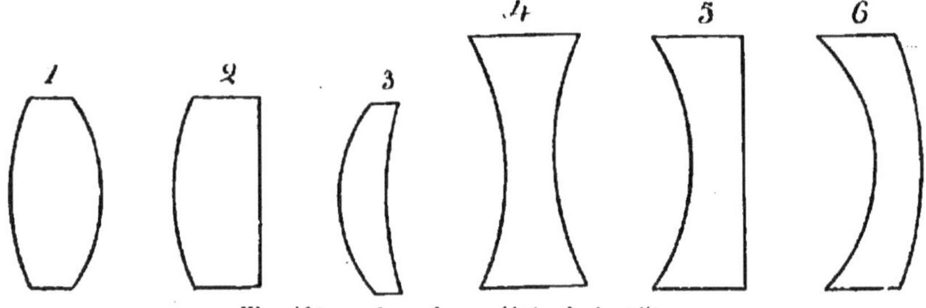

Fig. 126. — Les six variétés de lentilles.

bords que sur l'axe principal, et *lentilles à bords épais*, qui présentent la propriété inverse.

Les lentilles à bords minces comprennent (fig. 126 — 1, 2, 3) :

1° Les lentilles biconvexes (1), dont les deux faces sont convexes ;

2° Les lentilles plan-convexes (2), dont l'une des faces est convexe et l'autre plane ;

3° Les ménisques convergents (3), dont une des faces est convexe et l'autre concave, la face concave ayant un rayon plus grand et une courbure moins prononcée que la face convexe.

Les lentilles à bords épais comprennent (fig. 126 — 4, 5, 6) :

1° Les lentilles biconcaves (4), dont les deux faces sont concaves;

2° Les lentilles plan-concaves (5), dont l'une des faces est concave et l'autre plane ;

3° Les ménisques divergents (6), dont une des faces est concave et l'autre convexe, la face convexe ayant un rayon plus grand et une courbure moins prononcée que la face concave.

183. Propriété fondamentale des deux classes de lentilles. — Recevons sur une lentille à bords minces, d'épaisseur négligeable par rapport aux rayons de courbure de ses faces, un rayon lumineux SI parallèle à l'axe principal (fig. 127). Ce rayon demeure contenu dans une même section prin-

cipale qui constitue son plan d'incidence. Il traverse les faces de la lentille aux points I et K et se comporte comme s'il traversait un prisme dont les faces seraient les plans tangents IA et KA aux deux faces en ces points.

La déviation se pro- duit vers la base de ce

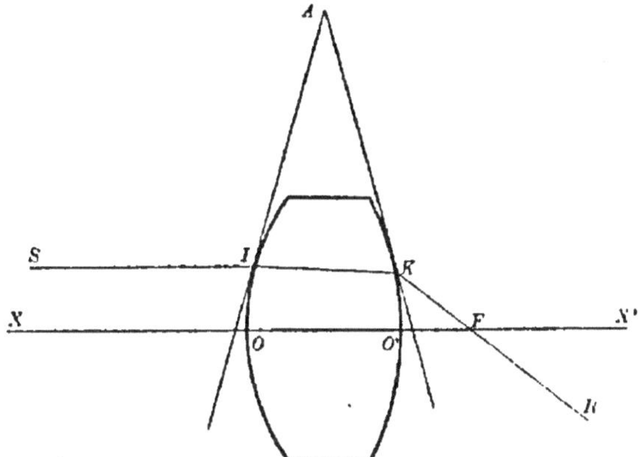

Fig. 127. — Propriété fondamentale des lentilles conver- gentes.

prisme, c'est-à-dire vers l'axe principal qui est rencontré par le rayon émergent KR en un point F généralement placé au-delà de la face de sortie. Ces lentilles, qui possèdent ainsi la propriété de faire converger vers l'axe principal les rayons lumineux incidents parallèles à cet axe, sont appelées pour cette raison *len- tilles convergentes.*

Si l'on répète la même expérience avec une lentille à bords épais (fig. 128), l'arête A du prisme formé par les plans tangents est tournée vers l'axe principal. La dévia- tion a donc pour effet d'écarter le rayon

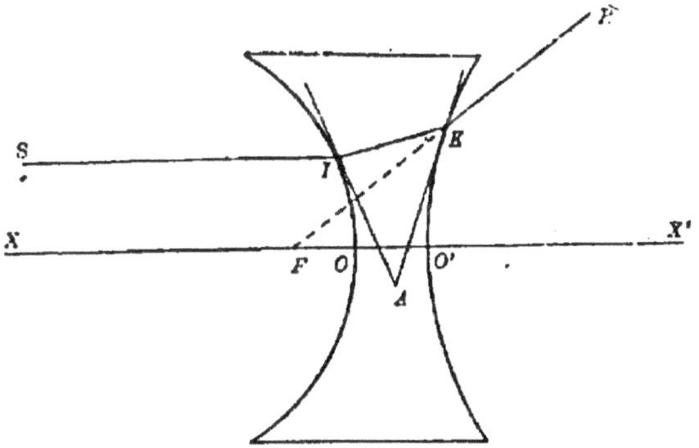

Fig. 128. — Propriété fondamentale des lentilles diver- gentes.

émergent KR de l'axe principal qu'il rencontre sur son prolongement, en un point F situé en deçà de la face de sortie. Ces lentilles sont appelées *lentilles divergentes* (1).

---

(1) Ces conditions de convergence ne sont rigoureuses que pour les lentilles infi- niment minces, car pour une lentille très épaisse les points I et K (fig. 127) pourront se trouver de part et d'autre de l'axe principal et déterminer un prisme orienté en sens contraire de celui de la figure.

184. Centre optique. — Soient BD, B'D', les deux faces d'une lentille, O et O' les centres de courbure respectifs de ces deux faces (fig. 129). Suppo-

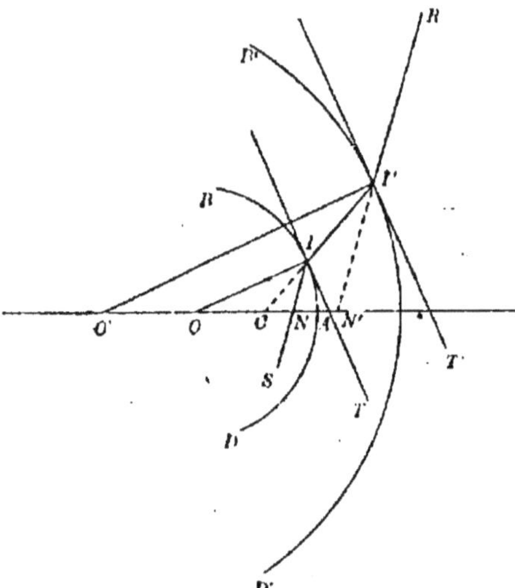

sons que la lumière se propage de gauche à droite. Joignons un point quelconque I de la face d'entrée au centre O de la sphère. Par le centre O' de la face de sortie menons O'I' parallèle à OI, et considérons le rayon lumineux qui suit à l'intérieur de la lentille la droite II'. Cette droite rencontre l'axe principal en un point C.

Les plans tangents IT, I'T', aux deux faces de la lentille aux points I et I' sont parallèles. Le rayon lumineux II' se réfracte donc comme s'il traversait une lame à faces parallèles. Donc le rayon

Fig. 129. — Construction du centre optique et des points nodaux.

incident SI et le rayon émergent I'R correspondants au rayon intérieur II' sont parallèles et placés dans le plan IOI'O'. Il est en outre évident qu'aucun autre rayon intérieur passant par le point I ne possède la même propriété.

Posons :

$$AO = R, \quad A'O' = R',$$
$$AC = a, \quad A'C = a',$$
$$A'A = e,$$

avec la convention de signes déjà adoptée.

Nous avons par les triangles semblables CIO, CI'O' :

$$\frac{CO}{IO} = \frac{CO'}{IO'}$$

Le point C détermine donc sur la ligne des centres OO,' droite de longueur donnée, deux segments proportionnels aux rayons de courbure. Ce point est déterminé et indépendant du point d'incidence I choisi arbitrairement. On l'appelle *centre optique* de la lentille.

Nous avons ainsi établi la proposition suivante :

Tout rayon lumineux qui suit, à l'intérieur de la lentille, une droite passant par un point fixe de l'axe principal, appelé centre optique, suit, à l'émergence, une droite parallèle à sa direction d'incidence.

La réciproque se trouve établie en même temps que la proposition elle-même.

En retranchant les numérateurs des dénominateurs, on obtient la relation :

$$\frac{R - CO}{R} = \frac{R' - CO'}{R'},$$

ou : (10)
$$\frac{a}{R} = \frac{a'}{R'} = \frac{e}{R' - R}.$$

Les distances a et a' se trouvent ainsi exprimées en fonction des longueurs données R, R', e.

Ces relations se vérifient en grandeur et en signe, quelle que soit la disposition respective des faces. Leur discussion permet de déterminer, dans les différents cas, la position du centre optique.

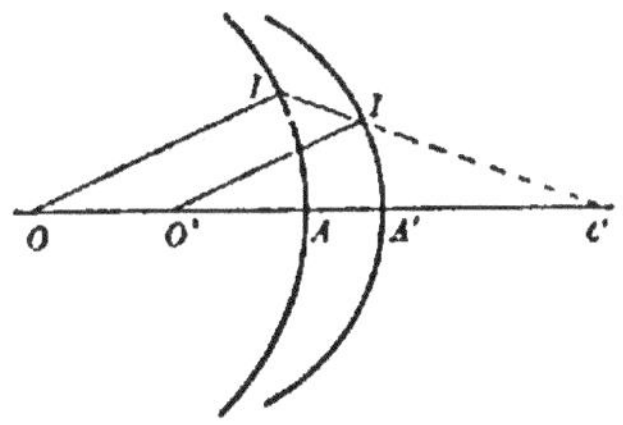

185. Discussion. — La formule montre d'abord que la plus petite des quantités a et a' en grandeur absolue est celle qui correspond au plus petit rayon de courbure.

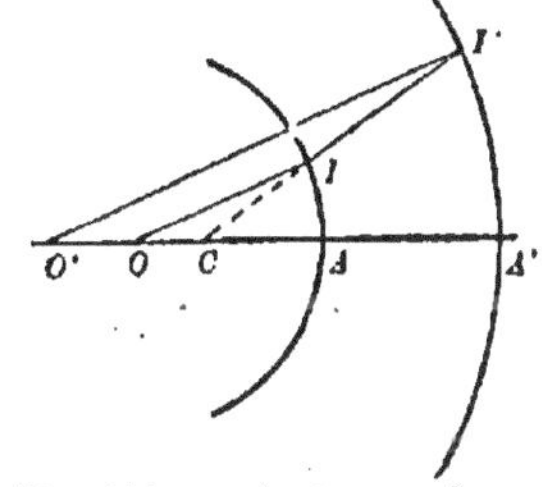

Fig. 130. — Centre optique. Ménisque convergent.

Le centre optique est donc toujours plus voisin de la face dont la courbure est plus prononcée.

1er Cas. — *R et R' sont même de signe.* — Les centres de courbure sont du même côté de leurs faces respectives. La lentille est alors un ménisque convergent (fig. 130) ou divergent (fig. 131).

a et a' sont de même signe. Le centre optique est donc en dehors de la lentille, du côté de la face dont la courbure est la plus accentuée.

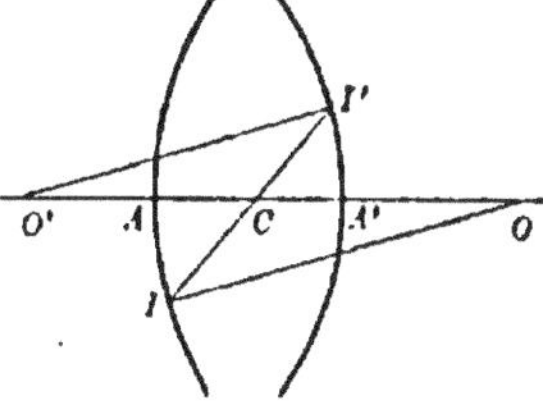

Fig. 131. — Centre optique. Ménisque divergent.

2e Cas. — *R et R' sont de signes contraires.* — La lentille est biconvexe (fig. 132) ou biconcave (fig. 133).

a et a' sont de signes contraires. Le centre optique est à l'intérieur de la lentille.

3e Cas. — *Un rayon infini.* — Quand l'un des rayons, R par exemple, est infini, la face correspondante est plane. La lentille est plan-convexe (fig. 134) ou plan-concave (fig. 135). R' est alors fini, si la lentille n'est pas réduite à une lame à faces parallèles ; on a donc :

Fig. 132. — Centre optique. Lentille biconvexe.

$$a' = o, \quad a = e.$$

Le centre optique est au sommet de la face sphérique.

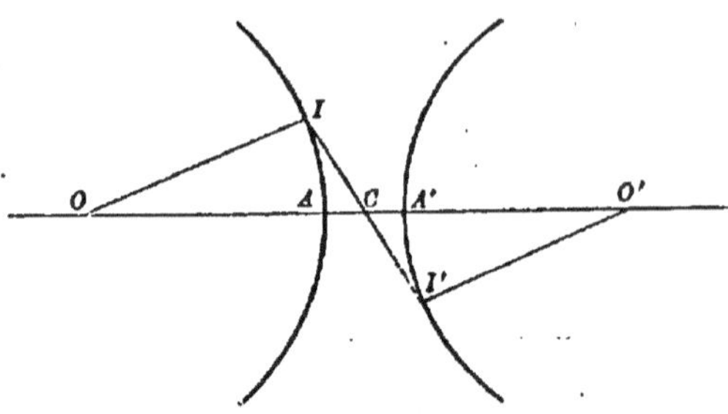

Fig. 133. — Centre optique. Lentille biconcave.

186. Cas d'une lentille infiniment mince. — Supposons la lentille infiniment mince, c'est-à-dire son épaisseur négligeable par rapport aux rayons de courbure. Le rapport $\dfrac{e}{R' - R}$ est nul. Donc on a toujours :

$$a = a' = o$$

Le centre optique se confond avec les deux sommets de la lentille infiniment voisins l'un de l'autre.

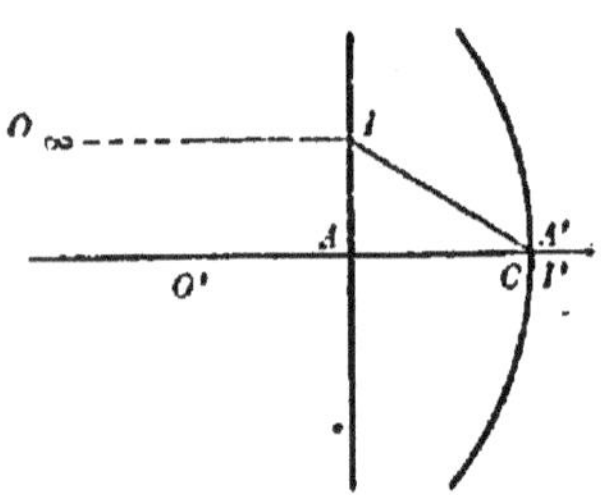

Fig. 134. — Centre optique. Lentille plan-convexe.

La longueur II' parcourue par le rayon lumineux à l'intérieur de la lentille est alors infiniment petite. On peut donc regarder les points I et I' comme confondus.

Ainsi *dans une lentille infiniment mince tout rayon incident dont la droite passe au centre optique donne naissance à un rayon émergent placé dans son prolongement.*

En raison de cette propriété, les droites menées par le centre optique sont appelées *axes secondaires* de la lentille infiniment mince.

187. Points nodaux. — Soient N et N' (fig. 129) les foyers conjugués du centre optique C dans le milieu extérieur, par rapport à la face d'entrée BD et à la face de sortie B'D'. Aux rayons intérieurs II', dont les droites passent en C, correspondent des incidents et des rayons émergents rayons deux à deux parallèles, dont les droites passent respectivement en N et en N'. Les points N et N'

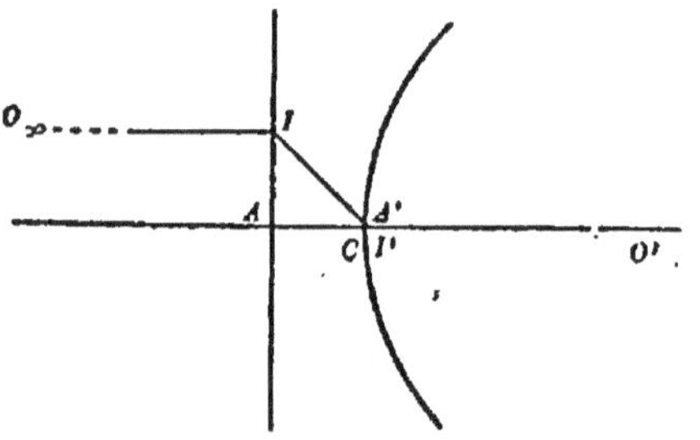

Fig. 135. — Centre optique. Lentille plan-concave.

jouissent donc, à l'exclusion de tout autre point, de cette propriété que tout rayon incident dont la droite passe en N donne naissance, en traversant la lentille, à un rayon émergent qui lui est parallèle et dont la droite passe en N'.

Les points N et N' sont appelés *premier et deuxième point nodal* de la lentille.

Dans le cas particulier d'une lentille infiniment mince, le centre optique étant confondu avec les sommets A et A', ses foyers conjugués N et N' par rapport aux deux faces de la lentille se confondent avec ces mêmes sommets.

188. Pour déterminer la position des points nodaux, remarquons que le premier point nodal N est conjugué du centre optique C, par rapport à la première face de la lentille. En désignant par b sa distance à cette face, et par n l'indice relatif du milieu intérieur par rapport au milieu extérieur, on a :

$$\frac{1}{b} - \frac{n}{a} = \frac{1-n}{R}$$

Nous avons trouvé :

$$a = \frac{eR}{R'-R}$$

En substituant cette valeur, on trouve :

$$(11) \qquad b = \frac{eR}{n(R'-R-e)+e}$$

En appliquant le principe de réciprocité, ce qui conduit à changer respectivement :

$$R, \quad R', \quad b$$

en

$$-R', \quad -R, \quad -b'$$

on obtient de même pour la distance b' du second point nodal N' à la seconde face :

$$(12) \qquad b' = \frac{eR'}{n(R'-R-e)+e}$$

La distance $NN' = \varepsilon$ des deux points nodaux, comptée à partir de N', s'appelle *interstice* de la lentille. On a identiquement (fig. 129) :

$$A'N' + N'N = A'A + AN,$$

ou :

$$\varepsilon = e + b - b' ;$$

et en remplaçant b et b' par leurs valeurs :

$$(13) \qquad \varepsilon = \frac{(n-1)\,e\,(R'-R-e)}{n(R'-R-e)+e}$$

L'épaisseur e est généralement négligeable par rapport à la différence $n(R'-R-e)$. Si l'on fait cette approximation au dénominateur, on obtient la valeur approchée :

$$(13') \qquad \varepsilon = \frac{n-1}{n}\,e$$

La plupart des verres employés à la fabrication des lentilles (crown-glass) ont, par rapport à l'air, un indice voisin de $\frac{3}{2}$. L'interstice a alors pour valeur approximative :

$$\varepsilon = \frac{\frac{3}{2}-1}{\frac{3}{2}}\,e = \frac{e}{3},$$

c'est-à-dire le tiers de l'épaisseur de la lentille.

L'indice du flint-glass, verre plombeux qu'on emploie aussi à la construction des lentilles, est voisin de $\frac{7}{4}$. On a alors $\varepsilon = \frac{3}{7}\,e$.

189. Foyers conjugués des lentilles. — Les ouvertures des deux faces d'une lentille étant supposées très petites, on peut remplacer chacune d'elles par le plan tangent à son sommet. Si en outre la lentille est infiniment mince, les deux plans tangents devront être regardés comme confondus en un seul. Nous exprimerons dans ce cas que la lentille est convergente ou divergente en figurant aux deux extrémités de la trace de ce plan

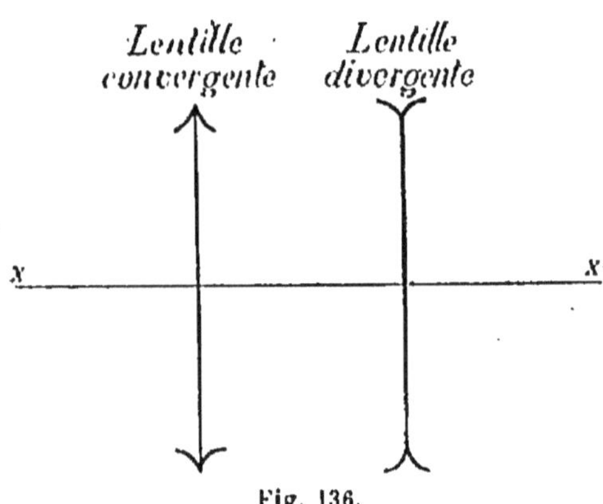

Fig. 136.

deux pointes de flèches dirigées vers l'axe principal ou en sens contraire (fig. 136).

Considérons d'abord une lentille d'épaisseur quelconque, dont les faces séparent trois milieux quelconques 1, 2, 3. Prenons pour objet lumineux une figure S_1 réelle ou virtuelle, tracée dans un plan $A_1 P_1$ perpendiculaire à l'axe principal. L'image de S_1 par rapport à la première surface réfringente est une figure S_2 semblable à S_1 et homothétique par rapport au centre de courbure de la surface. Elle est contenue dans un plan $A_2 P_2$ perpendiculaire à l'axe principal (fig. 137).

L'image de S_2 par rapport à la deuxième surface réfringente est de même une figure S_3 homothétique de S_2 par rapport au centre de cette surface et placée dans un plan $A_3 P_3$ perpendiculaire à l'axe principal. La figure S_3 semblable à S_1 est son image par rapport à la lentille, car tout faisceau lumineux incident, concourant en un point A_1 de S_1, concourt après la première réfraction au point conjugué A_2 de S_2, et après la deuxième réfraction au point conjugué A_3 de S_3. La figure S_3 est l'image réelle ou virtuelle de S_1, suivant que les points de cette image se trouvent sur le parcours des rayons émergents ou sur leur prolongement. Le plan A_3P_3

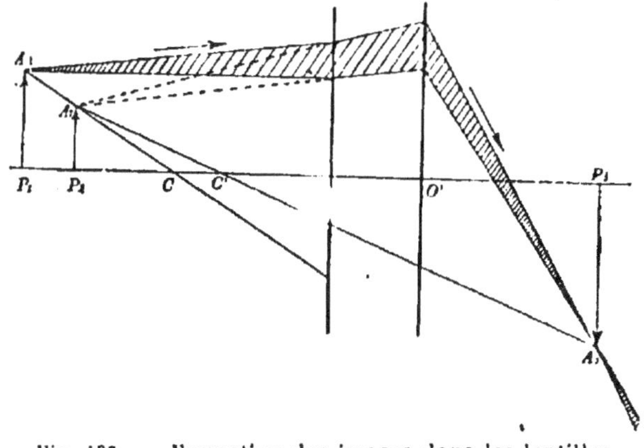

Fig. 137. — Formation des images dans les lentilles.

est dit *conjugué* du plan A_1P_1 par rapport à la lentille.

Si l'on attribue à la lumière la marche inverse, elle suivra la même route, en vertu de la loi de réciprocité. Les plans A_1P_1 et A_3P_3 et les figures S_1 et S_3 jouissent donc de propriétés réciproques.

190. Foyers conjugués des points situés sur l'axe principal. — Désignons par n_1, n_2, n_3, les indices absolus des trois milieux 1, 2, 3, par $p = OP_1$ et $p_2 = OP_2$ (fig. 138), les distances du sommet O de la

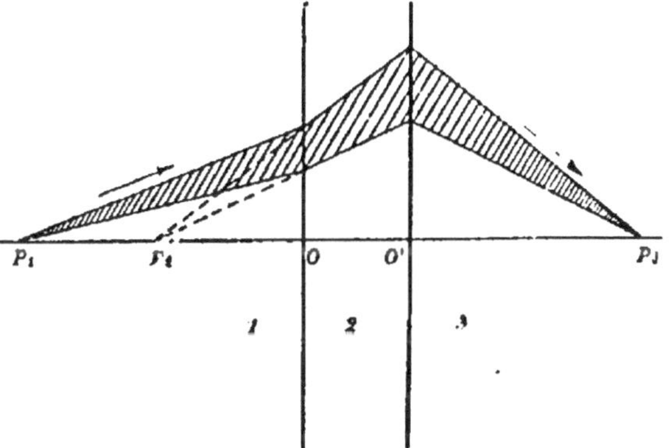

Fig. 138. — Foyers conjugués des points situés sur l'axe principal.

première face de la lentille au point lumineux P_1 et à son foyer conjugué P_2 par rapport à cette face, par $p' = O'P_3$ la distance du sommet O' de la seconde face au foyer conjugué P_3 de P_1 par rapport à la lentille.

Le foyer conjugué P_2 résultant de la réfraction à travers la première surface BD est déterminé par l'équation :

$$(14) \qquad \frac{n_2}{p_2} - \frac{n_1}{p} = \frac{n_2 - n_1}{R},$$

La distance $O'P_2 = O'O + OP_2$ du foyer conjugué P_2 à la seconde face

O' de la lentille étant $p_2 + e$, la réfraction à travers cette face donne la relation :

$$(15) \qquad \frac{n_3}{p'} - \frac{n_2}{p_2 + e} = \frac{n_3 - n_2}{R'}.$$

En éliminant p_2 entre ces deux équations, on obtiendra la relation cherchée entre p et p', qui détermine la position du foyer conjugué P_3 par rapport à la lentille.

e étant nul dans le cas particulier d'une lentille infiniment mince, il suffit d'additionner membre à membre les équations (14) et (15) pour faire l'élimination. On obtient ainsi :

$$(16) \qquad \frac{n_3}{p'} - \frac{n_1}{p} = \frac{n_2 - n_1}{R} + \frac{n_3 - n_2}{R'}.$$

Dans le cas usuel où les milieux extrêmes sont identiques, en désignant par $n = \frac{n_2}{n_1}$ l'indice du milieu intérieur par rapport au milieu extérieur, on a :

$$(17) \qquad \frac{1}{p} - \frac{1}{p'} = (n - 1)\left(\frac{1}{R'} - \frac{1}{R}\right).$$

191. Foyers principaux. — Nous appellerons respectivement comme plus haut *premier et deuxième foyer principal*, les foyers conjugués, dans le premier et dans le dernier milieu, des points situés à l'infini sur l'axe principal dans l'autre milieu extrême, ces derniers correspondant à des rayons émergents ou incidents parallèles à l'axe principal.

Les plans focaux principaux se définissent comme dans le cas d'une seule surface réfringente et jouissent des mêmes propriétés.

Les distances f et f' du sommet de la lentille au premier et au deuxième foyer principal s'appellent *première et deuxième distance focale principale*. On les obtient respectivement en attribuant dans l'équation générale à p' et p des valeurs infinies :

$$\frac{1}{f} = -\frac{1}{f'} = (n - 1)\left(\frac{1}{R'} - \frac{1}{R}\right)$$

Les deux distances focales principales sont donc toujours égales et de signes contraires, quand les milieux extrêmes sont identiques, quelles que soient les grandeurs des rayons de courbure R et R'.

Pour $f > o$ et $f < o$, les deux foyers principaux sont réels et la lentille est convergente dans les deux sens.

Pour $f < o$ et $f' > o$, les deux foyers principaux sont virtuels; la lentille est divergente dans les deux sens.

Supposons : $n - 1 > o$; le milieu intérieur plus réfringent que le milieu extérieur. La condition pour que la lentille soit convergente est :

$$\frac{1}{R'} > \frac{1}{R}$$

On peut vérifier que cette condition est remplie exclusivement par les lentilles à bords minces, conformément aux prévisions établies plus haut.

On peut avoir :

Lentilles tournant vers la lumière incidente une face

Concave 1° $\quad \dfrac{1}{R'} > \dfrac{1}{R} > o \quad$ Ménisque convergent.

Plane 2° $\quad \dfrac{1}{R'} > o, \dfrac{1}{R} = o \quad$ Lentille plan-convexe.

3° $\quad \dfrac{1}{R'} > o, \dfrac{1}{R} < o \quad$ Lentille biconvexe.

Convexe 4° $\quad \dfrac{1}{R'} = o, \dfrac{1}{R} < o \quad$ Lentille plan-convexe.

5° $o > \dfrac{1}{R'} > \dfrac{1}{R} \quad$ Ménisque convergent.

On trouve de même que la condition inverse est remplie dans cinq cas différents se rapportant exclusivement aux lentilles à bords épais. Elles sont donc toutes divergentes.

Toutes ces conclusions se trouveraient renversées si l'on supposait $n - 1 < o$.

La formule générale (17) des foyers conjugués peut s'écrire, en fonction de la première distance focale principale f:

$$(17') \qquad \frac{1}{p} - \frac{1}{p'} = \frac{1}{f}$$

192. Grandeur et orientation des images. — Désignons par O, I_2 et I, les grandeurs d'une dimension linéaire homologue d'un objet lumineux placé dans un plan perpendiculaire à l'axe principal, de l'image correspondant à la première réfraction, et de l'image définitive fournie par la lentille, les conventions de signes restant les mêmes que précédemment.

Nous aurons dans le cas des lentilles infiniment minces, pour des milieux extrêmes quelconques, en appliquant deux fois la formule (5) :

$$\frac{I}{I_2} = \frac{n_2\, p'}{n_3\, p_2},$$

$$\frac{I_2}{O} = \frac{n_1\, p_2}{n_2\, p}$$

ou, en multipliant membre à membre :

$$(18) \qquad \frac{I}{O} = \frac{n_1\, p'}{n_3\, p}$$

et si les milieux extrêmes sont identiques :

$$(19) \qquad \frac{I}{O} = \frac{p'}{p}$$

Cette relation établit que, pour un œil placé au centre optique de la lentille, les diamètres apparents des dimensions homologues de l'objet et de l'image sont égaux, circonstance qui résulte *a priori* des propriétés déjà établies du centre optique.

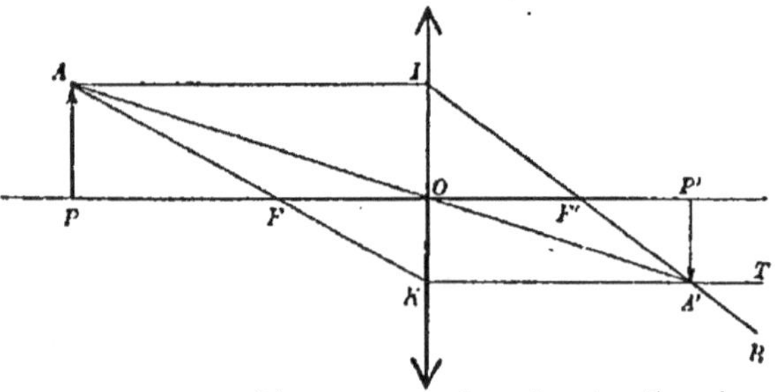

Fig. 139. — Lentilles convergentes. Construction des images.

193. Construction géométrique des foyers conjugués et des images. — On peut construire simplement le foyer conjugué A′ d'un point lumineux (fig. 139 et 140), et par suite l'image A′P′ d'un objet AP, en traçant deux des trois droites suivantes passant par le foyer conjugué cherché :

1° L'axe secondaire AO du point lumineux donné ;

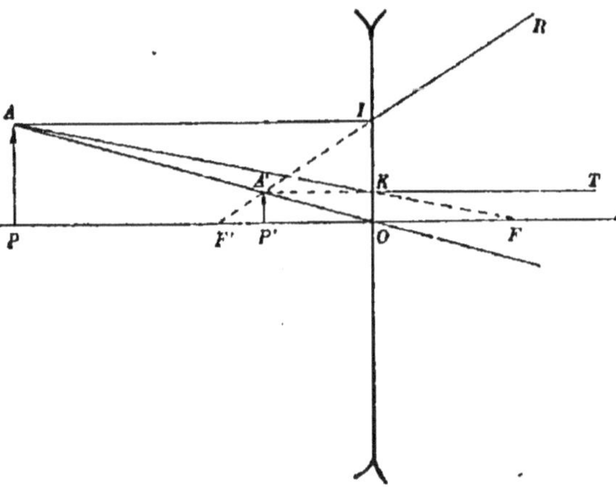

Fig. 140. — Lentilles divergentes. Construction des images.

2° Le rayon réfracté IF′ provenant d'un rayon incident parallèle à l'axe principal ;

3° Le rayon réfracté KT provenant d'un rayon incident qui passe au premier foyer principal F (1).

____

(1) La considération des triangles semblables : OAP, OA′P′, permet d'établir direc-

194. Discussion. — En discutant les formules (17′) et (19), on trouve tou-tes les particularités relatives à la formation des images dans les lentilles infiniment minces à milieux extrêmes identiques.

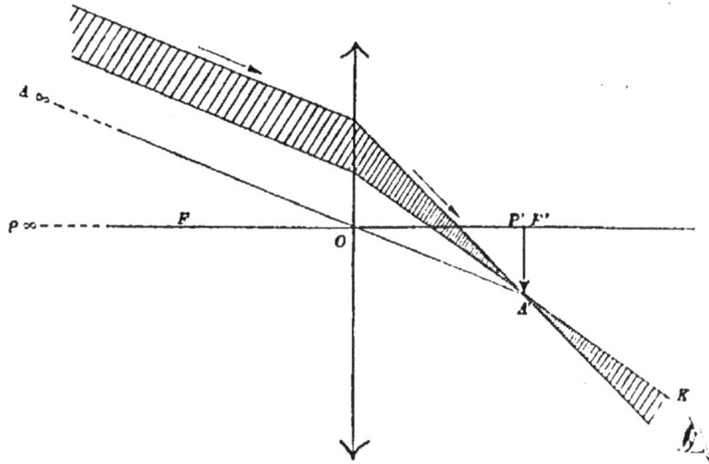

Fig. 141. — Lentilles convergentes. 1°. $p = \infty$.

Remarquons d'abord que ces formules ne diffèrent que par le signe de p' des équations (4) (n° 46) et (7) (n° 48) de la théorie des miroirs sphériques. Ce changement de signe correspond à un changement de sens dans la po

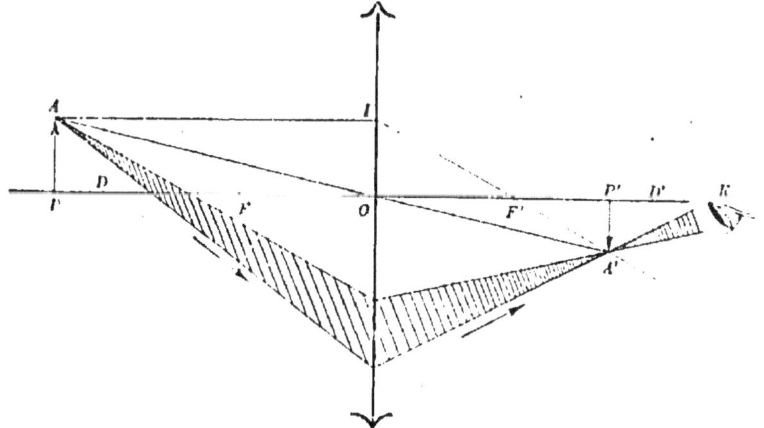

Fig. 142. — Lentilles convergentes. 2°. $p > 2f$.

sition de l'image par rapport à la lentille. Elle est du côté opposé à l'objet

tement la relation (19) que nous avons obtenue en partant de la théorie de la ré-raction par une surface sphérique.

dans tous les cas où elle était du même côté pour un miroir de même distance focale, et inversement. Ce changement n'en entraîne aucun dans la nature de l'image, car les images réelles correspondent pour les lentilles

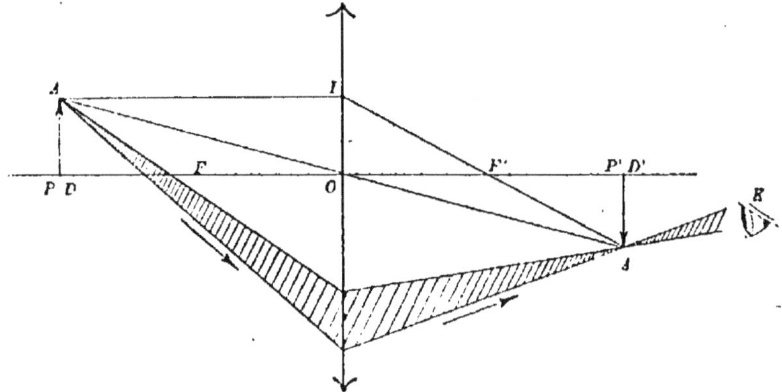

Fig. 113. — Lentilles convergentes. 3°. $p = 2f$.

aux valeurs négatives de p', tandis qu'elles correspondent pour les miroirs à ses valeurs positives.

Les résultats sont donc les mêmes dans la théorie des lentilles que dans

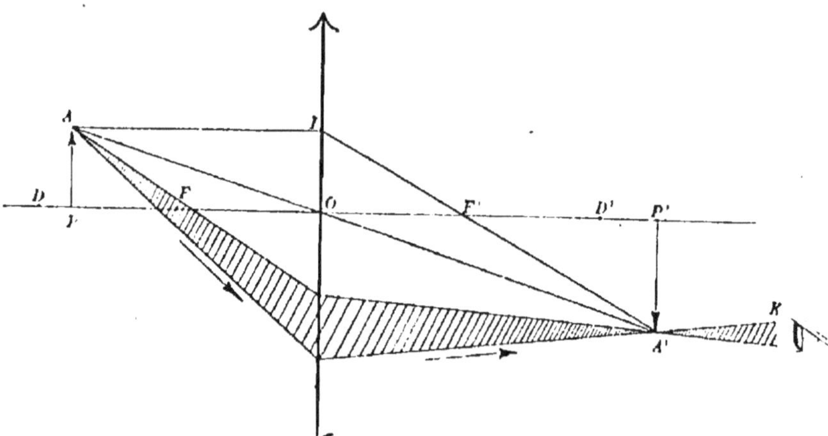

Fig. 114. — Lentilles convergentes. 4°. $2f > p > f$.

celle des miroirs sphériques, en ce qui concerne la distance de l'image à la lentille, sa grandeur, sa nature et son orientation.

Le cas de $f > o$ correspond aux lentilles convergentes dont les propriétés sont ainsi identiques à celles des miroirs sphériques concaves, sauf le sens de p'.

Sous la même réserve les lentilles divergentes, pour lesquelles

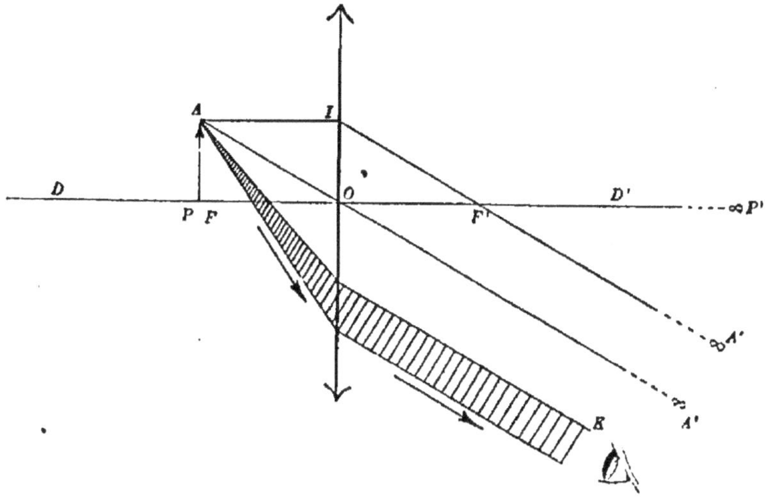

Fig. 115. — Lentilles convergentes. 5°. $p = f$.

on a $f < o$, ont les mêmes propriétés que les miroirs sphériques convexes.

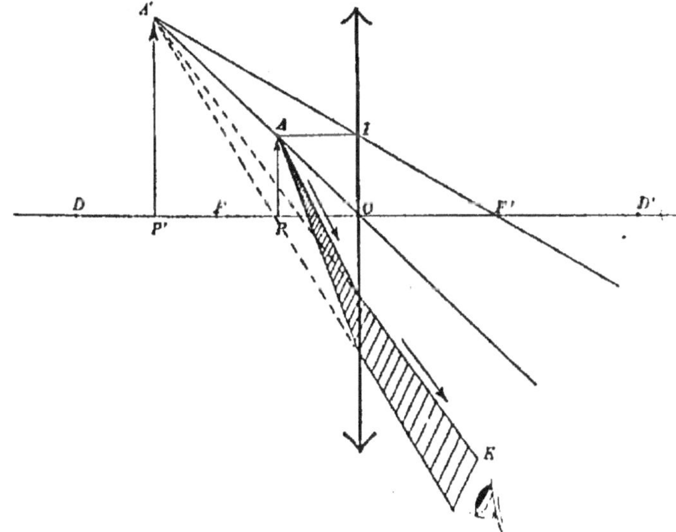

Fig. 116. — Lentilles convergentes. 6°. $f > p > o$.

Quelle que soit la nature de la lentille infiniment mince considérée, la relation (17′) montre immédiatement que les quantités $\dfrac{1}{p'}$ et $\dfrac{1}{p}$ varient dans le même sens, puisque leur différence est constante. Donc l'image et l'objet se déplacent toujours dans le même sens par rapport à la lentille, sauf pour les valeurs de p qui rendent p' discontinu.

Cette propriété peut être regardée comme la conséquence de la propriété analogue établie pour une surface réfringente.

195. 1°. Lentilles convergentes. $f > o$. (fig.141 à 148).

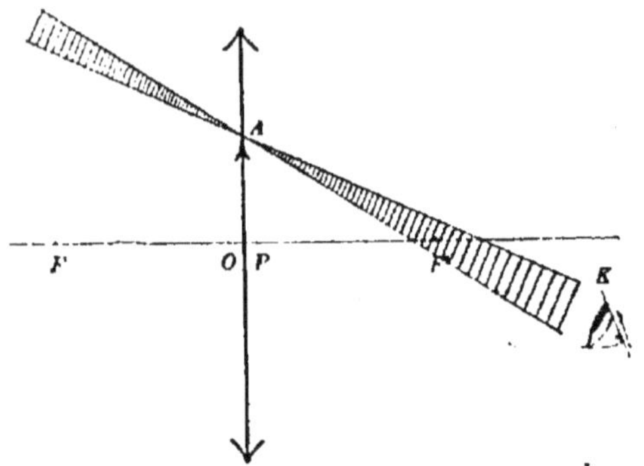

Fig. 117. — Lentilles convergentes. 7°. $p = o$.

— Les équations (17′) et (19) peuvent être mises sous la forme :

$$(20) \qquad p' = \frac{pf}{f - p} = \frac{f}{\dfrac{f}{p} - 1}$$

$$(21) \qquad \frac{1}{O} = \frac{f}{f - p}$$

p décroissant, p' décroît, il devient discontinu pour la valeur $p = f$.

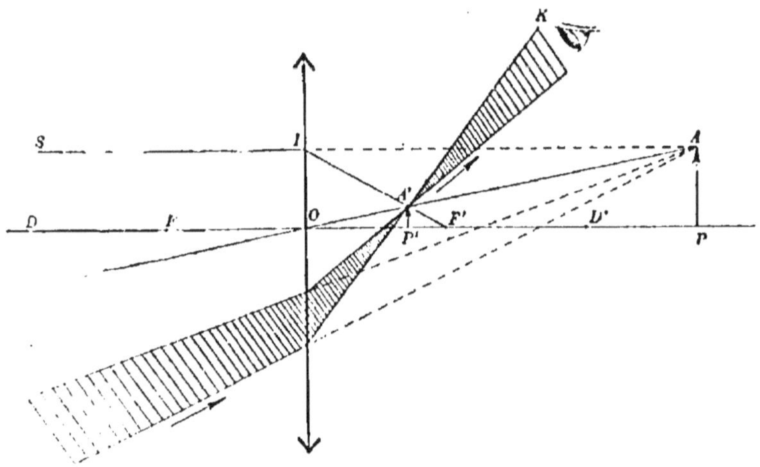

Fig. 118. — Lentilles convergentes. 8°. $p < o$.

p décroissant, $\dfrac{1}{O}$ décroît d'une manière continue, sauf pour la valeur $p = f$ qui correspond à une discontinuité. L'image décroît si elle est droite, croît si elle est renversée par rapport à l'objet.

La discussion étant identique à celle des miroirs concaves, nous en donnons seulement le tableau résumé. Les figures représentent la construction des images et la marche des rayons lumineux dans chaque cas général ou particulier.

Tableau résumé de la discussion.

Objet	Réel		Réel		Réel		Virtuel	
p	$+\infty$	$2f.$	f			0		$-\infty$
p'	$-f$	$-2f.$	$-\infty \mid +\infty$			0		$-f$
$\dfrac{I}{O}$	0	-1	$-\infty \mid +\infty$			1		0
Image	Inf^t petite	Réelle Renversée Diminuée Croissante	Égale	Réelle Renversée Agrandie Croissante	Inf^t grande	Virtuelle Droite Agrandie Décroissante	Égale	Réelle Droite Diminuée Décroissante	Inf^t petite.

196. 2°. Lentilles divergentes. $f < o$ (fig. 149 à 156). — En posant $f = -\varphi$, on peut écrire les équations (17') et (19) :

$$(22) \qquad p' = \frac{-\varphi}{1 + \dfrac{\varphi}{p}}$$

$$(23) \qquad \frac{I}{O} = \frac{\varphi}{p + \varphi}.$$

p décroissant, p' décroit. L'image et l'objet se déplacent dans le même sens.

p décroissant, $\dfrac{I}{O}$ croît. L'image est croissante en grandeur absolue quand elle est droite, décroissante quand elle est renversée.

Tableau résumé de la discussion.

Objet	Réel		Virtuel		Virtuel		Virtuel	
p	$+\infty$	0	$-\varphi$			-2φ		$-\infty$
p'	φ	0	$-\infty \mid +\infty$			2φ		φ
$\dfrac{I}{O}$	0	1	$+\infty \mid -\infty$			-1		0
Image	Inf^t petite	Virtuelle Droite Diminuée Croissante	Égale	Réelle Droite Agrandie Croissante	Inf^t grande	Virtuelle Renversée Agrandie Décroissante	Égale	Virtuelle Renversée Diminuée Décroissante	Inf^t petite.

197. Discussion géométrique. — On retrouve sans calcul les particularités de la discussion, en étudiant les propriétés de la figure obtenue par la construction géométrique.

Considérons comme exemple le cas de la lentille convergente, l'objet étant réel et placé au-delà du double de la distance focale principale (fig. 157).

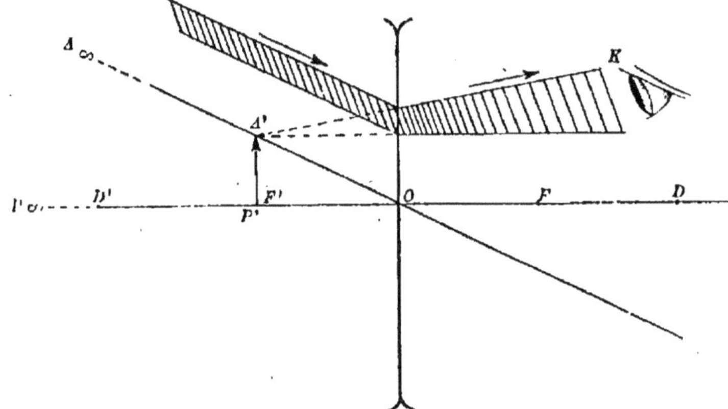

Fig. 149. — Lentilles divergentes. 1°. $p \infty$.

Le segment F'O égal à OF est plus petit que le segment parallèle IA. Les rayons émergents IF' et AO se rencontrent donc en un point A' situé à droite de O. Donc l'image est réelle et renversée.

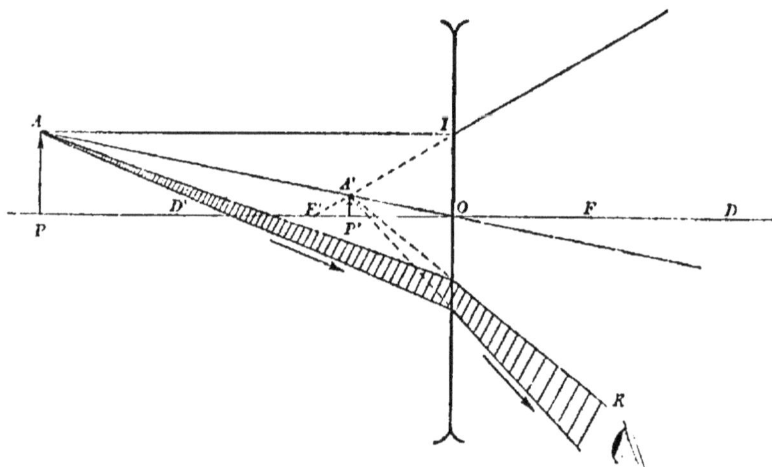

Fig. 150. — Lentilles divergentes. 2°. p ⋗ 2.

En vertu de la similitude des triangles A'AI, A'OF', l'inégalité :

$$IA > 2F'O$$

entraîne :

$$A'A < 2A'O$$

ou :

$$OA > A'O,$$

et par suite de la similitude des triangles OAP, OA'P'

$$PA > A'P'$$

L'image est donc plus pe-
tite que l'objet.

Enfin l'on a encore, en
comparant les triangles
IOF', A'P'F', et remarquant
que OI est égal à PA,

$$F'O > P'F'$$

L'image est donc entre F'
et D'.

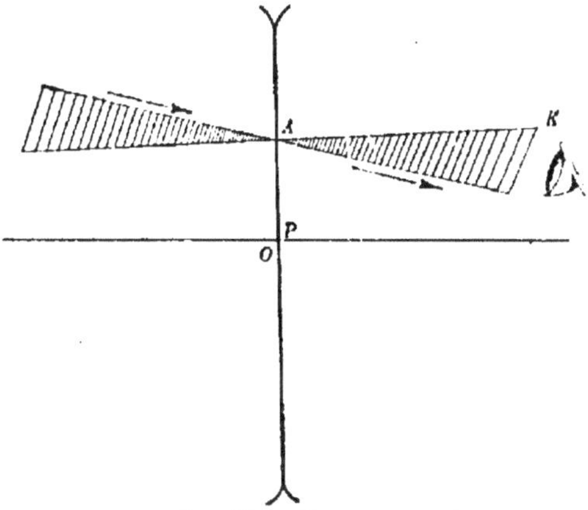

Rapprochons l'objet de la
lentille, en le portant en
A_1P_1. Le rayon mené par

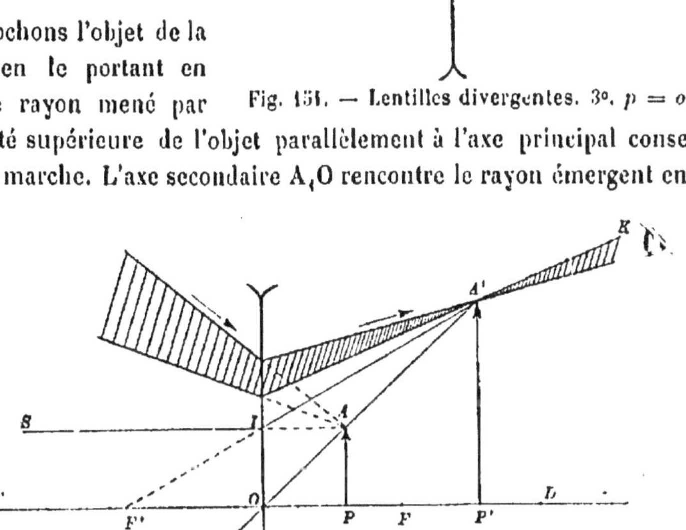

Fig. 151. — Lentilles divergentes. 3°, $p = o$.

l'extrémité supérieure de l'objet parallèlement à l'axe principal conserve
la même marche. L'axe secondaire A_1O rencontre le rayon émergent en un

Fig. 152. — Lentilles divergentes. 4°, $o > p$, $ = ?$.

point A'_1, plus éloigné de la lentille que A_1. Donc l'image grandit et s'éloigne quand l'objet se rapproche.

L'expérience permet de vérifier tous les résultats de la discussion, soit par
l'observation directe des images, soit par leur projection, quand elles sont
réelles.

198. Formules de Newton. — Désignons par π et π' les distances foca-

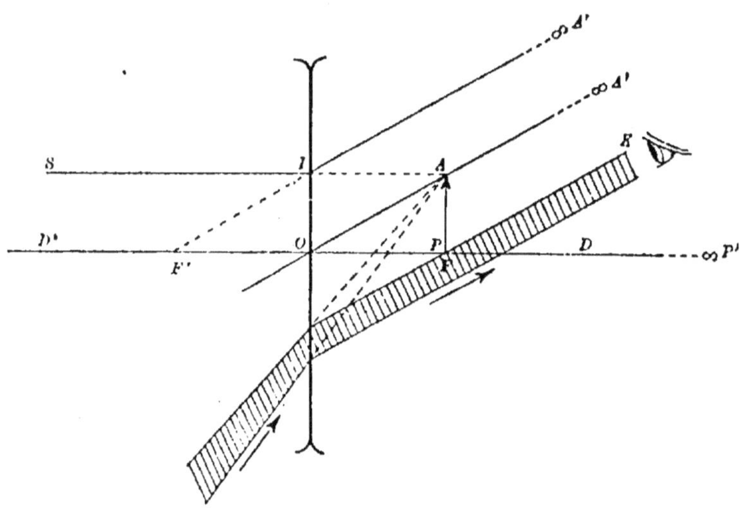

Fig. 153. — Lentilles divergentes. 5°. $p = -\varphi$.

les conjuguées, comptées respectivement à partir des foyers principaux correspondants F et F', avec les conventions de signes déjà adoptées.

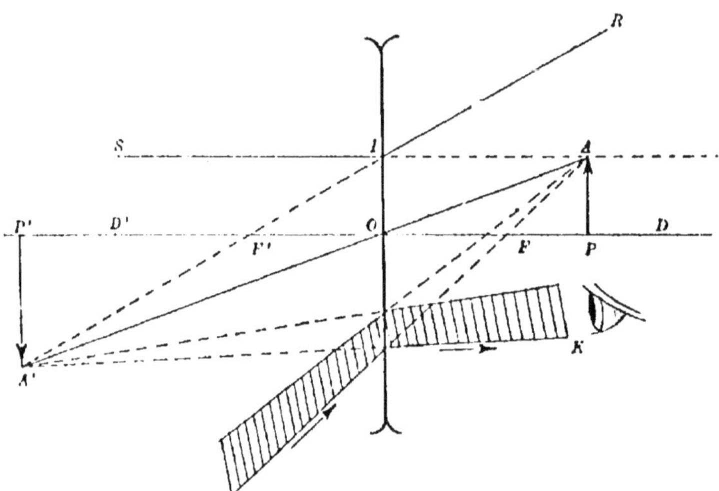

Fig. 154. — Lentilles divergentes. 6°. $-\varphi > p > -2\varphi$.

On a :

$$p = \text{FP} + \text{OF} = \pi + f, \qquad p' = \text{F'P'} + \text{OF'} = \pi' - f,$$

et en substituant ces valeurs dans les équations (17') et (19) :

(24)
$$\pi\pi' = -f^2$$

(25)
$$\frac{1}{O} = -\frac{\ell}{\pi} = \frac{\pi'}{f}$$

Ces formules se discutent comme dans l'étude des miroirs sphériques.

199. Convergence d'une lentille. — On appelle *convergence* d'une lentille l'inverse $\dfrac{1}{f}$ de sa distance focale prise avec son signe. La convergence est positive pour les lentilles convergentes, négative pour les lentilles divergentes. La convergence étant l'inverse d'une longueur, son équation de dimension est :

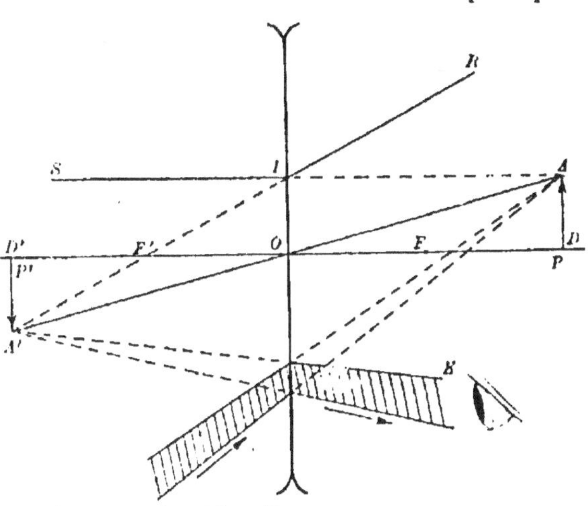

Fig. 155. — Lentilles divergentes. 7°. $p = -2\,\varphi$.

$$C = L^{-1},$$

en désignant par C le facteur de transformation de la convergence.

L'unité usuelle de convergence est la *dioptrie*. Elle est égale à la convergence d'une lentille dont la distance focale serait 1 mètre. On dit qu'une lentille a une convergence de n dioptries quand sa distance focale est égale à $\dfrac{1}{n}$ de mètre.

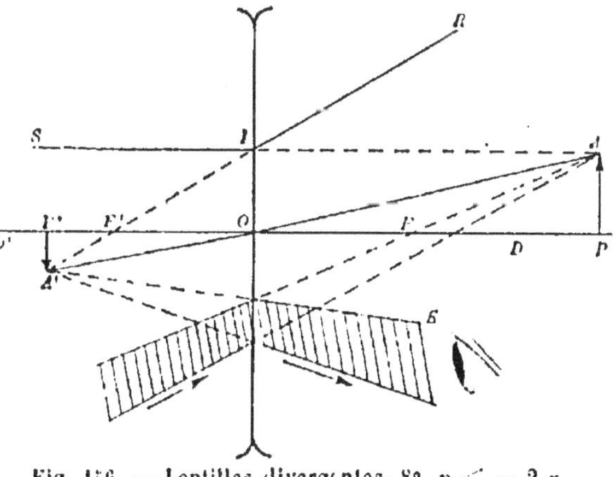

Fig. 156. — Lentilles divergentes. 8°. $p = -2\,\varphi$.

La longueur du mètre étant représentée par 100 dans le système CGS, la *dioptrie* vaut $\dfrac{1}{100}$ d'unité CGS de convergence. Cette dernière serait la convergence d'une lentille de 1 centimètre de foyer. C'est une unité trop grande pour la pratique des opticiens.

200. Système infiniment mince de lentilles. — Considérons un système formé de lentilles infiniment minces superposées, de distances focales $f_1, f_2, ..., f_n$. L'épaisseur totale du système étant supposée négligeable par rapport aux distances focales de toutes ces lentilles, un point lumineux placé à la distance p donne à travers cette série de lentilles des foyers con-

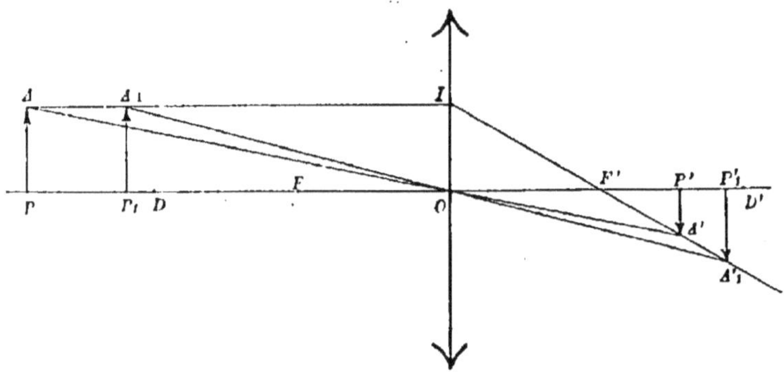

Fig. 157. — Discussion géométrique.

jugués successifs placés aux distances $p_1, p_2, ..., p_n$, du sommet commun du système.

Il existe entre ces grandeurs les n relations :

$$\frac{1}{p} - \frac{1}{p_1} = \frac{1}{f_1}$$

$$\frac{1}{p_1} - \frac{1}{p_2} = \frac{1}{f_2}$$

$$\cdots\cdots\cdots\cdots$$

$$\frac{1}{p_{n-1}} - \frac{1}{p_n} = \frac{1}{f_n}$$

En ajoutant membre à membre ces égalités, on obtient :

$$(26) \qquad \frac{1}{p} - \frac{1}{p_n} = \Sigma \frac{1}{f},$$

le second membre comprenant la somme algébrique des convergences de toutes les lentilles. On peut donc écrire, en désignant cette somme par $\frac{1}{F}$:

$$\frac{1}{p} - \frac{1}{p_n} = \frac{1}{F}$$

Cette relation entre les foyers conjugués extrêmes du système présente la même forme que pour une seule lentille.

Donc un système infiniment mince de lentilles se comporte comme une seule lentille infiniment mince dont la convergence serait la somme algébrique des convergences des lentilles composantes.

201. Mesure de la distance focale des lentilles minces. — I. Lentilles convergentes. — La méthode la plus générale consiste à mesurer les distances d'un objet lumineux réel et de son image aux sommets de la lentille, en ayant soin de se placer dans le cas des images réelles. La distance p' de l'image à la lentille étant alors négative, si l'on désigne par $q = -p'$ la valeur absolue de cette distance, la formule des foyers conjugués prend la forme :

$$(27) \qquad \frac{1}{p} + \frac{1}{q} = \frac{1}{f}$$

d'où :

$$f = \frac{pq}{p+q}$$

On peut donc calculer f, connaissant p et q.

Cette méthode générale conduit aux mêmes opérations que la mesure de la distance focale d'un miroir concave (79). On peut donner à l'expérience les dispositions qui correspondent aux différentes valeurs de p.

202. 1°. Le cas de $p = \infty$ convient particulièrement aux objectifs de lunettes, et

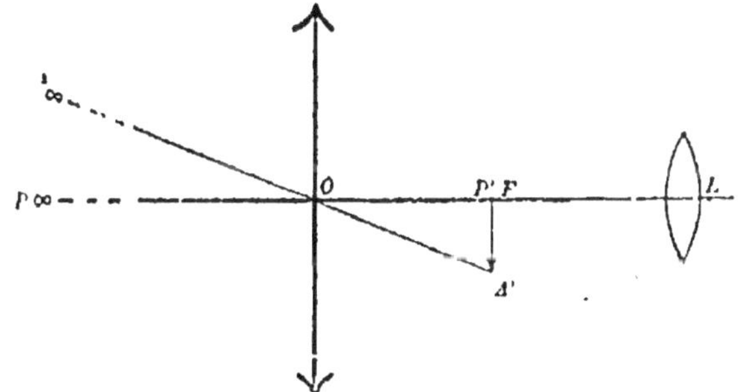

Fig. 158. — Mesure de la distance focale d'un objectif de lunette.

en général aux lentilles de grande surface. Une loupe L (oculaire de la lunette) sert à observer l'image A'P' de l'objet lumineux AP, formée dans le plan focal de l'objectif O (fig. 158). Une croisée de fils fins (réticule) mise au point devant la loupe L sert à marquer la place où l'on voit l'image A'P'. Sa distance au sommet O mesure la distance focale cherchée.

203. 2°. Méthode de Silbermann. — Quand on opère sur une lentille de faible diamètre qui donnerait trop peu de lumière si l'on prenait une étoile comme objet, il est préférable de se placer dans le cas de $p = 2f$.

L'égalité de l'image et de l'objet fournit alors un moyen de contrôler la précision de l'expérience.

On emploie la disposition connue sous le nom de *focomètre* de Silbermann (fig. 159).

La lentille L soumise à l'expérience est disposée sur un support G mobile sur une règle graduée HK. Deux autres supports disposés sur cette règle portent deux bonnettes A et C dont les axes horizontaux coïncident avec l'axe principal de la lentille L. A leurs extrémités

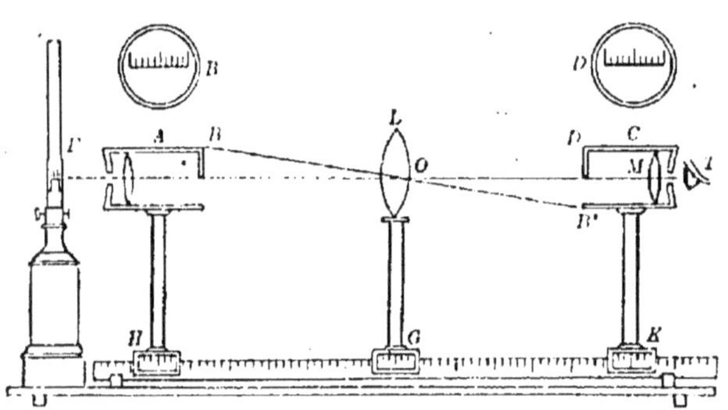

Fig. 159. — Focomètre de Silbermann.

tournées vers la lentille, ces bonnettes portent dans la moitié supérieure de leur section deux demi-disques en verre dépoli B et D, représentés à part. Sur le diamètre qui forme le bord des disques sont tracées deux divisions micrométriques égales. La lumière d'une lampe F concentrée par une lentille éclaire fortement la graduation B. Si cette graduation est à la distance $2f$ de L, il s'en forme en B′ une image réelle, renversée et égale, dont les traits peuvent être amenés à prolonger ceux du demi-disque D par un léger mouvement latéral de la bonnette C, pourvu que la distance de D à la lentille L soit elle-même égale à $2f$.

L'observateur dont l'œil est en T regarde l'image à travers la loupe M. Un pignon engrenant avec deux crémaillères permet d'écarter les deux bonnettes de la lentille L, en les maintenant à des distances égales de cette lentille, jusqu'à ce que l'image de B soit vue nettement en B′.

La coïncidence parfaite des traits de D avec les prolongements de ceux de l'image B′ n'est obtenue que si l'axe principal de la lentille L coïncide exactement avec ceux des bonnettes. On l'établit en donnant à la lentille, dans les divers sens, les petits déplacements nécessaires par rapport à son support.

Si les deux systèmes de traits sont exactement dans le même plan, un léger déplacement latéral de l'œil ne doit pas troubler leur coïncidence.

L'expérience étant bien réglée, on mesure sur la graduation de la règle HK la distance des disques B et D qui est égale à $4f$. Il faut pour cela faire la somme des déplacements des bonnettes, à partir de la position pour laquelle les disques se touchent.

204. 3°. Méthode de Bessel. — Au lieu de disposer l'expérience pour une valeur déterminée de la distance p, on la dispose pour une valeur déterminée de la somme $s = p + q$.

L'objet lumineux, constitué par un micromètre, occupe une position fixe; on cherche à placer la lentille L de manière à projeter l'image sur un écran ou sur un réticule de loupe occupant aussi une position fixe.

En remplaçant q par $s - p$ dans la formule (27) des foyers conjugués, on obtient :

$$\frac{1}{p} + \frac{1}{s - p} = \frac{1}{f}$$

ou :

$$p^2 - sp + sf = o$$

Cette équation du second degré détermine p en fonction des constantes s et f de l'expérience.

Si la condition de réalité

$$s \geq 4f$$

est satisfaite, c'est-à-dire si la distance de l'objet au réticule est au moins le quadruple de la distance focale, l'équation fournit pour p deux solutions positives. Pour passer de l'une à l'autre, il faut donner à la lentille un déplacement K égal à la différence des racines de l'équation. On mesure ce déplacement :

$$K = \sqrt{s^2 - 4sf}$$

et l'on tire f de cette relation :

$$f = \frac{s^2 - K^2}{4s}$$

Le cas particulier de $s = 4f$, K $= o$, ramène à l'expérience de Silbermann.

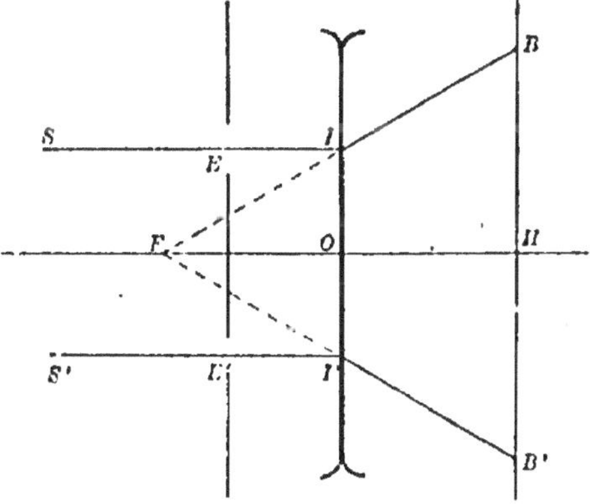

Fig. 160. — Mesure de la distance focale d'une lentille divergente.

205. II. Lentilles divergentes. — 1°. On peut, comme dans le cas des miroirs convexes, amener sur la lentille, parallèlement à son axe principal, deux faisceaux de rayons solaires d'axes SI, S'I' (fig. 160), en plaçant devant la lentille un écran EE' percé de deux petites ouvertures. Les faisceaux divergents prennent les directions IB, I'B'. Un écran perpendiculaire à l'axe principal est amené à couper ces faisceaux, de telle sorte que la distance BB′ des centres des taches lumineuses peintes sur cet écran soit double de la distance EE′ des centres des ouvertures. On en conclut aisément que la distance OH de l'écran au sommet de la lentille est égale à la distance focale principale de cette dernière. Cette expérience ne comporte pas plus de précision que dans le cas des miroirs convexes.

206. 2°. La méthode la plus précise consiste à superposer à la lentille divergente mince une lentille convergente mince dont la distance focale f' soit plus petite que la valeur absolue f de la distance focale de la lentille divergente proposée. On forme ainsi un système infiniment mince convergent, dont la convergence $\dfrac{1}{\varphi}$ a pour valeur :

$$\frac{1}{\varphi} = \frac{1}{f'} - \frac{1}{f}, \quad \text{d'où :} \quad \frac{1}{f} = \frac{1}{f'} - \frac{1}{\varphi}.$$

f' et φ étant mesurés successivement par les procédés décrits plus haut, on en déduit f.

CHAPITRE VI

§ 1er. — Systèmes dioptriques dans le cas des rayons centraux.

207. Propriétés fondamentales. — On appelle *système dioptrique centré* l'ensemble formé par une série de milieux transparents, séparés par des surfaces sphériques dont les centres sont tous situés sur une même droite qu'on appelle *axe principal* du système. Cette définition s'applique aux lentilles comme cas particulier.

Nous considérons exclusivement le cas des rayons centraux.

En généralisant les raisonnements déjà exposés à propos des lentilles (189), on voit qu'à un objet lumineux S_1 réel ou virtuel contenu dans un plan A_1P_1 perpendiculaire à l'axe principal, correspondent une série d'images semblables S_2, S_3,...., S_n, pour chacun des milieux successifs. Toutes ces images sont placées dans des plans perpendiculaires à l'axe principal. La dernière image S et son plan A_nP_n sont respectivement conjugués de l'objet S_1 et du plan A_1P_1 par rapport au système dioptrique, et leurs propriétés sont réciproques en vertu du principe du retour inverse.

D'après les propriétés connues des surfaces sphériques réfringentes, un rayon incident contenu dans le plan d'une section principale se propage à travers le système en demeurant dans cette section. L'image d'un point lumineux est donc toujours placée dans la même section principale que ce point.

Nous avons établi que dans le cas d'une seule surface réfringente, l'objet et l'image se déplacent constamment dans le même sens suivant l'axe principal, sauf pour les positions de l'objet qui correspondent à une image rejetée à l'infini (174). Cette propriété est encore évidente pour un système formé d'un nombre quelconque de surfaces réfringentes sphériques, puisqu'elle est vraie séparément pour chacune de ces surfaces.

L'image S est dite *réelle* quand elle se trouve par rapport à la dernière surface réfringente du coté des rayons émergents. Ses points sont alors sur ces rayons mêmes. Dans le cas contraire, l'image est *virtuelle*.

Les rayons incidents ou émergents parallèles à l'axe principal correspondent respectivement à des faisceaux émergents ou incidents concourant en des points déterminés de l'axe principal. Ces points F_2 et F_1 sont *le deuxième et le premier foyer principal du système*. Les plans focaux principaux se définissent comme dans le cas d'une seule surface réfringente et jouissent des mêmes propriétés (178).

Quand le deuxième foyer principal est réel, un faisceau incident parallèle à l'axe principal donne naissance à un faisceau émergent qui converge au foyer principal dans le dernier milieu; le système est dit *convergent* dans le sens de propagation considéré. Dans le cas contraire le faisceau émergent diverge à partir de la face de sortie; le système est dit *divergent* dans ce sens.

Une lentille infiniment mince est toujours à la fois convergente ou divergente dans les deux sens. Mais un système quelconque peut être convergent dans un sens et divergent dans l'autre.

208. Système afocal. — Il peut arriver, comme cas particulier, que les rayons incidents parallèles à l'axe principal fournissent des rayons émergents eux-mêmes parallèles à cet axe. Les deux foyers principaux et les deux plans focaux principaux du système sont alors rejetés l'un et l'autre à l'infini. Le système prend le nom de système *afocal*.

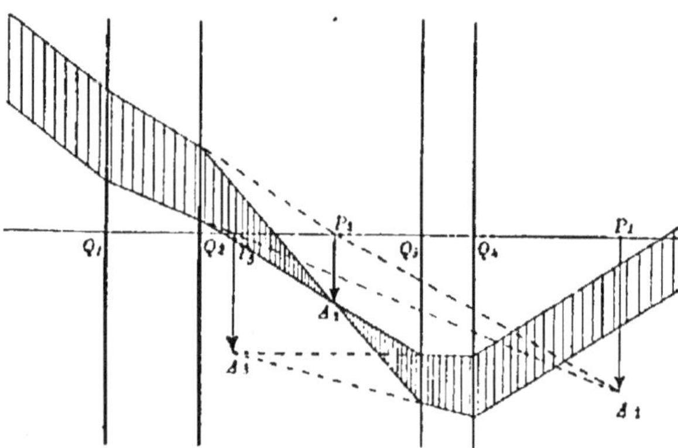

Fig. 161. — Marche d'un faisceau lumineux parallèle à travers un système afocal.

Les rayons incidents parallèles à une direction quelconque peuvent être alors considérés comme venant d'un point du premier plan focal situé à l'infini. Les rayons émergents sont donc aussi parallèles entre eux (fig. 161) et dirigés vers un point du second plan focal placé aussi à l'infini. Nous rencontrerons des exemples de ces particularités dans l'étude des lunettes.

Remarquons dès maintenant que cette condition ne peut être réalisée par une seule surface sphérique de rayon fini, ni par une lentille infiniment mince, à moins qu'elle ne se réduise à une lame à faces parallèles.

209. Plans principaux. — On appelle *plan principal* d'un système dioptrique centré, un plan perpendiculaire à l'axe principal, qui est le lieu des points de rencontre de la direction d'un rayon parallèle à l'axe principal se propageant dans un des milieux extrêmes et de celle du rayon émergent correspondant dans l'autre milieu extrême.

Le point où l'axe principal rencontre le plan principal s'appelle *point principal.*

Nous allons établir qu'il existe pour tout système dioptrique centré deux plans principaux, correspondant aux deux sens suivant lesquels un faisceau de lumière incidente parallèle à l'axe principal peut traverser le système.

Démontrons d'abord que si un système donné *s* possède un plan principal, pour la lumière parallèle se propageant vers la droite, cette propriété appartient encore pour le même sens de propagation à un système S obtenu en ajoutant au précédent une nouvelle surface sphérique réfringente AB qui sépare d'un nouveau milieu le dernier milieu du système *s*.

Soient XX' (fig. 162) l'axe principal commun des deux systèmes, PI le plan principal du système *s*, KL la droite d'un rayon incident parallèle à l'axe

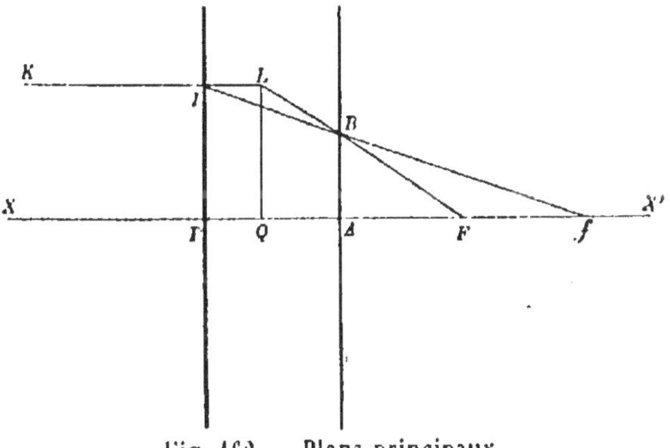

Fig. 162. — Plans principaux.

principal et rencontrant en I, sur le plan PI, la droite du rayon émergent correspondant I*f*. Le point *f* est le deuxième foyer principal du système *s*.

La surface réfringente ajoutée AB rencontre en B la droite du rayon I*f* et, faisant subir à ce rayon une nouvelle réfraction, le dirige suivant BF qui rencontre la droite du rayon incident au point L et l'axe principal au deuxième foyer principal F du système S.

Abaissons du point de rencontre L sur l'axe principal la perpendiculaire LQ. En comparant entre eux, d'une part les triangles semblables LQF, BAF, d'autre part les triangles semblables IPf, BAf, et en remarquant que QL est égal à PI, l'on obtient la série de rapports égaux :

$$\frac{QF}{AF} = \frac{QL}{AB} = \frac{PI}{AB} = \frac{Pf}{Af}.$$

Considérons l'égalité formée par les rapports extrêmes. Les points F, f, A, P, étant déterminés, quel que soit le rayon incident KL parallèle à l'axe, les longueurs Af, Pf, AF, sont également déterminées. Donc la relation trouvée détermine aussi QF, et par suite la position du pied Q de la perpendiculaire LQ. Le lieu des points L est donc bien le plan mené par ce point Q perpendiculairement à l'axe principal, ce qui établit le théorème.

Quand le système dioptrique se compose d'une seule surface sphérique que l'on peut confondre avec le plan tangent à son sommet, il est évident que ce plan tangent jouit de la propriété du plan principal, à la fois pour les deux sens de propagation de la lumière. Il résulte donc du théorème précédent qu'on formera encore un système possédant un plan principal en adjoignant successivement à cette première surface une ou plusieurs surfaces sphériques réfringentes de même axe principal. La propriété est donc générale.

Généralement les deux plans principaux d'un même système ne sont pas confondus. Leur distance mesurée sur l'axe principal s'appelle l'*interstice* du système.

Le premier et le second plan principal sont respectivement ceux qui correspondent aux rayons émergents et aux rayons incidents parallèles à l'axe principal.

Il convient de remarquer que les rayons incidents parallèles à l'axe principal peuvent prendre des directions quelconques dans les milieux intermédiaires du système et que leur point de rencontre avec le rayon émergent correspondant peut se trouver à la fois sur les prolongements de ces rayons.

Quand le système dioptrique est afocal, les rayons incidents parallèles à l'axe principal fournissant des rayons émergents eux-mêmes parallèles à cet axe, les plans principaux sont rejetés à l'infini, comme les foyers principaux.

Cette théorie a été découverte par Gauss et perfectionnée par Bertin. Elle s'applique en particulier aux lentilles sphériques d'épaisseur quelconque. Quand la lentille est infiniment mince, les deux faces peuven être considérées comme confondues avec un seul plan perpendiculaire à l'axe principal. Il est évident que ce plan unique joue le rôle de plan principal simultanément dans les deux sens.

210. Construction des foyers conjugués et des images. — Soient B_1Q_1, B_2Q_2 (fig. 163), le premier et le second plan principal du système, F_1 et F_2 le

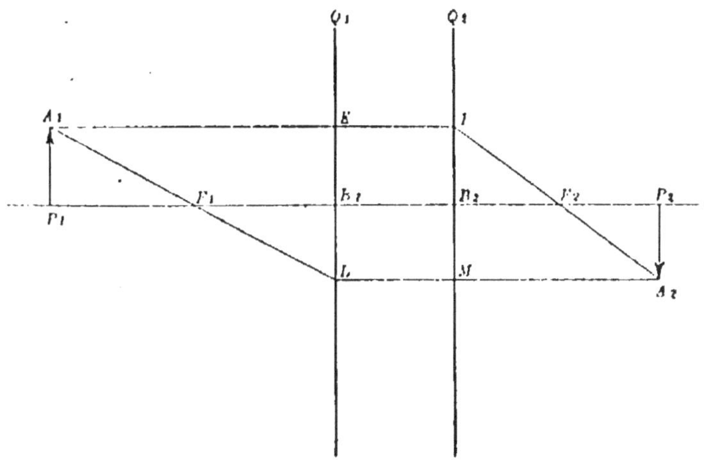

Fig. 163. — Construction des images.

premier et le second foyer principal, A_1P_1 un objet lumineux. Proposons-nous de construire le foyer conjugué du point A_1. Menons par ce point un rayon incident A_1I parallèle à l'axe principal, jusqu'à sa rencontre en I avec le deuxième plan principal. En joignant le point I au deuxième foyer principal F_2, on obtient la droite du rayon émergent correspondant. Un rayon incident A_1F_1, passant par le premier foyer
principal, émerge parallèlement à l'axe principal,
suivant une droite LA_2 qui
rencontre celle du rayon incident en L, sur le premier
plan principal. L'intersection A_2 des deux rayons
émergents ainsi obtenus est
le foyer conjugué du point
A_1. L'image de l'objet li-

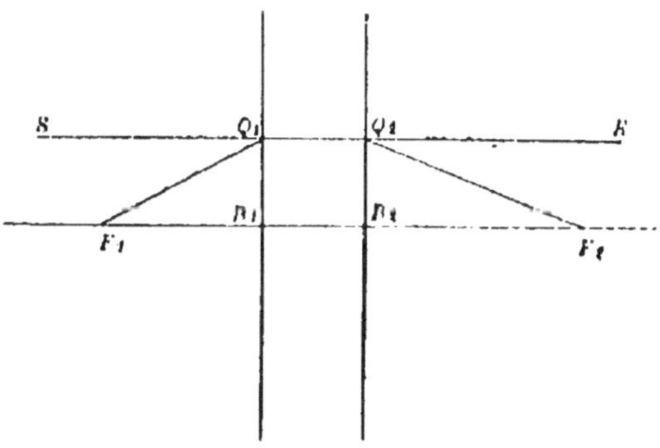

Fig. 164. — Foyer conjugué d'un point situé dans un
plan principal.

néaire A_1P_1 perpendiculaire à l'axe principal est la perpendiculaire A_2P_2 menée par A_2 à cet axe.

Remarquons que si le point lumineux est donné en Q_1, sur le premier plan principal (fig. 164), cette construction fournit pour son foyer conjugué le point Q_2 du second plan principal, qu'on détermine en menant par Q_1 une parallèle à l'axe principal. L'image d'un objet linéaire pris dans le premier plan principal est donc une droite égale à l'objet et de même sens que lui, prise dans le second plan principal.

Réciproquement les plans principaux jouissent seuls de cette propriété. Car si un point Q_1 a son foyer conjugué Q_2 sur une droite Q_1R parallèle à l'axe principal, un rayon incident F_1Q_1 passant au premier foyer principal donne un rayon émergent Q_2R passant par Q_2 et parallèle à l'axe principal. La droite du rayon émergent passe donc aussi par Q_1, où elle rencontre celle du rayon incident. Ce point est donc dans le premier plan principal, et par suite Q_2 est dans le second plan principal.

211. On appelle *première et deuxième distances focales principales* du système les longueurs des segments

$$B_1F_1 = f_1 \text{ et } B_2F_2 = f_2$$

compris entre le premier ou le deuxième plan principal et le foyer principal correspondant (fig. 163). On appelle de même *distances focales conjuguées des points* P_1 *et* P_2 les longueurs des segments :

$$B_1P_1 = p_1 \quad \text{et} \quad B_2P_2 = p_2,$$

Les grandeurs homologues de l'image et de l'objet se représentent par les notations I et O déjà employées.

La comparaison des triangles semblables IB_2F_2, IMA_2, d'une part, LB_1F_1, LKA_1, d'autre part, donne les relations générales en grandeurs et en signes :

$$\frac{B_2F_2}{MA_2} = \frac{B_2I}{MI} \text{ et } \frac{B_1F_1}{KA_1} = \frac{LB_1}{LK}.$$

Ajoutons membre à membre, et remarquons que MI et LK sont égaux tous deux à la somme $LB_1 + B_2I$.

$$\frac{B_2F_2}{MA_2} + \frac{B_1F_1}{KA_1} = 1,$$

ou, avec les notations adoptées :

$$(1) \qquad \frac{f_2}{p_2} + \frac{f_1}{p_1} = 1$$

Divisons membre à membre les mêmes relations ; il vient :

$$\frac{B_1F_1}{B_2F_2} \times \frac{MA_2}{KA_1} = \frac{LB_1}{B_2I}$$

ou :

$$(2) \qquad \frac{I}{O} = - \frac{f_1 p_2}{f_2 p_1}$$

Le rapport $\dfrac{\mathrm{I}}{\mathrm{O}} = \mathrm{I}'$ s'appelle le *grandissement* du système.

Les équations (1) et (2) qui déterminent la position et la grandeur de images sont identiques aux équations (7) et (5') (n° 178) relatives à la réfraction par une seule surface sphérique. Mais les plans principaux à partir desquels on compte les distances focales conjuguées sont séparés, au lieu d'être confondus.

212. Les équations de Newton, présentant la même signification et la même forme que dans le cas d'une seule surface (179), se déduisent des précédentes. Ces équations sont :

(3)
$$\pi_1\,\pi_2 = f_1\,f_2$$

(4)
$$\frac{\mathrm{I}}{\mathrm{O}} = -\frac{f_1}{\pi_1} = -\frac{\pi_2}{f_2} \quad (1).$$

---

(1) Appliquons l'équation (3) à deux groupes de foyers conjugués P_1 et P_2, P_1' et P_2' (fig. 105). Nous aurons, en tenant compte de l'identité des seconds membres :

(A) $\pi_1\,\pi_2 = \pi_1'\,\pi_2'$

Proposons-nous d'établir une relation entre les distances focales conjuguées :

$q_1 = \mathrm{P}_1'\mathrm{P}_1,$

$q_2 = \mathrm{P}_2'\mathrm{P}_2$

et les distances focales principales :

$\varphi_1 = \mathrm{P}_1'\mathrm{F}_1,$

$\varphi_2 = \mathrm{P}_2'\mathrm{F}_2,$

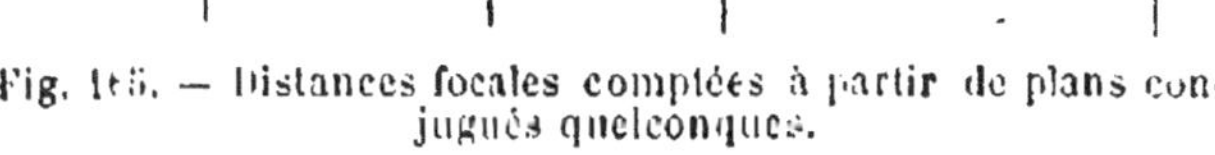

Fig. 105. — Distances focales comptées à partir de plans conjugués quelconques.

comptées à partir des plans conjugués $\mathrm{P}_1'\mathrm{Q}_1'$, $\mathrm{P}_2'\mathrm{Q}_2'$, et non plus à partir des plans principaux.

On a géométriquement les identités :

$$\varphi_1 = -\pi_1', \qquad \varphi_2 = -\pi_2', \qquad q_1 = \pi_1 - \pi_1', \qquad q_2 = \pi_2 - \pi_2'$$

En remplaçant dans l'équation (A) π_1, π_2, π_1', π_2', par leurs valeurs tirées de ces relations, il vient :

$$(q_1 - \varphi_1)(q_2 - \varphi_2) = \varphi_1\varphi_2, \qquad \text{ou} : \qquad (\mathrm{B}) \quad q_1 q_2 = \varphi_1 q_2 - \varphi_2 q_1,$$

ou en divisant par le produit $q_1 q_2$:

(C)
$$\frac{\varphi_1}{q_1} + \frac{\varphi_2}{q_2} = 1$$

De même, appliquons la première équation (4) aux groupes correspondants d'images et d'objets. On a :

213. Construction du rayon émergent. — Soit AM_1 (fig. 166) un rayon incident quelconque rencontrant en A le premier plan focal principal et en M_1 le premier plan principal du système. Pour construire le rayon émergent correspondant, menons par M_1 la parallèle M_1M_2 à l'axe principal. Son intersection M_2 avec le second plan principal, étant conjuguée de M_1, fournit un point

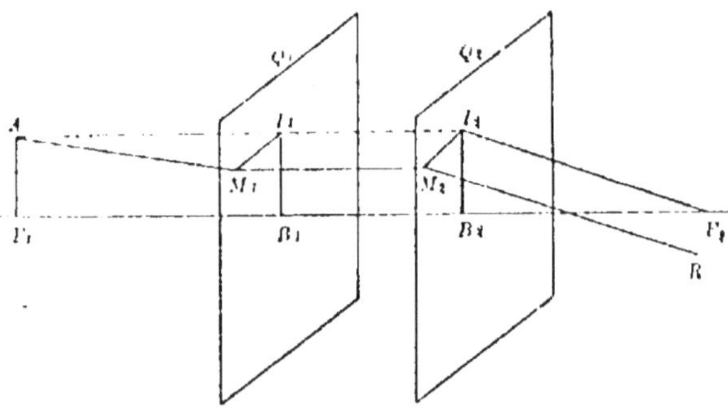

Fig. 166. — Construction du rayon émergent.

de la droite du rayon émergent. Le rayon incident AI_2 parallèle à l'axe principal donne le rayon émergent I_2F_2 passant au second foyer principal. Le point A étant dans le premier plan focal, tous les rayons incidents qui passent par ce point donnent des rayons émergents parallèles au rayon $I_2 F_2$. Le rayon émergent M_2R, correspondant au rayon donné AM_1, est donc dirigé suivant la parallèle à I_2F_2, menée par M_2.

214. Valeurs des distances focales principales. — Le rapport des distances focales principales est égal et de signe contraire au rapport des indices des milieux extrêmes. Cette propriété a été établie déjà pour le cas d'une seule surface. Pour la généraliser, il suffit de démontrer que si elle est vraie pour deux systèmes dioptriques S et S′ ayant un de leurs milieux extrêmes commun, elle est encore vraie pour le système Σ formé par la réunion des deux systèmes donnés.

Soient B_1Q_1, B_2Q_2 (fig. 167), le premier et le deuxième plan principal du système S, $B'_1Q'_1$, $B'_2Q'_2$, les plans principaux du système S′. Nous désignerons les foyers principaux par F_1, F_2 pour le système S, par F'_1, F'_2 pour le système S′, par Φ_1, Φ_2 pour le système Σ, et les distances focales par les petites lettres correspondantes. Soient enfin n_1, n_3, les indices absolus des milieux extrêmes 1 et 3, n_2 celui du milieu 2 commun aux deux systèmes donnés.

$$\Gamma = \frac{I}{O} = -\frac{f_1}{\pi_1}, \quad \Gamma' = \frac{I'}{O'} = -\frac{f_1}{\pi'_1}, \quad \frac{\Gamma}{\Gamma'} = \frac{\pi'_1}{\pi_1} = -\frac{\varphi_1}{q_1 - \varphi_1},$$

ou, en tenant compte de l'équation (B) :

$$(1) \qquad \frac{\Gamma}{\Gamma'} = -\frac{\varphi_1 q_2}{q_1 \varphi_2},$$

équation analogue à l'équation (2), et qui détermine en général le rapport du grandissement Γ correspondant à deux plans conjugués quelconques, au grandissement fondamental Γ' correspondant aux plans conjugués pris pour origines. Dans le cas particulier des plans principaux, on a : $\Gamma' = 1$, et l'on retombe sur l'équation (2).

La droite d'un rayon incident SI parallèle à l'axe principal rencontre en I le
plan $B_2 Q_2$. Ce rayon se dirige, dans le milieu 2, en sortant du système S, suivant la droite IF_2 qui passe au deuxième foyer principal de ce système. Elle
rencontre le plan $B'_1 Q'_1$ en un point K, dont le foyer conjugué par rapport à
S' est le point L situé sur
le plan $B'_2 Q'_2$, à la rencontre de la parallèle KL à
l'axe principal.

D'autre part, la droite
IF_2 rencontre en un point
G le premier plan focal
principal $F'_1 G$ du système
S'. Menons par ce point G,
dans le milieu 2, un rayon
lumineux parallèle à l'axe
principal. Il rencontre en

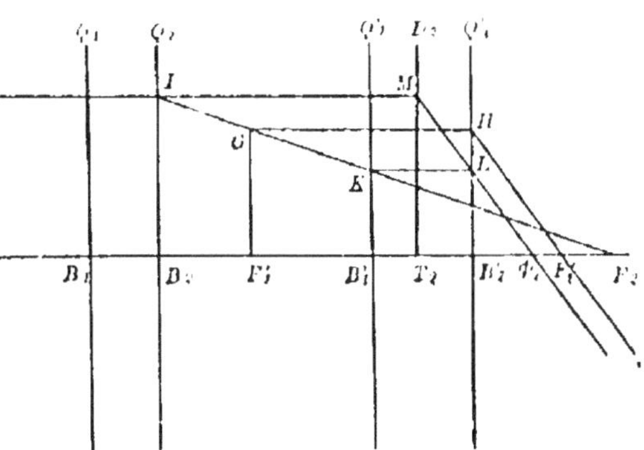

Fig. 167. — Rapport des distances focales principales.

H le deuxième plan principal $B'_2 L$, et prend à l'émergence dans le milieu 3 la
direction de HF_2 qui passe au deuxième foyer principal F'_2 du système S'. Or
tous les rayons dont les droites passent en G dans le milieu 2 fournissent des
rayons émergents parallèles entre eux, puisque le point G est dans le plan focal.
On obtiendra donc le rayon émergent qui correspond au rayon IF_2 en menant
par le point L une parallèle $L\Phi_2$ à HF_2, et le point Φ_2, où cette droite rencontre
l'axe principal, est le deuxième foyer principal du système Σ. La droite $L\Phi_2$
rencontre SI en M, sur le deuxième plan principal $T_2 M$ du système Σ.

En comparant d'une part les triangles semblables $MT_2\Phi_2$, HB'_2F_2, d'autre part
les triangles semblables IB_2F_2, GF'_1F_2, on obtient la série de rapports égaux :

$$\frac{T_2\Phi_2}{B'_2F_2} = \frac{T_2 M}{B'_2 H} = \frac{B_2 I}{F'_1 G} = \frac{B_2 F_2}{F'_1 F_2}$$

Mais on a identiquement :

$$F'_1 F_2 = F'_1 B'_1 + B'_1 B_2 + B_2 F_2$$

ou en posant :

$$B'_1 B_2 = e,$$
$$F'_1 F_2 = - f_1 + e + f_2,$$

L'égalité des rapports extrêmes peut donc être mise sous la forme :

$$(5) \qquad \varphi_2 = \frac{f_2 f_2}{f_2 - f_1 + e}$$

En raisonnant de même sur un rayon émergent parallèle à l'axe principal,
il faudra, en conservant les mêmes notations et le sens dans lequel on les
compte positivement, permuter :

$$\varphi_2 \text{ et } \varphi_1 \,;\, f_2 \text{ et } f_1 \,;\, f_2 \text{ et } f_1 \,;\, e \text{ et } -e\,;$$

ce qui conduit à la relation :

$$(6) \qquad \gamma_1 = -\frac{f_1 f'_1}{f_2 - f'_1 + e}$$

Le rapport des distances focales du système Σ est donc :

$$\frac{\gamma_2}{\gamma_1} = -\frac{f_2 f'_2}{f_1 f'_1}$$

La relation proposée étant supposée établie pour les systèmes partiels, on a :

$$\frac{f_2}{f_1} = -\frac{n_2}{n_1}, \qquad \frac{f'_2}{f'_1} = -\frac{n_3}{n_2}$$

et par suite :

$$(7) \qquad \frac{\gamma_2}{\gamma_1} = -\frac{n_3}{n_1}.$$

La propriété est donc vraie pour un système dioptrique centré quelconque.

En particulier, quand les milieux extrêmes sont identiques, les deux distances focales principales du système sont égales et de signes contraires. Les formules (1) et (2) deviennent alors identiques à celles des lentilles infiniment minces dans le même cas (191 et 192) :

$$(1') \qquad \frac{1}{p_1} - \frac{1}{p_2} = \frac{1}{f_1},$$

$$(2') \qquad \frac{1}{0} = \frac{p_2}{p_1}.$$

215. Remarque I. — Dans le cas particulier où les foyers F_2 et F'_1 seraient confondus, on aurait :

$$\gamma_1 = \gamma_2 = \infty$$

Le système total serait afocal, comme on peut le prévoir *a priori*.

Inversement, quand un système dioptrique est afocal, les deux systèmes partiels séparés par un quelconque des milieux intermédiaires ont, dans ce milieu, un foyer principal commun qui est le foyer conjugué d'un point à l'infini pour chacun de ces systèmes partiels.

216. Remarque II. — Les formules (5) et (6) font connaître les distances focales du système composé, en fonction de celles des systèmes composants et de la distance des plans principaux correspondant au milieu intermédiaire.

Dans le cas particulier d'une lentille épaisse, les systèmes S et S' se réduisent respectivement aux deux faces de la lentille qui se confondent avec leurs plans principaux ; e devient l'épaisseur de la lentille. Nous avons vu (178) comment on exprime les distances focales f_1, f_2, f'_1, f'_2, en fonction des rayons de courbure et des indices. On trouvera donc aisément l'expression des distances focales γ_1 et γ_2 en fonction de ces mêmes données.

217. Cas où le système comprend des surfaces réfléchissantes. — Nous avons établi plus haut (175 et 177) que les formules de la réfraction à travers une surface sphérique s'appliquent à un miroir sphérique à la seule condition de faire :

$$n \cdot \frac{n_2}{n_1} = -1$$

Si donc on suppose qu'un système catadioptrique soit formé de surfaces réfringentes et de surfaces réfléchissantes centrées sur un même axe principal, ce système possède deux plans principaux jouissant des propriétés exposées plus haut.

Si l'on choisit arbitrairement un sens positif commun à tous les segments de droites, les formules (1), (2), (3), (4), (7), conviennent au système catadioptrique, à la seule condition de considérer comme affectés des signes *plus* ou *moins*, les indices de tous les milieux, suivant qu'ils sont traversés par la lumière après un nombre pair ou impair de réflexions, afin de tenir compte du changement de signe correspondant à chaque réflexion.

En particulier, lorsqu'un même milieu est traversé par la lumière en des sens contraires, grâce à un nombre impair de réflexions, et forme ainsi, pour l'incidence et pour l'émergence à la fois, le milieu extrême du système, la formule (7) donne :

$$\frac{\varphi_2}{\varphi_1} = 1$$

Les distances focales principales sont donc égales. Ce résultat est évident *a priori*, car un faisceau incident parallèle à l'axe principal ne peut alors donner lieu, en traversant le système, qu'à un faisceau émergent unique dont le point de concours est déterminé. Les deux foyers principaux et les deux plans principaux sont respectivement confondus.

218. Ouvertures du faisceau incident et du faisceau émergent. — Soient P_1 et P_2 (fig. 168) deux foyers conjugués pris sur l'axe principal du système. Supposons que le faisceau lumineux incident passant par P_1 et traversant le système soit limité par un cône

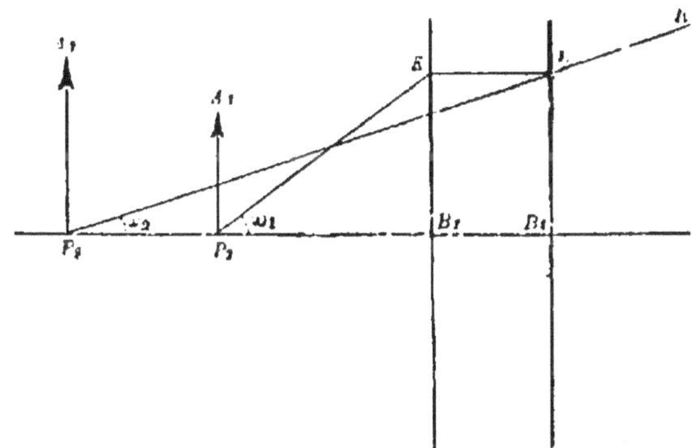

Fig 168. — Rapport des ouvertures du faisceau incident et du faisceau émergent.

d'axe P_1P_2. Soit P_1K un rayon lumineux dirigé suivant une génératrice de ce cône et rencontrant le premier plan principal en un point K, dont le foyer conjugué est en I, sur le deuxième plan principal.

Le rayon émergent P_2I est dirigé suivant une génératrice du cône des rayons émergents. Les angles $\omega_1 = KP_1B_1$ et $\omega_2 = IP_2B_2$ mesurent les demi-ouvertures de ces deux cônes. On a :

$$(8) \qquad \frac{tg\,\omega_2}{tg\,\omega_1} = \frac{\dfrac{B_2I}{B_2P_2}}{\dfrac{B_1K}{B_1P_1}} = \frac{B_1P_1}{B_2P_2} = \frac{p_1}{p_2}$$

Si les angles ω_1 et ω_2 sont assez petits pour être confondus avec leurs tangentes, les ouvertures des cônes d'émergence et d'incidence sont inversement proportionnelles aux distances focales conjuguées.

Cette relation est générale, pourvu qu'on regarde les angles ω comme négatifs, quand il correspondent à un cône convergent à partir du plan principal correspondant.

Dans le cas où les milieux extrêmes sont identiques, elle devient :

$$\frac{\omega_2}{\omega_1} = \frac{O}{I},$$

I et O étant les grandeurs des figures homologues A_2P_2 et A_1P_1. Le rapport des angles d'ouverture est égal à l'inverse du grandissement.

219. Points nodaux. — Considérons tous les rayons incidents dont les droites passent par un point donné quelconque A_1 du premier plan focal principal (fig. 169), et cherchons la condition pour qu'un de ces rayons soit parallèle au rayon émergent correspondant.

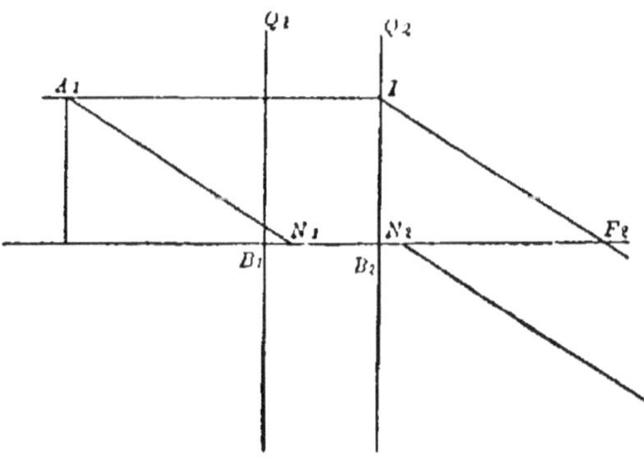

Fig.169. — Points nodaux.

Tous les rayons émergents sont parallèles au rayon IF_2 fourni par le rayon incident A_1I parallèle à l'axe principal. Le seul rayon incident remplissant la condition proposée est donc le rayon A_1N_1 mené par A_1 parallèlement à IF_2 et rencontrant l'axe principal au point N_1. Les triangles erctangles $A_1F_1N_1$ et IB_2F_2 étant égaux par construction, on a :

$$F_1N_1 = B_2F_2$$

On obtient donc le point N_1, en portant à partir du premier foyer principal F_1, sur l'axe principal, une longueur égale en grandeur et en signe à la deuxième distance focale principale.

La position de N_1 étant indépendante de celle de A_1, tous les rayons incidents dont les droites passent en N_1 possèden , à l'exclusion de tous les autres, la propriété d'être parallèles à leurs rayons émergents. Le point N_1

défini par cette propriété s'appelle le *premier point nodal* du système.

Tous les rayons émergents N_2R correspondants passent par le foyer conjugué N_2 du point N_1, dont on peut trouver la position, en faisant dans la formule (1) :

$$p_1 = f_1 + f_2$$

On obtient ainsi :

$$p_2 = f_1 + f_2$$

On trouve donc le point N_2 en portant à partir du deuxième point principal B_2 la distance :

$$B_2N_2 = B_1N_1 = f_1 + f_2$$

Il en résulte :

$$N_2N_1 = B_2B_1 = \varepsilon$$
$$F_2N_2 = F_2B_2 + B_2N_2 = -f_2 + f_1 + f_2 = f_1$$

Le point N_2 possède en vertu du principe de réciprocité les propriétés d'un point nodal pour les rayons qui se propagent de droite à gauche. C'est *le second point nodal*.

On l'obtient en portant à partir du second foyer principal une longueur égale en grandeur et en signe à la première distance focale principale. La distance des deux points nodaux est égale à celle des deux points principaux, c'est-à-dire à l'interstice.

220. On peut utiliser la propriété des points nodaux pour construire très simplement le rayon émergent N_2S_2 parallèle au rayon incident S_1N_1 qui passe par un point donné S_1. En appliquant d'autre part les propriétés du second plan principal et du second foyer principal, on obtient une détermination simple du foyer conjugué S_2 du point S_1 (fig. 170).

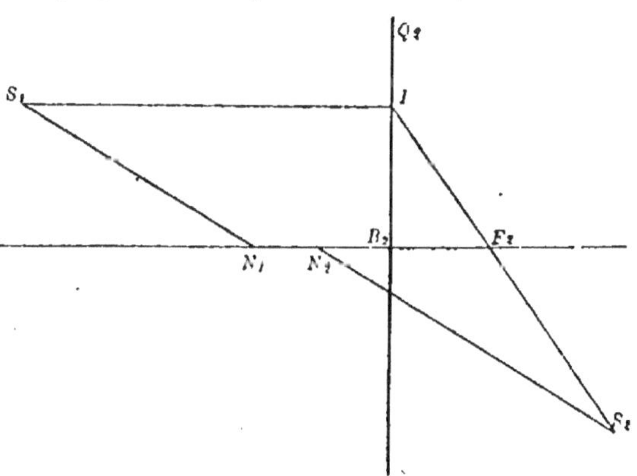

Fig. 170. — Construction des foyers conjugués à l'aide des points nodaux.

Les deux points principaux et les deux points nodaux portent le nom commun de *points cardinaux*. Les propriétés des points nodaux ont été découvertes par Listing.

Nous avons déjà établi (187) l'existence des points nodaux dans le cas particulier des lentilles, à propos du centre optique dont ils sont les foyers conjugués dans les milieux extrêmes.

221. Cas particuliers. — I. Quand les milieux extrêmes sont identiques, les deux distances focales étant égales et de signes contraires, les distances $f_1 + f_2$ de chaque point nodal au point principal correspondant sont nulles. Les points nodaux sont donc respectivement confondus avec les points principaux.

II. Quand le système est infiniment mince, les plans principaux se confondent avec le plan tangent commun ; l'interstice est nul et les points nodaux se réduisent à un seul point qui ne se confond pas en général avec le point principal, ni avec les sommets. Si en outre les milieux extrêmes sont identiques, le point nodal unique est confondu avec le point principal et les sommets.

Dans le cas d'une surface réfringente unique, il n'y a donc qu'un point nodal, et l'on voit *a priori* qu'il se confond avec le centre de courbure de la surface.

III. Dans le cas d'un système afocal, les rayons incidents parallèles à l'axe principal sont tous parallèles aux rayons émergents correspondants. Les points nodaux sont donc rejetés à l'infini.

222. Plans anti-principaux. — Les *plans anti-principaux* sont des plans conjugués tels que l'image et l'objet soient égaux comme dans les plans principaux, mais de sens inverses. On les détermine aisément à l'aide des équations (4) dans lesquelles cette condition donne :

$$\pi_1 = f_1, \qquad \pi_2 = f_2$$

ou :

$$p_1 = 2f_1, \qquad p_2 = 2f_2$$

Ces plans sont situés à des distances des plans principaux égales aux doubles des distances focales.

223. Points de Bravais. — On appelle *points de Bravais* les points de l'axe principal qui se confondent avec leur propre foyer conjugué. En désignant par ε l'interstice du système, on exprime cette condition par :

$$p_2 = p_1 + \varepsilon$$

Remplaçons p_2 par cette valeur dans l'équation (1) ; p_1 se trouve déterminé par l'équation du second degré

$$p_1^2 - (f_1 + f_2 - \varepsilon)\,p_1 - \varepsilon f_1 = 0$$

Quand la condition de réalité des racines est remplie, cette équation fournit deux solutions.

Pour $\varepsilon = 0$, c'est-à-dire quand les plans principaux sont confondus, ce qui

est le cas d'une surface réfringente unique et d'une lentille infiniment mince,
les deux solutions se réduisent à :

$$P_1 = a, \qquad P_1 = f_1 + f_2$$

La première donne le point principal, la seconde le point nodal.

Un objet contenu dans le plan perpendiculaire à l'axe principal mené par
un point de Bravais donne une image contenue dans ce même plan, mais généralement de dimensions différentes de celles de l'objet.

224. Propriétés des systèmes afocaux. — Nous avons vu que dans un
système afocal les foyers et plans focaux principaux, les points et plans principaux et les points nodaux sont tous rejetés à l'infini. Les procédés de construction que nous avons indiqués pour les foyers conjugués et les images se
trouvent alors tous mis en défaut, et les équations (1), (2), (3), (4), prennent
des formes indéterminées.

Il est nécessaire pour résoudre les problèmes correspondants de considérer
le système afocal comme décomposé en deux systèmes dioptriques d'éléments
connus. Nous traiterons seulement la question dans le cas, important pour la
pratique, où le système afocal est formé de deux lentilles infiniment minces, les
milieux étant quelconques. Ces deux lentilles ont un foyer principal commun
dans le milieu qui les sépare. Il peut se présenter deux cas :

1°. *Le foyer commun F_2 est situé entre les deux lentilles* ; il est donc réel pour
chacune d'elles et les deux lentilles sont convergentes (fig. 171).

2°. *Le foyer commun F_2 est situé en dehors de l'intervalle des lentilles* ; il est donc
réel pour l'une des deux et virtuel pour l'autre ; l'une des lentilles est convergente et l'autre divergente (fig. 172).

Un système afocal n'est donc jamais constitué par deux lentilles divergentes
infiniment minces.

225. Images. — Pour construire l'image du point A d'un objet linéaire AP
perpendiculaire à l'axe principal, menons par A un rayon AI parallèle à l'axe
principal. Après le passage à travers la première lentille OL, la droite du
rayon réfracté passe par le foyer principal commun F_2. A la sortie de la seconde lentille O'L', le rayon émergent reprend une direction KR parallèle à
l'axe principal.

Le rayon incident AH mené par le point A et par le premier foyer de la
lentille OL se réfracte suivant HT, parallèlement à l'axe principal, et sort de la
lentille O'L' suivant une droite TX qui passe au deuxième foyer F_3 de cette lentille. Les deux rayons émergents ainsi obtenus déterminent le foyer conjugué
A' de A et l'image A'P' de l'objet AP.

Si l'on fait varier la distance de l'objet donné AP au système, sans changer
sa grandeur, le rayon AIKR conserve la même trajectoire. Il en résulte :

1° Que la grandeur de l'image A'P' est constante et indépendante de la position de l'objet ;

2° Que cette image est constamment renversée par rapport à l'objet dans le premier cas, constamment droite dans le second. On dit que le système est *inverse* dans le premier cas, *direct* dans le second.

Désignons les distances focales principales par la lettre f, sans accent pour

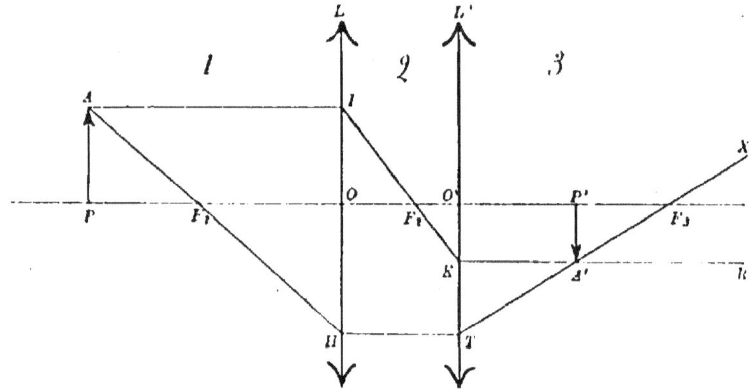

Fig. 171. — Système afocal formé de deux lentilles convergentes.

la première lentille, avec un accent pour la seconde, et en indiquant pour les indices 1, 2, 3, le milieu qui correspond au foyer considéré. Posons :

$$F_1 P = \pi, \quad F_3 P' = \pi',$$

distances des foyers principaux extrêmes aux foyers conjugués considérés.

Nous avons, en grandeur et en signe, en comparant les triangles semblables IOF_2, $KO'F_2$:

$$(9) \quad \frac{I}{O} = \frac{f'_2}{f_2}$$

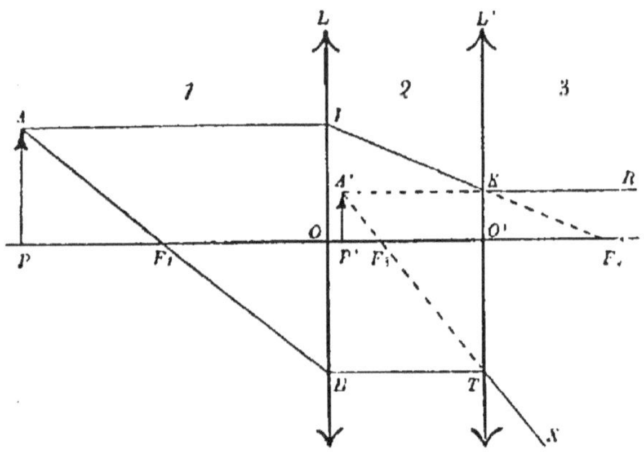

Fig. 172. — Système afocal formé d'une lentille convergente et d'une lentille divergente.

Les grandeurs de l'image et de l'objet sont entre elles comme les distances focales des deux lentilles dans le milieu intermédiaire.

Dans le premier cas, si l'on a $f'_2 = -f_2$, l'image est toujours égale à l'objet en grandeur absolue. Le système est alors formé de deux lentilles convergentes d'égal foyer.

Dans le second cas, on ne peut pas avoir $f'_2 = f_2$. L'égalité de l'image et de l'objet n'est jamais réalisée.

226. Pour déterminer la position de l'image, comparons les triangles semblables $F_3A'P'$, F_3TO', d'une part, et F_1AP, F_1HO d'autre part. On a, en regardant OT et OH comme des segments dirigés négatifs :

$$\frac{\pi'}{I} = -\frac{f_3}{OT'}, \qquad \frac{\pi}{O} = -\frac{f_1}{OH'}$$

et en divisant membre à membre et remarquant que OH est égal à OT :

$$(10) \qquad \frac{\pi'}{\pi} = \frac{I}{O} \times \frac{f_3}{f_1} = \frac{f_3 f_3}{f_2 f_1}$$

Désignons par n et n' les indices des milieux 1 et 3 par rapport au milieu 2, et par λ l'indice du milieu 3 par rapport au milieu 1. On a :

$$f_1 = -nf_2, \qquad f_3 = -n'f_2$$

$$\frac{n'}{n} = \lambda$$

L'équation (10) peut donc s'écrire :

$$(10') \qquad \frac{\pi'}{\pi} = \frac{n'}{n}\left(\frac{f_2}{f_2}\right)^2 = \lambda\left(\frac{f_2}{f_2}\right)^2 = \lambda\left(\frac{I}{O}\right)^2$$

Si les milieux extrêmes sont identiques, le milieu 2 restant quelconque :

$$\frac{\pi'}{\pi} = \left(\frac{f_2}{f_2}\right)^2 = \left(\frac{I}{O}\right)^2$$

Ainsi *les distances des foyers conjugués aux foyers principaux correspondants sont entre elles, en valeur absolue, comme les carrés des distances focales des deux lentilles dans un même milieu, ou comme les carrés des grandeurs homologues de l'image et de l'objet, pourvu que les milieux extrêmes soient identiques.*

227. Un faisceau de rayons incidents parallèles à AH produit un faisceau de rayons émergents parallèle à TX. Dans le cas d'un système direct, les deux faisceaux sont inclinés dans le même sens sur l'axe principal. Dans le cas d'un système inverse, ils sont inclinés en sens contraires.

Désignons par θ et θ' les angles OF_1H, $O'F_3T$, que font ces rayons avec l'axe principal, en les comptant positivement, à partir de l'axe principal, dans le sens du mouvement des aiguilles d'une montre. Supposons ces angles assez petits pour qu'on puisse les confondre avec leurs tangentes. Nous aurons dans les triangles OF_1H, $O'F_3T$:

$$\theta = \frac{HO}{f_1}, \qquad \theta' = \frac{TO'}{f_3}$$

$$(11) \qquad \frac{\theta'}{\theta} = \frac{f_1}{f_3} = \frac{nf_2}{n'f_2} = \frac{f_2}{\lambda f_2} = \frac{O}{\lambda I}$$

et si les milieux extrêmes sont identiques :

$$(11') \qquad \frac{\theta'}{\theta} = \frac{f_2}{f_2} = \frac{O}{I}$$

Les inclinaisons sont alors inversement proportionnelles aux distances focales dans un même milieu et aux grandeurs homologues de l'image et de l'objet.

Nous retrouvons le théorème démontré pour les systèmes ordinaires (218).

228. Mesure des éléments d'un système dioptrique épais. — 1°. Quand l'épaisseur d'une lentille de crown dont les deux faces sont baignées par l'air est trop grande pour qu'on puisse la négliger par rapport à la distance focale principale, il faut tenir compte de l'interstice qui est, comme nous l'avons vu, sensiblement égal à $\frac{c}{3}$. Les méthodes exposées plus haut sont applicables sous cette réserve. Ainsi, dans la méthode de Silbermann, la distance s de l'image à l'objet a pour valeur :

$$s = 4f + \frac{c}{3}$$

On obtient donc :

$$f = \frac{s}{4} - \frac{c}{12}$$

229. 2°. M. Cornu a indiqué une méthode qui permet de déterminer les positions des foyers principaux et des points principaux pour un système dioptrique épais convergent, dont les faces extrêmes sont baignées par l'air. On trace sur les sommets des faces extrêmes A et B (fig. 173) deux traits d'encre croisés pouvant servir de repères.

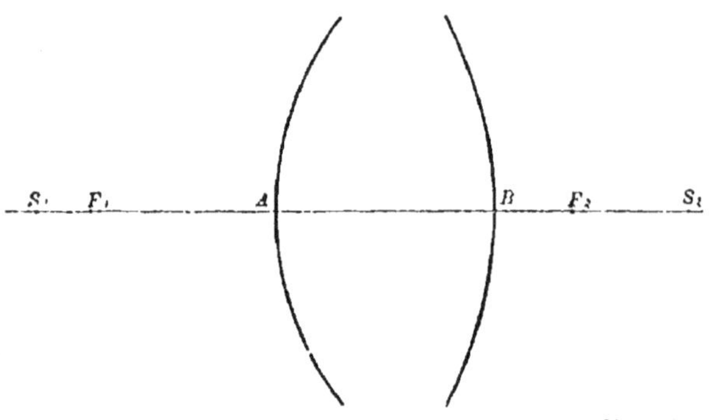

Fig. 173. — Mesure des éléments d'un système dioptrique épais. — Méthode de M. Cornu.

A l'aide d'un microscope dont l'axe coïncide avec celui du système, on vise successivement le trait B et le deuxième foyer principal F_2, où l'on produit l'image d'un objet lumineux situé à l'infini.

Le déplacement b du microscope sur une règle graduée détermine la position du foyer F_2. On détermine de même, après retournement du système, la distance $AF_1 = a$ du premier foyer principal au sommet A.

Enfin l'on donne à un objet lumineux S_1 placé à une distance finie une position telle que son image S_2 par rapport au système soit réelle, et l'on mesure de la même manière les distances :

$$F_1 S_1 = \pi_1, \qquad F_2 S_2 = \pi_2$$

Les distances focales principales du système qui ont dans ce cas une même valeur absolue f, avec des signes contraires, sont alors déterminées par la relation :

$$\pi_1 \pi_2 = - f^2$$

On en déduit la position des points principaux et nodaux qui coïncident. L'un des traits A ou B peut servir d'objet lumineux, si son image est réelle et placée à une distance accessible.

230. 3°. Le focomètre du Dr Mergier est basé, comme celui de Silbermann, sur la comparaison des dimensions linéaires homologues de l'image et de l'objet ; mais il présente sur lui l'avantage d'être applicable à un système dioptrique convergent quelconque.

Si dans la formule (4) :

$$\frac{I}{0} = - \frac{\pi_2}{f_2} = \frac{\pi_2}{f}$$

on fait successivement :

$$I = - 0, \qquad I = - 2 \times 0,$$

on obtient pour π_2 les valeurs :

$$\pi'_2 = - f, \qquad \pi'_2 = - 2 f$$

Il faut donc, pour réaliser successivement ces conditions, déplacer le plan de l'image de :

$$\pi'_2 - \pi'_2 = - f,$$

c'est-à-dire d'une longueur égale, en valeur absolue, à la distance focale principale. Cette mesure de f présente l'avantage d'être entièrement indépendante de l'interstice du système.

Comme dans le focomètre de Silbermann (203), on détermine d'abord la position des plans anti-principaux, en rendant l'image d'une échelle égale à l'objet. Pour réaliser ensuite le cas de $I = - 2 \times 0$, il faut déplacer l'image de la longueur $- f$ par rapport au système optique, et les formules montrent aisément que le déplacement correspondant de l'objet est $- \frac{f}{2}$. On obtiendra donc le même résultat si, le plan de l'image restant fixe, on en écarte le système optique de f et l'objet de $\frac{f}{2}$. Ce double mouvement est réalisé à l'aide de deux vis micrométriques commandées par un système de pignons.

La distance focale étant connue et la position des plans anti-principaux étant déterminée, un dispositif spécial indique immédiatement celles des plans focaux et des plans principaux.

231. 4°. Quand on fait tourner un système dioptrique autour d'un axe perpendiculaire à son axe principal et passant par le deuxième point nodal N_2, le premier point nodal N_1 ne subit qu'un déplacement insignifiant par rapport à un point lumineux P_1 très éloigné. La droite N_2P_2 joignant le deuxième point nodal à l'image demeure donc sensiblement fixe, puisqu'elle est parallèle à P_1N_1. La position de l'image est donc invariable, tandis qu'elle se déplacerait dans le sens de la rotation si l'axe de rotation était placé, par rapport à N_2, du côté positif, et en sens contraire si l'axe était du côté négatif.

M. Moëssard a basé sur cette propriété un ingénieux appareil appelé *tourniquet*, au moyen duquel on détermine rapidement la position approchée des points nodaux d'un objectif photographique. La position des foyers se détermine à l'aide des images de l'objet très éloigné.

Il a aussi construit d'après le même principe un appareil photographique panoramique : le *cylindrographe*.

§ 2. — Aberration de sphéricité des lentilles.

232. Surfaces caustiques. — Nous avons considéré jusqu'ici des systèmes dioptriques centrés tels que le carré de la demi-ouverture soit négligeable par rapport à l'unité pour toutes les surfaces réfringentes, dans les limites de précision des expériences. En pratique on ne peut regarder cette condition comme suffisamment réalisée par les lentilles qu'on emploie dans les instruments d'optique.

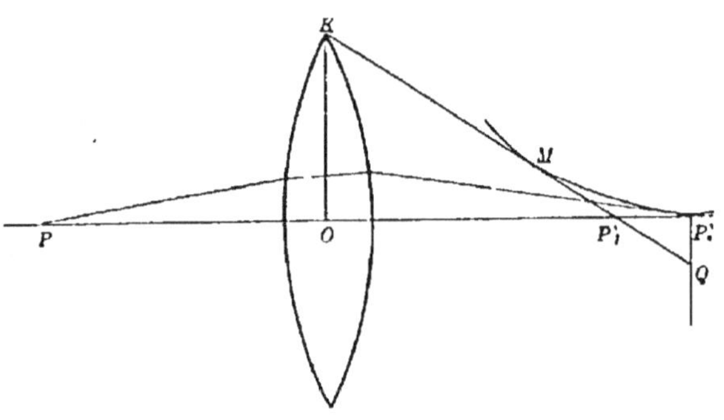

Fig. 174. — Aberration de sphéricité des lentilles.

Parmi les rayons partis d'un point P de l'axe principal (fig. 174), les rayons centraux, peu écartés de cet axe, viennent seuls passer sensiblement, après émergence, au foyer conjugué P'_0 déterminé par la théorie précédemment exposée. Les rayons notablement écartés de l'axe principal engendrent à l'émergence une surface caustique dont une des nappes se réduit à l'axe principal, tandis que l'autre est une surface de révolution autour de cet axe. Les rayons marginaux PK rencontrent l'axe en un point P'_1, dont la distance $P'_0 P'_1 = \lambda$ au foyer des rayons centraux mesure l'aberration longitudinale. Leur rencontre avec le plan focal des rayons centraux détermine un cercle dont le rayon $P'_0 Q = \mu$ est l'aberration transversale.

233. Considérons une lentille à bords minces, dont les deux faces sont limitées à leur intersection mutuelle, et désignons par $y = OK$ le rayon du bord de cette lentille. Supposons qu'on fasse varier ce rayon d'une manière continue, en laissant fixe la face d'entrée de la lentille. Le point K où un rayon marginal, contenu dans le plan d'une section principale donnée, rencontre la face d'entrée se déplace suivant un arc de cercle. L'aberration longitudinale λ est dans ces conditions une fonction de y qui s'annule pour $y = 0$ et qui prend la même valeur pour deux valeurs de y égales et de signes contraires, puisque deux rayons incidents symétriques par rapport à l'axe principal donnent le même foyer d'émergence. Donc si l'on développe la fonction λ par rapport aux puissances croissantes de y, ce développement ne comprend que les puissances paires de y, et son premier terme est en y^2.

Or la longueur y est toujours dans la pratique une faible fraction de la distance focale f de la lentille $\left(\dfrac{1}{30}\right.$ dans les objectifs usuels$\left.\right)$. y est en même temps petit par rapport aux rayons de courbure R et R' et aux distances conjuguées p et p'_0, si l'on écarte le cas où l'un des points correspondants serait très voisin de la lentille. On peut donc, dans le développement de la fonction λ, négliger les termes qui contiennent y à une puissance supérieure à la seconde, ces termes ayant des valeurs très inférieures aux erreurs d'expérience. La valeur approchée de λ peut ainsi être ramenée à la forme :

$$(12) \qquad \lambda = \varphi\,(R,\ R',\ p'_0,\ n) \times \frac{y^2}{p'_0},$$

la fonction φ étant homogène et du degré 0 par rapport aux longueurs R, R', p'_0.

Nous indiquerons seulement les principaux résultats de ce calcul.

Dans le cas des rayons incidents parallèles à l'axe principal, l'aberration longitudinale principale λ_{∞} peut s'exprimer par :

$$(13) \qquad \lambda_{\infty} = A\,\frac{y^2}{f},$$

en posant :

$$A = \varphi\,(R,\ R',\ f,\ n)$$

En comparant les triangles semblables $P'_0 P''_1 Q$ et $OP'_1 K$, on a pour l'aberration latérale au degré d'approximation déjà adopté :

$$(14) \qquad \mu = \lambda\,\frac{y}{f} = A\,\frac{y^3}{f^2}$$

234. Aplanétisme. — On dit qu'un système dioptrique est aplanétique pour un point lumineux P, quand les rayons incidents dont les droites passent en ce point donnent naissance en traversant le système à des rayons émergents dont les droites concourent en un même point.

On peut déterminer par le calcul, comme nous le verrons au chapitre suivant (251), des formes de surfaces réfringentes telles que si une pareille surface sépare l'air d'un milieu d'indice donné, elle soit aplanétique pour un point donné. En associant à une surface aplanétique une face de sortie sphérique ayant pour centre de courbure le foyer conjugué du point donné par rapport à la première surface, on obtient une lentille aplanétique dont la première face n'a pas en général la forme sphérique.

Pour qu'une lentille à faces sphériques soit aplanétique pour un point situé à l'infini, il faut réaliser la condition :

$$A = 0$$

La forme de la fonction A est telle que cette condition ne peut être satisfaite pour les valeurs d'indice des verres usuels. Il n'existe donc pas de lentille sphérique aplanétique pour un point à l'infini. Mais on peut donner à la lentille une forme telle que l'aberration longitudinale principale prenne la plus petite valeur possible.

Le calcul montre qu'on réalise cette condition quand on a :

$$(15) \qquad \frac{R'}{R} = \frac{n(1+2n)}{2n^2 - n - 4},$$

ce qui donne avec le crown d'indice $n = \dfrac{3}{2}$:

$$R' = -6R.$$

Ce résultat correspond à une lentille biconvexe ou biconcave dont la face de sortie a un rayon $C'B'$ 6 fois plus grand que le rayon CB de la face d'entrée (fig. 175)(1). On a alors, en désignant par l l'aberration minima correspondante :

$$A = \frac{15}{14} \qquad \text{et} \qquad l = \frac{15}{14}\frac{y^2}{f},$$

Si l'on suppose $\dfrac{y}{f} = \dfrac{1}{30}$, on trouve $l = \dfrac{f}{840}$. En prenant pour unité cette aberration minima, on obtient pour l'aberration longitudinale principale dans les lentilles les plus usuelles les valeurs suivantes :

Lentilles.		Aberrations.	
		Val. absolue	Rapport $\dfrac{\lambda}{l}$
Lentille d'aberration minima............	$R' = -6R$	$\dfrac{15}{14}\dfrac{y^2}{f}$	1
Même lentille retournée................	$R = -6R'$	$\dfrac{145}{42}\dfrac{y^2}{f}$	3,22
Lentille plan courbe. { Face courbe vers la lumière..	$R' = \infty$	$\dfrac{7}{6}\dfrac{y^2}{f}$	1,09
Lentille plan courbe. { Face plane vers la lumière..	$R = \infty$	$\dfrac{9}{2}\dfrac{y^2}{f}$	4,20
Lentille équiconvexe ou équiconcave...	$R' = -R$	$\dfrac{5}{3}\dfrac{y^2}{f}$	1,55

(1) La distance focale principale de cette lentille est déterminée par la condition :

$$\frac{1}{f} = -\left(\frac{3}{2} - 1\right)\frac{\left(\frac{1}{6} + 1\right)}{R}$$

d'où l'on tire :

$$f = -\frac{12}{7}R = \frac{2}{7}R'$$

On voit que le sens suivant lequel la lumière parallèle incidente traverse la lentille n'est pas indifférent. La lentille plan-convexe, qui diffère très peu de la lentille d'aberration minima et qui est d'une fabrication plus facile, peut la remplacer, pourvu que l'on tourne la face courbe vers la lumière. La combinaison contraire donne une aberration 4 fois plus grande.

235. On peut se proposer de rendre aplanétique pour les rayons

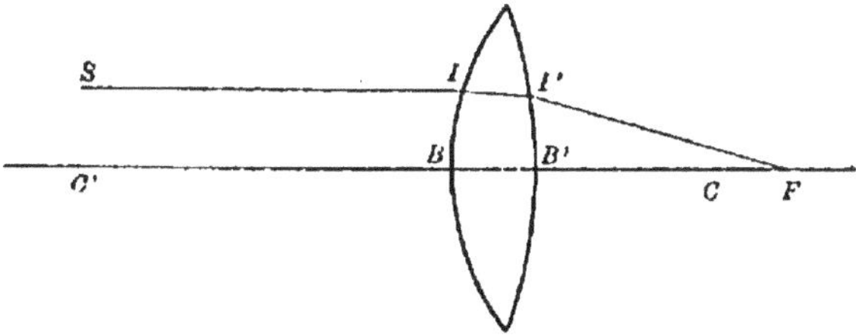

Fig. 175. — Lentille d'aberration minima.

incidents parallèles un système de deux lentilles. L'aberration principale dépend alors de six variables qui sont les deux indices et les quatre rayons de courbure des lentilles employées. Le calcul montre qu'on peut toujours disposer de ces variables de manière à rendre l'aberration du système plus faible que ne serait celle d'une lentille unique de même distance focale.

236. Applications. — On a souvent besoin d'envoyer à une grande distance un faisceau de rayons lumineux parallèles. La section restant ainsi la même à toute distance de l'origine, l'affaiblissement du faisceau n'est dû dans ces conditions qu'au défaut de transparence de l'atmosphère. On cherche notamment à obtenir ce résultat dans les phares et dans la télégraphie optique.

Les phares sont essentiellement constitués par un puissant foyer de lumière électrique placé au foyer principal d'une lentille convergente qui rend parallèle le faisceau émergent. Pour transmettre le plus de lumière possible, il est avantageux de donner à la lentille une grande ouverture. Mais on se trouve arrêté par l'aberration de sphéricité qui empêche le parallélisme du faisceau émergent.

Pour ramener tous les rayons au parallélisme, Fresnel a construit des lentilles *à échelons*. Ces lentilles sont limitées, du côté du foyer de lumière, par une face plane. Du côté opposé leur partie centrale est limitée par une face sphérique AA' de faible ouverture (fig. 176). Le foyer F de la lentille ainsi constituée coïncide avec la source lumineuse. Autour de cette lentille est disposé un anneau lenticulaire ABA'B' représentant une lentille dont on a enlevé la partie centrale. La courbure de la face sphérique de cet anneau, un peu différente de celle de la lentille centrale, est calculée de façon à corriger l'aberration de sphéricité et à ramener les rayons émergents à une direction parallèle à l'axe principal. Cet anneau est lui-même entouré d'une série d'autres anneaux BCB'C', CDC'D', satisfaisant à la même condition. On peut ainsi obtenir un système sans aberration sensible et dont l'ouverture totale atteint 45°.

La lentille à échelons n'envoie la lumière du foyer que dans une direction unique. Mais en la faisant tourner autour d'un axe vertical passant par F, on envoie successivement la lumière dans toutes les directions de l'horizon. On réalise cette condition en enfermant le foyer lumineux dans une lanterne formée de six ou huit lentilles à échelons tournant autour de F d'un mouvement uniforme, et dont la durée de révolution est différente pour les divers phares de la même côte. Les apparitions de lumière pour un point donné de l'espace sont ainsi séparées par un intervalle de temps qui dépend de la durée de révolution. L'interposition de verres de couleur permet encore de varier les effets pour éviter toute confusion.

237. Les lentilles à échelons ne donnent qu'une solution approchée du problème de l'aplanétisme. On obtient une solution plus précise en employant une lentille dont une des faces

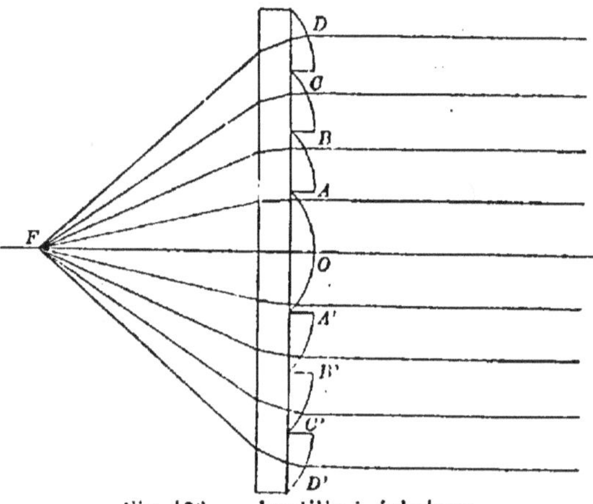

Fig. 176. — Lentille à échelons.

est argentée. Les rayons venant de la source lumineuse se réfléchissent sur cette face et traversent l'autre face à l'aller et au retour. Le calcul montre qu'on peut disposer des rayons de courbure de manière à annuler l'aberration de sphéricité pour le foyer principal du système. Les rayons émergents sont donc parallèles à l'axe. Ce principe a été appliqué par Mangin à la construction des réflecteurs employés dans la télégraphie optique. On a pu, en rendant ainsi un signal lumineux visible à grande distance, effectuer des opérations géodésiques entre des lieux éloignés de 300 kilomètres, notamment dans la triangulation qui relie l'Algérie à l'Espagne.

MM. Sautter et Lemonnier construisent des réflecteurs Mangin dont le diamètre de pourtour atteint un mètre. Ils sont destinés à la marine et permettent d'explorer les environs du navire, à l'aide de puissants foyers lumineux.

CHAPITRE VII

THÉORIE GÉNÉRALE DES CAUSTIQUES

238. Différentielle d'une droite. — Nous avons étudié les propriétés des surfaces caustiques dans trois cas différents : celui des miroirs sphériques (91), celui
des surfaces réfringentes planes (131) et parallèles (141) et celui du prisme (166).
Ces propriétés peuvent être généralisées à
l'aide des théorèmes suivants.

Lemme. — Quand les deux extrémités A
et B d'une droite limitée (fig. 177) peuvent
recevoir des déplacements AA′ et BB′ con-
tinus et correspondants suivant une certaine loi, la variation de longueur *dl* de
la droite AB pour des déplacements infiniment petits et correspondants de ses
extrémités s'appelle *différentielle de la
droite AB*. Cette différentielle est en général
un infiniment petit du même ordre que les
déplacements AA′, BB′, des extrémités. On
peut donc l'évaluer en négligeant les infiniment petits d'ordre supérieur au premier.

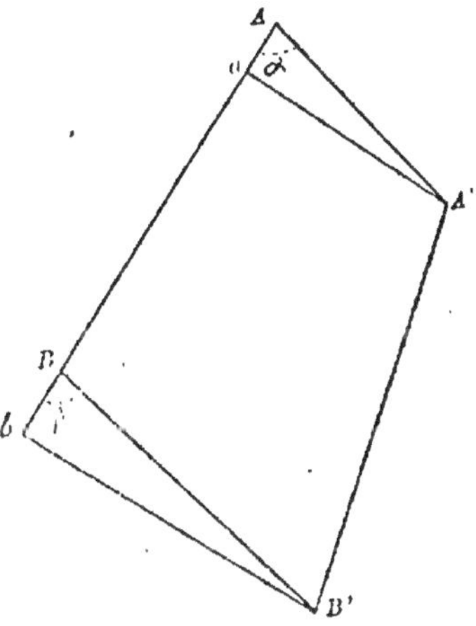

Fig. 177.—Différentielle d'une droite.

Soient a et b les projections des points A′ et B′ sur la droite AB, $\alpha = $ A′AB
et $\beta = $ B′Bb, les angles que font les segments AA′ et BB′ avec la direction AB,
ω l'angle des directions AB et A′B′. Ce dernier angle étant infiniment petit, son
cosinus peut être confondu avec l'unité. Nous avons donc, en projetant sur
AB le contour AA′B′B :

$$l = AA' \cos \alpha + l + dl - BB' \cos \beta$$

ou :

$$(1) \qquad dl = BB' \cos \beta - AA' \cos \alpha$$

239. Théorème de Malus. — *Si des rayons sont tous dirigés normalement à* *une même surface S, ils sont encore, après avoir subi un nombre quelconque de réflexions ou de réfractions, dirigés normalement à une autre surface S'.*

240. 1°. Cas d'une réflexion unique. — Soient M la surface réfléchissante

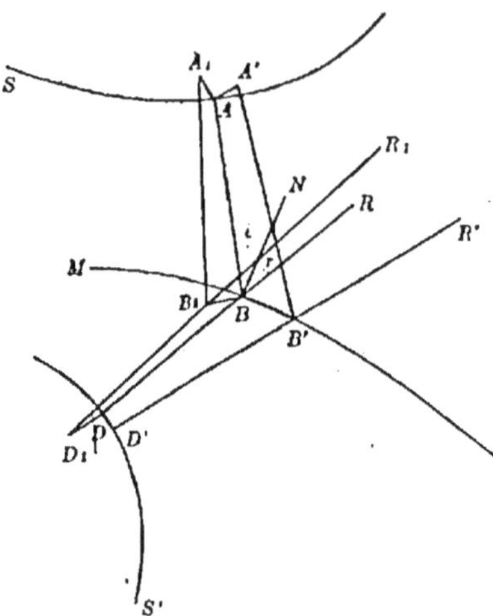

(fig. 178), AB un rayon incident normal à la surface S, BN la normale à la surface M au point d'incidence. Prenons pour plan de la figure le plan d'incidence ABN. Donnons au point B, dans ce plan, le déplacement infiniment petit BB'; le rayon incident prend la position A'B'. Cherchons la différentielle de la droite AB = l. A un infiniment petit près d'ordre supérieur au premier, AA' est perpendiculaire à AB. Donc cos α est nul et l'on a, en remarquant que la droite BB' est, à la limite, tangente à la courbe section de M :

$$dl = BB'\cos\beta = BB'\sin i$$

Fig. 178. — Théorème de Malus. — Cas d'une réflexion.

Prolongeons les rayons réfléchis correspondants BR, B'R', au delà de M sur des longueurs DB = AB et D'B' = A'B'. La différentielle de la droite DB a encore pour valeur dl.

Posons :

$$B'BR = \beta' \qquad D'DR = \delta$$

On a :

$$dl = BB'\cos\beta' - DD'\cos\delta = BB'\sin i - DD'\cos\delta$$

DD' étant différent de zéro, on a, en comparant ces deux valeurs de dl :

$$\cos\delta = o, \quad \delta = \frac{\pi}{2}$$

La courbe lieu des points D, D', est donc normale au rayon réfléchi BD.

Donnons maintenant au point B un déplacement BB$_1$ sur la surface M, dans un plan passant par BN et perpendiculaire au plan d'incidence ABN. Soient A$_1$B$_1$, B$_1$D$_1$, le rayon incident et le rayon réfléchi correspondant à B$_1$. AA$_1$ et BB$_1$ sont, à la limite, perpendiculaires au rayon incident AB. On a donc pour la différentielle dl_1 de AB, et par suite de DB :

$$dl_1 = o$$

Or BB$_1$ est perpendiculaire au rayon réfléchi BR. Donc DD$_1$ est aussi perpendiculaire à cette droite, et le lieu des points D, D$_1$ lui est normal.

Donnons au point B un déplacement quelconque sur M. Le lieu des points D est une surface S' dont deux sections différentes ont pour normale commune la droite du rayon réfléchi BR. Cette droite est donc normale à la surface elle-même (1).

241. Corollaire. — Des différents points B de la surface M comme centres décrivons des sphères de rayons $AB = l$. L'enveloppe de ces sphères présente deux nappes situées de part et d'autre de la surface M. Ces deux nappes sont les surfaces S et S'.

242. 2°. Cas d'une réfraction unique. — Considérons le déplacement BB' dans le plan d'incidence (fig. 179). Nous avons comme précédemment pour la différentielle du rayon incident AB :

$$dl = BB' \sin i$$

Sur les prolongements des rayons réfractés, portons des longueurs :

$$DB = \frac{AB}{n}, \quad D'B' = \frac{A'B'}{n},$$

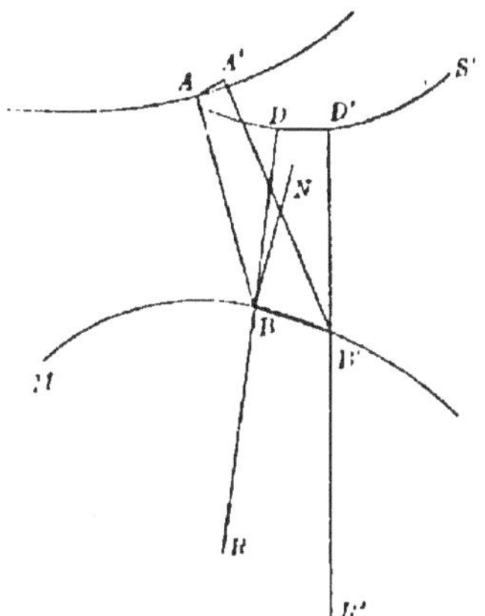

Fig. 179. — Théorème de Malus. — Cas d'une réfraction.

n étant l'indice du second milieu par rapport au premier. La différentielle de la droite DB est :

$$d\lambda = \frac{dl}{n}$$

On a donc, en posant :

$$BBR = \beta', \quad D'DR = \delta,$$

$$\frac{dl}{n} = BB' \cos \beta' - DD' \cos \delta = BB' \sin r - DD' \cos \delta$$

$$dl = BB' \sin i - n\, DD' \cos \delta,$$

et par suite, comme précédemment :

$$\delta = \frac{\pi}{2}$$

Pour un déplacement de B dans le plan perpendiculaire au plan d'incidence, il suffit de répéter le raisonnement fait pour la réflexion.

243. Corollaire. — Des différents points B de la surface M comme centres décrivons : 1° des sphères de rayons $AB = l$; 2° des sphères de rayons $DB = \frac{l}{n}$. Chacun de ces systèmes de sphères présente une enveloppe à deux nappes. Les surfaces S et S' sont respectivement les nappes de ces deux enveloppes situées d'un même côté de la surface M.

---

(1) Le théorème peut être démontré directement pour un déplacement BB″ du point B dans une direction quelconque. On peut en effet décomposer toujours ce déplacement en deux déplacements dans le plan d'incidence et dans le plan perpendiculaire. Ce dernier ayant des projections nulles sur le rayon incident et sur le rayon réfléchi, on se trouve ramené au premier cas.

244. 3°. Cas général. Le théorème, étant établi pour une réflexion et pour une réfraction, est évidemment vrai pour plusieurs réflexions ou réfractions successives en nombre quelconque.

245. La surface à laquelle sont normaux tous les rayons appartenant à un même faisceau est appelée *surface anticaustique.*

En particulier, si l'on considère des rayons incidents homocentriques, c'est-à-dire dont les droites passent par un même point, ces rayons sont tous normaux aux surfaces des sphères ayant pour centre ce point. Le théorème leur est donc applicable.

Tous les faisceaux réfléchis ou réfractés sont en général normaux à une infinité de surfaces, car si l'on porte sur les normales à la surface anticaustique des longueurs égales, à partir de cette surface, le lieu des points ainsi obtenus est une nouvelle surface qui a les mêmes normales que la première.

246. Théorème de Gergonne. — Le théorème qui précède a été établi par Malus dans le cas d'une seule réflexion ou réfraction pour un faisceau homocentrique. Gergonne l'a étendu aux autres cas et a établi le théorème suivant.

Théorème. — On peut toujours remplacer un nombre quelconque de réflexions et de réfractions par une seule réflexion sur une surface appartenant à un groupe déterminé ou par une seule réfraction sur une surface appartenant à un groupe déterminé et correspondant à une valeur n de l'indice relatif choisie arbitrairement.

247. 1°. Cas de la réflexion. — Soient S et S' les surfaces normales aux rayons incidents et aux rayons émergents donnés (fig. 178). Le lieu des points dont les distances normales à ces surfaces sont égales est une certaine surface M. D'un point B de la surface M, menons les normales AB et DB aux surfaces S et S'. La sphère décrite du point B comme centre avec AB pour rayon est tangente aux surfaces S et S'. Ces surfaces sont donc les deux nappes de l'enveloppe des sphères de rayon AB $=$ *l*. Donc, d'après le premier théorème, les rayons incidents normaux à S et réfléchis sur M donnent naissance à des rayons réfléchis normaux à S' et se confondant en direction avec le second système de rayons proposé.

248. 2°. Cas de la réfraction. — Le lieu des points B dont les distances normales aux surfaces S et S', du même côté de ces surfaces (fig. 179), sont entre elles dans le rapport $\dfrac{n}{1}$ est une surface M. On achève de démontrer par un raisonnement analogue au précédent que cette surface M est la surface réfringente cherchée.

Dans l'un et l'autre cas, comme on peut remplacer S et S' par une infinité d'autres surfaces normales aux mêmes rayons, il existe aussi une infinité de surfaces M répondant à la question.

249. Remarque I. — Quand on substitue une réflexion ou une réfraction unique au phénomène complexe, les rayons sont dirigés suivant les mêmes droites ; mais leur sens peut changer et la nature du phénomène physique est alors altérée.

C'est ce qui se produit notamment quand on cherche à substituer à un système dioptrique centré une seule réflexion sur une surface. Les rayons incidents et émergents sont de sens contraires, au lieu d'être de même sens.

250. Remarque II. — Les rayons des faisceaux extrêmes qui se correspondent dans le système complexe ne se correspondent pas nécessairement dans le système simple substitué. Ainsi un faisceau parallèle ABA′B′ (fig. 180) traversant une lame réfringente à faces parallèles donne un faisceau émergent parallèle de même direction. Le même résultat peut être obtenu avec une surface réfléchissante ou réfringente plane séparant des milieux d'indices quelconques et dirigée

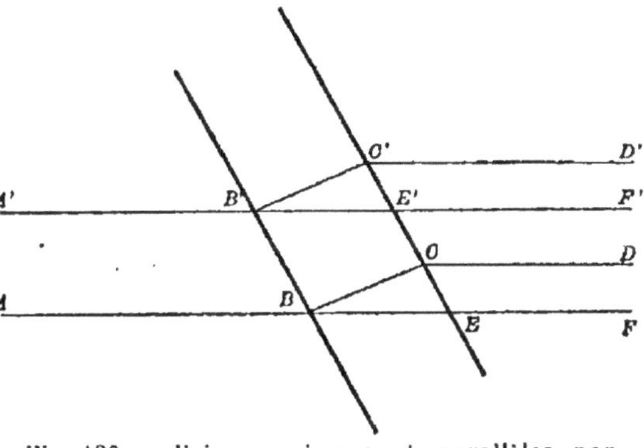

Fig. 180. — Faisceaux émergents parallèles, non confondus.

normalement aux rayons. Mais le rayon incident AB qui, dans le premier système, correspondait au rayon émergent CD, correspond dans le second au rayon émergent EF.

251. Surfaces aplanétiques. — Considérons en particulier le cas où les deux faisceaux proposés sont homocentriques et passent par deux points P et P′ (fig. 181). Les surfaces anticaustiques S et S′ sont respectivement des sphères de centres P et P′ et de rayons quelconques. Les

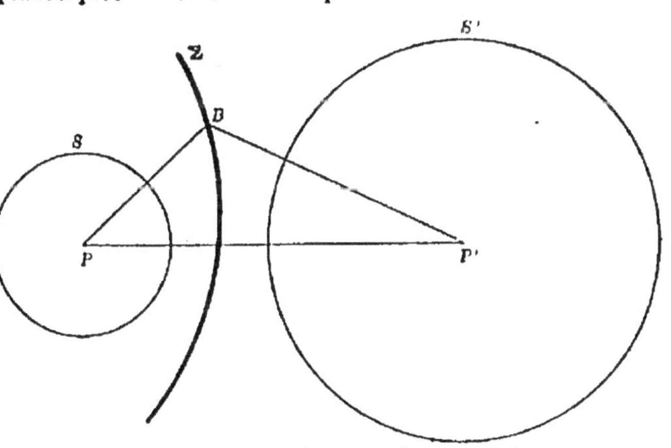

Fig. 181. — Cas des faisceaux homocentriques.

surfaces réfléchissantes ou réfringentes Σ correspondantes sont aplanétiques par rapport aux points P et P′. Il existe donc toujours pour deux points donnés des surfaces aplanétiques par réflexion ou par réfraction avec indice relatif donné.

Dans le cas de la réflexion, on voit que si l'on désigne par K une constante arbitraire, les distances $BP = \rho$ et $BP' = \rho'$ d'un point B de la surface Σ aux points P et P' doivent satisfaire à la relation :

$$(2) \qquad \rho \mp \rho' = K,$$

le signe — convenant au cas où les deux points P et P' sont de part et d'autre de la surface et le signe $+$ au cas où ils sont d'un même côté. On retrouve ainsi les formes de surfaces de révolution que nous avons étudiées directement (101 à 110).

Dans le cas de la réfraction l'équation devient :

$$(3) \qquad \rho \pm n\rho' = K$$

Elle représente des surfaces de révolution dont les méridiennes sont des ovales de Descartes.

Dans le cas particulier où le foyer P est à l'infini et correspond à des rayons parallèles, si l'on désigne par u la distance du point B à un plan normal aux rayons parallèles, on a respectivement, dans le cas de la réflexion et dans celui de la réfraction :

$$(4) \qquad u + K = \pm \rho', \qquad u + K = \pm n\rho'$$

Les surfaces de révolution représentées par ces équations ont pour courbes

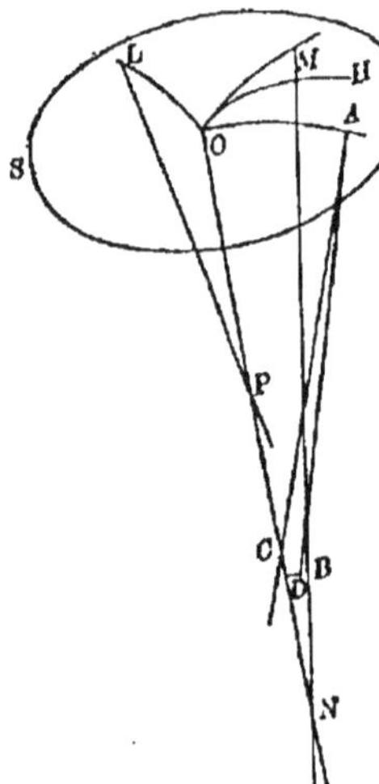

méridiennes, dans le premier cas des paraboles (109), dans le second cas des ellipses ou des hyperboles, suivant que n est supérieur ou inférieur à l'unité, ces courbes ayant toutes même excentricité n et ayant pour foyer le point P'.

252. Notions générales sur la courbure des surfaces. — Soit S une surface quelconque, O un point de cette surface qui ne possède pas de propriétés singulières et OX la normale à la surface en ce point (fig. 182). Un plan quelconque mené par cette normale coupe la surface suivant une courbe OA. En un point A infiniment voisin de O, menons la normale principale AC à la courbe. Cette normale rencontre OX en un point qui, lorsque le point A se rapproche indéfiniment de O, tend vers une position limite C, centre de courbure de la section OA, au point O. Le rayon de courbure correspondant est $OC = r$.

Fig. 182. — Courbure des surfaces.

Au même point A, menons la normale AB à la surface S. Elle ne se confond pas en général avec AC ; elle est seulement dans un même plan perpendiculaire à la tangente en A à la section. La plus courte distance DB des normales OX et AB à la surface est en général un infiniment petit du premier ordre en même temps que OA, de sorte que le rapport $\dfrac{DB}{OA}$ ne tend pas vers zéro en même temps que OA. Le point D n'a pas de limite déterminée.

Faisons tourner le plan XOA autour de OX. Le rayon de courbure $OC = r$ de la section normale varie en général d'une manière continue et prend successivement diverses valeurs positives ou négatives, suivant que le centre de courbure C est du côté de X ou du côté opposé. Euler a démontré que pour une demi-rotation du plan normal, r passe par une valeur maxima et par une valeur minima

$$ON = R \text{ et } OP = R',$$

qui correspondent à deux sections normales XOM, XOL, perpendiculaires l'une à l'autre, appelées *sections principales* de la surface au point O.

De plus les rayons de courbure r_1 et r_2 de deux sections perpendiculaires quelconques, satisfont toujours à la relation :

(5)
$$\frac{1}{r_1} + \frac{1}{r_2} = \frac{1}{R} + \frac{1}{R'}$$

253. Les normales à la surface en des points L et M infiniment voisins de O, pris dans les sections principales, possèdent une propriété spéciale. A un infiniment petit du second ordre près, elles se confondent avec les normales principales aux mêmes points de la section principale, de sorte que leur plus courte distance à OX, analogue à DB, est un infiniment petit du second ordre.

Le rapport analogue à $\dfrac{DB}{OA}$ tend vers zéro, en même temps que OA. Le point D tend vers une position limite déterminée qui est le centre de courbure N ou P de la section principale correspondante. On exprime cette propriété en disant que la surface S possède *deux centres de courbure principaux N et P* pour un point O de cette surface, et *deux rayons de courbure principaux R et R'*. La somme des inverses des rayons de courbure : $\dfrac{1}{R} + \dfrac{1}{R'}$, s'appelle courbure moyenne de la surface au point O. La direction des plans de sections principales varie d'une manière continue quand le point considéré se déplace sur la surface, de sorte que les sections OM et OL ne possèdent cette propriété qu'au voisinage du point O.

254. Traçons sur la surface une courbe quelconque tangente en O à OM. Les normales à la surface, aux points de cette courbe voisins de O, sont encore généralement distantes de la normale OX d'un infiniment petit du second ordre et la rencontrent à la limite au point N. Mais parmi toutes ces courbes, il y en a une OH pour laquelle la plus courte distance DB n'est que du troisième ordre au plus et qui en outre possède cette propriété en tous ses points. Elle est donc tangente en chacun de ses points à l'une des sections principales en ce point. On l'appelle *ligne de courbure* de la surface S.

Par tout point O de la surface passent deux lignes de courbure qui se coupent orthogonalement, puisqu'elles sont tangentes aux deux sections principales en ce point. En traçant sur la surface une infinité de lignes de courbure voisines appartenant aux deux systèmes, on détermine sur cette surface une série de rectangles à arêtes curvilignes.

Les normales à la surface le long d'une ligne de courbure MM_1 (fig. 183) déterminent une surface réglée développable MPM_1P_1. L'enveloppe, lieu de leurs intersections successives, est une courbe PP_1 tangente à toutes ces droites, qui constitue une arête de rebroussement de la surface développable.

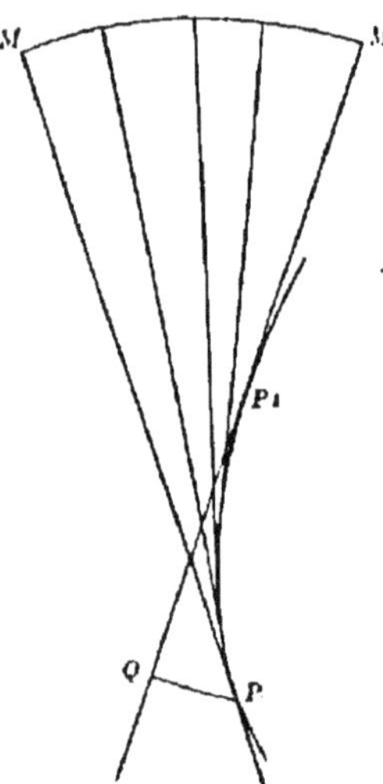

Fig. 183. — Normales à une surface le long d'une ligne de courbure.

Considérons toutes les lignes de courbure du même système $MM_1, M'M'_1$ etc. (fig. 184). Le lieu des arêtes de rebroussement PP_1, qui est celui des centres de courbure P, est une surface $PP_1 P'P'_1$.

Par une ligne de courbure MM' du second système passe aussi une surface développable dont l'arête de rebroussement est NN'. Le lieu des lignes NN' pour toutes les lignes de courbure du second système est une autre surface $NN' N_1N'_1$ qui est le lieu des centres de courbure N. L'ensemble de ces deux surfaces s'appelle *la développée* de la surface donnée $MM_1, M'M'_1$. Cette développée comprend donc deux nappes que chaque normale rencontre aux deux centres de courbure correspondants.

Les plans tangents aux points correspondants de ces deux nappes sont toujours perpendiculaires l'un à l'autre. Il en résulte que leurs contours apparents se coupent à angles droits pour une position quelconque de l'œil.

255. Surfaces caustiques. — Quand l'arc MM_1 (fig. 183) considéré sur une ligne de courbure de la surface anticaustique est infiniment petit, l'arc correspondant PP_1 de la courbe de rebroussement est lui-même un infiniment petit du premier ordre. La distance PQ du point de contact P d'un rayon quelconque avec cette courbe à la droite d'un autre rayon M_1P_1 est du second ordre. Donc à une quantité du second ordre près, tous les rayons normaux à MM_1 passent par le point P. Les surfaces développées sont donc le siège d'une concentration de lumière plus grande que les autres régions de l'espace, ce qui leur a fait donner le nom de *surfaces caustiques* (1).

256. Lignes focales. Théorème de Sturm. — *Un faisceau infiniment petit de rayons lumineux rencontre sur les deux nappes de la surface caustique deux lignes*

---

(1) Les surfaces caustiques sont réelles ou virtuelles, suivant qu'elles sont déterminées par la rencontre des rayons eux-mêmes ou de leurs prolongements.

focales situées dans des plans rectangulaires passant par l'un quelconque des rayons du faisceau.

Considérons (fig. 185) une portion infiniment petite $AA_1 A'A'_1$ de la surface anticaustique, que nous supposerons limitée par quatre lignes de courbure infiniment petites deux à deux orthogonales et de systèmes différents.

Les rayons normaux à la courbe AA_1 se rencontrent en un même point P au second ordre près. Les rayons normaux à $A'A'_1$ se rencontrent de même en un point P' situé sur la même nappe de la caustique. Quand la ligne de courbure se déplace de l'une à l'autre de ces positions extrêmes, le point de rencontre P des rayons parcourt sur la surface caustique un arc infiniment petit du premier ordre qu'on peut confondre avec sa corde PP'.

De même les normales aux divers points des lignes de courbure AA' et $A_1A'_1$ du second système concourent respectivement, au second ordre près, aux points N et N_1, situés sur la seconde nappe de la caustique. L'arc NN_1 est donc encore un lieu des points de concours pour toutes les normales à l'élément de surface proposé. La droite de chacun des rayons lumineux s'appuie donc sur les deux droites PP' et NN_1 qui sont l'une et l'autre des lieux réels ou virtuels de concentration de lumière. Ces deux droites sont appelées *droites focales*.

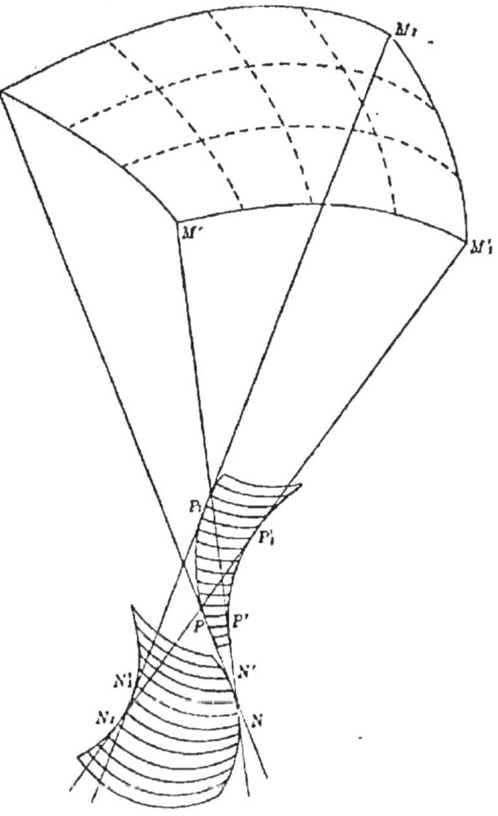

Fig. 184. — Les deux nappes de la surface caustique.

257. Comme les normales à AA' passent par les différents points de PP', cette droite est située dans le plan $AA'N$ qui se confond au second ordre près avec le plan de la section principale en A tangente à la ligne de courbure AA'. De même la droite NN_1 est située dans le plan AA_1P qui se confond à la limite avec la section principale en A tangente en AA_1.

Ces deux plans sont donc normaux à la surface anticaustique et perpendiculaires entre eux. Donc pour un observateur dont l'œil reçoit les rayons appartenant à l'élément considéré, les droites focales PP' et NN, paraissent en perspective perpendiculaires l'une à l'autre et placées à des distances différentes. Elles ne sont cependant pas en général perpendiculaires à un même rayon lumineux ni perpendiculaires entre elles.

Si la courbure de l'élément de ligne AA, correspond à un maximum ou à un minimum par rapport aux lignes de courbure voisines de même système, la ligne PP' est perpendiculaire à AN. De même NN, est perpendiculaire à AN, si la courbure de AA' correspond à un maximum ou à un minimum. En général ces droites peuvent avoir dans leurs plans respectifs des directions quelconques (1).

Si nous coupons le faisceau par un écran passant par PP', cette ligne dessine une trace lumineuse sur l'écran, pourvu qu'elle soit réelle. Le concours n'ayant lieu sur cette ligne qu'au second ordre près, les rayons aberrants en passent à une faible distance et rencontrent tous l'écran du même côté de cette droite, puisqu'elle appartient à la surface caustique au delà de laquelle il n'y a pas de lumière. On voit de même une trace lumineuse en NN,, quand on y transporte l'écran.

Entre ces deux positions et en dehors de leur intervalle, il se produit sur l'écran une tache lumineuse occupant une surface et non une simple droite.

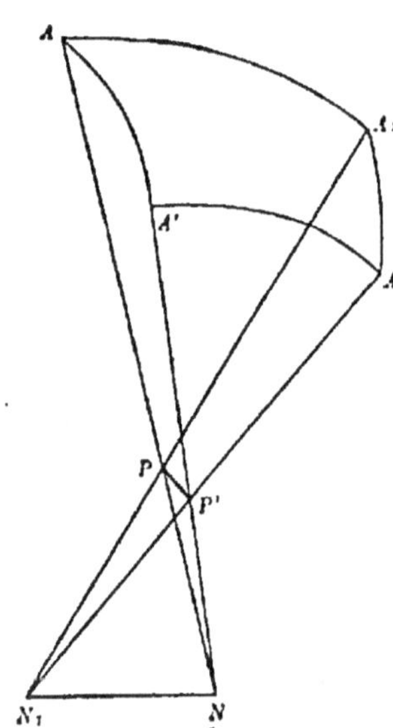
Fig. 185. — Lignes focales.

Les lignes focales sont situées du même côté de la surface anticaustique ou de côtés différents, suivant que les rayons de courbure principaux sont de même signe ou de signes contraires dans l'élément considéré.

258. Un système optique est dit *astigmate* quand il transforme un faisceau infiniment petit homocentrique en un faisceau appuyé sur deux lignes focales. On appelle *plans principaux d'astigmatisme* les plans qui passent par chaque

---

(1) On peut cependant considérer en général les lignes focales comme perpendiculaires à un rayon quelconque du faisceau, car si par un point quelconque de la portion utilisée de la surface caustique on mène une tangente quelconque à cette surface, et en particulier une tangente perpendiculaire au rayon lumineux, cette tangente possède un second ordre près les propriétés que nous venons d'établir et peut être prise pour la droite focale. La véritable direction de cette droite ne peut être nettement définie que dans le cas où la surface caustique se réduit elle-même à une droite. (Cas des surfaces anticaustiques de révolution étudié ci-après.)

ligne focale et par le rayon moyen. Ces plans sont les sections principales de la surface anticaustique au point où le rayon moyen la traverse. L'astigmatisme est mesuré en grandeur par la distance des droites focales comptée sur le rayon moyen. A mesure que cette distance croît, la longueur des droites focales augmente et leur éclat diminue.

259. Cas particuliers. — I. *Ombilics.* Il peut se faire qu'en un point O de la surface anticaustique les rayons de courbure principaux soient égaux : R = R'. Dans ce cas toutes les sections normales en O ont en ce point des rayons de courbure égaux. La normale à la surface se confond alors avec la normale principale à ces sections dans toute la région voisine du point O, à un infiniment petit près d'ordre supérieur au premier. La surface est osculatrice en O à une sphère de rayon R. Le point O jouissant de cette propriété s'appelle *un ombilic.*

Les deux centres de courbure étant alors confondus, les deux nappes de la surface caustique ont un point F commun où viennent passer tous les rayons normaux à un élément de surface infiniment petit voisin du point O. Les deux droites focales ont une longueur nulle et se confondent en ce point F, où se produit une concentration de lumière plus grande que partout ailleurs. Ce point s'appelle *un foyer.*

260. II. *Surfaces de révolution.* — Quand une surface anticaustique est de révolution, elle présente un premier système de lignes de courbure constitué par les courbes méridiennes. Ces courbes étant planes, leur plan se confond en chacun de leurs points M avec l'une des sections principales en ce point (fig. 186). Les normales à la surface se confondent rigoureusement avec les normales à la section méridienne. La première nappe de la caustique est donc la surface de révolution obtenue en faisant tourner autour de l'axe SX la développée de la méridienne.

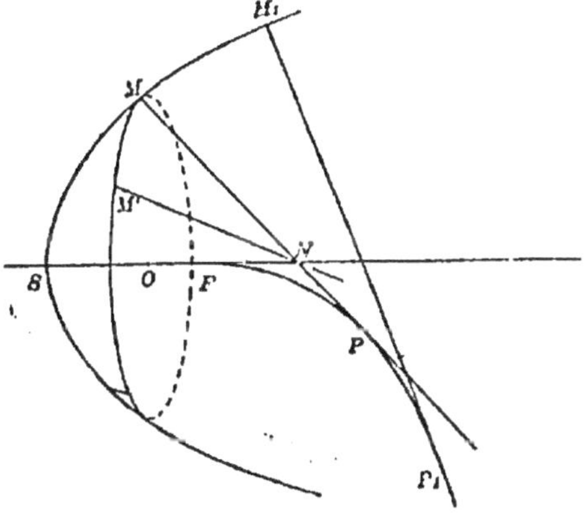

Fig. 186. — Cas d'une surface de révolution.

Le second système de lignes de courbure est constitué par les parallèles circulaires menés par chaque point M perpendiculairement à l'axe SX. La seconde section principale en M est tangente à ce cercle, mais ce plan passant par la normale MP fait un angle fini avec le plan du parallèle. Toutes les normales à la surface le long de ce parallèle rencontrent l'axe au même point N. La seconde nappe de la caustique se réduit donc toujours dans ce cas à une portion de l'axe de révolution. Des deux lignes focales correspondant à un faisceau infiniment petit, l'une est toujours située sur la première nappe de la caustique et dirigée perpendiculairement à la section méridienne moyenne, l'autre est une portion de l'axe de révolution.

Enfin si la surface de révolution rencontre son axe en un point S où elle lui est normale, ce point est un ombilic et donne lieu à un foyer F, point de rebroussement commun aux deux nappes de la surface caustique.

Nous avons étudié plus haut deux phénomènes où ces conditions se trouvent réalisées : celui de la réflexion sur un miroir sphérique (91) où la surface anticaustique est une surface de révolution ayant pour méridienne un limaçon de Pascal et celui de la réfraction à travers une (131) ou plusieurs (141) surfaces planes parallèles, où la méridienne de la surface anticaustique est une conique.

Le passage d'un faisceau homocentrique à travers un prisme (166) nous a offert un exemple du cas général où les surfaces anticaustiques ne sont pas de révolution.

261. Déformation des images par l'obliquité des rayons. — L'observation des images d'un objet lumineux plan par rapport à une lentille, ou en général à un système dioptrique centré, conduit aux mêmes remarques que l'étude des images correspondant aux miroirs sphériques (97).

Chaque point d'un objet plan perpendiculaire à l'axe principal donne naissance à une surface caustique à deux nappes. Le lieu des foyers ou sommets communs à ces deux nappes n'est pas une surface plane. On ne peut donc pas avoir une représentation rigoureuse de l'objet en coupant par un plan l'ensemble des faisceaux émergents. D'ailleurs les rayons lumineux correspondant aux foyers de la surface caustique n'ont d'existence effective que pour une région centrale limitée de l'objet, en dehors de laquelle ils ne rencontrent plus les surfaces réfringentes.

Quand le faisceau utilisé venant de chaque point de l'objet est très délié, ce qui est en particulier le cas de l'observation directe par l'œil, le faisceau émergent s'appuie sur deux droites focales. On peut considérer comme images les lieux géométriques des milieux de ces droites focales. On obtient ainsi pour un même plan-objet deux surfaces-images, de révolution autour de l'axe principal, de courbures différentes et tangentes entre elles en leur sommet situé sur cet axe.

Si l'on considère notamment une lentille infiniment mince et de faible ouverture, et un plan-objet indéfini perpendiculaire à son axe, les milieux des deux droites focales correspondantes à chaque point de l'objet sont placés sur l'axe secondaire correspondant. Les deux surfaces-images sont conve̅e̅s dans le sens de la propagation de la lumière si la lentille est convergente, concaves si elle est divergente. Leurs rayons de courbure au sommet commun ne dépendent pas de la position de l'objet, mais seulement de la distance focale f de la lentille et de son indice n. Ces rayons ont respectivement pour valeurs :

$$\frac{nf}{n+1} \quad \text{et} \quad \frac{nf}{3n+1}$$

Ces deux images paraissent confondues dans la région voisine de leur sommet. A une distance notable, elles s'écartent l'une de l'autre, grâce à l'astigmatisme du faisceau, et ne peuvent plus donner lieu qu'à un phénomène confus.

CHAPITRE VIII

§ 1er. — Composition de la lumière solaire.

262. Spectre solaire. — Considérons un étroit faisceau lumineux pénétrant dans une salle obscure par une petite ouverture O pratiquée dans le volet. Nous avons vu que, si l'on interpose un prisme P sur le trajet de ce faisceau, les rayons qui le composent prennent en général des directions nouvelles. Disposons un écran EE′ sur le trajet du faisceau émergent, perpendiculairement à sa direction moyenne I′J (fig. 187).

Si l'on enlevait le prisme, le faisceau direct éclairerait sur un écran AA′ un espace S présentant grossièrement la forme de l'objet extérieur qui constitue la source lumineuse (6). Sur l'écran EE′, l'espace éclairé présente en général la forme d'une bande allongée dans la direction perpendiculaire à l'arête du prisme, et l'on rencontre suivant la longueur de cette bande une série de régions colorées de diverses nuances.

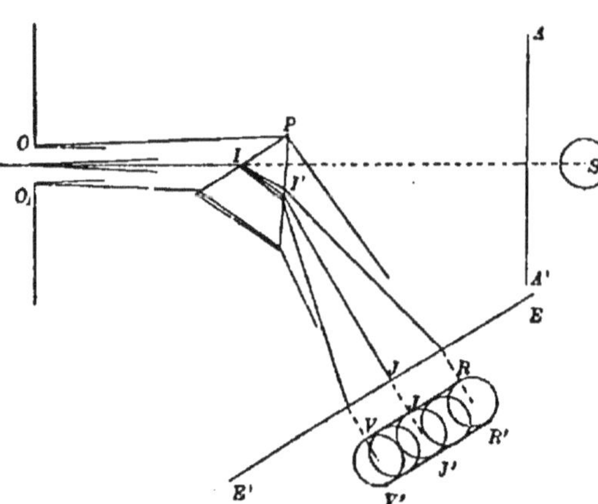

Fig. 187. — Formation du spectre solaire.

En particulier, si le faisceau primitif est constitué par la lumière solaire blanche, on peut rapporter les nuances successives, dont le nombre est indéterminé, à sept couleurs principales qui se succèdent dans l'ordre suivant, en partant du bord E' de l'écran, le plus éloigné du prolongement du faisceau primitif : *Violet, Indigo, Bleu, Vert, Jaune, Orangé, Rouge.*

Cette apparence constitue le *spectre solaire* et le phénomène qui lui donne naissance s'appelle *dispersion de la lumière.*

263. Théorie de Newton. — On peut faire *a priori* une infinité d'hypothèses sur la nature de la modification que la lumière blanche éprouve en traversant le prisme. Newton proposa en 1670 la théorie suivante, dont il vérifia les conséquences par une série d'expériences ingénieuses.

La lumière blanche solaire est formée par la superposition d'une infinité de faisceaux de nuances diverses, dont chacun se propage comme s'il était seul, sans être en rien modifié par la présence des autres.

Les indices de réfraction absolus et relatifs des divers milieux ont des valeurs différentes pour chacun de ces faisceaux élémentaires. Chaque faisceau est simple, c'est-à-dire qu'il ne peut à son tour être décomposé par aucun moyen connu en faisceaux lumineux de propriétés différentes.

Avant d'exposer les vérifications de cette théorie, nous allons étudier quelques-unes de ses conséquences.

264. Constitution du spectre solaire. — Supposons que la lumière reçue sur le prisme soit émise par un corps de forme sphérique, comme le soleil. L'image produite sur l'écran AA' (fig. 187), en l'absence du prisme, par le phénomène de la chambre obscure, présente la forme circulaire. Cette image est figurée en S sur l'écran supposé rabattu sur le plan de la figure, en tournant autour de sa trace AA' sur ce plan.

Si cette lumière est *monochromatique* (μόνος, un seul ; Χρῶμα, couleur), c'est-à-dire formée d'une seule espèce de radiations simples; elle donne sur l'écran EE', après le passage de la lumière à travers le prisme, une image JJ', circulaire ou elliptique suivant que l'écran EE' est supposé normal ou oblique à la direction moyenne des rayons.

Si la lumière incidente est formée par la superposition de plusieurs faisceaux, dont les indices relatifs au passage de l'air dans le verre présentent entre eux des différences finies, on obtient un même nombre d'images distinctes, de couleurs diverses, pouvant empiéter les unes sur les autres, comme le montre la figure.

· Enfin si la lumière incidente est constituée par la superposition d'une infinité de faisceaux, dont les indices varient d'une manière continue, on obtient une infinité d'images, dont les plus voisines se recouvrent en partie. De leur ensemble résulte la bande RR'VV' limitée par deux droites parallèles RV, R'V', qui sont les enveloppes des ellipses successives, et par deux demi-ellipses aux extrémités. La couleur observée en chaque point est ainsi formée de l'assemblage de plusieurs couleurs simples voisines.

Si quelques-unes des nuances comprises entre les couleurs extrêmes font défaut, leur absence se trouvera masquée par cette superposition partielle. On ne peut donc établir la véritable nature du phénomène qu'en évitant autant que possible la superposition des images, de manière à éclairer chaque point de l'écran avec une nuance simple. On appelle *spectre pur* un spectre qui réalise cette condition.

265. Production d'un spectre pur. — D'après ce qui précède, pour obtenir un spectre pur, il convient de produire sur l'écran l'image d'un objet très étroit dans le sens perpendiculaire à l'arête du prisme, sa longueur restant quelconque dans le sens parallèle à cette arête. On y arrive en faisant entrer la lumière dans la chambre obscure par une ouverture F (fig. 188) qui présente la forme d'une fente étroite dont la longueur est parallèle à l'arête du prisme. C'est l'image de cette fente, et non plus celle de la source lumineuse, que l'on forme sur l'écran AA', en plaçant entre la fente et l'écran une lentille convergente L, de telle sorte que les plans de la fente F et de l'écran AA' soient des plans focaux conjugués par rapport à elle.

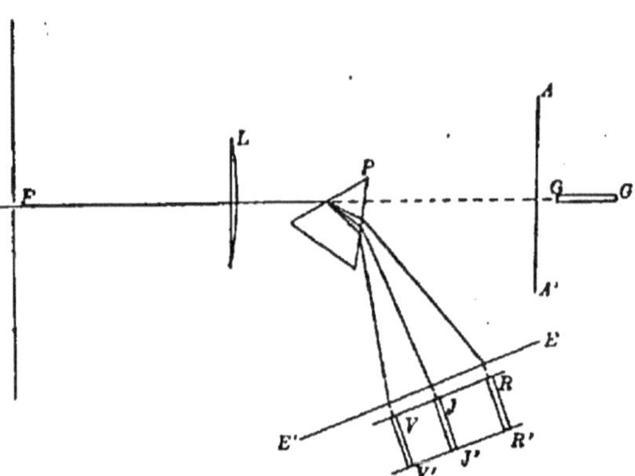

Fig. 188. — Production d'un spectre pur.

Nous ferons la construction dans le cas où ces deux plans sont au double de la distance focale principale de part et d'autre de la lentille. L'image GG' est alors égale en grandeur à la fente elle-même ; mais il n'est nullement nécessaire de réaliser ce cas particulier.

Quand on interpose le prisme P sur le trajet des rayons émergents, les faisceaux des diverses couleurs se séparent, et chacun d'eux produit sur l'écran EE' une image distincte de la fente. L'ensemble de ces images forme un rectangle RR'VV' limité sur deux côtés opposés par les images extrêmes de la fente.

Si quelques-unes des couleurs font défaut dans la lumière observée, leurs places sont occupées dans le spectre par des raies noires.

266. Considérons en particulier une des images, par exemple une image jaune JJ'. Elle est conjuguée de l'image primitive GG' par rapport au prisme, pour la lumière jaune, GG' jouant le rôle d'un objet virtuel. Nous avons vu (170) qu'un objet placé à une distance finie donne une image nette par rapport au prisme, seulement dans le cas où les rayons correspondants traversent le prisme en subissant la déviation minima. L'image et l'objet sont alors à des distances égales du prisme. Le prisme doit donc être

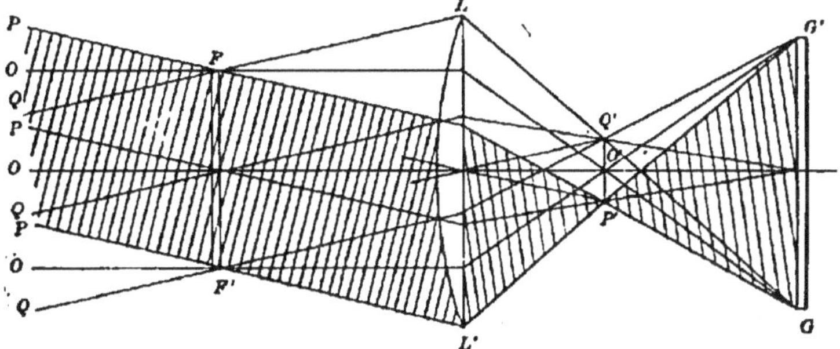

Fig. 189. — Formation successive des images de la source et de la fente.

orienté de telle sorte que le faisceau considéré le traverse avec la déviation minima (1).

267. La distance du prisme à la lentille n'est pas indifférente. Supposons que la source lumineuse soit le soleil ou toute autre source très éloignée. La lentille LL' (fig. 180) forme dans son deuxième plan focal principal une image P'Q' très petite de cette source (2). Les rayons venant d'un même point P de la source et traversant les divers points de la fente F vont, après avoir traversé la lentille, passer en un même point P' de l'image P'Q' de la source. Tous les rayons qui contribuent à produire le spectre traversent donc la petite image P'Q' qui constitue la section la plus étroite du faisceau dans le sens de la longueur de la fente. Ces rayons s'écartent ensuite en se dirigeant vers les divers points de l'image GG' de la fente. Il convient de pla-

---

(1) Cette condition ne peut être rigoureusement réalisée pour toutes les couleurs à la fois. On se contente de la réaliser pour la région du spectre qu'on se propose d'étudier.

(2) La figure 180, dont le plan est dirigé suivant la longueur de la fente, montre comment les rayons venant du soleil à travers la fente forment successivement en P'Q' l'image du soleil et en GG' celle de la fente.

cer le prisme sur l'image P'Q', dans le deuxième plan focal principal de LL', afin que le faisceau utilisé ne traverse qu'une région très étroite du prisme. On évite ainsi en grande partie les imperfections qui résultent du défaut d'homogénéité du prisme et de la courbure possible de ses faces.

Pour la même raison le faisceau doit traverser une région peu éloignée de l'arête, et par conséquent peu épaisse. Cette région ne doit pas atteindre l'arête elle-même, car dans son voisinage les faces sont toujours courbes.

268. Les indices des nuances successives variant d'une manière continue, les images les plus voisines se recouvrent encore en partie, mais cette superposition est d'autant moindre et le spectre est d'autant plus pur que les images sont plus étroites et plus écartées. On ne peut donc réaliser un spectre absolument pur ; mais on peut en accroître la pureté par deux procédés :

1° *En diminuant la largeur de la fente.* Cette opération est limitée par la nécessité d'admettre assez de lumière pour que le phénomène soit nettement visible.

2° *En étalant le spectre sur une plus grande longueur.* On y arrive en faisant passer la lumière sortant du premier prisme dans un ou plusieurs autres prismes orientés de façon à disperser la lumière dans le même sens, ce qui exige que leurs bases soient tournées d'un même côté par rapport au faisceau lumineux. Tous ces prismes sont disposés dans la position de déviation minima pour la couleur qu'on veut observer.

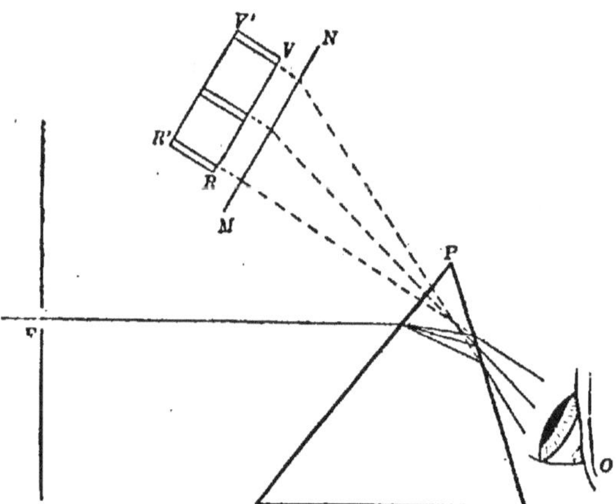

Fig. 190. — Observation directe d'un spectre virtuel.

269. Observation directe. — Au lieu d'observer le spectre par projection sur un écran, on peut l'observer directement, en recevant dans l'œil le faisceau qui sort d'un prisme orienté à la déviation minima (fig. 190). On aperçoit alors un spectre virtuel rabattu en RV R'V', qui représente l'ensemble des images de la fente F par rapport au prisme pour les diverses couleurs. Ce spectre est écarté de la fente vers le sommet du prisme et les couleurs les plus écartées sont encore les plus réfrangibles.

Nous avons supprimé la lentille L de la figure 188; mais il est avantageux de la conserver pour concentrer sur le prisme la lumière venant de la fente. Le prisme doit alors être placé sur l'image de la source lumineuse fournie par la lentille. Celle-ci doit être disposée par rapport à la fente de manière à en donner une image virtuelle à laquelle le prisme substitue le spectre virtuel.

270. Vérification de la théorie de Newton. — Pour vérifier la théorie proposée par Newton, il faut :

1° *Faire l'analyse de la lumière blanche*, c'est-à-dire établir que les radiations

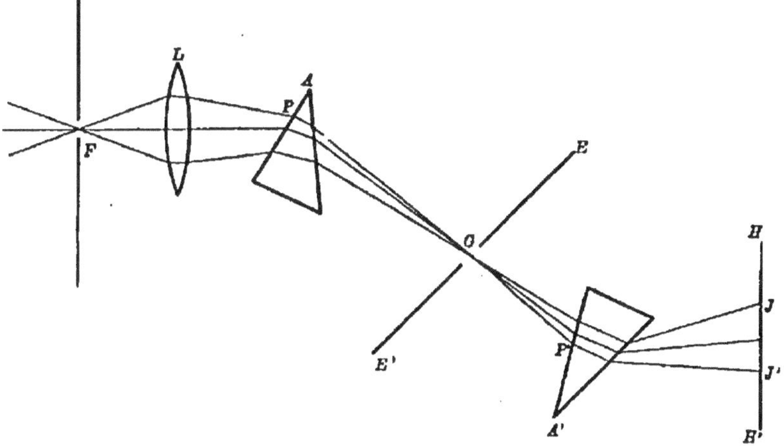

Fig. 191. — Analyse de la lumière blanche.

diations élémentaires qui la composent sont elles-mêmes indécomposables et diffèrent les unes des autres par leur indice de réfraction ;

2° *Faire la synthèse de la lumière blanche*, en montrant qu'on la reproduit par la réunion de ses composantes. On prouvera ainsi que ces lumières composantes n'ont pas été altérées par leur passage à travers le prisme.

271. 1°. Analyse de la lumière blanche. — Pour analyser la lumière blanche, on projette un spectre sur un écran EE' percé d'une fente étroite G parallèle à l'arête A du prisme P (fig. 191). Supposons qu'une certaine image de la fente F, l'image jaune par exemple, vienne se former en G. Si le spectre est pur en cette région, les rayons jaunes traversent seuls l'ouverture G. Recevons ces rayons sur un second prisme P' dont il est commode, mais non nécessaire, de disposer l'arête A' du côté opposé à celle du premier. Le faisceau jaune, dont la marche est seule indiquée sur la figure, traverse le prisme P' et va éclairer une certaine région JJ' d'un second écran HH'. La région éclairée présente une teinte jaune uniforme. La lumière jaune n'a donc pas été décomposée par le prisme P' : elle est *simple*.

Le prisme P' demeurant fixe, faisons tourner légèrement le prisme P autour de son arête A. L'incidence de la lumière étant changée, la déviation a changé de valeur pour les diverses couleurs. Une autre nuance, orangée par exemple, vient former en G son image qui demeure pure pratiquement, tant qu'on s'écarte peu de la déviation minima. Les rayons du faisceau orangé ont donc pris la direction qu'avaient précédemment ceux du faisceau jaune, si l'on néglige l'épaisseur du prisme P par rapport à sa distance à l'ouverture G. On constate que le prisme P' communique au faisceau orangé une déviation moindre qu'au faisceau jaune, mais n'altère en rien sa couleur, car la région éclairée sur l'écran HH' est moins écartée du faisceau incident que dans l'expérience précédente. L'indice de l'orangé est donc plus faible que celui du jaune. La même vérification peut être faite successivement, de proche en proche, dans toutes les parties du spectre (1).

272. Expérience des prismes croisés. — Les propriétés des couleurs composantes peuvent encore être établies par l'expérience suivante. Faisons passer la lumière par un diaphragme circulaire O, et projetons l'image réelle O' de ce diaphragme à l'aide d'une lentille convergente L, sur un écran dont la trace sur le plan vertical de la fig. 192 est MM'.

Dans le plan focal principal de la lentille L, où se forme l'image S' du soleil que la figure 193 représente de face, plaçons un premier prisme P de petit angle réfringent, à arête verticale AA', interceptant la moitié de la section du faisceau lumineux représentée par l'image S'. Immédiatement en avant de ce prisme, en suivant le sens de la propagation, disposons un second prisme Q de même angle, à arête horizontale BB', interceptant à son tour la moitié supérieure du faisceau. Le faisceau se trouve ainsi partagé en quatre portions 1, 2, 3, 4. Les images produites par ces quatre portions sur l'écran MM' sont représentées sur la figure 192, en supposant que la partie de l'écran située en arrière de la figure a été rabattue sur le plan de cette figure, en tournant de droite à gauche autour de sa trace MM'.

La portion 1 produit l'image blanche circulaire O' de l'ouverture, qui reste entière malgré la division du faisceau, car par chaque point de l'image

---

(1) L'expérience est encore plus précise si l'on interpose une lentille convergente entre l'ouverture G et le prisme P', de manière à projeter sur HH' une image colorée de cette ouverture.

S' du soleil passent des rayons aboutissant à tous les points de l'image O

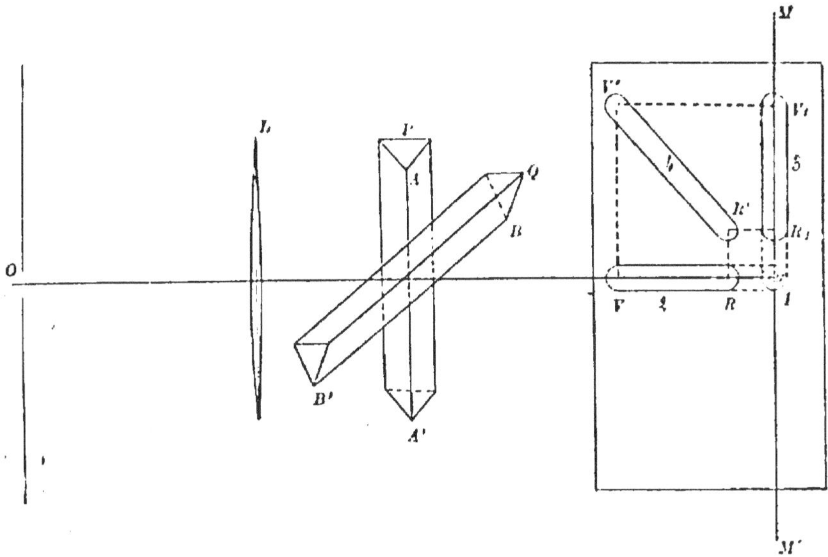

Fig. 192. — Expérience des prismes croisés. — Production des images.

de l'ouverture. Cette image est seulement quatre fois moins éclairée que si le faisceau lui arrivait en entier.

La portion 2, qui a traversé le prisme P, donne naissance à un spectre RV dévié vers la base du prisme.

La portion 3, qui a traversé le prisme Q, produit le spectre R_1V_1 dévié vers le haut.

La portion 4 a traversé d'abord le prisme P qui l'a décomposée en ses couleurs élémentaires. Les rayons correspondants sont alors dirigés vers les diverses régions du spectre RV. Ce faisceau traverse

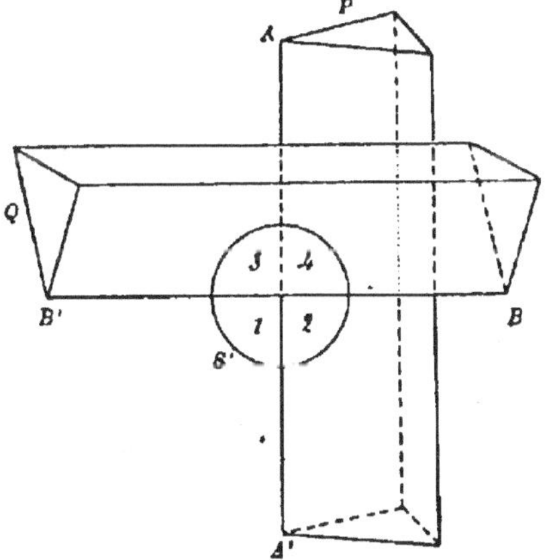

Fig. 193. — Expérience des prismes croisés Partage du faisceau.

ensuite le prisme Q qui le dévie verticalement. Si les couleurs élémentaires étaient elles-mêmes divisibles en plusieurs autres, on devrait obtenir suivant la verticale de chaque point de RV une série de nuances différentes. Comme cette nouvelle dispersion n'a pas lieu, les couleurs primitives sont simplement déviées sur leurs verticales, et comme elles le sont inégalement, on obtient le spectre R'V' incliné à 45° sur l'axe horizontal du spectre RV.

273. 2°. Synthèse physique de la lumière blanche. — Il reste à établir qu'en réunissant les couleurs séparées, on obtient de la lumière blanche identique à la lumière primitive. Cette synthèse peut se faire par divers procédés.

274. a) Par un second prisme. — On fait arriver la lumière solaire par une ouverture O assez large (fig. 194). La lumière blanche qui vient du centre

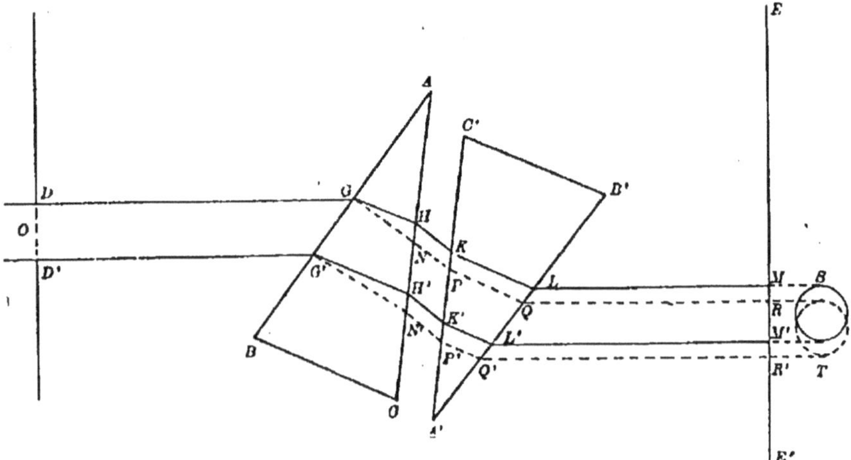

Fig. 194. — Synthèse de la lumière blanche par un second prisme.

du disque solaire forme un faisceau parallèle DG D'G'. La lumière rouge qui provient de sa décomposition forme à l'émergence le faisceau parallèle HK H'K' (lignes pleines); la lumière violette forme le faisceau NP N'P' (lignes ponctuées). Les autres nuances forment des faisceaux parallèles qui occupent des positions intermédiaires. Recevons ces faisceaux sur un second prisme A'B'C' identique au premier, mais dont l'arête A' est parallèle à A et tournée du côté opposé, les faces étant deux à deux parallèles. Tous les faisceaux colorés subissent des déviations égales et contraires à celles qu'ils avaient reçues du premier prisme. Ils prennent donc tous une direction parallèle à celle du faisceau incident. Le faisceau rouge LM L'M' et le faisceau violet QR Q'R' sont superposés dans leur partie moyenne qui est commune à tous les faisceaux colorés. Sur un écran EE' perpendiculaire aux rayons, la section de chaque faisceau est une ellipse. L'ensemble de ces ellipses est rabattu en ST.

L'expérience montre que dans toute la région moyenne où les faisceaux sont mêlés, cette section est éclairée en blanc. Elle est irisée en rouge sur son bord S le plus voisin du faisceau primitif, en violet sur le bord opposé T. Les faisceaux venant des autres points du disque solaire se comportent de même ; leur présence ne modifie pas sensiblement le résultat.

275. On peut objecter à cette expérience que les faisceaux colorés ne sont pas séparés, mais en grande partie superposés à l'endroit où l'on place le second prisme A'B'C'. On écarte cette objection en opérant comme il suit la reconstitution de la lumière blanche par un prisme.

Au moyen d'une fente F (fig. 195), d'une lentille L et d'un prisme P, on projette un spectre RV sur un écran qui, en diffusant la lumière, rend ce spectre visible en toute direction. Disposons entre l'œil et le spectre diffusé un second prisme P' identique au premier et orienté dans le même sens. Les radiations les plus réfrangibles étant les plus déviées par ce second prisme, on peut

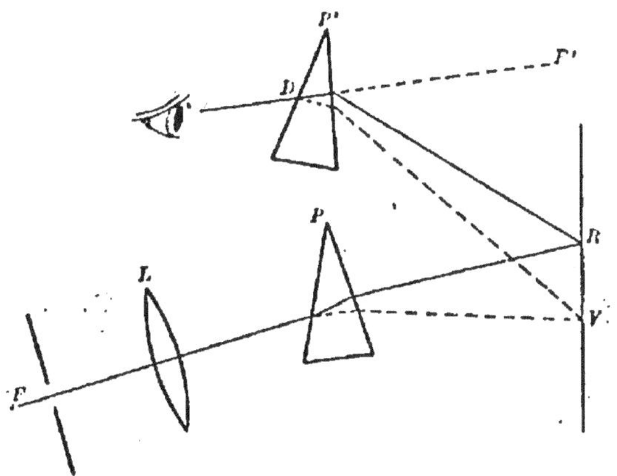

Fig. 195. — Observation d'un spectre à travers un prisme.

lui donner une position telle que tous les rayons émergents passant par un même point D de la face de sortie soient ramenés à une même direction DE. A l'image colorée RV se substitue alors pour l'observateur une image virtuelle blanche F' de la fente.

276. *b*) **Par une lentille convergente ou un miroir sphérique concave.** — A l'aide d'une lentille L (fig. 196) et d'un prisme P, produisons un spectre pur RV, où les couleurs sont nettement séparées, et plaçons au-delà de ce spectre une lentille L' qui en donne une image R'V' réelle ou virtuelle. Un rayon incident FI venant d'un point de la source lumineuse rencontre en un point I la face d'entrée du prisme P et s'y disperse en rayons colorés. Ces rayons, après avoir traversé la face de sortie du prisme et la lentille L', vont converger en I', foyer conjugué du point I par rapport au système formé par le prisme BAC et la lentille L'. Le point I' est donc l'image blanche du point I (1).

---

(1) Les faisceaux colorés étant inégalement réfrangibles, l'image I' n'est pas ri-

Un autre rayon incident FD rencontre la face AB en un point J formant de même son foyer conjugué en J', sur l'image de la face AB.

Les rayons diversement colorés se séparent ensuite pour venir former en R'V' l'image supposée réelle du spectre pur RV par rapport à la lentille L'. La figure représente la marche des rayons rouges extrêmes (traits pleins) et violets extrêmes (traits ponctués). Si l'on fait coïncider un écran avec l'image I'J', cette image se peint en blanc. Si l'on rapproche légèrement

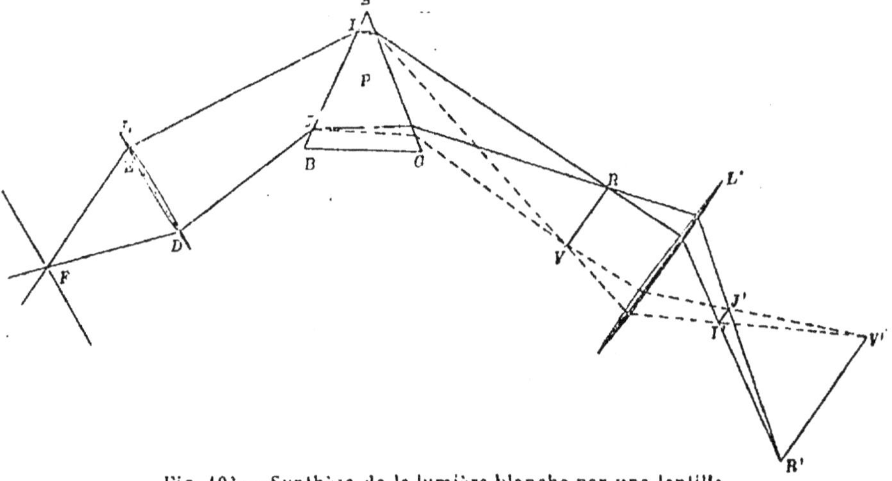

Fig. 193.— Synthèse de la lumière blanche par une lentille.

l'écran de la lentille L', les faisceaux colorés sont encore superposés dans leur partie moyenne et y forment de la lumière blanche. Cette région est bordée de rouge en haut et de violet en bas. Ces irisations se renversent si l'on recule l'écran un peu au-delà de l'J'.

Un miroir sphérique concave mis à la place de la lentille L' produit des effets analogues.

277. 3°. Synthèse physiologique de la lumière blanche. — Il reste à montrer que les couleurs élémentaires conservent leur individualité dans la lumière blanche et que chacune d'elles se comporte comme si elle était seule. Pour cela il faut faire agir simultanément chacune des couleurs sur un même point de la rétine de l'œil, sans les mêler préalablement. L'observateur percevant dans ces conditions la sensation du blanc, il en résulte

gourcusement la même pour chacun d'eux. Mais ces images diffèrent peu et l'effet obtenu est sensiblement indépendant de leur écart.

que cette sensation n'est que le produit de la synthèse des sensations colorées.

278. *a*) **Poudres colorées.** — Newton a réalisé ces conditions en observant un mélange bien éclairé de poudres fines présentant les diverses couleurs constitutives de la lumière blanche. Chaque grain de poudre envoie à l'œil un faisceau coloré ; mais si ces grains sont assez fins, chaque élément nerveux de la rétine reçoit l'image d'un certain nombre de grains voisins, de couleurs diverses. La sensation résultant de l'ensemble de ces impressions est celle du blanc.

279. *b*) **Disque tournant.** — Un disque est divisé en secteurs peints des diverses couleurs du spectre. Leurs étendues et leurs éclats inégaux sont calculés de façon à reproduire aussi exactement que possible la répartition des couleurs dans le spectre. La série des couleurs se reproduit plusieurs fois dans une circonférence du disque. Si l'on éclaire la surface par de la lumière blanche, chaque secteur renvoie à l'œil par diffusion la couleur qui lui est propre.

Quand on fait tourner très rapidement le disque autour d'un axe perpendiculaire à son plan, toutes les couleurs viennent occuper successivement une même position, en un temps qu'on peut rendre plus petit que la durée de persistance des sensations lumineuses, un dixième de seconde environ. Les impressions colorées sont donc alors superposées en un même point de la rétine, bien que les faisceaux lumineux produisant ces impressions restent distincts. La sensation perçue est celle du blanc pour toute la surface du disque, s'il est fortement éclairé. Mais comme l'ensemble du disque diffuse moins de lumière qu'une surface blanche, il paraît gris s'il est faiblement éclairé (1).

280. Couleurs complémentaires. — Dans l'expérience de la synthèse de la lumière blanche par une lentille (fig. 196), disposons dans le spectre RV un écran linéaire très étroit allongé parallèlement à l'arête du prisme, de manière à intercepter les rayons d'une couleur déterminée, par exemple du vert. Les autres couleurs forment comme précédemment en l'J' l'image de la face d'entrée du prisme. Mais cette image, où le jaune fait défaut, présente, au lieu de la couleur blanche, une teinte résultant de la réunion de toutes les nuances, sauf la nuance verte arrêtée. Cette teinte est dite *couleur complémentaire* du vert. L'expérience montre qu'elle est rouge et l'œil ne peut la distinguer d'une certaine nuance rouge apparte-

____

(1) Cette expérience, ordinairement attribuée à Newton, a été réalisée par Muschenbroeck, un siècle après les expériences de Newton.

nant au spectre, bien que cette dernière soit simple, tandis que la teinte obtenue est complexe et décomposable.

La teinte complémentaire de la couleur

Rouge	est	Verte.		Verte	est	Rouge.
Orangée		Bleue.		Bleue		Orangée.
Jaune		Gris de lin.		Violette		Jaune.

Si, au lieu d'une couleur, on en supprime plusieurs, la teinte obtenue par la superposition des couleurs restantes se confond encore en général, comme apparence, avec une des couleurs spectrales, sauf dans le cas du gris de lin obtenu par la suppression du jaune (1).

281. Portons sur la circonférence d'un cercle, à partir d'un point A (fig. 197), des arcs proportionnels à l'intensité des couleurs dans le spectre solaire, du rouge au violet, en laissant entre l'extrémité B du violet et le commencement du rouge un petit intervalle AB réservé au gris de lin qui ne figure pas dans le spectre visible. En joignant au centre O les extrémités de ces arcs, nous obtenons une série de secteurs. Imaginons qu'au centre de gravité de chacun de ces secteurs on ait fixé un poids proportionnel à l'intensité de la couleur correspondante dans une certaine lumière complexe. On obtiendra en général l'effet produit sur l'œil en composant par la règle des forces parallèles les poids correspondants à ces couleurs. Le point d'application de la résultante se trouvera dans une région qui fera connaître la teinte obtenue. Cette teinte sera d'autant plus lavée de blanc que le point correspondant sera plus voisin du centre O, et s'il se confond avec le centre, la teinte sera blanche.

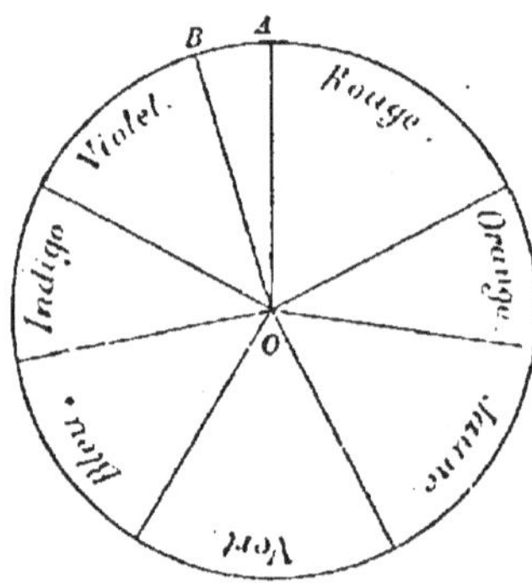

Fig. 197. — Teinte résultante.

---

(1) On peut recueillir successivement sur l'écran les deux images de couleurs complémentaires, en disposant successivement dans le spectre RV : 1° une bande de carton capable d'arrêter une ou plusieurs couleurs ; 2° une feuille de carton percée d'une ouverture rectangulaire de même dimension que la bande précédente et occupant la même place dans le spectre.

On peut aussi projeter à la fois deux couleurs complémentaires sur l'écran placé en JI, en faisant passer un groupe de rayons colorés à travers un prisme de petit angle placé en RV. Ces rayons légèrement écartés de leur direction vont converger en une région de l'écran différente de JI et produisent une certaine nuance. Les autres couleurs, convergeant toujours en JI, donnent la nuance complémentaire. Si les deux bandes éclairées ont une partie commune, cette région est blanche.

Bien que cette règle, dont le principe est dû à Newton, ne soit pas susceptible d'une vérification rigoureuse, son application montre qu'une même teinte peut être obtenue par une infinité de combinaisons différentes. En particulier la sensation du blanc peut être réalisée d'une infinité de manières, par des combinaisons de deux, trois, ou un plus grand nombre de nuances simples. Pour cette raison les expériences des poudres colorées et du disque tournant peuvent donner la sensation du blanc, bien que les couleurs envoyées à l'œil par les différents grains de poudre ou par les divers points du disque coloré ne soient pas des couleurs spectrales simples.

282. Couleurs des objets. — La surface d'un corps opaque possède la propriété d'absorber une certaine fraction de la lumière qu'elle reçoit. Le reste de la lumière est réfléchi ou diffusé, suivant que la surface est polie ou non. Quand le rapport de la quantité de lumière diffusée à la quantité de lumière reçue est le même pour les diverses couleurs, le corps éclairé par de la lumière blanche paraît blanc, gris ou noir, suivant que ce rapport est grand, faible ou presque nul. Mais les corps blancs éclairés par une lumière colorée prennent la nuance de cette lumière.

Quand le rapport présente des valeurs variables d'une couleur à l'autre, la surface du corps recevant de la lumière blanche diffuse une teinte colorée qui constitue sa couleur propre. Cette couleur n'est pas en général une nuance spectrale simple. Ainsi le vert du feuillage dû à la chlorophylle contient du bleu, du vert et du jaune.

Si l'on projette le spectre solaire sur une surface colorée, cette surface prend dans chaque partie du spectre la couleur correspondante, avec un éclat proportionnel à la fraction diffusée. Elle paraît noire dans les régions correspondant aux couleurs entièrement absorbées.

L'effet d'une première réflexion peut être modifié par une série d'autres réflexions sur la même surface, les couleurs les plus absorbables étant éteintes en proportion croissante. Ainsi le fond d'un vase doré profond renvoie à l'œil une lumière rouge vif qui s'est épurée par plusieurs réflexions préalables sur les parois, tandis qu'une seule réflexion donne une teinte jaune pâle. Les réflexions multiples accentuent ainsi en les modifiant les couleurs des divers métaux.

La couleur des corps transparents est due aux nuances qu'ils laissent passer à travers leur masse, les autres nuances étant absorbées. Le verre blanc est incolore parce qu'il laisse passer toutes les nuances en égale proportion. Le verre coloré en rouge par le sous-oxyde de cuivre éteint les couleurs autres que le rouge. Les objets rouges vus à travers ce verre conservent leur éclat ; les objets des couleurs autres que le rouge paraissent ternes ou complètement noirs, les couleurs qu'ils diffusent étant arrêtées par le verre rouge.

283. Vision des objets colorés à travers un prisme. — Quand on regarde à travers un prisme une surface colorée, cette surface se trouve remplacée par une image virtuelle déplacée vers le sommet du prisme d'autant

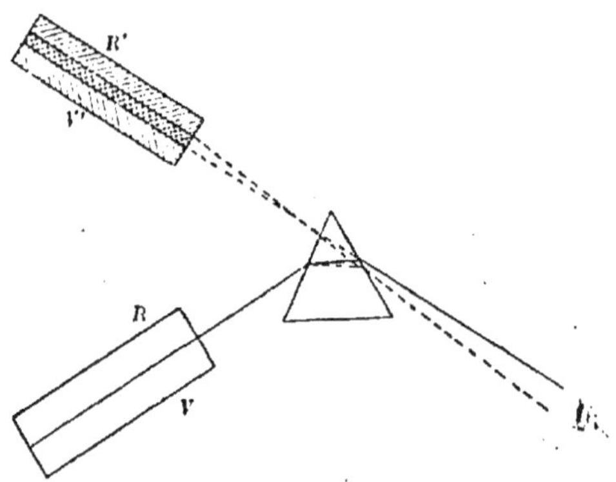

plus que la couleur est plus réfrangible. Si l'objet est formé d'une bande rouge R et d'une bande verte V parallèles à l'arête du prisme et contiguës, l'image V′ de la bande verte plus relevée que celle R′ de la bande rouge paraît empiéter sur elle, quand elle est la plus éloignée de l'arête ; la partie commune est blanche (fig. 198). Quand la bande verte

Fig. 198. — Vision des objets colorés à travers un prisme. Cas de la superposition.

est la plus voisine de l'arête (fig. 199), on voit entre les deux images un intervalle non lumineux qui semble noir.

Si l'objet est une bande blanche sur un fond noir, ses images colorées se

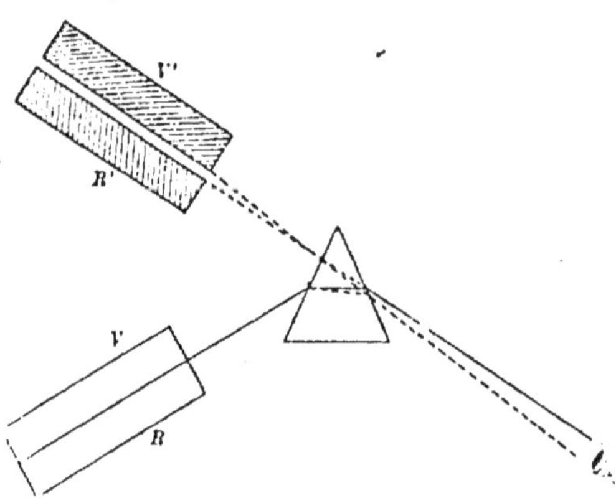

séparent. La bande paraît bordée de bleu vers l'arête, les couleurs les plus réfrangibles dominant dans cette région ; elle est bordée de rouge du côté opposé.

Si l'objet est une bande noire sur fond blanc, les irisations occupent des positions inverses, les parties du fond qui limitent les deux côtés

Fig. 199. — Vision des objets colorés à travers un prisme. Cas de l'écartement.

de la bande devant être alors considérées comme objets lumineux.

284. Angle de dispersion. Pouvoir dispersif. — On appelle *angle de dispersion* l'angle VOR (fig. 200) que font entre eux les rayons émergents provenant d'un même rayon incident SI et appartenant aux nuances extrêmes du spectre visible. Cet angle augmente pour un même prisme quand l'incidence du rayon SI diminue. Il croît pour une même substance et une incidence donnée avec l'angle réfringent du prisme. Enfin il dépend de la nature de la substance réfringente. En formant des prismes avec des substances différentes, on reconnaît aisément que pour une même déviation moyenne, les spectres sont très inégalement étalés.

On appelle pouvoir dispersif d'une substance réfringente le rapport

$$K = \frac{n_2 - n_1}{n_0 - 1}$$

de la différence des indices absolus n_2 et n_1 des couleurs extrêmes dans cette

substance, à l'indice n_0 de la couleur moyenne diminué de l'unité. On considère comme couleur moyenne la nuance jaune qui correspond à la raie D du spectre solaire, la région voisine étant la plus brillante du spectre.

Imaginons qu'on construise

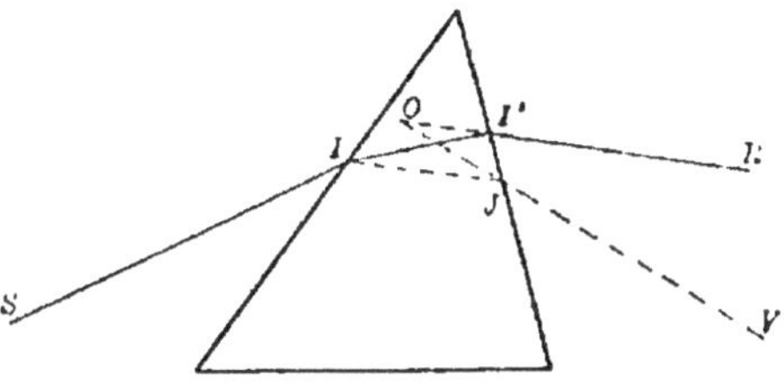

Fig. 200. — Angle de dispersion.

avec la substance considérée un prisme de très petit angle réfringent A et que la lumière pénètre dans ce prisme sous une incidence voisine de la normale, les faces du prisme étant dans le vide. La déviation d'un rayon lumineux correspondant à l'indice n a pour valeur:

$$D = (n - 1) A$$

On a donc, en désignant par D_0, D_1, D_2, les déviations de la couleur moyenne et des couleurs extrêmes, l'indice 1 correspondant à la moins réfrangible :

$$(1) \qquad \frac{D_2 - D_1}{D_0} = \frac{n_2 - n_1}{n_0 - 1} = K$$

Le pouvoir dispersif est égal au quotient de la différence des déviations extrêmes par la déviation moyenne, pour un prisme de petit angle. Le pouvoir dispersif varie avec la nature du milieu.

285. Dispersion anomale. — Certaines substances, comme la vapeur d'iode, la solution de fuchsine, etc., dévient une partie des couleurs du spectre, ou même le spectre entier, dans un ordre inverse de celui qui est fourni par le crown. Ce phénomène, désigné sous le nom de *dispersion anomale*, a été découvert par M. Le Roux dans ses recherches sur la vapeur d'iode.

286. Raies du spectre solaire. — Dans le spectre solaire observé soit directement, soit par projection, l'on remarque que les nuances successives sont séparées en différentes régions par de fines raies sombres parallèles à l'arête du prisme. Ces raies marquent la place de certaines radiations absentes ou affaiblies dans la lumière solaire. Le nombre de raies visibles croît à mesure qu'en augmentant le nombre des prismes traversés par la lumière, on produit un spectre plus pur et plus étalé. En même temps les raies les plus marquées se séparent en plusieurs autres raies fines très rapprochées. On ne distingue à première vue aucun ordre dans la répartition de ces raies.

Ces phénomènes ont été observés pour la première fois par Wollaston en 1802, dans le spectre virtuel fourni par la lumière des nuées (1). Frauenhofer, en 1814, les observa à l'aide d'un prisme de flint très dispersif et d'une lunette, et désigna par des lettres les principales raies.

Les observations de Brewster, de Kirchoff, de MM. Mascart, Cornu, etc., ont porté le nombre des raies connues à plusieurs milliers et ont montré que les raies de Frauenhofer sont en réalité des groupes de plusieurs raies voisines très nombreuses.

Fig. 201. — Principales raies du spectre solaire (1).

Les principaux groupes (fig. 201) sont : A à l'extrémité du rouge, a et B dans le rouge, C à la limite du rouge et de l'orangé, D dans le jaune près de la limite de l'orangé, E entre le jaune et le vert, b dans le vert, F dans le bleu près de la limite du vert, G dans l'indigo, h dans le violet, H à l'extrémité du spectre visible, dans le violet.

§ 2. — Spectroscopie.

287. Spectroscopes. — L'étude de la répartition des raies du spectre présente un grand intérêt, au double point de vue de la constitution des sources lumineuses et de la détermination précise des indices de réfraction, les raies constituant des repères qui correspondent à des radiations bien déterminées.

On étudie cette répartition à l'aide des instruments appelés *spectroscopes*. L'expérience de Frauenhofer en contient le principe. Nous avons vu qu'un prisme fournit en lumière monochromatique une image nette d'un point ou d'une fente parallèle à son arête, dans deux conditions différentes : 1° quand l'incidence correspond à la déviation minima, quelle que soit la

---

(1) Les prismes et les lentilles employés par Newton n'étaient pas assez purs pour lui permettre d'observer les raies. — Nous devons la figure 201 à l'obligeance du Dr Mergier : elle est extraite de son traité de *Manipulations d'optique*.

distance de l'objet au prisme ; 2° quand l'objet est à l'infini, quelle que
soit l'incidence. La réalisation expérimentale d'une de ces conditions seulement comporte une erreur qui peut nuire à la perfection des images. Mais
leur réalisation simultanée donne de meilleurs résultats, même quand elle
n'est que très approchée. Les perturbations résultant des petits écarts sont
alors du second ordre, quand celles qui se produiraient dans le premier cas
sont du premier ordre. L'usage de la déviation minima présente en outre cet avantage qu'un faible changement de l'angle d'incidence n'altère
pas sensiblement la déviation au voisinage du minimum. Le prisme peut
donc subir un léger déplacement accidentel, sans que la position des raies
soit modifiée dans la région qui correspond à la déviation minima.

288. Spectroscope à vision oblique. — Le spectroscope le plus fréquemment employé est celui de Kirchoff et Bunsen. Il se compose d'un ou de
plusieurs prismes P, P', etc.,
disposés sur une plate-forme
horizontale, et dont les arêtes
verticales sont exactement
parallèles entre elles (fig.
202). Ces prismes sont ordinairement en flint, verre plus
dispersif que le crown-glass.

Sur le bord circulaire de
la plate-forme on a disposé
un collimateur constitué par
une lentille convergente LL',
dans le plan focal de laquelle
est placée une fente étroite F
parallèle aux arêtes des prismes. La lentille et la fente
sont disposées aux deux ex-

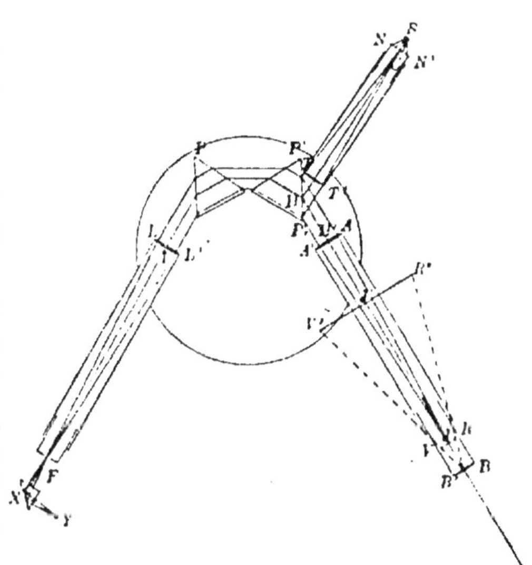

Fig. 202. — Spectroscope à vision oblique.

trémités d'un tube métallique horizontal noirci intérieurement pour éviter
les réflexions. La fente est limitée par deux bords métalliques minces dont
on peut faire varier lentement la distance au moyen d'une vis. Si l'on
éclaire cette fente par une source lumineuse extérieure, les rayons passant
par un de ses points F deviennent parallèles entre eux, après avoir traversé
la lentille LL'.

Ce faisceau parallèle est dirigé de façon à traverser successivement tous
les prismes que l'on place à la déviation minima pour la couleur observée,

en faisant tourner chacun d'eux autour d'un axe parallèle à son arête. Le faisceau primitif se disperse ainsi en plusieurs faisceaux colorés inégalement déviés et formés chacun de rayons parallèles entre eux.

289. Au delà du dernier prisme se trouve disposée horizontalement sur le bord de la plate-forme une lunette astronomique AA′BB′ portée par une alidade (1) qui peut tourner autour du centre de l'appareil. En outre la lunette est mobile, au moyen d'une vis, autour d'un axe parallèle à l'arête des prismes, par lequel elle repose sur l'alidade. On peut donc toujours amener son axe optique à coïncider avec la direction de l'un quelconque

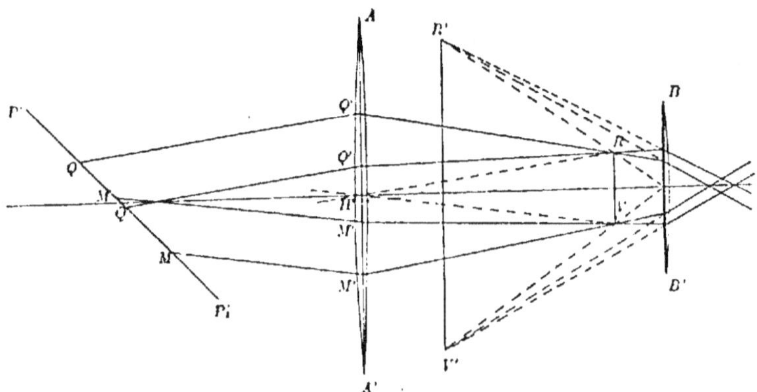

Fig. 203. — Marche des rayons colorés dans la lunette du spectroscope.

HH′ des faisceaux colorés émergents. Ce faisceau forme l'image correspondante J du point F au foyer principal de l'objectif de la lunette. Chaque point de la fente forme son image de la même couleur sur la perpendiculaire au plan de la figure menée par J. Les rayons venant du point F et appartenant aux radiations extrêmes rouge et violette suivent respectivement les routes QQ′QQ′ et MM′MM′, à partir de la face de sortie P′P′, du dernier prisme (fig. 203).

Les images correspondantes du point F se forment dans le plan focal principal de l'objectif, à ses intersections R et V avec les axes secondaires parallèles aux directions des faisceaux émergents. L'ensemble des images de la fente ainsi formées dans le plan focal de l'objectif constitue un spectre RV qui est vu agrandi en R′V′, à travers l'oculaire.

290. Pour relever les positions relatives des raies du spectre, on forme

---

(1) Non représentée sur la figure.

dans le plan focal de l'objectif de la lunette, l'image réelle d'un micromètre gradué perpendiculaire aux arêtes des prismes. Ce micromètre est constitué par une fine division transparente NN′ (fig. 202 et 204) tracée sur une plaque de verre dépoli, éclairée par la flamme S d'une bougie et placée dans le plan focal de la lentille TT′ d'un collimateur. Les rayons partis d'un point U du micromètre placé sur l'axe du collimateur deviennent parallèles à la sortie de la lentille TT′ et sont dirigés vers la face de sortie du dernier prisme. Une partie de la lumière, seule utilisée, est

Fig. 204. — Micromètre du spectroscope.

réfléchie par cette face dans une direction que l'on amène, par le réglage du collimateur NN′TT′, à coïncider avec l'axe de la lunette AA′BB′. On obtient donc en VR une image réelle du micromètre NN′ qui s'étend suivant la série des couleurs du spectre.

Quand on ne change pas le réglage de l'appareil, les traits de cette image coïncident toujours avec des nuances déterminées du spectre, quelle que soit la source placée devant la fente.

Les prismes sont entourés d'un écran cylindrique percé d'ouvertures disposées de manière à laisser passer les faisceaux lumineux des collimateurs, en arrêtant toute lumière étrangère au phénomène.

291. Les distances des diverses raies ainsi mesurées dépendent des conditions particulières du spectroscope employé, et ne demeurent pas proportionnelles entre elles d'un instrument à l'autre. Quand il s'agit de comparer plusieurs spectres d'origines différentes, il est préférable de les produire simultanément dans la lunette. On y arrive en plaçant derrière la fente F du collimateur principal un prisme à réflexion totale X, mobile autour d'une charnière qui permet de l'écarter. Ce prisme renvoie dans la fente la lumière d'une source lumineuse Y placée latéralement. Le prisme X n'occupe que la moitié supérieure de la longueur de la fente (fig. 205), dont la moitié inférieure est éclairée directement par une autre source. On obtient donc dans la lunette deux spectres superposés, dont chacun occupe la moitié de la hauteur du champ éclairé. Les raies correspondantes DD des deux

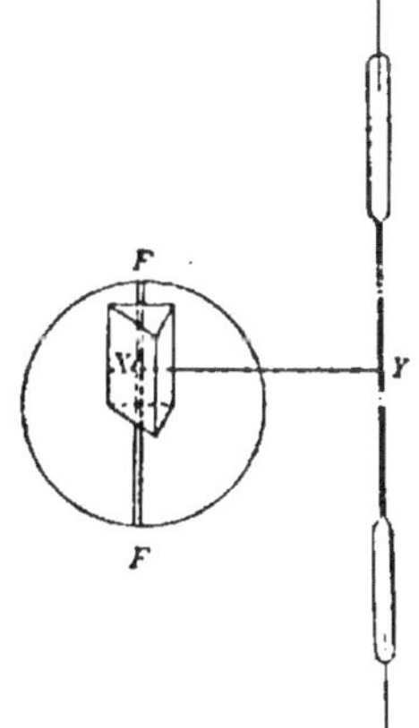

Fig. 205. — Partage du champ entre deux sources lumineuses.

spectres sont ainsi exactement placées dans le prolongement des unes des autres et la comparaison devient très précise (fig. 206).

L'aspect général du spectroscope à vision oblique est représenté par la figure 207 que nous devons à l'obligeance de M. Pellin.

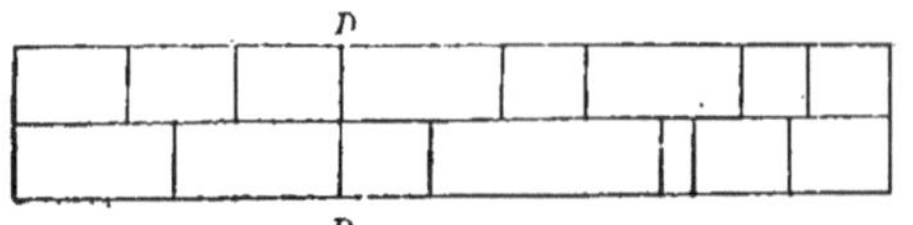

Fig. 206. — Superposition de deux spectres dans le champ du spectroscope.

292. Spectroscopes à vision directe. — Le spectroscope que nous venons de décrire présente l'inconvénient de former le spectre dans une direction différente de celle de la

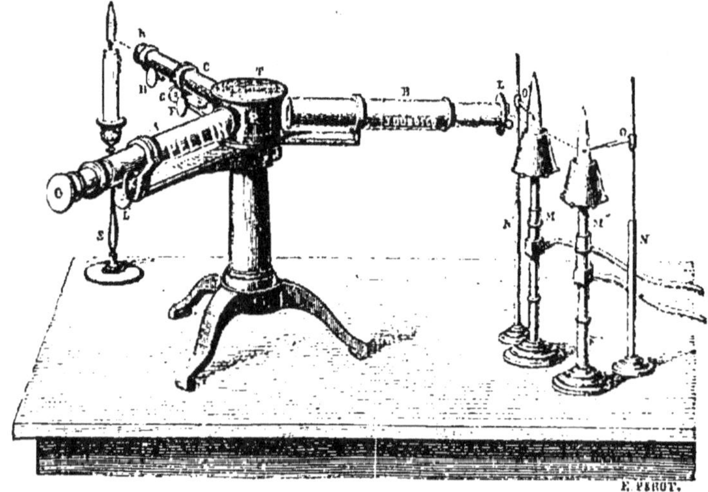

Fig. 207. — Vue générale du spectroscope à vision oblique.

lumière incidente. Les spectroscopes à vision directe permettent la visée dans la direction même de cette lumière.

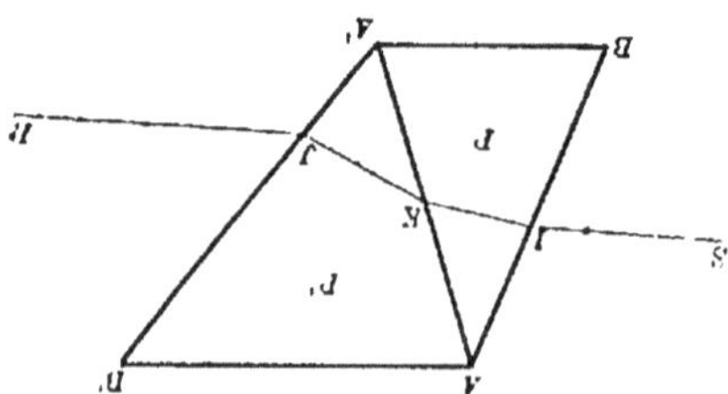

Fig. 208. — Principe du spectroscope à vision directe.

L'expérience a montré que le pouvoir dispersif $\dfrac{n_2 - n_1}{n_0 - 1}$ varie d'une substance à l'autre, c'est-à-dire que la différence des indices extrêmes ne reste pas proportionnelle à la réfraction moyenne $n_0 - 1$. Juxtaposons par une de leurs faces deux prismes P et P' formés de substances différentes, en sorte que leurs arêtes réfringentes A et A' soient parallèles et disposées en sens inverses (fig. 208). Un rayon de lumière monochromatique traversant ce système y subit deux déviations contraires que l'on peut rendre égales pour une couleur déterminée, en choisissant convenablement les angles A et A′.

Considérons le cas simple de deux prismes d'angles très petits, et convenons d'affecter d'accents les lettres représentant les données relatives au second prisme et des indices 1, 2 et 0 celles qui correspondent aux couleurs extrêmes et à la couleur moyenne. Pour plus de généralité, nous ne ferons pas d'hypothèse sur l'orientation relative des prismes. Nous prendrons pour sens positif des angles réfringents celui de l'angle du premier prisme.

La déviation résultante pour une couleur quelconque est

$$(n - 1) A + (n' - 1) A' = D + D'$$

En la rendant nulle pour la couleur moyenne, on a :

$$(2) \qquad (n_0 - 1) A + (n'_0 - 1) A' = D_0 + D'_0 = 0$$

Si l'on suppose les milieux des deux prismes plus réfringents que le milieu extérieur, les différences $n_0 - 1$ et $n'_0 - 1$ sont positives. L'équation ne peut donc être vérifiée que si A et A′ sont de signes contraires, c'est-à-dire si les prismes sont tournés en sens inverses.

On a, d'après la formule (1) :

$$D_2 - D_1 = K D_0$$
$$D'_2 - D'_1 = K' D'_0 = - K' D_0,$$

et en désignant par Δ la déviation résultante pour une couleur déterminée :

$$\Delta_2 - \Delta_1 = (K - K') D_0.$$

Les pouvoirs dispersifs étant inégaux, cette équation montre que la différence des déviations résultantes pour les couleurs extrêmes n'est pas nulle. Il y a donc à la fois dispersion de la lumière et vision directe pour une nuance moyenne arbitrairement choisie d'avance. Mais la dispersion est inférieure à celle que donnerait seul le prisme le plus dispersif.

Si les angles des prismes ne sont pas très petits, comme il convient dans la pratique, le calcul de la dispersion est plus compliqué, mais conduit à la même conclusion.

293. — Amici, qui a construit le premier un spectroscope à vision directe, employait un système de deux prismes de crown P_1 et P_2, d'angles égaux, séparés par un prisme de flint P′P orienté en sens inverse (fig. 209) (1).

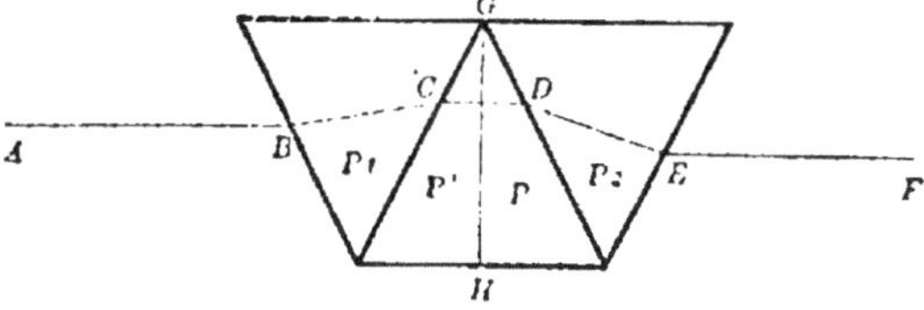

Fig. 209. — Spectroscope d'Amici.

(1) Cette disposition présente cet avantage que le plan bissecteur GH du prisme de

Pour augmenter la dispersion qui est toujours faible dans ces conditions, M. Janssen emploie trois prismes de crown comprenant entre eux deux prismes de flint de sens inverse.

294. Spectroscopes à réflexion. — *Appareil de Thollon* (1). Pour concilier l'avantage de la vision directe avec une grande dispersion, il faudrait faire passer successivement le faisceau lumineux à travers plusieurs prismes d'Amici orientés dans le même sens. Mais l'appareil deviendrait dispendieux et difficile à manier s'il comprenait un grand nombre de prismes. On obtient le même résultat en faisant passer plusieurs fois le faisceau dans un même prisme, à l'aide de réflexions sur des miroirs plans.

Dirigeons le faisceau lumineux à travers le prisme composé vertical projeté horizontalement en IKML (fig. 210), de manière que les rayons de nuance moyenne

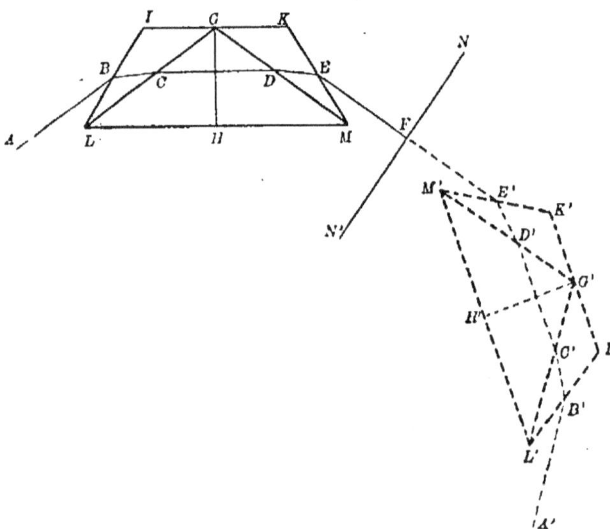

Fig. 210. — Passage répété d'un faisceau lumineux dans un même prisme.

suivent le trajet ABCDEF, la portion CD intérieure au prisme moyen étant perpendiculaire au plan de symétrie GII, mais la déviation totale restant quelconque. Si en F le faisceau rencontre un miroir plan NN' perpendiculaire à sa direction, il traverse de nouveau le même prisme en sens contraire, en suivant le même trajet.

La dispersion obtenue est alors évidemment la même que si, le miroir étant supprimé, on remplaçait le trajet d'aller par le passage à travers un prisme

flint est un plan de symétrie de l'appareil. La direction d'incidence étant perpendiculaire à ce plan pour le milieu de la fente, les rayons de la nuance moyenne reprennent cette direction en CD, dans le prisme de flint, et les rayons émergents EF sont dans le prolongement même des rayons incidents (Fig. 209).

(1) *Journal de Physique*, 1re série, t. VII, p. 151 et t. VIII, p. 73.

l'K'M'L' symétrique du premier par rapport à NN'. Tout se passe donc comme si la route suivie par le rayon moyen était A'B'C'D'E'FEDCBA. Les dispersions produites par ce double passage sont donc de même sens et s'ajoutent, et la couleur moyenne a repris en sens contraire sa direction primitive BA. Une réflexion sur un second miroir plan la ramènerait à son premier sens.

Dans la pratique, l'interposition du collimateur et de la lunette ne permet pas de renvoyer ainsi les rayons suivant leur premier trajet. La réflexion sur le miroir normal NN' est remplacée par deux réflexions totales sur des surfaces

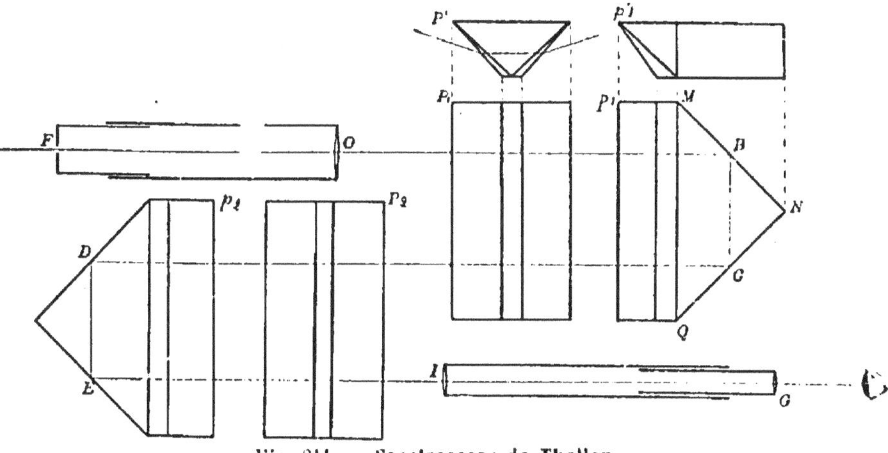

Fig. 211. — Spectroscope de Thollon.

nclinées à 45 degrés, en sens contraires, sur le plan de la fig. 210, l'une en avant, l'autre en arrière de ce plan. Le rayon de retour est encore projeté horizontalement suivant FEDCBA, mais il est situé au-dessous du premier et traverse le prisme dans une section principale plus basse.

L'appareil de Thollon est représenté en entier, en projection verticale dans la fig. 211. Le rayon moyen suit le trajet FBCDEG. En sortant du collimateur FO, il traverse un prisme complexe P_1 formé d'un prisme de sulfure de carbone d'un angle de 112°, compris entre deux prismes de crown de 30° orientés en sens inverse du premier. Le rayon pénètre ensuite dans le demi-prisme p_1 qui équivaut à la moitié de P_1 jusqu'à son plan de symétrie. L'espace occupé par le liquide réfringent, au lieu d'être limité par ce plan de symétrie, est limité par les deux faces inclinées MN et NQ, sur lesquelles le faisceau subit deux fois la réflexion totale. Les sections de ces deux prismes par un plan horizontal passant par le rayon FB sont figurées en P'_1 et p'_1 et montrent que l'arête du prisme liquide est en avant de la figure. Le rayon descendu d'un étage traverse une seconde fois suivant CD les prismes p_1 et P_1, puis un prisme P_2 et un demi-prisme p_2 disposés comme les premiers. Après deux nouvelles réfle-

xions totales, le rayon, descendu de nouveau d'un étage, traverse une seconde
fois ces derniers prismes et pénètre dans la lunette suivant IG. Pour simplifier
la figure on n'a pas tenu compte des déviations du rayon moyen vers la base
des prismes liquides.

Le sulfure de carbone présente sur le flint l'avantage de ne pas absorber sensiblement les rayons les plus réfrangibles. De plus, il possède un très grand
pouvoir dispersif avec un indice moyen peu différent de celui du crown.

Le système que nous venons de décrire équivaut à six prismes complexes,

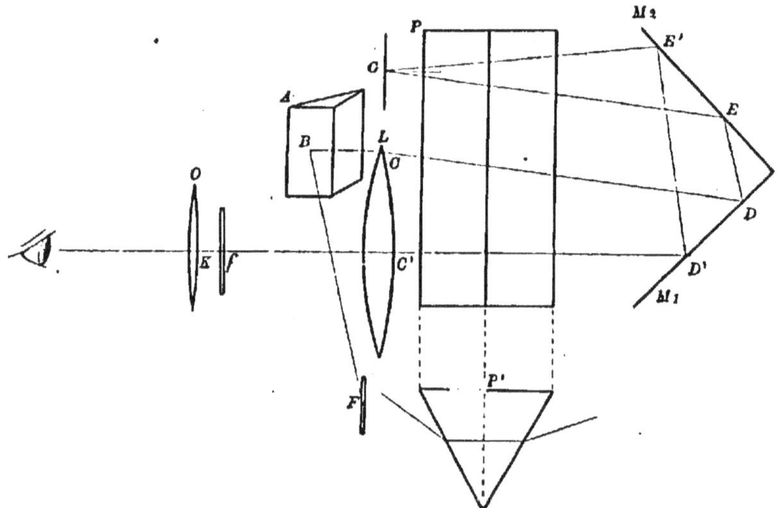

Fig. 212. — Spectroscope de M. Cornu.

dont la dispersion vaut à peu près celle de trente prismes de crown de 60 degrés.

Le collimateur et la lunette sont fixés l'un à l'autre. Mais un ingénieux système de leviers relie entre eux tous les prismes et permet, en inclinant symé-
triquement les deux groupes de prismes par rapport au plan de la figure (211),
d'amener une radiation quelconque à prendre la direction IG de l'axe de la
lunette. On peut donc étudier successivement toutes les parties du spectre
dans des conditions parfaitement comparables.

295. Appareil de M. Cornu(1). — M. Cornu a construit un spectroscope à grande
dispersion, mais à vision inclinée, en employant un seul prisme traversé quatre
fois par le faisceau lumineux.

Le rayon FBCDEG (fig. 212), d'une couleur donnée, passant par le milieu de
la fente F du collimateur, subit d'abord une réflexion totale à l'intérieur d'un
prisme A seul représenté en perspective, puis traverse une lentille L qui rend

____

(1) *Journal de Physique*, 2e série, t. II, p. 53.

le faisceau parallèle, passe à travers le prisme de sulfure de carbone PP', se
réfléchit deux fois sous des incidences voisines de 45° sur les miroirs argentés
M_1, M_2; il traverse une seconde fois le prisme PP' dans une section plus haute,
rencontre un miroir plan G presque normal à sa direction, qui le renvoie suivant un trajet GEDC FK très voisin du premier. La lentille L joue au retour le
rôle d'objectif d'une lunette dont l'oculaire est en O. Le faisceau passe alors
au-dessous du prisme A et forme un peu au-delà de ce prisme l'image spectrale f de la fente, qui est vue à travers l'oculaire O.

Un déplacement très simple du prisme P et des miroirs M_1 et M_2 permet
d'observer successivement toutes les parties du spectre.

**296. Spectres des sources lumineuses artificielles. — 1°. Corps solides ou
liquides.** — Quand on élève progressivement la température d'un corps solide
ou liquide, ce corps n'émet d'abord que de la chaleur obscure. D'après les
expériences de Draper, tous les corps solides commencent à émettre de la
lumière rouge vers 525° (rouge sombre). On voit alors apparaître dans le spectroscope une bande rouge qui s'élargit progressivement vers les couleurs les plus réfrangibles, à mesure que la température s'élève, et la couleur du corps incandescent se rapproche de plus en plus du blanc.

Vers 1165° (blanc éblouissant), le corps émet toutes les radiations visibles ;
aucune raie sombre n'interrompt son spectre dont la continuité est parfaite.
En même temps que de nouvelles radiations plus réfrangibles apparaissent, les
précédentes augmentent d'intensité, d'autant plus vite qu'elles sont plus réfrangibles.

Vers 1500°, la lumière émise par un solide ou liquide incandescent présente
une couleur blanche comparable à celle de la lumière solaire.

297. 2°. Corps gazeux. — Les vapeurs ou les gaz incandescents produisent,
au contraire, un spectre discontinu formé de raies fines ou de bandes colorées
séparées par des intervalles obscurs. Les bandes se résolvent quelquefois en
une multi-
tude de raies
fines, quand
on emploie

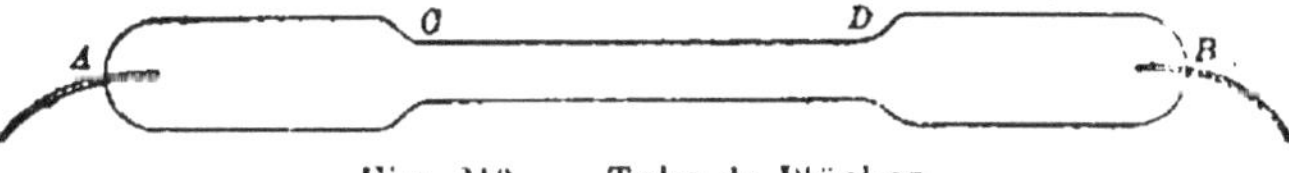

Fig. 213. — Tube de Plücker.

de grandes dispersions. Les corps gazeux ne sont donc capables d'émettre que
certaines radiations déterminées pour chacun d'eux, à l'exclusion de toutes les
autres.

Pour observer le spectre des corps qui sont gazeux aux températures ordinaires, on en remplit des tubes de verre, dits tubes de Plücker (fig. 213), formés
d'une partie étroite CD au milieu et de deux extrémités élargies, dans lesquelles
on soude deux fils de platine A et B destinés à faire passer dans le tube les dé-
charges d'une bobine de Ruhmkorff. Avant la fermeture du tube, le gaz a été
raréfié et amené à une pression de quelques centimètres de mercure. La dé-

charge remplit d'une vive lumière la région étroite du tube que l'on place devant la fente du spectroscope.

On peut aussi introduire les gaz dans une flamme où ils brûlent s'ils sont combustibles.

298. Pour étudier le spectre des métaux ou de leurs sels qui ne sont pas gazeux aux températures ordinaires, on volatilise ces corps dans une flamme possédant par elle-même un faible éclat, comme la flamme de l'alcool ou mieux la flamme d'un bec Bunsen. Le sel est introduit dans la flamme à l'état solide ou à l'état de dissolution, à l'aide d'un fil de platine terminé par une boucle.

On opère encore en faisant passer des étincelles électriques entre des conducteurs formés des métaux à étudier. La lumière de l'étincelle contient des vapeurs de ces métaux.

On peut enfin volatiliser les métaux dans l'arc voltaïque, en plaçant des fragments de ces métaux dans une petite cavité pratiquée dans le charbon inférieur.

299. Les spectres ainsi obtenus présentent les caractères suivants :

1°. Le phénomène dépend de la température et de la pression des vapeurs observées.

Pour les basses températures et les faibles pressions, le spectre est ordinairement formé de bandes larges d'éclat médiocre. Dans certains cas, ces bandes présentent un aspect cannelé remarquable. Elles sont nettement tranchées du côté du violet et estompées du côté du rouge. Tel est le cas de l'*iode* chauffé dans un courant d'hydrogène en combustion.

Quand on élève la température, le spectre de bandes se trouve remplacé par un spectre de lignes fines éclatantes. En augmentant la pression, on voit ces lignes augmenter d'éclat, de largeur et de nombre, et se réunir pour former un spectre continu, comme celui des solides. C'est le cas du spectre de l'*hydrogène* qui, d'après les expériences de M. Frankland, devient continu et éclatant sous la pression de 10 atmosphères, tandis qu'il n'est formé que de trois raies sous la pression ordinaire.

M. Wüllner a montré sur l'*azote* que le passage du spectre de bandes au spectre de raies a lieu d'une façon progressive quand on augmente peu à peu la pression.

300. 2°. A une température et une pression identiques, les mêmes substances présentent le même spectre, et les raies correspondant à la vapeur d'un métal se retrouvent dans la lumière émise par tous ses sels volatilisés, à l'exclusion des autres corps. Chaque corps simple est donc caractérisé par un ensemble de raies qui signalent sa présence, quand la vapeur d'un de ses composés existe dans la flamme (fig. 214 et 215). Ainsi le *sodium* fournit deux raies jaunes très voisines qui, dans le spectroscope, se placent exactement dans le prolongement de la double raie D du spectre solaire. Le *strontium* donne une raie rouge très brillante, le *baryum* plusieurs bandes vertes. Le *fer* et les autres métaux n'ap-

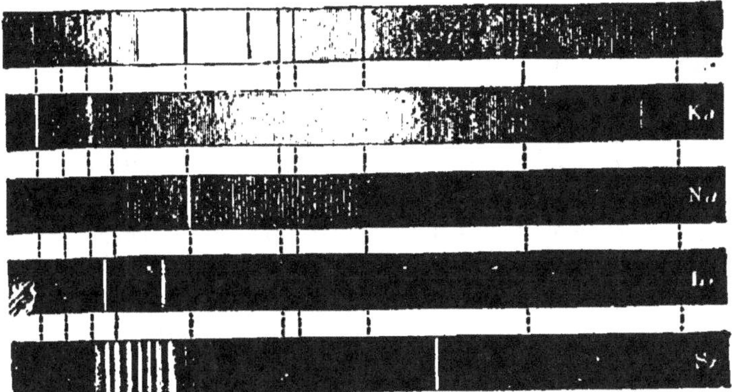

Fig. 214. — Spectres des métaux. — K, Na, Li, Sr.

Fig. 215. — Spectres des métaux. — Ca, Ba, Rb, Cs.

partenant pas aux groupes des métaux alcalins et alcalino-terreux présentent des raies brillantes très nombreuses. Il en est de même des métalloïdes (1).

301. Analyse spectrale. — L'observation des raies fournit une méthode

---

(1) Quand on fait passer des étincelles d'induction à travers des sels, même non volatils, ces sels sont en partie dissociés et l'on aperçoit les raies de leurs éléments volatilisés dans l'étincelle. En adjoignant à la bobine d'induction un condensateur de capacité notable, où s'accumulent les charges électriques contraires, on rend les étincelles moins fréquentes, mais plus puissantes. Le sel se trouve ainsi porté à une température plus élevée et dissocié en plus grande abondance. M. Salet et, plus récemment, M. de Gramont ont réussi, par l'application de ce procédé, à observer dans des conditions de netteté et d'éclat très avantageuses les spectres de lignes d'un grand nombre de métalloïdes et de métaux.

d'analyse qualitative très sensible pour la recherche des corps simples. Kirchoff et Bunsen ont constaté qu'il suffit d'introduire dans la flamme d'un brûleur un trois millionième de milligramme de sodium pour voir apparaître la double raie jaune caractéristique de ce métal. Comme les poussières atmosphériques contiennent généralement des sels de sodium, il faut prendre de minutieuses, précautions, quand on veut empêcher la production de cette raie.

On a constaté à plusieurs reprises dans des minéraux volatilisés dans la flamme la présence de métaux encore inconnus, par l'apparition de raies nouvelles différentes de celles des corps connus. L'analyse chimique a ensuite permis d'isoler ces métaux.

Le *rubidium* (raies rouges et violettes), le *cæsium* (raies bleues) ont été découverts ainsi par Kirchoff et Bunsen, le *thallium* (raie verte) par Crookes, l'*iridium* (raies indigo et violettes) par M. Richter, le *gallium* (raies violettes) par M. Lecoq de Boisbaudran. Plusieurs autres ont été découverts dans les familles du *cérium* et de l'*yttrium*.

Un nouvel élément de l'air, l'*argon*, récemment découvert par lord Rayleich et M. Ramsay, se distingue nettement de l'azote par la distribution des raies qui forment son spectre d'émission.

302. Absorption. — Interversion des spectres. — Foucault a découvert que les corps gazeux ont la propriété d'absorber précisément les radiations qu'ils sont capables d'émettre dans les mêmes conditions de température et de pression. Sous une épaisseur suffisante, ils sont opaques pour ces radiations, tandis qu'ils laissent passer librement toutes les autres radiations pour lesquelles ils sont transparents. Ce fait est nettement constaté par l'expérience suivante due à Kirchoff et Bunsen.

On éclaire la fente du spectroscope avec la chaux incandescente de la lumière Drummond. On obtient un spectre continu qui conserve son apparence, quand on interpose entre la source lumineuse et la fente la flamme pâle de l'alcool. Mais si l'on volatilise dans cette dernière flamme un sel de sodium, de lithium, ou de tout autre métal, on voit apparaître dans le spectre des raies sombres occupant précisément les positions des raies brillantes que l'on observerait si la flamme d'alcool contenant les vapeurs métalliques éclairait seule la fente. Ces vapeurs absorbent donc, dans la lumière émanée de la chaux, ces radiations auxquelles elles substituent celles qu'elles émettent elles-mêmes. Mais comme leur température est moins élevée que celle de la chaux, l'émission de ces radiations ne compense pas leur absorption ; les régions correspondantes du spectre sont moins éclairées que les autres et paraissent sombres par contraste.

Cette relation entre l'émission et l'absorption se maintient pour les spectres de bandes. M. Wüllner a montré par des mesures précises que les bandes sombres produites dans le spectre par l'interposition de la vapeur d'*iode* coïncident exactement avec les bandes brillantes qui constituent le spectre d'émission de ce corps.

Les corps gazeux et les vapeurs métalliques présentent, jusqu'aux températures les plus basses où on a pu les observer, des spectres d'absorption caractéristiques, en général formés de bandes. Le *chlore*, le *brome*, l'*iode*, le *peroxyde d'azote*, l'*ozone* donnent des spectres formés d'un grand nombre de bandes. Ce phénomène a conduit MM. Hautefeuille et Chappuis à la découverte de l'*acide perazotique*. Divers sels métalliques solides ou dissous et diverses matières organiques donnent aussi des spectres très remarquables. Tels sont le *permanganate de potasse*, les sels de *didyme*, la *chlorophylle*, l'*hémoglobine*, matière colorante du sang.

303. Constitution du soleil. — Le spectre solaire étant formé de raies sombres sur un fond brillant ne peut être produit exclusivement ni par des corps gazeux, ni par des corps solides ou liquides. D'après la théorie du renversement des raies, un pareil spectre peut être dû à une matière solide ou liquide incandescente précipitée comme l'est le charbon dans la flamme d'une bougie et enveloppée de vapeurs absorbantes, à travers lesquelles passe la lumière émise. La région du soleil où se produit la précipitation des particules liquides incandescentes qui émettent principalement la lumière s'appelle la *photosphère*. Elle est entourée extérieurement d'une atmosphère très étendue appelée *chromosphère*.

Kirchoff a constaté la coïncidence d'un grand nombre de raies sombres solaires avec les raies brillantes qui constituent le spectre de divers corps simples connus. Ces corps existent donc à l'état de vapeurs dans l'atmosphère solaire. Tels sont l'*hydrogène*, le *sodium*, le *magnésium*, le *fer*, etc. D'autres substances au contraire paraissent y faire défaut, leurs raies ne figurant pas interverties dans le spectre solaire. Tels sont le *mercure*, l'*or*, l'*arsenic*, etc.

On avait observé depuis longtemps dans le spectre solaire un ensemble de raies qu'on ne pouvait rattacher à aucun corps connu et que l'on avait attribuées à une substance hypothétique, l'*hélium*. M. Langlet, élève de M. Clève, vient de découvrir cette substance dans un minéral : la *clévéite.* On a reconnu aussi que l'hélium existe en petite quantité dans l'atmosphère terrestre.

La partie la plus extérieure de l'atmosphère solaire est constituée par de l'*hydrogène* libre qui y forme des protubérances d'une grande hauteur, dont la forme change perpétuellement et témoigne ainsi des énormes vitesses qui animent ces masses gazeuses. M. Janssen a réussi le premier, en 1868, pendant une éclipse totale de soleil, à observer isolément la lumière émise par les protubérances du bord du disque solaire. Cette expérience, que l'on sait maintenant répéter en tout temps, donne lieu à l'apparition du spectre normal de l'hydrogène, formé de raies brillantes. M. Young a seul pu observer, pendant un instant très court, les raies brillantes des corps autres que l'hydrogène.

304. Outre les raies produites par les éléments de l'atmosphère solaire, le spectre contient d'autres raies sombres dues au passage de la lumière à travers l'atmosphère terrestre avant son arrivée à notre œil. Ces raies sont appelées *raies telluriques*. Elles se distinguent des raies d'origine solaire par les caractères suivants :

1° A mesure que le soleil se rapproche de l'horizon, leur intensité augmente, parce que l'épaisseur de la couche traversée par les rayons dans l'atmosphère terrestre va en croissant ;

2° Quand une source lumineuse s'approche de l'observateur, la réfrangibilité des radiations qu'elle émet est augmentée. Toutes les raies subissent vers le violet un déplacement qui croît avec la vitesse de la source. Le déplacement inverse se produit quand la source lumineuse s'éloigne (1). Or, par suite de la rotation du soleil sur lui-même, un de ses bords s'approche de nous, tandis que le bord opposé s'en éloigne. Les raies d'origine solaire ont donc subi des déplacements opposés dans les spectres produits par la lumière des deux bords. L'atmosphère terrestre ne participant pas au mouvement considéré, les raies telluriques ne sont pas déplacées. Thollon a réussi à superposer les spectre des bords opposés du soleil. Il a vu dans ces spectres les raies solaires coupées en deux parties qui ne sont pas dans le prolongement l'une de l'autre. Les raies telluriques demeurent droites et se distinguent nettement des premières. M. Cornu a perfectionné les conditions pratiques de cette expérience.

Une grande partie des raies telluriques ont pu être rapportées à la présence de la *vapeur d'eau* dans notre atmosphère. M. Janssen a, en effet, reproduit ces raies, en faisant passer la lumière d'une source artificielle à travers une couche de vapeur d'eau contenue dans un long tube. D'autres groupes ont été rapportés à l'*oxygène* par les expériences de M. Egoroff et de M. Cornu. On n'en a pas encore découvert qui se rapportent avec certitude à l'azote, à l'acide carbonique ou aux autres éléments de l'atmosphère.

305. Spectres des autres corps célestes. — La lune nous renvoie la lumière solaire sans altération ; elle donne un spectre identique au spectre solaire.

Le spectre des planètes ne diffère de celui du soleil que par l'intensité des bandes d'absorption dues aux atmosphères de ces planètes.

Le P. Secchi classe les étoiles en quatre types d'après l'apparence de leur spectre :

1° Les *étoiles blanches*, comme Sirius, Wega, etc., présentent sur un fond brillant des raies sombres dont les plus marquées appartiennent à l'hydrogène. Ce gaz paraît former sur une grande épaisseur l'atmosphère de ces étoiles.

2° Les *étoiles jaunes*, comme la Chèvre, Arcturus, présentent des raies plus nombreuses, identiques à celles du soleil qui appartient à ce groupe.

3° Les *étoiles rouges* présentent, outre ces mêmes raies, des bandes es-

____

(1) Ce phénomène a pu servir à déterminer la vitesse relative de certaines étoiles par rapport au système solaire. On a ainsi trouvé que Sirius s'éloigne avec une vitesse de 46 kilomètres par seconde.

tompées, dont la présence semble accuser une température plus basse.

4° Quelques étoiles d'une couleur *rouge sang* présentent des bandes plus nombreuses, et parfois des lignes brillantes.

Parmi les nébuleuses, un premier groupe donne un spectre brillant coupé de raies sombres. Toutes les nébuleuses résolubles en étoiles à l'aide du télescope appartiennent à cette classe. D'autres nébuleuses donnent quelques raies brillantes sur un fond sombre ; elles sont certainement à l'état gazeux.

Le noyau des comètes donne un spectre de lignes brillantes ; la queue ne renvoie que de la lumière solaire réfléchie. Il en est de même de la lumière zodiacale.

306. Radiations ultra-violettes. — Il existe aux deux extrémités du spectre solaire visible, en dehors de ses limites, des radiations qui n'agissent pas sur la rétine de l'œil, soit que les milieux de l'œil les absorbent avant l'arrivée de la lumière sur la rétine, soit que la constitution de cet organe ne comporte pas la perception de ces radiations.

Au delà de la partie la plus réfrangible du spectre visible s'étend la région *ultra-violette*, formée de rayons encore plus réfrangibles. Leur présence se manifeste par des phénomènes de deux ordres différents.

1°. La lumière provoque certaines réactions chimiques, telles que la combinaison du chlore et de l'hydrogène, la décomposition du chlorure, du bromure et de l'iodure d'argent, etc. L'impression photographique résulte des changements de coloration produits par quelques-uns de ces phénomènes. L'expérience montre que cette propriété est répartie inégalement entre les radiations du spectre visible et que cette répartition dépend de la nature de la réaction provoquée. En général les radiations les plus réfrangibles agissent plus vite et plus complètement que les autres. Si l'on projette le spectre solaire sur un écran recouvert de chlorure d'argent, ce réactif noircit plus vite dans le bleu et le violet que dans le rouge et le jaune. L'écran conserve sa couleur sur les raies du spectre qui marquent l'emplacement des radiations absentes ou atténuées. Les raies se peignent ainsi en blanc sur l'écran noirci. Or, on constate que l'action chimique se produit sur une région très étendue de l'écran, beaucoup au delà du violet. Il y a donc dans cette région des radiations invisibles qui manifestent ainsi leur activité. On a pu découvrir et photographier des raies qui caractérisent, comme celles du spectre visible, la présence de différentes substances absorbantes dans les milieux traversés par la lumière. Les principales raies de cette région ont été représentées par les lettres qui suivent H dans l'alphabet. M. Mascart et, plus récemment, M. Cornu en ont photographié plusieurs centaines.

D'après les expériences de M. Soret et de M. de Chardonnet, la cornée, l'humeur aqueuse et l'humeur vitrée laissent passer une grande partie des radiations ultra-violettes. Mais le cristallin ne laisse passer que les plus voisines du violet. Certaines personnes, après avoir subi l'ablation du cristallin, voient une partie de la région ultra-violette avec une teinte gris-bleu pâle.

Des expériences récentes de M. Schumann ont permis d'étendre notablement l'étendue observable du spectre ultra-violet, en opérant dans le vide avec des prismes et des lentilles de spath fluor, et en recevant le spectre sur une couche de bromure d'argent précipitée sur une glace et non mêlée de gélatine. L'air, le verre, le quartz et la gélatine absorbent, en effet, ces radiations extrêmes.

M. de Chardonnet a constaté que l'argent métallique possède la singulière propriété d'être transparent pour une certaine portion du spectre ultra-violet. Il a pu photographier l'arc voltaïque dans le faisceau complètement obscur qui traverse une glace argentée sur une de ses faces.

307. 2°. Diverses substances dites *fluorescentes* (sulfate de quinine, chlorophylle, etc.) ont la propriété d'absorber les radiations de certaines régions du spectre et de les diffuser aussitôt, en les transformant en radiations moins réfrangibles. Les couleurs sont donc altérées par ces substances dans le spectre visible et les radiations ultra-violettes sont transformées par elles en radiations visibles. Les raies du spectre ultra-violet apparaissent sombres au milieu de l'illumination générale.

D'autres substances appelées *phosphorescentes* (sulfures de calcium et de baryum, etc.) accomplissent plus lentement cette transformation et continuent d'émettre des radiations moins réfrangibles pendant un certain temps après qu'on a cessé de les éclairer. Il n'y a pas du reste de démarcation nette entre ces deux classes de corps; les substances fluorescentes sont douées d'une phosphorescence de très faible durée. Ces phénomènes ont été étudiés avec soin par Ed. Becquerel, H. Becquerel, Stokes et Soret.

308. Radiations infra-rouges. — Il existe d'autres radiations invisibles à l'extrémité opposée du spectre solaire, dans la région qui s'étend en deçà du rouge. Les rayons correspondants sont donc moins réfrangibles que les rayons rouges; on les appelle rayons *infra-rouges*. Ils manifestent leur existence par leur action calorifique et représentent la chaleur obscure, seule émise par les sources de chaleur dont la température est peu élevée, et accompagnée de chaleur lumineuse quand la température de la source dépasse 525° environ.

Produisons le spectre au moyen d'un prisme et d'une lentille de sel gemme, substance qui n'absorbe pas ces radiations, et promenons dans le spectre le réservoir d'un thermomètre sensible, ou mieux l'une des faces d'une pile thermo-électrique linéaire très étroite. On reconnaît ainsi que toutes les radiations possèdent la propriété calorifique. Mais cette propriété est peu sensible dans l'ultra-violet, le violet et le bleu ; elle croît à mesure qu'on s'approche du jaune, atteint son maximum dans l'orangé, et se manifeste encore avec une grande intensité dans la région obscure qui suit le rouge, jusqu'à une distance notable du spectre visible.

L'eau qui entre dans la composition des milieux de l'œil arrête la plus grande partie des radiations infra-rouges.

309. W. Herschell avait annoncé l'existence, dans la région infra-rouge du spectre solaire, de minima d'intensité comparables aux raies des autres parties du spectre. Ed. Becquerel a rendu ces raies visibles au moyen de la phosphorescence, et M. H. Becquerel, en appliquant sa méthode, a pu étudier les raies d'émission des spectres métalliques. Le procédé repose sur la propriété que possèdent les radiations infra-rouges d'accélérer la phosphorescence des substances préalablement illuminées par les parties les plus réfrangibles du spectre solaire. Le spectre infra-rouge projeté sur un corps en phosphorescence active d'abord le phénomène, ce qui fait ressortir en sombre les raies de ce spectre, sur lesquelles ce surcroît d'activité ne se produit pas. Bientôt la phosphorescence s'épuise et cesse aux points où elle a été accélérée; elle continue sur les raies du spectre infra-rouge qui, dans cette seconde phase, paraissent brillantes sur un fond obscur.

Au moyen de mesures colorifiques très-précises exécutées avec un appareil appelé *bolomètre*, M. Langley a observé plus de deux mille raies froides dans le spectre solaire infra-rouge. Sa méthode d'investigation est à ce point puissante qu'elle permet de déceler la raie du *nickel* située entre les deux raies D du *sodium*.

§ 3. — Achromatisme.

310. Aberration de réfrangibilité des lentilles. — La position des foyers conjugués par rapport à une lentille est déterminée par la relation :

$$\frac{1}{p} - \frac{1}{p'} = \frac{1}{f} \text{ ,}$$

dans laquelle la valeur de la convergence $\frac{1}{f}$ est, pour le cas des lentilles infiniment minces :

$$(3) \qquad \frac{1}{f} = (n-1)\left(\frac{1}{R'} - \frac{1}{R}\right)$$

Cette grandeur, dépendant de l'indice *n*, varie d'une couleur à l'autre, de sorte que, pour un point lumineux donné, la position du foyer conjugué varie elle-même avec la couleur. Le défaut de coïncidence des images d'un même objet dans les diverses couleurs constitue l'*aberration de réfrangibilité* des lentilles.

Dans le cas d'une lentille convergente infiniment mince (fig. 216), la convergence croît avec l'indice; la valeur de p' varie en sens contraire de f, c'est-à-dire que le foyer conjugué se déplace toujours dans le sens positif quand on passe du rouge au violet, comme il est facile de le voir géométriquement.

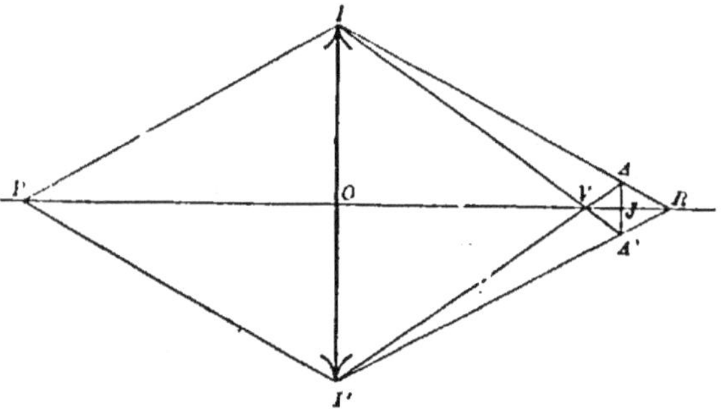

Fig. 216. — Aberration de réfrangibilité. Cas d'une lentille convergente.

Dans le cas d'une lentille divergente (fig. 217), la convergence est négative ; c'est sa valeur absolue qui croît avec l'indice ; p' est donc décroissant et le foyer conjugué se déplace toujours dans le sens négatif quand on passe du rouge au violet.

L'aberration longitudinale est la distance $RV = \rho$ des foyers conjugués extrêmes pour un même point lumineux. *L'aberration transversale* est le rayon $JA = \varphi$ de la plus petite section du faisceau lumineux émergent par un plan perpendiculaire à l'axe principal. Cette section est déterminée par la rencontre des faisceaux rouge et violet extrêmes. En son centre J concourent les rayons d'une couleur que nous considérerons comme la nuance moyenne du spectre.

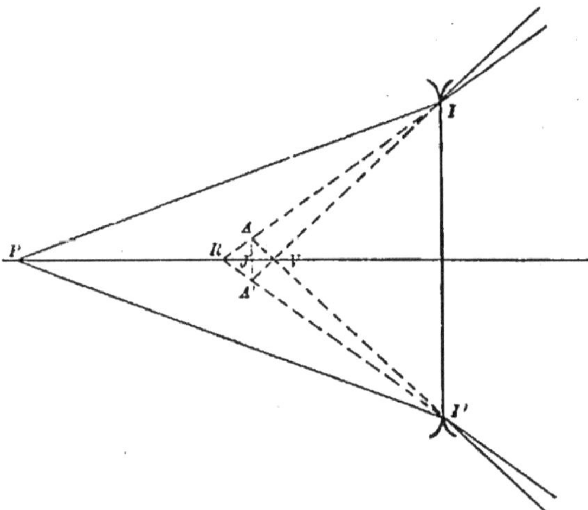

Fig. 217. — Aberration de réfrangibilité. Cas d'une lentille divergente.

311. Cherchons à déterminer les valeurs approchées des aberrations *principales* correspondantes à des rayons incidents parallèles à l'axe principal. Supposons, dans les figures (216) et (217), le point P rejeté à l'infini. L'aberration longitudinale RV ne dépasse pas en général $\frac{1}{20}$ de la distance focale principale moyenne. Considérons cette longueur comme une quantité petite du premier ordre par rapport à f. Au même degré d'approximation la figure RAVA' se réduit à un losange et la distance JO $= f_0$ du point de rencontre de ses diagonales à la lentille ne diffère que de quantités du second ordre, soit de la moyenne arithmétique $\dfrac{f_1+f_2}{2}$, soit de la moyenne géométrique $\sqrt{f_1 f_2}$ des distances VO et RO. Nous pouvons donc prendre indifféremment une de ces moyennes pour valeur principale de f_0.

Le pouvoir dispersif K a pour valeur :

$$(4) \qquad K = \frac{n_2-n_1}{n_0-1} = \frac{\dfrac{1}{f_2}-\dfrac{1}{f_1}}{\dfrac{1}{f_0}} = \frac{f_1-f_2}{f_0} = \frac{\rho}{f_0}$$

$$\rho = f_0\, K$$

L'aberration longitudinale principale a pour valeur approchée le produit de la distance focale moyenne par le pouvoir dispersif. Elle ne dépend pas du rayon de bord de la lentille.

Désignons par y le rayon de bord de la lentille. On obtient par la comparaison des triangles semblables RJA, ROI, et VJA, VOI, en grandeur et en signes :

$$(5) \qquad \rho = y\,\frac{RJ}{RO} = y\,\frac{JV}{VO} = y\,\frac{RV}{RO+VO} = y\,\frac{\rho}{f_1+f_2} = \frac{y\rho}{2f_0} = \frac{y\,K}{2}$$

L'aberration transversale est le produit de la moitié du rayon de bord par le pouvoir dispersif. Elle ne dépend pas de la distance focale.

312. Il est facile de voir que quelle que soit la position d'un écran entre R et V (fig. 216), on obtiendra toujours une tache circulaire dont la région centrale et les bords seront de couleurs différentes.

Les images réelles ou virtuelles des objets formés par une seule lentille ne sont donc jamais exemptes d'irisation. Mais en réunissant deux ou plusieurs lentilles formées de verres différents, on peut faire sensiblement disparaître cet inconvénient. Les systèmes de lentilles fournissant des images sans irisation sont dits *achromatiques*. Pour les réaliser, il convient d'abord de chercher les conditions d'achromatisme dans les systèmes de prismes.

313. Achromatisme des prismes. — Dollond, opticien anglais, a réalisé en 1757 l'achromatisme de deux prismes en appliquant des idées théoriques qu'Euler, peu d'années auparavant, avait basées sur le fait de l'achromatisme de l'œil humain.

Proposons-nous de construire un système de deux prismes d'angles très petits A et A', formés de substances différentes et tels que deux rayons lumineux de couleurs différentes entrant dans le système suivant une même droite peu écartée de la normale, en sortent suivant des droites parallèles. L'achromatisme sera réalisé pour ces deux couleurs dont les faisceaux émergents seront confondus à toute distance des prismes, sauf sur leurs bords extrêmes.

Reprenons les notations déjà indiquées dans l'étude des spectroscopes à vision directe (292). Nous nous proposons de réaliser l'achromatisme en communiquant à chacune des deux couleurs considérées des déviations résultantes égales Δ. Ces déviations satisfont aux équations :

$$(6) \quad \begin{cases} \Delta_1 = (n_1 - 1) A + (n'_1 - 1) A' \\ \Delta_2 = (n_2 - 1) A + (n'_2 - 1) A' \end{cases}$$

En exprimant qu'elles sont égales, en obtient :

$$(n_2 - n_1) A + (n'_2 - n'_1) A' = 0$$

Cette équation peut s'écrire :

$$(7) \quad \frac{A}{A'} = - \frac{n'_2 - n'_1}{n_2 - n_1}$$

Si aucune des deux substances employées ne possède la dispersion anomale, les différences $n'_2 - n'_1$ et $n_2 - n_1$ sont de mêmes signes. L'achromatisme exige donc que les angles A et A' soient de signes contraires, c'est-à-dire que les prismes soient orientés en sens inverses.

En multipliant les deux membres de l'équation (7) par le rapport $\dfrac{n_0 - 1}{n'_0 - 1}$, on peut encore la mettre sous la forme :

$$(7') \quad \frac{(n_0 - 1)A}{(n'_0 - 1)A'} = - \frac{\dfrac{n'_2 - n'_1}{n'_0 - 1}}{\dfrac{n_2 - n_1}{n_0 - 1}}$$

Elle exprime alors que les déviations moyennes des deux prismes composants doivent être en valeurs absolues, inversement proportionnelles aux pouvoirs dispersifs correspondants (1). Ainsi le prisme formé de la substance la plus dispersive doit fournir la plus faible des deux déviations contraires. L'achromatisme ne pourra donc être obtenu que si la déviation résultante a lieu vers la base du prisme le moins dispersif. Si en particulier on emploie le crown et le flint, la déviation résultante devra se produire vers la base du crown qui est le verre le moins dispersif.

---

(1) Cette relation pourrait être établie plus directement, en appliquant l'équation (1) à chacun des deux prismes.

L'une des équations (6) et l'équation (7) ou (7') déterminent complètement les angles réfringents A et A′ des deux prismes pour une déviation
résultante donnée. On ne peut donc, avec un système de deux prismes,
achromatiser en général que deux couleurs. Mais si l'on a soin de choisir
des couleurs placées vers les deux extrémités du spectre (rouge et bleue
par exemple) (1), les déviations des autres couleurs diffèrent peu de celles
des nuances choisies et l'achromatisme est suffisant pour la pratique (2).

314. Achromatisme des lentilles. — Proposons-nous de construire un
système de deux lentilles, fournissant d'un point lumineux donné un
même foyer conjugué pour deux nuances déterminées. Nous désignerons
par R et S les rayons de courbure de la face d'entrée et de la face de sortie
de chaque lentille.

Les distances focales principales du système de lentilles pour les nuances
1 et 2 satisfont aux relations :

$$(8)\quad \begin{cases} \dfrac{1}{F_1} = (n_1 - 1)\left(\dfrac{1}{S} - \dfrac{1}{R}\right) + (n'_1 - 1)\left(\dfrac{1}{S'} - \dfrac{1}{R'}\right) \\[2ex] \dfrac{1}{F_2} = (n_2 - 1)\left(\dfrac{1}{S} - \dfrac{1}{R}\right) + (n'_2 - 1)\left(\dfrac{1}{S'} - \dfrac{1}{R'}\right) \end{cases}$$

---

(1) Les deux nuances achromatisées ne doivent pas être prises aux extrémités
mêmes du spectre visible, où l'éclat est très faible, mais dans des régions assez
éloignées des extrémités pour présenter un éclat notable.

(2) On pourrait, en assemblant m prismes de substances différentes, réunir les
faisceaux émergents de m nuances.

Les déviations de ces m nuances satisfont aux équations :

$$(a)\quad \begin{cases} \Delta_1 = \Sigma\,(n_1 - 1)\,A \\ \Delta_2 = \Sigma\,(n_2 - 1)\,A \\ \cdots\cdots\cdots\cdots\cdots\cdots \\ \Delta_m = \Sigma\,(n_m - 1)\,A, \end{cases}$$

le signe Σ comprenant, dans chaque équation, autant de termes de la forme $(n-1)A$
qu'il y a de prismes employés.

On exprime l'achromatisme, en écrivant que ces m déviations sont égales. On
obtient ainsi les $(m - 1)$ équations

$$(b)\qquad \Delta_1 = \Delta_2 = \text{etc}\ldots\ldots = \Delta_m$$

qui, associées à l'une quelconque des équations (a), déterminent un système achromatique de déviation donnée. Les m angles réfringents peuvent être calculés à l'aide
de ces m équations.

Il n'est pas généralement nécessaire d'avoir recours à cette complication de l'expérience. La perte de lumière qui résulterait des réflexions et des absorptions en rendrait l'avantage illusoire.

En exprimant que ces distances focales sont égales, on obtient l'équation :

$$(n_2 - n_1)\left(\frac{1}{S} - \frac{1}{R}\right) + (n'_2 - n'_1)\left(\frac{1}{S'} - \frac{1}{R'}\right) = 0$$

que l'on peut écrire :

$$(9) \qquad \frac{\dfrac{1}{S} - \dfrac{1}{R}}{\dfrac{1}{S'} - \dfrac{1}{R'}} = -\frac{n'_2 - n'_1}{n_2 - n_2}$$

Un système achromatique de distance focale donnée doit satisfaire simultanément à cette équation et à l'une des équations (8). Le second membre de l'équation (9) est négatif si l'on rejette le cas de la dispersion anomale. Il en est donc de même du rapport qui forme le premier membre, et il en résulte que des deux lentilles du système, l'une est convergente et l'autre divergente.

En multipliant par $\dfrac{n_0 - 1}{n'_0 - 1}$ les deux membres de l'équation (9), on peut la mettre sous la forme :

$$\frac{(n_0 - 1)\left(\dfrac{1}{S} - \dfrac{1}{R}\right)}{(n'_0 - 1)\left(\dfrac{1}{S'} - \dfrac{1}{R'}\right)} = -\frac{\dfrac{n'_2 - n'_1}{n'_0 - 1}}{\dfrac{n_2 - n_1}{n_0 - 1}}$$

ou :

$$(9') \qquad \frac{\dfrac{1}{f}}{\dfrac{1}{f'}} = -\frac{K'}{K}$$

Les convergences moyennes des deux lentilles sont, en valeurs absolues, inversement proportionnelles aux pouvoirs dispersifs des substances qui les constituent. Ainsi la lentille qui possède le plus grand pouvoir dispersif doit avoir la plus petite convergence en valeur absolue. La convergence du système est donc de même signe que la convergence de la lentille la moins dispersive. Si l'on associe le crown au flint qui est plus dispersif, un système achromatique convergent comprendra nécessairement une lentille convergente en crown et une lentille divergente en flint. Ce sera l'inverse pour un système divergent.

315. Remarquons que si la condition (9) qui exprime l'achromatisme est satisfaite, les convergences du système de lentilles sont égales pour les deux couleurs achromatisées. De l'équation des foyers conjugués pour ce système :

$$\frac{1}{p} - \frac{1}{p'} = \frac{1}{F},$$

il résulte que la valeur de p' est la même pour ces deux couleurs, quel que soit p.

L'achromatisme se trouve donc réalisé simultanément pour tous les points du champ, pris deux à deux. Nous avons vu plus haut qu'il n'en est pas ainsi de l'aplanétisme. Sa réalisation pour un couple de points n'entraîne pas son existence pour les autres (1).

316. Les deux lentilles possèdent en tout quatre rayons de courbure que les relations précédentes n'assujettissent qu'à deux conditions. On peut achever de les déterminer par l'introduction de deux nouvelles conditions qui pourraient exprimer, par exemple, l'achromatisme pour d'autres nuances spectrales. Il est plus avantageux de se contenter de l'achromatisme approché résultant de la réunion de deux couleurs, et de disposer des deux autres conditions, comme l'a proposé Clairaut :

1°. Pour donner aux faces contiguës du système infiniment mince des

---

(1) Toutefois l'achromatisme universel que nous venons de signaler n'existe que pour un système infiniment mince. Dans le cas des systèmes épais, les points principaux occupent des positions différentes pour les différentes couleurs et l'achromatisme n'est satisfaisant que pour un objet placé à une distance déterminée. De là la nécessité de retoucher les verres après leur avoir donné la forme qu'indique la théorie des lentilles infiniment minces. Suivant qu'on se propose de construire un objectif de lunette, d'appareil de photographie ou de microscope, il faut réaliser l'achromatisme pour l'infini, pour une distance finie notable ou pour une distance très petite. Dans ce dernier cas surtout, la théorie élémentaire s'écarte beaucoup de la réalité, l'épaisseur des verres étant comparable à leur distance focale.

Dans les objectifs de lunettes, Frauenhofer proposait de superposer le bleu et l'orangé. Dans les objectifs destinés à la photographie des objets situés à l'infini, comme les objets célestes, on achromatise pour les rayons très réfrangibles qui sont les plus actifs. On choisit les couleurs correspondant à deux raies symétriques par rapport à la raie G. On détermine, une fois pour toutes, la position du plan focal pour ces radiations ; la mise au point est ainsi définitivement réglée.

Dans la photographie ordinaire, qui s'applique à des objets situés à des distances diverses, on ne peut procéder ainsi, car on serait obligé de mettre au point sur le foyer lumineux qui ne coïnciderait pas avec le foyer chimique invisible. Il faudrait donc ensuite déplacer l'écran d'une longueur égale à la distance de ces deux foyers, qui dépend de la position de l'objet. Il est préférable de faire coïncider le jaune de la raie D avec la nuance correspondant à une raie située vers l'extrémité violette du spectre visible.

rayons de courbure égaux, ce qui permet d'ajuster ces faces l'une sur l'autre et de réaliser un centrage plus parfait. Cette condition s'exprime par l'équation :

$$(10) \qquad S = R'$$

2° Pour réaliser l'aplanétisme correspondant à un point lumineux placé à l'infini. Cette condition consiste à rendre minimum le coefficient A d'aberration. Si l'on emploie une lentille de crown et une lentille de flint, dont les indices moyens, voisins l'un de l'autre, s'écartent peu de la valeur $\frac{3}{2}$, la condition d'aplanétisme est à peu près la même que pour une lentille de verre unique. Elle se réduit donc sensiblement à :

$$(11) \qquad S' = - 6R$$

La face de sortie du système est orientée en sens inverse de sa face d'entrée et son rayon de courbure est six fois plus grand.

317. Importance relative des deux aberrations. — Cette dernière condition est moins importante à réaliser que la condition d'achromatisme, car l'aberration de sphéricité d'une lentille est en général beaucoup plus petite que l'aberration de réfrangibilité.

On a :

avec une lentille de crown $K = 0,03$ environ $\rho = 0,03 \, f_0$
avec une lentille de flint $K' = 0,05$ $\rho' = 0,05 \, f_0$

L'aberration minima de sphéricité l a pour valeur (234) :

$$l = \frac{15}{14} \frac{y^2}{f_0}$$

Dans les objectifs de lunettes on donne ordinairement à y une valeur voisine de $\frac{f_0}{30}$, ce qui conduit à :

$$l = \frac{f_0}{810}$$

On a donc pour le rapport des aberrations longitudinales,

dans une lentille de crown $\dfrac{l}{\rho} = \dfrac{1}{0,03 \times 810} = \dfrac{1}{25,2}$

dans une lentille de flint $\dfrac{l}{\rho} = \dfrac{1}{0,05 \times 810} = \dfrac{1}{42}$

Dans les autres cas l'aberration de sphéricité est plus grande, mais reste toujours une petite fraction de l'aberration de réfrangibilité.

318. Construction des objectifs achromatiques. — La réunion des quatre conditions établies plus haut est ordinairement réalisée dans les objectifs de

lunettes de.médiocre surface. On les compose d'une lentille de crown
bi-convexe tournée vers l'objet (fig. 218) et d'un
ménisque divergent en flint tourné vers l'oculaire (1).

Les rayons de nuance moyenne traversant le
système à peu près comme une lentille unique,
si l'on tient compte de la condition (11), pour
déterminer R et S' en fonction de la distance focale moyenne donnée F_0, on a (234,
note) :

$$R = -\frac{7}{12} F_0, \quad S' = -6R = \frac{7}{2} F_0$$

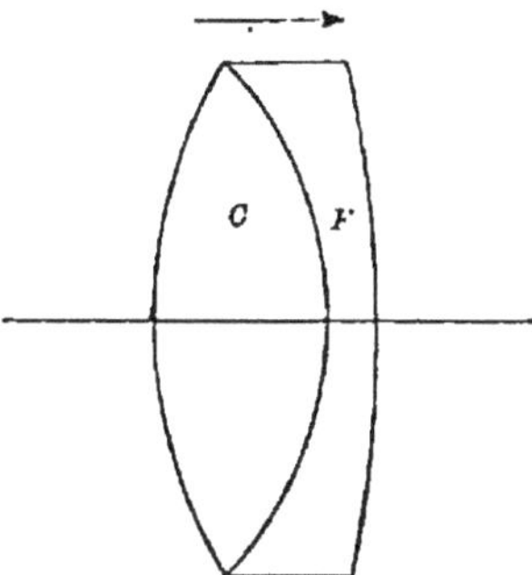

Fig. 218. — Système achromatique de lentilles.

Nous trouverons le rayon de courbure S de
la face intermédiaire en appliquant la condition (9) d'achromatisme

$$\frac{(n_0 - 1)\left(\frac{1}{S} - \frac{1}{R}\right)}{(n'_0 - 1)\left(-\frac{1}{6R} - \frac{1}{S}\right)} = -\frac{K'}{K} = -\frac{5}{3}$$

En faisant $n_0 = n'_0 = \frac{3}{2}$ on trouverait :

$$S = -\frac{12}{23} R = \frac{7}{23} F_0$$

319. Les résultats que nous venons d'obtenir ne sont qu'approchés,
comme les données numériques sur lesquelles ils reposent. Il faut, dans chaque
cas, mesurer expérimentalement ces données sur les verres destinés à la construction de l'objectif. Quand les deux lentilles composantes sont construites,
on les assemble, on les monte dans une lunette et l'on vise une mire éloignée
formée de bandes noires sur fond blanc ou bien des caractères d'imprimerie.
On vérifie ainsi l'achromatisme et l'on mesure la valeur de la distance focale
du système. Pour vérifier l'aplanétisme, on constate que les images ne se déplacent pas, quand le centre ou les bords de l'objectif sont couverts par des diaphragmes. En général aucune des conditions imposées n'est rigoureusement obtenue. On s'en rapproche par une série méthodique de retouches portant alter-

---

(1) Pour éviter les déplacements, et surtout les réflexions multiples de la lumière
sur les faces intermédiaires, phénomènes qui troubleraient les images, on colle les faces
adjacentes par l'interposition de baume du Canada, substance dont l'indice moyen diffère peu de ceux des verres employés, de sorte que la réflexion est peu sensible sur les
faces contiguës. Ce baume a l'inconvénient d'absorber une partie des rayons les plus
réfrangibles, grâce à sa couleur un peu jaunâtre. Cet inconvénient est surtout sensible dans les objectifs destinés à la photographie, ces rayons étant les plus actifs.

nativement sur les faces intermédiaires pour l'achromatisme et sur les faces extérieures pour les conditions d'aplanétisme et de distance focale. Les objectifs ainsi construits peuvent acquérir une grande perfection.

La condition S = R' qui a été proposée par Clairaut, ne s'impose pas absolument pour les grands objectifs dont le centrage peut se réaliser plus rigoureusement en raison de leurs dimensions. On peut remplacer la condition (10) par diverses autres. Clairaut a lui-même proposé de détruire l'aberration de sphéricité pour les rayons de deux couleurs différentes. On réalise plus généralement dans ce cas une condition proposée par Herschell et consistant à rendre le système aplanétique pour un second couple de points placés à distances finies. Frauenhofer a construit ses objectifs sur cette donnée, en les rendant aplanétiques pour un point objet situé à 40 fois la distance focale(1). Au lieu de coller les deux verres, on les superpose en les séparant sur leurs bords par une bande de papier d'étain.

320. Dans les objectifs destinés à la photographie céleste, on fait aussi usage de la condition de d'Alembert, qui consiste à atténuer l'aberration de sphéricité pour les faisceaux légèrement obliques à l'axe. La tache lumineuse découpée par l'écran dans les caustiques correspondantes est ramenée par cette correction à avoir son maximum d'intensité en son centre, au lieu de l'avoir sur son bord. Cette condition est très importante pour le pointage exact des étoiles.

La fabrication des verres d'optique a du reste atteint aujourd'hui une perfection telle qu'on peut considérer les indices moyens et les pouvoirs dispersifs comme de nouvelles données arbitraires entre certaines limites, et les choisir de façon à réaliser à la fois un plus grand nombre de conditions, celles de Clairaut et de Herschell, par exemple (2).

321. Recherche des conditions d'achromatisme. Diasporamètres. — La construction des systèmes achromatiques de lentilles exige que l'on connaisse la valeur du rapport $\dfrac{n'_2 - n'_1}{n_2 - n_1}$ qui entre dans l'équation (9). On

---

(1) Cette condition présente cet avantage que l'aplanétisme étant réalisé pour deux points très éloignés, l'est sensiblement pour les points intermédiaires, et que l'aberration de sphéricité ne croit que très lentement pour de faibles variations des courbures.

(2) On consultera utilement sur ces questions deux Mémoires de M. Ad. Martin :

Sur les méthodes employées pour la détermination des courbures des objectifs, *Annales scientifiques de l'École normale supérieure*, 2ᵉ série, t. VI, *Supplément*, p. 3, 1877.

Sur une méthode d'autocollimation directe des objectifs astronomiques et son application à la mesure des indices de réfraction des verres qui les composent. *Ibid.*, t. X, p. 19. 1881.

emploie pour faire cette détermination des appareils appelés *diaspora-mètres*, dont la pièce essentielle est un prisme d'angle réfringent variable. On taille avec les deux substances à étudier deux prismes d'angles A et A′ déterminés, et en les associant successivement avec le prisme d'angle variable orienté en sens inverse, on cherche à former deux systèmes achromatiques. L'objet observé est une fente parallèle à l'arête des prismes, éclairée par la lumière des nuées.

Soient α et α' les valeurs absolues des angles réfringents qu'il faut donner au prisme variable pour achromatiser les prismes A et A′. Désignons par n et n' les indices des deux substances essayées, par ν l'indice de la substance du prisme variable, en conservant les notations déjà indiquées pour les deux couleurs achromatisées. Les deux expériences conduisent aux équations :

$$\frac{A}{\alpha} = \frac{\nu_2 - \nu_1}{n_2 - n_1}, \quad \frac{A'}{\alpha'} = \frac{\nu_2 - \nu_1}{n'_2 - n'_1}$$

On obtient, en les divisant membre à membre :

$$(12) \qquad \frac{A\,\alpha'}{A'\,\alpha} = \frac{n'_2 - n'_1}{n_2 - n_1}$$

Les quatre quantités qui entrent dans le premier membre étant connues expérimentalement, on obtient la valeur du rapport cherché.

322. Le plus simple des diasporamètres serait constitué par la cuve à angle variable contenant de l'eau. Mais la précision de cet appareil laisserait à désirer, parce qu'on ne peut regarder les glaces de verre limitant la masse prismatique de liquide comme ayant des faces rigoureusement parallèles. Ces glaces agissent dans leur ensemble comme un prisme de petit angle dont l'arête est orientée d'une manière quelconque par rapport à celle du prisme liquide.

323. Diasporamètre de Boscowitch. — Le prisme d'angle variable de Boscowitch (fig. 219) est celui qui lui a servi à vérifier les lois de la réfraction (116). L'arête du prisme variable est l'intersection φ perpendiculaire au plan de la figure, des faces d'entrée et de sortie FF′ et HH′. Son angle réfringent est mesuré par l'angle égal BCV compris entre la direction de l'alidade DB normale à la face de sortie et celle de la verticale CV normale à la face d'entrée.

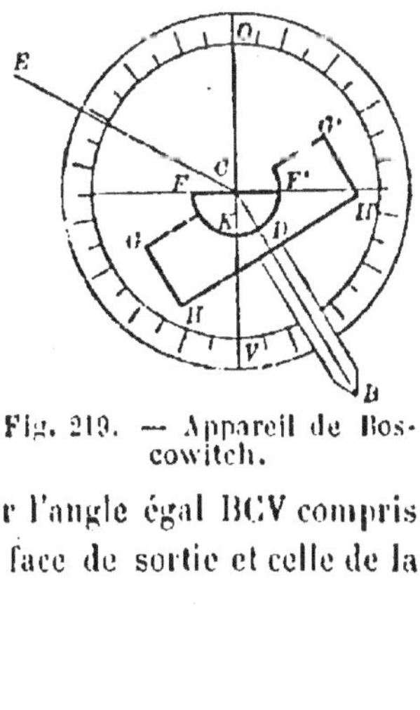

Fig. 219. — Appareil de Boscowitch.

Le prisme à étudier est orienté en sens inverse, et posé sur la face fixe FF'. La lumière le traverse avant le diasporamètre. Il n'est pas nécessaire dans cette expérience que le faisceau émergent sorte normalement à la face HH'. On fait tourner le bloc de verre jusqu'à ce que la fente, vue à travers le système des deux prismes, paraisse blanche (1).

324. Diasporamètre de Rochon. — Deux prismes d'angles égaux a sont superposés par une de leurs faces AC, C'A' (fig. 220 et 221). Le prisme ABC est contenu dans un tube fixe T. Le prisme A'B'C' est contenu dans un tube T' que l'on peut faire tourner autour de son axe, soit à la main, soit au

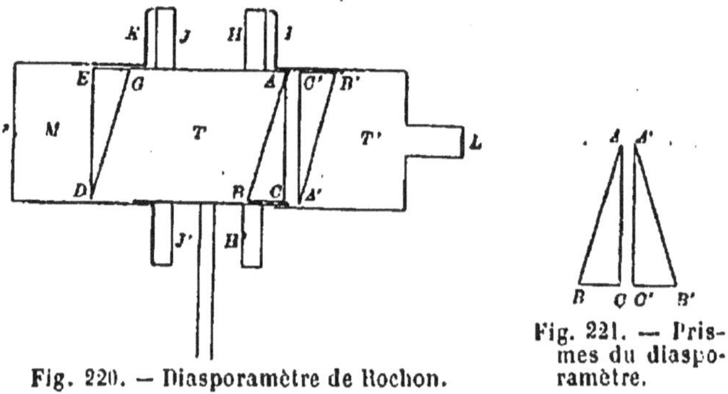

Fig. 220. — Diasporamètre de Rochon.

Fig. 221. — Prismes du diasporamètre.

moyen d'un engrenage. Un repère I porté par le tube T' mesure sa rotation sur un cercle gradué fixe, dont le profil est figuré en HH'. Un troisième tube M peut aussi tourner autour de son axe et sa rotation est mesurée sur le même cercle ou sur un autre cercle JJ' par le repère K. Le tube M porte la fente F par laquelle entre la lumière. On y dispose aussi le prisme DEG que l'on veut comparer au diasporamètre, de sorte que son arête D soit parallèle à la fente F. On observe cette fente à l'aide d'une loupe L qui termine le tube.

Quand le prisme mobile A'B'C' a son arête A' parallèle à l'arête A du prisme fixe et tournée du côté opposé, l'ensemble de ces deux prismes représente une lame à faces parallèles ou un prisme d'angle nul. Si, à partir de cette position, l'on tourne le prisme A' d'un angle φ croissant, le plan de sa face extérieure A'B' fait avec celui de AB un angle x croissant qui atteint son maximum $2a$ quand les deux arêtes A et A' sont amenées à être parallèles et de même sens, c'est-à-dire pour $\varphi = 180°$ (fig. 220). C'est cet

---

(1) Le frottement répété des deux surfaces de verre l'une contre l'autre dans cet appareil présente l'inconvénient de les dépolir rapidement et de rendre l'observation peu précise.

angle x des faces extrêmes qui représente pour une position donnée de T′ l'angle réfringent du prisme total formé par la réunion des deux prismes du diasporamètre. Il faut lui donner une valeur telle qu'il puisse compenser la dispersion de prisme EDG.

325. Le tube T′ ayant été tourné d'un angle φ, menons par un point O les droites ON, OP, OQ, respectivement normales aux faces AC, AB et à la face A′B′ dans sa nouvelle position (fig. 222). Les plans NOP, NOQ, QOP, respectivement perpendiculaires

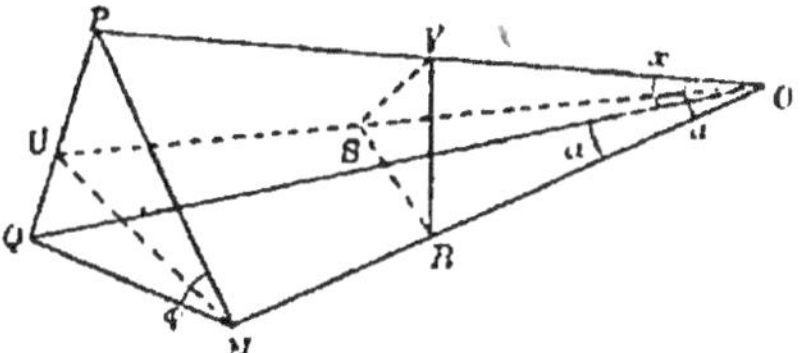

Fig. 222. — Diasporamètre de Rochon. Détermination de l'angle réfringent.

aux arêtes des prismes A et A′ et du prisme total formé par leur assemblage, représentent des sections principales de ces trois prismes.

Par un point N de ON élevons à cette droite les perpendiculaires NP, NQ, dans les plans NOP, NOQ, et joignons PQ.

L'égalité des triangles rectangles NPO, NQO, conduit à la relation :

$$(13) \qquad QN = PN = OP \sin a$$

On a, en considérant les triangles isocèles PQO, PQN :

$$(14) \qquad PQ = 2\,OP \sin \frac{x}{2}$$

$$(15) \qquad PQ = 2\,PN \sin \frac{\varphi}{2},$$

ou en remplaçant dans l'équation (15) PN et PQ par leurs valeurs tirées des équations (13) et (14) :

$$(16) \qquad \sin \frac{x}{2} = \sin a \sin \frac{\varphi}{2}$$

Cette formule fournit donc la valeur de l'angle réfringent x en fonction de la rotation φ.

Mais le plan de la section principale PQO du prisme total ne coïncide pas avec le plan NOP de la section principale du prisme fixe. Il fait avec lui un angle dièdre QOPN. Pour le déterminer, menons le plan bissecteur NUO de l'angle dièdre QONP. Ce plan est perpendiculaire à la droite PQ en son milieu, et par suite au plan PQO.

Une perpendiculaire menée au plan PQO par un point quelconque R de ON rencontre en S la droite OU. Du pied S de cette perpendiculaire abaissons sur OP la perpendiculaire SV et joignons RV qui est aussi perpendiculaire sur OP. L'angle RVS $= y$ est l'angle plan correspondant du dièdre cherché.

Nous avons, en considérant les triangles rectangles RVS, SVO, RVO :

$$(17) \qquad \cos y = \frac{VS}{RV} = \frac{\operatorname{tg}\frac{x}{2}}{\operatorname{tg} a}$$

Il faut faire tourner le tube M de cet angle y à partir de la position représentée sur la figure 220, pour que la section principale du prisme EDG se trouve parallèle à celle du prisme total. Leurs arêtes sont alors l'une et l'autre parallèles à la rente F (1).

326. Pour réaliser l'achromatisme avec cette disposition, il conviendra donc d'amener d'abord l'appareil au zéro. On observera ainsi une image colorée de la fente. On tournera T' jusqu'à ce que cette coloration disparaisse sensiblement. La lecture de φ permettra de calculer successivement x et y. En faisant tourner M de cet angle y, on rétablira la coïncidence des sections principales, ce qui fera en général reparaître une coloration. En répétant plusieurs fois cette suite d'opérations, on réalisera par tâtonnement l'achromatisme pour les positions concordantes des deux prismes. La valeur de x ainsi obtenue représentera l'angle cherché x de la formule (12). La même mesure effectuée sur un prisme de la deuxième substance donnera l'angle x'.

Jamin a cherché à simplifier l'usage de cet appareil en assujettissant les deux tubes T et T' à tourner d'angles égaux en sens contraires. Le plan bissecteur NUO de l'angle QONP garde ainsi une position fixe. Comme il est constamment perpendiculaire au plan PQO, ce dernier reste à peu près, mais non rigoureusement fixe. On est donc dispensé de faire mouvoir le tube M (2).

327. Diasporamètre de Brewster. — Cet appareil présente l'avantage d'être formé d'un seul prisme ABCA'B'C' de petit angle a, dont la manœuvre est très simple (fig. 223). Ce prisme peut tourner autour d'un axe O perpen-

---

(1) Ce réglage n'est pas parfaitement rigoureux, parce que le tube M tourne autour d'une direction parallèle à OX, tandis qu'il devrait tourner autour d'une parallèle à OP qui est l'arête du dièdre y. Cette inexactitude est peu importante à cause de la petitesse de l'angle a, étant donné le peu de précision dont l'expérience est susceptible.

Il serait du reste facile de l'éviter, en rendant l'axe de rotation du tube M perpendiculaire à la face AB. Cet axe ferait ainsi l'angle a avec le prolongement des axes des tubes T et T'.

(2) L'approximation ainsi faite est du même ordre que celle que nous avons signalée dans la note précédente.

diculaire à son arête AA′ et ses déplacements angulaires sont mesurés sur un cercle gradué. Disposons une fente lumineuse blanche représentée en FF′ (fig. 224) parallèle à l'arête du prisme dans sa position de zéro, à une distance l en arrière de ce prisme.

L'image rouge et l'image violette de cette fente vues à travers le prisme subissent vers son arête les déplacements angulaires

$$(n_1 - 1)a \quad \text{et} \quad (n_2 - 1)a$$

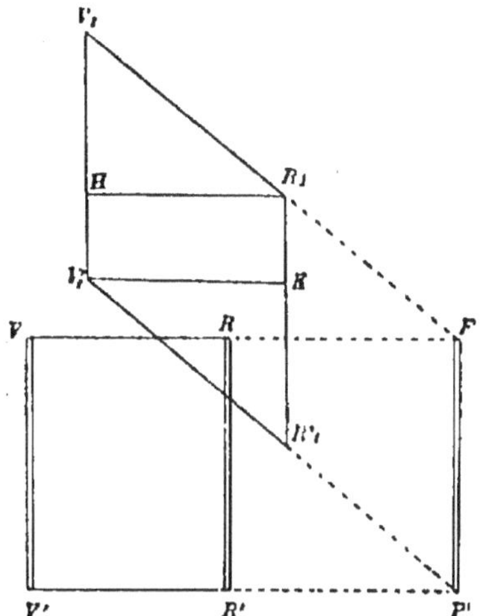

Fig. 223.—Diasporamètre de Brewster.
Déformation du spectre.

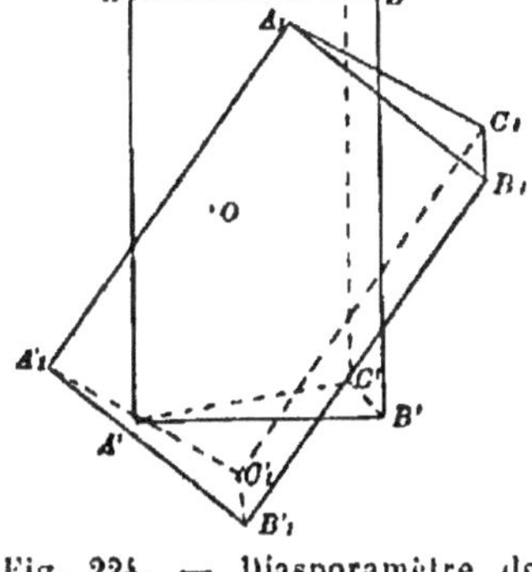

Fig. 224. — Diasporamètre de Brewster.

et sont reportées en RR′ et VV′. Leurs distances au prisme étant encore égales à l, on a pour les écarts linéaires :

$$RF = (n_1 - 1)a\,l, \qquad VF = (n_2 - 1)a\,l,$$

et pour la largeur du spectre :

$$VR = e = (n_2 - n_1)a\,l$$

Faisons tourner le prisme d'un angle φ autour de l'axe O et amenons-le en $A_1B_1C_1A'_1B'_1C'_1$. Les images rouge et violette du point F sont reportées en R_1 et V_1, sur une perpendiculaire FV_1 à l'arête $A_1A'_1$, à des distances

$$FR_1 = FR \quad \text{et} \quad FV_1 = FV$$

On a donc :

$$V_1R_1 = VR = e$$

Le spectre prend la forme d'un parallélogramme $R_1R'_1V'_1V_1$. Sa largeur comptée perpendiculairement à la fente est

$$R_1H = e\cos\varphi = (n_2 - n_1)a\,l\cos\varphi$$

Considérons la partie du spectre formant le rectangle $R_1KV'_1H$ obtenu en menant par R_1 et V'_1 des perpendiculaires à la fente. Si nous faisons abstraction des autres parties de spectre, l'écart angulaire des couleurs extrêmes dans cette région est

$$\frac{R_1 H}{l} = (n_2 - n_1)a \cos \varphi.$$

Ce résultat indépendant de la distance l est identique à celui qui serait produit par un prisme d'angle $a \cos \varphi$ ayant son arête parallèle à la fente.

Disposons entre l'œil et le diasporamètre un second prisme d'angle A, dont l'arête soit tournée à droite de la figure 223 et parallèle à la fente. Ce prisme communique aux rayons venant de $R_1 KV'_1 H$ une dispersion contraire à la première. La condition pour qu'il les réunisse en donnant une image blanche est la même que si ce spectre était produit par un prisme d'angle $a \cos \varphi$.

L'expérience consiste donc à achromatiser successivement les prismes des deux substances expérimentées, dont les angles sont A et A', avec le diasporamètre tourné d'angles φ et φ' qu'on mesure. On a donc, en appliquant l'équation (12) :

$$(18) \qquad \frac{A\, a \cos \varphi'}{A'\, a \cos \varphi} = \frac{A \cos \varphi'}{A' \cos \varphi} = \frac{n'_2 - n'_1}{n_2 - n_1}.$$

CHAPITRE IX

VISION

328. Constitution de l'œil. — L'œil est l'organe essentiel de l'appareil de la vision. Il présente la forme d'un globe logé dans la cavité osseuse de l'orbite, attaché à ses parois par les muscles qui servent à le faire mouvoir et par le nerf optique, et retenu en avant par les paupières et la conjonctive (fig. 225). Le diamètre antéro-postérieur de l'œil est de 24 à 25^{mm} ; son diamètre transversal est 23^{mm} ; son diamètre vertical 22^{mm}5. Son poids est de 7 gr. à 7 gr. 5.

Trois membranes concentriques l'enveloppent.

329. Sclérotique et cornée. — La plus extérieure est la *sclérotique*, membrane protectrice formée de fibres conjonctives et élastiques entrecroisées, de couleur blanche. Son épaisseur atteint 1 millimètre dans sa partie postérieure. Elle s'amincit en avant et se termine par une ouverture à peu près circulaire de 12 millimètres de diamètre environ, sur laquelle s'enchâsse la *cornée*, membrane transparente, d'une courbure plus accentuée, qui forme la partie antérieure de la surface de l'œil.

La cornée est formée d'un tissu conjonctif dans lequel s'épanouissent de nombreux filets nerveux. Son rayon de courbure est d'environ 8 millimètres. Son épaisseur est de 0^{mm}8 à son sommet.

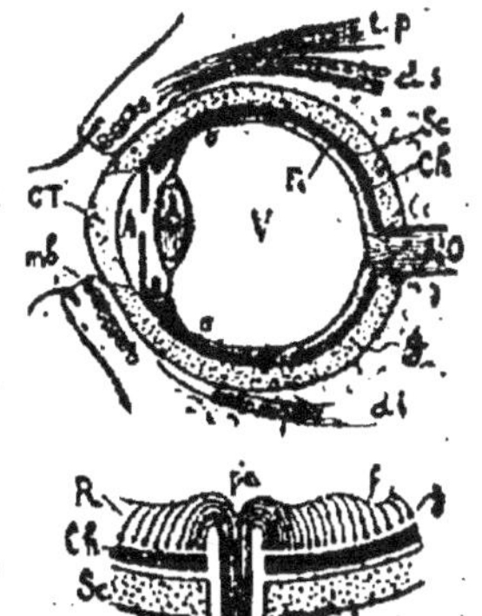

Fig. 225. — Coupe verticale de l'œil (1).

Sc, sclérotique ; *Ch,* choroïde ; *R,* rétine ; *NO,* nerf optique ; *C,* cristallin ; *CT,* cornée transparente ; *A,* humeur aqueuse ; *V,* humeur vitrée ; oo, ora ciliata ; *g,* coussinet graisseux ; *ds,* muscle droit supérieur ; *di,* droit inférieur ; *rp,* releveur de la paupière ; *mb,* glandes de Meibomius.
Dans la figure inférieure, mêmes lettres ; *pc,* punctum cœcum ; *f,* fossette centrale de la rétine ; *z,* couche des cônes et des bâtonnets (vers l'extérieur).

---

(1) Les figures 225 et 226 sont extraites de l'*Anatomie et Physiologies végétales*

330. Choroïde, iris, pupille, corps ciliaire. — La seconde enveloppe de l'œil est la *choroïde*, dont l'épaisseur varie de 0^{mm}6 à 1^{mm}. Elle comprend une couche moyenne vasculaire .où s'entrelacent les veines et les artères nécessaires à la nutrition de l'œil, et deux couches de cellules dans lesquelles on remarque de nombreuses granulations de pigment qui donnent à cette membrane une couleur noire. La choroïde est interrompue en avant, comme la sclérotique. Elle porte, fixée à son bord antérieur, une membrane plane verticale, l'*iris*, d'un diamètre de 12^{mm} environ, qui est percée elle-même d'une ouverture, la *pupille*.

Circulaire chez l'homme, la pupille affecte différentes formes chez les animaux. Elle est un peu plus voisine du bord interne que du bord externe de l'iris, et son diamètre de 3 à 5 millimètres peut varier par suite des contractions des fibres musculaires situées dans l'épaisseur de cette membrane. Ces fibres sont les unes rayonnantes, les autres circulaires. La contraction des premières dilate la pupille, celle des secondes la rétrécit ; ces mouvements ne sont pas sous la dépendance de la volonté. La couleur de l'iris varie du noir au bleu et au gris clair, suivant l'abondance du pigment amassé dans son épithélium externe. La pupille emprunte sa couleur noire aux parties postérieures de la choroïde.

A la circonférence de jonction de l'iris et de la choroïde est contigu intérieurement le *muscle ciliaire,* muscle annulaire lisse, renfermant des fibres radiées dirigées d'avant en arrière et des fibres circulaires. Elles compriment, par leurs contractions, la masse comprise dans la cavité de la choroïde, les premières en rapprochant le fond de la membrane de son bord fixé à la sclérotique, les secondes en rétrécissant ce bord.

A la face interne du muscle ciliaire sont les *procès ciliaires*, pyramides dont les bases réunies sont soudées à l'iris et dont les parties amincies forment une série de 70 replis divergents à la surface interne de la choroïde. Les procès ciliaires sont formés d'une substance conjonctive homogène remplie de vaisseaux sanguins. Leur ensemble constitue le *corps ciliaire*.

331. Rétine. Nerf optique. — L'enveloppe la plus intérieure de l'œil est la *rétine*, membrane blanche et mince, de nature nerveuse, qui résulte de l'épanouissement des fibres du nerf optique et tapisse la surface interne de la choroïde. Son épaisseur diminue de 1/2 millimètre en arrière à 1/20 de millimètre à son bord extérieur, sur le corps ciliaire. Sa surface est d'environ 15 centimètres carrés. Elle est formée d'une série de couches de fibres

et animales, par M. J. Anglas (Cours de Sciences publiés sous la direction de M. B. Niewenglowski par la Société d'éditions scientifiques).

et de cellules superposées (fig. 226). A sa surface externe, du côté de la choroïde, se rencontrent les éléments directement excitables par la lumière, de sorte que celle-ci doit traverser toute l'épaisseur de la rétine pour y arriver. Ces éléments sont de deux sortes : les *cônes* incolores ou jaunâtres, amincis vers la choroïde et renflés en poire du côté opposé, et les *bâtonnets* cylindriques qui comprennent un article interne contenant des granules et des fibrilles nerveuses très fines et un article externe strié, vers la choroïde. Ce dernier paraît formé de disques transversaux empilés ; il est coloré en rose par le *pourpre rétinien.*

Les *nerfs optiques* sont de gros troncs nerveux sortant des *tubercules quadrijumeaux* et des *couches optiques.* Ils se réunissent en un point d'entre-croisement appelé *chiasma* des nerfs optiques, puis se séparent de nouveau en échangeant une partie de leurs fibres, pénètrent dans les orbites, traversent la sclérotique et la choroïde et aboutissent à la rétine un peu en dedans de l'axe principal de l'œil.

Les fibres du nerf optique, après avoir suivi la surface interne de la rétine, s'y terminent par des *cellules multipolaires,* à plusieurs terminaisons ramifiées. Avec ces terminaisons sont en rapport des *cellules bipolaires* constituant une seconde couche développée dans l'intérieur de la rétine. Enfin les extrémités

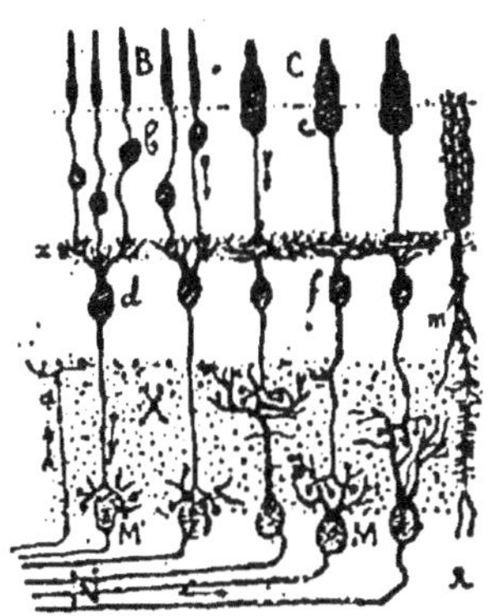

Fig. 226. — Coupe de la rétine.
B, bâtonnets ; *C,* cônes ; ce sont les prolongements protoplasmiques des cellules *b* et *c* ; *x,* plexus externe ; *d, f,* cellules bipolaires ; *X,* plexus interne ; *M,* cellules multipolaires dont les prolongements de Deiters se continuent par les fibres du nerf optique *N.* Les flèches permettent de suivre la marche de la sensation depuis *B* et *C* jusqu'à *N* ; *a,* fibre centrifuge (?) ; *m,* cellule épithéliale.

ramifiées de ces dernières cellules se relient à une troisième couche de cellules plus extérieures qui se terminent vers la surface externe de la rétine par les cônes et les bâtonnets.

La région de la rétine où arrive le nerf optique ne renferme aucune terminaison nerveuse. Elle est insensible à la lumière ; on l'appelle *punctum cœcum.*

L'axe principal de l'œil aboutit au contraire à une région très riche en terminaisons nerveuses et plus sensible que les autres parties de la rétine. On l'appelle *tache jaune,* à cause de sa couleur due à un pigment qui absorbe une partie des rayons rouges et violets extrêmes ; elle ne renferme que des cônes, au nombre d'environ 2000. Sa largeur est de 2 millimètres et sa hauteur de $0^{mm}8$. Sa partie centrale forme une petite dépression appelée *fosse centrale,* d'un diamètre de $0^{mm}2$.

332. Cristallin. Capsule. Zone de Zinn. — En arrière de .l'iris et en contact avec lui sur son bord interne est disposé le *cristallin*, organe lenticulaire transparent entouré d'une membrane élastique transparente elle-même que l'on appelle la *capsule du cristallin*. Le cristallin a un diamètre de 9 millimètres et son épaisseur varie de 3^{mm}6 à 4^{mm}. Il pèse 20 à 25 centigrammes. Ses deux faces sont convexes ; le rayon de courbure de la face antérieure est de 10 millimètres environ dans la position de repos ; celui de la face postérieure, plus convexe, est seulement 6 millimètres.

Le cristallin est formé d'une série de lamelles sensiblement concentriques, dont l'indice de réfraction moyen croît de la surface au centre. Sa valeur moyenne est 4.434. Dans le voisinage du bord de l'organe les lamelles se résolvent en une substance molle, plus faiblement réfringente. Cette partie presque liquide constitue l'*humeur de Morgagni*. La région centrale, plus réfringente, forme une sorte de noyau assez dur (1).

Une membrane fibreuse annulaire appelée *zone de Zinn* forme un ligament destiné à maintenir le cristallin suspendu au corps ciliaire, auquel elle se soude par son bord extérieur, tandis que son bord interne s'applique sur la partie périphérique de la face antérieure du cristallin.

Les contractions des deux systèmes de fibres du muscle ciliaire, principalement celles des fibres circulaires, contribuent dans l'acte de l'accommodation à diminuer le rayon de courbure de la face antérieure du cristallin, tandis que celui de la face postérieure varie peu.

333. Humeur aqueuse. Humeur vitrée. Membrane hyaloïde. — Le cristallin et la zone de Zinn partagent la cavité de l'œil en deux parties très inégales. La chambre antérieure, située en avant de l'iris, est remplie par l'*humeur aqueuse*, liquide transparent formé d'eau tenant en dissolution une faible quantité de substances minérales et organiques. Son indice de réfraction moyen est 1.338 et son épaisseur 2^{mm}8.

L'espace beaucoup plus grand compris entre le cristallin et la rétine est rempli d'une masse gélatineuse transparente et incolore, l'*humeur vitrée*, dont l'indice moyen ne diffère pas sensiblement de celui de l'humeur aqueuse. L'humeur vitrée est contenue dans un sac mince et transparent, la *membrane hyaloïde*, qui s'applique d'un côté sur la rétine et de l'autre sur la face postérieure de la capsule, en formant une cavité rentrante pour loger le cristallin. Sa face interne présente des prolongements lamellaires

---

(1) Dans la maladie de la cataracte, la substance du cristallin devient opaque. On rend la vue au malade en retirant le cristallin, sans détruire la lame antérieure de la capsule qui reproduit un autre cristallin transparent.

qui dessinent des loges incomplètes dans la masse de l'humeur vitrée.

Entre la membrane hyaloïde et le ligament suspenseur du cristallin s'étend une sorte de gouttière circulaire appelée *canal de Petit*.

334. Marche de la lumière dans l'œil.

— Pour parvenir à la rétine, membrane sensible de l'œil, la lumière doit traverser la série de milieux transparents constituée par la cornée, l'humeur aqueuse, le cristallin et l'humeur vitrée. L'œil représente très sensiblement un système dioptrique centré (1), dont les surfaces réfringentes sont les deux faces de la cornée et les deux faces du cristallin (fig. 227). La cornée forme une lentille très légè-

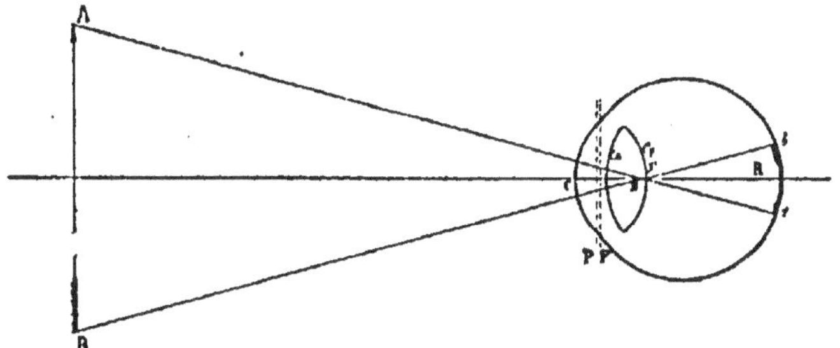

Fig. 227. — Formation des images dans l'œil.

rement divergente, l'épaisseur de ses régions périphériques (1^{mm}) étant un peu supérieure à celle de sa région centrale ($0^{mm}8$). Vu la faiblesse de sa convergence et de son épaisseur, on peut l'assimiler sensiblement à une lame infiniment mince à faces parallèles.

Le système se réduit ainsi à trois surfaces réfringentes séparant des milieux d'indices différents. Le calcul conduit pour les points cardinaux de ce système aux positions suivantes, les distances étant comptées à partir du sommet de la cornée et exprimées en millimètres (2).

Premier point principal :	$2^{mm}17$
Deuxième —	2 57
Interstice :	0 40
Premier point nodal :	7 21
Deuxième —	7 04
Distance focale antérieure :	15 00
Distance focale postérieure :	20 07

(3)

(1) Helmholtz et récemment M. Tscherning ont constaté par diverses expériences que le système dioptrique de l'œil n'est pas rigoureusement centré.

(2) Voir Beaunis, *Nouveaux éléments de physiologie humaine*.

(3) Le rapport des deux distances focales reproduit l'indice du dernier milieu (humeur vitrée) par rapport au premier (air).

Position du foyer postérieur : $22^{mm}64$

Convergence dans le sens de la lumière, $\dfrac{1}{0^m02007} = 49,8$ dioptries

L'œil ne peut donc être assimilé à une lentille infiniment mince à milieux extrêmes identiques. Mais grâce à la faible valeur de l'interstice $0^{mm}4$, on peut sensiblement ramener son action à celle d'une seule surface réfringente, séparant l'air de l'humeur vitrée, ayant son sommet à la distance $2^{mm}37$, à égale distance des points principaux, son centre à $7^{mm}44$ à égale distance des points nodaux, son rayon de courbure étant ainsi $5^{mm}07$. Ce système constitue l'œil réduit.

335. Formation des images. Fonctions de la rétine — Pour que la vision soit nette, il faut que l'image de l'objet observé se forme sur la rétine dans la région où se trouvent les éléments nerveux impressionnables. On peut constater l'existence de cette image rétinienne, en observant l'œil d'un lapin albinos dont la choroïde dépourvue de pigment est transparente. On aperçoit l'image renversée des objets extérieurs sur le fond de l'œil comme sur un écran translucide.

336. La sensibilité est très inégale sur les diverses parties de la rétine. Cette sensibilité atteint son maximum sur la tache jaune et surtout sur la fosse centrale. C'est toujours sur cette région qu'on amène l'image de l'objet observé, en orientant l'axe de l'œil vers lui. Joignons les deux extrémités A et B du plus grand diamètre de la tache jaune au deuxième point nodal N_2 de l'œil (fig. 228). Les rayons lumineux dirigés suivant N_2A, N_2B, sont fournis par des rayons incidents DN_1,

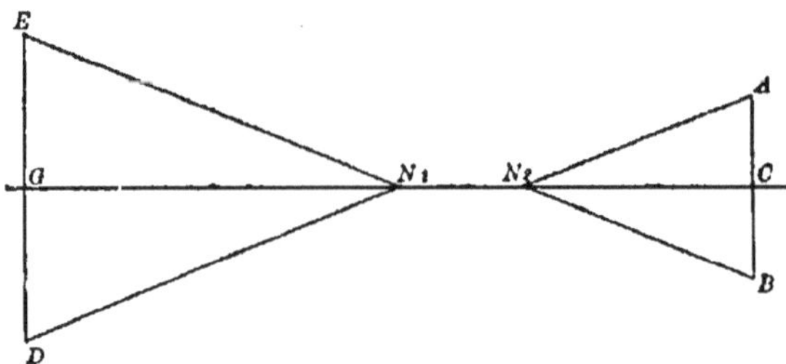

Fig. 228. — Champ de netteté visuelle maxima.

EN, parallèles aux précédents et passant par le premier point nodal N_1. Pour qu'un objet forme son image sur la tache jaune, il faut qu'il soit compris dans l'angle DN_1E égal à AN_2B. Cet angle mesure le champ de netteté parfaite des images. Pour un objet éloigné, la distance N_2C du second point nodal à l'image est sensiblement égale à la première distance focale 15^{mm}. La valeur en degrés de l'angle AN_2B est donc :

$$\frac{AB}{2\pi \times N_2C} \times 360 = \frac{2 \times 360}{2\pi \times 15},$$

ou un peu moins de 8 degrés.

Le diamètre de la fosse centrale est 10 fois plus petit que celui de la tache jaune. L'angle correspondant est d'environ 48 minutes (1). On ne peut donc voir avec la netteté maxima qu'une très petite étendue d'un objet, trois ou quatre lettres par exemple dans un livre imprimé en caractères moyens. C'est en déplaçant rapidement l'axe de l'œil que l'on voit nettement toutes les parties d'un objet dans un temps assez court pour que ces sensations nous paraissent simultanées. Mais si l'on éclaire par une étincelle électrique un livre placé dans l'obscurité, l'œil n'a pas le temps de se déplacer et l'on ne voit nettement que l'étendue signalée plus haut.

Dans les autres parties de la rétine, la sensibilité va en diminuant à mesure qu'on s'écarte de la tache jaune. La sensibilité aux impressions colorées s'étend à des champs d'ouverture différente pour chaque couleur. La sensibilité à la lumière sans appréciation de couleur existe dans un champ plus étendu. Ce dernier champ comprend environ un angle de 60° du côté interne de l'œil, à partir de l'axe principal, et un angle supérieur à l'angle droit du côté externe.

337. Le punctum cœcum. — La région de la rétine où aboutit le nerf optique est, comme nous l'avons vu, dépourvue d'éléments nerveux. L'expérience suivante, due à Mariotte, montre que cette région n'est pas sensible à la lumière.

Si l'on ferme l'œil gauche et qu'on fixe avec l'œil droit la croix B (fig. 229),on voit, en faisant varier la distance de la fi-gure à l'œil, que pour une certaine position le cercle A disparaît, tandis qu'il est visible pour des distances plus grandes ou plus petites.

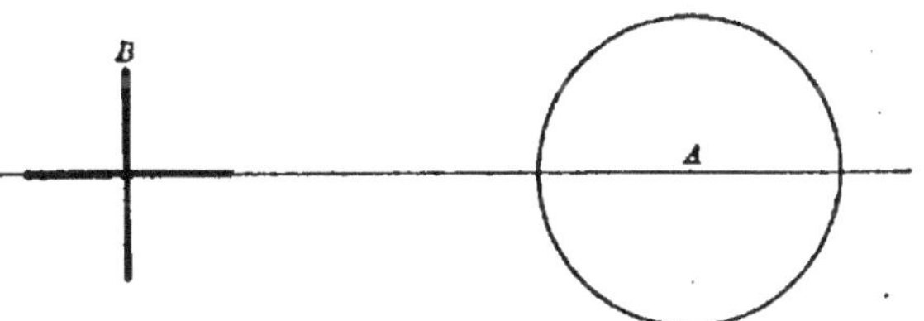

Fig. 229. — Expérience de Mariotte.

Cette disparition a lieu quand il est placé de manière à former son image sur le punctum cœcum. Dans les conditions ordinaires, nous n'avons pas conscience de cette lacune du champ visuel, qui se trouve comblée soit par les perceptions de l'autre œil, soit par l'habitude instinctive que nous a donnée l'expérience, d'identifier cette région avec l'aspect général des régions voisines.

338. Les objets nous apparaissent dans leur position réelle, bien que l'image rétinienne soit renversée par rapport à eux. Remarquons d'abord avec Helmholtz

____

(1) Il y aurait lieu de rechercher si la courbure de la fosse centrale, plus forte que celles des autres parties de la rétine, se trouve en relation avec la courbure des images qui correspondent à des objets plans pour le système convergent de l'œil.

que notre conscience ignore l'existence de la rétine et que la vision droite ne s'expliquerait pas mieux avec une image rétinienne droite qu'avec une image renversée. Il y a dans la perception visuelle une sensation complexe, suivie d'un jugement basé sur les expériences antérieures. L'aveugle-né récemment opéré de la cataracte ne peut accomplir ce jugement, il n'extériorise pas ses sensations ; nous devons penser qu'il en est de même de l'enfant. Mais le toucher ne tarde pas à le renseigner sur la signification extérieure de ses sensations visuelles. L'hérédité accélère cette détermination et la rend en partie instinctive. L'impression transmise par un élément nerveux de la rétine est ainsi rapportée au foyer conjugué extérieur placé sur l'axe secondaire correspondant, et ce jugement instinctif s'applique même au cas où ce foyer conjugué est occupé par l'image virtuelle d'un objet, bien qu'il n'émette alors aucune lumière.

339. La même éducation contribue à combiner les impressions transmises par les rétines des deux yeux pour en faire ressortir une perception unique, quand les axes des deux yeux sont dirigés vers un même objet. Si l'on trouble mécaniquement cette concordance en appuyant le doigt sur un des yeux, les objets paraissent doubles.

Mais l'unité de sensation est aussi sous la dépendance d'un fait anatomique. Dans le chiasma des nerfs optiques, les fibres nerveuses correspondant aux points homologues des deux rétines, se soudent deux à deux en une seule avant de pénétrer dans l'encéphale, dont les parties droite et gauche innervent ainsi respectivement les moitiés droite et gauche des deux rétines. Les points homologues des deux rétines sont ceux qui se superposeraient si l'on appliquait une rétine sur l'autre en faisant coïncider leurs axes.

340. L'action de la lumière sur la rétine est aujourd'hui très controversée.

D'après l'opinion généralement admise jusqu'à ces derniers temps, la lumière y produirait des phénomènes chimiques analogues à ceux qu'on observe dans la photographie ordinaire. Le pourpre rétinien qui colore en rose l'article externe des bâtonnets se décolore sous son influence. Cette coloration disparaît en effet dans un œil de grenouille qu'on a exposé à la lumière pendant quelques secondes. Elle reparaît après un séjour de l'animal dans l'obscurité. L'œil retiré d'un animal et placé devant un objet brillant, comme une fenêtre, prend l'empreinte de l'image de cet objet, et cette image est fixée sur la rétine si l'on plonge l'œil dans une dissolution d'alun.

Remarquons toutefois que la fosse centrale, qui est la région la plus apte à percevoir les sensations colorées, ne renferme point de bâtonnets et est par conséquent dépourvue de pourpre rétinien.

Les altérations chimiques produites dans la rétine devraient, d'après cette théorie, différer avec la couleur de la lumière agissante, mais on ignore en quoi consistent ces différences (1). Suivant une hypothèse d'Young adoptée par Helmholtz, il y aurait dans l'œil, probablement dans les cônes qui sont très abondants dans la tache jaune, trois sortes de fibres nerveuses respectivement sensibles au rouge, au vert et au violet. Les diverses couleurs, en excitant dans des projections différentes ces trois espèces de fibres, donneraient naissance aux sensations colorées.

Les expériences de M. Lippmann sur la photographie des couleurs ont récemment suggéré une autre théorie. Les articles externes des cônes et des bâtonnets paraissent présenter une structure striée. La lumière se réfléchissant sur la surface pigmentaire de la choroïde qui limite la rétine, donnerait lieu, en traversant ces stries, au renforcement de certaines couleurs. D'après la théorie des vibrations lumineuses, la nuance de la couleur renforcée doit dépendre de l'écartement des stries. Cet écartement serait inégal pour les diverses fibrilles terminant les cônes, qui paraissent être les organes de perception des couleurs (2). Cette hypothèse, proposée par M. Darzens, mérite une confirmation expérimentale.

341. Certaines personnes atteintes d'une infirmité appelée *daltonisme* (3), sont privées plus ou moins complètement de la faculté de percevoir une ou plusieurs couleurs, comme si les fibres nerveuses correspondantes étaient frappées de paralysie. Cette cécité partielle porte le plus souvent sur le rouge. La partie rouge du spectre paraît alors noire. Le jaune paraît verdâtre et le blanc, vert bleuâtre. La cécité du vert et celle du violet sont plus rares. On a cependant trouvé des sujets qui ne distinguaient pas le rouge d'une fleur du vert du feuillage. Bien des personnes sont atteintes de daltonisme à un degré modéré sans en avoir conscience, parce qu'elles désignent par les mots usuels les couleurs des objets, sans savoir qu'à ces mots correspondent pour elles des sensations différentes de celles des autres hommes.

342. Les sensations lumineuses persistent pendant un temps variable après que la lumière a cessé d'agir. Cette durée de persistance est d'autant plus grande que la lumière a été plus vive. Elle atteint de $\frac{1}{50}$ à $\frac{1}{10}$ de seconde et paraît représenter, dans l'hypothèse d'Young, le temps pendant lequel les réactions chimiques commencées par l'action de la lumière se continuent spontanément.

---

(1) D'après les expériences de Kühne, le pourpre rétinien absorbe les radiations comprises entre les raies C et H, c'est-à-dire toutes les couleurs excepté le rouge. L'altération du pourpre rétinien par la lumière laisserait apparaître un *jaune rétinien* absorbant les radiations comprises entre les raies E et H, c'est-à-dire toutes les couleurs, sauf le rouge, l'orangé et le jaune.

(2) La région périphérique de la rétine, qui ne contient guère que des bâtonnets, donne la sensation de lumière sans celle de couleur.

Les animaux nocturnes, qui ne perçoivent pas les couleurs, n'ont pas de cônes. Les oiseaux qui se nourrissent d'insectes colorés ont des rétines riches en cônes.

(3) Du nom du physicien anglais Dalton qui en était affligé.

Ainsi s'explique qu'un point brillant animé d'un mouvement rapide paraisse occuper à la fois toutes ses positions successives et donne la sensation d'une ligne lumineuse. Nous avons vu (279) le parti qu'on a tiré de ce phénomène dans l'expérience dite du disque de Newton (1).

343. Irradiation. — Quand on regarde un objet très brillant, les éléments nerveux de la rétine voisins de ceux qui reçoivent l'image sont eux-mêmes excités, probablement parce que, grâce à l'aberration de sphéricité, l'image d'un point n'est pas un point, mais un petit cercle. Il en résulte que l'objet brillant paraît plus grand qu'il n'est en réalité. Ce phénomène a reçu le nom d'*irradiation*. Il explique pourquoi un carré blanc sur fond noir (fig. 230) paraît plus grand qu'un carré noir de même dimension vu sur un fond blanc. Dans les deux cas la région éclairée semble empiéter sur la région obscure.

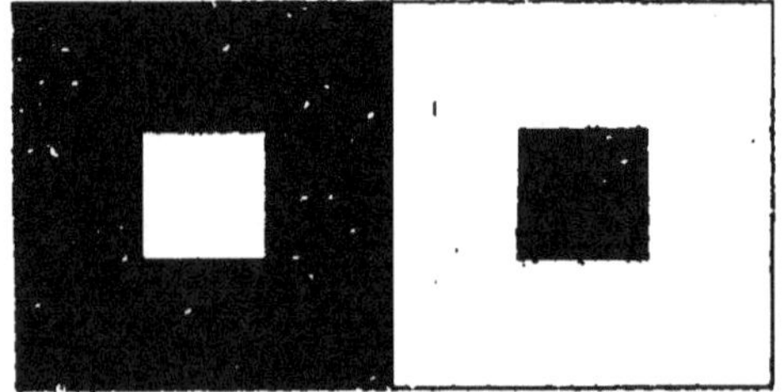

Fig. 230. — Effet de l'irradiation.

344. Images consécutives. — Quand, après avoir fixé pendant un temps très court un objet blanc très éclairé, on ferme les yeux, on continue d'apercevoir l'image blanche pendant quelques instants. Cette image consécutive est dite positive. Elle est due à la persistance des impressions lumineuses. Elle s'atténue bientôt et disparaît après avoir pris différentes colorations que l'on peut expliquer en admettant que la persistance a des durées inégales pour les trois couleurs fondamentales. On observe dans les mêmes conditions des images consécutives positives colorées quand on a fixé un objet coloré. Ces images sont de la même couleur que l'objet.

Si l'on fixe pendant quelque temps un objet brillant et que l'on reporte ensuite les yeux sur une surface blanche, on observe une image consécutive noire de l'objet, s'il est blanc, et une image de la couleur complémentaire de

---

(1) Le *phénakisticope* est un petit appareil basé sur la persistance des sensations lumineuses, dans lequel on a représenté sur un disque de carton les aspects successifs que présente un objet en mouvement. Ce disque tourne rapidement devant l'œil, en même temps qu'un second disque placé en avant et présentant une série de fenêtres qui permettent d'apercevoir un à un les dessins successifs. La vision paraît continue et l'objet semble être en mouvement.

En prenant un grand nombre de fois par seconde des photographies instantanées d'un ensemble d'objets en mouvement, et en faisant défiler rapidement ces images dans le faisceau lumineux d'un appareil à projections, M. Lumière est parvenu à reproduire pour les spectateurs l'illusion du mouvement des objets. Son appareil s'appelle le *Kinétographe*.

celle de l'objet, s'il est coloré. Ces images consécutives, dites négatives, paraissent dues à la fatigue des éléments rétiniens qui ont épuisé leur action dans la contemplation du premier objet brillant. Il faut un temps déterminé pour que le pourpre rétinien et les autres réactifs sensibles se reproduisent. Dans le cas des objets colorés, les éléments nerveux propres à percevoir la couleur correspondante deviennent seuls moins actifs; les éléments excités par les autres couleurs conservent leur excitabilité et leur action prépondérante donne lieu à la production de l'image complémentaire.

345. Contraste simultané des couleurs. — Un objet blanc vu sur un fond uniformément coloré prend la couleur complémentaire du fond. Cette apparence est due à une simple erreur de jugement. La différence de nuance entre l'objet et le fond est ce qui nous frappe le plus dans le phénomène et nous l'apprécions avec exagération. Ainsi un crayon placé devant un papier blanc éclairé à la fois par la lumière du jour et par celle d'une bougie donne deux ombres. Celle qui correspond à la flamme de la bougie n'est éclairée que par le jour; elle est donc parfaitement blanche. Elle parait cependant bleue par contraste avec la nuance du fond qui est jaune pâle, grâce à la lumière jaune rougeâtre de la bougie qui s'y ajoute à celle du jour.

Il convient de rattacher à la même cause les auréoles de couleur complémentaire qui paraissent entourer les images des objets colorés brillants.

346. Phénomènes entoptiques. — En regardant une surface éclairée, comme celle du ciel, on aperçoit quelquefois des stries, des filaments ou des taches qui demeurent au même point du champ de vision, quand on déplace le regard. Ces apparences sont dues à l'ombre portée sur la rétine par des corpuscules placés dans les milieux de l'œil. Nous les localisons hors de l'œil sur les axes secondaires correspondants, grâce à l'instinct qui nous fait extérioriser les sensations.

En éclairant l'œil dans une chambre obscure par une bougie qu'on fait mouvoir latéralement, on peut même apercevoir ainsi un réseau dû au système vasculaire de la rétine qui se projette sur les éléments nerveux sensibles placés en arrière.

Toutes les sensations transmises par le nerf optique ont le caractère de sensations visuelles. Ainsi une excitation électrique, une pression, un choc exercés sur l'œil, font naître des apparences lumineuses.

347. Fonction de l'iris. — Grâce au double système de fibres musculaires qu'il contient, l'iris joue le rôle de diaphragme réglant les quantités de lumière admises dans l'œil. Quand on passe d'un lieu éclairé à un lieu plus obscur, on ne distingue pas tout d'abord la forme des objets environnants. Mais bientôt, par une action réflexe indépendante de la volonté, la pupille se dilate et laisse entrer assez de lumière pour permettre la vision.

L'inverse se produit quand on augmente brusquement l'éclat des objets. L'œil est d'abord aveuglé par l'excès de lumière ; mais la pupille ne tarde pas à se rétrécir pour ramener la vision aux conditions normales. La pupille subit aussi une légère contraction, à mesure que l'objet observé se rapproche.

Les changements de diamètre de la pupille sont encore provoqués par certaines substances : l'atropine la dilate, la nicotine la rétrécit.

348. Fonction de la choroïde. — Quand la lumière a agi sur les éléments sensibles de la rétine, elle pénètre dans la choroïde qui l'absorbe, grâce à son pigment noir, et l'empêche ainsi de se réfléchir sur la sclérotique vers d'autres points de la rétine où elle troublerait la vision. Les sujets albinos, dont la choroïde est dépourvue de pigment, sont éblouis par une vive lumière. Ils ne voient assez nettement que dans un lieu faiblement éclairé.

349. Grandeur de l'image rétinienne. — L'objet et l'image déterminent avec les points nodaux N_1 et N_2 deux triangles semblables APN_1, $A'P'N_2$ (fig. 231). On a donc la relation :

$$\frac{PA}{N_1P} = \frac{P'A'}{N_2P'}$$

Le premier rapport mesure le diamètre apparent de l'objet, si l'on suppose cet angle assez petit pour qu'on puisse le confondre avec sa tangente. Dans le second rapport, la distance N_2P' du second point nodal à la rétine est indépendante de la grandeur de l'objet. En outre la déformation que subit l'œil pour s'accommoder aux distances variables des objets n'altère que très peu cette distance. La grandeur linéaire $P'A'$ de l'image est donc sensiblement proportionnelle au diamètre apparent sous lequel on voit l'objet.

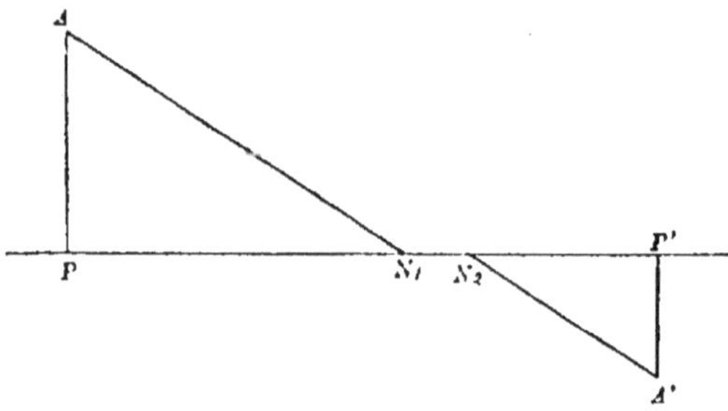
Fig. 231. — Image rétinienne d'un objet.

350. Acuité visuelle. — Deux yeux différents ne perçoivent pas avec une égale netteté les images rétiniennes de même grandeur, de même position et de même éclairement. L'*acuité visuelle* est la propriété que possède l'œil de distinguer les petits détails des objets. Elle se mesure par l'inverse de la plus petite distance angulaire qui puisse être comprise entre deux objets identiques, sans que ces objets cessent d'être vus distinctement.

On la détermine en cherchant à quelle distance maxima D on peut éloigner de l'œil des traits blancs sur fond noir, d'écartement connu a, sans que ces traits cessent d'être distincts. Le rapport $\dfrac{a}{D}$ mesure l'angle minimum.

On opère plus commodément avec des caractères d'imprimerie qu'on fait épeler à distance par la personne en expérience. Pour une vue normale, l'angle minimum atteint environ 1 minute. L'acuité visuelle vaut alors

$$\frac{360 \times 60}{2\pi} = 3440$$

La grandeur de l'image rétinienne correspondant à cet angle limite est, en millimètres :

$$\frac{15}{3440} = 0^{mm}0044 = 4^\mu,4 \quad (1)$$

Cette longueur est un peu supérieure à l'épaisseur des cônes et des bâtonnets. La condition pour que deux objets apparaissent comme distincts semble donc être que leurs images se forment en entier sur des éléments nerveux différents. Sur un objet placé à 15 centimètres du premier point nodal de l'œil, une vue normale pourra donc distinguer des détails d'une hauteur de 0 cm. 0044 = 44 μ.

Les physiologistes font ordinairement usage d'une unité pratique d'acuité visuelle qui est celle d'un œil distinguant nettement la forme d'un caractère d'imprimerie dont le diamètre apparent est 5 minutes. L'*acuité relative* pour un œil donné est le rapport de l'acuité absolue de cet œil à l'acuité prise pour unité. Si un observateur distingue une lettre dont le diamètre apparent est la fraction $\dfrac{1}{n}$ de l'angle de 5 minutes, son acuité relative est mesurée par le nombre n.

Il importe du reste de remarquer que l'acuité augmente avec l'éclat des objets observés. D'autre part, un objet unique, comme un fil, est encore vu sous un angle beaucoup plus petit que l'angle limite précédent.

351. Vision à différentes distances. Accommodation. — L'œil d'un sujet jeune, quand il est constitué normalement, lui permet de voir avec netteté successivement, mais non simultanément, des objets placés à des distances très différentes. Nous savons que si un objet lumineux s'approche d'un système dioptrique, l'image réelle de cet objet s'éloigne du système en

---

(1) $\mu = \dfrac{1}{1000}$ de millimètre.

se déplaçant dans le même sens que l'objet. La netteté persistante de la vision ne peut donc s'expliquer que par un changement de la distance de la rétine un système réfringent de l'œil ou par une déformation de ce dernier. On trouve par l'expérience que cette dernière hypothèse est seule exacte. La propriété que possèdent les surfaces réfringentes de l'œil de se déformer pour permettre la vision à différentes distances a reçu le nom d'*accommodation de l'œil*. Helmholtz a montré qu'elle consiste en un changement de courbure de la face antérieure du cristallin, accompagné d'une déformation beaucoup plus légère de sa face postérieure (fig. 232).

352. Un œil est dit *normal* ou *emmétrope* (ἐν, dans, μέτρον, mesure, ὄψις, vue), quand il voit nettement :

1° sans effort d'accommodation les objets très éloignés, dont la distance peut être regardée comme infinie par rapport aux distances focales de l'œil ;

2° avec un effort d'accommodation croissant, les objets de plus en plus rapprochés, jusqu'à quelques centimètres de la cornée.

Pour que l'œil satisfasse à ces conditions, il faut d'abord que ses surfaces réfringentes soient de révolution autour de leur axe commun et que son foyer principal postérieur se trouve dans l'état de repos sur la couche sensible de la rétine.

Quand on rapproche l'objet, cette image s'éloigne d'abord lentement, puis de plus en plus vite. Pour $p = 60$ mètres, l'application de la formule des foyers conjugués à l'œil réduit montre aisément qu'elle n'a encore parcouru qu'une longueur de 5 millièmes de millimètre environ, six fois plus petite que celle de

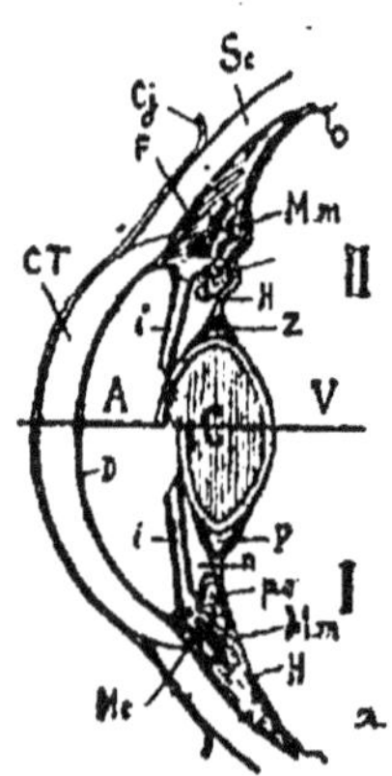

Fig. 232. — Mécanisme de l'accommodation.

I, pour la vision éloignée; *II*, rapprochée. *C*, cristallin; *Mc*, muscle ciliaire; *Mm*, ses fibres orbiculaires ; *pc*, procès ciliaires ; *H*, membrane hyaloïde ; *o*, ora serrata ; *Z*, zone de Zinn, *P*, canal de Petit ; *V*, humeur vitrée ; *A*, humeur aqueuse ; *D*, membrane de Demours ; *i*, iris ; *n*, portion de l'humeur aqueuse située entre l'iris et le cristallin ; *Sc*, sclérotique, *CT*, cornée transparente ; *Cj* conjonctive ; *F*, canal de Fontana.

l'article interne des bâtonnets. L'image est encore perçue nettement sans accommodation. La place occupée dans le premier cas par un point de l'image se trouve en effet occupée dans le second par un cercle de diffusion représentant la section du faisceau correspondant par le plan de la première image. Ce cercle a encore un diamètre très inférieur au diamètre (2 à 3 μ) des cônes de la fosse centrale.

Quand ces deux diamètres sont du même ordre de grandeur, ce qui a lieu pour des distances plus petites de l'objet, le faisceau peut atteindre les

éléments nerveux voisins, et la vision cesse d'être nette (1). L'image se
forme alors au-delà de la partie sensible de la rétine. Pour la ramener sur
cette membrane, le muscle ciliaire se contracte et diminue la courbure de
la face antérieure du cristallin, qui devient plus convergente (2). L'image
peut ainsi être maintenue sur la couche sensible, tant que la distance de
l'objet au premier point nodal de l'œil ne descend pas au-dessous d'une
limite inférieure variable d'un œil à l'autre, mais atteignant une valeur
moyenne de 12 centimètres dans l'enfance. Cette dernière distance s'appelle
distance minima de la vision distincte. On donne le nom de *punctum proximum* à la position qu'occupe alors le point lumineux observé. Le *punctum
remotum* est sa position pour une contraction nulle du muscle ciliaire. Il
est à l'infini pour un œil emmétrope.

Pour des distances de l'objet inférieures à la distance minima, l'image
ne peut plus se former sur la rétine et la vision cesse d'être nette. Au
maximum de contraction du muscle ciliaire, le rayon de courbure de la face
antérieure du cristallin s'abaisse de 10 à 6 millimètres, celui de la face postérieure de 6 à 5,5 millimètres (3).

353. Si l'accommodation permet de voir l'ensemble des objets à différentes
distances avec la même netteté, il n'en est pas de même des détails dont la
perception est restreinte aux limites assignées par l'acuité visuelle. A mesure qu'un objet se rapproche, son diamètre apparent va en croissant. Les
parties dont les images se formaient d'abord sur le même élément nerveux
se séparent et deviennent distinctes. Il convient donc de placer l'objet au
punctum proximum pour en discerner les petits détails. C'est ce qu'on fait,
par exemple, quand on veut lire un livre imprimé en caractères très fins.

---

(1) L'accommodation est accompagnée d'un rétrécissement de l'ouverture de la
pupille qui augmente la tolérance due à l'épaisseur des cônes.

(2) Il résulte des expériences du docteur Tscherning que, dans l'accommodation, la
face antérieure du cristallin est portée en avant et serrée fortement contre le noyau
consistant de cet organe. La région centrale de cette face, en se moulant sur le noyau,
prend une courbure plus forte, tandis que la courbure s'affaiblit pour les régions
périphériques. Il en résulte que l'aberration de sphéricité diminue. En même temps,
la face postérieure s'écarte de la première et l'épaisseur passe de 3mm 6 à 4 mm.

(3) Diverses expériences permettent d'établir qu'il est impossible de voir nettement
à la fois deux objets placés à des distances différentes. Nous citerons la suivante,
due au P. Scheiner.

On perce une carte de deux trous d'épingle C et C', éloignés d'une distance plus
petite que le diamètre de la pupille, et avec un seul œil on regarde à travers ces
ouvertures deux épingles A et B placées l'une derrière l'autre. Si l'on vise A (fig. 233),

354. Les changements de courbure des faces du cristallin peuvent être observés au moyen des images de *Purkinje*. On appelle ainsi les images que fournit le faisceau lumineux émané d'un objet brillant, tel que la flamme d'une bougie, en se réfléchissant sur les diverses surfaces réfringentes de l'œil. Les principales images sont celles qui se produisent par une seule réflexion. Elles sont au nombre de trois. La première, produite par la réflexion de la lumière sur la cornée, formant miroir convexe, est droite et virtuelle. On l'observe aisément sans précaution spéciale. La seconde, qui est aussi droite et virtuelle, est

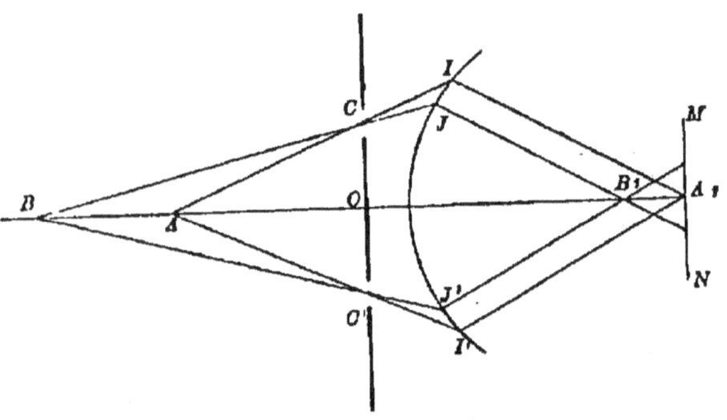

Fig. 233. — Expérience du P. Scheiner. — 1er cas.

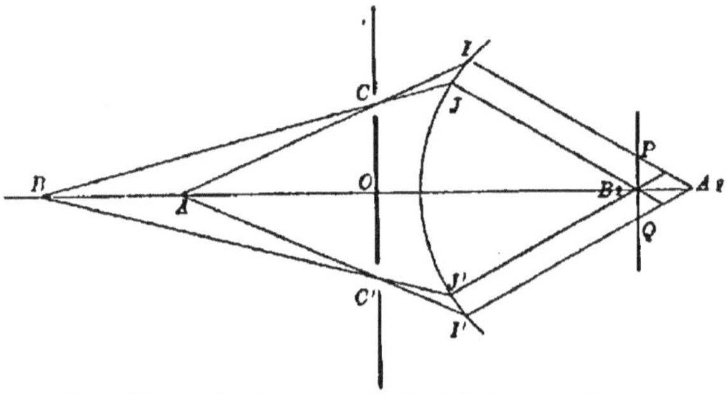

Fig. 234. — Expérience du P. Scheiner. — 2e cas.

produite par la réflexion sur la face antérieure du cristallin, formant encore miroir convexe; cette image est très pâle. La troisième, produite par la réflexion sur la face postérieure du cristallin, formant miroir concave, est renversée, réelle, très petite et plus brillante que la précédente.

Pour distinguer les deux dernières, il faut placer le sujet observé dans une chambre obscure et disposer la flamme latéralement, afin d'éviter la superpo-

---

les deux petits faisceaux partis de ce point et passant par les deux ouvertures suivent les trajets AIA₁ et AI'A₁ et viennent former en A₁ sur la rétine, une image nette de A. (On a seulement figuré le rayon central de chaque faisceau.) L'image de B se forme en B₁ en deçà de la rétine, et les faisceaux partis de ce point éclairent deux régions M et N de la rétine où ils produisent deux images confuses. En couvrant l'ouverture de droite C, on voit disparaître l'image de gauche N.

Si au contraire on vise B (fig. 234), son image se forme en B₁ sur la rétine. C'est l'objet A qui donne en P et Q deux images confuses, l'image véritable étant en A₁, au-delà de la rétine. Si l'on couvre l'ouverture de droite C, c'est l'image confuse de droite P qui disparaît.

sition des images. Si le sujet regarde successivement un objet très éloigné, puis un objet rapproché, on observe que la première image ne se déplace pas; la seconde diminue de grandeur et se rapproche de l'observateur, par suite de la diminution de courbure de la face antérieure du cristallin ; la troisième subit aussi des modifications qui dépendent à la fois des changements de courbure des deux faces du cristallin (1).

355. Helmholtz a mesuré d'une manière précise les rayons de courbure des surfaces réfringentes de l'œil, dans les diverses conditions de la vision, et s'est assuré que les altérations de ces rayons ont exactement la valeur nécessaire pour ramener les images à se former dans la couche sensible. Il faut pour cela déterminer l'épaisseur d'une flamme et les épaisseurs des trois images de Purkinje auxquelles elle donne naissance. Des rapports de ces épaisseurs on peut déduire successivement, par les formules de la réflexion et de la réfraction à travers les surfaces sphériques, les rayons de courbure des trois surfaces réfringentes.

L'appareil qu'il emploie pour mesurer ces épaisseurs porte le nom d'*ophtalmomètre*. La pièce essentielle est constituée par deux lames de verre à faces parallèles, d'épaisseurs égales et assez grandes (fig. 235). La lame ABA'B' est

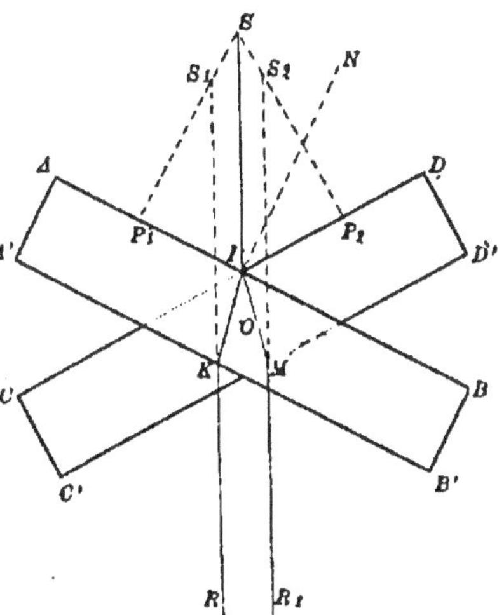

Fig. 235. — Ophtalmomètre d'Helmholtz.

d'abord posée sur la lame CDC'D' ; mais on peut les faire tourner simultanément d'angles égaux en sens contraires, autour d'un axe O perpendiculaire à leur face commune, de manière à les amener dans la position représentée par la figure.

Soit un point lumineux S placé dans le plan bissecteur de l'angle AID et un rayon lumineux SI contenu dans ce plan et pénétrant dans la lame supérieure ABA'B'. Il se propage suivant le chemin SIKR. Pour un observateur dont l'œil est en R, il donne lieu, avec les rayons voisins, à la formation d'une image virtuelle S_1 du point S, située à la rencontre de la direction KR prolongée et de la perpendiculaire SP_1 à la face réfringente AB (2).

---

(1) On peut, avec quelques précautions, apercevoir une quatrième image presque confondue avec la première et produite par la réflexion sur la face postérieure de la cornée, dont la courbure est un peu différente de celle de sa face antérieure.

M. Tscherning a mis en évidence l'existence de sept images obtenues par des réflexions diverses sur les surfaces que nous venons d'indiquer.

(2) Plus exactement, le point S est remplacé par deux lignes focales très voisines

Un autre rayon incident projeté aussi suivant SI, mais placé un peu au-dessous du premier, pénètre dans la lame CDC'D' et suit le chemin SIMR₁. Il donne lieu avec les rayons voisins à la formation d'une image S_2. La distance S_1S_2 d de ces deux images est égale au double de la distance de l'un des rayons émergents KR à la droite du rayon incident SI, c'est-à-dire, en désignant par i l'angle d'incidence SIN, qui est égal à l'angle de rotation de chaque lame :

$$(1) \qquad d = 2\,e\,\sin i \left[1 - \sqrt{\frac{1 - \sin^2 i}{n^2 - \sin^2 i}} \right]$$

Prenons comme objet lumineux la flamme d'une bougie et tournons le système des deux lames jusqu'à ce que les deux images qu'il fournit paraissent contiguës. Le diamètre S_1S_2 (fig. 236) de l'une de ces images, passant par le point de contact, se termine par des points homologues S_1, S_2, des deux images. Il est donc égal à la distance d, et l'on peut, à l'aide de la formule (1), le calculer en fonction de l'angle i donné par l'expérience. Cette méthode, appliquée successivement à la flamme de la bougie et à ses images de Purkinje, permet de mesurer leurs dimensions homologues, et par suite de calculer les rayons de courbure des surfaces réfléchissantes et réfringentes donnant naissance à ces images. Les mêmes mesures doivent être répétées pour un œil accommodé successivement à la vision des objets éloignés et à celle des objets rapprochés. Les changements de courbure des surfaces, calculés à l'aide de ces données, ont exactement les valeurs nécessaires pour expliquer l'accommodation.

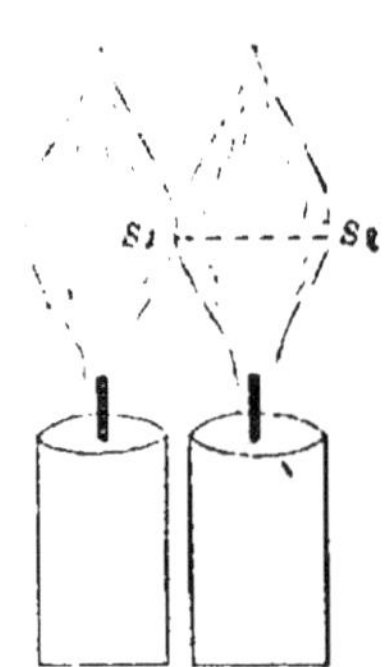

Fig. 236. — Observation des images de Purkinje.

356. On appelle *amplitude de l'accommodation* la convergence de la lentille qu'il faudrait placer devant l'œil pour produire un effet équivalent à celui de l'accommodation maxima, c'est-à-dire pour substituer à un objet placé à la distance minima d, une image placée à la distance maxima D de vision distincte. Sa valeur $\dfrac{1}{f}$ est déterminée par la formule :

$$(2) \qquad \frac{1}{f} = \frac{1}{d} - \frac{1}{D}$$

Dans le cas actuel, on a : $D = \infty$, $d = 0^m12$

$$\frac{1}{f} = \frac{1}{0,12} = 8,33 \text{ dioptries.}$$

---

placées sur le prolongement de KR, et dont l'une est en S_1. L'apparence produite ne diffère pas sensiblement de celle d'un point lumineux.

en supposant nulle la distance de la lentille au premier point nodal de l'œil.

La *latitude d'accommodation* est la distance du punctum proximum au punctum remotum. Elle est infinie dans le cas actuel.

357. Presbytie. — L'amplitude d'accommodation ne conserve sa grandeur maxima que dans la première période de la vie. A partir de l'enfance elle diminue, par suite de la perte d'élasticité subie par la membrane antérieure du cristallin ou *cristalloïde antérieure* et de la solidification progressive de cet organe ; elle finit par disparaître entièrement dans l'extrême vieillesse. Cette infirmité constitue la *presbytie* (πρέσβυς, vieillard). Quand, pour un œil emmétrope, l'accommodation est réduite à la moitié de sa valeur ou 4 dioptries, le punctum proximum est rejeté à $\dfrac{1^{m}}{4} = 0^{m},25$. La lecture à l'œil nu d'un livre imprimé en caractères fins est déjà pénible et ne tarde pas à devenir impossible.

d_0 et d représentant les distances minima pour l'observateur normal et pour le presbyte, l'amplitude d'accommodation, pour l'emmétrope devenu presbyte, a pour valeur $\dfrac{1}{d}$, et le *déficit d'accommodation* $\dfrac{1}{\varphi}$ se mesure en dioptries, en retranchant l'amplitude réduite de l'amplitude normale :

$$(3) \qquad \frac{1}{\varphi} = \frac{1}{d_0} - \frac{1}{d} = 8,33 - \frac{1}{d} .$$

Ce déficit $\dfrac{1}{\varphi}$ représente la convergence de la lentille convergente qu'il convient de placer devant l'œil, pour corriger la presbytie dans l'observation des objets rapprochés, puisqu'un pareil verre substitue à un objet placé à la distance d_0, une image virtuelle placée à la distance d et nettement visible pour l'œil presbyte.

Toutefois, dans la pratique, on considère ordinairement comme suffisante la possibilité de voir nettement les objets à une distance de 22 centimètres du premier point nodal de l'œil. On détermine alors la convergence

$$\frac{1}{d_0} - \frac{1}{d}$$

des besicles à employer, en attribuant à d_0 la valeur $0^{m},22$.

358. Amétropie. — Nous avons supposé jusqu'ici l'œil emmétrope, c'est-à-dire capable de produire sans effort sur la rétine l'image d'un point lumineux très éloigné. Mais il n'en est pas ainsi chez un grand nombre de personnes dont l'œil est dit *amétrope*.

On distingue deux espèces d'amétropie :

1° *L'amétropie symétrique*, dans laquelle les surfaces réfringentes sont encore de révolution autour de leur axe commun, le deuxième foyer principal n'étant pas sur la couche sensible de la rétine.

2° *L'amétropie dissymétrique* ou *astigmatisme*, dans laquelle quelques-unes des surfaces réfringentes ne sont pas de révolution autour de l'axe commun.

L'amétropie symétrique comprend deux cas :

359. 1er cas. Myopie. — Le système optique de l'œil est trop convergent ou la rétine en est trop éloignée. L'image d'un point situé à l'infini se forme alors en deçà de la rétine : l'œil est *myope* (μύω, fermer; ὤψ, œil) (1).

Si l'on rapproche l'objet à partir de l'infini, l'image s'éloigne, et pour une certaine distance D de l'objet au premier point nodal, elle se forme sur la rétine (fig. 237). La vision commence à être distincte pour cette distance D qui est celle du *punctum remotum* pour l'œil myope. Pour des distances de l'objet inférieures à D, l'image se formerait au delà de la rétine, sans l'intervention de l'accommodation qui ramène cette image sur la rétine. La vue reste donc nette jusqu'à une distance minima d qui est celle du *punctum proximum* pour le myope et correspond à la limite de l'accommodation. Si cette fonction s'exerce pleinement, l'amplitude d'accommodation pour le myope, représentée par la formule (2), a une valeur égale à l'amplitude $\dfrac{1}{d_0}$ d'un emmétrope. On a donc :

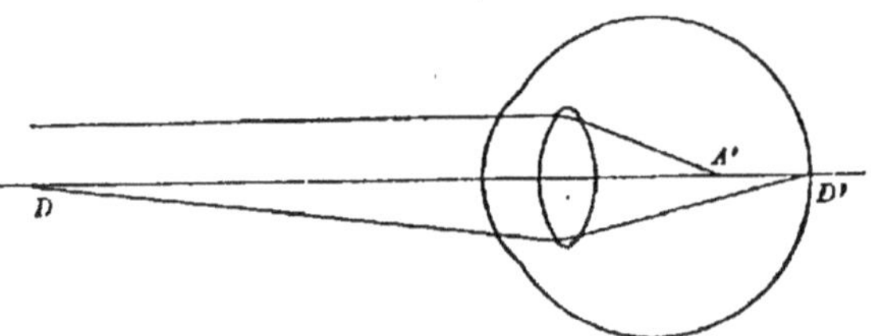

Fig. 237. — Œil myope.

$$(4) \qquad \frac{1}{d_0} = \frac{1}{d} - \frac{1}{D} = \frac{1}{f}$$

La distance minima d est plus petite pour le myope que pour l'emmétrope ; mais cet avantage est plus que compensé par l'impossibilité de voir nettement les objets éloignés et par le défaut d'acuité visuelle qui acompagne ordinairement la myopie.

---

(1) Les myopes rapprochent les paupières quand ils regardent les objets éloignés, afin de rétrécir le faisceau lumineux admis dans l'œil pour chaque point de l'objet, et par suite, l'étendue de la tache déterminée sur la rétine par l'intersection de ce faisceau.

360. Pour corriger la myopie et ramener les yeux aux conditions de la vue emmétrope, on place devant eux des *besicles* ou *lunettes* formées de lentilles divergentes, qui ont pour effet de faire diverger davantage les rayons issus d'un même point, avant leur entrée dans l'œil, c'est-à-dire de substituer à un point lumineux trop éloigné, une image virtuelle assez rapprochée pour être comprise dans les limites de la vision distincte. Le problème sera résolu si un point lumineux situé à l'infini se trouve remplacé par un point situé au punctum remotum D (fig. 238), car alors les points situés à des distances

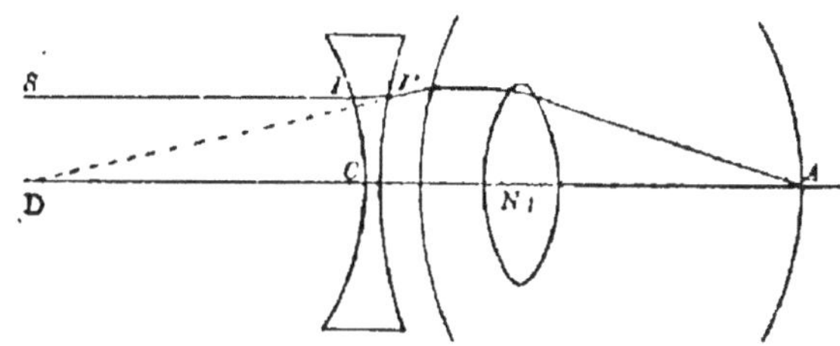

Fig. 238. — Besicles de myope.

décroissantes, à partir de l'infini, seront remplacés par des images virtuelles situées à des distances décroissantes à partir de D, et deviendront ainsi visibles par accommodation.

Si nous négligeons par rapport à la distance D la faible distance CN_1 du centre optique de la lentille au premier point nodal de l'œil, on voit que cette condition est précisément remplie par un verre divergent dont la distance focale principale est, en valeur absolue, égale à la distance maxima D. La valeur absolue $\dfrac{1}{D}$ de la convergence de cette lentille, exprimée en dioptries, mesure le degré de myopie ou l'excès de convergence de l'œil.

361. Dans la vieillesse, le myope devient presbyte, comme l'emmétrope; l'amplitude d'accommodation $\dfrac{1}{f}$ devient inférieure à l'amplitude normale $\dfrac{1}{d_0}$, c'est-à-dire que le punctum proximum d s'éloigne de l'œil.

Le déficit d'accommodation est :

$$(5) \qquad \frac{1}{\varphi} = \frac{1}{d_0} - \frac{1}{f} = \frac{1}{d_0} - \frac{1}{d} + \frac{1}{D}$$

Tant que le punctum proximum ne dépasse pas d_0, c'est-à-dire tant que l'on a :

$$\frac{1}{d} \geqslant \frac{1}{d_0} \qquad \text{ou} \qquad \frac{1}{\varphi} \leqslant \frac{1}{D},$$

la presbytie est peu sensible; elle ne fait que compenser dans l'état d'accommodation maxima l'excès de convergence dû à la myopie. De là vient que cette infirmité se remarque chez un myope plus tard que chez un emmétrope.

Pour $\dfrac{1}{\varphi} > \dfrac{1}{D}$, le punctum proximum s'éloigne au delà de la position qui correspond à un œil normal. Le myope est alors obligé, pour voir nettement les objets rapprochés jusqu'à la distance d_0, d'employer des besicles convergentes de distance focale

$$(6) \qquad \frac{1}{d_0} = \frac{1}{d} + \frac{1}{\varphi} - \frac{1}{D}.$$

Cette convergence représente la différence entre le déficit d'accommodation $\dfrac{1}{\varphi}$ correspondant à la presbytie et l'excès de convergence $\dfrac{1}{D}$ dû à la myopie.

Le myope n'est pas dispensé pour cela d'employer des besicles divergentes dans l'observation des objets éloignés. La presbytie croissant, le punctum proximum finit par rejoindre le punctum remotum à la distance D, et la vision n'est plus nette à l'œil nu que pour cette distance.

362. La myopie n'est pas toujours préexistante. L'observation fréquente d'objets petits et rapprochés, comme les caractères d'imprimerie, avec un éclairement insuffisant ou mal distribué, développe souvent cette infirmité chez les jeunes gens pendant la période des études.

363. 2ᵉ cas. Hypermétropie. — Le système optique de l'œil est trop peu convergent ou trop rapproché de la rétine. L'image d'un point situé à l'infini se forme au delà de la rétine : l'œil est *hypermétrope* (ὕπερ, au delà ; μέτρον, mesure ; ὄψις, vue).

Si l'on rapproche l'objet, l'image se forme de plus en plus loin. La vision n'est donc nette pour aucun point lumineux réel sans accommodation.

Pour que l'image d'un point se forme spontanément sur la rétine, il faut que les rayons incidents soient déjà convergents avant de pénétrer dans l'œil, c'est-à-dire qu'ils correspondent à un point lumineux virtuel D situé à une distance négative D du premier point nodal N_1 et jouant le rôle de punctum remotum (fig. 239).

Pour des points lumineux virtuels s'éloignant vers la droite à partir du point D, les images se forment spontanément à droite de A, au-delà de la rétine. Pour un point situé à l'infini, l'image atteint une position B. Enfin, par des points réels pris sur l'axe vers la gauche et de plus en plus rapprochés, l'image s'éloigne de plus en plus au delà de B.

Si l'hypermétropie est faible et si l'amplitude d'accommodation est suf lisante, elle permet de ramener sur la rétine les images des points virtuels situés au delà de D, jusqu'à l'infini, et des points réels les plus éloignés, jusqu'à un punctum proximum d plus écarté que dans le cas de la vue emmétrope. La vision ne manque de netteté que pour les points situés en deçà de cette dernière distance.

Mais il peut se faire que l'accommodation soit insuffisante, même pour ramener sur la rétine l'image d'un point à l'infini. Elle ne s'exerce alors que pour des points lumineux virtuels qui ne se rencontrent pas en général dans la nature, et la vision est confuse à toutes les distances réelles.

364. Pour corriger l'hypermétropie, il faut placer devant les yeux deux besicles formées de verres convergents de distance focale — D. Les rayons parallèles issus d'un point à l'infini sont alors ramenés à converger

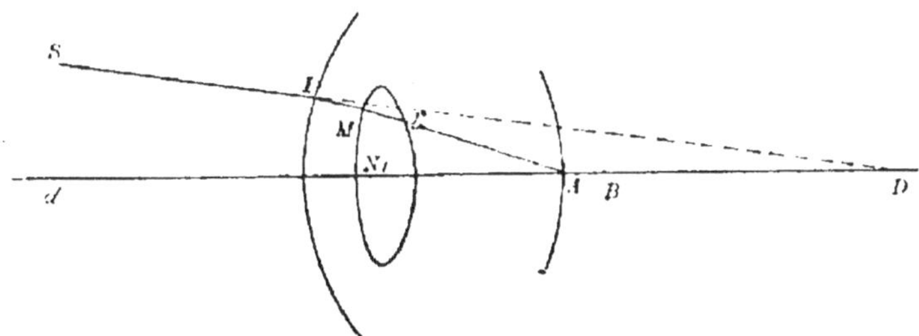

Fig. 239. — Œil hypermétrope.

vers le point D, avant de pénétrer dans l'œil, et remplissent la condition convenable pour former l'image en A, sur la rétine, sans accommodation. Pour des points plus rapprochés, l'accommodation intervient pour rendre la vision nette. On se trouve donc ramené aux conditions de la vue emmétrope et la convergence de pareils verres — $\dfrac{1}{D}$ mesure le degré d'hypermétropie.

365. Mais cette correction n'est suffisante pour l'observation des objets rapprochés, que si l'accommodation s'exerce pleinement. Si l'hypermétrope est en même temps presbyte, elle laisse le punctum proximum encore trop éloigné de l'œil.

L'amplitude d'accommodation étant toujours mesurée en grandeur et en signe par l'expression (2), le déficit d'accommodation a encore la valeur (5) :

$$\frac{1}{\varphi} = \frac{1}{d_0} - \frac{1}{d} + \frac{1}{D}$$

Pour observer un objet placé au minimum [normal d_0, il faut donc placer devant l'œil un verre convergent dont la convergence

$$(6) \qquad \frac{1}{d_0} - \frac{1}{d} = \frac{1}{\varphi} - \frac{1}{D}$$

représente la somme de la convergence positive $-\dfrac{1}{D}$ qui corrige l'hypermétropie et du déficit d'accommodation $\dfrac{1}{\varphi}$ correspondant à la presbytie (fig. 240).

366. Astigmatisme. — L'*astigmatisme* est un défaut de l'œil consistant en ce qu'une ou plusieurs des surfaces réfringentes de l'œil présentent la

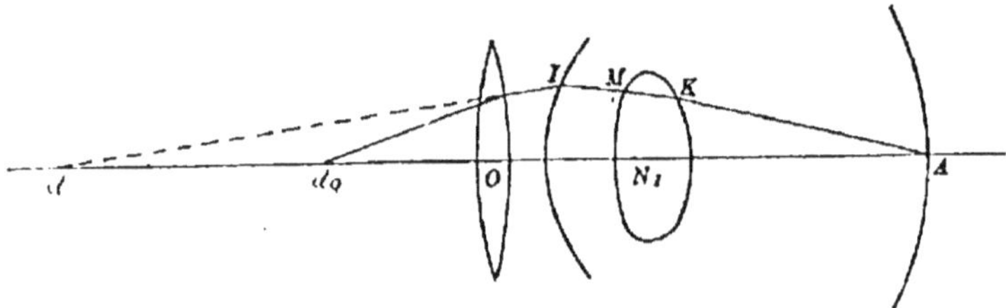

Fig. 240. — Besicles d'hypermétrope.

forme d'un ellipsoïde à axes inégaux, au lieu d'une forme de révolution autour de l'axe de l'œil. Cette imperfection se produit fréquemment pour la cornée, quelquefois aussi pour les faces du cristallin. Si l'on coupe la surface déformée par des plans qui contiennent la normale à son sommet, on obtient des sections d'inégale courbure. L'une de ces sections présente la courbure maxima et la section perpendiculaire la courbure minima.

Supposons par exemple (fig. 241) que la section verticale VV_1 présente la courbure maxima, et la section horizontale HH_1 la courbure minima. Les rayons lumineux partis d'un point P et contenus dans la section VV_1 vont, après réfraction, converger en un point A ; les rayons contenus dans la section HH_1 convergent en un point B plus éloigné. On a donc, au lieu d'une véritable image, deux lignes focales, l'une horizontale aa', l'autre verticale bb_1, et l'on ne peut pas ramener tous les rayons à converger sur la rétine, quel que soit l'effort d'accommodation. On a représenté au bas de la figure les formes successives : 1, 2, 3, 4, 5, que prennent les sections transversales du faisceau lumineux issu du point P, entre les deux lignes focales. Un œil ainsi constitué ne peut voir nettement à la fois les lignes horizontales et les lignes verticales placées à la même distance.

367. L'astigmatisme se mesure par la différence $\dfrac{1}{f}$ des convergences de l'œil dans les deux sections de courbure maxima et de courbure minima. On le corrige en plaçant devant l'œil une lentille cylindrique convergente précisément de convergence $\frac{1}{f}$, et en disposant l'axe du cylindre dans le plan de convergence maxima de l'œil. La convergence de la lentille n'agit ainsi que dans le plan de convergence minima et rétablit la symétrie.

M. le Dr Javal a imaginé pour mesurer l'astigmatisme de la cornée un ingé-

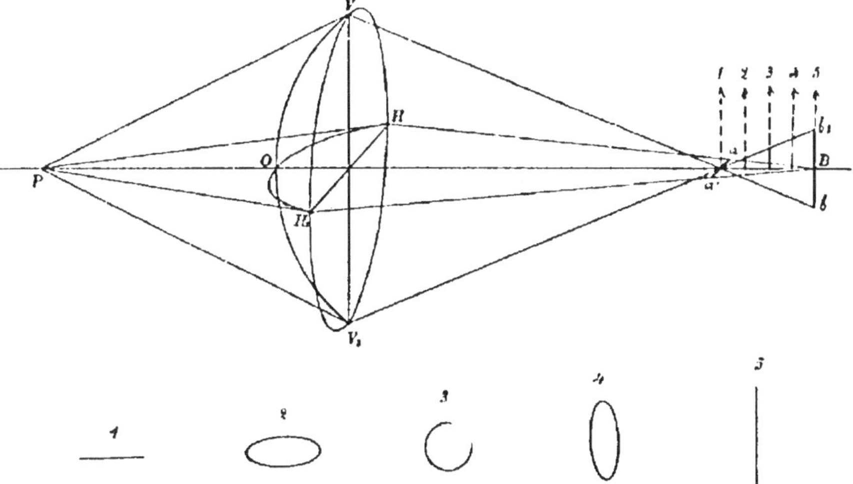

Fig. 241. — Astigmatisme de l'œil.

nieux appareil appelé *optomètre*, dans lequel on observe la marche d'un faisceau lumineux réfléchi par la cornée. On détermine ensuite par tâtonnement les modifications que la dissymétrie du cristallin, en général plus faible que celle de la cornée, peut apporter dans ce premier résultat.

368. Aberration de sphéricité. — La constitution du cristallin, dont les parties périphériques sont moins réfringentes que la région centrale, contribue à atténuer l'aberration de sphéricité, puisque le point de concours des rayons marginaux qui, avec une lentille sphérique homogène, est situé plus près de la lentille que celui des rayons centraux, se trouve éloigné par cette circonstance.

La forme de la cornée, quand elle est régulière, concourt à produire le même résultat, car elle n'est pas sphérique, mais présente la forme d'une surface de révolution voisine d'un ellipsoïde allongé, dont l'axe coïncide avec celui de l'œil.

Enfin l'iris intervient aussi en arrêtant les rayons les plus écartés de l'axe de l'œil. Le faisceau lumineux venant d'un point a toujours une section très faible au voisinage de la rétine. Grâce à la tolérance due à la dimension des éléments nerveux, tout se passe comme si la convergence était parfaite.

On ne peut cependant considérer l'aberration de sphéricité comme entièrement supprimée ; elle paraît intervenir dans les phénomènes d'irradiation signalés plus haut.

L'aberration s'accentue et se complique dans le cas de l'astigmatisme.

369. Aberration de réfrangibilité. — L'œil n'est pas rigoureusement achromatique. Pour un même point lumineux émettant de la lumière blanche, le foyer des rayons violets est plus près du cristallin que celui des rayons rouges. On ne peut donc accommoder à la fois pour ces deux couleurs extrêmes. Le défaut est peu sensible quand l'objet est éclairé par de la lumière blanche, parce qu'on accommode inconsciemment pour les couleurs moyennes les plus brillantes du spectre.

Mais il le devient quand on regarde une bougie à travers un verre coloré en bleu par les sels de cobalt. Ce verre ne laisse passer que les rayons rouges et les rayons violets. Si l'on accommode pour le rouge, le violet n'est pas au point et forme une auréole autour de l'objet qui paraît rouge. L'inverse a lieu si l'on accommode pour le violet.

Un dessin rouge vu sur un fond violet paraît plus rapproché de l'œil que le fond, parce que pour former l'image du dessin sur la rétine, il faut un effort d'accommodation plus grand que pour le fond, comme si le dessin était plus rapproché. Grâce aux alternatives qu'éprouve l'accommodation suivant qu'on fixe le fond ou le dessin, ce dernier paraît s'agiter (Cœurs agités de Wheatstone).

370. Appréciation de la grandeur et de la distance des objets. — Quand plusieurs objets sont placés à la même distance de l'œil, leurs diamètres apparents, dont la hauteur de l'image rétinienne donne la mesure, sont proportionnels à leurs longueurs. Si l'on connaît la grandeur d'un de ces objets, on peut donc apprécier celle des autres.

Le diamètre apparent d'un objet connu donne d'autre part une mesure de sa distance, puisqu'il lui est inversement proportionnel.

Mais cette notion ne suffit pas pour nous faire apprécier la grandeur et la distance d'un objet, quand aucun de ces deux éléments n'est connu d'avance. Nous pouvons alors juger de la distance, et par suite de la grandeur :

1° Par l'intensité de l'effort d'accommodation qui croît quand la distance de l'objet diminue.

2° Par l'effort que nous exerçons pour amener les axes des deux yeux à converger vers l'objet observé, dont les images se forment ainsi aux points correspondants des taches jaunes des deux rétines. L'angle des deux axes (*angle optique*) décroit quand la distance croit. L'expérience montre que ce dernier phénomène est le plus efficace pour nous faire apprécier la distance, car cette appréciation devient très imparfaite quand on regarde avec un œil seulement. Une expérience permettant de s'en convaincre consiste à essayer de faire passer un crayon dans un anneau vu de profil et suspendu indépendamment de l'opérateur. Les insuccès sont fréquents et souvent grossiers, quand on ferme un des deux yeux.

371. Aux grandes distances ces modes d'appréciation tombent en défaut, l'angle optique et l'effort d'accommodation ne variant plus que d'une manière insensible. On ne peut plus alors juger des dimensions et de la distance des objets que par l'atténuation de leur éclat en raison du défaut de transparence de l'atmosphère ou par la distribution des autres objets plus rapprochés de l'œil. Aussi est-on exposé à des erreurs grossières dans ces appréciations. Il est très difficile notamment d'évaluer la distance des sommets montagneux qui paraissent se rapprocher quand l'atmosphère devient plus claire.

Le même genre d'illusion nous fait juger la lune plus éloignée de nous quand elle est au voisinage de l'horizon que dans un point plus élevé du ciel, parce que, dans le premier cas, elle se trouve placée derrière des objets terrestres et présente d'ailleurs un éclat affaibli, la lumière traversant l'atmosphère sous une plus grande épaisseur. L'astre paraissant plus éloigné, bien que son diamètre apparent n'ait pas changé, nous le jugeons plus gros.

372. Appréciation du relief des corps. — L'intervention des deux yeux est nécessaire pour percevoir pleinement le relief des corps, c'est-à-dire leur dimension en profondeur. Grâce à la position différente que les deux yeux occupent par rapport à l'objet, celui-ci leur apparait sous des perspectives différentes. Les deux images rétiniennes ne sont pas identiques, et leur combinaison nous permet de juger des positions relatives des différentes parties d'un même objet.

Considérons par exemple un objet lumineux formé d'une pyramide régulière à base carrée G dont l'axe horizontal GS (fig. 212) est perpendiculaire au milieu de la droite O_1O_2 qui joint les points nodaux d'incidence des deux yeux. Les projections horizontale et verticale de cette pyramide sont représentées en SAB, S'A'A'B'B'. Supposons les yeux accommodés pour le plan de la base de la pyramide, et leurs axes dirigés de manière à former sur les deux rétines des images correspondantes du carré C. Le sommet est vu par l'œil gauche projeté en perspective sur le plan de cette base en $S_1S'_1$; il est vu par l'œil droit en $S_2S'_2$. Les images rétiniennes de ces deux points ne se forment donc pas en des points correspondants des deux rétines; l'œil est constitué de telle sorte qu'il ne résulte pas de ce défaut de correspondance deux sensations séparées, mais la sensation unique d'un point SS' placé en avant du plan visé A'A''B''B'.

Les deux perspectives planes S'_1C et S'_2C se combinent en donnant lieu à la sensation unique de l'objet avec son relief réel. L'écartement relatif des images rétiniennes du sommet serait évidemment de sens contraire, si, la pyramide étant creuse, son sommet se trouvait au-delà du plan de sa base.

Avec un seul œil, nous ne pourrions percevoir le relief des objets que par la différence des efforts d'accommodation correspondant aux divers points. Comme l'accommodation présente une certaine tolérance, un relief peu accusé ne serait pas visible, et l'objet se confondrait avec une surface plate. Si nous pouvons cependant juger de la véritable forme de certains objets en les observant avec un seul œil, c'est qu'une expérience antérieure nous a fait connaître cette forme. La répartition

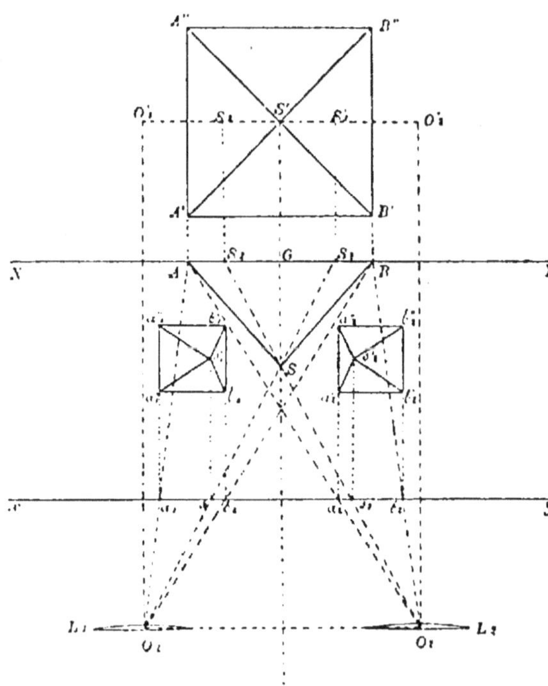

Fig. 242. — Appréciation du relief des objets.

des ombres et de la lumière contribue aussi à guider notre jugement. Mais il est facile de constater qu'en ouvrant le second œil préalablement fermé, l'on perçoit brusquement une sensation plus nette du relief.

L'appréciation du relief devient imparfaite, même avec la vision binoculaire, quand les objets sont éloignés, parce que la différence de perspective des deux yeux n'est plus sensible. Elle est déjà presque nulle à une dizaine de mètres.

373. Cette théorie a conduit Wheatstone à l'invention du stéréoscope.

Pour exposer le principe de cet appareil, reprenons la figure 242, et menons, entre les yeux et l'objet, un plan vertical xy parallèle à XY. Ce plan coupe les faisceaux lumineux dirigés des points de l'objet vers les points nodaux O_1 et O_2, suivant deux sections planes rabattues en $s'_1 a'_1 a''_1 b''_1 b'_1$ et $s'_2 a'_2 a''_2 b''_2 b'_2$. Ces sections sont homothétiques des figures perspectives $S'_1 C$ et $S'_2 C$, par rapport à O_1 et O_2. Imaginons qu'on remplace l'objet par deux dessins figurant ces deux sections planes, et qu'on dispose en O_1 et O_2 les points nodaux de deux lentilles convergentes L_1 et L_2 capables de substituer respectivement à chacun de ces dessins leurs images virtuelles reportées dans le plan vertical XY. Ces images coïncideront précisément avec les deux perspectives $S'_1 C$ et $S'_2 C$.

Donc si un observateur place ses deux yeux immédiatement derrière les deux lentilles, et si l'on fait en sorte de cacher pour chaque œil le dessin placé du côté opposé, on aura la perception nette de l'objet représenté vu en relief et en grandeur naturelle.

Si l'on intervertit les dessins placés devant les deux yeux, la perspective est renversée, les parties creuses paraissant saillantes et inversement. Si les dessins figurent des perspectives d'un même objet pour deux points de vue écartés à une distance supérieure à celle des deux yeux, le relief paraît exagéré. L'usage de vues stéréoscopiques en relief exagéré est utile pour apprécier la disposition d'ensemble d'un objet éloigné de l'œil, comme un massif montagneux.

CHAPITRE X

§ 1ᵉʳ. — Généralités. Clarté des images.

374. Classification des instruments. — Les *instruments d'optique* sont des systèmes de surfaces réfléchissantes ou réfringentes séparées par des milieux diaphanes ; ils sont destinés à substituer aux objets des images réelles ou virtuelles plus avantageuses pour l'observation. On distingue :

1° les *instruments objectifs* donnant des images réelles qu'on observe soit directement, en recevant dans l'œil les rayons corrrespondants, soit par projection sur un écran ;

2° les *instruments oculaires* qui produisent des images virtuelles.

La plupart des instruments d'optique étant formés de systèmes dioptriques ou catadioptriques centrés, il est utile, avant d'entrer dans leur description, d'examiner les conditions de clarté des images fournies par de pareils systèmes.

375. Lemme I. — Eclairement de la rétine par un objet lumineux. — Supposons 1° que le milieu interposé entre l'œil et l'objet soit parfaitement transparent et qu'il en soit de même des milieux de l'œil ;

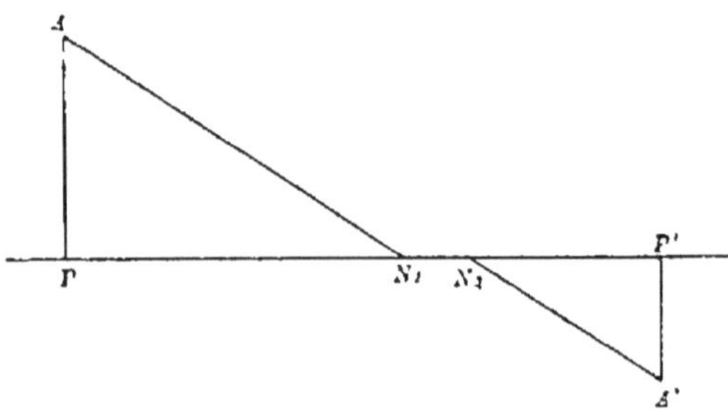

Fig. 213. — Image rétinienne d'un objet.

2° que le faisceau lumineux émané de chaque point de l'objet couvre toute la surface de la pupille.

Désignons par S et s les surfaces homologues de l'objet et de son image rétinienne, par Σ la surface de la pupille, par E l'éclat intrinsèque de l'objet et par ε l'éclairement de la rétine, par $\delta = N_1 P$ et $a = N_2 P'$ les distances respectives de l'objet et de l'image rétinienne aux deux points nodaux de l'œil (fig. 243). L'objet envoie sur la surface de la pupille la quantité de lumière :

$$(1) \qquad q = \frac{ES\Sigma}{\delta^2} = E x^2 \Sigma .$$

$x^2 = \dfrac{S}{\delta^2} = \dfrac{s}{a^2}$, représentant l'angle solide sous lequel on voit l'objet.

Les quantités de lumière envoyées à la rétine par divers objets de même éclat sont donc proportionnelles aux angles solides sous lesquels on voit ces objets, quelles que soient leurs distances.

Cette quantité de lumière parvient à la surface s de la rétine et y produit l'éclairement :

$$(2) \qquad \varepsilon = \frac{E x^2 \Sigma}{s} = \frac{E\Sigma}{a^2} .$$

Σ et a pouvant être considérés comme constants pour toutes les distances de l'objet, il résulte de cette formule la proposition suivante :

L'éclairement de l'image rétinienne est proportionnel à l'éclat intrinsèque de l'objet et indépendant de sa distance à l'œil (1).

L'impression lumineuse reçue par l'œil peut donc, dans la limite de sensibilité de cet organe, servir de mesure à l'éclat des objets.

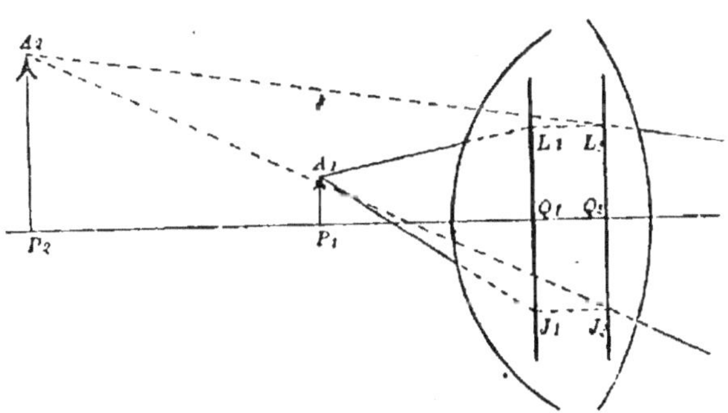

Fig. 244. — Comparaison des éclats de l'image et de l'objet.

Si la seconde condition n'est pas remplie, le faisceau émané de chaque point d'un objet couvrant seulement sur la rétine la surface $\Sigma' < \Sigma$, il

---

(1) Cette règle est seulement très approchée, quand on considère des objets situés à des distances différentes. D'une part la surface Σ de la pupille diminue légèrement quand l'objet se rapproche ; d'autre part la distance a diminue aussi un peu, grâce à la contraction du muscle ciliaire. La variation du rapport $\dfrac{\Sigma}{a^2}$ est négligeable au degré d'approximation que comporte la sensibilité de l'œil.

faut remplacer dans les formules précédentes Σ par Σ', pour cet objet.

376. Lemme II. — Comparaison des éclats de l'image et de l'objet. — Soient Q_1, Q_2 (fig. 244), les plans principaux d'un système dioptrique, P_1A_1 et P_2A_2, l'objet et son image par rapport à ce système. Le faisceau lumineux incident venant d'un point A_1 de l'objet et transmis à travers le système rencontre le premier plan principal du système suivant une surface $L_1J_1 = \Pi$. Le faisceau émergent correspondant rencontre le second plan principal suivant une surface égale L_2J_2 et a pour sommet le point A_2, foyer conjugué de A_1. Négligeons les pertes de lumière dues aux absorptions par les milieux du système et aux réflexions sur ses faces.

Des quantités égales de lumière sont contenues dans le faisceau incident et dans le faisceau émergent qui passent respectivement par de petites surfaces homologues S et S' prises sur l'objet et sur l'image autour des points A_1 et A_2. On peut considérer ces quantités de lumière comme émises par les surfaces S et S' et éclairant les surfaces L_1J_1, L_2J_2. On a donc

$$Q = \frac{\text{ES}\Pi}{p^2_1} = \frac{\text{E'S'}\Pi}{p^2_2},$$

E et E' étant les éclats intrinsèques de l'objet et de l'image.

Mais, d'après les propriétés connues des systèmes dioptriques, on a aussi, en supposant que les milieux extrêmes du système soient identiques :

$$\frac{S}{p^2_1} = \frac{S'}{p^2_2}.$$

Donc : (3) $\qquad\qquad$ $E = E'$

L'éclat intrinsèque de l'image dans le cône des rayons émergents est égal à celui de l'objet.

La démonstration s'applique évidemment à une image réelle, pourvu que l'on considère alors la lumière comme émise par la surface L_2J_2 et reçue par la surface S'. Elle s'applique aussi au cas d'un système afocal, car on peut toujours considérer un pareil système comme décomposé en deux systèmes consécutifs non afocaux.

377. Lemme III. — Eclat d'une image réelle observée par projection. — Si l'image est réelle et reçue sur un écran, la surface S' de cet écran reçoit la quantité de lumière Q. Son éclairement est donc :

$$\frac{\text{E}\Pi}{p^2_2} = \text{E}\,\varphi^2,$$

φ^2 étant l'angle solide du faisceau émergent pour chaque point de l'image (fig. 246).

Soit k le pouvoir diffusif total de l'écran supposé translucide. La quantité totale de lumière $kE\varphi^2$ est rayonnée par l'unité de surface de cet écran dans toutes les directions de l'espace, suivant une loi déterminée qui, pour une lumière de nature donnée, ne dépend que des propriétés de l'écran. L'éclat intrinsèque E_1 de l'image de diffusion, quand on l'observe suivant une direction donnée, peut donc s'exprimer par :

$$(4) \qquad\qquad E_1 = mkE\varphi^2,$$

m étant un coefficient qui dépend seulement des angles que fait la direction d'observation avec la normale à l'écran et avec la direction des rayons émergents du système.

L'éclat intrinsèque d'une image observée par projection suivant une direction donnée est proportionnel à l'éclat de l'objet et à l'angle solide du faisceau émergent.

378. Définition du grossissement. — *On appelle en général grossissement linéaire d'un instrument d'optique le rapport des diamètres apparents des dimensions homologues de l'image fournie par cet instrument et de l'objet vu à l'œil nu dans les conditions où ce diamètre apparent est maximum* (1).

Le carré du grossissement linéaire s'appelle grossissement superficiel. Il est égal au rapport des angles solides sous lesquels on voit des surfaces homologues de l'image et de l'objet.

379. Définition de la clarté. 1ᵉʳ Cas. — L'objet et l'image sont vus sous des diamètres apparents sensibles. On appelle *clarté de l'instrument le rapport des éc'airements ε' et ε produits sur la rétine par des régions homologues de l'image observée à l'aide de l'instrument et de l'objet observé à l'œil nu dans les conditions de diamètre apparent maximum.*

380. 2ᵉ Cas. — L'objet et l'image n'ont pas de diamètre apparent sensible, et sont placés dans un champ obscur relativement à eux. Cette circonstance se produit quand les images rétiniennes sont assez petites pour n'affecter qu'un seul élément nerveux de la rétine. Les sensations perçues équivalent alors à celles qui seraient produites par des points lumineux sans dimensions. Il convient donc de comparer les quantités totales de lumière et non plus les éclairements rapportés à l'unité de surface. On appelle alors *clarté le rapport des quantités q' et q de lumière envoyées à la rétine par l'image et par l'objet* (2).

---

(1). Nous avons vu (3r9) que ce rapport est égal à celui des grandeurs linéaires des images rétiniennes correspondantes.

(2). La clarté est, dans les deux cas, égale au rapport des quantités de lumière reçues par un même élément nerveux de la rétine.

381. Applications. — 1°. Instruments objectifs à projection. — première définition conduit pour la clarté à l'expression :

$$(5) \qquad C_1 = \frac{E_1}{E} = mk\varphi^2$$

La clarté est donc proportionnelle à l'angle solide du faisceau émergent, qui passe par un point de l'image.

382. 2°. Instruments oculaires. — 1ᵉʳ Cas. Diamètre apparent sensible. — Si le faisceau lumineux émergent couvre la surface entière de la pupille, on a :

$$(6) \qquad C_1 = \frac{E'}{E} = 1$$

La clarté est toujours égale à l'unité.

Si le faisceau lumineux émergent, pour un point de l'image, ne couvre qu'une partie Σ' de la surface de la pupille, on a, d'après le premier lemme :

$$(7) \qquad C_1 = \frac{\varepsilon'}{\varepsilon} = \frac{E'\Sigma'}{E\Sigma} = \frac{\Sigma'}{\Sigma}$$

La clarté est égale au rapport de la surface couverte sur la pupille par le faisceau émergent, à la surface entière de la pupille.

383. 2ᵉ Cas. — Diamètre apparent non sensible. — Si le faisceau émergent couvre la pupille, désignons par α^2 et α'^2 les angles solides sous lesquels on voit l'objet dans les conditions de diamètre apparent maximum, et l'image observée à travers l'instrument. La seconde définition donne, d'après le premier lemme :

$$(8) \qquad C_2 = \frac{q'}{q} = \frac{\alpha'^2}{\alpha^2} = G^2$$

La clarté est égale au grossissement superficiel.

Si le faisceau émergent ne couvre pas la pupille entière, on a :

$$(9) \qquad C_2 = \frac{\alpha'^2 \, \Sigma'}{\alpha^2 \, \Sigma}$$

La clarté est égale au grossissement superficiel multiplié par le rapport des surfaces utiles de la pupille.

Remarquons que l'on a toujours, entre la clarté des points lumineux et celle des objets étendus vus dans le même instrument, la relation :

$$(10) \qquad \frac{C_2}{C_1} = \frac{\alpha'^2}{\alpha^2} = G^2$$

La clarté relative d'un point lumineux par rapport aux objets étendus qui l'environnent est toujours égale au grossissement superficiel.

L'image d'un point lumineux placé sur un fond de moindre éclat est donc d'autant plus visible que le grossissement superficiel est plus fort.

§ 2. — Instruments objectifs.

384. Microscopes objectifs. — Les instruments objectifs peuvent être divisés en deux classes : 1° les microscopes objectifs ; 2° les chambres noires.

Les *microscopes objectifs* ont pour but la substitution à l'objet d'une image réelle plus grande que lui, sur laquelle on peut apercevoir des détails invisibles sur l'objet lui-même. Cette image réelle est ordinairement projetée sur un écran diffusant et observée par plusieurs personnes à la fois. Ces instruments sont formés d'un système de lentilles en général toutes convergentes.

385. Grossissement. — Les diamètres apparents de l'image et de l'objet atteignent leurs plus grandes valeurs quand on les observe l'un et l'autre

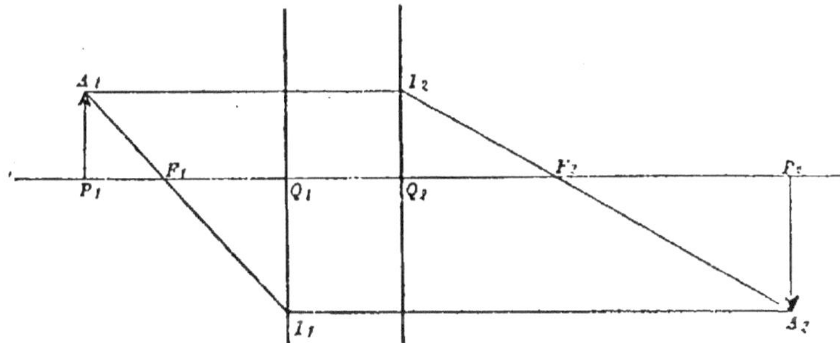

Fig. 215. — Grossissement d'un microscope objectif.

au punctum proximum. Le grossissement est, dans ces conditions, égal au rapport de leurs dimensions linéaires homologues, c'est-à-dire au grandissement linéaire (fig. 215) :

$$G = \frac{1}{O} = -\frac{f_1\,p_2}{f_2\,p_1}$$

Dans la pratique les milieux extrêmes sont généralement constitués par de l'air. On a donc, en tenant compte de la condition :

$$f_1 = -f_2 ,$$

$$G = \frac{1}{O} = \frac{p_2}{p_1}$$

On projette l'image sur un écran placé à une distance arbitraire $d = -p_2$ du système optique. On met au point en déplaçant l'objet par rapport au système jusqu'à ce que l'image se forme nettement sur l'écran. p_1 est déterminé en fonction des données d et f par la relation des foyers conjugués :

$$\frac{1}{p_1} + \frac{1}{d} = \frac{1}{f}$$

On a donc pour l'expression du grossissement :

$$(11) \qquad G = -\frac{d}{p_1} = -\left(\frac{d}{f} - 1\right) = -\frac{d-f}{f}$$

Le signe négatif de G correspond au renversement de l'image. Le rapport $\frac{d}{f}$ étant en général grand par rapport à l'unité, on voit que le grossissement est sensiblement :

1° proportionnel à la distance de l'écran au système projetant ;

2° inversement proportionnel à la distance focale principale de ce dernier.

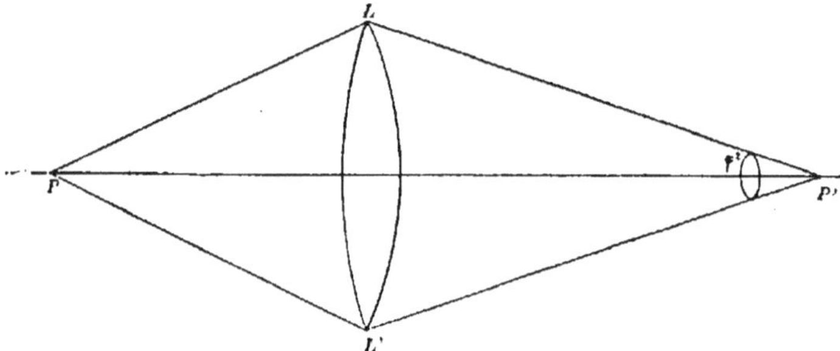

Fig. 246. — Clarté dans les instruments à projection.

386. Clarté. — Nous avons trouvé pour la clarté dans les instruments à projection (381) :

$$(5) \qquad C_1 = mk\varphi^2,$$

en négligeant la perte de lumière due au système dioptrique.

Quand ce système est formé d'une seule lentille convergente de surface L (fig. 246), on a :

$$(12) \qquad \varphi^2 = \frac{L}{p_2^2}$$

La clarté est donc proportionnelle à la surface de la lentille et en raison inverse du carré de sa distance à l'écran.

On peut encore écrire :

$$(12') \qquad \varphi^2 = \frac{L}{p_1^2 G^2}$$

p_1 demeurant très voisin de f si le grossissement est fort, la clarté, pour une lentille donnée, est sensiblement en raison inverse du grossissement superficiel dont on fait usage (1).

Si l'objectif est composé, il faut remplacer la surface L par la surface L' du *cercle oculaire*, image de la première surface réfringente par rapport au système, puisque tous les rayons utilisés traversent ce cercle ; p_1 doit être remplacé par la distance du cercle oculaire à l'écran.

387. Microscope solaire. — Le *microscope solaire* est destiné à l'observation d'objets présentant des détails très petits, tels que des coupes minces pratiquées dans les organes des animaux ou des végétaux. On éclaire l'objet à l'aide de la lumière solaire concentrée sur l'écran par un système de lentilles.

Le microscope solaire comprend donc deux systèmes dioptriques :

1° *Un appareil éclairant ou accumulateur de lumière ;*

2° *Un appareil objectif* qui produit une image agrandie de l'objet.

388. Considérons d'abord la marche de la lumière dans ce dernier système et supposons-le formé d'une seule lentille convergente infiniment mince O (fig. 247). L'objet lumineux AP placé un peu au

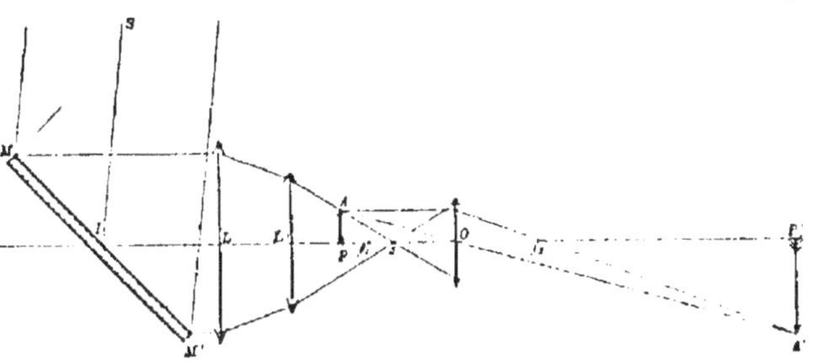

Fig. 247. — Microscope solaire.

delà du premier foyer principal f_1 et très près de ce foyer, donne naissance à l'image réelle très agrandie A'P'.

Dans la pratique l'objectif se compose de deux à quatre lentilles convergentes achromatiques, associées de manière à obtenir un fort grossissement, sans développer trop l'aberration de sphéricité. Nous verrons à propos du microscope composé (440 et 443) quelle est la disposition de verres la plus favorable à ce résultat. Pour tenir compte de l'emploi de ces verres multiples, on modifiera aisément la construction précédente, en faisant usage des plans principaux de l'objectif composé.

____

(1). Cette relation impose une limite au grossissement superficiel employé, quand l'objet possède un éclat donné, car l'image n'est plus perçue nettement si son éclairement descend au-dessous d'une certaine valeur déterminée. A mesure qu'on observe des détails plus petits, il faut faire croître le grossissement, et par suite l'éclairement donné à l'objet.

La nécessité d'employer un fort grossissement conduit à faire usage d'un objectif à courte distance focale. L'objet doit donc être très voisin de l'objectif (1). Il est habituellement compris entre deux lames de verre, celle qui est tournée vers l'objectif étant assez mince pour permettre le rapprochement nécessaire. Ce dispositif est serré entre deux plaques métalliques perpendiculaires à la direction de la lumière, appliquées l'une contre l'autre par un ressort et percées d'une ouverture centrale pour laisser passer la lumière. Cet appareil constitue la *platine*. Deux vis permettent de donner à l'objectif, la première un mouvement rapide, la seconde un mouvement lent par rapport à l'objet, pour réaliser la mise au point sur l'écran. L'objet doit être plus rapproché de f_1, et par suite de l'objectif, à mesure qu'on éloigne l'écran destiné à recevoir la projection.

389. Le système éclairant comprend :

1° Un miroir MM' recevant les rayons solaires SI et les réfléchissant suivant la direction IO de l'axe de l'instrument. Ce miroir est celui d'un porte-lumière ou d'un héliostat. Il est placé en dehors du volet de la salle obscure où se fait l'expérience ;

2° Une ou plusieurs lentilles accumulatrices L, L_1, ordinairement au nombre de deux, destinées à concentrer la lumière sur l'objet. Au foyer principal s de ce système se forme une petite image du soleil (2) qui coïncide avec la section la plus étroite du faisceau éclairant.

L'objet AP doit être placé en deçà ou au-delà de cette image s, dans une section du faisceau éclairant assez large pour le couvrir en entier, en le dépassant le moins possible, puisque toute la lumière qui ne l'éclaire pas est perdue pour le phénomène (3). Cette condition détermine deux positions possibles de l'objet AP. En le plaçant à gauche de s, on a l'avantage d'amener l'objectif à coïncider avec une plus petite section du faisceau et d'atténuer ainsi l'aberration de sphéricité.

390. On remplace fréquemment la lumière solaire par la lumière électrique pour l'éclairement de l'objet. Dans ce cas, on substitue au miroir MM'

---

(1) Pour des raisons d'aplanétisme, la première lentille de l'objectif doit donner une image virtuelle se comportant comme un objet réel par rapport au reste de l'appareil. La distance de l'objet à la première lentille doit donc être inférieure à a distance focale de cette lentille.

(2) La figure montre seulement les rayons qui viennent du centre de cet astre.

(3) Plus exactement, si l'on tient compte de l'étendue de l'image s, il faut que les faisceaux correspondant à chaque point de cette image rencontrent toute la surface de l'objet AP.

une lanterne (fig. 248) contenant le foyer lumineux F. La lanterne porte un
tube fermé par une lentille convergente K mobile dans ce tube. On règle la
position de cette lentille de manière que F soit dans son plan focal principal.

Le faisceau lumineux ve-
nant d'un même point de F
et traversant la lentille K
est ainsi rendu parallèle et
ramené aux conditions du
faisceau solaire après sa réflexion sur le miroir MM'.

**391. Appareils de pro-
jection.** — Les *appareils
de projection* servent à former sur un écran l'image

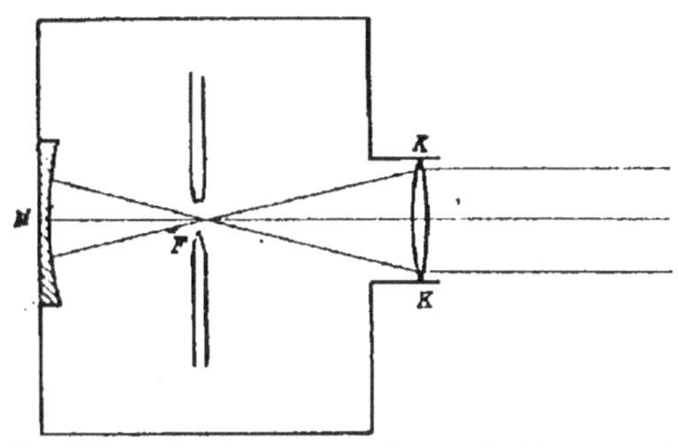

Fig. 248. — Lanterne pour les projections par la
lumière électrique.

réelle et renversée d'un dessin ou d'une photographie sur verre.

On utilise la lumière solaire ou, plus généralement, la lumière électrique ou la lumière Drummond. On peut encore employer des sources
lumineuses moins puissantes dans le cas des faibles grossissements.

La lanterne con-
tenant la source lu-
mineuse (fig. 249)
est munie d'un
tube portant l'ob-
jet dans la position
renversée pour
avoir une image
redressée, et un
système éclairant

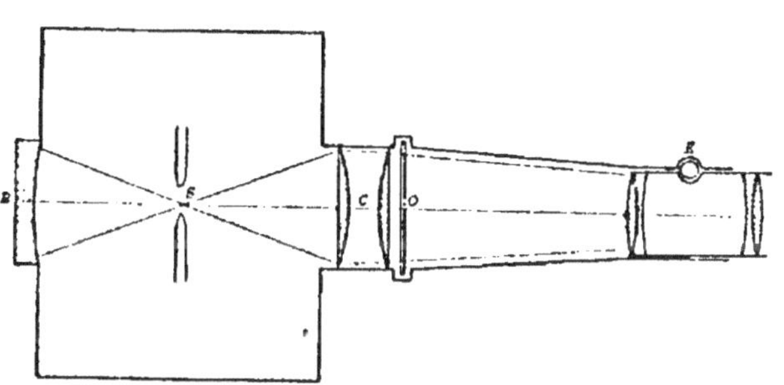

Fig. 249. — Appareil de projection.

ordinairement formé de deux verres plan-convexes qui tournent l'une
vers l'autre leurs faces convexes.

Le faisceau lumineux convergent venant de ces verres traverse l'objet O, dont les dimensions sont ici notables, et va former plus loin une
image réelle de la source, dans le voisinage de laquelle on dispose l'objectif.
Cet objectif est formé d'une ou deux lentilles achromatiques. Sa distance
focale ne dépasse pas en général 30 centimètres. Son diamètre, qui doit
demeurer supérieur à celui du faisceau éclairant, ne peut donc dépasser 5 à
6 centimètres sans comporter une notable aberration de sphéricité.

L'objectif est porté à l'extrémité la plus étroite d'un tube de forme conique noirci intérieurement. Un pignon et une crémaillère permettent de le déplacer pour la mise au point.

La *lanterne magique* inventée par le Père Kircher, en 1646, est une ancienne variété de l'appareil de projection, dans laquelle la lumière était fournie par une lampe à huile.

392. Chambres noires. — Les *chambres noires* sont des appareils donnant des images réelles destinées au dessin ou à la photographie. Le grossissement des images n'y joue qu'un rôle secondaire. Il est même fréquemment nécessaire que les images soient plus petites que les objets correspondants.

La chambre noire des dessinateurs, imaginée par Porta en 1560, se composait d'un objectif convergent disposé dans un tube qu'on plaçait ordinaire-

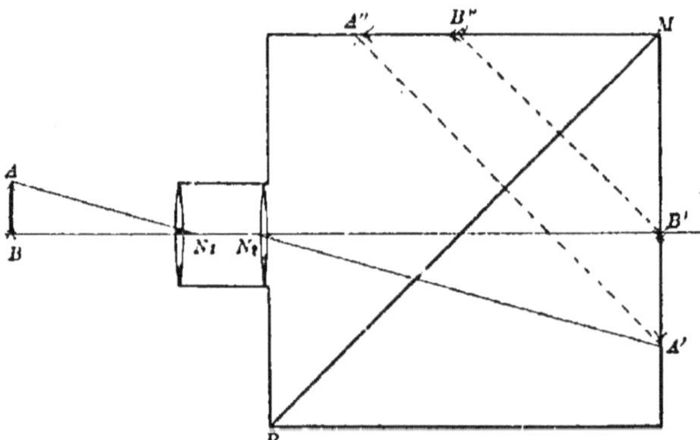

ment à l'entrée d'une caisse à parois noircies pour éviter la diffusion de la lumière (fig. 250). Si un verre dépoli occupe la paroi MM' opposée au tube, il se forme sur cet écran une image réelle et renversée A'B' de l'objet AB, qu'un observa-

Fig. 250. — Chambre noire des dessinateurs.

teur peut dessiner en en suivant les contours avec un crayon, grâce à la translucidité du verre dépoli. L'image ainsi dessinée est semblable à l'objet.

Pour rendre le dessin plus facile, il est commode de substituer à l'image verticale A'B' une image horizontale A"B" renvoyée sur la paroi supérieure de la caisse par un miroir plan MP incliné à 45° sur l'axe de l'appareil. L'image dessinée A"B" présente alors l'inconvénient de n'être pas semblable à l'objet, mais à son symétrique par rapport à un plan. Si l'objet AB est un personnage, l'image de sa main droite est la main gauche de l'image.

Pour permettre de faire varier la grandeur des images en changeant la distance de l'écran à l'objectif, la caisse est divisée en deux parties entrant l'une dans l'autre. L'objectif peut être déplacé dans le tube pour réaliser la mise au point.

393. Pour obtenir des images plus grandes et semblables à l'objet, Nollet a imaginé de réfléchir le faisceau incident de haut en bas, suivant la direction verticale, en recevant ce faisceau sur un miroir plan incliné à 45° (fig. 251). Le

faisceau lumineux traverse ensuite l'objectif et vient former l'image sur la surface MM' d'une table hori-
zontale. Le dessinateur est
enveloppé d'un rideau noir
qui empêche l'accès de la
lumière étrangère à l'ex-
périence. L'image est vue
ainsi sur la face de l'écran
qui reçoit la lumière, et
non sur la face opposée
comme dans le cas précé-
dent. Elle est semblable à
l'objet.

Ch. Chevallier a rem-
placé le système du mi-
roir et de l'objectif par un
prisme à réflexion totale
ABC (fig. 252), dont la face
d'entrée est convexe et la

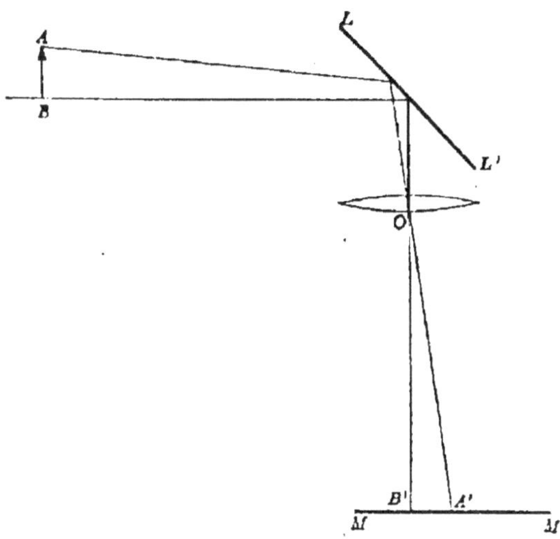

Fig. 251. — Chambre noire de Nollet.

face de sortie concave. L'ensemble de ces deux faces réfringentes équivaut à
un ménisque convergent.

394 Chambre noire des photographes. — Dans la chambre noire

des photographes, l'objectif, formé de une à
quatre lentilles convergentes achromatiques,
est encore mobile dans l'ouverture d'une caisse
obscure fermée, sur la paroi opposée, par un
verre dépoli auquel on peut substituer la plaque de verre sensibilisée, quand la mise au
point est obtenue (fig. 253).

L'image est semblable au symétrique de
l'objet, dans l'épreuve négative obtenue direc-

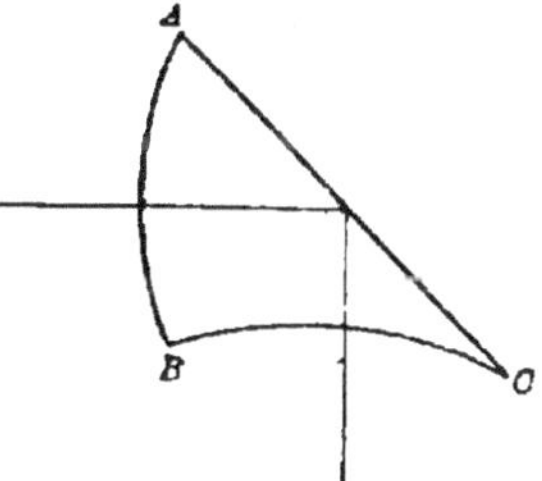

Fig. 252. — Prisme de Ch.
Chevallier.

tement, où les parties claires de l'objet sont représentées par des parties
sombres, et inversement. L'image positive préparée à l'aide de la première
est semblable à l'objet lui-même.

395. Champ de l'objectif. — Si la théorie élémentaire des systèmes diop-

triques était rigoureusement applicable, tous les points d'un objet situé
dans le plan conjugué du plan de la plaque sensible, sur laquelle on veut
recevoir l'image, auraient rigoureusement pour image un point. La perfection de l'image est en réalité limitée par les aberrations de sphéricité

et de réfrangibilité et par la courbure des images. On est conduit à utiliser pour les points de l'objet écartés de l'axe principal des faisceaux incidents obliques par rapport à cet axe. Ces faisceaux donnent lieu en général au phénomène de l'astigmatisme.

Pour faire disparaître les imperfections résultant de ces causes, on forme les objectifs photographiques d'un ou plusieurs assemblages de lentilles complexes, dont chacun peut être constitué par plusieurs lentilles simples superposées formées de verres différents. On dispose en outre, dans une position déterminée par rapport à ces groupes de lentilles, un diaphragme formé d'un écran opaque percé d'un trou circulaire qui est centré sur l'axe commun. Le diaphragme limite le faisceau utilisé pour chaque point de l'objet et localise ce faisceau dans une région déterminée de chacune des lentilles du système (1).

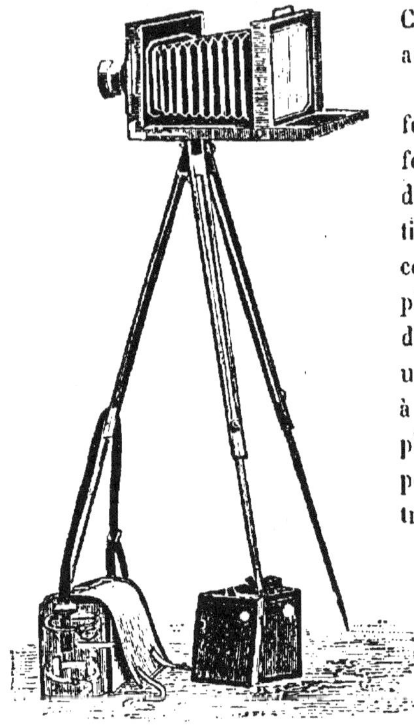

Fig. 253. — Appareil de photographie.

La combinaison de lentilles adoptée, aussi bien que la position du diaphragme et le diamètre de son ouverture, dépendent de la distance de l'objet à photographier, de son éclat et de son étendue dans son plan, à partir de l'axe principal. Nous renverrons pour l'étude détaillée des

----

(1) La localisation des faisceaux obliques par le diaphragme peut amener la production d'une déformation caractéristique des images que l'on appelle *distorsion* et qui constitue une grave imperfection à éviter. Le plan de l'écran coupe les faisceaux inégalement obliques qui correspondent à chaque point de l'objet, suivant des sections dont les maxima lumineux n'occupent pas des positions homologues.

Prenons pour objet un quadrillage à mailles rectangulaires (fig. 254). Si la lumière traverse le diaphragme avant le système convergent, on obtient la distorsion en *barillet* représentée par la figure de droite ; si le diaphragme est placé après le système convergent, on obtient la distorsion en *croissant* représentée par la figure

conditions très variées de ces appareils aux traités spéciaux de photographie (1).

396. La correction des aberrations et de l'astigmatisme est facilitée par le phénomène connu sous le nom de *tolérance de la mise au point.* Si, à partir de la position pour laquelle le calcul indique, pour un point donné, la formation d'une image nette, on déplace légèrement l'écran parallèlement à lui-même, suivant l'axe, on constate qu'entre deux positions extrêmes l'image ne paraît rien perdre de sa netteté. La distance de ces positions extrêmes est la *latitude de la mise au point.*

Partout ailleurs que dans le plan conjugué de l'objet, l'image est cependant remplacée par une petite tache. Mais comme notre acuité visuelle est limitée, une tache dont le diamètre apparent est inférieur à une minute environ

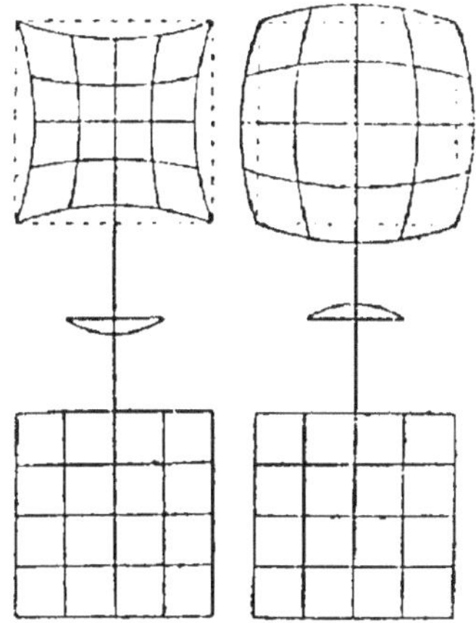

Fig. 251. — Distorsion.

nous apparaît comme un point lumineux. Cet angle à une distance de visée de 17^{cm} correspond à un diamètre de la tache égal à 0^{mm}05. Si l'on regarde la photographie avec une loupe, la tache paraît agrandie; il faut plus de précision dans la mise au point.

397. On appelle *champ* d'un objectif photographique la portion de l'espace comprenant tous les points qui peuvent donner simultanément une image nette sur l'écran. Dans le plan de l'objet, le champ embrasse la surface d'un cercle dont le rayon s'appelle *rayon du champ.* Les considérations sur lesquelles on s'appuie pour déterminer ce rayon dépendent essentiellement des conditions de l'expérience.

L'ouverture du champ est mesurée par l'angle au sommet d'un cône dont le sommet est au premier point nodal du système, et dont la surface passe par la circonférence qui limite le champ.

---

de gauche. La figure 251 est extraite de l'ouvrage de M. G.-H. Niewenglowski : *L'objectif photographique, fabrication, essai, emploi.* Paris, Société d'éditions scientifiques.

On peut observer ces déformations en regardant le quadrillage à travers une lentille divergente ou convergente. L'iris joue alors le rôle de diaphragme.

Ce phénomène produit des altérations dans les grandeurs relatives des diverses parties d'une image et dans la perspective de cette image.

(1) On consultera avec fruit sur ces questions le *Traité élémentaire de l'objectif photographique* de M. E. Wallon (Gauthier-Villars, 1891), auquel nous avons emprunté diverses indications.

La *profondeur du champ* est l'épaisseur, suivant l'axe, de l'espace dans lequel on peut déplacer un point de l'objet, sans que son image cesse de paraître au point sur l'écran, la section du faisceau lumineux demeurant inférieure à la limite assignée plus haut (1).

§ 3. — Chambre claire.

398. Classification des instruments oculaires. — Ces instruments comprennent :

1° Les *chambres claires* qui servent à substituer à un objet une image virtuelle placée plus commodément pour l'observation ou pour le dessin ;

2° Les *microscopes* destinés à l'observation des petits objets dont on peut faire varier arbitrairement la distance à l'œil ou à l'instrument. Ils substituent à ces objets des images virtuelles vues sous un plus grand diamètre apparent et permettant l'observation des détails de ces objets ;

3° Les *télescopes* destinés à l'observation des objets placés dans des conditions telles qu'on ne peut faire varier arbitrairement leur distance à l'instrument. Ils substituent aussi à ces objets des images virtuelles de plus grand diamètre apparent.

399. Chambre claire. — Devant un objet vertical AB (fig. 255), disposons une glace MN inclinée à 45° sur la verticale et étamée sur toute sa face inférieure, excepté sur une petite région CD. La réflexion de la lumière venant de AB sur ce miroir, dont nous négligeons l'épaisseur, donne naissance à une image horizontale A'B' que nous pouvons superposer à une feuille de papier EF. Soit OO' la pupille de l'œil d'un observateur. Si la glace n'existait pas, le point B' de la

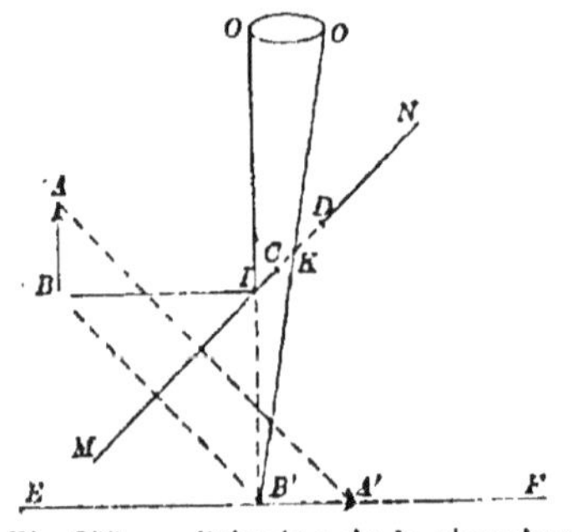
Fig. 255. — Principe de la chambre claire.

<hr>

(1) Nous avons vu (231) que si la distance des deux points nodaux d'un système dioptrique est négligeable par rapport à la distance de l'objet au premier point nodal, on peut, sans changer la position de l'image, faire tourner le système autour d'un axe perpendiculaire à l'axe principal et passant par le point nodal d'émergence. Cette rotation a été utilisée par M. le commandant Moëssard, dans son *Cylindrographe*, pour augmenter considérablement le champ des appareils photographiques et obtenir des photographies panoramiques des objets éloignés sur une surface cylindrique sensibilisée dont l'axe coïncide avec l'axe de rotation de l'appareil.

feuille de papier enverrait à l'œil le faisceau conique B'OO' de rayons lumineux. Plaçons l'œil de manière que ce faisceau soit en partie intercepté par une portion étamée IC de la glace. La partie du faisceau qui rencontre la région non étamée CK continue d'arriver à l'œil et lui permet d'apercevoir en B' la pointe d'un crayon appuyé sur le papier. Sur la partie IC de la glace se réfléchissent des rayons venant du point B qui parviennent à l'œil et lui donnent la vision de l'image B' de ce point. L'image étant ainsi vue superposée au papier, il est possible d'en suivre les contours avec le crayon et de la dessiner.

Cette disposition présenterait deux graves inconvénients pour la reproduction fidèle de l'objet dessiné :

1° L'image dessinée n'est pas superposable à l'objet, mais en est symétrique ;

2° Si l'objet AB et le papier EF ne sont pas exactement à la même distance de la glace, l'image A'B' se forme en avant ou en arrière du papier. L'œil ne pouvant accommoder à la fois pour deux objets inégalement distants, la vision est confuse. En outre un léger déplacement de l'œil change la perspective de l'image par rapport au papier et trouble le dessin.

400. Chambre claire de Wollaston. — Wollaston imagina en 1812 de faire réfléchir deux fois la lumière, sur deux miroirs plans CD et DE, inclinés l'un sur l'autre d'un angle de 135° (fig. 256).

Un rayon BI parti d'un point quelconque B de l'objet parvient à l'œil après avoir parcouru le trajet BIKL. L'angle de déviation GFL que fait le prolongement FG du rayon incident avec la direction KL du rayon émergent a pour valeur :

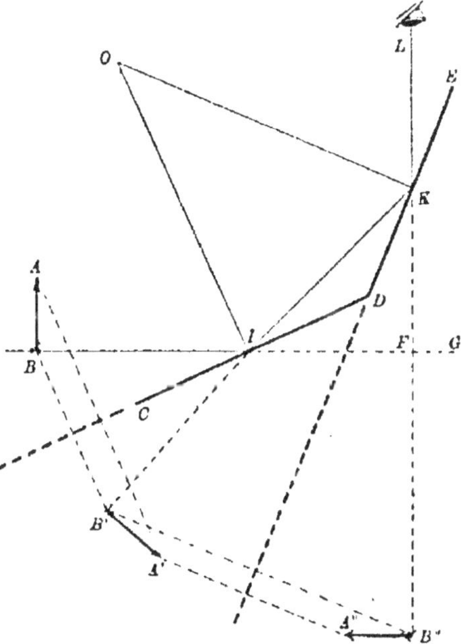

Fig. 256. — Chambre claire à deux miroirs.

$$GFL = FIK + FKI$$

Mais les angles FID et DIK sont égaux comme compléments des angles d'incidence et de réflexion sur le premier miroir. Il en est de même des angles FKD et DKI. Nous pouvons donc écrire :

$$GFL = 2 (DIK + DKI) = 2 (180 — IDK) = 2 (180 — 135) = 90°$$

Ainsi tout rayon incident venant d'un point de l'objet donne naissance à un rayon émergent qui lui est perpendiculaire. La première réflexion substitue à l'objet vertical AB une image symétrique A'B' inclinée ; la seconde réflexion lui substitue une image horizontale A"B" superposable à l'objet.

Dans l'appareil de Wollaston, les deux miroirs CD et DE se trouvent représentés par deux des faces d'un prisme quadrangulaire CDEM (fig. 257), sur lesquelles les rayons lumineux subissent deux fois la réflexion totale. Les deux autres faces MC et ME sont perpen-

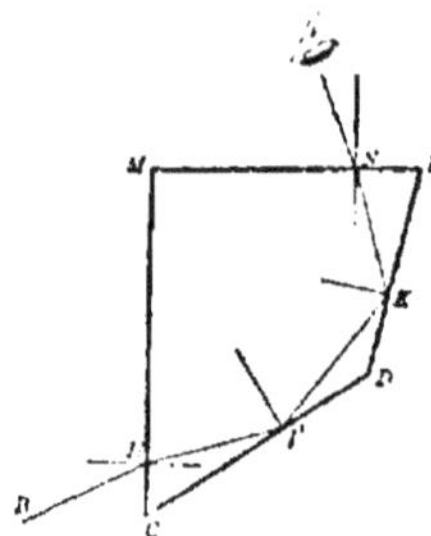

Fig. 257. — Chambre claire de Wollaston.

diculaires l'une à l'autre et font avec les deux premières des angles égaux C et E dont les valeurs sont :

$$\frac{1}{2} (360 — 135 — 90) = 67° 1/2$$

Soit un rayon BH venant de l'objet suivant une direction peu écartée de la normale à la face CM. Il suit le trajet BHIKNL et rencontre les faces CD et DE sous des incidences très obliques. D'après le raisonnement exposé plus haut, les droites IH et KN sont perpendiculaires ; elles rencontrent donc sous des angles égaux les normales aux faces CM et EM. Par suite, les rayons extérieurs correspondants BH et NL sont aussi perpendiculaires l'un à l'autre. Un objet vertical est donc vu horizontal sous la même perspective.

401. La distance de l'image définitive à l'œil est altérée d'une quantité négligeable par les réfractions. Considérons en effet un rayon lumineux incident dirigé normalement à la face CM. Soient d la distance de cette face à l'objet et e la longueur totale HIKN parcourue par ce rayon à l'intérieur du prisme. La première réfraction substitue à l'objet une image virtuelle placée à la distance nd de la face CM. Les réflexions remplacent celle-ci par une image placée à la distance $nd + e$ de la face EM. Enfin la seconde réfraction donne une image définitive placée à une distance de EM égale à :

$$\frac{nd + e}{n} = d + \frac{e}{n}$$

S'il n'y avait pas eu de réfraction, cette distance serait $d + e$.

Le rapprochement de l'image définitive dû aux réfractions est donc :

$$e\left(1 - \frac{1}{n}\right)$$

En raison des faibles dimensions de la chambre claire, cette longueur est en général négligeable par rapport à d. Le phénomène n'a donc subpratiquement aucune altération. Mais la substitution des réflexions totales aux réflexions partielles que des miroirs auraient données constitue, au point de vue de la clarté, un avantage que ne compensent pas les pertes de lumière dues aux deux réfractions dans le voisinage de la direction normale.

402. Pour voir la pointe du crayon en même temps que l'image à dessiner, il faut placer l'œil au-dessus de l'arête E du prisme, de façon qu'il entre dans la pupille à la fois des rayons directs et des rayons réfléchis. On fixe la position de l'œil en recouvrant la face supérieure EM d'une plaque métallique dans laquelle on pratique en E une petite ouverture un peu plus large que la pupille. Une moitié de cette ouverture est au-dessus du prisme, l'autre moitié en dehors de lui (1).

403. Le champ de cet instrument peut être étendu indéfiniment dans le sens perpendiculaire aux arêtes du prisme, car lorsqu'on fait tourner l'appareil autour de l'intersection D des plans des miroirs, la position de l'image définitive n'est pas altérée, si l'on considère comme négligeables les dimensions du prisme, et ce mouvement rend visibles pour l'observateur de nouvelles portions de l'image.

404. Il reste à triompher de la difficulté causée par l'inégale distance à l'œil de l'image et du papier, qui doit être assez rapproché pour permettre le dessin. On y arrive en plaçant entre l'œil et l'image une lentille divergente qui substitue à cette image une nouvelle image virtuelle plus rapprochée. M. le colonel Laussedat a simplifié la solution de ce problème en pratiquant dans

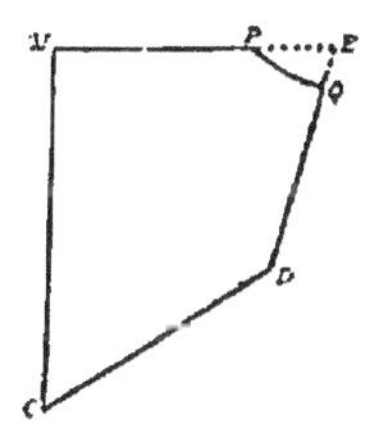

Fig. 258. — Chambre claire de M. Laussedat.

le prisme, sur son arête E, une entaille de forme sphérique PQ (fig. 258). Le point Q peut être regardé comme le sommet de la face de sortie d'une demi-lentille plan-concave, dont la face d'entrée serait l'image de MC par rapport au système des deux miroirs. L'image d'un objet éloigné, vue à travers cette demi-lentille, se trouve ramenée à la distance focale, en coïncidence avec le papier.

---

(1) En donnant à l'œil de légers déplacements latéraux, on peut régler le rapport des quantités de lumière qui entrent dans la pupille et viennent, soit de l'objet, soit du papier.

On sait qu'un objet et son image par rapport à une lentille sont vus respectivement des points nodaux de cet instrument sous des perspectives identiques. Le point nodal d'émergence de la lentille plan-concave est le sommet Q de sa face concave. Le dessin vu de ce point bien déterminé figure donc l'objet tel qu'on le verrait du premier point nodal situé dans l'épaisseur de la lentille. En mesurant la distance du point Q au plan du dessin, on possède les éléments nécessaires pour calculer le diamètre apparent d'une dimension quelconque de l'objet. Cette propriété est fréquemment utilisée dans le levé des plans.

CHAPITRE XI

DES MICROSCOPES

1ᵉʳ. — Loupe.

405. Classification des microscopes (1). — On distingue parmi les microscopes :

1° Les *microscopes simples*, formés d'un seul système optique jouant le rôle d'oculaire. Ils prennent le nom de *loupes*, quand ils sont destinés à l'observation des objets naturels. On les désigne plus particulièrement sous le nom d'*oculaires*, quand ils sont destinés à l'observation d'images réelles fournies préalablement par des instruments objectifs.

2° Les *microscopes composés*, qui sont formés par la réunion de deux systèmes optiques, un *objectif* et un *oculaire*.

406. Usage de la loupe. — La position la plus avantageuse qu'on puisse donner à un objet pour discerner ses détails est le punctum proximum, puisqu'ils présentent dans cette position le plus grand diamètre apparent possible. La loupe permet de substituer à l'objet naturel une image virtuelle placée entre les limites de la vision distincte et présentant un diamètre apparent plus grand que celui de l'objet.

407. Marche de la lumière. — La loupe est constituée par un système dioptrique convergent qu'on place entre l'œil et l'objet observé. Ce dernier doit en général occuper une position telle que son image par rapport au système soit virtuelle et droite. Exceptionnellement l'image peut être réelle et renversée quand l'œil est hypermétrope, cette image remplissant dans ce cas pour l'œil le rôle d'objet virtuel.

---

(1). On attribue l'invention du microscope à Zacharias Jansen, opticien de Middelbourg, vers 1590. Au commencement du XVIIᵉ siècle, les naturalistes commencèrent à se servir de loupes pour leurs observations.

Suivant que le système est formé d'une seule lentille convergente ou de plusieurs verres, la loupe est dite *simple* ou *composée*.

Soient IQ_1, IIQ_2, les plans principaux du système, F_1, F_2, les foyers principaux (fig. 259). Pour donner naissance à une image virtuelle droite, l'objet AP doit être placé entre F_1 et Q_1. Nous savons construire la marche du rayon incident AKF_2 parallèle à l'axe principal émané du point A de l'objet et la marche du rayon AQ_1Q_2R passant par les points nodaux. Nous obtenons ainsi deux rayons émergents dont les droites se rencontrent au

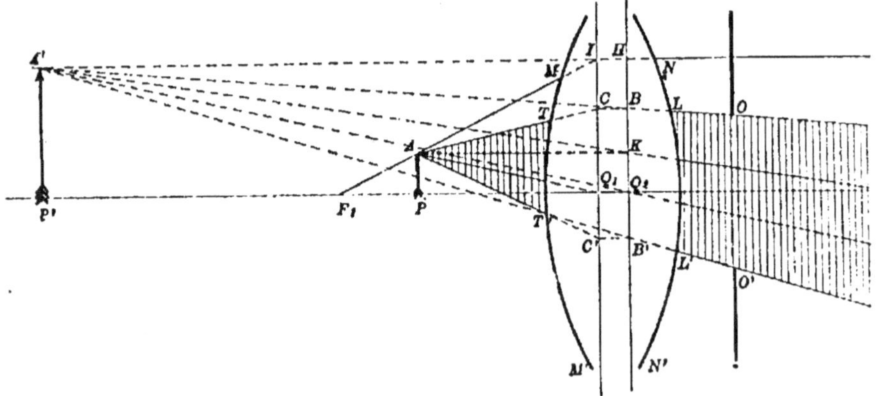

Fig. 259. — Marche de la lumière dans la loupe.

point A', image du point A. L'objet linéaire AP perpendiculaire à l'axe principal a donc pour image la droite A'P' perpendiculaire à ce même axe (1).

408. On peut se proposer de tracer les limites du faisceau incident et du faisceau émergent utilisés dans la vision de l'image du point A. Soit OO' l'ouverture de la pupille, ou plus exactement son image par rapport à la cornée. Le faisceau émergent utile est limité par un cône ayant pour sommet l'image A' du point A et pour directrice OO'. Le contour BB' suivant lequel il rencontre le deuxième plan principal est le conjugué d'un contour égal CC' déterminé par des parallèles à l'axe sur le premier plan principal. On obtient le faisceau incident en construisant le cône qui a pour directrice ce contour et pour sommet le point A. Ces faisceaux n'existent effectivement que dans les parties hachées, en dehors des faces extrêmes MM' et NN' du sys-

---

(1). Si l'on suppose la loupe réduite à une lentille convergente infiniment mince, il suffit d'appliquer la même construction, en considérant les plans principaux comme confondus avec le plan des bords de cette lentille.

tème. La marche de la lumière à l'intérieur du système, entre ces faces, dépend de la distribution des surfaces réfringentes (1).

En général, l'ouverture de la pupille est plus petite que l'étendue des surfaces réfringentes de la loupe. L'œil ne reçoit donc qu'une portion de la lumière qui a traversé l'instrument et les faisceaux lumineux émanés de chaque point de l'objet couvrent toute la surface de la pupille.

409. Mise au point. — La *mise au point* est une opération qui consiste à placer l'objet de telle sorte que l'image se trouve placée entre les limites de la vision distincte.

Désignons par p la distance Q_1P de l'objet au premier point nodal de la loupe par Δ et a les distances du premier point nodal de l'œil à l'image $P'\Lambda'$, et au deuxième point nodal Q_2 de la loupe, par f la distance focale principale de la loupe. Nous aurons, d'après la formule générale des foyers conjugués, en remarquant que $\Delta - a$ est en grandeur et en signe la distance focale conjuguée de p :

$$(1) \qquad \frac{1}{p} = \frac{1}{\Delta - a} + \frac{1}{f}.$$

Si l'on suppose a invariable, c'est-à-dire si l'on attribue à l'œil une position fixe par rapport à la loupe, $\Delta - a$ peut croître depuis $d_1 - a$ qui correspond au punctum proximum dans la myopie extrême, jusqu'à $+ \infty$, et depuis $- \infty$ jusqu'à $D_2 - a$ qui correspond au punctum remotum négatif dans l'hypermétropie extrême.

A ces variations correspond un accroissement continu de la valeur de p, ce qui revient à dire, comme nous l'avons déjà établi (174 et 194), que l'objet et l'image se déplacent toujours dans le même sens. Donc :

1° Il faut écarter l'objet de la loupe quand on veut reculer l'image.

2° Un observateur myope doit placer l'objet plus près de la loupe qu'un hypermétrope.

A $\Delta = \infty$ correspond la valeur $p = f$. Les observateurs myopes ou emmétropes placent l'objet en deçà du premier foyer principal pour donner à Δ une valeur positive. Les hypermétropes qui ont la faculté de voir des objets virtuels peuvent seuls placer l'objet au-delà du foyer (2).

---

(1). Dans le cas d'une seule lentille, le faisceau intérieur se propage suivant le cône TLT'L'.

(2). Pour rendre plus commode la mise au point, on dispose quelquefois la loupe au-dessus d'une platine portant l'objet (fig. 260) et disposée comme celle du microscope composé (438).

410. Latitude d'accommodation. — En tirant p de la relation (1), on obtient:

$$(2) \qquad p = \frac{(\Delta - a)f}{\Delta - a + f}$$

En désignant par D et d les limites supérieure et inférieure de la vision distincte pour un même observateur, et par p_2 et p_1 les valeurs correspondantes de p, l'on obtient :

$$p_1 = \frac{(d - a)\,f}{d - a + f}, \quad p_2 = \frac{(D - a)\,f}{D - a + f}$$

$$(3) \qquad \lambda = p_2 - p_1 = \frac{(D - d)\,f^2}{(d - a + f)(D - a + f)}$$

λ est la *latitude d'accommodation*. Elle représente la distance des positions extrêmes que l'on peut donner à l'objet, sans que l'image cesse d'être au point pour un observateur donné. Elle dépend des limites D et d et du foyer f. Mais elle est toujours beaucoup plus petite que dans la vision à l'œil nu, car l'expression de λ peut être mise sous la forme

$$(3') \qquad \lambda = (D - d)\,\frac{1}{\left(\dfrac{d - a}{f} + 1\right)\left(\dfrac{D - a}{f} + 1\right)}$$

$d - a$ et surtout D $- a$ sont généralement grands par rapport à f. On obtient donc λ en multipliant D $- d$ par une fraction très petite.

Si l'on considère un observateur donné et différentes loupes de même puissance, c'est-à-dire de même foyer f, la latitude d'accommodation conserve la même valeur.

Dans le cas particulier d'un observateur emmétrope, on a D $= \infty$ et la valeur de λ devient : ·

$$(4) \qquad \lambda_0 = \frac{f^2}{d - a + f}$$

La valeur de a atteint en moyenne 1ᵉ 5 pour une loupe infiniment mince et ne dépasse pas 3 ou 4 centimètres dans les loupes composées. La valeur de f étant du même ordre de grandeur, la différence

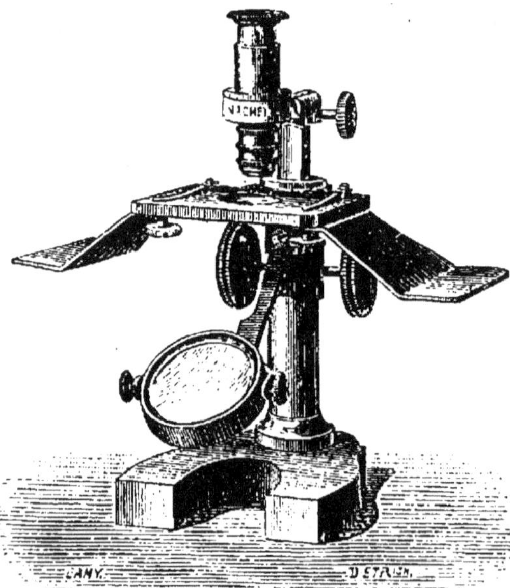

Fig. 260. — Loupe ou petit microscope monté pour les dissections.

$f - a$ est en général petite par rapport à d. On peut donc prendre pour valeur approchée de λ_0 l'expression $\dfrac{f^2}{d}$.

Si l'on suppose par exemple $f = 1^{cm}$, $d = 15^{cm}$, on a : $\lambda_0 = \dfrac{1^{cm}}{15}$, longueur très petite.

411. Puissance. — Nous avons vu (349) que la hauteur de l'image rétinienne d'un petit objet linéaire est proportionnelle à son diamètre apparent.

On appelle puissance d'un oculaire le quotient du diamètre apparent sous lequel on voit, à travers cet oculaire, l'image d'un objet linéaire perpendiculaire à l'axe principal, par la longueur de cet objet. Ce quotient est égal numériquement au diamètre apparent qui correspond à un objet de hauteur égale à l'unité de longueur. Il est proportionnel à la longueur de l'image rétinienne de cet objet et mesure par conséquent le pouvoir que possède l'oculaire de faire apparaître les détails des objets.

Le diamètre apparent étant un angle, grandeur dont les dimensions sont nulles par rapport aux unités fondamentales, les dimensions de la puissance P sont exprimées par l'équation :

$$P = L^{-1}$$

Une puissance étant l'inverse d'une longueur, comme la convergence d'une lentille, sa valeur s'exprime en dioptries. Le diamètre apparent d'un objet linéaire de hauteur l, vu à l'œil nu à la distance Δ, est $\dfrac{l}{\Delta}$. La puissance de l'œil est donc représentée par $\dfrac{1}{\Delta}$. Elle est invariable quand on ne fait pas varier la distance de l'objet. Mais si la position de l'objet est variable, la puissance augmente à mesure qu'il se rapproche, et atteint son maximum $\dfrac{1}{d}$, quand il est au punctum proximum d.

412. Pour évaluer la puissance d'une loupe ou d'un oculaire, désignons par I et O les grandeurs des dimensions homologues de l'image et de l'objet. Le diamètre apparent de l'image est $\dfrac{I}{\Delta}$. La puissance a donc pour valeur :

$$(5) \qquad\qquad P = \frac{I}{O\Delta} = \frac{\Gamma}{\Delta},$$

Γ étant le grandissement.

D'après les propriétés connues des lentilles, on a :

$$\frac{I}{O} = \frac{p'}{p}$$

ou en tenant compte de l'équation (1) :

$$\frac{I}{O} = \frac{\Delta - a}{p} = \frac{\Delta - a + f}{f},$$

d'où, pour la valeur de la puissance :

$$(6) \qquad P = \frac{\Delta - a + f}{f \Delta},$$

Étudions la variation de la puissance avec chacune des quantités qui la déterminent.

413. 1°. Variation de la puissance avec a. — a n'entrant que par un terme négatif au numérateur de l'expression, la puissance varie en sens inverse de cette grandeur. Il y a donc toujours avantage à donner à a sa plus petite valeur possible, c'est-à-dire à placer l'œil le plus près possible de la loupe ; l'observateur le fait instinctivement. Le premier point nodal de l'œil est à 7^{mm}24 en arrière du sommet de la cornée. Entre la cornée et la seconde face de la dernière lentille, il faut supposer un intervalle de 6 à 7 millimètres pour placer les paupières et les cils. On peut donc évaluer à 1^c,5 en moyenne, pour une loupe infiniment mince, la valeur minima que peut prendre a, quand on place l'œil dans la position de puissance maxima.

Dans une loupe épaisse, le deuxième point nodal du système se trouve à l'intérieur de l'instrument, pourvu que l'on écarte le cas peu usité du ménisque convergent. La valeur minima de a est donc encore positive et un peu plus grande que dans le cas précédent.

Dans les loupes composées ou oculaires composés généralement employés, que nous étudierons plus loin, le deuxième point nodal est encore placé par rapport à l'œil au-delà de la dernière surface réfringente ; les valeurs minima de a sont aussi positives.

Mais on peut construire des systèmes tels que le deuxième point nodal soit du même côté que l'œil par rapport à cette dernière surface. La valeur minima de a, qui correspond à la position la plus avantageuse de l'œil, serait alors plus petite que pour une loupe mince et pourrait même devenir négative.

414. 2°. Variation de la puissance avec f. — L'expression de la puissance peut se mettre sous la forme :

$$(6') \qquad P = \frac{\Delta - a}{f \Delta} + \frac{1}{\Delta}$$

a étant toujours petit par rapport à Δ, le premier terme est voisin de $\dfrac{1}{f}$.

Il est donc grand par rapport au second $\dfrac{1}{\Delta}$. Cela revient à dire que la puissance est sensiblement proportionnelle à la convergence $\dfrac{1}{f}$. Une loupe est d'autant plus puissante que son foyer est plus court.

415. 3°. Variation de la puissance avec Δ. — La position de l'œil par rapport à la loupe est déterminée par la première partie de la discussion.

La valeur de la puissance peut se mettre sous la forme :

$$(6'') \qquad P = \frac{1}{f}\left(1 + \frac{f - a}{\Delta}\right)$$

Il y a lieu de considérer trois cas :

I. $f > a$. Second terme positif. La puissance varie en sens contraire de Δ. Il est avantageux de placer l'image au punctum proximum et la puissance peut être rendue d'autant plus grande que l'œil est plus myope.

II. $f = a$. Second terme nul. Quelles que soient la position de l'image et la vue de l'observateur, la puissance conserve la valeur constante $\dfrac{1}{f}$ que l'on appelle *puissance nominale*.

III. $f < a$. Second terme négatif. La puissance varie dans le même sens que Δ; le diamètre apparent de l'image grandit à mesure qu'elle s'éloigne, et il est avantageux de placer l'image au punctum remotum. Cette conclusion est toujours vraie, car si Δ peut devenir négatif (vues hypermétropes), le second terme reprend le signe positif et la puissance s'accroit d'autant plus que Δ est plus petit en valeur absolue. La puissance peut donc être rendue d'autant plus grande que l'observateur est plus hypermétrope (1).

Les observations à la loupe sont moins fatigantes dans ce dernier cas que dans le premier, parce qu'on ne fait pas usage de l'accommodation.

$f - a$ étant généralement petit par rapport à Δ, quelles que soient la vue de l'observateur et la position de l'image, la puissance s'écarte peu de la valeur $\dfrac{1}{f}$ qui convient au cas de $\Delta = \infty$, c'est-à-dire d'un observateur emmétrope visant sans accommodation. La convergence de la loupe peut donc toujours être regardée comme une valeur approchée de la puissance.

La discussion qui précède montre que la variation de la puissance avec la

---

(1). Il est facile de vérifier ces conclusions par une construction géométrique.

distance de l'image observée suit une loi toute différente de celle qui caractérise cette variation dans l'observation d'un objet à l'œil nu. Cette différence est due à ce que la grandeur absolue de l'image croît avec sa distance à l'œil, au lieu d'en être indépendante, comme dans l'observation à l'œil nu.

416. Grossissement. — Pour évaluer le grossissement d'une loupe, et en général d'un microscope, d'après la définition donnée précédemment (378), il faut supposer qu'on observe l'objet à l'œil nu, en le plaçant le plus près possible de l'œil, c'est-à-dire au punctum proximum. Le diamètre apparent d'une longueur égale à l'unité atteint alors sa valeur maxima : $\frac{1}{d}$. Le diamètre apparent de l'image correspondante est la puissance P. Le grossissement a donc pour valeur :

$$(7) \qquad G = \frac{P}{\frac{1}{d}} = Pd = \frac{(\Delta - a + f)d}{f\Delta} = \frac{d}{f}\left(1 + \frac{f-a}{\Delta}\right)$$

Il varie d'un observateur à l'autre avec la valeur de d, entre des limites très étendues, et mesure le bénéfice relatif retiré par un observateur donné de l'emploi du microscope considéré.

Il est en général d'autant plus grand que l'observateur est plus hypermétrope, parce que la puissance de l'œil nu décroît quand d grandit, tandis que celle de la loupe ou du microscope ne varie pas, ou varie peu avec Δ (1).

417. Clarté. — En général, les surfaces réfringentes d'une loupe sont assez grandes pour que le faisceau émergent correspondant à un point de l'image couvre la pupille entière et la dépasse. La clarté d'un objet de diamètre apparent sensible est donc égale à l'unité. Celle d'un point lumineux serait représentée par le grossissement superficiel G^2.

418. Pouvoir séparateur. — Soit α l'angle minimum d'acuité visuelle de l'observateur, l la plus petite longueur perceptible sur l'objet à l'aide de la loupe ou du microscope employé. Cette longueur est vue à travers l'instrument, sous l'angle $Pl = \alpha$.

---

(1). La notion de puissance présente plus d'intérêt que celle de grossissement dans l'appréciation de l'effet utile d'un microscope, puisque dans la première on compare le diamètre apparent de l'image à la grandeur linéaire de l'objet, élément facilement mesurable et identique pour les divers observateurs.

Dans la seconde, au contraire, le diamètre apparent de l'image est comparé au diamètre apparent maximum de l'objet, élément variable d'un observateur à l'autre.

On a donc $l = \frac{\alpha}{P}$, et l'inverse de cette longueur mesure le pouvoir sépara-

teur du microscope. En remplaçant P par sa valeur approchée $\frac{1}{f}$, on a :

(8)
$$l = \alpha f$$

Supposons en particulier : $f = 1^{cm}$, $\alpha = 1$ minute. On a :

$$l = \frac{1^c \times 2\pi}{360 \times 60} = \frac{1^c}{3440} = 3\mu$$

419. Aberrations dans la loupe. — I. *Aberration de réfrangibilité.* — Considérons d'a-
bord une lou-
pe simple in-
finiment
mince et soit
AP (fig. 261)
un objet
lumineux
blanc. Les
rayons des
diverses cou-

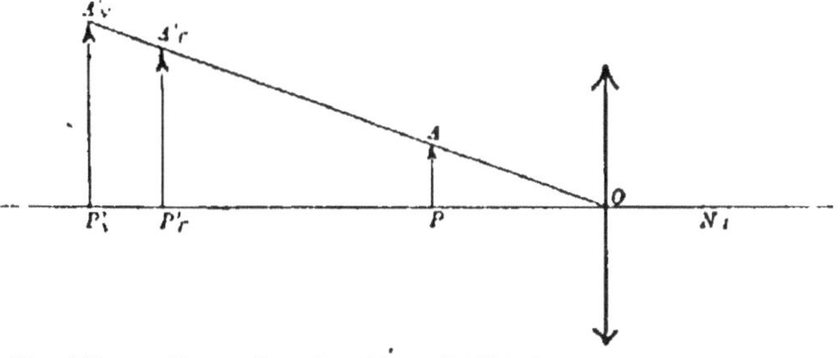

Fig. 261. — Aberration de réfrangibilité dans une loupe infiniment mince.

leurs émanées d'un même point A de l'objet fournissent en général des images
virtuelles de ce point qui sont toutes sur son axe secondaire OA, et leurs distances à la loupe croissent avec la convergence et par conséquent avec l'indice.
L'image rouge A'$_r$ est donc plus rapprochée que l'image violette A'$_v$. Si le premier point nodal de l'œil N_1 pouvait coïncider avec le centre optique O de la
loupe, toutes ces images seraient vues suivant le même rayon visuel et paraî-
traient confondues en perspective, grâce à la tolérance d'accommodation. Comme
le point N_1 est nécessairement à droite de O, l'image violette paraît plus écartée
de l'axe principal que l'image rouge, et cette discordance s'accentue à mesure

que l'œil s'éloigne de la loupe. Un objet
brillant vu sur un fond sombre paraît
donc irisé en bleu-violet sur son bord
extérieur. Le bord d'une tache noire vue
sur un fond brillant paraît au contraire
irisé en rouge, puisque le rouge de la
partie éclairée empiète vers l'intérieur.
Ces irisations sont à peine sensibles
quand l'œil est très voisin de la loupe.

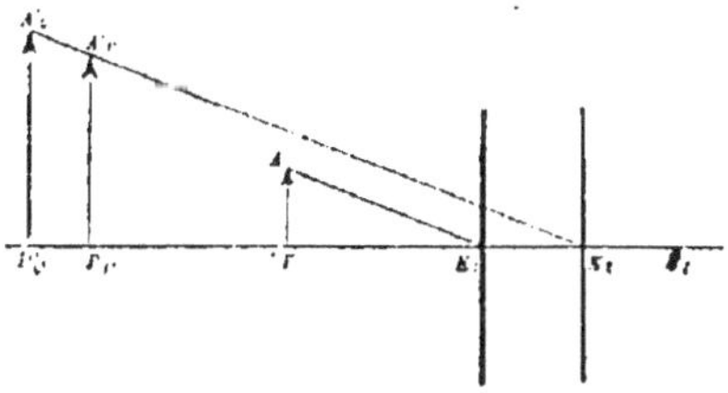

Fig. 262. — Aberration de réfrangibilité
dans une loupe épaisse.

Dans le cas d'une loupe épaisse ou composée, toutes les images colorées
d'un même point A (fig. 262) se trouveraient encore sur une même droite passant par le deuxième point nodal K_2 de la loupe, si ce point K_2 était le même
pour toutes les couleurs. Il varie en réalité, mais très lentement, d'une couleur

à l'autre, de sorte que la droite A'́, A', passant par les deux images extrêmes passe encore sensiblement par les autres images et rencontre l'axe principal en un point déterminé situé, par rapport à l'œil, au-delà de la dernière surface réfringente. Les conclusions exposées plus haut sont donc encore applicables.

420. II. *Aberration de sphéricité.* — La loupe étant toujours formée de lentilles de faible ouverture, l'aberration de sphéricité est peu sensible pour la région de l'objet voisine de l'axe principal. Le faisceau correspondant à chaque point se réduit sensiblement aux rayons centraux qui donnent de véritables foyers. En raison des phénomènes d'astigmatisme, il n'en est plus ainsi pour les points de l'objet notablement écartés de l'axe principal.

421. Champ. — Si l'on construit un cône s'appuyant sur le bord de la pupille et sur le bord d'une loupe infiniment mince placée devant l'œil, ce cône découpe dans le plan de l'image une région circulaire dont chaque point est le sommet d'un faisceau émergent qui éclaire la pupille entière. La région correspondante de l'objet détermine le *champ de pleine lumière* de la loupe. Mais les parties périphériques de cette région donnent généralement une image confuse, à cause de l'astigmatisme.

On appelle *champ utile* de la loupe la portion de l'espace où doit se trouver un point lumineux pour que son image soit suffisamment nette. Les limites du champ dépendent de l'ouverture de la loupe et de l'éclat de l'objet. Elles ne dépassent pas, dans la pratique, la surface d'un cône ayant pour sommet le premier point nodal de la loupe, pour axe l'axe principal et d'un angle générateur de 9 à 10 degrés.

422. Loupe diaphragmée de Wollaston. — Pour diminuer l'aberration de sphéricité, on peut limiter par un diaphragme le faisceau correspondant à chaque point de l'objet aux rayons les plus voisins de l'axe secondaire de ce point. Le diaphragme étant placé dans un des milieux réfringents, il convient de faire coïncider son plan avec le plan conjugué des plans principaux du système dans ce milieu, car alors il laisse passer pour chaque point du champ le rayon lumineux dirigé suivant l'axe secondaire et les rayons voisins. Dans le cas contraire, il arrête en partie ces rayons et restreint le champ utile de l'instrument.

Une solution élégante de ce problème a été proposée par Wollaston. Elle consiste à employer comme loupe une sphère réfringente (fig. 263). Les régions opposées AA',BB', d'une même surface sphérique forment les deux faces opposées de la lentille épaisse. Le système ainsi constitué équivaut à un système infiniment mince dont le centre C commun aux deux faces est à la fois le centre optique, le premier et le deuxième point nodal. On voit en effet que tout rayon lumineux dirigé suivant un diamètre MM' de la sphère réfringente correspond à des rayons incident et émergent coïncidant avec sa propre droite.

Dans le plan perpendiculaire à l'axe OO' mené par le centre C, on pratique une rainure laissant une ouverture dont le diamètre est environ le tiers du diamètre total. Cette rainure peut être occupée par un diaphragme opaque (Wollaston, 1813) ou remplie par de l'air (Brewster, loupe dite de Coddington). Les rayons de la région centrale contribuent seuls à former l'image. On peut supprimer les parties de la sphère les plus écartées de l'axe. Les points du champ éloignés

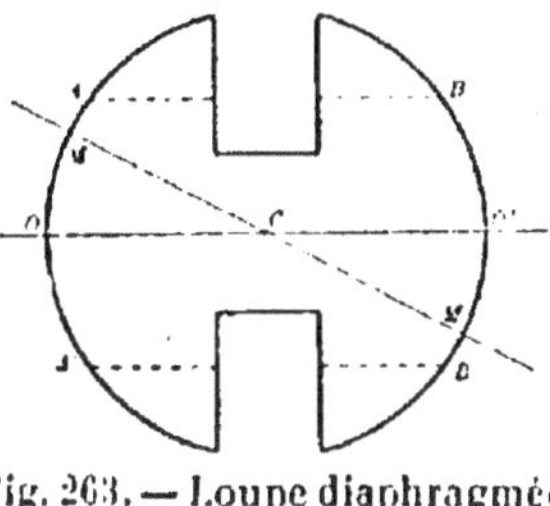

Fig. 263. — Loupe diaphragmée de Wollaston.

de l'axe principal donnent des images sans astigmatisme, aussi nettes que celles de la région centrale. Le champ a donc son étendue maxima.

On peut encore corriger les effets de l'aberration de sphéricité par l'emploi des loupes composées de plusieurs verres. Nous allons étudier ces appareils en même temps que les oculaires entrant dans la formation des instruments composés.

§ 2. — Oculaires.

423. Classification. — Les oculaires se divisent en deux classes :

1°. Les *oculaires positifs*, destinés à l'observation des objets *réels*. Ces objets peuvent être des objets naturels : l'instrument est alors une loupe ; ils peuvent être aussi des images fournies par un instrument objectif.

2°. Les *oculaires négatifs* destinés à l'observation des objets *virtuels*. Ces objets ne peuvent être que des images réelles fournies par des instruments objectifs. La formation de ces images est empêchée par la présence de l'oculaire qui leur substitue des images virtuelles.

Les oculaires sont dits *directs* ou *inverses*, suivant qu'ils fournissent des images *droites* ou *renversées* par rapport aux objets correspondants, pour un observateur emmétrope.

424. Oculaires simples. — Considérons un oculaire simple infiniment mince et reprenons la formule :

$$(2) \qquad p = \frac{(\Delta - a)\,f}{\Delta - a + f}$$

qui détermine la position qu'il faut donner à un objet par rapport à l'oculaire, pour que l'image soit reportée à une distance Δ du premier point nodal de l'œil.

I. $f > o$. *Oculaire convergent*. — Pour un observateur emmétrope $\Delta - a$ est toujours positif; on a toujours $p > o$. L'objet est toujours réel et l'image est droite par rapport à lui. Un oculaire simple convergent est donc toujours positif et direct. C'est le cas:

1° de la *loupe simple* qui prend le nom d'*oculaire de Kepler*, quand on l'emploie dans un instrument composé;

2° des *besicles de presbyte ou d'hypermétrope* qui correspondent à de grandes valeurs de p.

425. II. $f < o$. *Oculaire divergent*. — Posons $f' = -f$. Il vient :

$$(9) \qquad p = -\frac{(\Delta - a)\,f'}{\Delta - a - f'}$$

$\Delta - a$ est toujours positif. Pour $f' > \Delta - a$, on a : $p > o$. L'oculaire divergent est positif et direct. C'est le cas des *besicles de myope*.

Pour $f' < \Delta - a$, on a $p < o$. L'oculaire divergent est négatif et inverse, l'image et l'objet étant de part et d'autre de la lentille. Ce cas est réalisé par l'*oculaire de Galilée* que nous étudierons à propos de la lunette du même auteur.

426. Oculaires composés. — Les oculaires composés présentent des variétés plus nombreuses. Un oculaire dont la distance focale est positive peut être négatif. La condition $f > o$ entraîne en effet $p > o$, ce qui signifie seulement que l'objet est du côté positif du premier plan principal. Mais il peut se trouver en même temps du côté négatif de la première surface réfringente ; l'objet est alors virtuel.

D'autre part le signe de f ne permet plus de décider si l'oculaire est convergent ou divergent. Cette propriété dépend de la situation du second foyer principal par rapport à la dernière surface réfringente.

Parmi les oculaires composés, les plus usités sont :

1° Les oculaires doubles positifs convergents et directs. — *Doublet de Wollaston.* — *Oculaire de Ramsden.*

2° Les oculaires doubles négatifs convergents et directs. — *Oculaire de Huyggens.*

3° Les oculaires multiples positifs convergents et inverses. — *Oculaire terrestre* (quadruple).

Nous étudierons immédiatement les deux premières variétés. Nous renverrons l'étude de la troisième à celle de la lunette terrestre.

427. Mise au point. — La théorie que nous avons exposée à propos de la loupe pour la mise au point et la latitude d'accommodation s'applique aux oculaires positifs ou négatifs.

428. Puissance et grossissement des oculaires doubles. — Nous avons vu que la puissance et le grossissement d'un oculaire sont représentés par les formules (5) et (7) :

$$F = \frac{I}{O\Delta}, \quad G = \frac{Id}{O\Delta}$$

Pour un oculaire double, désignons en grandeur et en signes :

Par I_1 la grandeur de l'image intermédiaire A_1P_1 (fig. 264) fournie par le premier verre de l'oculaire, par $c = O_2O_1$ la distance des deux verres de l'oculaire, par p et p_1 les distances focales conjuguées de l'objet et de la première image par rapport au premier verre O_1,

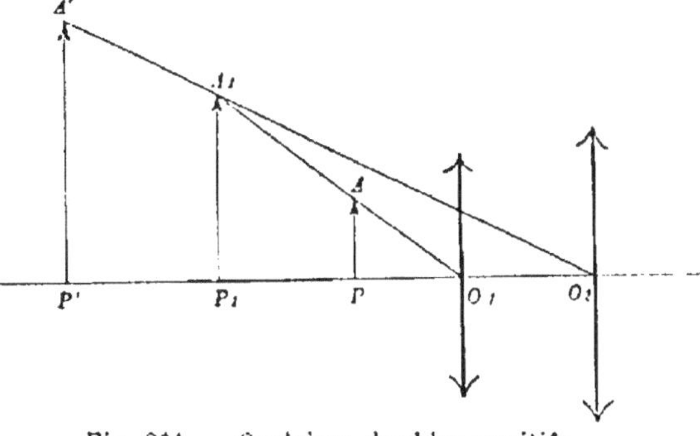

Fig. 264. — Oculaires doubles positifs.

par $K = \Delta - a$ la distance de l'image définitive $A'P'$ au second verre O_2 de l'oculaire, par φ_1 et φ_2 les distances focales principales des deux lentilles.

Nous avons en général, en appliquant aux deux lentilles les formules fondamentales :

$$(10) \qquad \frac{1}{p} - \frac{1}{p_1} = \frac{1}{\varphi_1}$$

$$(11) \qquad \frac{1}{p_1 + c} - \frac{1}{K} = \frac{1}{\varphi_2}$$

$$(12) \qquad \frac{I_1}{O} = \frac{p_1}{p} = 1 + \frac{p_1}{\varphi_1}$$

$$(13) \qquad \frac{I}{I_1} = \frac{K}{p_1 + c} = 1 + \frac{K}{\varphi_2},$$

et par suite

$$(14) \qquad \frac{I}{O} = \frac{I}{I_1} \times \frac{I_1}{O} = \left(1 + \frac{p_1}{\varphi_1}\right)\left(1 + \frac{K}{\varphi_2}\right)$$

De l'équation (11) on tire :

$$p_1 = -c + \frac{K \varphi_2}{K + \varphi_2}$$

et en substituant à p_1 cette valeur dans l'équation (14) :

$$(15) \qquad \frac{I}{O} = 1 + \frac{K}{\varphi_2} + \frac{K - c}{\varphi_1} - \frac{Kc}{\varphi_1 \varphi_2}$$

Les valeurs de P et G en fonction des distances focales et des distances c, Δ et a s'obtiennent en multipliant le second membre de cette expression

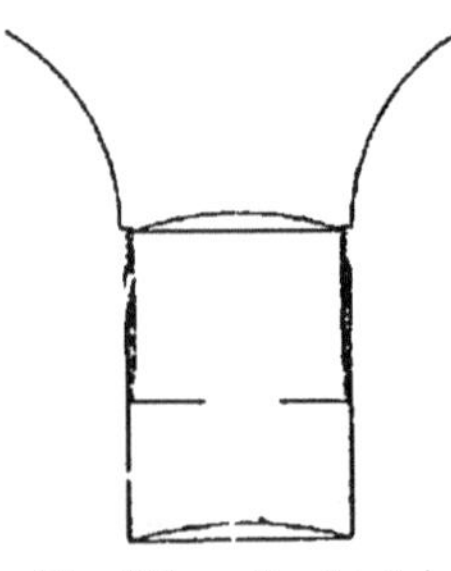

Fig. 265. — Doublet de Vollaston.

par $\frac{1}{\Delta}$ ou par $\frac{d}{\Delta}$. Les expressions ainsi obtenues sont applicables en grandeur et en signe à tous les oculaires doubles.

Considérons les cas les plus usités.

429. Oculaires positifs. — 1°. On emploie comme loupe composée le *doublet de Wollaston*, formé de deux lentilles plan-convexes dont les faces planes, pour raison d'aplanétisme, sont tournées vers l'objet (fig. 265).

On prend dans cette combinaison :

$$\varphi_2 = 3 \varphi_1, \qquad c = \frac{3}{2} \varphi_1$$

On a donc pour expression de la puissance en fonction de la distance focale φ_1 du premier verre :

$$P = \frac{1}{\Delta} \left(-\frac{1}{2} + \frac{5}{6} \frac{K}{\varphi_1} \right)$$

En tenant compte de ce que $\dfrac{K}{\varphi_1}$ est grand par rapport à l'unité et voisin de $\dfrac{\Delta}{\varphi_1}$, nous pouvons prendre comme valeur approchée :

$$P_\infty = \frac{5}{6} \times \frac{1}{\varphi_1}$$

C'est la puissance pour un observateur visant à l'infini ou *puissance nominale*.

La puissance est donc moins grande qu'elle ne serait avec une loupe formée du premier verre seulement. Mais l'aberration de sphéricité est beaucoup atténuée par cette combinaison de lentilles.

Dans cette loupe, le second verre est ordinairement porté par une monture qui se visse sur celle du premier. Cette disposition permet de faire varier légèrement la distance des deux verres, pour obtenir la mise au point pour les diverses vues. Un diaphragme est interposé entre les deux verres de l'oculaire. L'objet AP donne, par rapport au premier verre, une image virtuelle A_1P_1 plus éloignée que lui, et celle-ci donne, par rapport au second verre, une seconde image virtuelle $A'P'$ plus éloignée que la première (fig. 204).

Considérons en particulier un observateur emmétrope, visant à l'infini, sans accommodation. L'image A_1P_1 doit être au premier foyer principal de O_2, à la distance $\varphi_2 = 3\,\varphi_1$ de cette lentille, à la distance $\dfrac{3}{2}\,\varphi_1$ de la lentille O_1. En appliquant à cette dernière la formule des foyers conjugués, on a pour sa distance à l'objet :

$$\frac{1}{p} - \frac{2}{3\,\varphi_1} = \frac{1}{\varphi_1}$$

$$p = \frac{3}{5}\,\varphi_1 \qquad (1)$$

Cette loupe présente donc l'inconvénient d'avoir une faible distance frontale entre le premier verre et l'objet.

Ch. Chevalier a construit pour rendre les dissections plus faciles un doublet qui permet de placer l'objet plus loin du premier verre.

430. 2°. *L'oculaire de Ramsden* qui s'emploie dans les instruments composés présente les données suivantes :

$$\varphi_2 = \varphi_1, \qquad c = \frac{2}{3}\,\varphi_1$$

---

(1). Cette valeur de p fait connaitre la position du premier foyer principal du système par rapport à la première lentille, puisque le point P' cherché donne comme image un point rejeté à l'infini. En portant à partir du point P', dans le sens négatif, une longueur égale à la distance focale du système $\dfrac{6}{5}\,\varphi_1$, qui est l'inverse de la puissance nominale, on obtient la position du premier plan principal. Sa distance au premier verre est donc : $\dfrac{3}{5}\,\varphi_1 - \dfrac{6}{5}\,\varphi_1 = -\dfrac{3}{5}\,\varphi_1$.

Des calculs analogues permettent de déterminer la position du deuxième foyer principal, et par suite celle du deuxième plan principal. Leurs distances au premier verre ont respectivement pour valeurs : $-\dfrac{9}{10}\,\varphi_1$ et $\dfrac{3}{10}\,\varphi_1$. Les plans principaux sont donc de part et d'autre du premier verre, le deuxième plan principal étant à sa gauche. La valeur $\varepsilon = -\dfrac{9}{10}\,\varphi_1$ de l'interstice est négative.

Il en résulte :

$$\frac{1}{\mathrm{O}} = \frac{1}{3} + \frac{4}{3}\frac{\mathrm{K}}{\varphi_1}$$

La puissance est pour l'observation à l'infini :

$$\mathrm{P}_\infty = \frac{4}{3}\frac{1}{\varphi_1}$$

Elle dépasse celle que fournirait le premier verre seul.

Dans ce même cas particulier, on trouve :

$$p_1 = \frac{\varphi_1}{3}, \qquad \frac{1}{p} - \frac{3}{\varphi_1} = \frac{1}{\varphi_1}, \qquad p = \frac{\varphi_1}{4} \quad (1)$$

L'objet étant très rapproché de la première lentille, cette disposition serait incommode pour une loupe ; mais elle convient pour un oculaire de lunette.

Les deux lentilles de l'oculaire de Ramsden sont plan-convexes et tournent l'une vers l'autre leurs faces convexes (fig. 266).

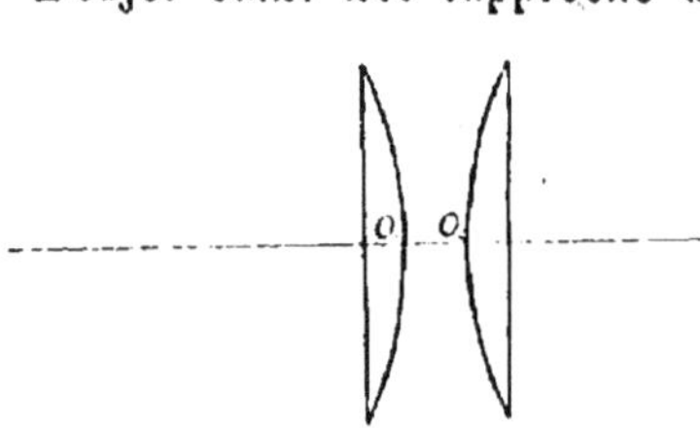

Fig. 266. — Oculaire de Ramsden. Disposition des verres.

431. Oculaires négatifs. — L'*oculaire de Huyggens* est le type des oculaires doubles négatifs de microscopes.

La première lentille O_1 de l'oculaire (fig. 267) est placée de façon à recevoir le faisceau lumineux venant d'un objectif, avant la formation de l'image AP fournie par cet objectif. Cette image interceptée joue par rapport à O_1 le rôle d'objet virtuel. Le

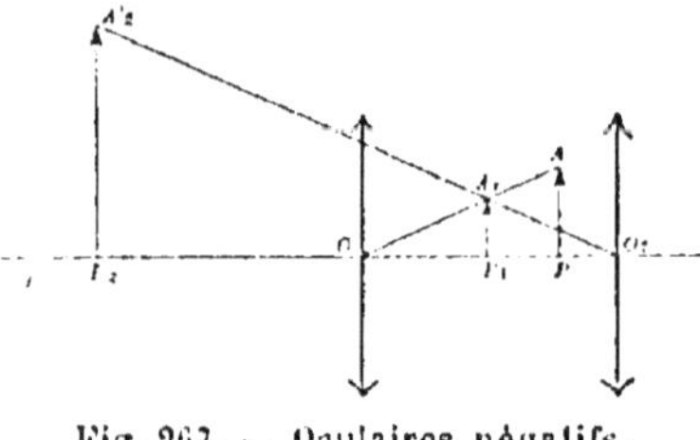

Fig. 267. — Oculaires négatifs.

(1). Distances comptées à partir du premier verre.

Premier foyer principal du système : $\dfrac{\varphi_1}{4}$.

Premier plan principal : $-\dfrac{\varphi_1}{2}$.

Deuxième foyer principal : $-\dfrac{11\,\varphi_1}{12}$.

Deuxième plan principal : $-\dfrac{\varphi_1}{6}$.

Interstice : $-\dfrac{\varphi_1}{3}$.

Les deux plans principaux sont compris entre les deux verres de l'oculaire.

faisceau réfracté par O_1 produit donc une image réelle A_1P_1. Celle-ci est placée par rapport à la seconde lentille O_2 de manière à donner l'image virtuelle $A'_2P'_2$ que l'on observe.

On adopte ordinairement les données suivantes :

$$\varphi_2 = \frac{\varphi_1}{3}, \qquad c = \frac{2\varphi_1}{3}$$

Il en résulte, en appliquant la formule 15 :

$$\frac{1}{O} = \frac{1}{3} + 2\frac{K}{\varphi_1}$$

La puissance est, pour l'observateur visant à l'infini :

$$P_\infty = \frac{2}{\varphi_1}$$

Elle est double de celle qui serait fournie par un oculaire formé du premier verre seulement:

La distance de l'objet à l'œil pour la visée à l'infini se trouve en faisant :

$$p_1 = \frac{\varphi_1}{3} - \frac{2\varphi_1}{3} = -\frac{\varphi_1}{3}$$

On a :

$$\frac{1}{p} + \frac{3}{\varphi_1} = \frac{1}{\varphi_1}, \qquad p = -\frac{\varphi_1}{2} \quad (1)$$

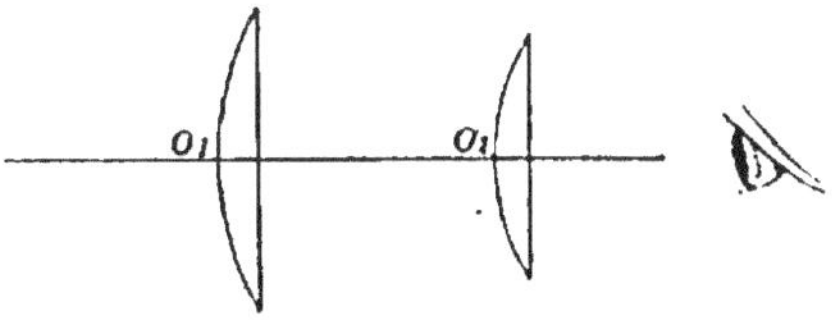

Dans cet oculaire, les deux lentilles sont plan-convexes et doivent tourner leurs faces planes vers l'œil, pour atténuer le plus possible l'aberration de sphéricité (fig. 268).

Fig. 268. — Oculaire de Huygens. Disposition des verres.

§ 3. — Microscope composé.

432. Définition. — Le microscope composé est formé par la réunion de deux systèmes optiques distincts :

---

(1). Distances comptées à partir du premier verre.

Premier foyer principal du système : $-\dfrac{\varphi_1}{2}$.

Premier plan principal : $-\varphi_1$.

Deuxième foyer principal : $-\dfrac{5\varphi_1}{6}$.

Deuxième plan principal : $-\dfrac{\varphi_1}{3}$.

Interstice : $-\dfrac{2\varphi_1}{3}$.

Les plans principaux sont de part et d'autre du second verre.

1° Un *objectif* qui donne de l'objet une image réelle, renversée et agrandie ;

2° Un *oculaire* qui donne de cette première image une image en général virtuelle et droite, vue sous un plus grand diamètre apparent (1).

L'objectif et l'oculaire peuvent être simples. Ils sont généralement eux-mêmes composés de plusieurs lentilles.

433. Marche de la lumière. — Soient HH', GG' (fig. 269) les plans principaux, O et O' les points nodaux de l'objectif, AP l'objet qui doit être placé un peu au delà du premier foyer principal F_1, pour donner une image réelle agrandie A_1P_1. L'image A_1 du point A est construite à l'aide du rayon incident

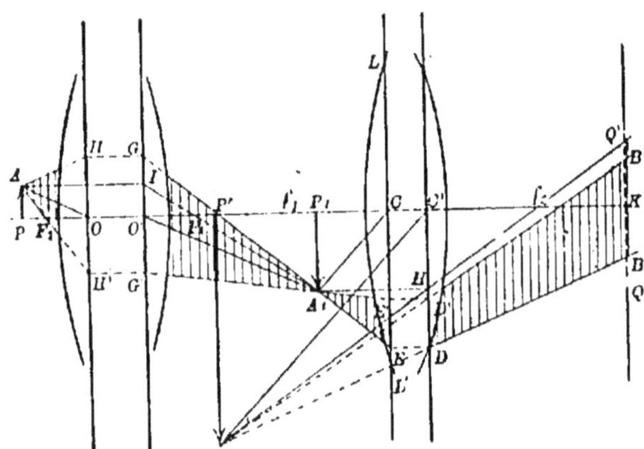

Fig. 269. — Marche de la lumière dans le microscope composé. AI parallèle à l'axe principal et des rayons incident et émergent parallèles AO et O'A_1 passant par les points nodaux.

L'image réelle A_1P_1 ainsi obtenue doit se trouver en deçà du premier foyer principal f_1 de l'oculaire, pour donner une image virtuelle A'P' que l'on détermine par le même mode de construction.

L'ouverture QQ' de la pupille doit être, comme nous le verrons, un peu au delà du deuxième plan focal principal de l'oculaire. Supposons donné un faisceau DBD'B' de rayons émergents originaires du point A et dont le point de concours est en A'. Ce faisceau n'est réel qu'à partir de la face de sortie de l'oculaire. La considération des plans principaux permet de déterminer le faisceau correspondant $GA_1EG'A_1E'$ qui se propage entre la dernière face de l'objectif et la première face de l'oculaire. Ce faisceau est convergent en sortant de l'objectif et devient divergent à partir de A_1.

---

(1). Exceptionnellement, pour un observateur hypermétrope, cette seconde image peut être réelle, renversée et placée en arrière de l'œil. Elle joue alors par rapport à l'œil le rôle d'un objet virtuel et est vue comme si elle était virtuelle, droite et placée en avant de l'œil.

Cette partie divergente est entièrement virtuelle si l'oculaire est négatif.
Enfin l'on obtiendra de même le faisceau incident AHH' (1).

434. Cercle oculaire. — On appelle *cercle oculaire* un cercle sur lequel
se forme l'image de la première surface réfringente de l'objectif considérée
comme un objet par rapport au microscope. Les verres de l'objectif sont de
très faibles dimensions (quelques millimètres de diamètre au plus). Ils sont
placés par rapport à l'oculaire à une distance notablement supérieure au
double de la distance focale de ce dernier verre. L'image de la première
surface de l'objectif est donc encore plus petite qu'elle, et par conséquent
toujours plus petite que l'ouverture de la pupille. Tous les rayons venant
de l'objet qui ont traversé cette première surface en un de ses points passent par le point homologue de son image.

Si donc on place le centre de la pupille au centre du cercle oculaire ou à
une faible distance de ce point, toute la lumière envoyée par un point du
champ à la première face de l'objectif pénètre dans l'œil, après avoir traversé l'oculaire, pourvu que cette lumière traverse aussi les autres verres
de l'objectif, condition qu'on fait en sorte de réaliser. On obtient ainsi le
maximum de clarté.

Pour déterminer la position du cercle oculaire, remarquons d'abord que
la première face de l'objectif donne par rapport à l'objectif une image
virtuelle voisine de cette face elle-même. La distance L du premier point
nodal de l'oculaire à cette image diffère peu de sa distance l au deuxième
point nodal de l'objectif, avec laquelle elle se confond, si l'on néglige
l'épaisseur de l'objectif par rapport à la longueur du microscope. La distance du second point nodal de l'oculaire au cercle oculaire, qui est conjuguée de la première, étant représentée par $-x$, on a :

$$(16) \qquad \frac{1}{l} + \frac{1}{x} = \frac{1}{f},$$

d'où :

$$(17) \qquad x = \frac{lf}{l-f} = f + \frac{f^2}{l-f}$$

Le cercle oculaire se trouve donc au delà du deuxième foyer principal de
l'oculaire, à une distance de ce foyer qui est une petite fraction de la distance focale. Supposons par exemple :

____

(1). Nous avons fait cette construction pour un objectif et un oculaire quelconques,
pour plus de généralité. Pour passer au cas plus simple où ces deux systèmes
seraient infiniment minces, il suffit de supposer confondus les plans principaux du
même système, ce qui ne change rien d'essentiel à la construction.

$$f = 2^c, \quad l = 18^c$$

Nous aurons :
$$\alpha - f = \frac{f^2}{l - f} = \frac{1}{4}$$

Quand la pupille est au cercle oculaire, le premier point nodal de l'œil étant à $0^r,6$ environ au delà de l'iris, sa distance au deuxième foyer de l'oculaire est :

$$a - f = 0,6 + \alpha - f = 0,6 + \frac{1}{4}$$

Elle n'atteint pas 1 centimètre (1).

435. Mise au point. — Le microscope composé peut être mis au point par rapport à l'objet, de deux manières différentes :

1° Laissant fixe l'objectif de l'instrument, et par conséquent l'image réelle de l'objet qu'il fournit, on peut déplacer l'oculaire par rapport à cette image réelle. Le réglage est alors identique à celui de la loupe et nous n'y insisterons pas, parce que ce procédé n'est pas généralement employé.

2° Une seconde méthode consiste à déplacer l'instrument tout entier par rapport à l'objet.

Remarquons d'abord que le microscope entier représente un système dioptrique. Par conséquent, si l'on veut déplacer l'image observée dans le sens positif, depuis d_1, punctum proximum extrême de myopie, jusqu'à ∞, et depuis $-\infty$ jusqu'à D_2, punctum remotum extrême d'hypermétropie, il faut déplacer l'objet d'une manière continue dans le sens positif, c'est-à-dire en l'écartant de l'objectif.

En désignant par F et f les distances focales principales de l'objectif et de l'oculaire, par p et $-q$ les distances conjuguées de l'objectif à l'objet et à son image réelle, et en conservant à Δ, a et l les significations déjà établies, nous avons :

$$(18) \qquad \frac{1}{p} + \frac{1}{q} = \frac{1}{F}$$

---

(1). La coïncidence des plans de la pupille et du cercle oculaire peut toujours être réalisée avec un oculaire simple. Elle peut encore l'être sensiblement avec les oculaires de Ramsden et de Huyghens, dans lesquels le deuxième foyer principal est du côté négatif par rapport au second verre, à des distances respectives de $-\frac{2l}{7}$ et $-\frac{2l}{6}$.

Mais elle ne pourrait plus l'être avec un oculaire composé dont le deuxième foyer principal serait du côté positif par rapport au second verre. La longueur $a - f$ prendrait alors une valeur positive notablement plus grande que celle que nous venons de calculer.

(19)
$$\frac{1}{l-q} - \frac{1}{\Delta - a} = \frac{1}{f}$$

En éliminant q entre ces deux équations, nous aurons la valeur du paramètre p établissant la position de l'objet, en fonction des données qui déterminent l'instrument et les conditions de vue de l'observateur.

436. Latitude d'accommodation. — On tire de la formule (19) :

$$q = l - \frac{(\Delta - a)\,f}{\Delta - a + f}$$

La variation $\lambda = -(q_2 - q_1)$ de la position de l'image objective, quand on regarde successivement au punctum proximum et au punctum remotum, mesure la latitude d'accommodation pour l'oculaire. Nous avons déjà étudié cette variation à propos de la loupe (410).

Proposons-nous de déterminer la variation correspondante

$$\mu = p_2 - p_1$$

de la distance de l'objet à l'objectif, qui mesure la latitude d'accommodation du microscope par rapport à l'objet. On tire de l'équation (18) :

$$p = \frac{q\,F}{q - F}$$

et par suite :

$$(20) \quad \mu = p_2 - p_1 = \frac{q_2 F}{q_2 - F} - \frac{q_1 F}{q_1 - F} = \lambda \times \frac{F^2}{(q_1 - F)(q_2 - F)}$$

Les deux facteurs du dénominateur sont généralement grands par rapport à F ; μ est donc petit par rapport à λ.

437. Considérons en particulier le cas de l'observateur emmétrope. Désignons par b la distance du premier foyer principal de l'oculaire au deuxième foyer principal de l'objectif. On a :

$$(21) \qquad\qquad b = l - (F + f)$$

La somme $F + f$ est petite par rapport à l qui atteint 15 à 25 centimètres ; b est donc peu différent de la longueur de l'instrument.

Pour l'observation au punctum remotum, l'image objective est dans le premier plan focal de l'oculaire. On a donc :

$$q_2 = b + F, \qquad q_1 = b + F + \lambda_0$$

Donc :

$$(22) \qquad\qquad \mu_0 = \lambda_0 \frac{F^2}{b\,(b + \lambda_0)}$$

Comme λ_0 est de l'ordre de grandeur de 1 à 3 millimètres et b de 12 à 20 centimètres, on peut donc prendre pour valeur approchée :

$$\mu_0 = \lambda_0 \frac{F^2}{b^2}$$

Mais nous avons trouvé (410), pour la valeur de λ_0

$$\lambda_0 = \frac{f^2}{d}$$

L'expression approchée de μ_0 peut donc s'écrire

$$(22') \qquad\qquad \mu_0 = \frac{f^2\,F^2}{d b^2}$$

La latitude d'accommodation du microscope est donc une petite fraction de celle de son oculaire. Elle est sensiblement proportionnelle aux carrés des distances focales des deux systèmes optiques qui constituent le microscope.

Appliquons ces résultats aux données suivantes :

$$f = 2^c, \quad F = 1^c, \quad l = 18^c, \quad d = 15^c, \quad b = l - 3 = 15^c.$$

Nous avons :

$$\lambda_0 = \frac{f^2}{d} = \frac{4}{15}$$

$$\mu_0 = \lambda_0 \frac{F^2}{b^2} = \frac{4}{15} \times \frac{1}{15^2} = \frac{1^c}{844}$$

La latitude d'accommodation est donc alors voisine de $\dfrac{1}{100}$ de millimètre. Les déplacements qu'il faut faire subir au microscope par rapport à l'objet, soit pour parcourir l'échelle de visibilité d'un observateur donné, soit pour adapter l'instrument aux diverses vues, sont donc toujours extrêmement petits. Ce fait mal interprété avait fait croire à tort aux anciens observateurs que l'accommodation n'existe plus ou est fortement réduite dans l'observation faite à travers un microscope.

438. Disposition de l'instrument. — L'objectif O est vissé à l'extrémité inférieure d'un tube OG' (fig. 270) qui porte en haut l'oculaire G' disposé dans un tube de diamètre un peu plus petit, enfoncé à frottement dans le tube OG'. Au-dessous du microscope est disposée une *platine* P, plate-forme percée d'un trou circulaire central, pour laisser passer la lumière du ciel ou d'une lampe, par l'intermédiaire d'un miroir plan ou concave M. Ce miroir peut tourner sur son support dans deux sens perpendiculaires, de manière à envoyer dans l'ouverture du porte-objet le faisceau lumineux réfléchi et à éclairer toute l'étendue de l'objet. Celui-ci est disposé en A sur une plaque de verre appelée *porte-objet*, et surmonté ordinairement d'une seconde plaque de verre extra-mince ou *couvre-objet*. Entre ces deux plaques, l'objet est le plus souvent baigné dans une petite masse d'eau, dont la présence atténue les réfractions à travers sa masse et augmente la netteté de l'image. Des ressorts ou *valets* maintiennent la fixité du porte-objet (1).

____

(1). Quand on emploie des objectifs à grande ouverture ou à immersion, il est né-

Cette disposition suppose l'objet assez translucide pour laisser passer la lumière du faisceau éclairant. Quand l'objet est presque opaque, on éclaire sa surface supérieure à l'aide d'une lentille placée obliquement au-dessus de lui.

Pour mettre le microscope au point, on peut d'abord le déplacer à frottement dans la glissière G jusqu'à ce qu'on voie confusément l'image. On exécute ce premier déplacement avec plus de précision, en faisant usage d'une crémaillère commandée par un pignon (fig. 271.) On achève ensuite de déterminer la position du microscope en faisant tourner la vis V dont l'extrémité s'appuie sur le socle S (fig. 270). Ce mouvement déplace la colonne creuse T taraudée en écrou et assujettie par des glissières à se mouvoir verticalement.

Le socle S peut tourner autour d'un axe horizontal B et donner ainsi au microscope par rapport à la direction verticale diverses inclinaisons favorables à l'éclairement de l'objet et à l'observation.

La figure 271 représente une vue d'ensemble du microscope.

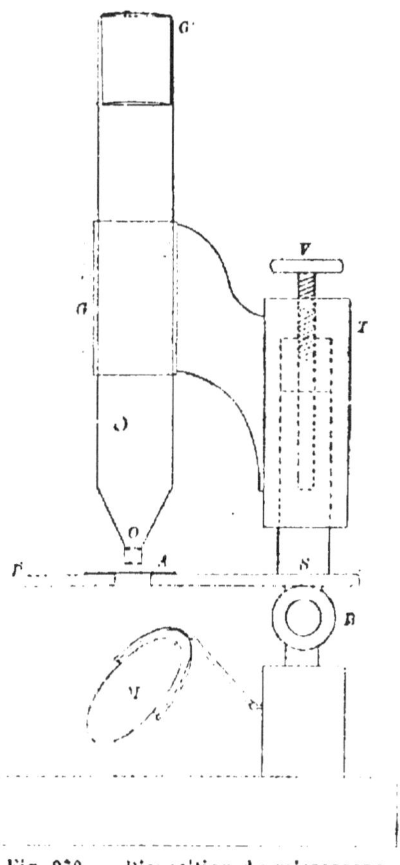

Fig. 270. — Disposition du microscope composé.

439. Oculaires et objectifs. — On se ménage ordinairement la possibilité de faire varier la puissance de l'instrument par l'emploi de plusieurs oculaires et de plusieurs objectifs qu'on peut substituer les uns aux autres sur le tube du microscope.

L'oculaire peut être un oculaire simple de Képler ou un oculaire double positif de Ramsden ; mais on préfère généralement l'oculaire double

cessaire de concentrer la lumière sur la préparation, ce qu'on fait au moyen d'un *condenseur Abbe* formé de deux lentilles très convergentes et placé immédiatement au-dessous de la platine. Un éclairage mobile de ce genre est représenté au-dessous de la platine dans la figure 271.

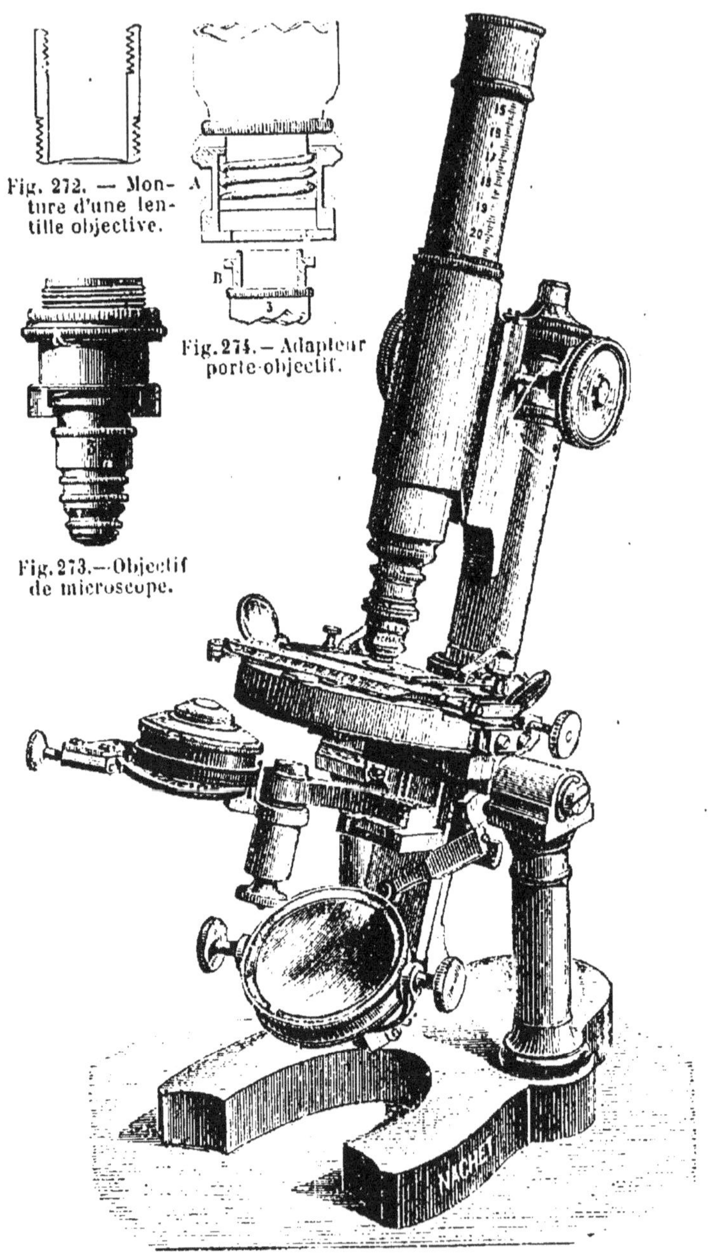

Fig. 272. — Monture d'une lentille objective.

Fig. 274. — Adapteur porte-objectif.

Fig. 273. — Objectif de microscope.

Fig. 271. — Microscope composé (1).

(1). Nous devons les figures 271, 273, 274 et 260 à l'obligeance de M. Nachet, le constructeur bien connu de microscopes.

négatif de Huygens, pour des raisons que nous étudierons plus loin.

440. L'objectif est formé de deux, trois ou quatre lentilles plan-convexes, dont les faces planes sont tournées vers l'objet. Leurs montures sont vissées les unes sur les autres (fig. 272 et 273). Ces lentilles sont de fortes courbures et de faibles diamètres. On obtient ainsi un système très convergent, sans augmenter d'une manière exagérée l'aberration de sphéricité qui serait beaucoup plus grande avec une seule lentille de convergence égale à celle du système. Il n'est pas indispensable que ces lentilles soient achromatiques, parce que les oculaires atténuent les effets de coloration dus aux objectifs (1).

Les lentilles de l'objectif jusqu'à l'avant-dernière donnent des images

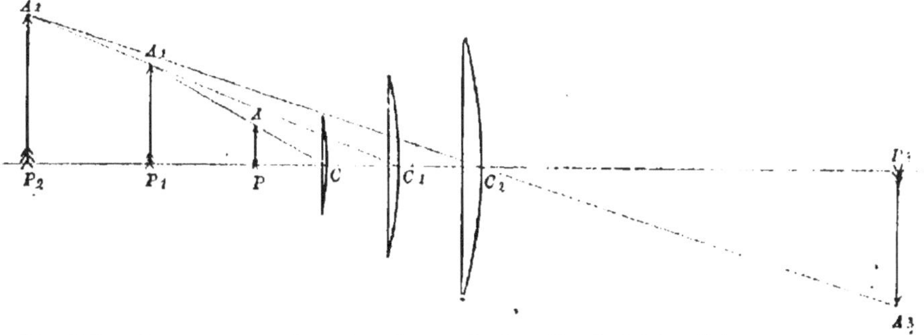

Fig. 273. — Images successives données par les lentilles de l'objectif d'un microscope.

virtuelles de l'objet (fig. 273). La dernière lentille substitue à la dernière image virtuelle l'image réelle qui joue le rôle d'objet par rapport à l'oculaire (2).

441. La première lentille de l'objectif s'appelle *lentille frontale* et la distance de sa première face au plan visé dans l'objet est la *distance frontale*. Pour un même microscope et un même observateur, cette distance devrait rester invariable, si l'épaisseur des couvre-objets qui surmontent les divers

---

(1). Au lieu de visser les objectifs sur le tube qui porte les oculaires, on emploie souvent diverses dispositions qui permettent la substitution rapide d'un objectif à un autre. La figure 274 représente une de ces dispositions qui consiste simplement à faire entrer la bague B qui porte l'objectif dans l'ouverture latérale de la bague A fixée au tube.

(2). On peut donner aux faces courbes des premières lentilles des courbures telles qu'elles soient sensiblement aplanétiques pour l'image virtuelle qu'elles produisent. Le faisceau émané d'un point de la dernière image virtuelle A_3P_3 et traversant la dernière lentille pour produire l'image réelle A_3P_3 présente un angle d'ouverture assez petit pour ne donner lieu qu'à une faible aberration.

objets demeurait constante. Comme il n'en est pas ainsi, on corrige l'effet produit par ces inégalités d'épaisseur, en rendant l'ensemble des lentilles postérieures de l'objectif mobile par rapport à la lentille frontale. L'objectif est dit alors *à correction* ; il comporte, sans altération sensible de la puissance, une mise au point plus parfaite.

La *demi-ouverture frontale* est l'angle compris entre l'axe principal et la droite joignant le point de l'objet situé sur cet axe à un point du bord de la région utilisée sur la lentille frontale. Cet angle doit être grand pour que l'instrument reçoive le plus possible de lumière venant de l'objet. Il dépasse dans certains cas 80°.

442. Quand on veut employer de forts grossissements, on est conduit à rendre très petite la distance frontale. Mais la réduction de cette longueur se trouve limitée par la présence du couvre-objet. Pour atteindre un grossissement plus fort, Amici a proposé d'interposer une goutte d'eau distillée entre la lentille frontale et le couvre-objet ; cet artifice atténue la réfraction subie par les rayons à leur sortie du couvre-objet et à leur entrée dans la lentille frontale et diminue par conséquent l'influence fâcheuse de l'aberration de sphéricité, en même temps que la perte de lumière par réflexion sur les deux surfaces correspondantes (1).

En outre elle permet d'augmenter la distance frontale, sans diminuer la puissance. La goutte d'eau joue en effet le rôle d'une lame à faces parallèles, puisqu'on peut, sans changer la marche de la lumière, la considérer comme séparée du couvre-objet et de la lentille par des lames d'air infiniment minces.

Soient e et e' les épaisseurs des lames d'air et d'eau qui correspondent à une même puissance du microscope. La lame d'eau substitue à l'objet, pour le microscope, une image virtuelle égale à l'objet et plus rapprochée de

$$e'\left(1 - \frac{1}{n}\right) = \frac{e'}{4}$$

---

(1). Si l'objet est sec, les rayons qui pénètrent dans le couvre-objet font avec la normale un angle inférieur à l'angle limite 42°. S'ils sortent dans l'air ils prennent toutes les directions possibles. Il faudrait que la demi-ouverture fût 90° pour les recueillir tous. S'ils sortent dans l'eau, il suffit d'une demi-ouverture de 48° 1/2 (angle limite pour l'eau).

Si l'objet est dans l'eau, l'émergence ne peut toujours avoir lieu du couvre-objet dans l'air que pour les rayons écartés de moins de 42° de la normale. Elle peut se produire dans l'eau jusqu'à 63°.

Hartnack a proposé d'interposer entre la lentille et le couvre-objet une lame d'huile, de même indice que le verre, et de noyer aussi l'objet dans cette huile. Les rayons se propagent alors en ligne droite et sans perte par réflexion jusqu'à la sortie de la lentille frontale, et avec une demi-ouverture frontale de 42° on recueille autant de lumière qu'avec 90° dans l'air (Violle, *Cours de physique*, tome II, p. 616).

On doit donc avoir :

$$e = \frac{3}{4} e' \qquad e' - e = \frac{e'}{4} = \frac{e}{3}$$

On peut augmenter du tiers de sa valeur l'épaisseur comprise entre le couvre-objet et l'objectif (1).

443. Correction de l'aberration de sphéricité. — Le faisceau lumineux envoyé par chaque point de l'objet à la lentille frontale ayant une grande ouverture, la théorie élémentaire des lentilles ne lui est pas applicable. Il semble que l'aberration de sphéricité devrait prendre une influence prépondérante et enlever toute netteté aux images. L'expérience montre cependant que l'on peut encore obtenir de bonnes images dans ces conditions.

Le botaniste anglais Lister a donné l'explication de ce phénomène. Une lentille plan-convexe est aplanétique pour deux points M et M' de son axe principal, situés le premier en deçà, le deuxième au-delà de son premier foyer principal. Pour des points lumineux placés en ces deux points, l'image fournie par les rayons centraux coïncide avec l'image due aux rayons marginaux. Pour un point placé entre M et M', l'aberration est négative. Elle est au contraire positive pour un point de l'axe principal placé en dehors de l'intervalle MM'.

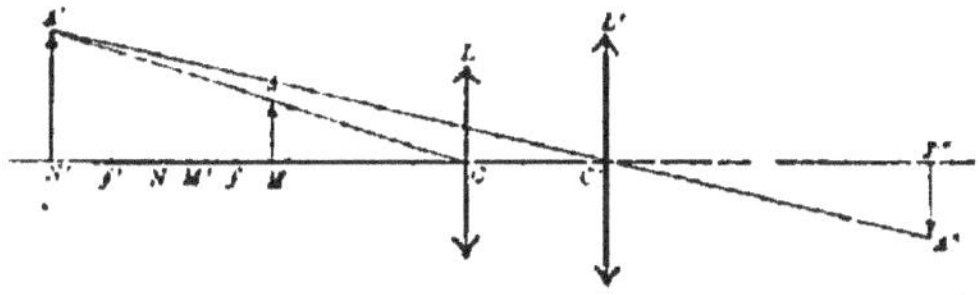

Soit un objectif formé de deux lentilles L et L' (fig. 276). Plaçons l'objet par rapport à la première lentille au premier point d'aplanétisme M. La seconde lentille présente aussi deux points N et N' sans

Fig. 276. — Correction de l'aberration de sphéricité des objectifs.

aberration. On peut donc faire en sorte que l'image virtuelle fournie par la lentille L se forme en A'N', au deuxième point d'aplanétisme de la lentille L'. L'image réelle définitive est alors sans aberration.

Si dans la mise au point l'on dérange légèrement le microscope par rapport à l'objet, de manière que celui-ci soit au-delà de M, l'image virtuelle recule au delà de N' et prend une aberration négative. L'image marginale se forme à droite de l'image centrale. Mais ces images se trouvent dans la région pour laquelle la lentille L' donne une aberration positive. Si les images virtuelles coïncidaient, l'image réelle marginale se trouverait à gauche de l'image centrale. Comme les rayons marginaux ou centraux pour la première lentille

---

(1). Pour ne pas risquer de briser le couvre-objet et de détruire la préparation en déplaçant le microscope pendant la mise au point, M. Nachet dispose au bord de la platine un miroir plan visible à droite dans la figure 271. Ce miroir donne pour l'œil gauche qui ne regarde pas dans le microscope une image de l'extrémité de l'objectif vivement éclairée à l'aide d'un miroir concave représenté à gauche. Un coup d'œil suffit ainsi pour reconnaître s'il y a contact entre l'objectif et le couvre-objet.

conservent ces situations pour la seconde, il y a compensation entre ces deux effets et les images réelles sont ramenées à coïncider. Le même raisonnement est applicable, quel que soit le sens du déplacement du microscope.

Cette explication est aussi applicable au microscope solaire (1).

444. Puissance et grossissement. — Représentons par O, I_1 et I les grandeurs des dimensions homologues de l'objet, de l'image objective et de l'image définitive. La puissance a pour valeur :

$$ P = \frac{I}{O\Delta} = \frac{I}{I_1\Delta} \times \frac{I_1}{O} $$

Le facteur $\dfrac{I}{I_1\Delta} = P'$ est la puissance de l'oculaire.

Le facteur $\dfrac{I_1}{O} = g$ est le grossissement de l'objectif. Sa valeur est négative à cause du renversement de l'image.

On a donc :

(23) $$ P = P'g. $$

Cette puissance est négative.

La puissance du microscope est le produit de la puissance de son oculaire par le grossissement de son objectif.

Le grossissement du microscope a pour valeur :

(24) $$ G = Pd = P'd \times g $$

Il est donc égal au produit du grossissement g de son objectif par le grossissement $g' = P'd$ de son oculaire.

Nous avons trouvé (415), pour l'expression de la puissance d'un oculaire, en fonction de son foyer :

$$ P' = \frac{1}{f} \left(1 + \frac{f - a}{\Delta} \right) $$

La distance $f - a$ est ici négative et inférieure à 1 centimètre, comme nous l'avons vu (434), c'est-à-dire presque négligeable par rapport à Δ, si l'on suppose que le plan de la pupille coïncide avec celui du cercle oculaire dont il doit toujours être peu écarté. La puissance de l'oculaire et par suite celle du microscope croissent donc en valeur absolue avec Δ, mais d'une manière presque insensible.

La visée au punctum remotum fournit le maximum de la puissance. Cette grandeur diffère toujours très peu de la valeur

$$ P' = \frac{1}{f} $$

---

(1). Œuvres de Verdet, t. IV, p. 951.

qui correspond à la visée à l'infini.

Le grossissement de l'objectif a pour valeur :

$$g = -\frac{q}{p} = -\frac{q-F}{F},$$

ou, en remplaçant q par sa valeur très approchée $(b + F)$

$$g = -\frac{b}{F}$$

On a donc pour la puissance et le grossissement du microscope :

$$(25) \qquad P_\infty = -\frac{b}{Ff} \,(1, \qquad G_\infty = -\frac{bd}{Ff}$$

valeurs exactes pour la visée à l'infini et très approchées dans les autres cas.

La puissance et le grossissement sont donc proportionnels en valeurs absolues:

1° *à la convergence de l'oculaire;*

2° *à la convergence de l'objectif;*

3° *à la distance de leurs foyers intérieurs,* c'est-à-dire sensiblement à la longueur du microscope.

445. Nous avons trouvé précédemment (436) pour la latitude d'accommodation, dans le cas d'un observateur emmétrope :

$$\mu_0 = \frac{f^2 F^2}{db^2} = \frac{1}{dP^2} = \frac{d}{G^2}$$

Il en résulte que la latitude d'accommodation est la même pour des microscopes d'égale puissance et qu'elle varie en raison inverse du carré de la puissance ou du carré de grossissement.

446. Pouvoir séparateur. — Nous avons montré plus haut (418) que dans les microscopes simples, le pouvoir séparateur est proportionnel à la puissance de l'instrument. La question est plus complexe dans les instruments composés comprenant un objectif, parce qu'il y intervient un phénomène de diffraction, en vertu duquel l'image d'un point est une tache lumineuse entourée d'anneaux. Pour que deux points voisins paraissent distincts, il faut que les taches correspondantes n'empiètent pas l'une sur l'autre. Quand un point est observé à travers un instrument composé, le diamètre de la tache centrale décroît si l'on fait croître le diamètre de l'objectif. Le pouvoir séparateur va donc en croissant avec l'ouverture frontale.

447. Pouvoir pénétrant. — Si l'on observe un objet transparent d'une cer-

---

(1). Cette valeur moyenne de la puissance est égale à la convergence $\frac{1}{\omega}$ du microscope entier, prise en signe contraire. On l'appelle souvent *puissance nominale.*

taine épaisseur, la latitude d'accommodation représente l'épaisseur maxima visible sur l'objet, puisque les détails placés en dehors de cette épaisseur ne sont pas au point. Cette épaisseur maxima visible mesure le *pouvoir pénétrant* du microscope, qui est ainsi inversement proportionnel au carré de la puissance. Toutefois cette conclusion est seulement approximative, car, grâce à la tolérance de mise au point due, comme nous le savons, à l'étendue des éléments nerveux de la rétine, l'épaisseur visible est un peu plus grande que ne le comporte la règle précédente. Cette tolérance est en raison inverse de la demi-ouverture ω' du faisceau étroit qui converge en un point de l'image rétinienne.

D'après le théorème du n° 218, cette demi-ouverture est elle-même proportionnelle à tg ω, ω étant l'angle de demi-ouverture frontale (1). Le rapport de proportionnalité ne dépend que du grandissement du microscope et de celui de l'œil. Il en résulte que pour une puissance donnée du microscope et pour une distance de visée déterminée, la tolérance de mise au point est inversement proportionnelle à la tangente de l'angle de demi-ouverture frontale.

448. Pouvoir analysant. — A la tolérance de mise au point correspond dans l'objet une certaine profondeur du champ comprenant des points qui sont simultanément visibles sans changement d'accommodation et apparaissent sur le même plan. Le *pouvoir analysant* du microscope mesure la perfection avec laquelle on aperçoit les reliefs des détails des objets à travers cet instrument grâce aux différences d'accommodation. Cette qualité s'accroît quand la profondeur du champ diminue, c'est-à-dire quand on fait croître l'ouverture du faisceau incident.

449. Mesure expérimentale de la puissance des microscopes. — Nous avons vu que la puissance d'un microscope oculaire diffère peu en général de sa convergence qui en est la valeur nominale correspondant à la visée à l'infini. On obtiendrait donc une valeur approchée de la puissance en mesurant la convergence par une des méthodes exposées plus haut.

Mais on peut, pour un oculaire positif, simple ou composé, mesurer directement la valeur exacte de cette quantité pour une distance de visée déterminée Δ. Cette mesure comporte celle de la distance Δ et celle du grandissement $\Gamma = \dfrac{1}{G}$ du microscope. Il faut pour cela se placer dans des conditions où l'on puisse voir en superposition:

1° A travers le microscope, l'image agrandie d'un micromètre présentant des divisions de longueur connue (dixièmes ou centièmes de millimètre, suivant l'ordre de grandeur de la puissance) ;

---

(1). Cet angle étant grand ne peut être substitué à sa tangente.

2° A l'œil nu, les divisions (millimètres) d'une règle graduée placée à la même distance Δ de l'œil que l'image.

Les divisions du micromètre étant rendues parallèles à celles de la règle, on s'assure, en donnant à l'œil de légers déplacements latéraux, que la superposition des deux groupes de divisions n'est en rien modifiée. S'il en était autrement, l'écart serait dû à ce que la graduation qui paraît se déplacer dans le même sens que l'œil est située plus loin que l'autre ; il y aurait lieu de modifier la mise au point du microscope ou la distance de la règle à l'œil.

On détermine le nombre K de divisions de la règle qui se superposent sur l'image du micromètre à un millimètre grossi. Ce nombre K est égal au grandissement Γ. On mesure ensuite directement la distance Δ de la règle au premier point nodal de l'œil (la distance de ce dernier au sommet de la cornée étant connue à l'avance). Le quotient

$$\frac{\Gamma}{\Delta} = P$$

donne la puissance cherchée.

En multipliant le résultat par la distance minima d de la vision distincte de l'observateur, on obtient le grossissement pour cet observateur.

450. Wollaston a le premier appliqué cette méthode, en interposant entre l'œil et l'oculaire du microscope un miroir plan M incliné à 45° sur l'axe de l'instrument et percé en son centre d'une petite ouverture par laquelle la lumière qui vient du micromètre à travers le microscope peut pénétrer dans l'œil.

Un second miroir plan M' parallèle au premier ramène sur lui la lumière qu'il reçoit de la règle graduée. L'ouverture du miroir M étant plus étroite que la pupille, celle-ci peut recevoir les rayons venant de la règle et réfléchis autour du bord de cette ouverture. On peut donc obtenir la superposition sur la même région de la rétine des images des deux graduations à comparer.

Pour-augmenter l'éclat de l'image de la règle, Amici a substitué au miroir M' un prisme à réflexion totale. Enfin Nachet a construit une chambre claire en verre, dans laquelle les deux réflexions se produisent totalement à l'intérieur d'un parallélipipède en verre ABCD, sur les faces CD et AB (fig. 277). La masse du parallélipipède est prolongée en P, suivant l'axe du microscope, par un petit cylindre en verre à travers lequel se propage la lumière venant du microscope.

Soit LNIKVS le trajet d'un rayon lumineux parti d'un point L dans la règle, pénétrant normalement en N dans le prisme et en sortant normalement en V. Désignons par n l'indice du verre par rapport à l'air. Posons

$$LN = a, \quad NI + IK + KV = e, \quad VS = b.$$

La réfraction en N substitue à l'objet une image placée à la distance na de la face d'entrée. Après les deux réflexions cette image est remplacée par une nouvelle image située dans la direction de l'axe du microscope et placée à la distance $n\,a + e$ de la face de sortie. Enfin la réfraction en V lui substitue une image reportée à la distance

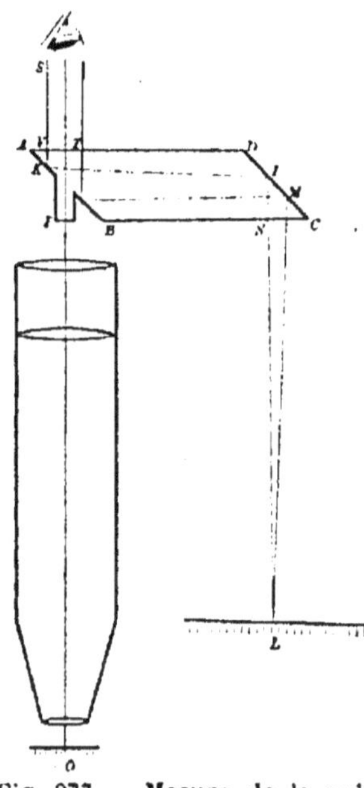

Fig. 277. — Mesure de la puissance d'un microscope à l'aide de la chambre claire.

$a + \dfrac{e}{n} + b$ du sommet de la cornée. Il convient d'ajouter à cette longueur la petite distance c qui sépare le sommet de la cornée du premier point nodal de l'œil, pour avoir la distance Δ.

Dans le cas où l'on observe au punctum proximum, on a $\Delta = d$ et la mesure du grandissement Γ fournit directement le grossissement G.

451. Cette manière d'opérer présente un défaut de précision tenant à ce que l'œil n'est pas dans la position où on le place ordinairement pour regarder dans le microscope. Il est plus écarté de l'instrument, à cause de l'interposition de la chambre claire, ce qui change la valeur de la puissance.

Remarquons toutefois que le grandissement Γ ne serait pas modifié si, sans changer la mise au point, on ramenait l'œil sur le microscope. La distance Δ se trouverait seulement réduite de $\dfrac{h}{n}$, h désignant l'épaisseur TP de la chambre claire. On se trouvera donc ramené aux conditions de l'observation ordinaire, si l'on prend pour Δ la valeur :

$$(26) \qquad \Delta = a + \frac{e - h}{n} + b + c$$

452. Nous avons vu que le grandissement varie rapidement avec la distance de visée, tandis que les variations de la puissance sont à peine sensibles. Il importe donc de mesurer Δ avec précision. Les incertitudes que présente la mesure exacte de Δ quand il est petit rendent préférable l'usage d'une grande distance qu'il est plus facile de déterminer exactement. Mais la mesure ainsi conduite n'est plus applicable par un observateur myope (1).

Pour écarter les difficultés que comporte l'installation d'une mire lointaine, on peut envoyer à la chambre claire les rayons venant de la règle, en les faisant passer à travers la lentille H d'un collimateur (fig. 278). On place dans le plan focal principal du collimateur une graduation sur verre L convenablement éclairée. Pour cela on règle une lunette pour l'observation à l'infini en visant un point très éloigné, une étoile par exemple. Avec la lunette ainsi réglée, on vise la graduation L à travers le collimateur. Cet appareil étant destiné à reporter à l'infini l'image de L, cette image devra être vue nettement à travers la lunette. Cette expérience permet donc de régler la distance

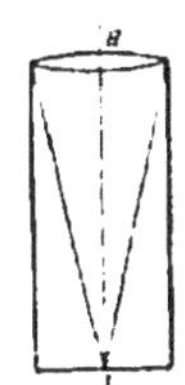

Fig. 278. — Usage du collimateur dans la mesure de la puissance d'un microscope.

$LH = \varphi$ et de la mesurer.

Le microscope étant lui-même mis au point pour l'infini, on mesure le nombre K de divisions de la règle recouvrant l'image d'une longueur du micromètre égale à une de ces divisions prise pour unité. Pour un observateur dont l'œil est au centre optique H de la lentille du collimateur, cette longueur K est vue sous le diamètre apparent $\dfrac{K}{\varphi}$. Son image est donc vue sous le même diamètre apparent, et comme cette image est à l'infini, son diamètre apparent n'est pas modifié quand on suppose l'œil reporté dans sa position réelle. Le diamètre apparent de l'unité de longueur du micromètre, qui mesure la puissance cherchée, est donc

$$(27) \qquad\qquad P = \frac{K}{\varphi}$$

453. La méthode que nous venons de décrire n'est pas applicable aux oculaires négatifs convergents ou divergents, puisqu'elle exige l'observation d'un objet réel. Quand on a affaire à un oculaire négatif convergent, on l'associe à un objectif de microscope, pour en faire un microscope composé dont on détermine la puissance P_1. On mesure d'autre part le grossissement g de l'objectif par la méthode décrite ci-après. Le quotient $\dfrac{P_1}{g} = P$ donne la puissance de l'oculaire négatif (2).

---

(1). La puissance ainsi mesurée est la puissance nominale $-\dfrac{1}{\varphi}$.

(2). Certains oculaires négatifs, l'oculaire de Huygens par exemple, deviennent

Les oculaires divergents étant ordinairement destinés à entrer dans la construction de la lunette de Galilée, nous verrons plus loin dans l'étude de cet instrument comment on détermine la puissance de ces oculaires (510, note).

454. Mesure du grossissement d'un objectif de microscope. — On associe à cet objectif un oculaire positif, et devant cet oculaire on dispose un mi-

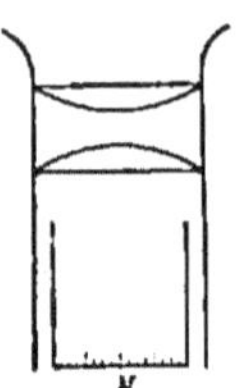

Fig. 279. — Micromètre oculaire.

cromètre gradué en fractions connues du millimètre (*micromètre oculaire*) (fig. 279). Ce micromètre M est tracé sur une lame de verre placée à l'extrémité d'un tube qui entre à frottement dans le tube de l'oculaire. Tournant le micromètre vers une source lumineuse, les nuages par exemple, on règle sa position par rapport à l'oculaire de manière à voir nettement son image virtuelle. On enfonce ensuite ce système dans le tube qui porte l'objectif du microscope et l'on place sur le porte-objet un second micromètre (*micromètre objectif*), dont on règle la position de façon à voir les images de ses divisions parallèles à celles du micromètre oculaire et dans le même plan qu'elles. On s'assure par les déplacements latéraux de l'œil qu'il n'y a pas d'erreur de parallaxe. Le grossissement g de l'objectif est alors représenté par le nombre n de divisions du micromètre oculaire qui sont couvertes par l'image d'une longueur égale prise sur le micromètre objectif.

455. Mesure de la longueur d'un petit objet. — Pour mesurer une dimension linéaire d'un petit objet placé sur le porte-objet du microscope, la méthode la plus directe consiste à superposer cet objet à un micromètre objectif gradué. Mais cette manière d'opérer manque de précision, parce que le micromètre et l'objet ne paraissent pas être dans le même plan de mise au point, à cause de l'épaisseur de l'objet.

Dans une seconde méthode plus précise on fait usage de la chambre claire pour mesurer à l'aide d'une règle extérieure l'image virtuelle de la longueur cherchée. On divise la longueur obtenue par le grandissement Γ du microscope que l'on a préalablement mesuré en plaçant sur la platine un micromètre objectif.

Une troisième méthode, d'un emploi plus facile, consiste à disposer, entre l'objectif et l'oculaire supposé positif, un micromètre oculaire sur lequel se

positifs quand on les retourne. La convergence $\dfrac{1}{f}$ étant la même dans les deux sens, il en est de même de la puissance nominale, au signe près. On peut donc mesurer leur puissance nominale, après retournement. (Pellat, *Cours de Physique*, p. 372.)

forme l'image réelle de l'objet. On mesure sur cette image la dimension cherchée qui est vue agrandie à travers l'oculaire, en même temps que le micromètre. On divise le résultat par le grossissement g de l'objectif préalablement mesuré.

456. Clarté. — 1°. Le cas le plus intéressant dans la pratique est celui d'un objet pourvu d'un diamètre apparent sensible. Le cercle oculaire, dont le plan coïncide avec celui de la pupille, est plus petit qu'elle. On a donc (382) :

$$C_1 = \frac{\Sigma'}{\Sigma} = \frac{R'^2}{p^2} ,$$

R' et p désignent les rayons du cercle oculaire et de la pupille. Le rayon R' est lié au rayon R de la lentille frontale par la relation

$$R' = - R \frac{f}{l - f} ,$$

si l'on néglige l'épaisseur de l'objectif par rapport à la distance l. Posons :

$$\frac{R}{F} = K$$

L'objet étant peu écarté du premier foyer de l'objectif, le rapport K est voisin de la tangente de la demi-ouverture frontale ω, pour un objectif infiniment mince. On a :

$$C = \left(\frac{K}{p} \; \frac{F f}{l - f} \right)^2$$

D'autre part :

$$l - f = b + F$$

Si l'on néglige F par rapport à b, le second facteur est au signe près égal à $\frac{1}{p}$, et l'on peut écrire :

$$(28) \qquad\qquad C_1 = \left(\frac{K}{p} \times \frac{1}{P} \right)^2.$$

La clarté est donc :

1° sensiblement en raison inverse du carré de la puissance ;

2° croissante avec l'ouverture frontale.

La première condition oblige à éclairer l'objet d'autant plus qu'on veut obtenir des puissances plus fortes et limite la puissance compatible avec un éclairement donné de l'objet.

2°. Pour un point lumineux, on a :

$$(29) \qquad\qquad C_2 = \left(\frac{KG}{pP} \right)^2 = \left(\frac{K \, d}{p} \right)^2$$

La clarté est indépendante de la puissance du microscope employé ; elle ne dépend que de l'angle d'ouverture frontale et de l'angle d'ouverture $\frac{p}{d}$ du faisceau lumineux qui entre dans l'œil quand on place l'objet au punctum proximum.

457. Champ du microscope. — On appelle en général *champ* dans un instrument composé la région de l'espace où doit être placé un point lumineux pour que son image soit visible pour un œil placé derrière l'oculaire.

Considérons d'abord le cas d'un microscope formé d'un objectif et d'un oculaire simples et infiniment minces. Un point quelconque A de l'objet envoie sur l'objectif un faisceau conique ABB₁ de rayons incidents qui couvre la surface frontale de cette lentille (fig. 280). Le faisceau émergent de l'objectif a pour sommet l'image réelle A′ du point A. Pour que le

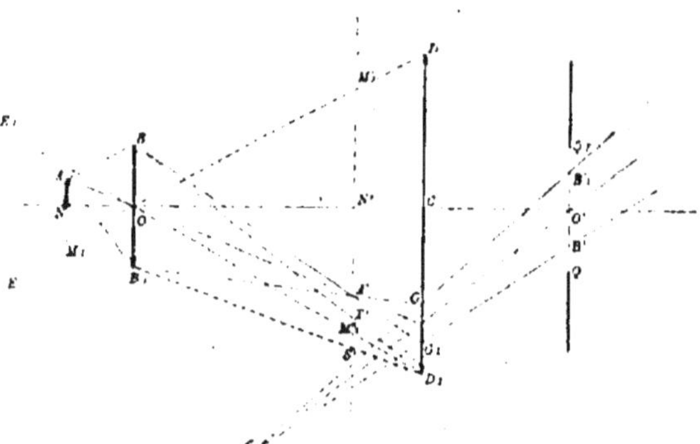

Fig. 280. — Champ du microscope composé.

point A soit vu, il faut qu'une partie au moins de ce faisceau rencontre l'oculaire et contribue, après l'avoir traversé, à former le faisceau divergent.

Supposons qu'on ait fait coïncider le centre de la pupille QQ₁ avec le centre O′ du cercle oculaire. Comme le diamètre de la pupille est plus grand que celui de ce cercle, tous les rayons appartenant au faisceau émergent pénètrent dans l'œil et arrivent à la rétine. La condition nécessaire que nous venons d'énoncer est donc suffisante.

On obtient une détermination approchée du champ en exprimant la condition pour que l'axe secondaire OA′ correspondant à un point A de l'objet rencontre l'oculaire. En effet, comme le diamètre BB₁ d'un objectif de microscope est toujours très petit par rapport à la distance OA′ qui le sépare d'un point de l'image réelle, les droites comprises dans le cône convergent A′BB₁ s'écartent très peu de l'axe secondaire. En négligeant l'ouverture de ce cône, on obtient la condition énoncée. Le champ déterminé par cette condition s'appelle *champ moyen*.

Les points A′ de l'image réelle qui satisfont à cette condition se trouvent placés dans l'intérieur du cône ODD₁ qui a pour sommet le point nodal de l'objectif et pour directrice le bord DD₁ de la face d'entrée de l'oculaire. Les points A correspondants de l'objet sont compris dans la seconde nappe EOE de ce même cône. L'angle générateur DOC $= \gamma$ de ce cône s'appelle *demi-ouverture* du champ moyen.

Nous avons supposé l'objectif et l'oculaire infiniment minces. On trouverait aisément ce qui se passe dans le cas des systèmes épais ou composés en se reportant à la figure 269. La limite du champ est alors déterminée sur l'image réelle A_1P_1 par la surface d'un cône ayant pour directrice le contour LL' de la face d'entrée du premier verre de l'oculaire et pour sommet le deuxième point nodal O' de l'objectif. Sur l'objet AP, le champ est limité par un cône parallèle au précédent et ayant son sommet en O, au premier point nodal de l'objectif.

458. Il est facile de voir qu'en dehors de la limite du champ ainsi défini, il y a encore sur l'objet une région visible (fig. 280). Joignons en effet dans une même section principale les bords B_1,D_1 de l'objectif et de l'oculaire situés d'un même côté de l'axe principal. Soit S' le point où cette droite rencontre le plan de l'image réelle. Ce point est l'image d'un point S de l'objet, et parmi les rayons qui passent en S', celui qui est dirigé suivant B_1S' fait avec l'axe principal le plus petit angle possible. Puisque ce rayon rencontre le bord D_1 de la face d'entrée de l'oculaire, tous les autres rayons passent en dehors de l'oculaire.

Pour tout point de l'image réelle plus écarté de l'axe que S', aucun rayon n'arrive à l'oculaire. Pour tout point moins écarté, une partie du faisceau rencontre cette lentille. La rotation de la droite B_1D_1 autour de l'axe OO' détermine un cône de révolution qui limite sur l'image réelle la région circulaire capable d'envoyer de la lumière à l'oculaire. Sur ce cercle comme base, construisons un cône ayant pour sommet le point nodal O de l'objectif. La seconde nappe de ce cône détermine sur l'objet une région correspondante que l'on appelle *champ extrême* du microscope.

459. L'éclat de l'image virtuelle n'est pas uniforme dans le champ extrême ou dans le champ moyen. Joignons encore le bord D_1 de la section principale de l'oculaire au bord opposé B de la section principale de l'objectif. Soit T' l'intersection de cette droite avec le plan de l'image réelle. Un raisonnement analogue au précédent montre aisément que pour le point T' et pour tout point de l'image réelle plus rapproché de l'axe principal, la totalité du faisceau lumineux émané de l'objectif parvient à l'oculaire, tandis que les points plus écartés ne possèdent pas cette propriété. On appelle *champ de pleine lumière* la région comprenant les points qui envoient toute leur lumière à l'oculaire. Dans toute cette région, l'éclat de l'image est sensiblement uniforme.

Sur l'image réelle elle comprend le cercle de rayon N'T'. La région correspondante de l'objet est déterminée par la seconde nappe d'un cône ayant pour base ce cercle et pour sommet le point nodal de l'objectif. Il y a encore lieu de considérer séparément les deux points nodaux dans le cas d'un objectif épais.

Dans la région annulaire comprise entre les limites du champ de pleine lumière et du champ extrême, l'éclat de l'image diminue à mesure qu'on considère des points plus rapprochés de cette dernière. Le faisceau lumineux correspondant au point considéré est coupé par le plan DD_1 suivant un cercle dont une portion croissante se trouve en dehors des limites de l'oculaire. Pour le point M', le centre I de ce cercle est sur le bord de l'oculaire (fig. 281). L'éclat est déjà inférieur à la moitié de l'éclat maximum.

460. Diaphragme. — Il est avantageux, pour éviter des erreurs sur la nature des objets observés, de supprimer la partie de l'image qui ne présente pas l'éclat maximum. On y arrive en disposant dans le plan de l'image réelle un diaphragme opaque percé d'un trou central circulaire, d'un rayon égal à N'T'. Il importe que ce diaphragme soit exactement placé dans le plan de l'image, puisque dans toute autre position il couperait en dehors de leurs sommets les faisceaux coniques de rayons correspondant à chaque point et laisserait ainsi subsister une région d'éclat atténué dans le voisinage de son bord.

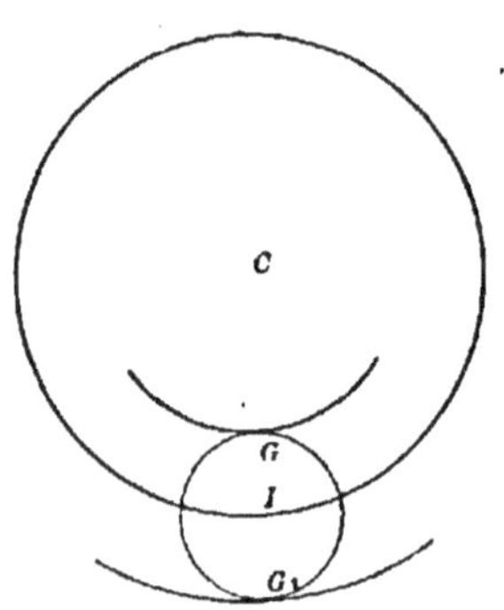
Fig. 281. — Éclat de l'image sur le bord du champ.

461. Champ de pleine lumière d'un système dioptrique centré quelconque. — Les faisceaux lumineux qui traversent un système dioptrique centré sont toujours assujettis à traverser une série de surfaces circulaires centrées de rayons déterminés. Ces surfaces, que nous appellerons *surfaces limitantes*, sont les surfaces réfringentes, les ouvertures des diaphragmes, l'ouverture de la pupille qui constitue elle-même un diaphragme. Considérons un quelconque M des milieux du système dioptrique, compris entre deux surfaces aa', bb', dont l'une peut manquer, s'il s'agit de l'un des milieux extrêmes (fig. 282). Soit XX' le plan contenant l'image réelle ou virtuelle de l'objet dans ce milieu. Prenons pour plan de la figure le plan d'une section principale du système. Représentons en *cc'*, *dd'*, etc., les images dans le milieu M de toutes les surfaces limitantes du système. Tout faisceau lumineux qui traverse une de ces surfaces, traverse aussi son image que nous pouvons ainsi substituer, dans le raisonnement, à la surface elle-même.

Joignons le point O de l'image, situé sur l'axe principal, au bord supérieur de toutes les surfaces limitantes situées à droite de ce point et au bord inférieur de toutes les surfaces limitantes situées à gauche. Soit O*f* celle des droites ainsi tracées qui s'écarte le moins de l'axe principal. En la faisant tourner autour de l'axe du système, on décrit un cône comprenant le

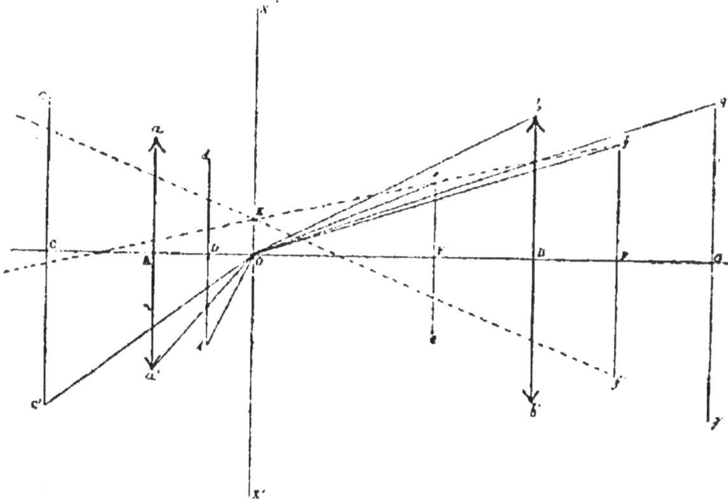

Fig. 282. — Champ de pleine lumière d'un système dioptrique centré.

faisceau passant par le point O et capable de traverser toutes les surfaces limitantes. Le champ de pleine lumière comprend sur l'image XX' l'ensemble des points pour lesquels le faisceau lumineux utile a la même ouverture que pour le point central O.

Pour le déterminer, considérons un point K de l'image qui se déplace le long de la droite OX, jusqu'à ce que l'une des droites K*f* ou K*f*, joignant ce point aux deux extrémités du diamètre *ff'*, rencontre pour la première fois un des bords *c* de l'une quelconque des autres surfaces limitantes. Cette rencontre peut se produire dans trois circonstances différentes.

462. Premier cas. — *La première rencontre a lieu sur une des surfaces limitantes comprises entre XX' et ff'.* Elle se produit alors nécessairement sur le bord supérieur de cette surface et sur la droite K*f* (fig. 283), en un point tel que *c*. La rencontre de *cc'* avec K*f* a lieu en effet en un point plus éloigné de l'axe que sa rencontre avec K*f'*.

Le faisceau K*ff'* correspondant au point K coupe le plan d'une surface limitante quelconque gg' suivant un cercle dont le centre P est situé sur la droite KF, à sa rencontre avec la droite gg' contenue dans le plan de la figure. Par hypothèse les points g et g' du cercle limitant, situés sur la ligne des centres GP des deux cercles G et P, sont extérieurs aux points p et p' du cercle P situés sur cette même droite. Le cercle d'intersection rabattu en $p\,\pi\,p'$ sur le plan de la figure est donc entièrement intérieur au cercle limitant rabattu en $g\,\gamma\,g'$. Dans le plan ce' seulement, le cercle d'intersection

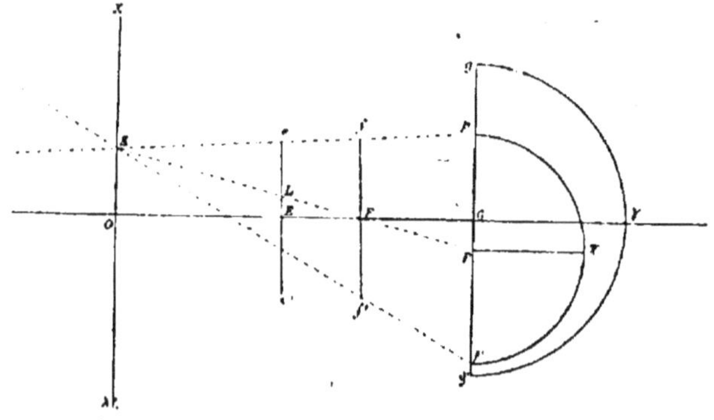

Fig. 283. — Champ de pleine lumière. — 1er cas

dont le centre est en L est tangent intérieurement au cercle limitant ce'.

Pour tout point plus écarté de O que le point K, le faisceau n'est plus entièrement compris dans la surface limitante ce'.

Donc pour avoir dans ce cas la limite du champ de pleine lumière sur l'image XX, il faut joindre les bords correspondants des surfaces limitantes ff' et ce' par une ligne droite qui rencontre en K le plan de l'image. Le champ comprend sur l'image XX' le cercle de rayon OK et de centre O.

En appliquant la théorie des foyers conjugués, on déterminera ensuite aisément les limites du champ sur l'objet lui-même. La construction la plus simple repose sur l'application des propriétés des points nodaux.

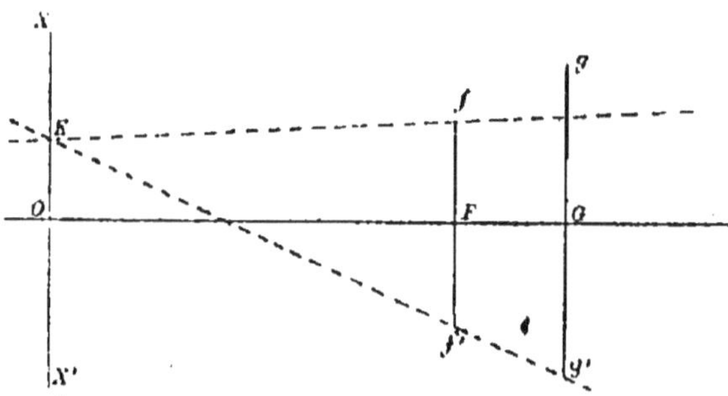

Fig. 284. — Champ de pleine lumière. — 2e cas.

463. Deuxième cas. — *La première rencontre a lieu sur une surface gg' placée en dehors de l'intervalle OF, au delà de ff'.* On voit que la rencontre ne peut dans ce cas avoir lieu que sur la droite Kf', au bord inférieur g' de la surface gg' (fig. 284). La limite du champ sur l'image XX' s'obtient encore en joignant les bords correspondants f et g' des deux surfaces limitantes ainsi déterminées. Mais le bord K du champ est situé du côté opposé à ces deux points.

464. Troisième cas. — *La première rencontre a lieu sur une surface cc' placée en dehors de l'intervalle OF, au-delà de XX'.* Cette rencontre se produit sur la droite Kf et sur le bord supérieur c de la surface cc' (fig. 285). La limite du champ sur l'image XX' s'obtient en joignant les bords opposés f et c des deux sur-faces limitantes ainsi déterminées. Le bord du champ est du côté du bord de la surface vue du centre du champ sous le plus grand angle.

En résumé, pour déterminer la li-mite du champ de pleine lumière sur l'image XX' cor-respondant à un

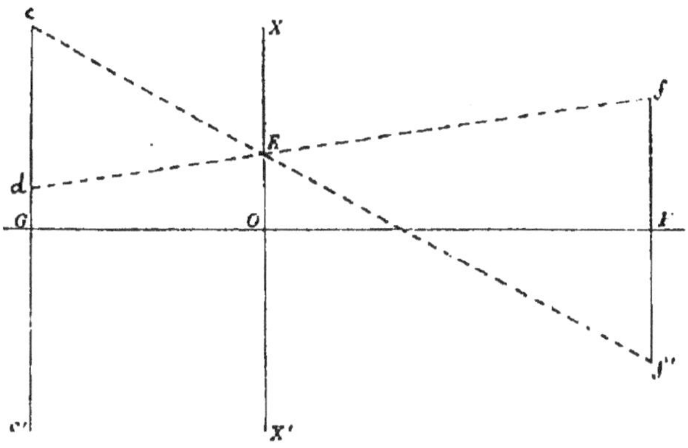

Fig. 285. — Champ de pleine lumière. — 3e cas.

certain milieu, il faut construire les images de toutes les surfaces limitantes dans ce milieu, déterminer celle qui est vue du centre O de l'image XX' sous le plus faible diamètre apparent et joindre un point du bord de cette surface : 1° aux points correspondants du bord des surfaces placées du même côté qu'elle par rapport à l'image XX' ; 2° aux points opposés du bord des surfaces placées de côté différent par rapport à XX', et enfin déterminer parmi les points de rencontre de ces lignes avec le plan de l'image le point K le plus rap-proché du centre O de l'image. La longueur OK représente le rayon du cercle de champ.

465. Champ du microscope dans le cas des objectifs et des oculaires com-posés. — Parmi les surfaces limitantes, il convient d'écarter : 1° le diaphragme dont l'ouverture est toujours déterminée de manière à ne pas restreindre le champ de pleine lumière obtenu sans lui ; 2° la pupille placée, comme nous l'avons vu, de manière à recevoir la totalité des faisceaux lumineux qui ont traversé le microscope. Les lentilles de l'objectif ont des diamètres croissants à partir de la première, et déterminés de manière à laisser passer la totalité de la lumière qui a traversé la surface frontale. De même les lentilles des oculaires doubles positifs ou négatifs sont choisies de façon à laisser passer toute la lumière qui est entrée dans la première de ces lentilles. Les surfaces déterminant le champ sont donc : 1° la surface frontale de l'objectif qui est la surface de plus petit diamètre apparent ; 2° la face d'entrée du premier verre de l'oculaire.

Pour avoir le champ de pleine lumière sur l'image réelle qui correspond au milieu intermédiaire entre l'objectif et l'oculaire, nous sommes donc conduits à répéter exactement la construction faite dans le cas des systèmes infiniment minces, avec cette seule différence que nous devons substituer à la surface frontale de l'objectif, son image par rapport à l'objectif lui-même, image virtuelle peu différente de la surface-objet en grandeur et en position.

466. Calcul de la demi-ouverture du champ. — En raison du faible diamètre de l'objectif, le champ de pleine lumière dans le microscope diffère très peu du champ moyen. Nous considérerons seulement ce dernier (1).

Désignons par r le rayon de bord de la première lentille de l'oculaire, par l sa distance au deuxième point nodal de l'objectif. La demi-ouverture γ du champ moyen a pour valeur (fig. 280) :

$$\operatorname{tg}\gamma = \frac{r}{l}.$$

Les phénomènes d'aberration de sphéricité obligent à limiter le diamètre des lentilles oculaires en proportion de leur distance focale.

Désignons par m le rapport constant $\dfrac{r}{\varphi_1}$ du rayon de bord à la distance focale. Ce rapport est ordinairement $\dfrac{1}{6}$. Nous avons :

$$(30) \qquad \operatorname{tg}\gamma = m\,\frac{\varphi_1}{l}.$$

Soit ρ le rayon NM_1 de la circonférence qui limite le champ sur l'objet. p étant la distance de cet objet au premier point nodal de l'objectif, nous avons :

$$\rho = p\operatorname{tg}\gamma = m\,\frac{\varphi_1}{l}p.$$

Nous avons d'autre part, conformément aux notations déjà adoptées :

$$p = -\frac{q}{g}$$

d'où :

$$\rho = -m\,\frac{\varphi_1}{g}\frac{q}{l} = -m\,\frac{\varphi_1}{g}\left(1-\frac{\varepsilon}{l}\right),$$

en représentant par ε la distance de l'image réelle à la première lentille de l'oculaire. Cette distance, qui est une fraction de la distance focale φ_1, est généralement petite par rapport à l. φ_1 est, pour un oculaire de type déter-

---

(1). Le calcul exact de l'ouverture du champ de pleine lumière sera traité à propos de la lunette astronomique.

miné, dans un rapport constant k avec la distance focale $f = \dfrac{1}{P'_\infty}$ de l'ocu-

laire. On a donc :

$$\frac{\varphi_1}{g} = \frac{k}{P'_\infty g} = \frac{k}{P_\infty}$$

(31)
$$\varphi = \frac{-mk}{P_\infty}\left(1 - \frac{\varepsilon}{l}\right)$$

Pour un objectif quelconque et un oculaire quelconque, mais de type déterminé, le rayon du champ est inversement proportionnel à la puissance nominale P_∞ *du microscope.*

467. Examinons les divers types d'oculaires usités dans les microscopes.
Oculaire de Képler. — On a :

$$\varepsilon = \varphi_1, \qquad P'_\infty = \frac{1}{\varphi_1}, \qquad k = 1$$

Donc
$$\varphi = -\frac{m}{P_\infty}\left(1 - \frac{\varphi_1}{l}\right)$$

Oculaire de Ramsden.

$$\varepsilon = \frac{\varphi_1}{4}, \qquad P'_\infty = \frac{4}{3}\frac{1}{\varphi_1}, \qquad k = \frac{4}{3}$$

$$\varphi = -\frac{4}{3}\frac{m}{P_\infty}\left(1 - \frac{\varphi_1}{4l}\right)$$

Le rayon du champ pour une même valeur de la puissance dépasse les $\dfrac{4}{3}$ et sa surface les $\dfrac{16}{9}$ de leurs valeurs dans le cas précédent.

Oculaire de Huygens (1).

$$\varepsilon = -\frac{\varphi_1}{2}, \qquad P'_\infty = \frac{2}{\varphi_1}, \qquad k = 2$$

$$\varphi = -2\frac{m}{P_\infty}\left(1 + \frac{\varphi_1}{2l}\right)$$

Le rayon du champ dépasse le double et la surface le quadruple de ce qu'ils seraient avec l'oculaire de Képler de même puissance. L'oculaire de Huygens est donc, parmi les oculaires qu'on peut employer dans le microscope, le plus avantageux au point de vue du champ. Le premier verre de cet oculaire est souvent appelé *verre de champ*, parce qu'en

---

(1) Une faute d'impression nous a fait écrire *page 1 et page 96 Huygghens* au lieu de *Huygens*.

substituant à l'image objective une autre image réelle plus petite, il ramène vers l'axe de l'instrument des rayons qui s'en écartaient (1).

468. Correction de la courbure des images. — Les objectifs convergents donnent, pour un objet plan, une image convexe vers l'œil (261). Un choix convenable des verres qui forment l'oculaire permet d'atténuer les effets de courbure. Tandis que le faisceau envoyé à l'œil par chaque point de l'objet couvre tout le front de l'objectif, ce même faisceau ne traverse dans l'oculaire qu'une région restreinte et variable d'un point à l'autre du champ. De là pour les différents points des aberrations inégales dont on peut profiter pour rapprocher l'image de la forme plane.

469. Correction de l'aberration de réfrangibilité par les oculaires. — Les

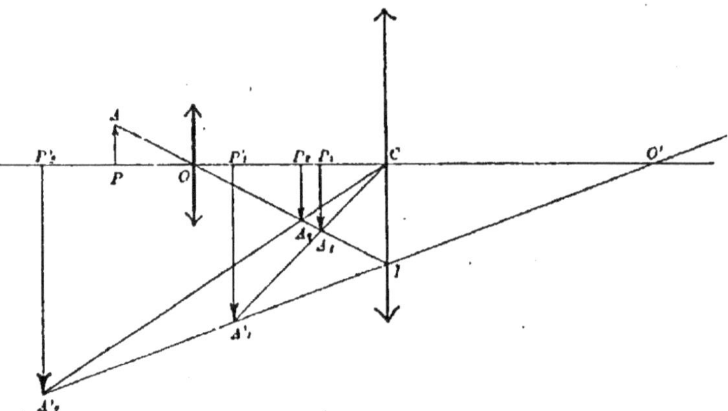

Fig. 286. — Correction de l'aberration de réfrangibilité par les oculaires.

oculaires atténuent en général l'apparence irisée que les images doivent au passage de la lumière à travers l'objectif. Considérons un objectif infiniment mince O, non achromatique, placé devant un objet blanc AP (fig. 286). Les rayons rouges et les rayons violets partis du point A vont respectivement, après avoir traversé l'objectif, former des images réelles A_1 et A_2 de ces couleurs sur l'axe secondaire AO. L'image violette formée par des rayons plus réfrangibles est plus rapprochée de l'objectif que l'image rouge. Supposons que l'oculaire soit infiniment mince et achromatique. Le centre O' du cercle oculaire est le même pour toutes les couleurs. Les rayons dirigés suivant l'axe secondaire OI de l'objectif pour chaque couleur donnent donc naissance à des rayons convergents dirigés suivant IO', sur le prolongement desquels se trouvent les images virtuelles colorées A'_1, A'_2, des points A_1 et A_2. Donc si le premier point nodal de l'œil occupe la position O', dont il doit toujours s'écarter très peu, les

(1). Cet oculaire permet en outre de donner à l'instrument une longueur un peu moindre.

images A'_1, A'_2, vues suivant la même droite, paraîtront confondues, car leur distance est assez petite pour que l'accommodation diffère peu de l'une à l'autre. L'image sera donc vue ainsi à peu près dépourvue de coloration, tandis qu'elle paraîtrait irisée en rouge sur son bord, si l'on rapprochait l'œil en deçà de O', et en bleu, si on l'éloignait au delà de O'.

Avec un oculaire non achromatique, le point O' n'est pas exactement le même pour toutes les couleurs, mais varie peu de l'une à l'autre. Si l'on tient compte en outre des épaisseurs de l'objectif et de l'oculaire, la position des plans principaux varie légèrement avec l'indice. Malgré ces modifications, les images virtuelles diversement colorées d'un même point sont encore peu écartées d'une même droite commune rencontrant l'axe dans le voisinage du point O'. L'achromatisme est donc encore à peu près réalisé par les divers oculaires convergents positifs ou négatifs. Mais cette correction cesse d'être exacte pour les rayons notablement écartés de l'axe principal qui donnent lieu, pour chaque couleur, à des phénomènes

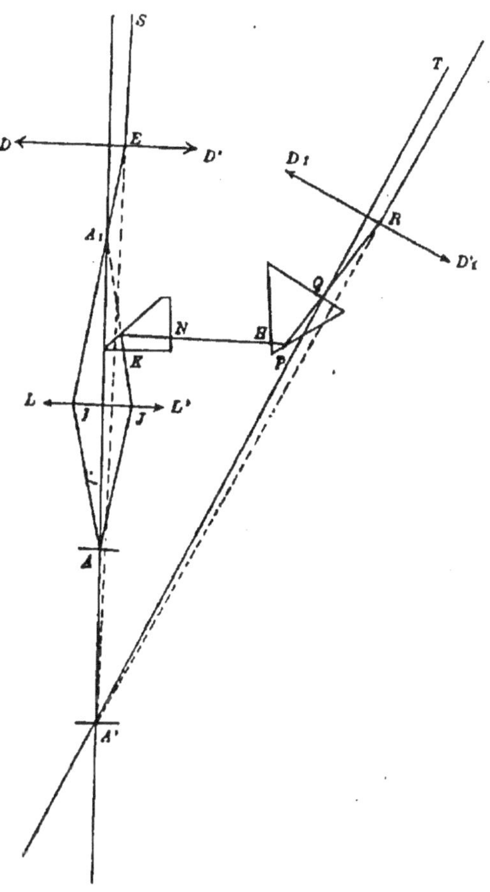

Fig. 287. — Microscope binoculaire. — Marche de la lumière.

d'astigmatisme d'importance différente. L'achromatisme des objectifs est donc utile, mais non indispensable (1).

470. Microscope binoculaire. — Le microscope ordinaire ne donne qu'une appréciation imparfaite du relief des objets, puisqu'il ne fait intervenir qu'un des yeux de l'observateur. M. Nachet a construit pour combler cette lacune

---

(1). Voir Pellat, *Cours de Physique*, p. 270.

un microscope binoculaire dans lequel la lumière traverse un seul objectif et deux oculaires placés devant chacun des deux yeux.

Soient A un point de l'objet (fig. 287), AI et AJ les deux rayons partis de ce point qui passeraient par les centres des deux pupilles si l'on regardait le point A à l'œil nu au punctum proximum. Le rayon AI et ceux qui en sont voisins traversent l'objectif, passent en A_1 à l'image réelle de A et se réfractent à travers l'oculaire DD'. Le rayon AI prend finalement la direction de ES, dont le prolongement passe en A', image virtuelle du point A, et entre dans l'œil gauche.

Le rayon AJ traverse aussi l'objectif LL' et se dirige vers A_1; mais il rencontre sur sa route deux prismes à réflexion totale, l'un quadrangulaire, l'autre triangulaire, dans lesquels il suit le chemin JKMNHPQR. Il traverse finalement en R un second oculaire $D_1 D'_1$ et est ramené à la direction de RT, dont le prolongement doit passer en A' où se forme aussi l'image virtuelle du point A correspondante au faisceau voisin de ce rayon qui pénètre dans l'œil droit.

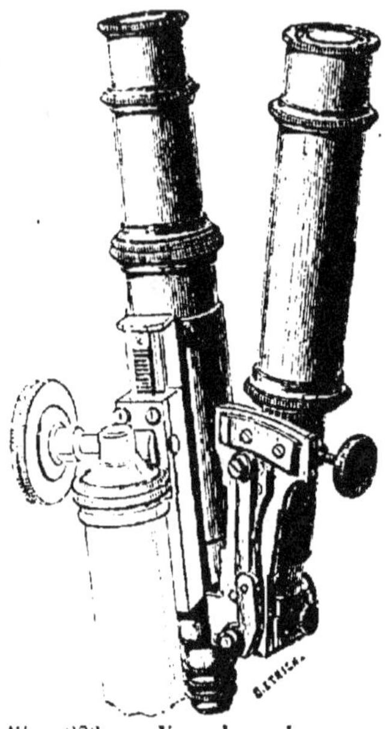

Fig. 288. — Vue du microscope binoculaire. — (Extrait du catalogue de M. Nachet.)

La disposition des prismes est telle que l'angle EA'R des rayons émergents soit égal à l'angle IAJ des rayons incidents. Les deux yeux reçoivent donc du point A' deux faisceaux lumineux dont les rayons centraux font le même angle que si l'on contemplait à l'œil nu l'objet grossi et placé au punctum proximum. Dans ces conditions l'impression du relief est très nette.

Le prisme KN est mobile et peut être écarté à volonté du prisme HQ. On peut donc l'amener à recevoir le rayon IA_1, au lieu du rayon JA_1. Dans ce cas ce dernier rayon parvient à l'œil gauche, tandis que l'autre parvient à l'œil droit. Le relief de l'objet paraît alors renversé, c'est-à-dire que les parties saillantes semblent creuses et inversement.

La figure 288 représente une vue d'ensemble de cet instrument.

CHAPITRE XII

DES TÉLESCOPES

§ 1ᵉʳ. — Lunette astronomique.

471. Classification des télescopes. — Un télescope est toujours formé d'un *objectif* et d'un *oculaire*. L'objectif donne de l'objet une image réelle placée dans des conditions favorables pour être observée à l'aide de l'oculaire qui lui substitue une image virtuelle. On distingue :

I. Les *lunettes*, dans lesquelles on emploie un objectif dioptrique formé d'une lentille convergente achromatique.

II. Les *télescopes à réflexion*, dans lesquels on emploie un objectif catoptrique formé d'un miroir concave sphérique, ou mieux parabolique.

On distingue trois types de lunettes :

1° La *lunette astronomique*, dont l'oculaire est convergent, direct et généralement positif. Elle fournit des images renversées des objets.

2° La *lunette terrestre*, dans laquelle on emploie l'oculaire terrestre convergent, positif et inverse qui redresse l'image par rapport à l'objet.

3° La *lunette de Galilée*, dans laquelle l'oculaire est divergent, négatif et direct. Elle fournit des images droites par rapport aux objets.

472. Lunette astronomique. Marche de la lumière. — L'objectif est une lentille convergente achromatique (1) de grand diamètre et de grande distance focale. Cette distance peut atteindre 15 à 20 fois le demi-diamètre. Elle dépasse 10 mètres dans certaines lunettes. L'oculaire peut être un oculaire simple ou double. On préfère généralement un oculaire double positif.

Supposons la distance de l'objet à l'objectif très grande par rapport

---

(1) Voir plus haut (316 à 320) les conditions que doit remplir l'objectif achromatique d'une lunette.

à la distance focale de l'objectif. Les rayons envoyés par un même point de l'objet à l'objectif peuvent être considérés comme parallèles entre eux. Un point P situé sur l'axe principal envoie des rayons parallèles à cet axe, dont le point de concours P_1 est en F, au deuxième foyer principal de l'objectif (fig. 289).

Les rayons issus d'un point A de l'objet, situé en dehors de l'axe principal, sur l'axe secondaire OA de l'objectif, forment un faisceau cylindrique qui, après avoir traversé l'objectif, devient convergent et concourt en un

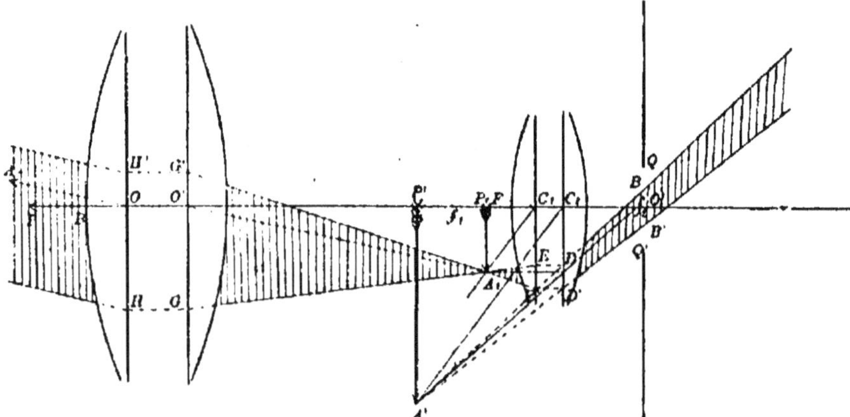

Fig. 289. — Lunette astronomique. Marche de la lumière.

point A_1 du deuxième plan focal principal. On obtient donc en A_1P_1 l'image réelle d'une dimension linéaire AP de l'objet. Cette image est placée par rapport à l'oculaire C_1C_2 en deçà du premier foyer principal f_1. On obtient donc par la construction ordinaire une image virtuelle agrandie A'P'. Cette image est renversée par rapport à l'objet.

La figure montre, à partir des faces extrêmes du système objectif et du système oculaire, la marche d'un faisceau lumineux correspondant au point A, jusqu'à son entrée dans la pupille QQ' dont nous supposons le plan confondu avec celui du cercle oculaire, image par rapport à l'oculaire de la face d'entrée de l'objectif.

473. Mise au point. — 1°. Supposons que différents observateurs regardent successivement un même objet très éloigné. On ne peut, comme dans le cas du microscope, donner à l'ensemble de l'instrument un déplacement appréciable par rapport à l'objet. Il convient donc de laisser fixer l'objectif, et par suite l'image réelle qu'il produit, et de déplacer l'oculaire par rapport à cette image réelle, de manière à amener l'image définitive à se trouver comprise entre les limites de la vision distincte. La mise au point de la lunette se réduit donc à celle de son oculaire.

On en conclut, comme pour la loupe (109) : ·

1° Qu'il convient d'éloigner l'oculaire de l'objectif quand on parcourt la série des vues du myope extrême à l'hypermétrope extrême.

2° Qu'un observateur donné doit écarter l'oculaire de l'objectif, s'il veut éloigner l'image de son œil.

474. 2°. On peut encore se proposer de mettre au point successivement pour un même observateur des objets placés à des distances différentes de l'œil. A mesure que l'objet se rapproche de l'objectif, l'image réelle de cet objet s'en écarte. Pour maintenir l'image définitive dans la même position par rapport à l'œil, il convient donc de maintenir l'oculaire à la même distance de l'image réelle, c'est-à-dire d'écarter l'oculaire de l'objectif.

Ces résultats s'appliquent à tous les télescopes. .

475. Cercle oculaire. — Le *cercle oculaire* est, comme dans le cas du microscope, l'image de la face d'entrée de l'objectif par rapport à la lunette. Il représente encore la plus petite section du faisceau lumineux émergent.

En conservant les relations déjà adoptées, on obtient pour la position de ce cercle la formule déjà trouvée (434) :

$$(1) \qquad z = f + \frac{f^2}{l - f},$$

et pour la distance du premier point nodal de l'œil au deuxième foyer de l'oculaire :

$$(2) \qquad a - f = 0,6 + \frac{f^2}{l - f},$$

en supposant que le centre de la pupille coïncide avec celui du cercle oculaire. Cette condition est ici plus importante à remplir que dans le cas du microscope, car le cercle oculaire, tout en restant petit par rapport à l'objectif, est beaucoup plus grand que dans le cas du microscope, à cause du grand rayon de l'objectif.

Pour un observateur visant à l'infini, la différence $l - f$ est égale à la distance focale F de l'objectif et n'en diffère dans les autres cas que de la latitude d'accommodation, c'est-à-dire d'une fraction négligeable de sa valeur. On a donc :

$$(2') \qquad a - f = 0,6 + \frac{f^2}{F}$$

476. Latitude d'accommodation. — La latitude d'accommodation pour une lunette se réduit à celle de son oculaire. Sa valeur est donc pour un observateur emmétrope (410) :

$$(3) \qquad \lambda_0 = \frac{f^2}{d - a + f} = \frac{f^2}{d - 0,6 - \frac{f^2}{F}},$$

où $\frac{f^2}{F}$ est une fraction de millimètre. Donc si d dépasse 12 centimètres, on peut écrire avec une approximation de $\frac{1}{20}$:

$$(3') \qquad \lambda_0 = \frac{f^2}{d}$$

477. Disposition de l'instrument. — L'objectif est enchâssé à l'extré-

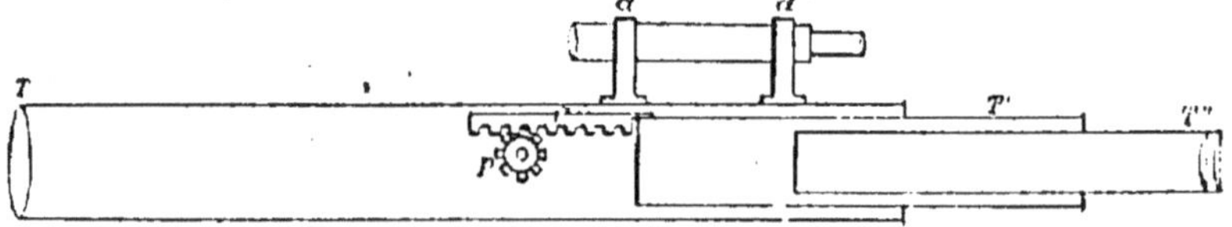

Fig. 290. — Disposition de la lunette astronomique.

mité d'un long tube T noirci intérieurement (fig. 290). Dans ce tube rentrent deux autres tubes de diamètres décroissants, constituant deux tirages successifs. Le tube T″ le plus intérieur porte l'oculaire ; il pénètre à frottement dans le tube intermédiaire T′ et son déplacement permet de fixer grossièrement la mise au point que l'on achève de préciser en déplaçant le tube T′ dans le tube T. Ce dernier déplacement est commandé par un pignon P mobile par un bouton extérieur et engrenant avec une crémaillère C solidaire du tube T′.

478. Grossissement. — La nature des observations faites avec les télescopes ne comporte pas le rapprochement de l'objet observé. Il convient donc, conformément à la définition générale (378), d'appeler *grossissement d'un télescope le rapport qui existe entre le diamètre apparent d'une dimension linéaire de l'image observée et le diamètre apparent de la dimension homologue de l'objet vu à l'œil nu dans sa position réelle* (1).

---

(1). Le diamètre apparent étant ici le seul élément qu'on puisse observer à l'œil nu, et cet élément demeurant indépendant de l'observateur, la notion de grossissement prend, pour l'appréciation de l'effet utile d'un télescope, une importance qu'elle n'avait pas dans le cas des microscopes. La notion de puissance perd au contraire son intérêt, car la dimension linéaire de l'objet est un élément qu'on ne peut apprécier directement dans les conditions de l'expérience et qui varie beaucoup pour un même diamètre apparent avec la distance de l'objet.

Soit I la longueur d'une certaine dimension linéaire de l'image objective P_1A_1 (fig. 289). P étant la puissance de l'oculaire, la dimension homologue de l'image définitive est vue à travers l'oculaire sous le diamètre apparent IP.

Supposons l'objet assez éloigné pour que sa distance puisse être regardée comme infinie par rapport à la longueur de la lunette. Le diamètre apparent de l'objet vu de la position réelle de l'œil a alors la même valeur que si l'œil était placé en O_1, au premier point nodal de l'objectif. Ce diamètre apparent est égal à celui de la dimension homologue de l'image objective P_1A_1 vue du deuxième point nodal O_2, c'est-à-dire à $-\dfrac{I}{F}$, puisque l'image est dans le plan focal de l'objectif, à la distance $-F$. La valeur du grossissement est donc :

$$(4) \qquad G = IP : \left(\frac{-I}{F}\right) = -PF.$$

Le grossissement est égal, en valeur absolue, au produit de la puissance de l'oculaire par la distance focale de l'objectif.

Nous avons trouvé (115) pour expression de la puissance des oculaires convergents :

$$P = \frac{1}{f}\left(1 - \frac{a - f}{\Delta}\right)$$

Si la pupille est au cercle oculaire, on a, en remplaçant $a - f$ par sa valeur :

$$(5) \qquad P = \frac{1}{f}\left(1 - \frac{0,6 + \frac{f^2}{F}}{\Delta}\right), \quad G = \frac{-F}{f}\left(1 - \frac{0,6 + \frac{f^2}{F}}{\Delta}\right)$$

ou avec une approximation de $\dfrac{1}{20}$:

$$(5') \qquad\qquad P = \frac{1}{f}, \qquad\qquad G = -\frac{F}{f} \qquad\qquad (1)$$

---

(1). On sait que dans les oculaires de Ramsden et de Huygens, la convergence $\dfrac{1}{f}$ de l'oculaire est liée à la convergence $\dfrac{1}{f_1}$ de son premier verre respectivement par les relations approchées :

$$\frac{1}{f} = \frac{4}{3}\frac{1}{f_1}, \qquad\qquad \frac{1}{f} = \frac{2}{f_1}.$$

Le grossissement nominal peut donc avec ces deux oculaires s'exprimer respectivement par :

$$(6) \qquad\qquad G = -\frac{4}{3}\frac{F}{f_1}, \qquad\qquad G = -2\frac{F}{f_1}.$$

Le grossissement est donc en valeur absolue sensiblement égal au rapport des distances focales de l'objectif et de l'oculaire. Cette valeur est exacte pour un observateur visant à l'infini. C'est le grossissement *nominal*. Le grossissement croît très lentement quand on fait croître Δ. Il a donc une valeur croissante du myope à l'hypermétrope, pour lequel il peut dépasser un peu la valeur nominale $\dfrac{F}{f}$, puisque Δ peut être négatif.

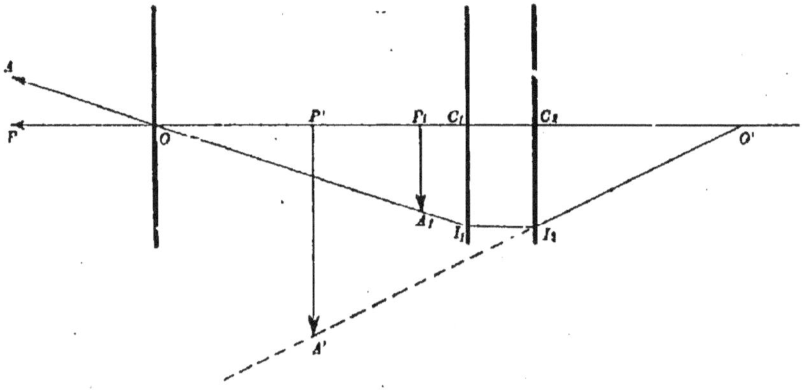

Fig. 291. — Expression de grossissement d'une lunette, au moyen du rayon du cercle oculaire.

Un observateur donné obtient le grossissement maximum en visant au punctum remotum (1).

473. On peut aussi exprimer le grossissement d'un télescope en fonction des dimensions homologues R et R′ de l'objectif et du cercle oculaire (fig. 291). Assimilons l'objectif O à une lentille infiniment mince. Soient C_1 et C_2 les

---

(1). Supposons que la distance p de l'objet au premier point nodal O_1 de l'objectif ne puisse être regardée comme infinie par rapport à l. La distance p' de l'image objective à O_2 est déterminée par :

$$p' = - F \frac{p}{p - F}$$

Le diamètre apparent de l'objet vu de O_1 est donc :

$$\frac{O}{p} = \frac{1}{p'} = - \frac{1}{F} \frac{p - F}{p}$$

La distance réelle du premier point nodal N_1 de l'œil à l'objet est $p + l + a$. Le diamètre apparent de l'objet vu de N_1 est donc :

$$\frac{O}{p + l + a} = \frac{O}{p} \times \frac{p}{p + l + a} = - \frac{1}{F} \frac{p - F}{p + l + a}.$$

Celle du grossissement est donc :

plans principaux de l'oculaire et O′ le centre du cercle oculaire qui doit coïncider, comme nous l'avons vu, avec le centre de l'ouverture de la pupille. Nous supposerons qu'en ce point se trouve le premier point nodal de l'œil, en négligeant la faible distance qui sépare ce dernier de la pupille. Un rayon lumineux AO partant d'un point A de l'objet et passant au centre O de l'objectif, parvient en A_1 à l'image réelle du point A et rencontre en I_1 le premier plan principal de l'oculaire. Le rayon conjugué $I_2 O'$ par rapport à l'oculaire passe au point A′, image définitive du point A.

Les diamètres apparents des dimensions homologues de l'image et de l'objet sont donc représentés par les angles P′O′A′ et POA. On a donc, en les confondant avec leurs tangentes :

$$(9) \qquad G = \frac{\text{tg } P'O'A'}{\text{tg } POA} = \frac{\dfrac{C_2 I_2}{C_2 O'}}{\dfrac{C_1 I_1}{C_1 O}} = \frac{C_1 O}{C_2 O'} = \frac{R}{R'}, \qquad (1)$$

car $C_1 O$ et $C_2 O'$ sont les distances conjuguées de l'objectif et de son image.

Le grossissement est donc égal au rapport des dimensions homologues de l'objectif et de son image par rapport à l'oculaire.

Cette démonstration n'exige aucune hypothèse sur la distance de l'œil à l'image A′P′. Elle exige seulement que la distance de l'objet à la lunette soit grande par rapport à la longueur de cet instrument (2).

$$(7) \qquad G = -PF \frac{p + l + a}{p - F}$$

En négligeant $\dfrac{F^2}{p^2}$ par rapport à l'unité et en confondant $F + a$ avec l qui en est peu différent, on peut écrire :

$$\frac{p + l + a}{p - F} = \frac{1 + \dfrac{l + a}{p}}{1 - \dfrac{F}{p}} = 1 + \frac{l + a + F}{p} = 1 + \frac{2l}{p}$$

$$(8) \qquad G = -PF\left(1 + \frac{2l}{p}\right) = -\frac{F}{f}\left(1 + \frac{2l}{p}\right)\left(1 - \frac{0{,}6 + \dfrac{l^2}{F}}{\Delta}\right)$$

(1). R et R′ sont de signes contraires.

(2). Le théorème du n° 218 permet de donner de cette propriété une démonstration immédiate, sans faire aucune hypothèse sur l'épaisseur de l'objectif. O étant le centre de la face d'entrée de l'objectif et O′ le centre du cercle oculaire qui en est l'image par rapport à la lunette entière, le rapport $G = \dfrac{\omega_2}{\omega_1}$ des ouvertures de faisceaux correspondants est égal à l'inverse du grandissement linéaire, c'est-à-dire à

480. Mesure expérimentale du grossissement. — On peut appliquer à cette mesure diverses méthodes :

1°. — *Par la comparaison des diamètres apparents.* — Cette méthode est basée sur la définition même du grossissement. On dispose devant la lunette, à une distance grande par rapport à sa longueur, une mire graduée en divisions égales (1). On installe l'expérience de manière à voir simultanément les divisions de l'échelle, dans la même direction, à l'œil nu et à travers la lunette. Le nombre K de divisions naturelles qui paraissent recouvrir une division agrandie donne la mesure du grossissement cherché, puisqu'il est égal au rapport des diamètres apparents d'une division de l'image et d'une division de l'objet.

Galilée appliqua le premier cette méthode en utilisant l'unité de sensation de deux yeux. Il regardait d'un œil la mire à travers la lunette, et de l'autre œil la même mire directement. Il faut un certain exercice pour superposer ainsi les deux images.

Pouillet rendit l'expérience plus facile en faisant usage d'une chambre claire analogue à celle que nous avons décrite

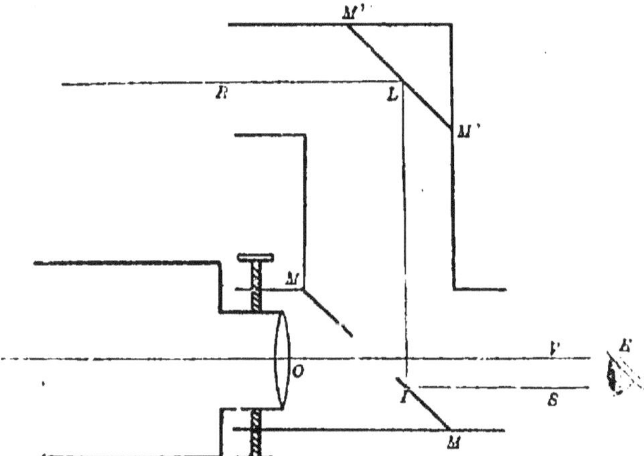

Fig. 292. — Mesure du grossissement de la lunette astronomique à l'aide de la chambre claire.

dans le cas du microscope. La grande largeur du tube des lunettes puissantes empêche ordinairement de faire usage d'un prisme à deux réflexions totales, comme celui de Nachet. La chambre claire est simplement composée de deux miroirs plans parallèles, inclinés à 45° sur l'axe de la lunette (fig. 292). Le miroir le plus voisin de l'œil porte en son centre une petite

---

$\frac{R}{R'}$. Ce théorème est encore vrai quand l'objet et l'image étant l'un et l'autre rejetés à l'infini, la lunette constitue un système afocal.

(1. Cette mire peut être fournie par une grille dont les barreaux sont également écartés.

région non étamée, par laquelle pénètrent dans l'œil les rayons qui viennent de la mire à travers la lunette.

Les deux miroirs sont disposés à l'intérieur d'un tube deux fois recourbé
que l'on fixe sur le tube de l'oculaire au moyen d'un serrage. On évite
ainsi l'accès de la lumière venant des autres objets.

La méthode que nous venons de décrire est un peu moins générale que la
définition donnée plus haut du grossissement (478), puisqu'elle exige, pour la
netteté de l'expérience, que l'objet et l'image soient placés à la même distance de l'œil. Si cette distance est grande par rapport à F et f, l'opération
revient à donner à la puissance de l'oculaire la valeur $P_0 = \dfrac{1}{f}$ et au grossissement mesuré la valeur nominale $\dfrac{F}{f}$ qui diffère peu du reste des autres
valeurs qu'il peut prendre (1). La méthode présente l'inconvénient de n'ê-
tre pas applicable pour un observateur myope.

Si l'on veut appliquer la méthode de mesure au cas d'une mire placée à
une médiocre distance (lunette de cathétomètre), le résultat n'exprime le
grossissement rigoureux que pour les conditions particulières où l'on s'est
placé dans l'expérience, c'est-à-dire pour un œil écarté de l'oculaire de
toute l'épaisseur de la chambre claire.

481. 2°. — *Par la comparaison des dimensions homologues de l'objectif et
du cercle oculaire.* — Cette méthode a été imaginée par Ramsden dans le but
de mesurer le rapport $\dfrac{F}{f}$. Il a inventé pour l'appliquer le petit appareil
appelé *dynamètre* (fig. 293). Sa pièce essentielle est une plaque de verre
dépoli qui porte suivant un de ses diamètres un micromètre divisé en
dixièmes de millimètre. Un système de trois tubes à tirage est fixé par son
extrémité la plus large sur le tube de l'oculaire O, à l'aide de vis de pression. Le second tirage porte le micromètre M et le troisième porte une
loupe L, à travers laquelle l'observateur regarde l'image agrandie de ce
micromètre.

La lunette ayant été préalablement réglée pour l'observation d'un objet
très éloigné, on l'oriente vers une surface éclairée, comme celle des nuages; on
règle la distance LM à l'aide du dernier tirage, de manière à voir nettement
l'image du micromètre. Puis, à l'aide du tirage précédent, on règle la dis-

<hr>

(1). On peut obtenir plus rigoureusement encore ce grossissement nominal, en plaçant sur le parcours des faisceaux qui viennent de la mire à la lunette et à la chambre claire des collimateurs réglés pour reporter à l'infini les images de cette mire.

tance OM, de manière à voir se former sur le plan M du verre dépoli l'image brillante de l'objectif. On est guidé dans ce réglage par la propriété que possède le cercle oculaire d'être la plus étroite section du faisceau lumineux sortant de la lunette.

Comme la monture ou les diaphragmes de la lunette peuvent intercepter une partie de l'image de l'objectif, il ne conviendrait pas de mesurer séparément sur l'objectif et sur son image des diamètres qui pourraient n'être pas homologues. On appuie sur l'objectif, dans le voisinage de ses bords opposés, les deux pointes d'un compas dont les images sont visibles en M sur le cercle oculaire. On amène ces images à se placer suivant le micromètre, et l'on en lit la distance D′ à l'aide de la loupe. L'écarte-

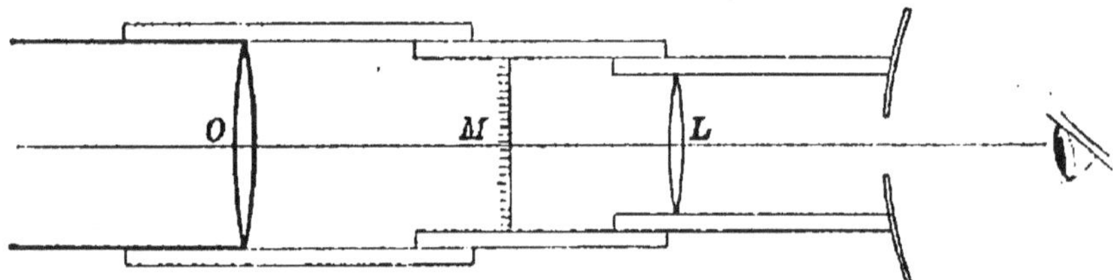

Fig. 293. — Mesure de grossissement de la lunette astronomique, à l'aide du dynamètre de Ramsden.

ment D des branches du compas est ensuite mesuré sur une échelle graduée. Le rapport $\dfrac{D}{D'}$ donne le grossissement cherché avec l'approximation que comporte la méthode.

482. 3°. — On peut encore mesurer séparément par les méthodes précédemment discutées la puissance P de l'oculaire et la distance focale F de l'objectif. Le produit de ces deux quantités fournit indirectement la mesure du grossissement.

483. Champ de la lunette. — Pour les mêmes raisons que dans le cas du microscope composé (465), si l'on suppose que le diamètre du cercle oculaire ne dépasse pas celui de la pupille, les surfaces limitantes qui déterminent le champ de pleine lumière sont : 1° la face d'entrée de l'objectif et 2° la face d'entrée du premier verre de l'oculaire.

Si l'image réelle objective est placée entre l'objectif et l'oculaire (oculaires positifs, fig. 294), on obtient sur cette image la limite du champ de pleine lumière (464), en joignant un point B du bord de l'objectif au bord opposé D₁ de la première face de l'oculaire. Le point de rencontre A′ de cette droite avec le plan de l'image réelle détermine le rayon G′A′ du cercle compris dans ce champ. On obtient de même les bords S′ et M′ du champ extrême et du champ moyen, en joignant au bord D_1 de la face DD_1 de l'oculaire le bord correspondant B_1 de l'objectif ou son second point nodal N_2. Contrairement à ce qui se passait dans le microscope, les rayons G′A′, G′S′, G′M′, ainsi déterminés diffèrent notablement les uns des autres, en raison du grand diamètre de l'objectif. L'usage du diaphragme destiné à restreindre l'image à sa portion centrale G′A′ est donc ici particulièrement nécessaire.

484. En désignant par r le rayon de bord de l'oculaire, et par ε la

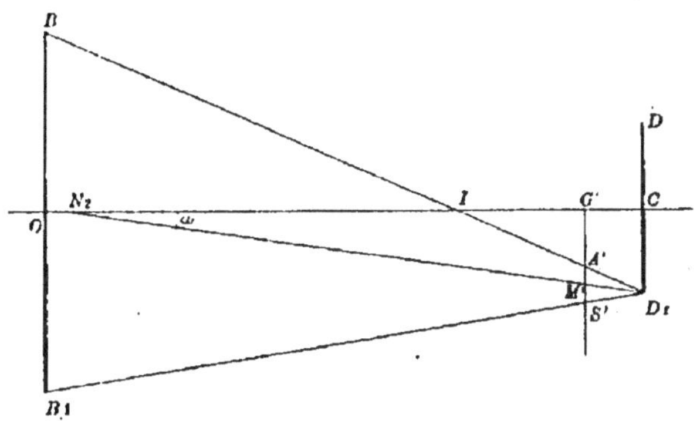

Fig. 294. — Champ de la lunette astronomique. Cas de l'oculaire positif.

distance CG′ de l'oculaire au plan de l'image objective, on voit que la demi-ouverture ω du champ moyen est déterminée à l'aide du triangle D_1N_2C par la relation :

$$(10) \qquad \operatorname{tg}\omega = \frac{D_1C}{CN_2} = \frac{r}{f} = \frac{r}{F+\varepsilon},$$

en supposant l'objet lumineux placé à l'infini.

485. Déterminons le rayon $\rho' = $ A′G′ de la région de l'image réelle appartenant au champ de pleine lumière, c'est-à-dire le rayon qu'il convient de donner à l'ouverture du diaphragme. Si l'on néglige l'épaisseur de l'objectif, la comparaison des triangles semblables IOB, IG′A′, ICD₁, conduit à la relation :

$$\frac{OB + D_1C}{CO} = \frac{OB + A'G'}{G'O}$$

ou :

$$\frac{R + r}{F + \varepsilon} = \frac{R + \rho'}{F}$$

d'où la valeur de ρ' :

$$(11) \qquad \rho' = \frac{Fr - R\varepsilon}{F + \varepsilon} \qquad\qquad (1)$$

---

(1). Il résulte de la formule (1) que le champ diminue à mesure que le rayon de l'objectif croît. Il ne peut cependant pas devenir nul, car le rayon du cercle oculaire

Le diaphragme, dont l'ouverture est ainsi déterminée, est disposé dans un tirage glissant sur celui qui porte l'oculaire. En retirant ces deux tubes de la lunette, l'observateur règle d'abord la position du diaphragme par rapport à l'oculaire, de manière à le voir nettement. Il remet ensuite les tubes dans la lunette et règle les positions respectives de l'objectif et de l'oculaire, de façon à voir nettement l'image de l'objet qui coïncide ainsi avec celle de l'ouverture du diaphragme.

La demi-ouverture α du champ de pleine lumière a pour valeur :

$$(12) \qquad \operatorname{tg} \alpha = \frac{\varrho'}{F} = \frac{Fr - R\varepsilon}{F(F + \varepsilon)} = \operatorname{tg} \omega - \frac{R\varepsilon}{F(F + \varepsilon)} \qquad (1)$$

Désignons par $M = \dfrac{R}{F}$ le rapport du rayon de l'objectif à sa distance focale. On donne à ce rapport des valeurs peu différentes et voisines de $\dfrac{1}{15}$ à $\dfrac{1}{30}$ dans les diverses lunettes. Nous avons dit plus haut (466) que le rapport correspondant : $m = \dfrac{r}{\varphi_1}$ pour les lentilles oculaires est ordinairement voisin de $\dfrac{1}{6}$. Si ce dernier rapport était réduit à la même valeur que le premier, le champ serait nul dans le cas d'un oculaire simple.

En tenant compte de ces notations, la valeur de $\operatorname{tg} \alpha$ peut s'écrire :

$$(14) \qquad \operatorname{tg} \alpha = \frac{m\,\varphi_1 - M\varepsilon}{F + \varepsilon}$$

486. Appliquons cette formule aux divers types d'oculaires, en considérant en particulier le cas d'un observateur visant à l'infini.

1°. — *Oculaire de Képler.* φ_1 représente la distance focale de l'oculaire simple ; on a donc :

$$\varepsilon = \varphi_1, \qquad G = \frac{F}{\varphi_1}$$

et par suite :

---

croit en même temps que celui de l'objectif. Le cône limitant le champ dans le dernier milieu sur le plan de l'image virtuelle s'appuie sur ce cercle et sur le bord de l'oculaire. Mais dès que le diamètre du cercle oculaire dépasse celui de la pupille, il cesse d'être une surface limitante. Le champ est dès lors limité par un cône s'appuyant sur les bords de l'oculaire et de la pupille et ne dépend plus du diamètre de l'objectif.

1). On trouverait de même pour la demi-ouverture α' du champ extrême :

$$(13) \qquad \operatorname{tg} \alpha' = \frac{Fr + R\varepsilon}{F(F + \varepsilon)} = \operatorname{tg} \omega + \frac{R\varepsilon}{F(F + \varepsilon)}$$

$$\text{(15)} \qquad \text{tg } \alpha = \frac{m - M}{G' + 1},$$

en désignant par G' la valeur absolue du grossissement.

2°. — *Oculaire de Ramsden* (430).

$$z = \frac{\varphi_1}{4}, \qquad G' = \frac{4}{3} \frac{F}{\varphi_1}$$

$$\text{(16)} \qquad \text{tg } \alpha = \frac{\left(m - \dfrac{M}{4}\right)}{\dfrac{3}{4} G' + \dfrac{1}{4}} = \frac{4}{3} \frac{m - \dfrac{M}{4}}{G' + \dfrac{1}{3}}$$

3°. — *Oculaire de Huygens* (431). Cet oculaire étant négatif, l'image objective

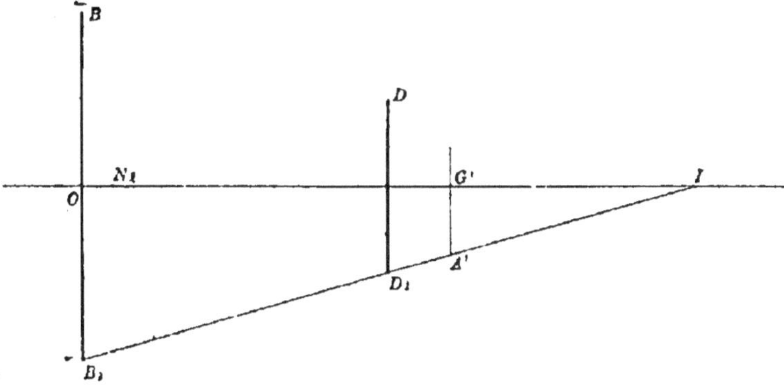

Fig. 295. — Champ de la lunette astronomique. Cas de l'oculaire négatif.

est placée au delà du premier verre de l'oculaire (fig. 295). On obtiendra donc la limite A' du champ de pleine lumière (464), en joignant les bords correspondants B_1 et D_1 des sections principales de l'objectif et de la première face de l'oculaire. Le champ extrême s'obtiendrait en joignant les bords opposés. Un raisonnement analogue à celui que nous avons fait plus haut conduit aux relations (11) et (12) déjà trouvées, à la condition qu'on considère comme négatives les quantités R et z qui ont changé de sens (1).

Pour amener l'équation (12) à sa forme définitive, il convient de poser :

$$R = - MF, \qquad r = m \varphi_1$$

On obtient ainsi :

---

(1). Remarquons toutefois que le diaphragme doit alors être placé entre les deux verres de l'oculaire, dans la position où se forme l'image réelle fournie par les rayons qui ont traversé la première lentille. Le rayon de ce diaphragme n'est plus représenté par l'équation (1), puisque l'image objective est remplacée par l'image intermédiaire dont nous venons de parler. La position du diaphragme par rapport à l'oculaire doit alors varier avec les mouvements que les divers observateurs font subir à ce dernier.

$$(17) \qquad \operatorname{tg} x = \frac{m\,\varphi_1 + M\varepsilon}{F + \varepsilon}$$

On a dans le cas de l'oculaire de Huygens :

$$\varepsilon = -\frac{\varphi_1}{2}, \qquad G' = 2\,\frac{F}{\varphi_1}$$

Donc :

$$(18) \qquad \operatorname{tg} x = \frac{m - \dfrac{M}{2}}{\dfrac{G'}{2} - \dfrac{1}{2}} = 2\,\frac{m - \dfrac{M}{2}}{G' - 1} \qquad\qquad (1)$$

487. Des trois résultats que nous venons de trouver, on peut tirer les conclusions suivantes, en remarquant que le grossissement G' est grand par rapport à l'unité.

1°. *Pour des oculaires de même type, l'ouverture du champ est sensiblement en raison inverse de grossissement de la lunette.*

Dans les fractions qui entrent dans les deux dernières valeurs de tg x, les numérateurs sont plus grands et les dénominateurs plus petits que dans la première. Donc :

2°. *Pour une même valeur du grossissement l'ouverture du champ dépasse, dans le cas de l'oculaire de Ramsden les quatre tiers, et dans le cas de l'oculaire de Huygens le double de sa valeur pour l'oculaire de Képler.*

L'oculaire de Huygens est donc celui qui fournit le plus grand champ pour un grossissement donné, ou le plus fort grossissement pour un champ donné.

488. Chercheurs. — Les lunettes dont le grossissement est fort ne permettent d'apercevoir qu'un champ de faible étendue. Il peut donc devenir difficile d'amener une étoile donnée à entrer dans ce champ. Pour abréger les tâtonnements, on dispose parallèlement à la lunette principale une seconde lunette solidaire de la première, et dont l'objectif à court foyer ne comporte que de faibles grossissements (fig. 290). Cette lunette possède un

---

(1). En confondant le dénominateur avec G' qui en diffère peu, et en supposant :

$$m = \frac{1}{6}, \qquad M = \frac{1}{20},$$

on obtient pour valeurs approchées de la demi-ouverture du champ, avec les divers oculaires :

Oculaire de Képler	$\dfrac{0,116}{G'}$
Oculaire de Ramsden	$\dfrac{0,206}{G'}$
Oculaire de Huygens	$\dfrac{0,283}{G'}$

champ relativement étendu. Il est donc facile de l'orienter de manière à amener dans la partie centrale de son champ le groupe dont fait partie l'étoile cherchée. Un faible déplacement de l'axe commun des deux lunettes amène ensuite l'étoile au centre du champ de la lunette principale. La lunette auxiliaire qui joue ce rôle s'appelle un *chercheur*. Les grandes lunettes des observatoires sont souvent accompagnées d'un premier et d'un second chercheur, de grossissements décroissants et de champs croissants, pour abréger les tâtonnements d'une manière plus efficace.

489. Clarté. — 1er *Cas. L'objet présente un diamètre apparent sensible.* — C'est le cas des planètes. D'après la discussion déjà faite (382), si le cercle oculaire est au moins égal à l'ouverture de la pupille, la clarté est égale à l'unité.

Si le cercle oculaire a une surface ω inférieure à la surface Σ de la pupille, la clarté est :

$$(19) \qquad C_1 = \frac{\omega}{\Sigma}$$

En désignant par Ω la surface de l'objectif, on a : $\omega = \frac{\Omega}{G^2}$. Pour que la clarté soit égale à l'unité, il faut donc que G^2 satisfasse à la condition :

$$(20) \qquad \frac{\Omega}{G^2} \geqslant \Sigma \text{ ou } G^2 \leqslant \frac{\Omega}{\Sigma}.$$

Cette condition impose au grossissement, pour une étendue donnée de la surface de l'objectif, une limite supérieure qu'il ne peut dépasser qu'au détriment de la clarté, mais qu'il est avantageux de lui faire atteindre, puisque, pour des valeurs plus faibles du grossissement, il n'entre dans l'œil qu'une partie de la lumière reçue par l'objectif, ce qui revient à en diminuer la surface utile (1).

Si l'on se propose d'atteindre un grossissement donné, la condition impose à la surface Ω de l'objectif, une limite inférieure qu'il faut atteindre, mais qu'il est inutile de dépasser.

Le rayon R du bord de l'objectif étant lié à sa distance focale par la relation : R = MF, la condition peut encore s'écrire si l'on remplace le rapport des surfaces par celui des carrés des rayons, p étant le rayon de la pupille :

---

(1). Dans la pratique, on peut dans certaines observations accroître le grossissement jusqu'à réduire la clarté à $\frac{1}{8}$.

$$G' \leqq \frac{MF}{p},$$

ou en remplaçant G' par $\dfrac{F}{f}$,

$$(21) \qquad\qquad f \geqq \frac{p}{M}$$

Supposons : $p = 0^c 20$ et $M = \dfrac{1}{20}$, on obtient :

$$f \geqq 4^c$$

La détermination du rapport M entraîne donc une limitation de la convergence des oculaires compatibles avec le maximum de clarté.

490. **2e Cas.** — *L'objet présente un diamètre apparent insensible.* — Cette circonstance se présente dans le cas des étoiles et persiste même quand on les observe à travers les télescopes les plus puissants (1).

La clarté s'exprime alors (383) par :

$$(22) \qquad\qquad C_2 = C_1 G^2$$

Sa valeur est G^2 dans le cas où le cercle oculaire couvre la pupille.

Si le cercle oculaire est plus petit que la pupille, on a :

$$(23) \qquad\qquad C_2 = \frac{\omega}{\Sigma} G^2 = \frac{\Omega}{\Sigma},$$

valeur constante indépendante du grossissement.

En résumé, si l'on fait croître progressivement le carré G^2 du grossissement, le ciel, que l'on peut regarder comme un objet présentant un diamètre apparent sensible, conserve une clarté égale à 1 pour les valeurs de G^2 inférieures à $\dfrac{\Omega}{\Sigma}$ et décroissante au delà de cette limite ; la clarté d'une étoile croit au contraire jusqu'à cette valeur du grossissement et demeure ensuite constante. Le rapport $\dfrac{C_2}{C_1} = G^2$ des deux clartés croît avec le grossissement. Il est donc d'autant plus facile de distinguer une étoile sur le fond relativement sombre du ciel que le grossissement est plus fort. Les lunettes puissantes permettent de voir en plein jour les étoiles des deux premières grandeurs.

491. Achromatisme. — Nous avons vu que les oculaires corrigent au moins en partie le défaut d'achromatisme des objectifs de microscope, en ramenant sur

____

(1. L'étendue des images rétiniennes est alors modifiée par des phénomènes de diffraction. Mais comme elle ne dépasse pas la surface d'un élément nerveux, la sensation perçue est celle que donnerait un point lumineux sans dimensions.

une même droite les images diversement colorées d'un même point. Cette correction par l'oculaire est beaucoup moins efficace, quand il s'agit d'une lunette, car en raison de la grande distance focale de l'objectif, les images diversement colorées d'un même point se formeraient à des distances très inégales de l'œil, et ne pourraient être vues simultanément avec netteté. Il importe pour cette raison, beaucoup plus que dans les microscopes, de faire usage d'objectifs achromatisés avec soin, conformément aux règles qui ont été exposées plus haut (317).

492. Axe optique. — La lunette astronomique ne sert pas seulement à l'étude physique des corps célestes. Elle est aussi employée à la détermination géométrique de leur position par rapport à des directions fixes servant de repères. Il est donc nécessaire de marquer matériellement une ligne de visée que l'on puisse faire passer par le point lumineux observé. On dispose pour cela, dans l'ouverture du diaphragme qui occupe le plan de l'image réelle objective, un système de deux fils croisés, perpendiculaires, très fins, constituant *le réticule*. Cet appareil doit occuper une position invariable par rapport à l'objectif, quels que soient les déplacements de l'oculaire. Son usage n'est donc compatible qu'avec l'emploi d'un oculaire positif, ce qui conduit à rejeter en général l'oculaire de Huygens dans les observations astronomiques, malgré l'avantage qu'il présente au point de vue du champ.

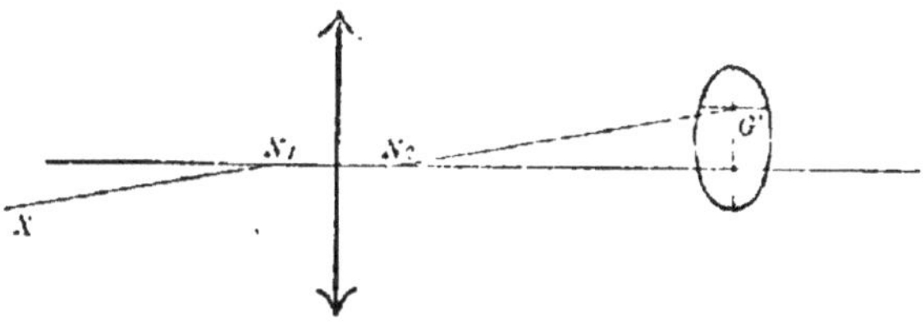

Construisons la droite N_2G' qui joint

Fig. 296. — Axe optique de la lunette astronomique.

le point de croisement des fils du réticule au deuxième point nodal de l'objectif, et menons par le premier point nodal N_1 une parallèle N_1X à cette droite (fig. 296). La droite N_1X s'appelle *axe optique* de la lunette. Un point G de l'objet situé sur cette droite forme son image en G', au point de croisement des fils. On vise un point G quand on oriente la lunette, de manière à former l'image de ce point sur la croisée des fils. La direction du point G est alors connue par rapport à la lunette (1).

493. Le réticule est formé de fils de platine très fins (2) ou de fils d'arai-

---

(1). Les deux droites N_2G' et XN_1 se confondent si l'on considère l'épaisseur de l'objectif comme négligeable. Elles se confondent encore si l'axe optique coïncide avec l'axe principal de l'objectif, condition qu'on cherche à réaliser.

Remarquons que l'oculaire n'intervient pas dans la définition de l'axe optique.

(2). Ces fils de platine, dits de Wollaston, s'obtiennent en passant à la filière un fil de platine entouré d'un cylindre d'argent. Les diamètres des deux métaux diminuent

gnée. Ces derniers sont préférables, bien qu'ils aient l'inconvénient d'être un peu plus gros, parce qu'ils restent droits, grâce à leur élasticité, tandis que la dilatation peut courber les fils métalliques et les amener à ne plus se rencontrer.

Il importe de faire coïncider exactement les fils du réticule avec le plan de l'image réelle. On s'assure que cette condition est remplie, en déplaçant l'œil latéralement devant l'oculaire. Le fil paraît se déplacer, par rapport à l'image, dans le même sens que l'œil s'il est situé au delà de l'image, en sens contraire s'il est en deçà (parallaxe).

494. L'épaisseur des fils est la cause d'une incertitude sur la position exacte de l'image d'un point caché derrière leur point de croisement (erreur de pointé). Si l'on considère cette image comme coïncidant avec le milieu de l'épaisseur du fil, l'erreur angulaire maxima que l'on puisse commettre sur la position réelle de l'objet a pour valeur $\dfrac{e}{F}$, e étant le demi-diamètre du fil. Cette erreur maxima est donc d'autant plus faible que la distance focale de l'objectif est plus grande (1).

495. **Pouvoir séparateur.** — Le *pouvoir séparateur* d'une lunette est mesuré par l'inverse de la plus petite distance angulaire pouvant exister

---

dans la même proportion. On dissout ensuite l'argent dans l'acide azotique et l'on obtient un fil de platine d'une extrême finesse.

(1). Dans les lunettes méridiennes des observatoires, on dispose un ou plusieurs fils horizontaux et une série de fils verticaux équidistants. Par suite du mouvement diurne, l'étoile au moment de son passage au méridien parcourt horizontalement le champ de la lunette à travers le réseau des fils verticaux. L'observateur arrive à préciser l'instant du passage au méridien, en appréciant la fraction de seconde qui s'est écoulée depuis le dernier battement d'une horloge astronomique, au moment où l'image de l'étoile traverse chacun des fils verticaux, dont l'intervalle est parcouru par elle en une seconde.

Pour mesurer le diamètre apparent d'un objet céleste assez petit pour être compris tout entier dans le champ de la lunette, on fait souvent usage de deux fils fins parallèles, dont l'un est fixe et l'autre mobile. A l'aide d'une vis micrométrique de pas connu, l'on écarte le fil mobile du fil fixe avec lequel il coïncidait d'abord, de manière à amener les deux fils à être tangents aux bords opposés de l'image observée. Soit a l'écart connu des deux fils. L'angle de diamètre apparent a pour valeur $\dfrac{a}{F}$, si l'on suppose qu'on puisse confondre cet angle avec sa tangente. Le même procédé peut être employé pour mesurer la distance angulaire de deux étoiles voisines.

M. Lœwy a imaginé récemment de donner à la lunette astronomique une disposition

entre deux objets identiques, sans que ces deux objets cessent de paraître distincts. On peut mesurer cet angle en prenant comme objets des graduations à traits équidistants placées à une distance déterminée, et en diminuant l'écartement ε des traits jusqu'à ce qu'on cesse de pouvoir les distinguer.

On dit qu'une lunette *dédouble la seconde,* si elle permet de distinguer des objets distants d'une seconde angulaire.

Le diamètre de la tache lumineuse qui forme l'image d'un point, grâce aux phénomènes de diffraction, est inversement proportionnel au diamètre de l'objectif. Le pouvoir séparateur est donc proportionnel à ce diamètre. Mais il dépend aussi de l'homogénéité des verres, de la perfection de leurs surfaces et de leur achromatisme. Il varie encore avec l'éclat des objets observés. Le pouvoir séparateur n'atteint sa valeur maxima que si l'acuité visuelle de l'observateur est suffisante pour percevoir les détails que la lunette rend visibles dans l'image.

(*équatorial coudé*) permettant à un observateur d'explorer toute la partie visible du ciel sans se déranger. Un tube fixe AB (fig. 297) dirigé suivant l'axe du Monde porte en A l'oculaire. Un second tube CD perpendiculaire au premier peut tourner autour

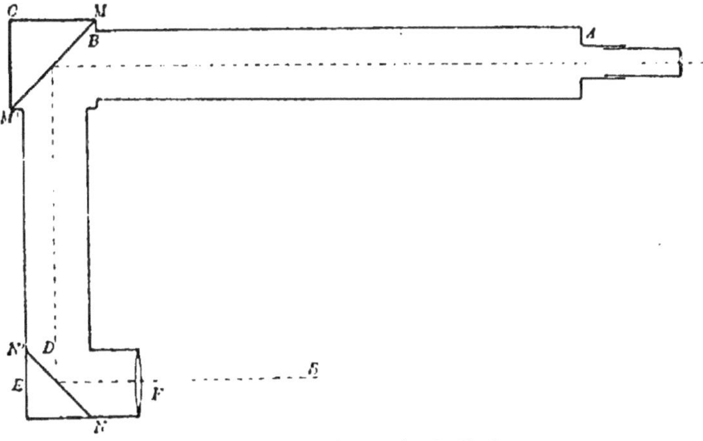

Fig. 297. — Équatorial coudé de M. Lœwy.

de lui à la volonté de l'observateur, en décrivant le plan de l'équateur. Enfin un troisième tube EF porte en F l'objectif et peut tourner autour de CD, décrivant ainsi le plan d'un méridien. Les rayons lumineux venus de l'étoile S visée se réfléchissent à angle droit sur deux miroirs NN' et MM' et parviennent à l'oculaire. Un équatorial de ce type a été construit avec le plus grand succès pour l'Observatoire de Paris. L'objectif a 60 cm. de diamètre et 18 mètres de distance focale.

496. Usages divers de la lunette astronomique. — 1°. En écartant l'oculaire de la lunette de son objectif, on amène l'image objective à se trouver placée au delà du premier foyer principal de l'oculaire. L'oculaire en donne alors une image réelle qu'on peut recevoir sur un écran et photographier. La grandeur de cette image varie entre des limites très étendues pour de faibles déplacements de l'oculaire. On obtient ainsi les photographies du ciel, qui jouent un rôle très important dans les recherches de l'astronomie contemporaine. Ces photographies permettent d'observer à la loupe certains détails qui passaient inaperçus dans l'observation directe.

Les télescopes catoptriques peuvent aussi servir à photographier les objets célestes.

497. La lunette astronomique est fréquemment employée dans les laboratoires de physique pour observer des instruments placés à de faibles distances (baromètres, thermomètres, etc.). Ces lunettes appelées *viseurs* sont de petite dimension.

L'ensemble de l'oculaire et du réticule doit être déplacé par rapport à l'objectif, quand on veut viser des objets inégalement éloignés. Il en résulte que l'axe optique n'est bien défini que si les objets observés successivement sont à des distances égales.

§ 2. — Lunette terrestre.

498. Usage de l'instrument. — La lunette astronomique renverse les images. Cette circonstance, sans importance dans l'observation des objets célestes, est au contraire très incommode dans celle des objets terrestres. Il faut alors une lunette capable de donner des images droites, et puisque l'image objective est toujours renversée par rapport à l'objet, il faut que l'oculaire donne une image définitive renversée par rapport à l'image objective.

Deux solutions de ce problème sont fournies par l'*oculaire terrestre*, positif et convergent, et par l'*oculaire de Galilée*, négatif et divergent.

La lunette terrestre se compose d'un objectif convergent et d'un oculaire terrestre.

499. Oculaire terrestre. — Cet oculaire comprend un dispositif appelé *véhicule*, composé de deux verres convergents destinés à substituer à un objet réel, une image réelle et renversée de cet objet. On observe cette image à l'aide d'un oculaire double négatif formé aussi de deux verres convergents, qui lui substituent une image virtuelle définitive droite par rapport à elle et renversée par rapport à l'objet placé devant le véhicule.

Le rôle du véhicule pourrait être rempli théoriquement par une seule lentille convergente placée de telle sorte que l'objet fût au double de sa distance focale antérieure. L'image serait alors réelle et renversée, égale à l'objet et placée au double de la distance focale postérieure. Mais cette disposition fournirait des images déformées par l'aberration de sphéricité et serait en outre moins avantageuse au point de vue de l'étendue du champ de la lunette où on l'emploierait (1).

On s'est d'abord servi (fig. 298) de deux lentilles convergentes, de même distance focale principale φ, placées l'une par rapport à l'autre au double de leur distance focale, de telle sorte qu'elles eussent un foyer commun φ_2.

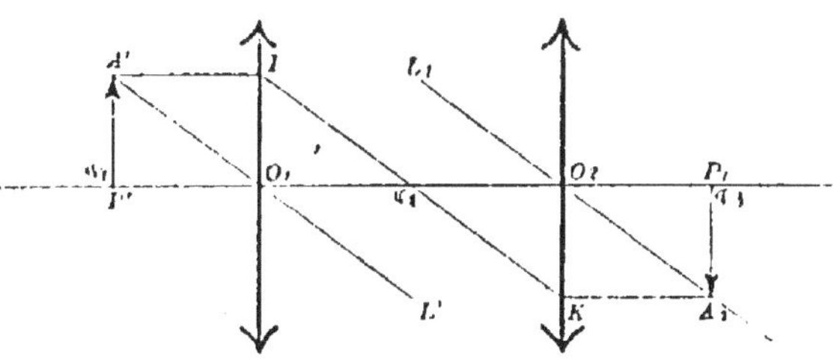

Fig. 298. — Véhicule de lunette terrestre. Ancienne disposition.

Au premier foyer principal φ_1 de la lentille O_1, est disposé l'objet A'P', image réelle fournie par l'objectif. Les rayons partis d'un point A' de cet objet sont réfractés par la lentille O_1 suivant des droites IK, O_1L', parallèles entre elles et viennent, après leur passage dans la lentille O_2, converger en un même point A_1 du deuxième plan focal de cette lentille, situé sur l'axe secondaire O_2A_1 parallèle à la direction IK. L'égalité des distances focales : $\varphi_2O_1 = O_2\varphi_2$, entraîne l'égalité : $O_1I = KO_2$, et par suite P'A' $= A_1P_1$. L'image est donc égale à l'objet.

Le véhicule constitue dans ce cas un système afocal.

500. On préfère aujourd'hui à cette disposition la suivante, qui présente l'avantage d'augmenter la puissance de l'oculaire et aussi le champ de la lunette.

La première lentille O_1 du véhicule (fig. 299) est placée par rapport à l'objet A'P' de manière à donner une image virtuelle A_1P_1 agrandie de cet objet. Cette image joue le rôle d'objet réel par rapport à la seconde lentille O_2. Sa distance à cette lentille est voisine du double de la distance focale de O_2, qui est à peu près la même que celle de O_1. On obtient donc une image réelle A_2P_2 renversée par rapport à A'P' et à peu près égale à A_1P_1. L'image A_2P_2 joue le rôle d'objet virtuel par rapport à l'oculaire négatif

---

(1). La lunette astronomique et la lunette terrestre ont été inventées par Képler, au commencement du XVII° siècle. Képler employait un seul verre comme véhicule. Le P. Reitha, en 1645, perfectionna la lunette terrestre par l'emploi du véhicule à deux verres.

formé des verres C_1 et C_2. On obtient donc en définitive une image virtuelle A"P" renversée par rapport à A'P'.

501. La puissance P de l'oculaire terrestre a pour mesure :

$$(24) \qquad P = \frac{P''A''}{P'A' \times \Delta} = \left(\frac{P_2A_2}{P'A'}\right) \times \left(\frac{P''A''}{P_2A_2 \times \Delta}\right) \qquad g \times \pi.$$

La puissance de l'oculaire terrestre est donc le produit du grossissement

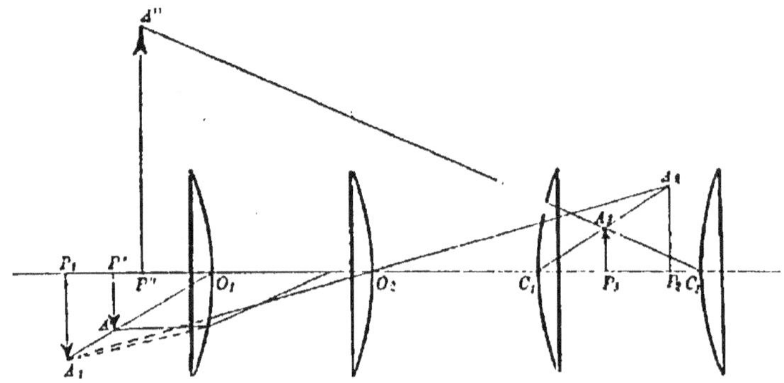

Fig. 299. — Oculaire terrestre. Nouvelle disposition.

g de son véhicule par la puissance π de l'oculaire négatif. Les valeurs de *g* et par suite de P, sont négatives.

On donne ordinairement à *g* une valeur voisine de — 2, de sorte que la puissance de l'oculaire négatif est doublée.

Les deux verres du véhicule sont deux lentilles plan-convexes dont les faces convexes sont tournées vers l'œil. Ceux de l'oculaire de Huygens ont, comme on sait, leurs faces planes tournées vers l'œil. Ces dispositions sont favorables à l'aplanétisme (1).

---

(1) Les données numériques suivantes sont fréquemment employées :

Les deux verres du véhicule ont même distance focale *v*. Distance des deux verres $O_2O_1 = \frac{1}{3}v$. Distance de l'objet au premier verre : $O_1P' = \frac{v}{2}$.

On en déduit par l'application des formules des lentills :

$$O_1P_1 = \frac{\frac{v}{4} \times v}{v - \frac{v}{4}} = \frac{v}{2}$$

$$O_2P_1 = \frac{v}{3} + \frac{4v}{3} = \frac{5v}{—}$$

502. Mise au point et grossissement de la lunette. — Conformément aux règles exposées à propos de la lunette astronomique, la mise au point s'effectue en déplaçant l'ensemble de l'oculaire terrestre, par rapport à l'objectif, dans le sens déjà déterminé. Tous les organes de cet oculaire sont disposés dans un tube relié par un double tirage à celui qui porte l'objectif.

Un peu au delà du deuxième plan focal du premier verre O_1 du véhicule se forme une première image très petite de l'objectif. Cette image représente une section minima du faisceau lumineux ; on fait coïncider avec elle l'ouverture d'un diaphragme dont la présence arrête la lumière qui pourrait provenir de réflexions à l'intérieur du tube de la lunette. Le second verre du véhicule se trouve un peu au delà de ce diaphragme. Une seconde image de l'objectif est produite par l'ensemble de l'oculaire terrestre et constitue le cercle oculaire.

Comme pour la lunette astronomique, le grossissement de la lunette est le produit changé de signe de la distance focale de son objectif par la puissance de son oculaire. On a donc :

$$(25) \qquad G = - FP = - Fg\pi$$

Le facteur g étant négatif, le grossissement G est positif.

503. Champ de la lunette. — Cherchons quelle est la limite du champ de

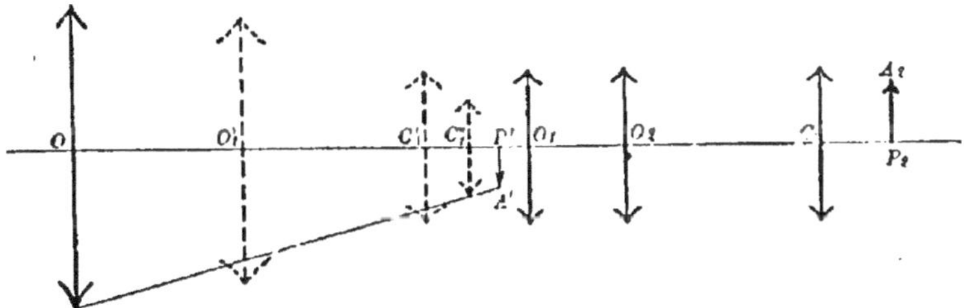

Fig. 300. — Champ de la lunette terrestre.

pleine lumière sur l'image objective A′P′ (fig. 300). Imaginons pour cela qu'on construise dans le milieu compris entre l'objectif et le premier verre O_1 du véhicule les images de toutes les surfaces réfringentes du système.

Toute la lumière ayant traversé la première face de l'objectif doit traverser

$$O_2 P_2 = - \frac{\dfrac{3v}{3} \times v}{\dfrac{3v}{3} - v} = - \frac{5v}{2}$$

$$g = \frac{O_2 P_2}{O_2 P_1} \times \frac{O_1 P_1}{O_1 P} = - \frac{3}{2} \times \frac{4}{3} = -$$

le système entier, puisque la disposition contraire reviendrait à rendre inutile une partie de la surface de l'objectif qui est la pièce la plus difficile à construire et de laquelle dépend surtout la perfection de la lunette. La face antérieure de l'objectif est donc la première surface déterminante du champ.

Pour obtenir la seconde surface déterminante, nous regarderons toutes les autres lentilles comme infiniment minces. Nous pouvons faire abstraction de la seconde lentille C_2 de l'oculaire négatif, qui est toujours déterminée de manière à laisser passer la lumière qui a traversé la première.

Adoptons les données numériques indiquées plus haut, qui s'écartent peu de l'usage ordinairement suivi. Supposons en outre que la distance focale des lentilles de véhicule soit égale à celle du premier verre de l'oculaire négatif

$$v = \varphi$$

Les rayons de bord de ces lentilles seront aussi égaux entre eux. La deuxième lentille O_2 du véhicule est à droite de O_1, à la distance $\frac{4}{3} v$. Son image par rapport à O_1 est réelle et située à gauche de O_1, à la distance absolue :

$$\frac{\frac{4}{3} v^2}{\frac{4}{3} v - v} = 4 v.$$

Cette image est quatre fois plus grande que O_2. En la combinant avec l'objectif O, on obtient visiblement sur le plan de l'image $A'P'$ un champ beaucoup plus grand qu'en combinant O et O_1. La lentille O_2 doit donc être rejetée.

Considérons le premier verre C_1 de l'oculaire négatif. D'après la théorie des oculaires négatifs (431), et les hypothèses faites plus haut, nous avons :

$$P_2C_1 = \frac{v}{2}, \qquad\qquad P_2O_2 = \frac{5v}{2}$$

Donc $C_1O_2 = 2 v$.

L'image C'_1 de C_1 par rapport à O_2 est égale à l'objet et située à la distance $2 v$ à gauche de O_2, et à la distance $2 v - \frac{4}{3} v = \frac{2}{3} v$ à gauche de O_1. Cette image joue, par rapport à O_1, le rôle d'objet virtuel. L'image définitive C''_1, par rapport à O_1 est donc déterminée par la formule

$$- \frac{3}{2v} - \frac{1}{x} = \frac{1}{v} \qquad\qquad x = - \frac{2}{3} v.$$

La lumière se propageant ici vers la gauche, l'image C''_1 est à gauche de O_1, à la distance $\frac{2}{3} v$. Son rayon de bord est $r' = \frac{3}{5} r$. Cette surface limitante est à gauche de l'image $P'A'$. Pour la combiner avec l'objectif, il faut joindre les bords correspondants de ces deux surfaces et la construction montre aisément que le champ ainsi défini est plus petit que celui qu'on obtiendrait avec la

lentille O_1. Le champ est donc, avec les données actuelles, limité par l'objectif
et le premier verre de l'oculaire négatif.

504. Pour en déterminer la demi-ouverture, appliquons la formule :

$$(12) \qquad \mathrm{tg}\,\alpha = \frac{Fr - R\varepsilon}{F(F - \varepsilon)},$$

établie pour la lunette astronomique (1). Dans cette formule R est négatif; sa
valeur est $R = - MF$.

On a en outre :

$$r' = \frac{3}{5}\, r = \frac{3}{5}\, m v.$$

$$\varepsilon = - \left(\frac{2}{5}\, v - \frac{v}{4}\right) = - \frac{3}{20}\, v$$

Donc :

$$(25) \qquad \mathrm{tg}\,\alpha = \frac{\left(\dfrac{3}{5}\, m - \dfrac{3}{20}\, M\right) v}{F - \dfrac{3}{20}\, v.}$$

On a d'autre part pour le grossissement :

$$G = - Fy = F \times 2 \times \frac{2}{v} = 4\, \frac{F}{v}$$

d'où, en définitive :

$$(26) \qquad \mathrm{tg}\,\alpha = \frac{\dfrac{3}{5}\, m - \dfrac{3}{20}\, M}{\dfrac{G}{4} - \dfrac{3}{20}} = \frac{12}{5}\, \frac{m - \dfrac{M}{4}}{G - \dfrac{3}{5}} \qquad (2)$$

Avec l'oculaire terrestre ainsi construit, la demi-ouverture du champ atteint donc au moins les $\dfrac{12}{5}$ de ce qu'elle serait avec l'oculaire de Képler et dépasse la valeur qu'elle aurait avec l'oculaire de Huygens, pour une même valeur du grossissement. Bien que ce résultat corresponde à des données particulières, il s'écarte peu de ce que fournissent pratiquement les lunettes terrestres.

§ 3. — Lunette de Galilée.

505. Oculaire divergent. — La lunette de Galilée (3) donne une seconde

---

(1). La figure se trouve placée pour l'application de cette formule de la même manière que dans le cas de l'oculaire négatif pour la lunette astronomique.

(2). Avec les données numériques déjà adoptées pour la lunette astronomique, on a
pour le champ de la lunette terrestre, la valeur approchée $\dfrac{0,370}{G}$.

(3). La lunette de Galilée est le télescope le plus anciennement connu. Son inven.

solution du problème du redressement des images. Elle se compose d'un objectif convergent et d'un oculaire simple divergent, négatif et inverse. Étudions d'abord les propriétés de cet oculaire.

506. Marche de la lumière dans l'oculaire divergent. — Il serait facile de tenir compte de l'épaisseur de cet oculaire, en répétant une construction analogue à celle que nous avons donnée dans le cas d'une loupe épaisse. Nous considérerons, pour plus de simplicité, le cas d'un oculaire infiniment mince DD (fig. 301).

Soit A_1P_1 l'objet virtuel correspondant à des faisceaux lumineux qui se

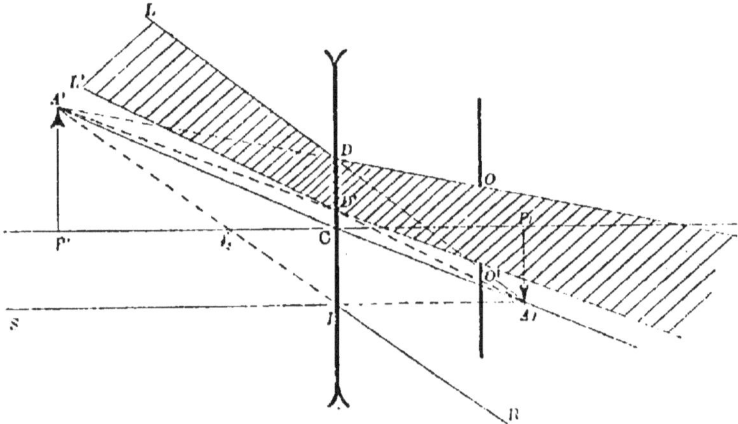

Fig. 301. — Oculaire de Galilée.

propagent à gauche de la lentille vers la droite. Pour que cet objet donne naissance à une image virtuelle, il faut qu'il soit placé à droite du premier foyer principal f_1 de la lentille. Le rayon incident SI parallèle à l'axe principal, dont la droite prolongée passe en A_1, émerge suivant la droite IH, dont le prolongement passe en f_2 et rencontre en A' l'axe secondaire du point A_1. L'image virtuelle de l'objet se forme donc en A'P' ; elle est renversée par rapport à l'objet.

Le faisceau lumineux émergent utile correspondant au point A_1 a pour sommet le point A' de l'image et pour directrice le bord OO' de la pupille. Son intersection DD' avec le plan de la lentille détermine le cône DD' LL' des rayons incidents dont le sommet est en A_1.

---

tion paraît remonter en réalité à Zacharias Jansen, opticien de Middelbourg, qui inventa aussi le microscope composé, vers la fin du XVIe siècle.

507. Mise au point. — Désignons par q … p la valeur absolue de la distance CP, de l'oculaire à l'objet, et par f' la valeur absolue de la distance focale de l'oculaire. On a, d'après l'équation 9) du n° 425 :

$$(27) \qquad q = \frac{(\Delta - a)\,f'}{\Delta - a - f'} = \frac{f'}{1 - \dfrac{f'}{\Delta - a}}$$

formule qu'on peut établir directement par la relation des foyers conjugués :

$$(28) \qquad -\frac{1}{q} = \frac{1}{\Delta - a} - \frac{1}{f'}$$

La valeur de q décroît quand on fait croître Δ. Il faut donc, conformément à la théorie générale des systèmes dioptriques, rapprocher l'oculaire de l'objet, c'est-à-dire le déplacer dans le sens négatif, quand on veut éloigner l'image de l'œil, notamment quand un observateur hypermétrope remplace un observateur myope.

508. Puissance et grossissement de l'oculaire. — En tenant compte des signes de q et de f' et en raisonnant comme dans le cas de la loupe (410), on obtient pour la latitude d'accommodation :

$$(29) \qquad \lambda = -(q_2 - q_1) = \frac{(D - d)\,f'^2}{(d - a - f')(D - a - f')}.$$

Elle est un peu plus grande que dans le cas d'un oculaire positif de même distance focale en valeur absolue, puisque le dénominateur est plus petit.

Elle devient pour un observateur emmétrope :

$$(29') \qquad \lambda_0 = \frac{f'^2}{d - a - f'}.$$

La puissance a pour valeur, comme dans le cas de la loupe (412), $\dfrac{\Gamma}{\Delta}$, Γ étant le grandissement $\dfrac{1}{O}$. En se reportant à la formule (28) des foyers conjugués, on a

$$(30) \qquad \Gamma = -\frac{\Delta - a}{q} = -\frac{\Delta - a - f'}{f'}, \qquad P = -\frac{\Delta - a - f'}{f'\Delta}$$

Le signe négatif correspond au renversement de l'image.

Étudions les variations de la *valeur absolue* de la puissance avec chacune des quantités qui entrent dans son expression. On établit aisément les conclusions suivantes :

1°. La puissance croît en valeur absolue, à mesure que l'œil se rapproche de l'oculaire. Il convient de donner à a sa valeur minima.

2°. En mettant l'expression sous la forme :

$$(30') \qquad P = -\left(\frac{\Delta - a}{f'\Delta} - \frac{1}{\Delta}\right),$$

on voit que la valeur absolue de la puissance varie dans le même sens que celle de la convergence et lui est sensiblement proportionnelle.

3°. En prenant la forme :

$$(30'') \qquad P = -\frac{1}{f'}\left(1 - \frac{f' + a}{\Delta}\right),$$

on trouve que la valeur absolue de la puissance croît toujours quand Δ varie dans le sens positif, de la myopie à l'hypermétropie extrême. Il y a donc avantage à viser au punctum remotum. Pour un emmétrope visant à l'infini, la valeur absolue de la puissance est celle de la convergence $\frac{1}{f'}$. Pour une valeur positive et finie de Δ, elle est inférieure à cette quantité; pour une valeur négative de Δ, elle lui est supérieure.

Cette variation est plus sensible que dans le cas des oculaires convergents, car le second terme de la parenthèse contient la somme $f' + a$ des valeurs absolues, au lieu de leur différence. Dans le cas d'un oculaire à long foyer, cette somme peut atteindre 5 centimètres, tandis que la distance maxima de vision distincte D peut descendre pour un observateur très myope au-dessous de 10 centimètres. La puissance peut donc être réduite pour un pareil observateur à moins de la moitié de la puissance nominale.

Le grossissement de l'oculaire a pour valeur, d'après les définitions déjà données :

$$(31) \qquad g = Pd = -\frac{(\Delta - a - f')d}{f'\Delta}.$$

509. Marche de la lumière dans la lunette de Galilée. — L'image réelle fournie par l'objectif ne se forme pas. Les faisceaux lumineux dirigés vers les points de cette image sont arrêtés par l'oculaire avant d'y parvenir. L'image A_1P_1 (fig. 302) qui joue le rôle d'objet virtuel par rapport à l'oculaire, doit être placée au delà du premier foyer principal f_1 de cet oculaire.

La figure représente la marche d'un faisceau lumineux venant d'un point A très éloigné et pénétrant dans la pupille, après avoir traversé la lunette.

510. Grossissement. — Le grossissement G de la lunette de Galilée s'obtient, comme dans le cas de la lunette astronomique (178), par la formule :

$$G = -FP,$$

en supposant la distance de l'objet très grande par rapport à F.

On a donc :

$$(32) \qquad G = \frac{F}{f}\left(1 - \frac{f + a}{\Delta}\right)$$

valeur positive. Le grossissement nominal $\dfrac{F}{f}$ peut s'écarter notablement

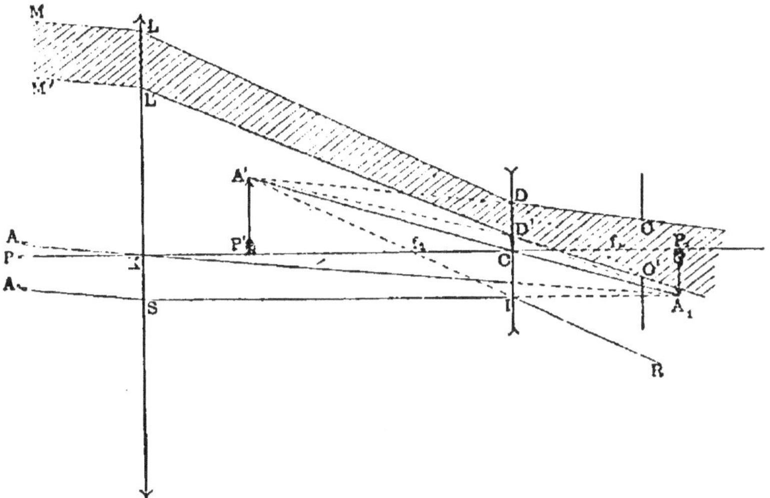

Fig. 302. — Marche de la lumière dans la lunette de Galilée.

du grossissement réel. La méthode de Galilée reposant sur la comparaison des diamètres apparents de l'image et de l'objet (480) est seule applicable à la mesure directe de ce grossissement (1).

511. Cercle oculaire. — L'image de la face d'entrée de l'objectif par rapport à l'oculaire est virtuelle, puisque ce dernier système est divergent. Elle est située entre l'objectif et l'oculaire, à une distance z du deuxième point nodal de l'oculaire définie par l'équation :

$$\frac{1}{l} - \frac{1}{z} = -\frac{1}{f}$$

$$(33) \qquad z = \frac{lf}{l + f}$$

La méthode de Ramsden que nous avons décrite pour la mesure du grossisse-

____

(1). Quand on a mesuré le grossissement G de la lunette et la distance focale F de son objectif, on peut en déduire la puissance P de l'oculaire divergent.

ment de la lunette astronomique (481) n'est donc pas applicable ici. D'autre part,
l'œil ne pouvant plus être placé sur le cercle oculaire, le grossissement n'est
pas égal au rapport $\dfrac{R}{R'}$ des dimensions homologues de l'objectif et de son image,

sauf dans le cas de la visée à l'infini où l'on a : $l = F - f$ et $\dfrac{l}{\alpha} = \dfrac{F}{f} = G$ (1).

Remarquons enfin que la position précise de l'œil n'étant plus déterminée,
il y a intérêt à le mettre le plus près possible de l'oculaire, pour donner à la
puissance de cet appareil sa plus grande valeur.

512. Champ de la lunette. — Reportons dans le dernier milieu toutes les

---

(1). Considérons un rayon lumineux venu d'un point A de l'objet et passant au centre
O de l'objectif (fig. 303). Soit I son point de rencontre avec le plan de l'oculaire supposé
infiniment mince. La droite du rayon émergent correspondant passe au centre O'

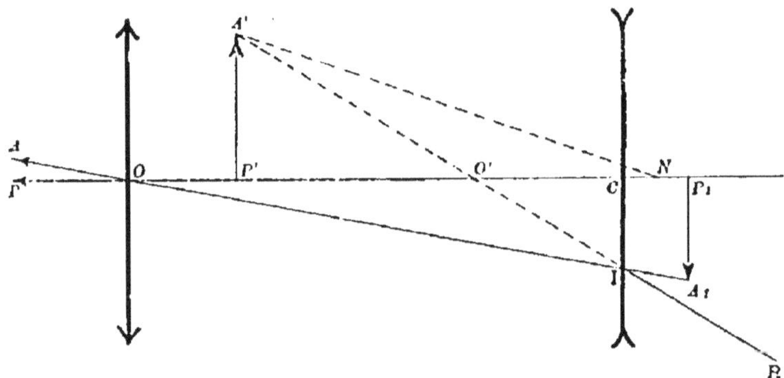

Fig. 303. — Grossissement de la lunette de Galilée.

du cercle oculaire et à l'image A' du point A. Soit N le premier point nodal de l'œil.
Désignons par c la distance O'P' du cercle oculaire à l'image définitive. Nous aurons
pour la valeur du grossissement :

$$G = \frac{P' NA'}{P_1 OA_1} = \frac{P' NA'}{P'O'A'} \cdot \frac{P'O'A'}{P_1 OA_1}$$

ou en remplaçant les angles par leurs tangentes :

$$(34) \qquad G = \frac{\dfrac{P'A'}{NP'}}{\dfrac{P'A'}{O'P'}} \times \frac{\dfrac{CI}{CO'}}{\dfrac{CI}{CO}} = \frac{c}{\Delta} \times \frac{l}{\alpha} = \frac{c}{\Delta} \times \frac{R}{R'}$$

Le grossissement est donc plus petit que le rapport $\dfrac{R}{R'}$. On l'obtient en multipliant

ce rapport par le facteur $\dfrac{c}{\Delta}$ inférieur à l'unité. Ce facteur est égal à 1 quand on vise

à l'infini.

surfaces limitantes du faisceau lumineux. Ces surfaces sont, en considérant
l'objectif et l'oculaire comme infiniment minces (fig. 304) : 1° l'oculaire DD_1, dont
le diamètre est de 1 à 2 centimètres; 2° le cercle oculaire bb_1, image virtuelle
de l'objectif; 3° la pupille QQ_1 d'un diamètre moyen de 0,4, située au delà
de l'oculaire, le plus près possible de lui.

La pupille est vue du centre P' de l'image définitive sous un diamètre apparent plus petit que ceux des deux autres surfaces limitantes. Ce fait est évident

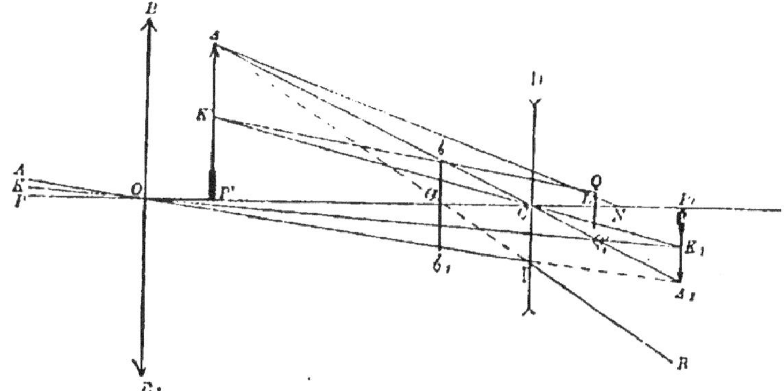

Fig. 304. — Champ de la lunette de Galilée.

en ce qui concerne l'oculaire, et pour le cercle oculaire, il résulte de la nécessité imposée au faisceau qui traverse cette section de couvrir au moins la pupille pour donner le maximum de clarté.

La droite Qb étant moins écartée de l'axe principal que la droite QD passant
par le bord de l'oculaire, la seconde surface déterminante du champ est celle
du cercle oculaire. L'intersection K de Qb avec le plan de l'image AP' détermine sur cette image la limite du champ de pleine lumière. En joignant K
au centre C de l'oculaire, et en prolongeant cette droite jusqu'à sa rencontre
en K_1 avec le plan de l'image A_1P_1, on obtient la limite du champ sur cette
image. Enfin la droite K_1O passant par le centre de l'objectif et prolongée jusqu'à l'objet représente une génératrice du champ.

Si l'on suppose l'image AP' reportée à l'infini, la droite KCK_1 devient
parallèle à KbQ. Nous chercherons la valeur du champ dans ce cas particulier qui correspond à celui que nous avons adopté dans l'étude des autres
lunettes.

513. Désignons par $b = LC$ la distance de la pupille à l'oculaire et par
$p = LQ$ le rayon de la pupille. L'angle β que fait la droite Qb avec l'axe principal est déterminé par :

$$(35) \qquad tg\beta = \frac{O'b - LQ}{LO'} = \frac{R - p}{\alpha + b}$$

Le rayon P_1K_1 du cercle de champ sur l'image réelle a pour valeur absolue

$$K_1P_1 = f' \, tg\beta$$

Enfin l'angle de champ γ est déterminé par :

$$(36) \qquad tg\gamma = \frac{K_1P_1}{F} = \frac{f'}{F} tg\beta = \frac{f'}{F} \cdot \frac{R'-p}{x+b}$$

L'observateur visant à l'infini, on a :

$$\frac{F}{f'} = G, \quad l = F - f', \quad x = \frac{(F-f')f'}{F} = \frac{G-1}{G} f'$$

$$R' = \frac{R}{G} = Mf$$

On en déduit :

$$(36) \qquad tg\gamma = \frac{\dfrac{R}{G}-p}{G(f'+b)-f'} = \frac{Mf'-p}{G(f'+b)-f'}$$

Nous avons vu (489) que dans la lunette astronomique on peut, sans diminuer la clarté C_1, faire croître G jusqu'à la valeur $\dfrac{R}{p}$ et, par suite, diminuer f jusqu'à la valeur $\dfrac{p}{M}$. Dans la lunette de Galilée ces conditions correspondraient à un champ nul. Pour avoir un champ notable, il faut rendre le grossissement très inférieur à $\dfrac{R}{p}$ et employer un oculaire de distance focale très supérieure à $\dfrac{p}{M}$. Il n'est donc pas avantageux d'adopter ce type de lunette pour réaliser de forts grossissements, et l'on se trouve conduit, pour atténuer cette difficulté, à donner au rapport M une valeur plus grande que dans les autres lunettes. On emploie notamment : $M = \dfrac{1}{6}$. Supposons en outre :

$$f = 4^c, \quad p = 0^c,2$$

Il est avantageux de donner à b la plus petite valeur possible, environ $0^c,8$.

Nous avons donc, en négligeant $\dfrac{f'}{f'+b}$ par rapport au grossissement G :

$$tg\gamma = \frac{\dfrac{1}{6}\times 4 - 0,2}{4,8\times G} = \frac{0,097}{G} \qquad (1)$$

<hr>

(1). Nous reproduisons, pour faciliter la comparaison, les valeurs numériques approchées des ouvertures de champ obtenues avec les divers oculaires.

Oculaire de Képler	$\dfrac{1}{G}$	$\times$	0,116
— de Ramsden	•	$\times$	0,206
— de Huygens	•	$\times$	0,283
— terrestre	•	$\times$	0,370
— de Galilée	•	$\times$	0,097

Le champ est donc plus faible que dans les autres lunettes, à égalité de grossissement. Il est surtout beaucoup plus faible que celui de la lunette terrestre dont il dépasse à peine le quart.

Remarquons toutefois que si l'on déplace la pupille QQ_1 dans son plan, les limites du champ de pleine lumière se déplacent en même temps sur l'image A'P' et l'éclairement demeure uniforme dans ce champ, tant que les bords de la pupille ne dépassent pas les limites du cône de révolution autour de l'axe principal, dont une génératrice s'appuie sur les bords b et D du cercle oculaire et de l'oculaire. Ce déplacement permet donc de voir successivement les diverses parties d'un champ très étendu.

514. Clarté. — Le faisceau de lumière émergente qui a pour sommet un point de l'image définitive A'P' et pour directrice le cercle oculaire dépasse toujours la pupille comme nous venons de le voir. La clarté C_1 pour un objet présentant un diamètre apparent sensible est donc toujours égale à l'unité dans la lunette de Galilée. La clarté C_2 d'un objet sans diamètre apparent a pour valeur G^2.

515. Achromatisme. — L'oculaire divergent ne corrige pas partiellement le défaut d'achromatisme de l'objectif, comme le font les oculaires convergents. On achromatise séparément l'objectif et l'oculaire. Pour cela on forme l'objectif (fig. 305) de deux lentilles convergentes en crown-glass, comprenant entre elles une lentille divergente en flint. Les surfaces en contact coïncident ensemble. L'oculaire (fig. 306) est de même formé de deux crowns divergents comprenant un flint convergent. Ces dispositions permettent d'achromatiser trois couleurs.

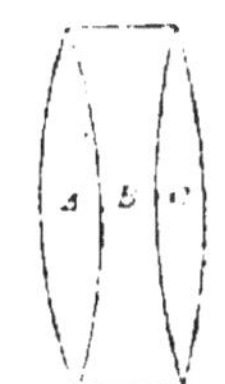

Fig. 305. — Objectif de la lunette de Galilée.

Les lorgnettes de spectacle sont constituées par la réunion de deux lunettes de Galilée placées respectivement devant les deux yeux. Elles renferment donc en tout douze verres. On met au point en faisant tourner sur lui-même un écrou dont l'axe est solidaire des tubes qui portent les objectifs. Ce mouvement détermine suivant l'axe de l'écrou le déplacement d'une vis fixée aux tubes des oculaires.

Fig. 306. — Oculaire de la lunette de Galilée.

516. Avantages comparatifs de la lunette terrestre et de la lunette de Galilée. — La lunette terrestre présente sur la lunette de Galilée deux avantages principaux qui la font préférer comme longue-vue aux grandes distances, dans les cas où l'on doit faire intervenir de forts grossissements.

1° Son champ est plus étendu que celui de la lunette de Galilée à égalité de grossissement.

2° Elle permet l'établissement d'un réticule que la lunette de Galilée ne comporte pas.

Par contre, la lunette de Galilée présente deux avantages qui la font préférer pour les observations à petite distance, avec grossissement faible.

1° Sa longueur est moindre : pour un objectif et un oculaire simples, elle est représentée en moyenne par la différence des distances focales de l'objectif et de l'oculaire. La longueur de la lunette terrestre est égale à la somme de ces mêmes distances augmentée de la distance des images réelles conjuguées par rapport au véhicule.

2° La lunette de Galilée est formée d'un plus petit nombre de lentilles. Il y a donc une moindre perte de lumière par absorption et par réflexion (1).

---

(1). *Retournement de la lunette de Galilée.* — Quand on retourne bout pour bout la lunette de Galilée, de manière à intervertir les rôles de l'oculaire et de l'objectif, on aperçoit à travers la lunette ainsi retournée les images diminuées des objets.

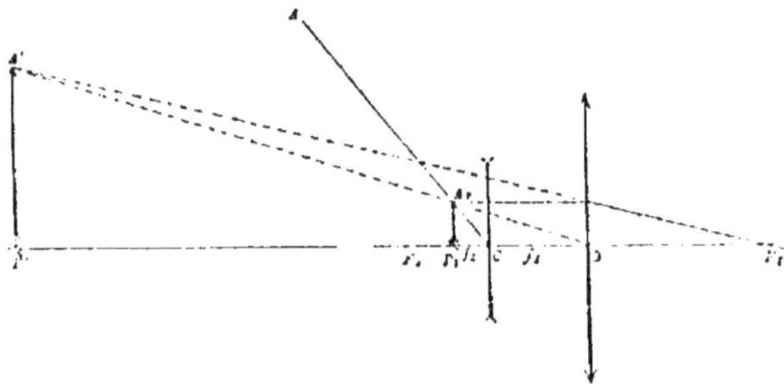

Un objet très éloigné AP (fig. 307) forme dans le deuxième plan focal de la lentille divergente C jouant le rôle d'objectif, une image virtuelle A_1P_1. Réglons le tirage de la lunette, de telle sorte que cette image soit placée en deçà du premier foyer principal F_1 de la lentille convergente O jouant ici le rôle d'oculaire. La construction ordinaire donne l'image virtuelle définitive A'P'.

Fig. 307. — Lunette de Galilée retournée.

Quand on fait coïncider le foyer F_1 de la lentille O avec f_2, l'image A'P' est rejetée à l'infini. Si à partir de cette position on enfonce la lentille O, l'image A'P' se rapproche en restant toujours au delà de A_1P_1. Le rapprochement des deux verres correspond donc, comme dans les autres cas, à un rapprochement de l'image, et la latitude d'accommodation (110) :

$$(37) \qquad \frac{F^2}{d - a + F}$$

est grande, F étant lui-même grand.

Le cercle oculaire est virtuel et rejeté à gauche de l'objectif divergent.

La puissance de l'oculaire (115) a pour valeur :

$$(38) \qquad P = \frac{1}{F}\left(1 + \frac{F - a}{\Delta}\right)$$

Le grossissement de la lunette (178) est :

§ 4. — Télescopes catoptriques.

517. Construction. — Les *télescopes catoptriques* se composent d'un miroir objectif concave, sphérique ou parabolique qui fournit une image réelle de l'objet, et d'un oculaire dioptrique analogue à ceux que nous avons précédemment décrits. Cet oculaire substitue à l'image objective une image virtuelle définitive.

L'usage de ces appareils rencontre immédiatement cette difficulté que les rayons réfléchis par le miroir se dirigent en sens contraire des rayons incidents. Si l'oculaire reçoit directement ces rayons, la tête de l'observateur arrête une grande partie du faisceau incident. Cette difficulté a été écartée par divers artifices qui constituent la principale différence entre les types de télescopes que nous allons décrire. Nous examinerons les dispositions proposées par Newton, Grégory, Cassegrain et Herschell.

Le premier télescope à miroir fut décrit en 1663 par Grégory et construit quelques années plus tard par Hooke. En 1668, Newton construisait en Angleterre son premier télescope. En France, celui de Cassegrain, professeur au collège de Chartres, fut construit en 1672. En 1789, Herschell construisit son grand télescope dont le miroir avait 12 mètres de distance focale. En 1842, lord Ross construisait un nouveau télescope du même type, dont la distance focale atteignait près de 17 mètres et dont le miroir avait un diamètre de 1 m. 82. Enfin Foucault a apporté de nos jours au télescope de grands perfectionnements que nous étudierons plus loin, et est revenu au type de Newton.

Les objectifs catoptriques présentent sur ceux des lunettes l'avantage d'être dépourvus d'aberration de réfrangibilité. Aussi leur furent-ils préférés jusqu'à la découverte de l'achromatisme par Dollond, en 1757. Les lunettes furent alors jugées plus avantageuses, à cause des grandes difficultés que présentent la fabrication et le travail des grands miroirs. Les perfectionnements que Herschell et plus tard Foucault ont apportés à cette fabrication ont remis les télescopes en faveur, surtout pour l'étude physique des corps célestes. Les images n'étant pas vues en général dans la direction des objets et la déviation des faisceaux lumineux étant liée à la

$$(39) \qquad G = V' \cdot \frac{l}{F} \left(1 + \frac{F - a}{\Delta} \right),$$

quantité positive généralement plus petite que l'unité. Le diamètre apparent de l'image est donc inférieur à celui de l'objet vu à l'œil nu.

présence d'un organe auxiliaire, ces instruments conviennent peu à l'étude de la position et du mouvement des astres.

518. Télescope de Newton. Marche de la lumière. — Newton emploie, pour changer la direction du faisceau réfléchi, un miroir plan faisant un angle de 45° avec l'axe du miroir sphérique. Le faisceau est ainsi renvoyé perpendiculairement à sa première direction.

Les rayons partis d'un point P de l'objet, très éloigné dans la direction

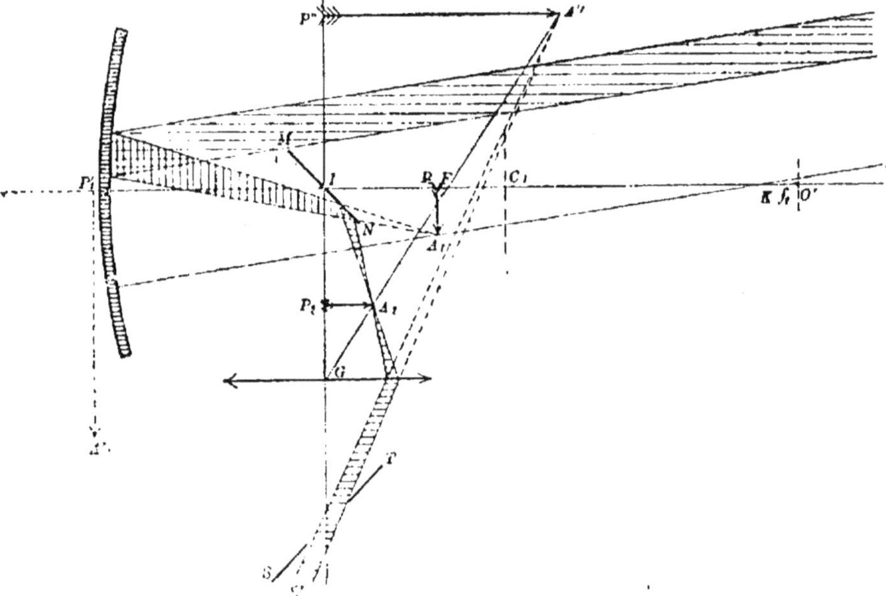

Fig. 308. — Télescope de Newton.

de l'axe principal du miroir sphérique O, viennent, après réflexion sur ce miroir, converger en un point P_1 confondu avec le foyer principal F du miroir (fig. 308).

Les rayons venant d'un point A situé sur un axe secondaire KA sont tous parallèles à la direction de cet axe. Les rayons réfléchis correspondants forment l'image A_1 du point A, à l'intersection de cet axe secondaire avec le plan focal principal. L'image réelle et renversée de l'objet occupe donc la position A_1P_1.

Le miroir plan auxiliaire MN est placé entre le miroir sphérique O et l'image A_1P_1, dans le voisinage de celle-ci, de manière à arrêter les rayons réfléchis par O avant la formation de cette image qui joue ainsi par rapport à MN le rôle d'objet virtuel. Grâce à la faible étendue de l'image A_1P_1, le miroir MN peut recevoir la totalité des faisceaux lumineux qui concourent à la formation de cette image, tout en restant assez petit pour n'intercepter qu'une portion négligeable de la lumière incidente.

Sa présence diminue légèrement la clarté du télescope, mais ne modifie pas le champ, puisqu'il arrête seulement des fractions sensiblement équivalentes des divers faisceaux lumineux incidents correspondant à chaque point de l'objet.

La réflexion sur MN substitue à l'image A_1P_1 une image réelle A_2P_2, symétrique de A_1P_1 par rapport à MN et perpendiculaire à A_1P_1. Le faisceau prend une déviation moyenne de 90°.

Dans les télescopes de construction moderne, on remplace le miroir plan MN par la face hypoténuse d'un prisme rectangle isocèle à réflexion totale qui présente l'avantage de causer une moindre perte de lumière.

L'oculaire C a son axe principal dirigé perpendiculairement à celui de l'objectif. L'image A_2P_2 placée entre cet oculaire et son premier plan focal donne naissance à une image définitive $A''P''$ virtuelle et droite par rapport à A_2P_2. Cette image est renversée par rapport à l'objet, comme dans la lunette astronomique. Il est facile de voir en effet que si l'on prenait comme objet une droite perpendiculaire au plan de la figure, cette droite se trouverait renversée dans les trois images A_1P_1, A_2P_2, $A''P''$.

Grâce aux deux réflexions, l'image définitive est semblable à l'objet et non à la figure symétrique par rapport à un plan.

La figure 308 représente la marche d'une partie de faisceau lumineux venant du point A et traversant l'instrument.

519. Mise au point. — L'objectif est disposé au fond d'un long tube métallique, destiné à empêcher l'accès au miroir objectif de la lumière étrangère à l'expérience et à éviter, dans le voisinage de cet objectif, les mouvements de l'air qui en troublent l'homogénéité et altèrent la marche de la lumière. MM. Henry sont parvenus à écarter plus complètement cette cause d'imperfection, en construisant des télescopes catadioptriques dans lesquels le tube est fermé par une lentille qui contribue avec le miroir à former l'image objective.

La mise au point s'effectue, comme dans les lunettes (473), par le déplacement de l'oculaire par rapport à l'image réelle A_2P_2. Le sens du tirage et la latitude d'accommodation (476) se déterminent donc comme dans le cas de la lunette astronomique.

Pour étudier plus simplement les autres propriétés du télescope, on peut imaginer que le miroir plan MN soit supprimé et que l'oculaire C et l'image définitive $A''P''$ soient remplacés par leurs symétriques C_1 et $A'_1P'_1$ par rapport au plan de MN. Ce changement ne modifie pas les relations qui existent entre les faisceaux lumineux et les images.

520. Grossissement. — Prenons une longueur I sur l'image réelle A_1P_1. Son diamètre apparent pour un observateur qui la regarde à travers l'oculaire fictif C_1 est PI, P étant la puissance de l'oculaire.

Pour un observateur dont l'œil serait au centre de courbure K du miroir O, cette longueur I serait vue sous l'angle $-\dfrac{1}{F}$, la distance F étant portée dans le sens négatif. Le diamètre apparent de la longueur correspondante sur l'objet a la même valeur, et cette valeur ne change pas sensiblement si l'on reporte l'œil dans sa position réelle derrière l'oculaire. Le grossissement a donc, comme dans la lunette astronomique (478), l'expression :

$$(40) \qquad G = -FP = -\frac{F}{f}\left(1 - \frac{a-f}{\lambda}\right)$$

Sa valeur nominale est encore $-\dfrac{F}{f}$, pour un observateur visant à l'infini.

521. — Le cercle oculaire (475) est l'image du miroir objectif par rapport à l'oculaire. Sa position fictive est en O' un peu au delà du deuxième foyer principal f_2 de C_1. Sa position réelle est symétrique de O' par rapport à MN. Le cercle oculaire représente encore la section la plus étroite du faisceau émergent qui sort de l'oculaire, et par conséquent la position qu'il convient de donner à la pupille pour l'observation. On démontrerait par un raisonnement identique à celui que nous avons fait dans le cas de la lunette astronomique (479) que le grossissement est égal au rapport $\dfrac{R}{R'}$, des rayons de bord de l'objectif et du cercle oculaire, pourvu que l'on suppose le premier point nodal de l'œil placé au centre du cercle oculaire, et la distance de l'objet à l'instrument très grande par rapport aux dimensions de ce dernier. La méthode de Ramsden (481) est donc encore applicable à la mesure du grossissement.

522. — On peut aussi appliquer la méthode de Galilée (480), en faisant usage d'une mire graduée et d'une chambre claire. Mais comme le faisceau lumineux a subi à l'intérieur du télescope une déviation de 90° par sa réflexion sur le miroir MN, il suffit, pour amener la direction de visée à l'œil nu à coïncider avec la direction de visée à travers l'instrument, d'interposer entre l'œil et l'oculaire un seul miroir plan ST incliné à 45° sur l'axe de l'oculaire et présentant une ouverture centrale pour laisser passer la lumière qui vient de l'instrument.

523. Champ. — En prenant l'oculaire dans sa position fictive C_1, on est conduit, pour déterminer le champ moyen, le champ extrême et le champ de pleine lumière, à des considérations identiques à celles que nous avons exposées (483) à propos de la lunette astronomique (1). Le rayon du diaphragme qui doit limiter le champ dans le plan de l'image réelle a la même expression (485), à la seule condition de considérer R comme le rayon de bord du miroir objectif. Pour déterminer ensuite l'angle de champ, il faut joindre un point du bord du diaphragme ainsi déterminé au centre de courbure du miroir et prolonger cette droite vers l'objet. La distance du centre K à l'image A_1P_1 ayant pour valeur absolue F, on obtient encore la même formule que dans le cas de la lunette astronomique.

524. Clarté. — Si l'on considère comme égaux à l'unité les pouvoirs réflecteurs des deux miroirs O et MN, et si en outre on néglige la perte de lumière due à l'interposition du miroir MN sur le trajet des rayons incidents, on est conduit à répéter pour la clarté les raisonnements déjà faits à propos de la lunette astronomique et à distinguer les mêmes cas (489 et 490).

Les résultats sont identiques à ceux que nous avons exposés plus haut (2). Mais en supposant qu'on utilise la réflexion totale dans le miroir auxiliaire, il convient de multiplier ces résultats par le pouvoir réflecteur du miroir objectif qui est toujours inférieur à l'unité.

525. Axe optique. — Disposons un réticule dans le plan de l'image réelle A_2P_2. L'image virtuelle de ce réticule par rapport au miroir MN se trouve dans le plan de l'image A_1P_1. Joignons l'image du point de croisement des fils au centre de courbure du miroir sphérique. Le prolongement de la droite ainsi déterminée va passer par le point de l'objet lumineux qui forme son image sur la croisée des fils. Cette droite représente donc

---

(1). Ce raisonnement suppose que l'interposition du miroir plan MN ne restreint pas le champ de pleine lumière ainsi déterminé. Il faut pour cela que ce miroir ait des dimensions suffisantes pour recevoir en entier les faisceaux lumineux envoyés par le miroir principal à tous les points de la région de l'image A_1P_1 située dans le champ de pleine lumière. Une simple construction géométrique montre aisément quelles limites doivent atteindre les bords du miroir MN, pour que cette condition soit remplie.

(2). Pour les points de l'objet dont la direction fait un angle avec l'axe du tube de l'instrument, une partie de la surface du miroir ne reçoit pas de lumière par suite de la présence du tube. Si donc le cercle oculaire est égal à la pupille ou plus petit qu'elle, la clarté est d'autant plus diminuée que l'on considère un point situé plus obliquement par rapport à l'axe du tube. L'angle du champ étant très petit, cette diminution est à peine sensible.

l'axe optique du télescope (492). On peut s'en servir pour déterminer la position des astres, comme dans le cas de la lunette astronomique.

526. Télescope de Grégory. — Dans cet instrument, le faisceau lumineux est renvoyé dans sa direction primitive par l'interposition d'un miroir concave auxiliaire O' (fig. 309), par rapport auquel l'image A_1P_1 fournie par le miroir principal O joue le rôle d'objet réel. L'image A_1P_1 doit se trouver placée entre le foyer principal φ et le centre de courbure S de ce miroir auxiliaire. Celui-ci en donne donc une image réelle agrandie A_2P_2. L'oculaire est disposé dans une ouver

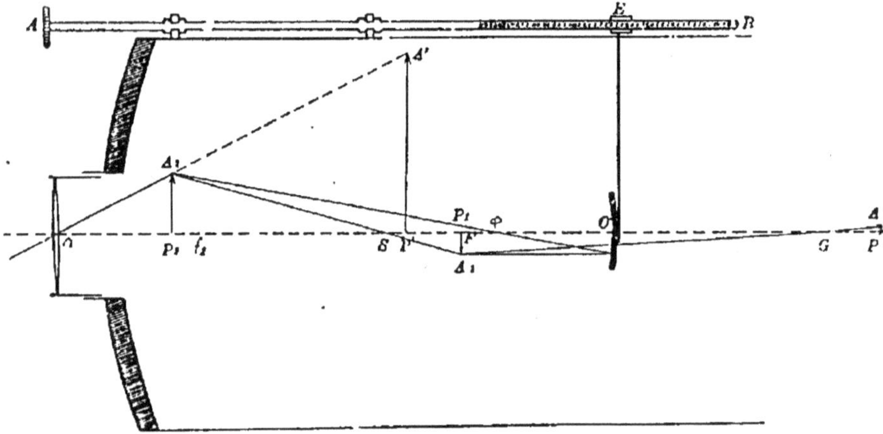

Fig. 309. — Télescope de Grégory.

ture pratiquée dans le voisinage du sommet du miroir principal. Il donne de A_2P_2 une image virtuelle définitive A'P'. L'image A_2P_2, étant renversée par rapport à A_1P_1, est droite par rapport à l'objet AP, et il en est de même de l'image définitive A'P', de sorte que cet instrument présente l'avantage de faire voir les images droites dans la direction même des objets.

Dans cet appareil, l'oculaire est fixe. On met au point en déplaçant le miroir auxiliaire O' par rapport au miroir principal. Pour cela une tige AB terminée par une vis est fixée extérieurement au tube du télescope. La vis fait mouvoir un écrou E solidaire du support du miroir O'.

Quand on éloigne ce miroir du miroir principal, l'image A_1P_1 se trouve plus voisine du centre S. L'image A_2P_2 diminue et s'éloigne de l'oculaire. L'image A'P' s'éloigne donc de l'œil en même temps que le grossissement décroît.

Le grossissement — FP que l'on aurait par l'association de l'objectif et de l'oculaire seulement se trouve ici multiplié par le grandissement négatif g du miroir auxiliaire, qui joue ainsi un rôle analogue à celui du véhicule dans la lunette terrestre.

527. Télescope de Cassegrain. — Ce télescope diffère de celui de Grégory par cette circonstance que le miroir auxiliaire O' (fig. 310) est un miroir convexe, par rapport auquel l'image A_1P_1 joue le rôle d'objet virtuel placé entre le miroir O' et son foyer principal φ. Le miroir O' substitue donc à A_1P_1 une

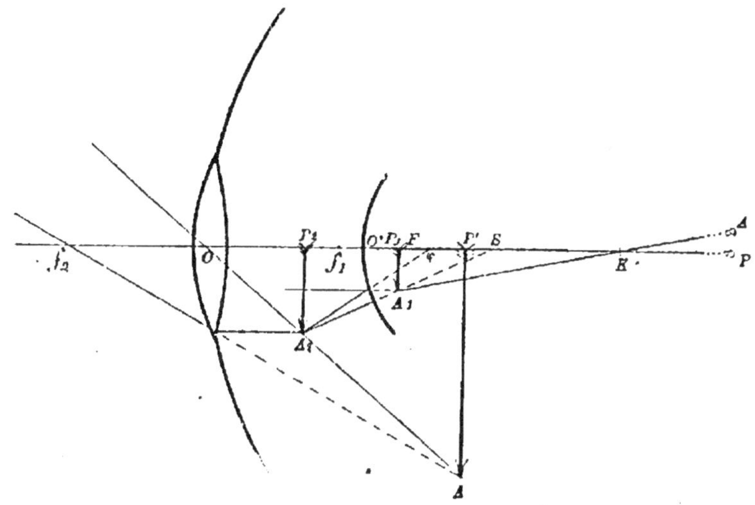

Fig. 310. — Télescope de Cassegrain.

image réelle, droite et agrandie A_2P_2, qui demeure renversée par rapport à l'objet. L'image définitive A'P' est elle-même renversée par rapport à l'objet.

Mais le télescope de Cassegrain a l'avantage d'être plus court que le télescope de Grégory.

Il présente en outre sur les télescopes de Newton et de Grégory un avantage beaucoup plus important. Dans le télescope de Grégory, les aberrations de sphéricité résultant de l'emploi des deux miroirs sphériques ajoutent leurs effets. Dans le télescope de Cassegrain, ces aberrations se retranchent, ce qui permet de donner aux images de cet instrument un aplanétisme très satisfaisant.

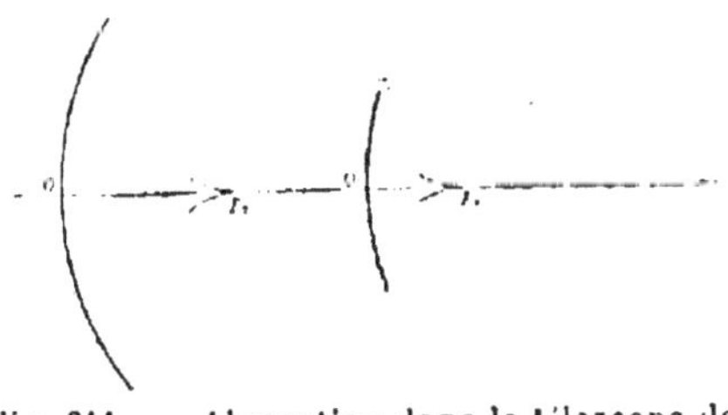

Fig. 311. — Aberration dans le télescope de Cassegrain.

En effet, le miroir O donne pour le point P une image P_1 formée d'une caustique orientée comme l'indique la figure 311. Si cette image P_1 était homocentrique, elle donnerait par rapport à O' une caustique P_2 s'écartant de O'. Mais les points de concours des rayons marginaux incidents se trouvant déplacés vers O' par l'aberration, les points de concours des rayons réfléchis sont aussi rapprochés de O', ce qui tend à corriger l'aberration.

Ces avantages ont déterminé Warren de la Rue à choisir ce type pour le télescope destiné à l'observatoire de Melbourne.

528. Télescope de Herschell.— Herschell supprime les miroirs auxiliaires qui
ont l'inconvénient d'arrêter une partie de la lumière incidente et de produire
une seconde perte par leur réflexion. Il incline l'axe de symétrie de l'objectif
sur l'axe du tube qui porte cet instrument, de manière à renvoyer l'image réelle
A_1B_1 sur le bord de ce tube (fig. 312). L'oculaire est ainsi placé de telle sorte
que la tête de l'observateur n'arrête pas la lumière incidente (1).

Soient OK l'axe principal du miroir, K son centre, F son foyer principal. Un

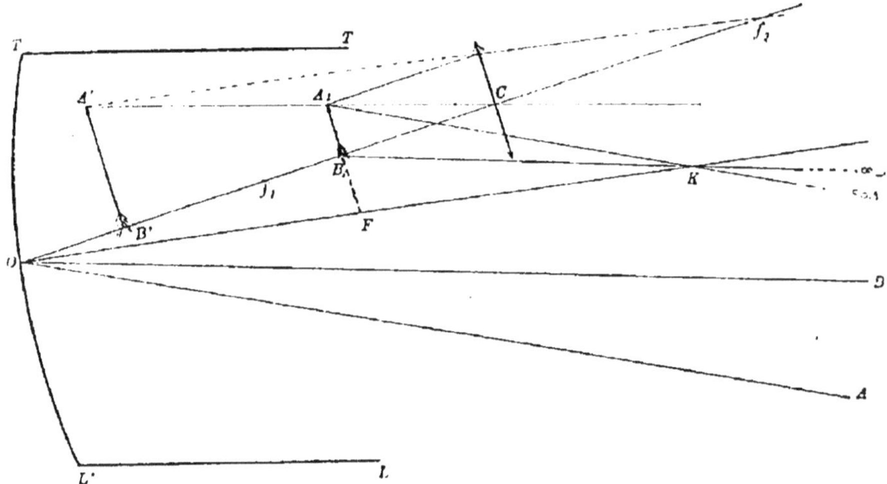

Fig. 312. — Télescope de Herschell.

point B de l'objet situé sur un axe secondaire KB parallèle à l'axe du tube,
forme son image en B_1 dans le plan focal principal. Un rayon BO parti de ce
point et rencontrant le sommet du miroir se réfléchit suivant la droite OB_1
qu'on fera coïncider avec l'axe principal de l'oculaire. Un point A de l'objet
situé sur un axe secondaire KA forme de même son image en A_1. On obtient
donc l'image réelle renversée A_1B_1, à laquelle l'oculaire substitue l'image virtuelle A B'.

**529. Perfectionnement de Foucault. Emploi des miroirs parabo-
liques.** — L Foucault a modifié avantageusement à la fois la matière et la
forme des miroirs employés dans les télescopes. On employait avant lui
pour fabriquer ces miroirs un bronze formé de $\frac{2}{3}$ de cuivre et $\frac{1}{3}$ d'étain en-

---

(1). Dans la figure les dimensions de l'oculaire ont été exagérées pour pouvoir
exécuter les constructions graphiques.

viron. Cet alliage devient blanc par le polissage et prend un pouvoir réflecteur qui atteint au plus 0,6. Mais les miroirs ainsi fabriqués étaient
très lourds et assez fragiles ; il fallait des organes encombrants et compli-
qués pour les équilibrer et les mouvoir. De plus leur surface s'altérait
assez rapidement à l'air et se ternissait, notamment par les émanations
d'acide sulfhydrique qui transforment le cuivre en sulfure. Tout le travail
difficile du polissage était alors à refaire.

Foucault a remplacé ces miroirs métalliques par des miroirs de verre dont
la face antérieure est seule polie et réfléchissante. Ces miroirs sont beaucoup moins lourds et plus maniables que les miroirs métalliques. Après
avoir travaillé la surface du verre et lui avoir donné la forme cherchée, on
précipite à sa surface un dépôt très mince et uniforme d'argent poli qui,
grâce à sa faible et égale épaisseur, n'altère pas la forme de la surface. Ce
dépôt s'effectue par un procédé chimique imaginé par Steinheil.

Il consiste à réduire à une température convenablement déterminée une
dissolution d'un sel d'argent tel que l'azotate d'argent ammoniacal par une
matière organique telle que le sucre interverti. Le miroir ainsi recouvert
d'argent poli, acquiert un pouvoir réflecteur voisin de l'unité. Quand l'argent
s'est sulfuré au contact de l'air, on peut l'enlever facilement par un lavage
à l'acide azotique étendu, et le remplacer par une nouvelle couche d'argent,
puisque la surface du verre n'a pas été altérée.

530. — Nous avons vu que les miroirs paraboliques sont aplanétiques pour
un point lumineux situé à l'infini dans la direction de l'axe de la parabole
méridienne. On obtient au foyer de cette courbe une image parfaite. Cette
propriété s'étend très sensiblement aux points situés à l'infini sur des directions voisines de l'axe. On peut donc avoir des images dépourvues d'aberration de sphéricité. Mudge, opticien anglais, essaya le premier de transfor-
mer les miroirs sphériques en miroirs paraboliques, en usant la surface
de ces miroirs par le frottement de poudres dures. Herschell, lord Ross, etc.
appliquèrent de semblables procédés à la construction de leurs miroirs ;
mais l'opération du polissage, dirigée empiriquement, sans règles précises,
donnait des résultats incertains.

Foucault a découvert une méthode rationnelle pour opérer la transformation de la surface sphérique en surface parabolique.

531. — Cherchons d'abord quel est l'ordre de grandeur des épaisseurs de
verre à enlever pour obtenir la forme cherchée.

Soient AOA' (fig. 313) la parabole méridienne, dont le foyer est F et BOB' le
cercle osculateur de centre C et de rayon $2f$ qui représente la courbe méri-

dienne du miroir avant sa transformation. Ce cercle est intérieur à la parabole et l'épaisseur à enlever va en croissant vers le bord.

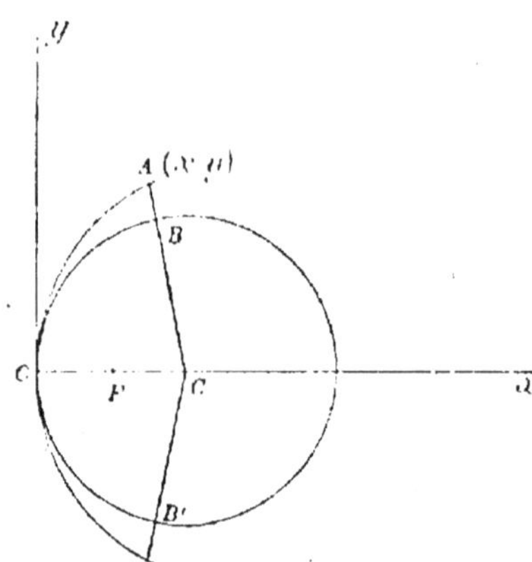

Fig. 313. — Transformation d'un miroir sphérique en miroir parabolique.

Prenons pour axes de coordonnées l'axe de la parabole et la tangente à son sommet. L'équation de la parabole est :

$$(41) \qquad y^2 = 4fx$$

La distance AC du bord du miroir parabolique au centre C du miroir sphérique est :

$$AC = \sqrt{(2f - x_1)^2 + y_1^2},$$

ou en tenant compte de l'équation (41) :

$$AC = \sqrt{4f^2 + \frac{y_1^4}{16f^2}} = 2f\left(1 + \frac{y_1^4}{64f^4}\right)^{\frac{1}{2}}$$

Dans les miroirs de Foucault le rapport $\frac{y_1}{f}$ a pour valeur $\frac{1}{12}$ environ. Nous considérerons comme négligeables les puissances de ce rapport supérieures à la quatrième. Nous avons donc en développant :

$$AC = 2f\left(1 + \frac{y_1^4}{128f^4}\right)$$

L'épaisseur maxima à enlever est donc :

$$(42) \qquad e = AB = AC - 2f = \frac{y_1^4}{64f^3}$$

Dans le miroir du grand télescope de l'Observatoire de Paris, le rayon de bord et la distance focale ont pour valeurs :

$$y_1 = 60^c \qquad f = 7^{mètres}20 = 720^c$$

On en déduit :

$$e = \frac{\overline{60}^4}{64 \times \overline{720}^3} = 0.000342,$$

ou en microns :

$$e = 5^\mu,42$$

Cette épaisseur est assez petite pour qu'on puisse l'enlever par le polissage.

532. — La forme sphérique s'obtient en usant le miroir sur une matrice convexe en bronze, avec interposition entre les deux surfaces d'émeri de plus en plus fin, et finalement de colcothar. Le frottement mutuel de ces deux surfaces les amène l'une et l'autre à prendre une forme de courbure uniforme, c'est-à-dire la forme sphérique. On vérifie cette forme par la méthode très sensible que nous allons décrire ; on la perfectionne par des retouches locales qu'on exécute en des régions convenablement déterminées, à l'aide de polissoirs recouverts de colcothar en poudre.

On transforme ensuite par les mêmes procédés la surface sphérique en ellipsoïdes de plus en plus allongés et finalement en paraboloïde de révolution.

La vérification de l'aplanétisme se fait de la manière suivante. On dispose devant le miroir un point lumineux S très brillant que l'on obtient en concentrant par des lentilles, sur un trou très fin percé dans un écran, la lumière d'un puissant foyer. Si le miroir est aplanétique pour le point S, on obtient au foyer conjugué S′ de S une image qui n'est pas un point, mais un petit cercle lumineux entouré d'anneaux brillants concentriques, à cause des phénomènes de diffraction. Si l'on place l'œil très près de ce cercle lumineux et qu'on regarde le miroir, toute la lumière pénètre dans l'œil, et comme elle vient des différentes régions de la surface du miroir, cette surface parait présenter un éclat uniforme.

Disposons dans le plan de la petite image circulaire S′ le bord A d'un écran opaque aminci, de manière à couper le cercle image suivant une corde, et plaçons l'œil derrière le bord de l'écran. Si le miroir est aplanétique, ses différentes parties égales enverront encore à l'œil des quantités de lumière égales et l'éclat paraitra uniforme. Mais si une portion MN de la surface (fig. 314) est inclinée, par rapport à la surface aplanétique, vers la partie découverte de l'image, les rayons qu'elle renvoie dépassent un peu le bord de l'écran, et cette région parait plus éclairée que le reste de la surface. Une région PN inclinée du côté opposé envoie sa lumière en deçà

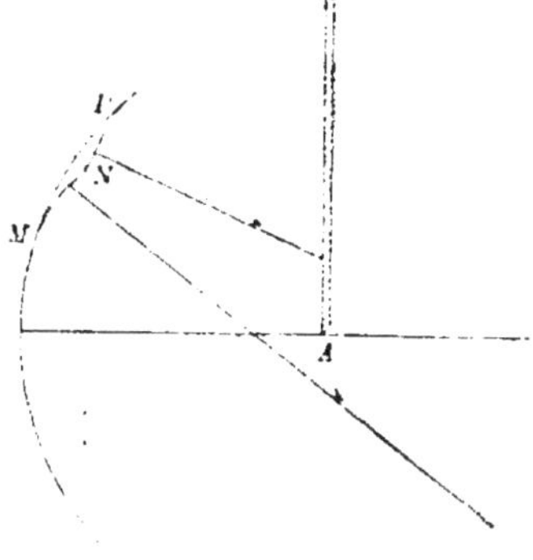

Fig. 314. — Vérification de l'aplanétisme d'un miroir.

du bord de l'écran et parait relativement obscure. La surface imparfaitement aplanétique présente donc des plages brillantes et sombres distribuées comme si cette surface avait son relief très exagéré et diffusait de la lumière provenant d'une source placée obliquement, du côté opposé à l'écran. On voit donc nettement quelles sont les parties à retoucher pour amener la surface à la forme cherchée.

533. — On commence par lui donner une forme exactement sphérique en la rendant aplanétique pour son centre. On choisit pour cela des foyers conjugués très voisins de ce centre.

On rapproche ensuite du miroir le point lumineux S; le foyer conjugué S′ s'en éloigne; mais l'aplanétisme n'est plus réalisé. On le rétablit par des retouches locales exécutées méthodiquement sur des zones concentriques, autour du sommet du miroir. La surface présente alors la forme d'un ellipsoïde de révolution dont la courbe méridienne a pour foyers S et S'. En continuant à rapprocher du miroir le point lumineux, on obtient des ellipsoïdes osculateurs à la sphère primitive et dont l'excentricité est croissante. On arrive ainsi à écarter les foyers à la distance d'une vingtaine de mètres que comporte la longueur de l'atelier. La forme du miroir diffère alors très peu de la forme parabolique, la distance SF étant très petite. On recule le point lumineux au delà de S, jusqu'à un point S_1 tel que $S_1S = SF$ (fig. 315). Le miroir, aplanétique pour S, présente pour le point lumineux S_1 un certain aspect de saillies et de creux. S'il était aplanétique pour F, il présenterait à peu près le même aspect pour un point lumineux placé en S. Il convient donc de ramener en S le point lumineux et de retoucher le miroir de manière à lui donner l'aspect observé. Il sera alors parabolique.

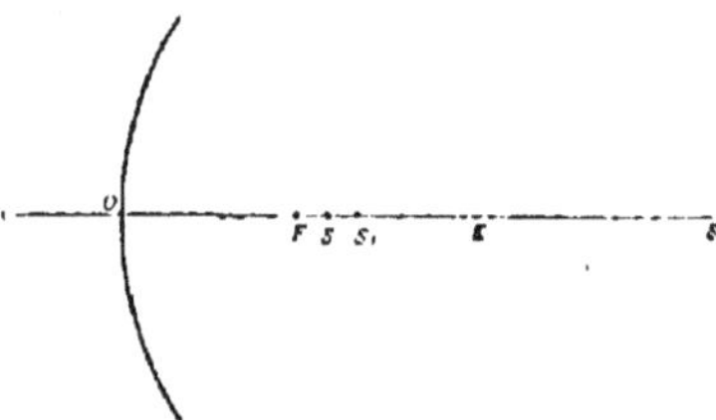

Fig. 315. — Passage de la forme elliptique à la forme parabolique.

Il faut ensuite essayer le miroir en l'associant à un oculaire et en s'en servant pour viser des objets célestes tels que des étoiles doubles très rapprochées, ou encore une mire graduée placée à une grande distance. On détermine ainsi son pouvoir séparateur.

534. — La perfection des images résultant de l'aplanétisme et le pouvoir réflecteur supérieur de l'argent poli permettent d'obtenir avec les télescopes de Foucault des résultats supérieurs à ceux des anciens télescopes, tout en diminuant le rayon de bord et la distance focale du miroir, et par suite les dimensions et le poids du tube. Le poids du miroir, de sa monture et du tube dans le télescope de l'Observatoire atteint 4.000 kilogrammes. Ce poids est équilibré par des contre-poids, de manière à laisser à l'appareil la plus grande mobilité.

535. Oculaire. — Pour corriger avec plus de précision les aberrations, on forme les oculaires de quatre lentilles, dont les deux premières jouent à peu près le rôle du véhicule de la lunette terrestre. Un diaphragme disposé entre elles empêche les réflexions sur les parois intérieures des tubes. Ces oculaires redressent les images comme l'oculaire terrestre.

CHAPITRE XIII

§ 1ᵉʳ. — Corps solides et liquides.

536. Emploi du prisme. — Diverses méthodes peuvent être appliquées
à la mesure des indices de réfraction. Parmi ces méthodes, une des plus
précises repose sur l'emploi du prisme et est basée exclusivement sur les
lois de l'optique géométrique. Après avoir étudié cette méthode générale,
nous examinerons divers procédés secondaires applicables dans des cas
particuliers.

Nous avons vu (156) que l'indice relatif n de la substance d'un prisme
par rapport au milieu extérieur est lié à l'angle d'incidence i, à l'angle de
déviation D et à l'angle réfringent A par la formule générale :

$$(1) \qquad \sqrt{n^2 - \sin^2 i} = \frac{\sin(D + A - i) + \cos A \, \sin i}{\sin A}$$

Si donc on détermine par l'expérience les angles i, D, A, on pourra calculer l'indice n.

Au lieu de donner à l'angle i une valeur quelconque, on peut disposer de
cette valeur de manière à rendre l'expérience plus simple et plus précise.

537. Méthode de Descartes. — Descartes, qui a découvert les lois de la réfraction, a fait le premier des mesures d'indices. Il faisait arriver les rayons lumineux incidents perpendiculairement à la face d'entrée du prisme. On a alors :
$i = 0$ et la formule (1) prend la forme plus simple :

$$(2) \qquad n = \frac{\sin(D + A)}{\sin A}$$

On pratiquait une fente étroite et horizontale I (fig. 316) dans un volet opaque
vertical, sur lequel était appliquée la face d'entrée AB du prisme ABC, l'aré e

réfringente A étant parallèle à la longueur de la fente I. Un faisceau lumineux SI perpendiculaire à AB traverse normalement cette face, se réfracte en I' suivant I'P et vient éclairer une bande étroite sur un écran horizontal EP.

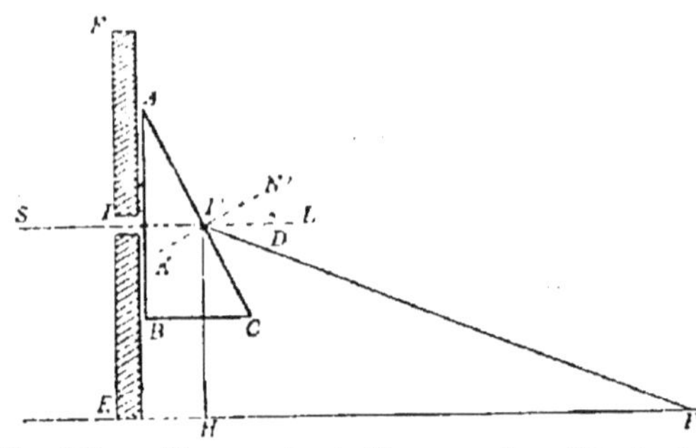

Fig. 316. — Mesure des indices par la méthode de Descartes.

On a mesuré à l'avance la distance verticale IE = I'H du milieu de la fente à l'écran EP. On mesure la distance PE du volet au milieu de la bande éclairée, et en en retranchant l'épaisseur H'=EH traversée par la lumière dans le prisme, on obtient HP. L'angle I'PH étant égal à l'angle de déviation D, on a, pour déterminer cet angle :

$$(3) \qquad \operatorname{tg} D = \frac{I'H}{HP}$$

Si l'angle réfringent A a été mesuré avant l'expérience, l'équation (2) donne la valeur de n.

Cette expérience n'offrirait quelque précision que si on l'exécutait avec une lumière monochromatique (1).

538. Méthode de la déviation minima. — Il est plus avantageux de donner à l'angle d'incidence une valeur telle que les rayons lumineux traversent le prisme dans les conditions de la déviation minima. On sait que l'indice est alors lié à l'angle réfringent et à la déviation minima d par la relation :

$$(4) \qquad n = \frac{\sin \dfrac{A+d}{2}}{\sin \dfrac{A}{2}}$$

Il n'est donc pas nécessaire de mesurer l'angle d'incidence i ; il suffit de connaître les angles A et d. Or la mesure de d se fait alors dans des conditions exceptionnellement précises pour les raisons suivantes :

1° Quand on fait varier légèrement l'incidence i de part et d'autre de la valeur qui correspond au minimum de la déviation, celle-ci ne varie pas

---

(1) Le prisme employé est nécessairement de petit angle, car l'angle d'incidence H K à la seconde réfraction, qui est égal à l'angle A, ne peut dépasser 42° environ, angle limite pour le verre. La précision de l'expérience est donc très restreinte.

sensiblement. Un léger dérangement du prisme par rapport au faisceau incident n'influe donc pas sur le résultat trouvé.

2° On sait qu'une fente lumineuse, placée de manière à envoyer à un prisme un faisceau voisin de l'incidence correspondant à la déviation minima, donne naissance à une véritable image virtuelle qu'on peut viser et projeter avec précision ; il n'en est pas de même sous les autres incidences. Remarquons toutefois qu'il convient d'amener le faisceau incident sur le prisme à être parallèle, pour donner une déviation uniforme. Il faut donc, à l'aide d'un collimateur, substituer à la fente son image rejetée à l'infini. Un objet ainsi placé donne toujours une image nette par rapport au prisme, quelle que soit l'incidence. Mais il peut arriver que le réglage à l'infini soit imparfait et l'image conserve encore dans ce cas une netteté parfaite si l'on opère avec la déviation minima.

539. Mesure de l'angle réfringent par le théodolite. — Quelle que soit la marche donnée à l'expérience, la mesure de l'indice comporte toujours la détermination de l'angle réfringent A du prisme. Cette mesure peut être exécutée à l'aide d'un théodolite. Le limbe gradué sur lequel se meut la lunette est orienté horizontalement, au moyen de niveaux à bulle d'air. Le prisme ABC est fixé devant cet instrument, dans une position telle que son arête réfringente A soit verticale et tournée vers l'axe de rotation O de la lunette (fig. 317).

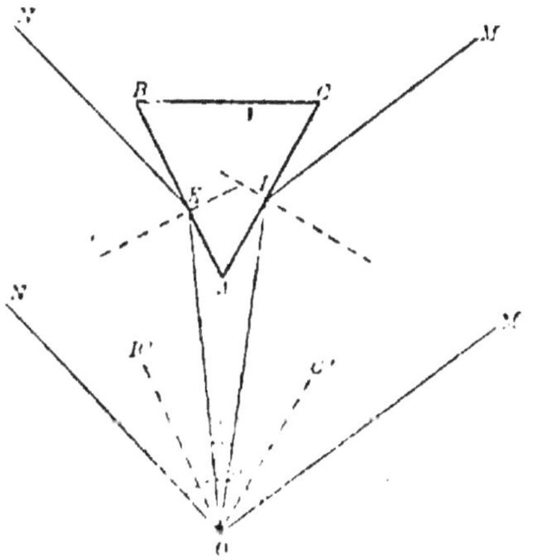

On vise directement avec la lunette, de part et d'autre du prisme, deux mires verticales M et N qui

Fig. 317. — Mesure de l'angle d'un prisme par le théodolite.

peuvent être fournies par des arêtes verticales d'édifices éloignés. On mesure sur le limbe gradué l'angle MON = α que font entre elles les directions de ces deux mires. On vise suivant OI l'image de la mire M dans la face AC, puis suivant OK l'image de la mire N dans la face AB, ce qui est possible si l'on a convenablement choisi la position de ces mires.

Cette expérience permet de régler la verticalité des faces AC et AB, et par suite de l'arête A, car si la face AC n'est pas verticale, le fil vertical du réticule de la lunette amené d'abord à coïncider avec la mire M ne peut coïncider avec l'image de cette mire dans la face AC, cette image étant inclinée dans le même sens que le miroir et d'un angle double.

On mesure l'angle IOK $= \beta$ des directions de réflexion.

La bissectrice OC' de l'angle MOI est parallèle à la trace horizontale AC de la face correspondante du prisme, qui est la bissectrice extérieure de l'angle supplémentaire MIO. De même la bissectrice OB' de l'angle NIK est parallèle à AB. On a donc :

$$\alpha = \beta + IOM + KON$$

$$\frac{\alpha + \beta}{2} = \beta + \frac{IOM + KON}{2} = A.$$

L'angle réfringent est la demi-somme des angles α et β.

540. Goniomètre de Babinet. — Toutes les mesures nécessaires à la détermination de l'indice peuvent être exécutées avec le goniomètre de Babinet (fig. 318 et 319). Cet instrument se compose d'un cercle gradué en degrés et subdivisions de degrés, disposé sur un support à trois vis calantes. Le centre du cercle est occupé par une plateforme

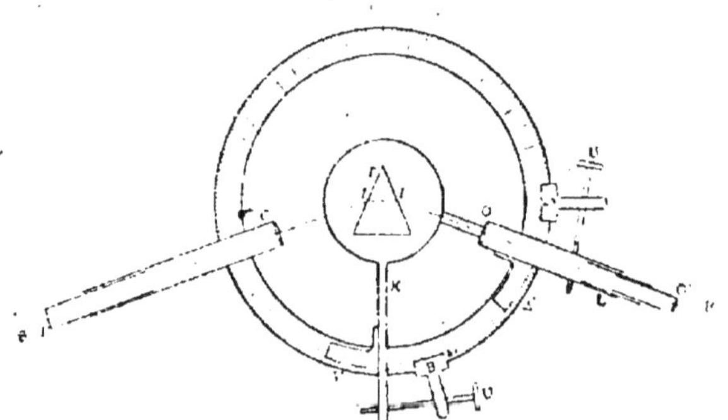

Fig. 318. — Goniomètre de Babinet.

sur laquelle on peut poser verticalement des prismes ou des lames à faces parallèles. Cette plate-forme peut tourner autour d'un axe central que l'on a rendu aussi exactement que possible perpendiculaire au plan du cercle gradué. Dans ce mouvement est entraînée une alidade munie d'un vernier qui parcourt la graduation du cercle. Une pièce de serrage reliée à l'alidade par une vis de rappel permet de préciser la position qu'on cherche à lui donner (1). Dans les instruments de grande précision, la plate-forme porte elle-même un second plan reposant par trois vis calantes, sur lequel on pose les prismes à observer.

Sur le bord du cercle est disposé un collimateur formé d'une lentille convergente placée à l'extrémité d'un tube métallique à parois intérieures noircies. A l'autre extrémité, dans le plan focal de la lentille est placée

____

(1). Si la graduation donne les arcs de 10 minutes, un vernier au trentième permet d'apprécier une rotation de 10 secondes.

une fente étroite, à bords mobiles, qui peut tourner autour de l'axe du tube et se déplacer suivant cet axe. Il n'est pas indispensable que le collimateur

puisse tourner autour du limbe ; mais des vis de rappel permettent de faire tourner légèrement son axe dans le sens horizontal et dans le sens vertical.

Le bord du cercle gradué porte encore une lunette astronomique munie d'un réticule, qui peut tourner dans son plan et se déplacer suivant l'axe de figure de la lunette. Cette lunette peut tourner autour du même axe vertical que la plateforme centrale et son axe peut

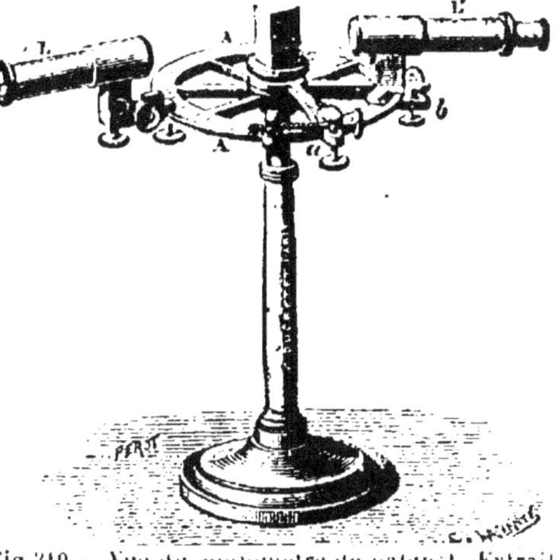

Fig. 319. — Vue du goniomètre de cabinet. (Extrait du catalogue de M. Ducretet.)

recevoir en outre de légères inclinaisons dans le sens horizontal et dans le sens vertical.

541. Réglage du goniomètre. — Pour se servir de cet appareil, il faut d'abord en régler les différentes pièces.

Ce réglage peut s'effectuer de la manière suivante :

1°. **Réglage du réticule par rapport à l'oculaire.** — On retire de la lunette l'oculaire avec le réticule. En tournant cette partie de l'appareil vers une surface éclairée, on met au point le réticule par rapport à l'oculaire, puis on replace ces pièces dans le tube de la lunette.

542. 2°. **Mise au point de la lunette et réglage de son axe optique par rapport à** l'axe de rotation du goniomètre. Il est commode pour ce réglage que l'on puisse observer, en même temps que le réticule, son image dans un miroir MM' (fig. 320), ce qui

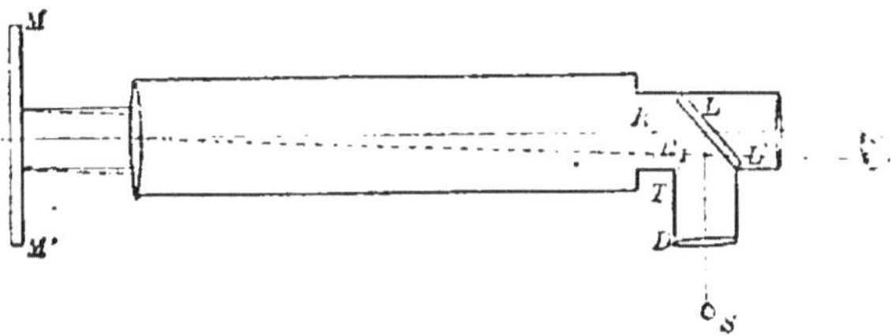

Fig. 320. — Éclairage du réticule de la lunette pour l'autocollimation.

exige que le réticule soit éclairé. On y arrive en disposant derrière l'oculaire, entre lui et le réticule, une lame de glace sans tain LL' inclinée à 45° sur l'axe de la lunette et recevant par un tube T perpendiculaire à celui de l'oculaire et muni d'une lentille éclairante D, la lumière d'une source S placée latéralement.

Une portion de cette lumière, réfléchie par la glace, se dirige vers l'objectif et sort de la lunette. Si elle rencontre une surface réfléchissante à peu près perpendiculaire à l'axe de la lunette, cette lumière revient dans la lunette, traverse en partie la glace sans tain, parvient à l'œil et lui permet de voir le réticule R et son image R_1 par réflexion. Si le réticule est dans le plan focal de l'objectif, les rayons passant par un même point du réticule sont devenus parallèles en traversant l'objectif, et en le traversant de nouveau après leur réflexion, ils sont ramenés à converger vers un point R_1 de son plan focal. L'image se forme donc dans le plan même du réticule. Si le réticule est entre l'objectif et son plan focal, les rayons passant par un point du réticule sont divergents en sortant de l'objectif et sont encore divergents quand ils y reviennent. Ils donnent donc lieu au retour à une image située au-delà du plan focal, c'est-à-dire plus près de l'oculaire que l'objet. L'inverse se produit si le réticule est au-delà du plan focal. On déplace l'oculaire avec le réticule par rapport à l'objectif, jusqu'à ce que le réticule et son image soient vus nettement dans un même plan. On reconnaît qu'il en est ainsi à ce qu'ils ne paraissent pas subir de déplacement relatif par un déplacement latéral de l'œil. Ce mode de réglage est désigné sous le nom d'*autocollimation* de la lunette.

Disposons sur le support central une lame de glace à faces parallèles et

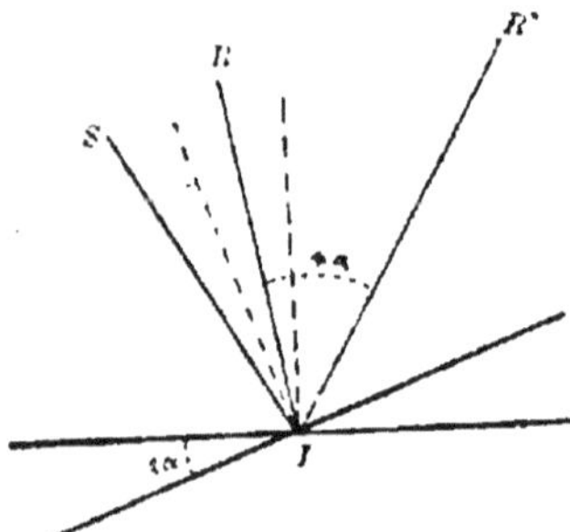

Fig. 321. — Rotation du rayon réfléchi produite par la rotation du miroir.

plaçons-la de manière à voir l'image du réticule par rapport à une de ses faces AA'. En changeant légèrement l'orientation de la lame ou de la lunette, on amène la croisée R des fils à coïncider avec sa propre image. L'axe optique de la lunette est ainsi perpendiculaire au miroir. On fait tourner la plate-forme de 180°, ce qui amène devant la lunette la seconde face BB' de la lame. Si les faces de la lame font un angle α avec l'axe de rotation, ce nouveau miroir fera un angle 2α avec le premier; l'image R' du réticule sera déplacée verticalement et ne coïncidera plus avec lui. L'écart linéaire de la croisée et de son image est $4\alpha F$, si F est la distance focale de l'objectif (1). En corrigeant la moitié de ce déplacement à l'aide des vis du support central, on doit amener les faces de la lame à être parallèles à l'axe de rotation. On achève de corriger l'écart par le déplacement vertical de la lunette, et l'on vérifie le résultat par

---

(1). Pour plus de généralité, la figure 321 montre la rotation 4α du rayon réfléchi, sans supposer qu'il coïncide dans sa première position avec le rayon incident.

un nouveau retournement. La lunette est ainsi rendue perpendiculaire aux faces de la lame, et par suite à l'axe de rotation (1).

543. 3°. Réglage du collimateur. — On tourne la lunette vers le collimateur (2) et l'on vise la fente éclairée de cet appareil; on met au point en faisant varier la distance de la fente à la lentille ; la fente se trouve ainsi placée dans le plan focal de la lentille; on rectifie la direction de l'axe du collimateur, en amenant le milieu de l'image de la fente à coïncider avec la croisée des fils du réticule.

544. 4°. Orientation de la fente et du réticule. — On tourne à peu près verticalement l'un des fils du réticule, puis on oriente la fente de manière à faire coïncider son image avec ce fil. On vise ensuite par réflexion l'image de la fente dans une des faces de la lame. Si cette face AB (fig. 322) fait un angle β avec la direction de la fente F, l'image F' fait avec F l'angle 2β. Le fil vertical du réticule qui coïncidait avec l'image focale de F ne peut donc pas coïncider avec celle de F'. On corrige la moitié de l'écart en tournant la fente dans son plan et l'autre moitié en tournant le réticule. On s'assure en visant directement

Fig. 322. — Image de la fente dans une face de la lame.

la fente que la coïncidence a encore lieu. L'axe optique ayant pu subir un léger dérangement, on vérifie qu'il est encore perpendiculaire au plan AB.

Les réglages que nous venons de décrire peuvent être faits une fois pour toutes et restent acquis tant qu'on ne dérange pas l'instrument.

545. 5°. Position du prisme sur la plate-forme. — A la place de la lame, on pose sur la plate-forme le prisme de la substance soumise à l'expérience. Le faisceau lumineux parallèle venant d'un point de la fente doit rencontrer la face d'entrée du prisme à une faible distance de son arête, pour diminuer le plus possible l'épaisseur de matière traversée par la lumière et atténuer les erreurs dues au défaut d'homogénéité. Il n'est cependant pas bon d'utiliser la partie qui avoisine immédiatement l'arête, les faces cessant d'être planes dans cette région et ne se coupant pas suivant une droite géométrique. L'axe de rotation ne sera donc pas sur l'arête ; mais il convient de faire en sorte qu'il soit sensiblement dans le plan bissecteur des faces utilisées, afin qu'on puisse amener par rotation la seconde face à se placer dans le plan de la première. Comme on vise à l'infini, il n'est pas nécessaire de remplir rigoureusement cette condition.

Pour que la présence du prisme n'empêche pas la visée directe de la fente, il convient de choisir la hauteur du prisme en sorte que le quart de l'ouverture de l'objectif reste libre au-dessus de lui.

---

(1). Ce réglage peut aussi se faire à l'aide d'un prisme.

(2). Il est bon de placer la lame de manière à permettre cette visée directe, pour éviter d'avoir à la retirer.

On vise par réflexion l'image du réticule successivement dans les deux faces du prisme, et on les amène à être perpendiculaires au plan passant par l'axe optique de la lunette et par l'axe du collimateur, c'est-à-dire parallèles à l'axe de rotation. Quand cette condition est remplie à la fois par les deux faces, l'arête d'intersection est elle-même parallèle à cet axe (1).

L'appareil étant ainsi réglé, on peut procéder aux mesures d'angles nécessaires pour déterminer les indices cherchés.

546. Mesure de l'angle réfringent par le goniomètre. — La mesure de l'angle réfringent peut se faire par deux méthodes :

1°. — *Par la rotation du prisme.* — On vise par réflexion le milieu de la fente, dans une des faces AB du prisme (fig. 323). Le faisceau venant de ce point est devenu parallèle en sortant du collimateur : soient SI sa direction, IL la direction du faisceau réfléchi qui est celle de l'axe de la lunette. Faisons tourner la plateforme portant le prisme, jusqu'à ce qu'on voie à la croisée des fils l'image du même point par réflexion sur la seconde face AC du prisme. Cette face s'est placée alors suivant A'C' parallèlement à AB, car, dans ce cas seulement, le faisceau incident se réfléchit suivant une direction I'L' parallèle à IL. Le prisme a donc tourné de l'angle $\pi - A$ supplémentaire de l'angle réfringent A dont on obtient ainsi la valeur.

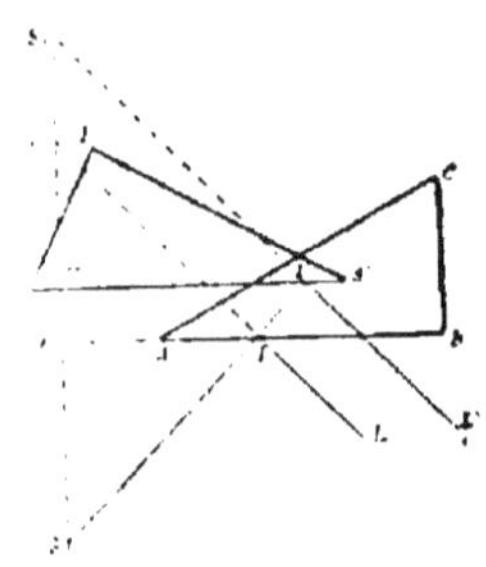

Fig. 323. — Mesure de l'angle réfringent par la rotation du prisme.

Si le réglage à l'infini n'était pas exact, le point visé S situé à une distance finie donnerait dans la première position du prisme l'image S_1, et dans la seconde l'image S_2. Ces deux images seraient vues dans la lunette suivant deux directions différentes. Il faudrait donc, pour les amener à coïncider, faire tourner le prisme d'un angle un peu différent de $\pi - A$, et la mesure serait erronée.

Toutefois si, comme nous l'avons supposé dans le réglage, l'axe de rotation est contenu sensiblement dans le plan bissecteur de l'angle A, le plan

---

(1). Pour faire commodément ce réglage, on pose le prisme de sorte qu'une de ses faces soit parallèle à la droite joignant les axes de deux des vis calantes *a* et *b*. On règle la direction de cette première face à l'aide de la troisième vis *c*. Pour régler ensuite la direction de la seconde sans déranger celle de la première, on tourne d'angles égaux et en sens contraires les deux vis *a* et *b*, ce qui a pour effet de faire tourner le prisme autour d'une perpendiculaire à la première face. On s'assure ensuite que le premier réglage n'a pas été troublé.

A'C' coïncidera sensiblement avec le plan AB et l'erreur deviendra négligeable, pourvu que le défaut de réglage à l'infini soit très faible.

Remarquons que si la lunette porte la disposition décrite plus haut pour l'éclairage du réticule, on peut s'en servir dans cette expérience, en visant l'image du réticule par réflexion dans les deux faces du prisme, au lieu de viser l'image de la fente, ce qui revient à rendre successivement les deux faces perpendiculaires à l'axe de la lunette.

547. —2°. *Par la rotation de la lunette.* — Plaçons le prisme de façon que le faisceau parallèle venant du milieu de la fente et sortant de la lentille L

du collimateur se partage entre les deux faces adjacentes AB et AC du prisme (fig. 324).

Soit DAH la droite suivie par un rayon lumineux qui rencontre l'arête d'intersection de ces deux faces et qu'on peut considérer comme réfléchi par l'une ou par l'autre. Plaçons successivement

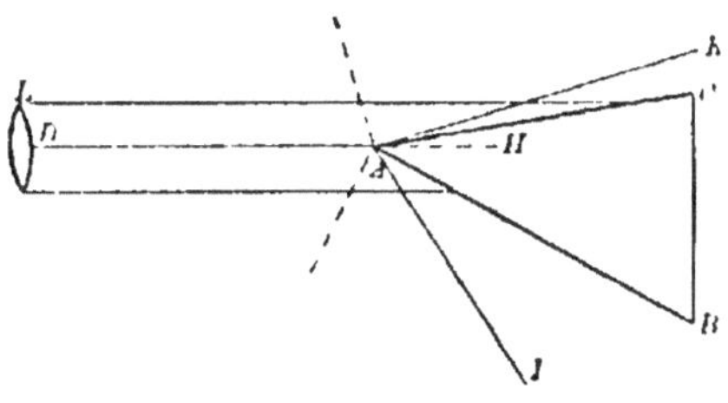

Fig. 324. — Mesure de l'angle réfringent par la rotation de la lunette.

l'axe optique de la lunette suivant les directions AI et AK des faisceaux réfléchis par les faces AB et AC, de manière à voir l'image de la fente par réflexion dans ces faces, et mesurons l'angle IAK dont on fait tourner la lunette pour l'amener de la première position à la seconde. Les lois de la réflexion donnent immédiatement les relations :

$$IAH = 2BAH$$
$$KAH = 2CAH$$

et en ajoutant membre à membre :

$$IAK = 2BAC$$

L'angle mesuré est donc le double de l'angle réfringent cherché.

548. Mesure de l'angle de déviation minima. — L'indice variant avec la nuance observée, il est indispensable d'opérer sur une radiation déterminée. Il faut donc éclairer la fente avec une source lumineuse capable de donner un spectre discontinu formé de raies fines, dont chacune peut être prise successivement pour objet d'expérience. Ce spectre doit donc être produit par une source gazeuse qu'on peut se procurer en volatilisant dans la flamme d'un bec Bunsen un sel métallique, comme le chlorure de sodium fondu. On peut aussi opérer sur les raies sombres du spectre solaire ou des spectres analogues, dont chacune occupe la place d'une radiation de réfrangibilité déterminée.

On commence par rendre la face d'entrée sensiblement parallèle aux rayons sortant du collimateur. L'angle d'incidence étant ainsi voisin de 90°, on se trouve dans la position la plus favorable pour la réfraction à travers le prisme, et l'on doit avoir sûrement une image, si le prisme n'est pas à réflexion totale, quelle que soit l'incidence. On détermine à l'œil nu la position approximative de la raie qu'on se propose d'étudier, puis on la vise avec la lunette. On tourne le prisme de manière à diminuer l'angle d'incidence ; la déviation diminue en même temps. On suit l'image avec la lunette jusqu'au minimum de déviation. On trouve ainsi d'une façon méthodique la position qu'il faut donner au prisme pour que ses déplacements dans les deux sens entraînent un accroissement de déviation. Dans le voisinage de cette position, les variations de déviation sont très lentes. On peut donc avec précision amener la croisée des fils à coïncider avec l'image à sa déviation minima. On note alors la position de la lunette sur le cercle, puis on la déplace jusqu'à ce qu'on vise directement l'image de la fente. La course de la lunette sur le limbe mesure la déviation minima d.

On obtient une précision supérieure et l'on se dispense de l'observation directe de la fente, en orientant le prisme de manière à produire en sens contraire la déviation minima de la même radiation. Il faut pour cela tourner la plate-forme (fig. 325) jusqu'à ce que la face de sortie devienne la face d'entrée du faisceau et le reçoive sous le même angle d'incidence. L'angle des deux directions de la lunette est ainsi le double de l'angle de déviation minima.

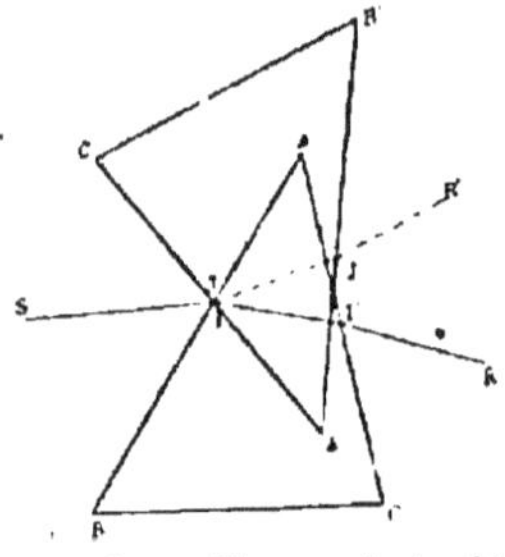

Fig. 325. — Mesure de la déviation minima par le retournement du prisme.

549. **Cas des radiations invisibles.** — La déviation minima d est liée à l'angle d'incidence i correspondant par la relation :

$$(5) \qquad d = 2i - A$$

Si l'on passe de l'observation d'une raie à celle d'une raie plus réfrangible, la déviation minima croît d'une quantité 2ε. Puisque A reste constant, 2i s'accroit de la même quantité, c'est-à-dire que i croît de ε. Supposons que l'on ait pointé la lunette sur une certaine raie observée à la déviation minima, et qu'à partir de cette position, on tourne la lunette d'un angle 2ε dans le sens des déviations croissantes. Tournons le prisme dans le même sens de l'angle ε, ce qui fait croître de ε l'angle d'incidence. On observe à la croisée des fils une nouvelle radiation qui se trouve encore à la déviation minima.

Pour déterminer les indices des radiations ultra-violettes, M. Mascart place à la déviation minima la raie H qui occupe l'extrémité violette du spectre visible. Il dispose dans le plan focal de la lunette, immédiatement derrière le réticule, une plaque de verre sensibilisée sur laquelle se photographie la région du spectre voisine de H. Il exécute ensuite une série de fois l'opération que nous venons de décrire, en employant une plaque neuve pour chaque opération. On obtient ainsi des photographies du spectre ultra-violet qui se raccordent par les parties communes à deux plaques consécutives. Dans chacune d'elles l'image du réticule correspond à une radiation dont la déviation est minima et se trouve connue par la mesure des angles de rotation. Un calcul d'interpolation fait aisément connaître la déviation minima pour les raies intermédiaires. Un procédé analogue peut être employé pour les radiations infrarouges, avec les modifications que comporte la nature de leur activité.

550. Indices des corps liquides. — Pour appliquer la méthode du prisme aux substances liquides, on introduit ces corps dans un prisme creux dont les faces réfringentes sont formées de lames de verre à faces parallèles, et l'on opère comme sur un prisme solide. Comme nous l'avons établi (141, note), l'interposition de ces lames parallèles ne modifie en rien la direction des faisceaux lumineux, et tout se passe comme s'ils traversaient seulement un prisme du liquide expérimenté.

Il est indispensable de vérifier le parallélisme des lames qui constituent les parois. Cette vérification se fait en visant directement la fente, puis en interposant le prisme creux plein d'air. La position de l'image de la fente ne doit pas être altérée. S'il y a une légère déviation, on peut en calculer et en éliminer les effets par deux mesures de déviation faites avec le prisme vide, ses deux faces étant successivement placées normalement au faisceau incident.

551. Vérification des lois de la réfraction. — Comme nous l'avons établi plus haut (136), on peut vérifier ces lois pour une radiation déterminée, en mesurant plusieurs fois la valeur de l'indice n, d'abord avec la déviation minima, puis avec des déviations différentes, et en constatant à l'aide de la formule (1) que cette valeur est constante. Il devient alors nécessaire de mesurer dans chaque nouvelle expérience l'angle d'incidence i correspondant. On y arrive en visant la fente d'abord directement, puis par réflexion dans la face d'entrée du prisme. La course de la lunette entre ces deux pointages a pour valeur $\pi - 2i$.

552. Méthode de la réflexion totale. — Étudions maintenant diverses méthodes secondaires applicables dans des cas particuliers.

La méthode basée sur la réflexion totale s'emploie pour des liquides dont on ne possède qu'une faible masse ou pour une lame solide limitée par une face plane et polie. L'expérience est possible alors même que ces corps sont à peine transparents.

On utilise pour cela un prisme auxiliaire formé d'un verre très réfringent, dont l'indice n par rapport à l'air doit dépasser l'indice x de la substance expérimentée. Une des faces de ce prisme repose sur une tablette horizontale creusée d'une cavité M que l'on a remplie du liquide à étudier (fig. 326). La face inférieure AC du prisme doit être mouillée par le liquide. La face BC reçoit par une fenêtre la lumière du ciel venant de toutes les directions. Une partie de cette lumière rencontre la sur-

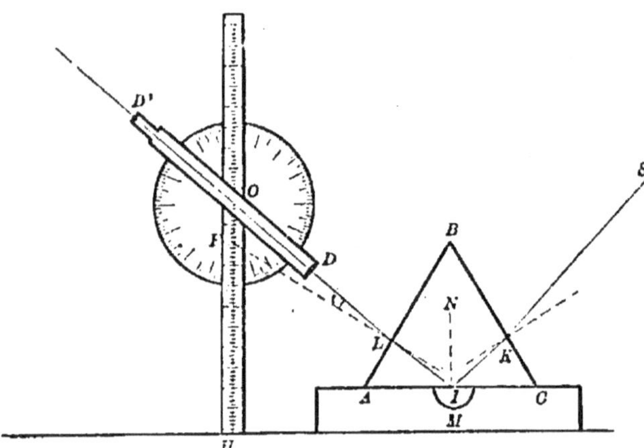

Fig. 326. — Mesure des indices de réfraction par la méthode de la réflexion totale.

face de la goutte liquide M, s'y réfléchit partiellement ou totalement, et sort du prisme par la face AB. Le faisceau réfléchi pénètre en partie dans une lunette DD′ mobile autour d'un cercle gradué vertical O qui peut être lui-même déplacé le long d'une règle verticale HV.

Soit SKILD le trajet d'un rayon réfléchi en I sur le liquide sous l'angle limite l et pénétrant dans la lunette. Désignons par r et i les angles d'incidence et de réfraction au point L où ce rayon rencontre la face AB, par A l'angle BAC et par α l'angle DOH que fait l'axe optique de la lunette avec la verticale. Nous avons, d'après les propriétés géométriques de la figure :

$$LFH = A = \alpha + i$$
$$A = l + r$$

La réfraction en L donne la relation :

$$(6) \qquad \sin r = \frac{\sin (A - \alpha)}{n}$$

L'indice du verre par rapport au liquide est $\dfrac{n}{x}$. On a donc :

$$\frac{x}{n} = \sin l = \sin (A - r) = \sin A \cos r - \cos A \sin r,$$

ou en remplaçant $\sin r$ et $\cos r$ par leurs valeurs tirées de la relation (6) :

$$(7) \qquad x = \sin A \sqrt{n^2 - \sin^2 (A - \alpha)} - \cos A \sin (A - \alpha).$$

On peut donc calculer l'indice x, si l'on connaît l'indice n du verre et l'angle A qu'on a mesurés à l'avance par les méthodes déjà décrites, et l'angle x qu'on mesure sur la graduation du cercle au moment de l'expérience.

553. — Pour faire l'expérience, on place d'abord le cercle O vers le haut de la règle et l'on vise avec la lunette la surface du liquide à travers la face AB. La réflexion de la lumière étant partielle, cette surface paraît terne. On abaisse le cercle O en continuant de viser le liquide. L'angle d'incidence en I augmente, atteint et dépasse l'angle l. Dès que la réflexion totale se produit, la surface de la goutte paraît subitement très brillante. On note l'angle x pour lequel la réflexion totale commence à se produire.

Cette méthode peut aussi s'appliquer à une lame solide moins réfringente que le verre du prisme. On la p'ace en M sous le prisme ; pour empêcher l'interposition d'une couche d'air, on a soin de mouiller les faces de la lame solide et du prisme avec un liquide plus réfringent que la lame. Ce liquide peut être assimilé sensiblement à une lame très mince à faces parallèles. D'après ce que nous avons vu (144, note), la réflexion totale se produit dans ces conditions sur la lame solide, comme si la couche liquide n'existait pas.

On simplifie le calcul de la valeur de x en utilisant le cas particulier où l'angle A est droit. La formule (7) devient alors :

$$(7') \qquad\qquad x = \sqrt{n^2 - \cos^2 x}$$

Au lieu de déterminer n par une autre méthode, il est commode de le mesurer en répétant l'expérience avec la cavité M remplie d'air. x est alors égal à l'unité et la formule devient :

$$1 = n^2 - \cos^2 x$$

ou

$$(8) \qquad\qquad n^2 = 1 + \cos^2 x$$

554. — Pour faire des déterminations rapides d'indice, sans le secours d'un cercle gradué, Wollaston a imaginé la disposition très simple suivante, qui ne comporte que des mesures linéaires (fig. 327).

Le prisme BAC rectangle en A est porté par une tablette qui peut glisser horizontalement sous l'action d'un levier articulé

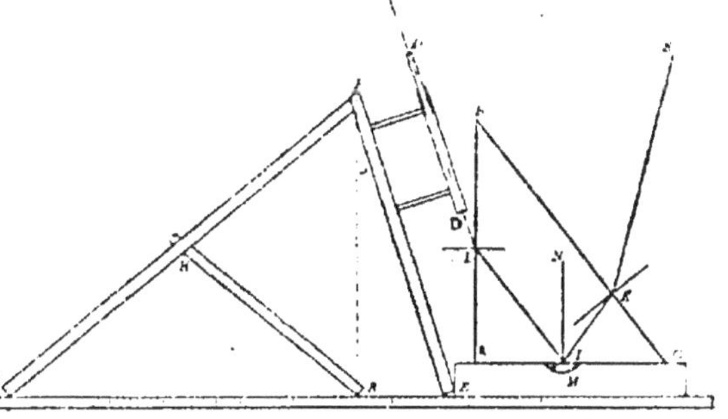

Fig. 327. — Méthode de la réflexion totale. — Disposition de Wollaston.

GFE dont l'extrémité G est articulée sur le support.

La branche FE porte la lunette dont l'axe est parallèle à sa longueur. Les

longueurs des deux branches du levier satisfont à la condition $\dfrac{GF}{FE} = n$. Le pied
R de la perpendiculaire abaissée du sommet F sur le plan de support est marqué par l'extrémité d'une troisième branche de levier HR articulée au milieu de GF et égale à sa moitié. On a donc, en conservant les notations précédentes :

$$\text{EFR} = \alpha \qquad \cos \alpha = \frac{FR}{FE}$$

$$x = \sqrt{n^2 - \cos^2 \alpha} = \frac{\sqrt{GF^2 - FR^2}}{FE} = \frac{GR}{FE}$$

FE étant mesuré à l'avance, l'expérience se réduit à la mesure de GR sur une règle graduée.

555. — M. Pulfrich a basé sur la méthode de la réflexion totale la construction d'un réfractomètre qui permet de faire des déterminations précises (1). Le prisme de l'appareil de Wollaston est remplacé par un cylindre droit à base circulaire, de flint très réfringent, dont l'indice atteint 1,7151 (fig. 328). Sa surface latérale et sa base supérieure sont polies. Sur cette base repose, soit le liquide contenu dans une auge cylindrique sans fond, soit le solide à étudier, avec interposition d'un liquide plus réfringent que lui.

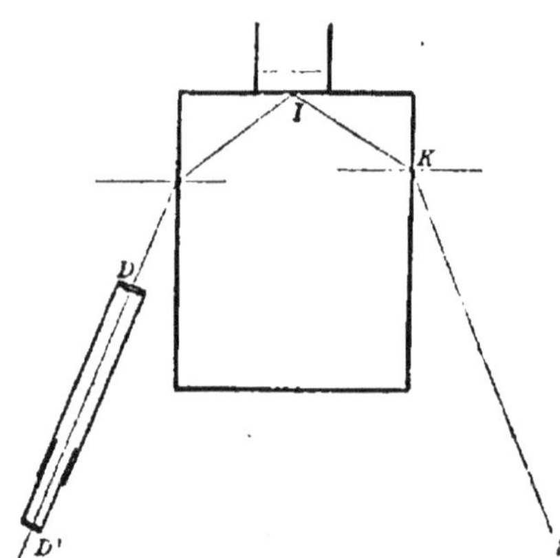

Fig. 328. — Réfractomètre de M. Pulfrich.

La lumière incidente monochromatique pénètre de bas en haut, suivant toutes les directions, à travers les parois latérales du cylindre, se réfléchit sur le corps expérimenté et est reçue à l'émergence dans une lunette réglée pour l'infini et mobile dans le plan d'un cercle gradué qui donne la minute. Tous les rayons de même direction venant des différents points de la surface réfléchissante convergent en un même point du plan focal de l'objectif. C'est le lieu MN de ces points que l'on observe à travers l'oculaire, quand la lunette est réglée pour l'infini (fig. 329). Si ces rayons subissent la réflexion totale, le point correspondant M sera très éclairé ; il le sera peu dans le cas contraire. La région de réflexion totale paraît donc limitée par une ligne très nette la séparant de la région sombre de réflexion partielle. Le pointage se fait en amenant cette ligne à passer par la croisée des fils du réticule.

Pour la commodité de l'observation, on dispose dans la lunette un prisme à

(1). *Journal de physique* [2], t. VI, p. 343.

réflexion totale qui renvoie la lumière dans un second tube perpendiculaire au plan de la figure 328 et contenant l'oculaire. On regarde ainsi toujours dans la même direction, quelle que soit l'orientation de la lunette.

En substituant à l'oculaire un petit spectroscope à vision directe dont la fente

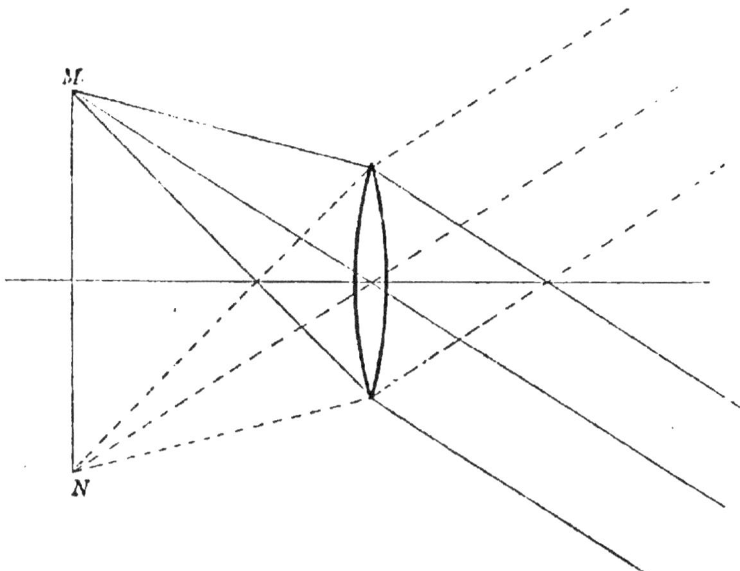

Fig. 329. — Marche des faisceaux incidents parallèles.

est dans le plan focal de l'objectif, on peut faire des mesures relatives aux diverses radiations simples du spectre. On peut aussi dans cet appareil remplacer l'observation du faisceau réfléchi par celle du faisceau réfracté à travers la surface de séparation. Le champ présente alors une portion éclairée séparée par une ligne nette de la région complètement obscure qui correspond à la réflexion totale (1).

---

(1). Ce dernier mode d'observation est appliqué dans le refractomètre d'Abbe où le liquide réfringent est interposé entre les faces hypoténuses très rapprochées de deux prismes de flint (fig. 330), ce qui permet de n'employer qu'une très petite quantité de ce liquide. La lunette est fixe et l'ensemble des deux prismes forme une lame

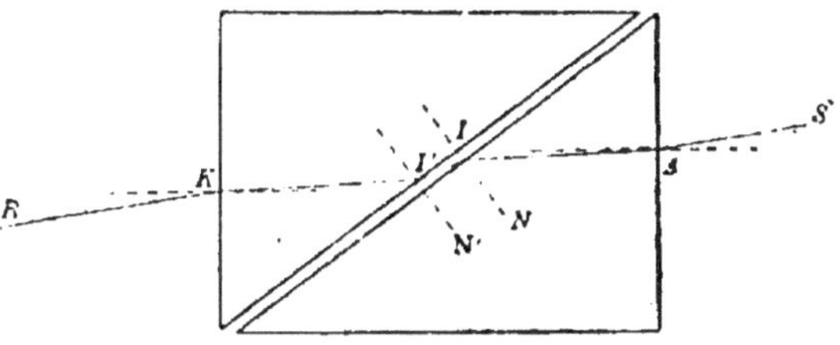

Fig. 330. — Réfractomètre d'Abbe.

rectangulaire mobile par l'action d'une alidade qui parcourt un cercle gradué. On amène la ligne de séparation des régions éclairée et obscure à se placer au

556. Méthode du duc de Chaulnes. — Cette méthode, applicable à une lame transparente solide à faces parallèles, comporte l'emploi d'un microscope dont les petits déplacements suivant son axe peuvent être mesurés à l'aide d'une vis micrométrique. On peut remplir cette condition en adaptant un petit tambour gradué à la vis de rappel qui commande la mise au point de l'instrument. On vise avec ce microscope un micromètre finement divisé placé sur la platine. On recommence ensuite le pointage en intercalant la lame expérimentée entre la platine et le verre du micromètre. Celui-ci se trouve rapproché d'une longueur égale à l'épaisseur e de la lame. On la mesure par le recul donné au microscope pour le remettre au point. On replace ensuite le micromètre directement sur la platine, et l'on pose sur lui la lame qui substitue à l'objet visé une image plus rapprochée de la longueur :

$$(9) \qquad a = e\left(1 - \frac{1}{n}\right),$$

n désignant l'indice de la lame. On mesure encore cette longueur a en remettant au point le microscope. L'équation (9) donne la valeur de n :

$$(10) \qquad n = \frac{e}{e - a}$$

557. — Pour éviter l'emploi de la vis micrométrique que les microscopes ne portent pas ordinairement, Bertin a proposé de modifier la méthode en effectuant les trois mises au point nécessaires par le déplacement de l'oculaire seul, l'objectif restant en place. On mesure dans chaque expérience le grandissement du microscope à l'aide de la chambre claire.

Désignons par p et p' les valeurs absolues des distances de l'objectif à l'objet et à son image objective dans la première expérience, par g_1 le grandissement de l'objectif en valeur absolue. Nous avons, en tenant compte de la relation des foyers conjugués :

$$\frac{1}{g_1} = \frac{p}{p'} = \frac{p - f}{f}$$

Dans la deuxième et la troisième expérience, la distance p de l'objet visé se trouve remplacée par les distances $p - e$ et $p - e + \frac{e}{n}$. On a donc, en désignant par g_2 et g_3 les grandissements de l'objectif :

---

centre du champ, dans une position marquée par un réticule. La graduation du cercle donne alors directement l'indice correspondant.

Si l'on opère avec de la lumière blanche, l'incidence limite varie avec la couleur ; la ligne de séparation se trouve remplacée dans le champ de la lunette par une bande irisée. Pour faire disparaitre cette coloration, on a disposé entre l'objectif et l'oculaire de la lunette un système de prismes compensateurs faisant l'office de diasporamètre. On tourne ce système sur un cercle gradué, jusqu'à ce que la coloration disparaisse. L'indication du cercle fait alors connaitre le pouvoir dispersif de la substance liquide essayée.

$$\frac{1}{g_1} = \frac{p - f - e}{f}, \quad \frac{1}{g_3} = \frac{p - f - e + \dfrac{e}{n}}{f}$$

$$\frac{\dfrac{1}{g_1} - \dfrac{1}{g_2}}{\dfrac{1}{g_3} - \dfrac{1}{g_2}} = \frac{\dfrac{e}{f}}{\dfrac{e}{nf}} = n$$

Mais le grandissement de l'oculaire ne changeant pas, les grandissements Γ du microscope **sont** proportionnels aux grandissements g de son objectif. On a donc aussi :

$$(11) \qquad n = \frac{\dfrac{1}{\Gamma_1} - \dfrac{1}{\Gamma_2}}{\dfrac{1}{\Gamma_3} - \dfrac{1}{\Gamma_2}}$$

558. Méthode de Brewster. — Cette méthode s'applique aux liquides et comporte, comme la précédente, l'emploi d'un microscope muni d'une vis micrométrique. On pourrait aussi avoir recours à une série de mesures de grandissement. L'objectif du microscope employé doit se terminer par une surface frontale convexe vers l'objet. Soit R son rayon de courbure. On prend comme objet les divisions d'un micromètre disposé sur la platine ; on mesure la distance p de la lentille frontale à l'objet, en l'amenant en contact avec lui à l'aide de la vis micrométrique. On interpose ensuite une lame de verre à faces parallèles appliquée sur le sommet de la surface frontale et l'on remet au point l'objet vu à travers cette lame. La distance de l'objet est un peu modifiée ; mais l'image virtuelle I_1 que la lame substitue à l'objet O est toujours à la distance p de l'objectif quand la mise au point est obtenue. Enfin l'on interpose entre la lame de verre et la surface frontale un petit ménisque du liquide à étudier. Ce ménisque constitue une lentille plan-concave qui se comporte comme si ses deux faces étaient baignées par l'air, car on ne modifierait pas la marche de la lumière, si l'on imaginait que le ménisque liquide fût séparé des surfaces qu'il touche par de très minces lames d'air à faces parallèles. L'interposition de cette lentille a pour effet de substituer à la première image I_1 une nouvelle image I_2 virtuelle plus rapprochée. Il faut donc, pour remettre au point, reculer le microscope, jusqu'à ce que cette image soit de nouveau à la distance p. On mesure le déplacement d du microscope. L'image I_1 qui joue le rôle d'objet par rapport à la lentille liquide est ainsi reportée à la distance $p_1 = p + d$. En appliquant aux distances conjuguées p_1 et p la formule des foyers conjugués des lentilles (190) :

$$(12) \qquad \frac{1}{p'} - \frac{1}{p} = (n - 1)\left(\frac{1}{R} - \frac{1}{R'}\right),$$

il faut remplacer p' par p, p par p_1, R par ∞ et R' par $- R$. On a donc :

$$(13) \qquad \frac{1}{p} - \frac{1}{p_1} = \frac{n-1}{R}$$

Cette équation permet de calculer n si l'on connaît le rayon R. Mais sa détermination directe présente de grandes difficultés, à cause de la petitesse de la lentille frontale. Il est préférable de recommencer l'expérience avec un liquide d'indice connu, l'eau par exemple. On a, en affectant d'accents les grandeurs relatives à cette seconde expérience :

$$(14) \qquad \frac{1}{p} - \frac{1}{p'_1} = \frac{n'-1}{R},$$

et en divisant membre à membre les équations (13) et (14) :

$$(15) \qquad \frac{n-1}{n'-1} = \frac{\dfrac{1}{p} - \dfrac{1}{p_1}}{\dfrac{1}{p} - \dfrac{1}{p'_1}}$$

Le rayon de courbure se trouve éliminé.

559. Méthode de M. Ad. Martin. — Cette méthode est applicable aux objectifs de lunettes. Soient O et O' les deux faces d'une lentille de crown (fig. 331). Plaçons en P sur l'axe principal un point lumineux et supposons que le foyer conjugué de P par rapport à la face O soit le centre de courbure C' de la face O'. Un rayon PI parti de P se réfracte suivant IA à travers la face O, puis rencontre normalement la face O'. Considérons la lumière

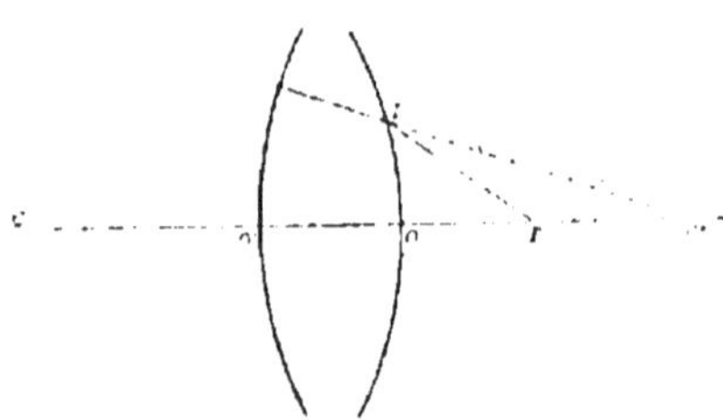

Fig. 331. — Mesure des indices par la méthode de M. Ad. Martin.

qui se réfléchit sur cette face : elle suit au retour la route inverse AIP et revient former l'image du point lumineux en coïncidence avec ce point même.

Prenons pour direction positive la direction O'C et posons :

$$O'O = e \qquad OP = p \qquad O'C' = R' \qquad OC = -R,$$

R désignant la valeur absolue du rayon de courbure de la face O.

La réfraction à travers la face O donne la relation :

$$(16) \qquad \frac{n}{R'-e} - \frac{1}{p} = -\frac{n-1}{R}$$

ou :

$$(17) \qquad n = \frac{(R+p)(R'-e)}{p(R+R'-e)}$$

On mesure R et R' au moyen du sphéromètre. Pour déterminer e, on mesure l'épaisseur de la lentille à son bord, et l'on y ajoute les deux flèches de courbure évaluées au moyen des rayons de courbure et du diamètre de la lentille.

Pour mesurer p, on cherche à placer au point P la pointe d'une aiguille fine et à obtenir son image dans le prolongement de la pointe elle-même. L'aiguille est éclairée par une lampe à vapeurs de sodium placée latéralement, dont la lumière est réfléchie par une glace sans tain placée entre l'œil et l'aiguille. On observe à l'aide d'un microscope grossissant 15 à 20 fois. Pour obtenir plus de lumière réfléchie, on argente la face O'. La pointe étant placée en coïncidence avec son image, on mesure sa distance au sommet O et l'indice n donné par la formule est celui qui correspond à la raie D.

On recommence ensuite l'expérience en appliquant sur la lentille de crown la lentille de flint destinée à l'achromatiser. Une formule analogue dans laquelle on tient compte des réfractions de la lumière à travers les faces intermédiaires permet de déterminer l'indice du flint (1).

560. Résultats. — Loi de Gladstone.

— Newton avait déduit de considérations tirées de la théorie de l'émission que, pour un même corps à ses divers états, le rapport :

$$\frac{n^2 - 1}{d}$$

devait conserver une valeur constante. Dans ce rapport appelé *pouvoir réfringent*, n représente l'indice et d la densité de la substance. Cette hypothèse n'a pas été vérifiée par l'expérience. Elle s'écarte en général beaucoup de la réalité. Dale et Gladstone ont reconnu expérimentalement dans un certain nombre de cas que l'indice diminué de l'unité, ou la *réfraction* de la substance, est pour un même corps sensiblement proportionnel à la densité.

$$(18) \qquad \frac{n - 1}{d} = \text{Const.}$$

Ce rapport s'appelle *énergie réfractive*.

Il résulte des expériences de Jamin sur l'eau comprimée et de celles de Quincke sur neuf autres liquides soumis à des pressions croissantes que cette loi se vérifie d'une manière satisfaisante, quand on fait varier la pression seule, en laissant la température constante.

561.

— La loi de Gladstone est susceptible d'une interprétation théorique. Considérons les corps comme formés de molécules de volumes invariables, séparées par des espaces vides d'étendue variable avec l'état du corps. Soient δ la densité moyenne constante du milieu qui forme les molécules d'un corps et x l'indice de ce milieu, c'est-à-dire l'indice qu'on observerait si toutes les molé-

---

(1). Sur une méthode d'auto-collimation directe des objectifs astronomiques, par M. Ad. Martin. — *Ann. scientifiques de l'Éc. norm. supre*, 2ᵉ série, t. X, p. 52, 1881.

cules se touchaient, sans laisser de vides entre elles. x s'appelle l'*indice molé-culaire* et $x - 1$ la *réfraction moléculaire*. On a, d'après la loi de Gladstone :

$$(19) \qquad x - 1 = \delta \frac{n-1}{d}$$

La réfraction moléculaire est donc constante, si l'on suppose vraie la loi de Gladstone.

562. Loi des mélanges. — On peut déduire *a priori* l'indice de réfraction d'un mélange homogène de deux ou plusieurs substances des indices de ces substances prises séparément, à la condition qu'on admette une seconde loi qu'on peut énoncer ainsi :

« *La réfraction d'un mélange est égale à la somme des réfractions que posséderait chacun des corps mélangés, s'il occupait seul le volume entier du mélange.* »

Désignons par n_1 et n_2 les indices de deux substances mélangées, par d_1 et d_2 leurs densités, par u_1 et u_2 les volumes de ces deux corps qui entrent dans l'unité de volume du mélange, par N l'indice du mélange. Si le premier corps occupait seul le volume du mélange, sa densité serait $u_1 d_1$, et son indice x_1 serait déterminé par la relation :

$$\frac{x_1 - 1}{u_1 d_1} = \frac{n_1 - 1}{d_1}$$

ou
$$x_1 - 1 = (n_1 - 1)u_1$$

On aurait de même pour le second corps :

$$x_2 - 1 = (n_2 - 1)u_2.$$

La loi des mélanges donnerait donc :

$$(20) \qquad N - 1 = (n_1 - 1)u_1 + (n_2 - 1)u_2$$

Une formule analogue conviendrait au mélange d'un nombre quelconque de substances.

Dans le cas particulier où le mélange s'accomplit sans altération de volume, on a en outre :

$$u_1 + u_2 = 1,$$

ce qui conduit à la relation plus simple :

$$(21) \qquad N = n_1 u_1 + n_2 u_2.$$

563. — La détermination directe de u_1 et u_2 présentant des difficultés, on a donné à la loi des mélanges une autre expression plus usitée. Soient D la densité du mélange, p_1 et p_2 les masses des deux corps qui forment l'unité de masse du mélange. On peut écrire :

$$(22) \qquad p_1 D = u_1 d_1$$

les deux membres de l'égalité exprimant la masse du premier corps qui entre dans l'unité de volume du mélange.

On a donc, en remplaçant u_1 et u_2 par leurs valeurs tirées d'expressions de cette forme :

$$(23) \qquad \frac{N-1}{D} = \frac{(n_1-1)\,p_1}{d_1} + \frac{(n_2-1)\,p_2}{d_2}.$$

564. — Les expériences de MM. Wüllner, Landolt, Damien, Dufet, vérifient assez exactement cette relation pour les mélanges des liquides entre eux (eau avec l'alcool, la glycérine, etc.), et pour les dissolutions étendues des sels dans l'eau. La vérification n'est pas exacte pour les dissolutions concentrées des sels. Cette circonstance s'explique par la formation d'hydrates définis, combinaisons nouvelles qui altèrent la nature des corps mélangés. Il en est de même en général toutes les fois que les corps mélangés, en réagissant les uns sur les autres, peuvent donner naissance à des composés nouveaux.

Au contraire, il résulte des expériences de M. Dufet et de divers autres physiciens que les mélanges solides obtenus en faisant cristalliser ensemble des sels isomorphes obéissent d'une manière satisfaisante aux lois précédentes.

565. Influence de la température. — La loi fondamentale n'est plus vérifiée si l'on fait varier la température des corps soumis à l'expérience. Quand la température s'élève, la réfraction diminue généralement en même temps que la densité; mais elles ne restent pas proportionnelles. Cela revient à dire que la réfraction moléculaire change avec la température. M. Dufet a établi par la discussion de ses expériences et de celles de ses prédécesseurs :

1° Que la réfraction moléculaire des liquides diminue à mesure que la température s'élève, de fractions de sa valeur peu différentes pour les divers liquides ;

2° Que la réfraction moléculaire des solides augmente dans les mêmes conditions, de fractions de sa valeur également peu différentes d'un solide à l'autre ;

3° Que les solides dissous se comportent à ce point de vue comme s'ils étaient demeurés solides.

Il arrive même que dans certains solides très réfringents, l'indice croît au lieu de diminuer, quand la température s'élève.

566. Indices de quelques substances pour la raie D.

Corps solides.		Corps liquides.	
Acide arsénieux	1,755	Eau à 16°	1,3332
Alun de potasse	1,4564	Alcool à 16°	1,3633
Chlorure d'argent naturel	2,071	Éther sulfurique à 16°	1,3569
Diamant incolore	2,420	Sulfure de carbone à 10°	1,633
Quartz fondu	1,460	Acide acétique à 35°	1,368
Chlorhydrate d'ammoniaque	1,642	Chloroforme à 30°	1,4397
Sel gemme	1,543	Térébenthine à 20°	1,4689
Spath fluor	1,435	Benzine à 10°	1,5032

§ 2. — Corps gazeux.

567. Méthode du prisme. — La méthode du prisme est applicable à la mesure des indices de réfraction des corps gazeux, mais son emploi est rendu très délicat par ce fait que les indices absolus des gaz aux pressions voisines de la pression atmosphérique diffèrent très peu de l'unité. Quand un prisme creux est rempli d'un gaz et plongé dans un autre gaz, comme l'air atmosphérique, les déviations sont extrêmement faibles. Il convient donc, pour les rendre sensibles, d'employer des prismes de grand angle.

On ne mesure que l'indice moyen correspondant à la lumière blanche, la petitesse de la dispersion ne permettant pas de distinguer avec précision les déviations qui correspondent aux diverses radiations du spectre (1).

568. Expériences de Biot et Arago. — Les premières recherches précises sur ce sujet ont été entreprises par Biot et Arago, en 1805. Ils se servaient d'un prisme formé d'un tube de verre épais AA'BB' (fig. 332), rodé à ses deux extrémités, sur lesquelles on avait collé deux glaces à faces parallèles faisant entre elles un angle de 143°. L'arête de cet angle est verticale.

Ce tube communique, d'une part avec un robinet R permettant de faire le vide ou d'introduire des gaz, d'autre part avec une cloche CC' renfermant un baromètre semblable à celui des machines pneumatiques. Il est installé sur une plate-forme et peut tourner autour d'un axe vertical. Ses dimensions ne permettant pas de le disposer au centre d'un goniomètre, on exécutait les mesures de la manière suivante.

Une lunette de théodolite disposée sur un cercle gradué horizontal servait à viser, à travers le prisme, l'image d'une mire verticale très éloignée qui était la tige d'un des paratonnerres de l'Observatoire.

569. — L'appareil était installé au palais du Luxembourg, à une distance de 1300 mètres environ. On visait la mire à travers le prisme ABA'B', de façon que l'axe du tube perpendiculaire au plan bissecteur de l'angle réfringent fût à peu près parallèle à la direction des rayons intérieurs, afin de réaliser la déviation minima. Il n'est nullement nécessaire que cette condition soit exactement remplie, car nous savons que la déviation varie très lentement au voisinage de son minimum, quand on fait varier l'angle d'incidence. Cette variation est d'autant plus lente que la déviation est elle-même plus faible. On pouvait faire tourner le prisme d'un angle de plusieurs degrés sans observer de déplacement appréciable de l'image. Nous pouvons donc supposer, pour la commodité de l'exposition, que les rayons incidents SI (fig. 333) sont dirigés suivant l'axe du tube, au lieu des rayons intérieurs.

On retournait ensuite le prisme de 180°, en l'amenant à la position CDC'D'

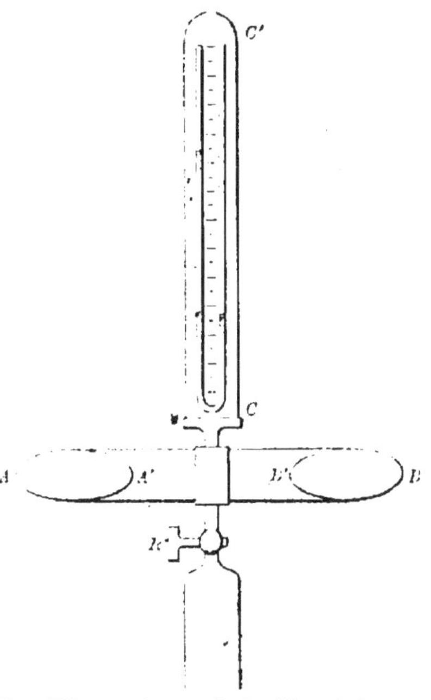

Fig. 332. — Appareil de Biot et Arago pour la mesure des indices de réfraction des gaz.

et l'on faisait une nouvelle visée. La rotation de la lunette mesurait l'angle que font les directions LR et KT des rayons émergents dans les deux expériences, c'est-à-dire le double de la déviation minima δ.

Pour que l'expérience soit possible, il faut que la lunette soit installée de manière à recevoir les faisceaux émergents dans les deux positions du prisme.

570. — L'angle mesuré 2δ étant très petit, on augmente la précision de mesure par l'emploi de la méthode de *répétition*. Le cercle du théodolite est disposé de manière à pouvoir tourner lui-même autour de son axe. Après avoir tourné la lunette seule de la première à la seconde position, on la fixe au cercle par une vis de serrage. On retourne de nouveau le prisme de 180° et l'on ramène la lunette à sa première position, en la fai-

sant tourner avec le cercle auquel elle est fixée. Le prisme étant de nouveau
retourné, on ramène la lunette à la seconde position en la faisant tourner
seule, ce qui lui fait parcourir sur le cercle un nouvel arc 2 δ de même sens
que le premier. Si l'on répète n fois cette manœuvre, on
mesure entre les lectures extrêmes l'arc $2n\delta$. Si la somme
algébrique des erreurs entachant ces lectures extrêmes
est α, l'erreur relative dont la mesure est entachée a
pour valeur $\dfrac{\alpha}{2n\delta}$, au lieu de $\dfrac{\alpha}{2\delta}$; elle est donc rendue n
fois plus petite.

571. — Il est indispensable, en raison de la petitesse de
la déviation, de corriger l'erreur pouvant provenir d'un
défaut de parallélisme des faces des lames qui limitent
le prisme. On effectue cette correction au moyen d'une
expérience préalable exécutée avec le prisme plein d'air
identique à l'air extérieur. La déviation ε que donne
cette mesure est due au verre des lames. Si l'on prend
positivement les déviations orientées vers la base du
prisme, la déviation due au gaz intérieur est représentée
algébriquement par :

$$(24) \qquad\qquad d = \delta - \varepsilon,$$

si d est assez petit pour que la présence du gaz ne modifie
pas sensiblement la déviation à travers la lame de sortie.

572. — Pour déterminer l'angle réfringent A du prisme,
on opère par la méthode du théodolite décrite plus haut
(539). Mais les dimensions du prisme ne permettent pas
de viser les deux mires et leurs images sans déranger
le théodolite. On opère donc séparément la mesure des
angles KON,δ,IOM (fig. 317), pour des positions différentes de cet instrument, mais de distances négligeables par rapport à la
distance des mires. On a :

$$A = \delta + \frac{\mathrm{KON} + \mathrm{IOM}}{2}.$$

A et d étant ainsi connus, l'application de la formule (4) :

$$(1) \qquad\qquad m = \frac{\sin\dfrac{A+d}{2}}{\sin\dfrac{A}{2}}$$

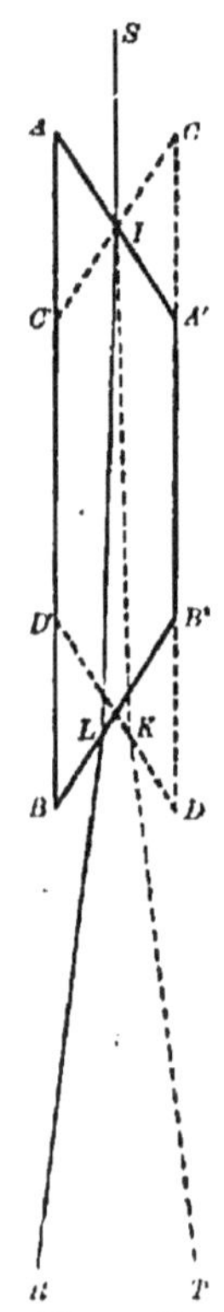

Fig. 333. — Marche
du faisceau lumi-
neux avant et
après le retourne-
ment du prisme.

fait connaître l'indice relatif m du gaz intérieur par rapport à l'air extérieur.

573. — Pour tirer de ces expériences la valeur de l'indice absolu n du gaz intérieur à une température t et à une pression h quelconques, Biot et Arago ont admis l'exactitude de la formule de Newton :

$$(25) \qquad \frac{n^2 - 1}{d} = \text{Const}^{te}.$$

qu'ils ont vérifiée *a posteriori* par la concordance des résultats fournis par des mesures effectuées sur un même gaz dans différentes conditions de température et de pression. Remarquons que nous pouvons remplacer cette loi par celle de Gladstone :

$$(26) \qquad \frac{n - 1}{d} = \text{Const}^{te}.$$

Car si nous posons :

$$n - 1 = k,$$

nous avons :

$$n + 1 = k + 2, \qquad n^2 - 1 = k^2 + 2k.$$

k ne dépasse pas en général $\dfrac{1}{1000}$ et ne peut être mesuré au $\dfrac{1}{1000}$ près de sa valeur ; k^2 est donc toujours négligeable par rapport à $2k$, ce qui revient à dire que l'on a :

$$(27) \qquad \frac{n^2 - 1}{d} = 2\frac{n - 1}{d},$$

à une quantité près inaccessible à l'expérience.

Supposons qu'on opère d'abord sur de l'air à la même température t que l'air extérieur, mais à une pression h' différente de la pression extérieure h, ces pressions étant exprimées en hauteurs mercurielles. Désignons par n, n', n_0, les indices de l'air intérieur, de l'air extérieur et de l'air pris dans les conditions normales de température et de pression, par d, d', d_0 les densités correspondantes. Nous avons, d'après la loi de Gladstone :

$$\frac{n - 1}{d} = \frac{n' - 1}{d'} = \frac{n_0 - 1}{d_0}$$

$$n - 1 = (n_0 - 1)\frac{d}{d_0} = (n_0 - 1)\frac{h}{76(1 + \alpha t)}$$

$$n' - 1 = (n_0 - 1)\frac{h'}{76(1 + \alpha t)}$$

L'indice relatif m mesuré par l'expérience est donc exprimé par la formule :

$$(28) \qquad m = \frac{n'}{n} = \frac{76(1 + \alpha t) + (n_0 - 1)h'}{76(1 + \alpha t) + (n_0 - 1)h},$$

où n_0, seule quantité inconnue, se trouve ainsi déterminée.

Les expériences ont été répétées entre les températures $-2°$ et $+25°$ et pour des pressions ne dépassant pas la pression atmosphérique. Elles ont donné des valeurs concordantes de n_0. Celles qui sont faites à des pressions très faibles donnent presque directement l'indice absolu de l'air extérieur.

Désignons de même par μ_0 l'indice absolu d'un gaz autre que l'air, introduit dans le prisme creux à la pression h'_1, différente de la pression extérieure h_1 et à la température t_1 identique à la température extérieure. Soit m_1 l'indice relatif mesuré du gaz par rapport à l'air ambiant. Nous pouvons écrire la formule suivante qui permet de déterminer μ_0, seule quantité inconnue :

$$(29) \qquad m_1 = \frac{76(1 + \alpha t_1) + (\mu_0 - 1)h'_1}{76(1 + \alpha t_1) + (n_0 - 1)h_1}.$$

574. Expériences de Dulong. — Dulong, en 1826, se proposa de déterminer les indices absolus d'un grand nombre de gaz autres que l'air, en ne faisant que des mesures de pression, sans s'astreindre à faire des mesures d'angles qui sont délicates et exigent un temps assez long. Il suppose vraie la loi de Newton qui se trouve vérifiée *a posteriori*, comme dans les expériences précédentes, et s'appuie sur les résultats obtenus par Biot et Arago pour l'air atmosphérique.

Un prisme analogue à celui de Biot est d'abord rempli d'air identique à l'air extérieur. A l'aide d'une lunette, on vise à travers ce prisme l'image d'une mire éloignée. On remplit ensuite le prisme d'un gaz plus réfringent que l'air, et l'on en diminue progressivement la pression, jusqu'à ce que l'image de la mire soit revenue coïncider avec le fil vertical du réticule. L'indice du gaz, dans ces conditions, est égal à celui de l'air qu'il a remplacé, même si les lames n'ont pas des faces parallèles. On détermine donc μ_0, en faisant dans la formule (29) : $m_1 = 1$.

Pour un gaz moins réfringent que l'air, on opère d'abord sur le gaz à la pression atmosphérique et en second lieu sur l'air dont on diminue progressivement la pression. Les indices relatifs m_1 et m du gaz et de l'air intérieur par rapport à l'air extérieur sont égaux

$$m_1 = m.$$

On obtient donc μ_0 en égalant les seconds membres des équations (28) et (29).

Le prisme AB (fig. 334) communique avec un manomètre à air libre DEFG, dont la branche fermée a une grande capacité. On dessèche le prisme par un courant d'hydrogène, puis on y fait le vide et l'on y introduit le gaz ou l'air contenu dans une cloche Q. Pour ramener la mire sur le réticule de la lunette, on diminue la pression à l'aide de la machine pneumatique et l'on achève de réaliser la coïncidence en faisant écouler un peu de mercure du manomètre par le robinet P. On mesure ensuite la pression obtenue.

575. — Pour opérer sur les gaz attaquant le mercure, qui sont tous plus réfringents que l'air, comme le chlore, on supprimait la communication entre le prisme et le manomètre. On opérait sur le gaz à la pression atmosphérique. Rétablissant la communication avec le manomètre, on substituait au gaz étudié un gaz plus réfringent que lui et sans action sur le mercure, comme le cyanogène, et l'on ramenait l'image à sa première position par une diminution de pression.

Pour opérer sur les vapeurs de corps liquides aux températures ordinaires sous la pression de l'atmosphère, on remplissait du liquide correspondant

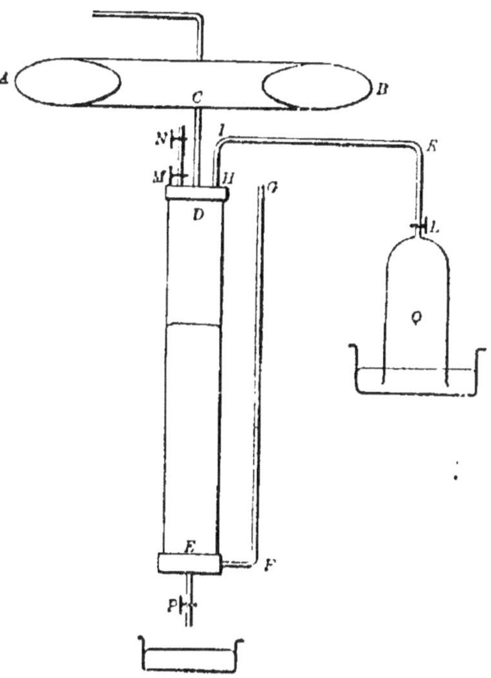

Fig. 331. — Appareil de Dulong, pour la mesure des indices de réfraction des gaz.

un tube MN compris entre deux robinets. En ouvrant avec précaution le robinet inférieur M, après avoir fait le vide dans le prisme, on introduisait quelques gouttes de liquide qui fournissaient la vapeur nécessaire à l'expérience (1).

576. Expériences de M. Le Roux sur les vapeurs. — M. Le Roux a entrepris, en 1861, l'étude des indices des vapeurs, en l'étendant aux corps qui ne sont gazeux qu'à des températures élevées. Il détermine

---

(1). La quantité μ_0 ne représente plus dans le cas des vapeurs un indice effectif, puisque la vapeur ne peut exister à 0° sous la pression de 76ᶜᵐ de mercure. Mais elle sert toujours à calculer, par l'application de la loi de Gladstone, les indices absolus dans les conditions où la vapeur existe réellement.

directement les indices relatifs $\frac{n_i}{n'_i}$ de ces vapeurs prises sous la pression atmosphérique, par rapport à l'air à la même température et à la même pression. En admettant que les indices relatifs demeurent indépendants de la température commune, il en déduit l'indice absolu théorique pour les conditions normales (1).

L'appareil se compose d'un prisme à gaz en fer forgé, à arête verticale, qu'on ferme au moyen de glaces lutées par un verre fusible (fig. 333). Ce prisme contenant la substance à vaporiser est surmonté d'un tube M ou-

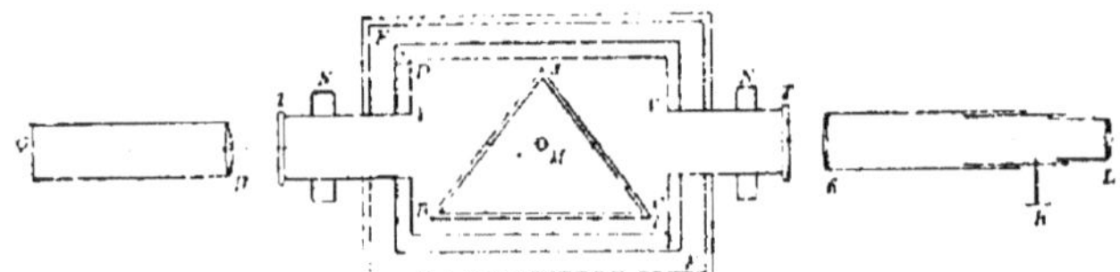

Fig. 333. — Appareil de M. Le Roux, pour la mesure des indices vert dans l'atde réfraction des vapeurs.
mosphère, par

lequel est chassé l'air du prisme et l'excès de vapeur. Une soupape légère maintient ensuite ce tube fermé. Le prisme est disposé à l'intérieur d'une boîte DD' en fer, de forme rectangulaire, portant deux tubes horizontaux opposés VT, V"T', qui sont fermés à leur extrémité par des glaces à faces planes et parallèles. Cette boîte est entourée d'une seconde caisse EE' contenant du plomb fondu et disposée dans un fourneau FF'. Tout cet appareil peut tourner autour d'un axe vertical perpendiculaire au plan de la figure, et ses déplacements angulaires sont mesurés par une alidade sur un cercle gradué. Deux manchons N et N' où l'on fait circuler de l'eau froide, entourent une partie des tubes VT et V"T', pour empêcher la chaleur du fourneau de se transmettre aux glaces terminales.

Le tube VT reçoit la lumière venant d'une fente verticale G qu'on éclaire par une lampe ou par les rayons solaires. La lumière traverse un collimateur GH. Elle pénètre, en sortant de l'appareil, dans une lunette KL munie d'un réticule dont le fil vertical peut se déplacer horizontalement dans le

---

(1). Il convient de remarquer que cette hypothèse:

$$\frac{n_i}{n'_i} = \mathrm{Const}^{te},$$

est différente de la loi de Gladstone

$$\frac{n_i - 1}{n_i' - 1} = \mathrm{Const}^{te}.$$

Il y aurait intérêt à examiner laquelle des deux est la plus conforme à l'expérience.

plan focal de l'objectif, par l'action d'une vis micrométrique R(1). On met au point ce fil sur l'image de la fente, puis on fait tourner le prisme de 180°, et l'on mesure le déplacement d qu'il convient de donner au réticule, pour le ramener à coïncider avec l'image de la fente. Les faisceaux lumineux émergents correspondant à un point de la fente, avant et après le retournement, font donc entre eux l'angle :

$$(30) \qquad\qquad 2\Delta = \frac{d}{F},$$

F étant la distance focale de l'objectif de la lunette. La moitié Δ de cet écart angulaire est l'angle de déviation, qui est toujours assez petit pour qu'on puisse le confondre, comme nous le faisons, avec sa tangente (2).

On retranche de la déviation obtenue celle qui est produite par les glaces fermant le prisme, en la déterminant par des expériences préalables faites avec un prisme plein d'air.

Le faisceau lumineux traversant dans les tubes VT et V″T′ des couches d'air de températures variables, il faut s'assurer que leur présence ne produit aucune déviation, ce qui exige que les surfaces isothermes dans ces parties de l'appareil soient des plans perpendiculaires à l'axe des tubes. Des expériences faites avec la caisse sans le prisme ont montré qu'il en était ainsi.

Le plan bissecteur de l'angle réfringent du prisme est ici perpendiculaire à la direction des rayons incidents, et non à celle des rayons intérieurs, comme l'exigerait la production de la déviation minima. Il convient donc de substituer à la formule (4) la formule générale (1) pour calculer l'indice n.

Il faut remplacer dans cette formule i par $\frac{A}{2}$.

577. Résultats. — 1°. Nous avons déjà fait remarquer que les résultats de Biot et Arago et ceux de Dulong confirment l'exactitude de la loi de Gladstone dans les limites de pression et de température où ils ont opéré. Les expériences de Jamin et celles de M. Mascart, faites entre les limites de température plus étendues et par une méthode différente de celles que nous avons exposées, ont confirmé l'exactitude de la loi de Gladstone, en ce qui concerne les variations de pression à une même température. Mais

---

(1). L'oculaire partage ce mouvement, pour maintenir le réticule au centre du champ.

(2). Il peut arriver que l'écart d soit assez grand pour que l'image de la fente sorte du champ de la lunette. On place alors entre le collimateur et le tube TV un prisme de verre, de petit angle, orienté en sens contraire du prisme gazeux. Ce prisme permet de ramener l'image dans le champ, par une compensation partielle dont on tient compte.

il n'en est plus de même quand la température varie. Comme pour les liquides, l'énergie réfractive,

$$\frac{n-1}{d} = \frac{(n-1)(1+\varkappa t)}{h} \times \frac{76}{d_0}$$

diminue lentement quand la température s'élève, de sorte que pour ramener cette expression à être constante, il faudrait attribuer au coefficient $\varkappa$ des valeurs notablement plus grandes que ses valeurs réelles (1).

578. — 2°. Dulong a constaté que la loi des mélanges s'applique correctement aux mélanges de plusieurs gaz. L'air notamment étant un mélange de $0^{vol}21$ d'*oxygène* et $0^{vol}79$ d'*azote atmosphérique* (2) mêlés sans altération de volume, nous devons pouvoir calculer l'indice N de l'air par la formule (21) :

$$N = n_1 u_1 + n_2 u_2 = 0{,}21 n_1 + 0{,}79 n_2.$$

L'expérience directe confirme l'exactitude de l'indice ainsi calculé, pour une température et une pression comprises dans les limites des expériences.

579. — 3°. Il résulte des expériences de M. Le Roux que les énergies réfractives sont égales pour l'*oxygène* et le *soufre*, corps de la même famille, et peu différentes pour l'*azote* et le *phosphore*, qui appartiennent aussi à une même famille.

Corps.	Énergies réfractives.
Oxygène	0.0002461
Soufre	2462
Azote	3093
Phosphore	3132

580. — 4°. M. Le Roux a constaté que certaines vapeurs, notamment celles du *soufre*, du *phosphore* et de l'*arsenic*, ont un grand pouvoir dispersif entre les radiations extrêmes du spectre visible. La vapeur d'*iode* présente la particularité encore plus curieuse d'être plus réfringente pour les rayons rouges que pour les rayons violets, de sorte que l'ordre du spectre est renversé. M. Le Roux a ainsi découvert le premier exemple de ce phénomène qu'on appelle la *dispersion anomale*, et qui a été observé ensuite avec un grand nombre de substances solides et liquides.

---

(1). 0,00383, au lieu de 0,00367 pour l'air.

(2). Nous appelons *azote atmosphérique* le mélange d'azote et d'argon qui a été jusqu'à ces derniers temps regardé comme de l'azote pur et a servi presque exclusivement à la mesure des constantes qui caractérisent l'azote.

581. Indices de refraction de quelques gaz et vapeurs.

D'après Dulong.		D'après M. Le Roux.	
Air	1.000294	Soufre	1.001629
Oxygène	272	Phosphore	1.001364
Azote atm.	300	Arsenic	1.001114
Hydrogène	138	Mercure	1.000556
Chlore	772		
Anhydride carbonique	419		
Oxyde de carbone	340		

582. Indices de réfraction des gaz liquéfiés. — M. Bleekrode a déterminé les indices de quelques gaz liquéfiés, en employant la méthode du microscope de Berlin. On a ménagé dans la partie effilée d'un tube de Cailletet un renflement, dont on use à l'émeri les côtés opposés, de manière à y pratiquer deux ouvertures qu'on ferme par des glaces planes et parallèles. Ces glaces sont maintenues serrées contre des rondelles de plomb par des pièces d'acier vissées, avec interposition de lames de cuir, de façon à obtenir sans mastic une fermeture parfaite. Le gaz peut être liquéfié dans le tube à l'aide d'une pompe. On mesure d'abord l'épaisseur du récipient vide, en pointant avec le microscope des écailles de papillon qu'on a déposées sur les faces intérieures des lames de verre. On mesure ensuite le déplacement apparent d'un objet par les lames de verre, en visant l'objet avec ou sans l'interposition de ces lames. On répète enfin cette expérience avec la cuve remplie d'un gaz liquéfié.

La loi de Gladstone se vérifie d'une manière assez satisfaisante, quand on compare le liquide et la vapeur fournis par un même corps.

CHAPITRE XIV

VITESSE DE LA LUMIÈRE

583. Exposé des méthodes. — L'expérience montre que la lumière se propage d'un mouvement rectiligne et uniforme, dans les milieux homogènes transparents. Sa vitesse dans le vide ne dépend pas de sa nature ni de son origine. La vitesse de la lumière dans les autres milieux dépend de sa nature ; mais la vitesse dans l'air diffère très peu de la vitesse dans le vide et, dans les limites de précision des expériences, elle peut être regardée comme ayant la même valeur pour toutes les radiations. On a cherché à mesurer cette vitesse, en déterminant le temps T que la lumière emploie à parcourir une longueur comme L. La vitesse est le quotient.

$$V = \frac{L}{T}$$

Deux ordres de méthodes ont été appliquées à cette mesure : 1° Des méthodes astronomiques dans lesquelles la longueur L est grande mais connue avec une faible approximation qu'on peut évaluer à $\frac{1}{100}$. La mesure de T qui atteint plusieurs minutes est aussi assez incertaine ;

2° Des méthodes physiques dans lesquelles on opère sur une longueur relativement faible, de quelques kilomètres ou de quelques mètres, qu'il est possible d'évaluer avec exactitude. Le temps T est alors une très petite fraction de seconde et la précision du résultat dépend surtout de la mesure de cette grandeur.

584. Méthodes astronomiques. Parallaxe. — Les méthodes astronomiques reposent sur la connaissance des dimensions de l'orbite décrite par la Terre autour du Soleil. On appelle *parallaxe* d'un point donné d'un astre, l'angle sous lequel on verrait de ce point le rayon équatorial de la Terre placé normalement à la direction de visée.

Supposons que de deux points A et B convenablement choisis de la surface
de la Terre, on vise le centre S du disque solaire (fig. 336). En mesurant les
angles que font les droites SA et SB avec des directions connues, on peut
calculer les angles A et B du triangle
SAB. Les dimensions de la Terre étant
connues, on connaît la longueur de la
base AB. On peut donc calculer celles
des côtés SA, SB. On possède ainsi les
éléments nécessaires pour calculer la
parallaxe du centre du Soleil et sa
distance au centre de la Terre.

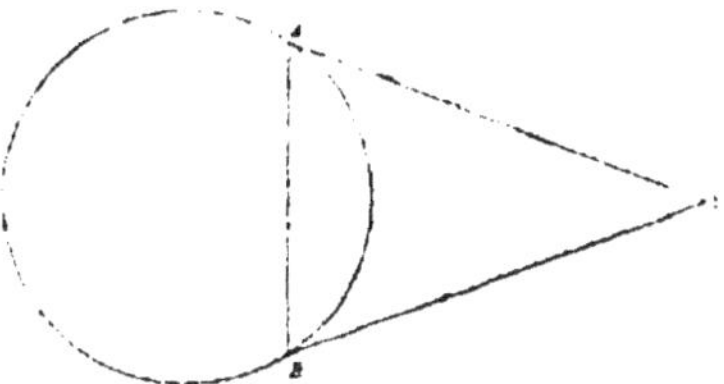

Fig. 336. — Parallaxe.

L'application directe de cette méthode présenterait de grandes difficultés.
Pour atténuer l'erreur due à la réfraction de la lumière par l'atmosphère
terrestre, on serait obligé de prendre pour direction fixe comparée à celle
du point visé, la direction d'une étoile très voisine du Soleil. Cette mesure
d'angle serait rendue difficile par le grand éclat de cet astre.

585. — On peut obtenir un résultat plus exact en profitant des moments très
rares où Vénus passe exactement entre le Soleil et la Terre. Ce passage se produit à peine deux fois par siècle. Pour un observateur donné, la planète se

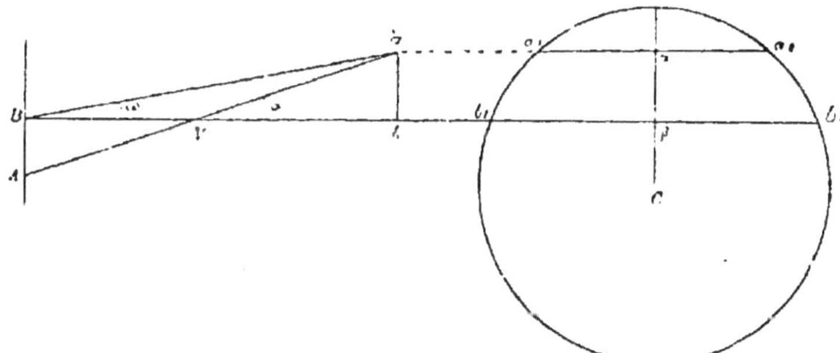

Fig. 337. — Passage de Vénus sur le disque solaire.

projette comme une tache noire sur le disque solaire, dont elle paraît décrire
une corde.

Disposons dans un plan perpendiculaire à cette corde deux observateurs A et
B sur la surface terrestre (fig. 337). La planète V, que nous supposons réduite
à son centre, paraîtra pour chacun d'eux décrire deux cordes parallèles a et b
perpendiculaires au plan de la figure et rabattues en $a_1 a_2$, $b_1 b_2$. En mesurant
leurs distances angulaires au centre C du disque solaire, et en en prenant la
différence, on obtient l'angle ω sous lequel est vue leur distance ab. Désignons

par D et *d* les distances de la Terre et de Vénus au Soleil et par α l'angle aVb. On a, en remarquant que ces angles sont très petits :

$$(1) \qquad \alpha = \omega \times \frac{D}{d}$$

Le rapport $\dfrac{D}{d}$ est connu très exactement par la troisième loi de Képler qui s'énonce ainsi :

Les carrés des durées de révolution des planètes sont proportionnels aux cubes des grands axes de leurs orbites.

Les durées de révolution étant exactement connues, ainsi que la forme des orbites, on connaît le rapport des grands axes et par suite le rapport $\dfrac{D}{d}$. L'angle α déterminé par ce calcul est l'angle sous lequel on verrait, du centre de Vénus, la distance connue AB. On peut en déduire la parallaxe de cette planète et par suite celle du Soleil, en appliquant de nouveau la troisième loi de Képler.

Il y a eu dans notre siècle deux passages de Vénus, en 1874 et 1882. Les calculs relatifs au dernier passage ne sont pas terminés. Les observateurs français ont trouvé comme moyenne de leurs observations, lors du passage de 1874, la parallaxe 8″80, avec une erreur probable d'environ $\dfrac{1}{150}$. Il en résulte pour la distance moyenne du Soleil à la Terre une valeur de 149.400.000 kilomètres avec une incertitude d'environ un million de kilomètres.

586. Méthode de Rœmer. — Rœmer, astronome danois, a mesuré la vitesse de la lumière, en 1675, par l'observation des éclipses des satellites de Jupiter. Ces corps pénètrent à chacune de leurs révolutions dans l'ombre que la planète projette derrière elle, et disparaissent jusqu'au moment où, en sortant de l'ombre, ils reçoivent de nouveau la lumière solaire. La durée de révolution du premier satellite est 42 heures 1/2. Pour déterminer cette durée, il suffit de compter le nombre de révolutions qui s'accomplissent entre deux époques où la Terre se trouve dans la même situation par rapport au Soleil et à Jupiter. En divisant par ce nombre le temps total écoulé, on obtiendra la durée d'une révolution.

Ceci posé, figurons les orbites de la Terre et de Jupiter que nous considérerons comme circulaires et placés dans le même plan, et soit T_1 la position de la Terre quand elle est en conjonction avec Jupiter placé en J_1 (fig. 338). La durée de la révolution de Jupiter étant de 11 ans 10 mois, cette planète est seulement parvenue en J_2 quand la Terre est venue occuper la position T_2 où elle est en opposition avec Jupiter.

Pendant cette période la distance des deux planètes qui était T_1J_1 s'est progressivement accrue jusqu'à T_2J_2 et l'accroissement total est égal au diamètre KT_2 de l'orbite terrestre. On ne peut observer pendant cette période que les émersions du premier satellite en dehors du cône d'ombre, la région des immersions étant cachée par la planète. On trouve que les émersions successives s'accomplissent avec des retards croissants sur les époques calculées, et la somme de ces retards représente finalement le temps nécessaire à la lumière pour parcourir le chemin supplémentaire KT_2.

Pendant la période qui suit, les deux planètes reviennent de la situation d'opposition à celle de conjonction ; leur distance diminue et l'observation

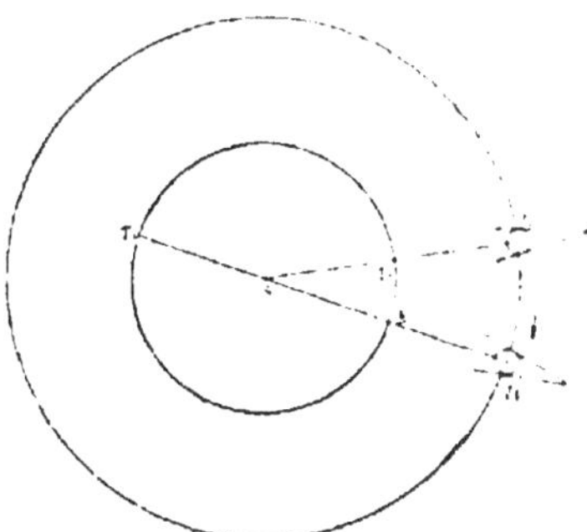

Fig. 338. — Mesure de la vitesse de la lumière. Méthode de Rœmer.

des immersions, qui est alors seule possible, accuse des avances croissantes dont la somme totale compense finalement les retards observés d'abord.

Ces deux groupes d'observations concourent donc à faire connaître le double du temps nécessaire à la lumière pour parcourir la distance moyenne du Soleil à la Terre. Delambre a donné comme résultat moyen des observations poursuivies pendant cent quarante ans, le nombre :

$$493^s, 2 = 8^m 13,2$$

pour la durée moyenne de propagation de la lumière du Soleil à la Terre.

En divisant par ce nombre la distance déterminée plus haut, on trouve $V = 303.000$ kilomètres environ. Rœmer avait trouvé 308.000 kilomètres, avec la valeur de la parallaxe admise de son temps.

Outre l'incertitude qui entache la mesure de la longueur, celle du temps présente des causes d'erreur dues au défaut de netteté du phénomène et à l'impossibilité d'observer ni l'immersion, ni l'émersion, au voisinage immédiat de la conjonction et de l'opposition.

587. Méthode de Bradley. — Bradley, astronome anglais, fit en 1728 des observations plus précises à l'aide du phénomène de l'*aberration astronomique* qu'il avait découvert (1). Ce phénomène consiste en un déplacement apparent que subissent les étoiles par suite du mouvement de la Terre dans son orbite.

---

(1). Picard, en 1671, avait déjà signalé le fait, mais sans l'expliquer.

Désignons par V et *v* les vitesses de la lumière et de la Terre. Supposons qu'on observe une étoile à l'aide d'une lunette (fig. 339). CA = V*t* repré-

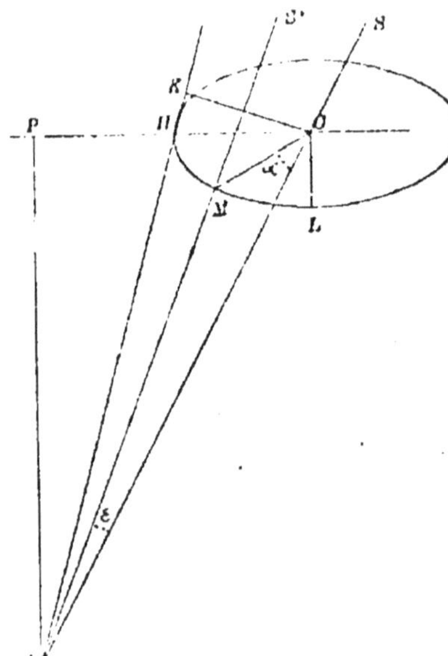

sente en grandeur et en direction le chemin parcouru par la lumière en un temps *t*, pour aller du centre optique de l'objectif qui se trouve en C à l'instant zéro, à l. croisée des fils du réticule qui se trouve en A à l'instant *t*. CM = *vt* représente de même le déplacement que subissent l'observateur et l'instrument pendant ce même temps *t*, par suite du mouvement de la Terre.

Le centre de l'objectif devant être en C au temps zéro se trouvera au temps *t* transporté en M. La direction de l'axe optique de la lunette est donc AM. C'est sur le prolongement de cette droite que l'observateur voit l'étoile, tandis qu'elle se trouve réellement sur le prolongement de la droite

Fig. 339. — Mesure de la vitesse de la lumière. Méthode de Bradley.

AC. Elle paraît ainsi déplacée dans le sens du mouvement de la Terre. L'angle CAM = ε s'appelle l'*angle d'aberration*. Désignons par α l'angle ACM que font entre elles les directions des vitesses V et *v*. L'angle ε étant très petit, nous avons, en négligeant les quantités du second ordre :

$$(2) \qquad \frac{\varepsilon}{\overline{CM}} = \frac{\sin \alpha}{\overline{CA}}, \qquad \text{ou} : \quad \varepsilon = \frac{v}{V} \sin \alpha$$

Supposons par approximation que l'orbite terrestre soit circulaire et parcourue d'un mouvement uniforme. La vitesse *v* est constante en grandeur et dirigée suivant la tangente à l'orbite. Le lieu des points M pour une révolution sidérale complète est donc un cercle GLH de rayon *vt* et de centre C, dont le plan est parallèle au plan de l'écliptique (1). Abaissons du point A sur ce plan la perpendiculaire AP dirigée vers le pôle de l'éclip-

---

(1). L'aberration due au mouvement de translation de la Terre se complique d'une aberration beaucoup plus faible due au mouvement de rotation diurne. Au lieu de regarder comme fixe le centre C du cercle GLH, il faut le considérer comme décrivant lui-même, en un jour sidéral, une circonférence de cercle orientée parallèlement à l'équateur terrestre.

tique et joignons PC. Pour le rayon CH du cercle, correspondant à cette droite, α prend sa valeur minima qui est la latitude λ de l'étoile ; ε prend la valeur minima :

$$(2') \qquad \varepsilon_1 = \frac{v}{V} \sin \lambda.$$

Pour le rayon CL perpendiculaire au plan PAC, α est droit et l'on a pour ε la valeur maxima :

$$(2'') \qquad \varepsilon_0 = \frac{v}{V}.$$

Considérons le cône de sommet A ayant par directrice le cercle CLH, et coupons ce cône par un plan perpendiculaire à AC, passant par le point C. La section est une ellipse dont le demi-grand axe est CL, et dont le demi-petit axe CK est déterminé par la génératrice AH. L'étoile paraît se déplacer dans le plan tangent à la sphère céleste, en y décrivant une section du cône parallèle à cette ellipse, et dont les demi-axes sont vus respectivement sóus les angles ε_0 et ε_1. Le demi-grand axe, vu sous l'angle constant ε_0 pour toutes les étoiles, est perpendiculaire à la ligne des pôles de l'écliptique. Le demi-petit axe a une ouverture variable.

538. — Pour les étoiles situées dans le plan de l'écliptique, on a $\varepsilon_1 = 0$. Ces étoiles paraissent décrire des droites perpendiculaires à la ligne des pôles de l'écliptique. La latitude λ croissant, ε_1 va en croissant; les ellipses décrites se rapprochent de plus en plus de la forme circulaire. Au pôle de l'écliptique, on a $\varepsilon_1 = \varepsilon_0$; la trajectoire apparente est un cercle. Il y a donc déformation dans la disposition relative des étoiles (1).

---

(1). Les écarts apparents communiqués au même instant à différentes étoiles par le phénomène de l'aberration ayant des valeurs inégales et variables avec le temps, la détermination de la constante ε_0 repose sur la comparaison de leurs positions. Mais cette comparaison est rendue difficile par l'existence de la réfraction atmosphérique et par les imperfections des instruments. Pour écarter ces difficultés, M. Lœwy amène à coïncider les images des deux étoiles comparées, par une réflexion sur les deux faces d'un prisme de verre dont l'angle est la moitié de leur écart angulaire. Les moindres changements de cet écart sont alors appréciables. On compare les résultats donnés ainsi par deux groupes A et B formés chacun de deux étoiles également écartées et passant à la même hauteur. Ces groupes sont choisis de façon que la variation d'écart due à l'aberration soit maximum pour l'un quand elle est minimum pour l'autre. L'inverse se produit six mois plus tard. MM. Lœwy et Puiseux ont déduit de ce système de comparaisons la valeur de la constante indiquée ci-dessus.

Les observations récentes ont donné pour le rapport $\varepsilon_0 = \dfrac{v}{V}$ la valeur en secondes : 20″ 447 (1).

589. Méthodes physiques. — On a mesuré la vitesse de la lumière dans l'air par deux méthodes physiques : la méthode de la roue dentée de M. Fizeau, et la méthode des miroirs tournants de Foucault. On en déduit aisément la vitesse dans le vide qui en est très peu différente.

590. Méthode de M. Fizeau. — **Principe de l'expérience.** — On choisit deux stations éloignées de quelques kilomètres. A la première, on dispose une surface lumineuse S très brillante et très étroite. Les rayons partis de cette surface vont rencontrer un objectif O_1 dont le premier plan focal principal est voisin de S (fig. 340). Les faisceaux émergents presque parallèles, venant de chaque point de S, sont reçus à la seconde station par un second objectif O_2, sur lequel ils forment une image de l'objet S. Cet objectif O_2 les renvoie sur un miroir sphérique M voisin du foyer principal de O_2 et ayant son centre de courbure au centre optique K_2 de cet objectif. Ce miroir réfléchit les rayons venant d'un point O_2 de l'objectif vers un point O'_2 symétrique de O_2 par rapport à l'axe principal. Les faisceaux lumineux suivent donc au retour la même route qu'à l'aller et reviennent former en S une image renversée de l'objet. On observe cette image à l'aide d'un oculaire CD qui constitue avec l'objectif O_1 une lunette astronomique.

En S est placé le bord d'une roue dentée SAB perpendiculaire à l'axe du faisceau, à laquelle on peut communiquer, au moyen d'un mouvement d'horlogerie actionné par un poids, une rotation rapide autour de son axe A.

La surface lumineuse S est l'image d'une source S_0 dont un premier système optique L_1 concentre la lumière sur l'ouverture très petite S_1 d'un

---

(1). Pour déduire de ce résultat la valeur de V, remarquons que l'on a :

$$\frac{v}{V} = 20{,}447 \times \frac{2\pi}{360 \times 60^2}$$

Pour avoir v, supposons l'orbite terrestre circulaire et d'un rayon de 149.400.000 kilomètres. La durée de l'année sidérale en jours solaires moyens dépasse 365j.25 de 9m 11s seulement. On a donc :

$$v = \frac{2\pi \times 149.400.000}{365{,}25 \times 24 \times 60^2} = 29{,}75 \ \frac{\text{Km}}{\text{s}} \quad \text{et} \quad V = \frac{360 \times 149.400.000}{365{,}25 \times 24 \times 20{,}447} = 300.000 \ \text{kilomè-}$$

tres à peu près exactement. La durée de propagation moyenne de la lumière du Soleil à la Terre est :

$$t = \frac{149.400.000}{300.000} = 498 \ \text{sec} = 8\text{m } 18 \ \text{sec}$$

Le calcul rigoureux donne des résultats très voisins.

diaphragme opaque. Une lentille convergente L_1 renvoie cette lumière sur une glace transparente à faces parallèles PP′ où elle se réfléchit partiellement, et donne en S l'image utilisée dans l'expérience. L'image de retour est vue à travers la glace PP′.

591. — Si la roue dentée fait par seconde un petit nombre de tours, la lumière qui a traversé l'intervalle de deux dents passe au retour par ce

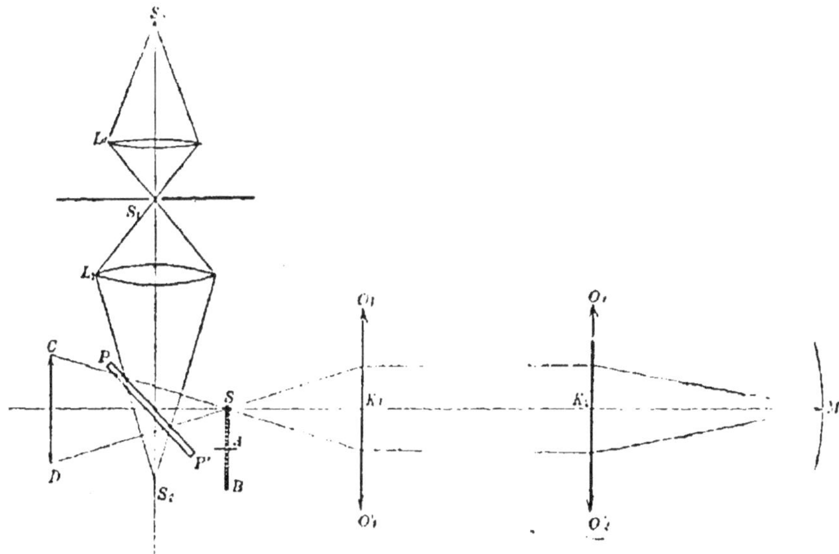

Fig. 340. — Mesure de la vitesse de la lumière. Méthode de M. Fizeau.

même intervalle et parvient à l'œil qui perçoit une impression lumineuse continue, grâce à la persistance des sensations lumineuses. Si la rotation est assez rapide pour que la moitié du temps écoulé entre les passages de deux dents consécutives soit égale au temps $t = \dfrac{2l}{V}$ nécessaire à la lumière pour parcourir deux fois la distance l des deux stations, la lumière passée par un intervalle quelconque rencontrera au retour la dent suivante et sera interceptée. Il y aura donc éclipse de l'image de retour.

Soit K le nombre de dents de la roue et n le nombre de tours par seconde, on a alors :

$$(3) \qquad\qquad t = \frac{1}{2n\,K},$$

et par suite :

$$(1) \qquad V = \frac{2l}{t} = 4lnK$$

Si l'on double la vitesse de rotation, c'est-à-dire le nombre n, la lumière partie par un intervalle rencontre au retour l'intervalle suivant et l'image reprend son éclat maximum. Pour une vitesse de rotation triple, on a une nouvelle éclipse, et ainsi de suite.

En général, on a maximum d'éclat quand le nombre n qui caractérise la première éclipse est multiplié par un nombre entier pair $2p$, et éclipse quand il est multiplié par un nombre entier impair $2p - 1$. p représente l'ordre de l'éclipse; n_p étant le nombre de tours correspondant, on a :

$$(5 \qquad V = \frac{4ln_p K}{2p - 1}$$

On peut donc faire concourir à la détermination de V les éclipses des divers ordres. La précision de l'expérience est proportionnelle à $2p - 1$.

592. — L'expérience réalisée en 1849 par M. Fizeau, entre Suresnes et Montmartre, comportait diverses causes d'erreur. M. Cornu a repris en 1871 l'application de cette méthode entre l'Observatoire et la tour de Montlhéry, distants de 22.910 mètres. Il a poursuivi les expériences jusqu'à l'extinction de l'ordre $p = 22$ et a obtenu des résultats très concordants qui conduisent, pour la vitesse de la lumière dans le vide, à 300.400 kilomètres par seconde.

593. Réglage de l'appareil. — Une des plus grandes difficultés de l'expérience réside dans ce fait que la surface objet S ne pouvant être réduite à un point, les faisceaux lumineux provenant de ses divers points prennent, après avoir traversé l'objectif O_1, des directions divergentes. L'objectif O_1 avait dans les expériences de M. Cornu un diamètre de 38^{cm} et une distance focale de 8^m 85. L'objectif O_2 avait un diamètre de 15^{cm} et une distance focale de 2 mètres.

Si l'on attribue à l'objet un diamètre de 1^{mm}, l'écartement des axes secondaires à la seconde station atteint déjà :

$$\frac{0^m001 \times 22910}{8,85} = 2^m 58$$

On ne peut donc recevoir dans l'objectif O_2 qu'une faible partie du faisceau. La fraction du cercle-objet utilisée en pleine lumière atteindra son maximum, si l'on fait en sorte que le plan conjugué de cet objet par rapport à O_1 coïncide avec l'objectif O_2. Pour réaliser cette condition, l'on commence par placer le bord de la roue dentée de manière à le voir nettement à travers l'oculaire CD. On règle ensuite la position de O_1 pour voir nettement, à travers la lunette CO_1, une mire placée en O_2.

Le diamètre de la partie utilisée sur le cercle-objet est alors :

$$\frac{0,15 \times 8,85}{22910} = 0^m0000579,$$

soit environ 6 centièmes de millimètre (1). Le diamètre apparent de cette image de retour, vue à travers l'oculaire, est à peine sensible.

594. — Le miroir concave M doit être placé dans le plan conjugué de l'objectif O_1 par rapport à O_2 (fig. 340), car s'il en est ainsi, les rayons passant par un même point B de O_1 viennent rencontrer M en un même point B' et reviennent passer au retour au point B. Dans le cas contraire, une partie de la lumière provenant de la région marginale de O_1 serait rejetée au retour en dehors de cet objectif et perdue.

595. — M. Cornu a remplacé le miroir sphérique M par un miroir plan MN (fig. 341) formé par la face postérieure argentée d'une glace à faces parallèles. L'image de l'objet étant en AK_2, les rayons sont dirigés, après leur réflexion sur MN, comme s'ils venaient d'une image $A'K'_2$ symétrique de AK_2 par rapport à MN. La distance $K_2K'_2$ est donc sensiblement égale au double $2f$ de la distance focale de l'objectif O_2.

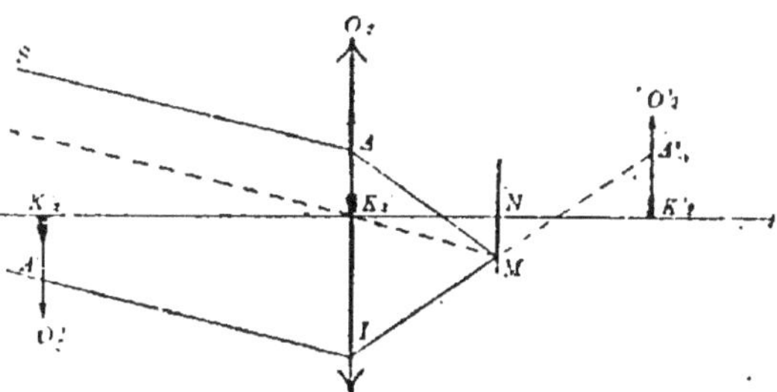

Fig. 341. — Dispositif de M. Cornu.

La nouvelle réfraction subie au retour à travers la lentille O_2 substitue à l'image droite $A'K'_2$ une image renversée $A''K''_2$ égale à la première et placée en avant de la lentille à la distance $2f$. Chaque rayon retourne ensuite à son point de départ sur l'objectif O_1. La figure montre la marche d'un de ces rayons $SAMIA''$. L'emploi du miroir plan a donc simplement pour effet de déplacer l'image AK_2 de $2f$, distance négligeable par rapport à l. Le déplacement qui en résulte pour l'image de retour n'est pas appréciable.

596. — Pour réaliser les conditions que nous venons d'indiquer, on dispose d'abord à la place du miroir MN une autre lame de glace non argentée de même épaisseur, taillée dans la même plaque. Sa face postérieure porte deux traits de diamant figurant un réticule, derrière lequel on place un

---

(1). On voit que le diamètre de la surface utile de l'objet est proportionnel à celui de l'objectif O_2.

oculaire C_2. On met le réticule au point par rapport à l'oculaire, puis, les déplaçant tous deux à la fois, on vise avec la lunette O_2C_2 une mire placée sur l'objectif O_1. On éclaire enfin cet objectif O_1 par la source lumineuse, et l'on s'assure que sa surface ainsi visée paraît uniformément éclairée, c'est-à-dire que l'objectif O_2 est dans le champ éclairé par O_1.

597. Éclat de l'image de retour. — D'après les principes établis plus haut (376), l'éclat intrinsèque de l'image de retour dans sa partie utile serait égal à l'éclat intrinsèque E de l'objet, s'il n'y avait pas de perte de lumière due aux réflexions (1). Le passage à travers les faces des lentilles et la réflexion sur le miroir M multiplient cet éclat par un coefficient α inférieur à l'unité. Désignons par β le pouvoir réflecteur de la glace PP'. La lumière réfléchie étant seule utilisée à l'aller et la lumière transmise au retour, on a pour l'éclat de l'image :

$$(6) \qquad e = \mathrm{E}\alpha \times \beta\,(1 - \beta)$$

Cette expression passe par un maximum pour :

$$\beta = 1 - \beta = 0{,}5$$

On a alors :
$$e = \mathrm{E}\alpha \times 0{,}25$$

Mais le pouvoir réflecteur d'une glace en crown sous l'incidence 45° n'est que 0,09. On augmente le pouvoir réflecteur en superposant deux lames de crown extra-minces. Il devient alors égal à 0,16, et l'on a :

$$e = \mathrm{E}\alpha \times 0{,}16 \times 0{,}84 = \mathrm{E}\alpha \times 0{,}134$$

C'est à peu près la moitié du maximum. Un plus grand nombre de lames rendrait l'ajustement difficile.

598. Visibilité de l'image. — M. Cornu a fait usage de roues à dents carrées laissant entre elles des intervalles de même largeur qu'elles et de roues à dents pointues. En déplaçant légèrement l'axe de ces dernières, on fait varier à volonté le rapport des espaces pleins aux espaces vides pour la position de l'image.

Assimilons l'image de retour à un point S que nous supposerons coïncider avec le centre de l'objet et plaçons-la de façon à rendre les espaces pleins égaux aux espaces vides. Soit MR' (fig. 342) une portion de la circonférence

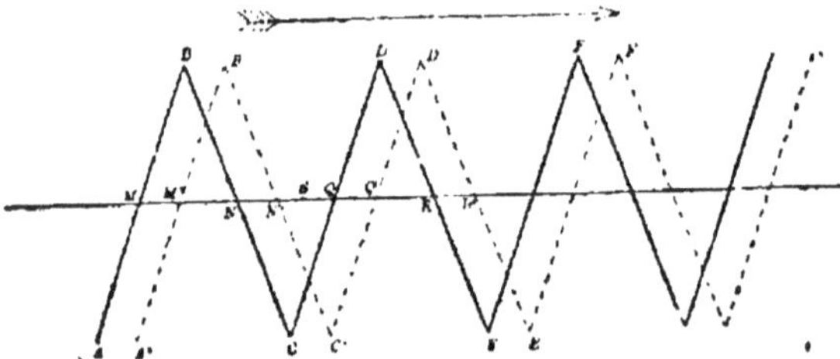

Fig. 342. — Visibilité de l'image.

<hr>

(1). Nous supposons que le faisceau émergent couvre la pupille, c'est-à-dire que le cercle oculaire n'est pas plus petit qu'elle.

ayant pour centre le centre de la roue et pour rayon sa distance au point S. Nous pouvons, sans rien enlever à la rigueur du raisonnement, substituer à cet arc une ligne droite. Soit ABCDE la position des dents à l'instant zéro du départ d'un rayon lumineux. Elles ont pris au moment du retour de ce rayon la position A'B'C'D'E'. Pour que le point S soit visible, il faut qu'il se trouve dans un intervalle N'Q qui ne soit recouvert par la roue dans aucune des deux positions.

Tout se passe comme si l'on faisait tourner à la fois, dans le même sens et avec la même vitesse, deux roues portant les deux systèmes de dents représentés sur la figure. Le point S est visible pendant une fraction de la durée du passage de chaque dent représentée par :

$$(7) \qquad \gamma = \frac{N'Q}{MQ} = \frac{NQ - NN'}{MQ} = \frac{1}{2} - \frac{ut}{a}.$$

en posant $MQ = a$ et en représentant par u la vitesse linéaire des points de la ligne MR' et par t la durée du trajet de la lumière.

Le même phénomène se représentant pour chaque dent et la sensation lumineuse perçue étant continue, l'éclat de l'image paraît réduit suivant ce même rapport. La décroissance d'éclat est proportionnelle à l'accroissement de la vitesse u jusqu'à ce qu'on ait :

$$u = \frac{a}{2t}, \qquad \gamma = 0$$

C'est la première extinction ; le second système de dents recouvre alors les intervalles du premier. Si u continue à croître, la lumière reparaît et les accroissements d'éclat sont proportionnels à ceux de u, jusqu'à ce que l'on ait :

$$u = \frac{a}{t}, \qquad \gamma = \frac{1}{2}$$

Chaque dent B' du second système coïncide alors avec la dent suivante D du premier. Les variations d'éclat avec les vitesses croissantes se poursuivent ensuite périodiquement.

En réalité les imperfections de la denture et l'étendue de l'image font que l'extinction n'est jamais complète (1). On cherche à donner à la source, par rapport aux dents, la position qui correspond aux minima les plus nets. M. Fizeau employait des roues de diamètre notable et des vitesses dé-

---

(1). Pour éliminer autant que possible les irrégularités dues à la forme du bord des dents, on a soin de répéter les expériences, en faisant tourner la roue en sens contraire, et de prendre la moyenne des résultats.

terminées. M. Cornu a réduit ces diamètres à 34 et 16 millimètres. Les roues portent de 100 à 200 dents.

On a ainsi une grande mobilité qui permet de faire varier la vitesse u d'une manière continue ; un frein à frottement règle cette vitesse. En la faisant croître lentement de part et d'autre d'un minimum d'éclat, on note les deux vitesses u_1 et u_2 qui paraissent correspondre au même éclat, et l'on prend la moyenne pour celle qui donne le minimum. On accélère ensuite la vitesse de rotation, pour répéter les mesures dans le voisinage d'un autre minimum.

599. Enregistrement graphique des mesures. — On mesure les temps en inscrivant sur un cylindre tournant les oscillations d'une pendule à demi-secondes, réglé par une horloge astronomique. Un style traçant sur ce cylindre une hélice reçoit à chaque battement l'action d'un signal électrique qui lui fait décrire une indentation. Un diapason à trembleur marque les dixièmes de seconde. Un autre style marque sur le même cylindre chaque tour de la roue. La combinaison de ces trois indications permet de déterminer avec précision la vitesse de rotation à un instant quelconque. Enfin un manipulateur de télégraphe Morse, placé sous la main de l'opérateur, sert à noter électriquement sur le même cylindre l'instant où l'on observe chacun des éclats égaux, de part et d'autre du minimum.

600. Méthode de Foucault. — La méthode du miroir tournant a été proposée en 1838 par Arago. L'expérience fut réalisée en 1850 par Foucault.

Principe de la méthode. — Une source lumineuse S (fig. 343), formée d'une ouverture rectangulaire éclairée par la lumière solaire et traversée par un fil fin servant de repère, envoie sa lumière sur une lentille convergente achromatique H' qui forme en S' l'image réelle de cette source.

Entre la lentille et l'image est interposé un miroir plan AA' pouvant recevoir un rapide mouvement de rotation autour d'un axe C situé dans son plan et parallèle au fil de repère. Ce miroir substitue à l'image S' une image F symétrique de S' par rapport à son plan et située sur une circonférence de rayon CS'. En F se trouve un miroir sphérique concave M dont le centre de courbure est en C. Si nous supposons le miroir AA' immobile, le rayon dirigé suivant l'axe CF du faisceau lumineux est renvoyé suivant sa propre droite et retourne en S. Les autres rayons reviennent suivant des droites symétriques de la leur par rapport à cet axe. Il se forme donc en S une image de retour superposée à l'objet.

Pour l'observer, on interpose sur le trajet de la lumière une glace sans tain à faces parallèles LL', inclinée à 45° sur l'axe, qui laisse passer la plus

grande partie de la lumière. La portion du faisceau réfléchie au retour sur
cette glace donne une image S_1 symétrique de S par rapport à LL'. On
regarde cette image à l'aide d'une loupe ou d'un microscope.

Supposons que le miroir AA' fasse un petit nombre de tours par seconde.
L'image F décrit la circonférence de rayon CF ; mais son image par rapport à AA' conserve la position S'. Le phénomène demeure donc le même
tant que F ne sort pas du miroir M, c'est-à-dire pendant la fraction $\frac{\varepsilon}{2\pi}$ de
la durée de la révolution totale de l'image, ε étant l'ouverture du miroir M.
Le phénomène se reproduit pour chaque révolution de l'image, c'est-à-dire

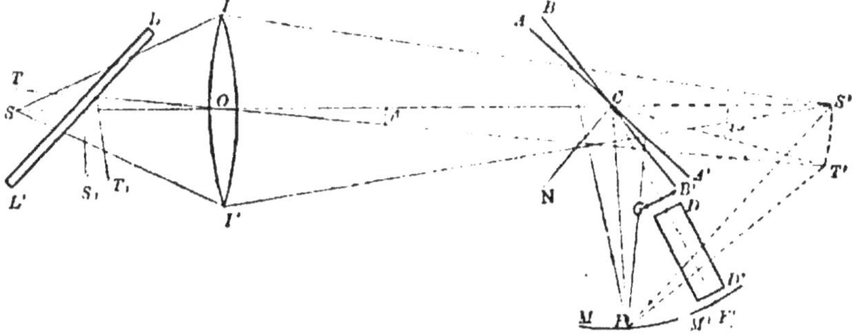

Fig. 343. — Mesure de la vitesse de la lumière. Méthode de Foucault.

pour chaque demi-révolution du miroir AA', si l'on suppose celui-ci poli
sur ses deux faces. Grâce à la persistance des sensations, l'image de retour
en S_1 paraît permanente ; mais la rotation réduit son éclat dans le rapport $\frac{\varepsilon}{2\pi}$ (1).

Supposons que le miroir AA' fasse un grand nombre n de tours par
seconde. Soient $d = $ CF la distance de l'axe du miroir tournant au miroir
sphérique, $a = $ OS et $b = $ OS' les distances focales conjuguées des points
S et S' à la lentille convergente O en valeurs absolues, V la vitesse de la
lumière. Pendant le temps $\frac{2d}{V}$ employé par la lumière à parcourir deux
fois la distance CF, le miroir AA' a tourné d'un angle appréciable α tel que :

$$(8) \qquad \frac{\alpha}{2n\pi} = \frac{2d}{V},$$

et a pris la position BB'. L'image T' de F par rapport à BB' se trouve sur
une droite CT' faisant avec CS' un angle 2α. On a donc :

---

(1). $\frac{\varepsilon}{4\pi}$ si le miroir tournant n'a qu'une face polie.

$$(9) \qquad S'T' = 2\alpha\, d = \frac{8n\pi\, d^2}{V}$$

Le faisceau suit donc au retour une route différente de celle qu'il suivait à l'aller et vient former en T une image que la glace renvoie en T_1. La distance $\delta = S_1 T_1 = ST$ de cette image à l'objet est conjuguée de la distance $S'T'$ par rapport à la lentille O. On a donc :

$$(10) \qquad \delta = S'T' \times \frac{a}{b} = \frac{8n\,\pi\, d^2\, a}{V\, b}$$

On mesure ce déplacement à l'aide de la loupe. Les quantités, d, a, b, n, étant connues, on peut calculer la valeur de V.

601. Détails de l'expérience. — La rotation du miroir AA′ était obtenue au moyen d'une turbine recevant un courant d'air d'une soufflerie munie d'un régulateur. Ce courant d'air sortait à travers un tambour dont l'ouverture présentait une série de rainures hélicoïdales inclinées, disposées comme les ouvertures d'une sirène. L'air rencontrait d'autres rainures inclinées en sens contraire appartenant à une boîte mobile autour d'un axe vertical sur lequel était disposé le miroir. En prenant des précautions minutieuses pour faire coïncider l'axe d'inertie de cet appareil avec son axe de rotation, on parvint à lui donner une vitesse de 800 tours par seconde.

La source lumineuse était constituée par une mire micrométrique divisée en dixièmes de millimètre. Le déplacement de l'image par rapport à un réticule pouvait être exactement mesuré. Les miroirs étaient formés de surfaces argentées. Le miroir tournant avait une largeur de 14 ᵐᵐ (1).

602. — Pour augmenter la sensibilité de l'expérience, il importe de donner à la distance d sa plus grande valeur possible. Foucault a pu rendre la distance d égale à 20 mètres ; mais les dimensions de la salle d'expériences exigeaient alors l'emploi de miroirs multiples. L'axe du miroir M étant légèrement incliné dans le plan perpendiculaire à celui de la figure, on renvoie la lumière reçue par M sur un second miroir concave fixe N placé au-dessous du miroir tournant et sur lequel se forme l'image de ce dernier. Un troisième miroir concave P placé au-dessous de M reçoit les rayons réfléchis par N ; il s'y forme une nouvelle image de la mire. Enfin supposons le miroir P normal au faisceau qu'il reçoit ; la lumière suivra en sens contraire le même parcours. Foucault a opéré ainsi avec cinq miroirs concaves distants de 4 mètres.

---

(1). Si i est l'incidence des rayons utiles, la largeur du faisceau sur ce miroir est $l \cos i$. Il est donc avantageux de faire i le plus petit possible. Pour $i = 30°$, on a sensiblement $l \cos i = 12$ ᵐᵐ.

603. — Pour mesurer la vitesse de rotation du miroir AA′ et lui donner la valeur convenable, on disposait dans le champ de l'image S_1T_1 le bord d'un disque tournant portant 400 dents bien régulières. Supposons que ce disque actionné par un mouvement d'horlogerie fasse exactement 2 tours par seconde et que le miroir tournant poli sur une seule face exécute 800 tours. Le disque avance ainsi d'une dent pour chaque tour du miroir. L'image n'est éclairée à chaque tour que pendant la durée très courte du passage du faisceau sur le miroir sphérique. A chacun de ces éclats cette image occupe donc la même position par rapport aux dents consécutives du disque, et celui-ci paraît immobile. Si la vitesse du miroir est plus grande, les dents successives prennent des retards croissants ; le disque paraît rétrograder lentement. Il semble avancer si la vitesse du miroir est plus petite. On a donc une vitesse exactement connue en réglant la rotation de façon à maintenir immobile l'apparence observée (1).

604. Résultats. Perfectionnements. — Foucault a déduit de ses expériences la valeur :

$$V = 298000 \ \frac{\text{Km}}{\text{sec}}$$

Sa méthode a été reprise et perfectionnée en 1879 par M. Michelson qui poursuit encore ses expériences, et en 1885 par M. Newcomb, physiciens américains. M. Michelson a pris comme objet une fente lumineuse étroite. Il est parvenu à rendre la distance d égale à 605 mètres. M. Newcomb a opéré sur une distance de 3721 mètres.

De plus, en opérant avec deux turbines placées l'une au-dessus, l'autre au-dessous du miroir tournant, il peut le faire tourner dans les deux sens et mesurer la distance des images écartées en sens contraires. Il double ainsi la sensibilité et élimine en même temps diverses erreurs. Les expériences de ces deux physiciens donnent des moyennes voisines de $299860 \ \frac{\text{Km}}{\text{sec}}$ pour la vitesse dans le vide.

605. Vitesse de la lumière dans l'eau. — Un très grand intérêt théorique s'attache à la question de savoir si la vitesse de la lumière dans l'eau est plus grande ou plus petite que dans l'air. Les théories de l'émission et des ondulations conduisent respectivement à ces deux conséquences.

Pour comparer ces vitesses, Foucault dispose un second miroir sphérique M′ ayant son centre en C (fig. 343). Ce miroir ne ferait que renforcer l'éclat

---

(1). Cette ingénieuse méthode, dite *méthode stroboscopique*, reçoit en Physique de fréquentes applications.

de l'image produite par le premier, si le milieu intermédiaire demeurait le même. Mais si l'on interpose entre C et M' un tube DD' plein d'eau, fermé aux deux bouts par des glaces perpendiculaires à son axe, la lumière se propage dans ce tube avec une vitesse différente de la vitesse dans l'air. Si cette vitesse est plus petite, l'image subira un écart $\delta' > \delta$. C'est en effet ce que l'on observe (1).

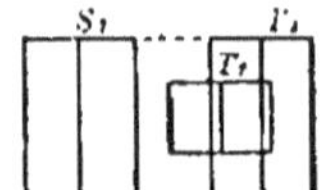

Fig. 344. — Images de retour pour l'air et pour l'eau.

Pour distinguer les deux images, on cache par des écrans les parties extrêmes du miroir M, de manière à supprimer le tiers inférieur et le tiers supérieur de l'image correspondante du fil (fig. 344). L'image T', fournie par M' demeure entière et présente en outre une teinte verdâtre due au passage de la lumière dans l'eau.

Soient l la longueur de la colonne d'eau et V' la vitesse dans l'eau. La durée du passage à travers la colonne d'eau est égale au temps qu'il faudrait pour traverser une colonne d'air de longueur :

$$(11) \qquad x = \frac{Vl}{V'}$$

Tout se passe donc comme si le chemin parcouru par la lumière était devenu :

$$d + \frac{V - V'}{V'} l$$

Les écarts δ' et δ sont donc liés par la relation :

$$(12) \qquad \frac{\delta'}{\delta} = \frac{d + \dfrac{V - V'}{V'} l}{d}$$

L'expérience donnant δ' et δ, on déduit V' de cette relation. On trouve, conformément à la théorie des ondulations, que les vitesses dans l'eau et dans l'air sont inversement proportionnelles aux indices de réfraction de ces deux milieux. La vitesse dans l'eau est donc les $\frac{3}{4}$ de la vitesse dans l'air.

Ce principe a été reconnu applicable à deux milieux quelconques. Il faut donc, pour déduire la vitesse dans le vide de la vitesse dans l'air, multiplier cette dernière par l'indice absolu de l'air : 1,000294. La correction n'atteignant que $\frac{3}{10000}$ est inférieure aux erreurs des expériences.

---

(1). Pour que l'image de l'objet S se forme en F', malgré la réfraction due à la colonne d'eau, on interpose en G une lentille convenablement choisie.

606. Dimensions de l'orbite terrestre. — Les mesures physiques de la vitesse de la lumière étant beaucoup plus précises que la mesure directe de la parallaxe, il convient de calculer indirectement cette dernière, en s'appuyant sur les résultats trouvés pour la vitesse V et pour la constante d'aberration. Si l'on admet :

$$\varepsilon_0 = 20''447$$

$$V = 299860 \, \frac{\text{Km}}{s},$$

on retrouve des résultats très voisins de ceux que nous avons donnés plus haut pour la parallaxe, la distance moyenne de la Terre au Soleil (585), la vitesse moyenne de translation de la Terre et la durée moyenne de propagation de la lumière entre les deux astres (588, note).

FIN DE L'OPTIQUE

TABLE DES MATIÈRES

CONTENUES DANS LES LEÇONS D'OPTIQUE

CHAPITRE XII. — DES TÉLESCOPES

§ 1er. — Lunette astronomique.

§ 2. — Lunette terrestre.

§ 3. — Lunette de Galiléo.

§ 4. — Télescopes catoptriques.

EN VENTE A LA SOCIÉTÉ D'ÉDITIONS SCIENTIFIQUES
4, RUE ANTOINE-DUBOIS, PARIS.
Envoi franco contre un *mandat-poste* ou valeur sur Paris.

LEGROS (Commandant V.). — **Eléments de photogrammétrie.** — *(Appli-cation élémentaire de la photographie à l'architecture, à la topographie, au observations scientifiques et aux opérations militaires.)* — 1892. — 1 vol. in-8 272 pages, 45 figures, broché. . . . . 5 f

Ouvrage honoré d'une souscription de MM. les Ministres de l'Instruction publique et de Guerre.

M. le commandant V. Legros a voulu, par la publication de ce Traité, combler une la cune entre les manuels de perspective répandus dans les écoles à l'usage des dessinateurs possédant qu'une instruction peu développée, et les grands ouvrages scientifiques. Il a vou détruire aussi ce préjugé généralement répandu que, pour arriver à de bons résultats, est indispensable de posséder des instruments très dispendieux et d'une organisation te lement spéciale qu'ils deviennent impropres à tout autre objet. Ce volume de 280 pag donne toutes les définitions et généralités nécessaires ; les moyens de reconstituer d objets figurant sur une perspective ; la manière de résoudre les problèmes généraux de perspective et de la photogrammétrie : la méthode des intersections ; l'application a recherches expérimentales de la station physiologique ; enfin les conditions du rendu Photogrammétrie.   *(Revue maritime et coloniale.)*

NIEWENGLOWSKI (Gaston-Henri), président de la *Société des Amateurs Phot graphes*, directeur du journal « *La Photographie* ». L'objectif photogr phique ; fabrication, essai, emploi. — 1892. — 1 vol. in-12, 61 page 21 figures ; broché 2

L'auteur nous apprend comment se fait le verre, comment on le taille pour former u lentille, comment les lentilles sont assemblées pour donner un objectif. Dans un chapi spécial, il indique *de quelle façon l'amateur peut pratiquement se rendre compte de l'obj tif qu'il vient d'acheter*, comment, en un mot, il peut et doit l'essayer. Enfin, un dern chapitre, réservé à la conservation des objectifs, indique les précautions à prendre po éviter la détérioration de cet instrument indispensable.   *(Photo-Journal.)*

Table des Matières. — Introduction : Historique. — Diverses sortes de verres. — Fab cation du verre. — Taille des lentilles. — Collage des lentilles. — Fabrication des montur montage des verres. — Essai des objectifs. — Conservation des objectifs.

NIEWENGLOWSKI (Gaston-Henri) et ERNAULT (Armand), licenciés ès scie ces. — Les Couleurs et la Photographie (*Reproduction photograph que directe et indirecte des Couleurs : historique ; théorie ; pratique).* 1895. — 300 pages, figures et planches hors texte ; broché. . . . 6

Cet ouvrage renferme un exposé complet, tant au point de vue théorique qu'au point vue pratique, de l'état actuel du problème si passionnant de la photographie des couleu Après une longue introduction, où la théorie complète de la couleur telle qu'on l'envisa aujourd'hui est exposée avec clarté et méthode, suivie de la théorie et de la pratique procédés orthochromatiques, les auteurs abordent successivement l'exposé des métho directes et des méthodes indirectes proposées jusqu'à ce jour pour photographier couleurs.

Un court historique précède la théorie et la pratique, exposée dans tous ses détails, chaque procédé. C'est dire qu'en se basant uniquement sur le contenu de cet ouvrage lecteur sera à même de répéter tous les essais faits jusqu'à ce jour, depuis les tentatives Becquerel, Niepce, Poitevin, Ducos du Hauron, etc., jusqu'à la belle expérience du sav professeur Lippmann, décrite dans tous ses détails.

Un grand nombre de figures accompagnent le texte et en facilitent la lecture ; mais qui plaira davantage et étonnera plus d'un lecteur, ce sont les planches hors texte reprod sant des photographies tant noires que polychromes. Quelques-unes sont simplement ad rables.   *(Cosmos, 6 juillet 1895.)*

Table des matières :

I. — Propriétés de la lumière. — Propagation. — Réflection et réfraction. — Dispersi — Spectre. — Lentilles.

II. — Nature de la lumière. — Les couleurs. — Ondes liquides, sonores, lumineuses. Interférences : les couleurs dans la théorie des ondulations. — La lumière, forme de l'en gie. — Étude des radiations. - La couleur des corps et l'absorption.

III. — L'Œil et l'appareil photographique. — Formation des images. — Action des coule sur la rétine et sur la plaque photographique. — Théorie et pratique des procédés isoch matiques. — Méthode des trois écrans colorés de M. Lippmann.

IV. — Chromophotographie ou reproduction photographique directe des couleurs. Essais de Becquerel, Niepce, etc. — Méthode interférentielle de M. Lippmann. — Exposé Théorie. — Pratique.

V. — Photochromographie ou reproduction photographique indirecte des couleurs. Historique et principe des méthodes indirectes : Ranconnet, Ducos du Hauron, Vidal, — Analyse des couleurs. — Tirages polychromes. — Impressions polychromes. — Hé chromoscope et stéréochromoscope. — Projections polychromes. — Conclusion.